风电场建设与管理创新研究丛书

陆上风电场工程施工与管理

韩瑞　赵红阳　白雪源　刘玮 等　编

中国水利水电出版社
www.waterpub.com.cn
·北京·

内 容 提 要

本书是《风电场建设与管理创新研究》丛书之一，系统地介绍了目前陆上风电场工程的项目施工管理与施工安装技术，主要内容包括绪论、陆上风电场工程施工管理、陆上风电场土建施工、陆上风电机组安装、陆上风电场电气安装、陆上风电场达标投产与工程创优等。

本书适合作为高等院校相关专业的教学参考用书，也适合从事风电场施工与管理的技术与管理人员阅读参考。

图书在版编目（CIP）数据

陆上风电场工程施工与管理 / 韩瑞等编. -- 北京 : 中国水利水电出版社, 2020.9
（风电场建设与管理创新研究丛书）
ISBN 978-7-5170-8886-8

Ⅰ. ①陆… Ⅱ. ①韩… Ⅲ. ①风力发电－电力工程－工程施工②风力发电－电力工程－施工管理 Ⅳ. ①TM614

中国版本图书馆CIP数据核字(2020)第180398号

书　　名	风电场建设与管理创新研究丛书 **陆上风电场工程施工与管理** LUSHANG FENGDIANCHANG GONGCHENG SHIGONG YU GUANLI
作　　者	韩瑞　赵红阳　白雪源　刘玮　等　编
出版发行	中国水利水电出版社 （北京市海淀区玉渊潭南路 1 号 D 座　100038） 网址：www. waterpub. com. cn E - mail：sales@waterpub. com. cn 电话：（010）68367658（营销中心）
经　　售	北京科水图书销售中心（零售） 电话：（010）88383994、63202643、68545874 全国各地新华书店和相关出版物销售网点
排　　版	中国水利水电出版社微机排版中心
印　　刷	天津嘉恒印务有限公司
规　　格	184mm×260mm　16 开本　35 印张　725 千字
版　　次	2020 年 9 月第 1 版　2020 年 9 月第 1 次印刷
印　　数	0001—3000 册
定　　价	**128.00** 元

《风电场建设与管理创新研究》丛书

编 委 会

《风电场建设与管理创新研究》丛书

主 要 参 编 单 位

（排名不分先后）

河海大学
哈尔滨工程大学
扬州大学
南京工程学院
中国三峡新能源（集团）股份有限公司
中广核研究院有限公司
国家电投集团山东电力工程咨询院有限公司
国家电投集团五凌电力有限公司
华能江苏能源开发有限公司
中国电建集团水电水利规划设计总院
中国电建集团西北勘测设计研究院有限公司
中国电建集团北京勘测设计研究院有限公司
中国电建集团成都勘测设计研究院有限公司
中国电建集团昆明勘测设计研究院有限公司
中国电建集团贵阳勘测设计研究院有限公司
中国电建集团中南勘测设计研究院有限公司
中国电建集团华东勘测设计研究院有限公司
中国长江三峡集团公司上海勘测设计研究院有限公司
中国能源建设集团江苏省电力设计院有限公司
中国能源建设集团广东省电力设计研究院有限公司
中国能源建设集团湖南省电力设计院有限公司
广东科诺勘测工程有限公司

内蒙古电力（集团）有限责任公司
内蒙古电力经济技术研究院分公司
内蒙古电力勘测设计院有限责任公司
中国船舶重工集团海装风电股份有限公司
中建材南京新能源研究院
中国华能集团清洁能源技术研究院有限公司
北控清洁能源集团有限公司
国华（江苏）风电有限公司
西北水利水电工程有限责任公司
广东粤电阳江海上风电有限公司
江苏省风电机组结构工程研究中心
中国水利水电科学研究院

本书编委会

主　　编　韩　瑞　赵红阳　白雪源

副主编　刘　玮　许建军　高全全

参编人员　（按姓氏笔画排序）

马富强　马毅乐　王双林　王进斌　王冠平　王银东
王新全　王毓武　方志勇　田永进　田伟辉　冯　羽
刘　利　刘　强　刘　蕊　李　旭　李　梦　李秉文
李建刚　杨　成　何晓宁　宋博博　张兴利　罗银和
周彩贵　孟文强　赵吉鸿　胡永柱　贾九名　徐汉坤
徐海军　郭建龙　龚瑞龙　银桂林

丛书前言

随着世界性能源危机日益加剧和全球环境污染日趋严重，大力发展可再生能源产业，走低碳经济发展道路，已成为国际社会推动能源转型发展、应对全球气候变化的普遍共识和一致行动。

在第七十五届联合国大会上，中国承诺“将提高国家自主贡献力度，采取更加有力的政策和措施，二氧化碳排放力争于 2030 年前达到峰值，努力争取 2060 年前实现碳中和。”这一重大宣示标志着中国将进入一个全面的碳约束时代。2020 年 12 月 12 日我国在“继往开来，开启全球应对气候变化新征程”气候雄心峰会上指出：到 2030 年，风电、太阳能发电总装机容量将达到 12 亿 kW 以上。进一步对我国可再生能源高质量快速发展提出了明确要求。

我国风电经过 20 多年的发展取得了举世瞩目的成就，累计和新增装机容量位居全球首位，是最大的风电市场。风电现已完成由补充能源向替代能源的转变，并向支柱能源过渡，在我国经济发展中起重要作用。依托“碳达峰、碳中和”国家发展战略，风电将迎来与之相适应的更大发展空间，风电产业进入“倍速阶段”。

我国风电开发建设起步较晚，技术水平与风电发达国家相比存在一定差距，风电开发和建设管理的标准化和规范化水平有待进一步提高，迫切需要对现有开发建设管理模式进行梳理总结，创新风电场建设与管理标准，建立风电场建设规范化流程，科学推进风电开发与建设发展。

在此背景下，《风电场建设与管理创新研究》丛书应运而生。丛书在总结归纳目前风电场工程建设管理成功经验的基础上，提出适合我国风电场建设发展与优化管理的理论和方法，为促进风电行业科技进步与产业发展，确保工程建设和运维管理进一步科学化、制度化、规范化、标准化，保障工程建设的工期、质量、安全和投资效益，提供技术支撑和解决方案。

《风电场建设与管理创新研究》丛书主要内容包括：风电场项目建设标准化管理，风电场安全生产管理，风电场项目采购与合同管理，陆上风电场工程施工与管理，风电场项目投资管理，风电场建设环境评价与管理，风电场建设项目计划与控制，海上风电场工程勘测技术，风电场工程后评估与风电机组状态评价，海上风电场运行与维护，海上风电场全生命周期降本增效途径与实践，大型风电机组设计、制造及安装，智慧海上风电场，风电机组支撑系统设计与施工，风电机组混凝土基础结构检测评估和修复加固等多个方面。丛书由数十家风电企业和高校院所的专家共同编写。参编单位承担了我国大部分风电场的规划论证、开发建设、技术攻关与标准制定工作，在风电领域经验丰富、成果显著，是引领我国风电规模化建设发展的排头兵，基本展示了我国风电行业建设与管理方面的现状水平。丛书力求反映国内风电场建设与管理的实用新技术，创建与推广风电中国模式和标准，并借助“一带一路”倡议走出国门，拓展中国风电全球路径。

丛书注重理论联系实际与工程应用，案例丰富，参考性、指导性强。希望丛书的出版，能够助推风电行业总结建设与管理经验，创新建设与管理理念，培养建设与管理人才，促进中国风电行业高质量快速发展！

2020 年 6 月

本书前言

“十四五”开局，“碳达峰”“碳中和”作为我国“十四五”污染防治攻坚战的重要目标，被首次写入国民经济和社会发展的五年规划，电力行业是我国实现“碳达峰”“碳中和”目标的关键行业，将助力全社会低碳转型。随着电力市场的逐步完善，电网规划建设的十余条跨区特高压输电工程近几年密集投产，提供了跨区消纳风电的技术条件，风力发电行业将迎来新的爆发期。《陆上风电场工程施工与管理》是《风电场建设与管理创新研究》丛书中介绍陆上风电场项目建设施工管理的分册，系统地介绍了目前陆上风电场工程的项目施工管理和施工安装技术。

本书由西北水利水电工程有限责任公司、中国电建集团西北勘测设计研究院有限公司联合编撰。本书编者从事陆上风力发电工程施工与管理10多年，有着丰富的陆上风电场工程施工与管理经验，编写过程中得到了青海黄河上游水电开发有限责任公司工程建设分公司的大力支持，编者多次赴青海省海南州切吉乡一标段1000MW风电场项目借鉴学习。本书对陆上风电场常见的风电机组地基与基础施工方案进行了详细介绍，包括近年来新型钢混塔筒的施工，同时介绍了大型陆上风电基地的智能建造方案；并对风电场达标投产与工程创优的要求和条件进行汇总整理，为读者提供参考。

本书第1章介绍了风能及特点、风力发电历史及发展、陆上风电场概述。第2章介绍了陆上风电场工程施工管理，编者结合风电场工程施工管理经验，从安全、质量、技术、进度等方面进行了详细介绍，供工程施工单位借鉴参考。第3章介绍了陆上风电场土建施工，主要从场内道路、风电机组基础、预应力混凝土塔筒、升压站（开关站）及输电线路土建工程施工工艺方法。

第 4 章介绍了陆上风电机组安装，主要介绍了风电机组安装主吊车选型和风电机组的安装工艺。第 5 章介绍了陆上风电场电气安装，包括升压变电站电气安装和风电场电气安装。第 6 章介绍了陆上风电场达标投产与工程创优，主要介绍了达标投产和工程创优的各项要求和条件。

本书编者尽可能详尽地介绍了陆上风电场工程的施工与管理，未能涵盖陆上风电场工程涉及的所有内容，难免有疏漏和错误之处，希望各位读者给予谅解并欢迎读者批评指正。

编者

2020 年 7 月

目　录

第1章 绪 论

1.1 风能及特点

风能是地球表面空气流动所产生的动能。由于太阳辐射造成地球表面受热不均匀，地表各处气温变化幅度差异和空气中水蒸气含量不同，从而产生温度差和气压差，空气沿水平方向由高压地区向低压地区流动，即形成风，所产生的动能，称为风能。

风能受地理位置、地形地貌、季节、天气等因素的影响，其时空分布极不均衡，不同气候条件地区差异很大，同一地区其日变化、季节变化乃至年际变化也都十分明显，且具有一定的不稳定性、间歇性、低密度性等特点。

1.1.1 风的形成

1.1.1.1 风的形成

风的形成是太阳辐射造成地球不同纬度间的温度差异，在地球公转、自转以及地理环境因素等综合作用下，引起空气流动的结果。

1. 气压梯度力作用

气压梯度力作用是由于地球绕太阳公转时，在其椭圆轨道的不同方位，日地距离各不相同，地球上各纬度所接收到的太阳的辐射强度也不相同，从而产生温差和气压差，形成气压梯度力，在压力差的作用下，空气流沿水平方向由高压区向低压区流动。气压梯度力越大，空气流动速度越快，风速越大。

地球绕太阳公转时，在赤道和低纬度地区，太阳辐射强度强，地面和大气接收的热量多，因而温度高，地球极地太阳辐射强度弱，地面和大气接收的热量少，因而温度低，这种温差形成了南北间的气压梯度力。在北半球等压面向北倾斜，空气向北流动，在南半球与之相反。正是由于地球极地与赤道之间存在温度差异，在气压梯度力的作用下，赤道附近温度高的空气将上升到高层流向极地；而极地附近的空气则因受冷收缩下沉，并在低空受指向低纬度的气压梯度力的作用，流向低纬度，这就形成了一个全球性的南北向空气流动，即大气环流，如图1-1所示。

2. 地转偏向力作用

地球除了公转外还有自转，地转偏向力是地球自转而使空气水平运动发生偏向的

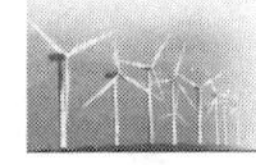

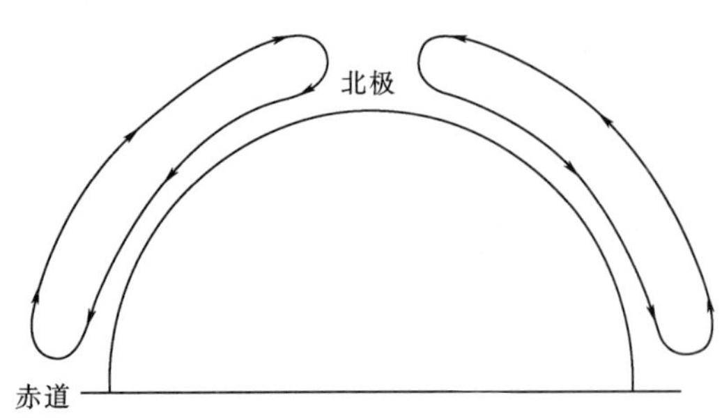

图1-1 大气在气压梯度力作用下的闭合环流圈

力。地转偏向力在赤道处为零并随着纬度的增高而增大，在极地达到最大值。地转偏向力随风速的增大而增大，且与风向始终垂直。

当空气由赤道两侧上升向极地流动时，开始因地转偏向力很小，空气基本受气压梯度力的影响，在北半球，由南向北流动，随着纬度的增加，地转偏向力逐渐加大，空气运动也逐渐地向右偏转，也就是逐渐转向东方。在纬度30°附近，偏角达到90°，地转偏向力与气压梯度力相当，空气运动方向与纬圈平行，所以在纬度30°附近上空，赤道来的气流受到阻塞而聚积，气流下沉，使这一地区地面气压升高，这就是副热带高压。

副热带高压下沉气流分为两支，一支从副热带高压向低纬度流动，指向赤道。在地转偏向力的作用下，北半球吹东北风，南半球吹东南风，风速稳定且不大，为3～4级，这就是风向随季节变化的“信风”，所以在南北纬度30°之间的地带称为信风带。这一支气流补充了赤道的上升气流，构成了一个闭合的环流圈，称为哈德来（Hadley）环流，也叫正环流圈。此环流圈南面上升，北面下沉。另一支气流从副热带高压向高纬度流动，在地转偏向力的作用下，北半球吹西风，且风速较大，这就是西风带。在北纬60°附近，西风带气流遇到了由极地向南流来的冷空气，被迫沿冷空气上面爬升，在60°地面出现一个副极地低压带。

副极地低压带的上升气流到了高空又分成两股，一股向南，一股向北。向南的一股气流在副热带地区下沉，构成一个中纬度闭合圈，正好与哈德来环流流向相反，此环流圈北面上升、南面下沉，所以叫反环流圈，也称为费雷尔（Ferrel）环流圈。向北的一股气流，从上升到达极地后冷却下沉，形成极地高压带，这股气流补偿了地面流向副极地带的气流，而且形成了一个闭合圈，此环流圈南面上升、北面下沉，与哈德来环流流向类似，因此也叫正环流圈。在北半球，此气流由北向南，受地转偏向力的作用，吹偏东风，在北纬60°～90°之间形成了极地东风带。

气流在气压梯度力和地转偏向力作用下的气压带和三圈环流图如图1-2所示，从赤道上升流向极地的气流在气压梯度力和地转偏向力的作用下以及地表温差的综合影响下，在南北两个半球上各出现了四个气压带，即极地东风带、盛行风带、东北（东南）信风带和赤道无风带，以及赤道—纬度30°环流圈、纬度30°～60°环流圈和纬度60°～90°环流圈三个闭合环流圈（称作三圈环流）。

气压梯度力和地转偏向力的共同作用形成了南、北半球不同纬度地区的盛行风向，见表1-1。

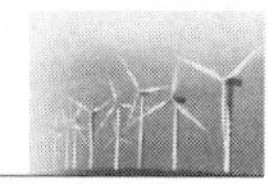

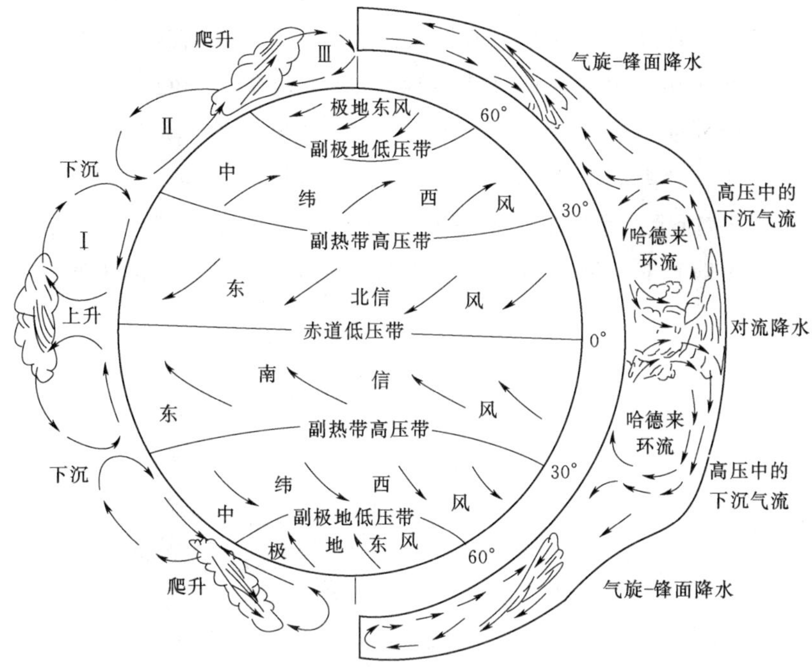

图 1-2　气流在气压梯度力和地转偏向力作用下的气压带和三圈环流图

表 1-1　南、北半球不同纬度地区的盛行风向

纬度	90°～60°N	60°～30°N	30°～0°N	0°～30°S	30°～60°S	60°～90°S
风向	NE （东北）	SW （西南）	NE （东北）	SE （东南）	NW （西北）	SE （东南）

气压梯度力和地转偏向力是大气大规模运动的主要原因，也是风形成的主要原因。

3. 地理环境影响

地面风不仅受气压梯度力和地转偏向力的共同作用，同时在很大程度上受到地理环境的影响。地理环境对盛行风的影响主要包括海陆分布的热力差异对风向的影响和某一地区的气候和地形条件对主风向分布的影响。

在陆、海之间，由于陆地和海洋在各个季节中受热和冷却程度不同，使盛行风向随季节产生有规律的变化。例如在冬季，大陆比海洋温度低，大陆气压比海洋高，风从大陆吹向海洋；夏季相反，大陆温度比海洋高，风从海洋吹向内陆。这种随季节而改变方向的空气流动称为季风。海陆热力差异引起的季风大都发生在海陆相接的地区，海陆之间热力差异越大，季风现象就越明显。就全球而言，在副热带地区季风（亦称温带季风）十分强盛，这种差异最为明显。

在陆地，就某一局部地区而言，当地的气候和地形条件对主风向分布的影响也很明显。当地的风向、风速基本上都是大气环流系统和当地气候条件相互作用的结果。山谷风是典型的气候和地形条件影响地面风特性的类型。山谷风是山区经常出现的一种局地环流，多发生在山脊的南坡（北半球）。在大范围气压场比较弱的情况下，山坡上的空气经太阳辐射加热后空气密度降低，空气受热上升，形成低气压，气流沿山坡上升，谷风形成示意图如图 1-3 所示；夜间风向相反，气流顺山坡下降，山风形成示意图如图 1-4 所示。有些高原和平原的交界处也可以观测到与山谷风相似的局地环流。山谷风一般较弱，但在某些地区或山隘口处也会有较大的风速。

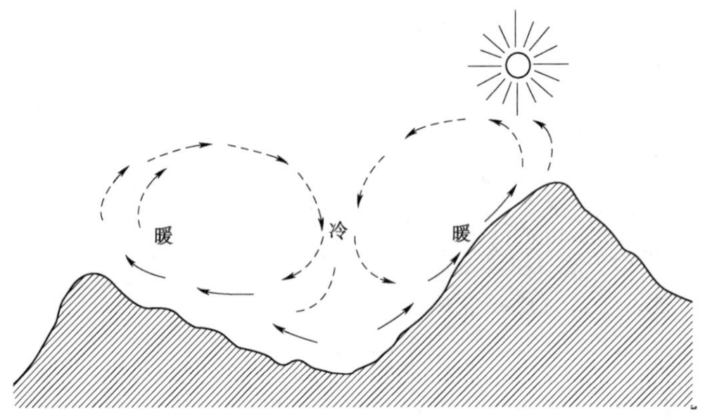

图 1-3　谷风形成示意图

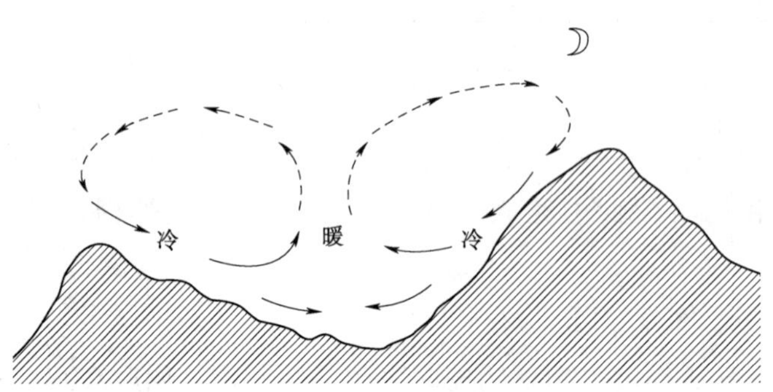

图 1-4　山风形成示意图

一般情况下，陆地山隘或峡谷不仅能改变气流运动的方向，还能因迎风面气流受到挤压而使风速增大；四周开阔的山丘或山脊，因气流在经过迎风坡时受到地形挤压，产生加速效应，会使山顶风速达到最大；丘陵、山地由于摩擦力大，会使风速减小。此外，不同的下垫面对风也有影响，如城市、森林、冰雪覆盖地区等都有相应的影响。光滑地面或摩擦力小的地面使风速增大，粗糙地面使风速减小等。因此，风向和风速的时空分布较为复杂。

综上所述，风形成的根本原因是太阳辐射。在气压梯度力和地转偏向力的共同作用下在地球表面形成气压带和大规模的大气环流，同时，受地球表面陆地和海洋等

地形分布、陆地局部热效应等因素的影响，在陆海之间形成随着季节而改变风向的季风，在山地形成山谷风等。各种类型的风所具有的能量本质上是太阳能，它是太阳能的一种转化形式。因此，风能是一种可供人类利用的、取之不尽用之不竭的可再生清洁能源。

1.1.1.2 风的特性

1. 随机性

风的随机性是指风的速度大小和方向随时间不断变化，其能量和功率也随之发生改变。就某一地区而言，这种变化可能是短时变化，也可能是日变化、月变化、季变化甚至是年变化。

(1) 短时变化。风速可能在短时间内围绕某一风速值上下波动。从测风仪实际测得的数据分析可知，在短时间内（30s 或 1min）瞬时风速在某一定值附近上下振荡，偏离不大；在 1h 内，短时（2min、10min）平均风速的大小和方向也在不断变化。风速短时间内的变化主要是受季节、昼夜温差、地形气候条件等因素主导，其根源在于局部热效应的影响。

(2) 日变化。日变化指风在一日内有规律的周期变化。风在每日之间都有变化，在一日内存在周期性的变化，这种变化与太阳辐射有密切关系。一般来讲，在陆地表面的一日中，早上（6—8 时）风速最小，日出后，地面温度不断升高，近地面空气温度上升，密度变小，上层较冷空气下沉，上、下层空气产生热对流。由于较大风速的上层空气下沉到底层，风速较小的近地面空气上升到高空，上、下层空气产生能量交换而使近地面风速增大，上层风速逐渐减小。至午后（15—17 时），太阳辐射强度最大，上下层空气能量交换幅度最大，风速也达到最大值，然后逐渐减小。入夜后，地面温度逐渐降低，热对流不断减弱，直至对流停止，风速也逐渐达到最小值。在上、下层之间有一个过渡层，那里风速变化不明显，一般过渡层在 50～150m 高度范围。在孤立的山顶，风速的日变化与平原相反，风速最大值出现在夜间，最小值出现在午后。

风速日变化的一般规律也并非绝对，在特殊天气条件下，例如冬季有寒潮来临，春、秋季有冷空气活动，夏季有强低气压生成与发展，有降雨发生、台风逼近等情况下，风速的日变化将更加复杂多变。

另外，在我国中东部地区，当刮东风时，风速的日变化与一般规律相反，即早、晚风速比午后大。主要因为我国高空气流多是自西向东，两向交锋使底层的东风减弱，减弱的程度以午后最甚，早、晚相对较低。

(3) 月变化。月变化指一年中以月为单位的逐月风速的周期变化。有些地区，在一个月中，有时会发生周期为一天或几天的平均风速变化，其原因是热带气旋和热带波动的影响。

（4）季变化。季变化指一年中以季为单位的风速的季节变化。平均风速随季度变化的大小取决于纬度和地貌特征，通常在北半球中高纬度大陆地区，由于冬季有利于高压生成，夏季有利于低压生成，因此，冬季平均风速要大一些，夏季平均风速要小一些。我国大部分地区的最大风速多在春季的3—4月，而最小风速则多在夏季的7—8月。

（5）年变化。年变化常指风速在一年内的变化。

2. 风随高度变化而变化

在大气边界层内，无论是风向、风速随高度都有很大的变化，造成这一变化的原因是摩擦力随高度的变化。在大气边界层，风受水平气压梯度力、水平地转偏向力和摩擦力的共同制约，风向不与等压线平行而是斜交。风随高度的变化主要是由摩擦力随高度的变化而引起的，摩擦力随高度的增加而减小，为维持水平气压梯度力、水平地转偏向力和摩擦力三者的平衡，水平地转偏向力必然要随高度的升高而相应增大，且逐渐偏转，到大气边界层的上界，地面摩擦影响基本消失。在近地层，特别是在距离地面10m的气层中，虽然风向随高度变化不大，风速却增大很快。

1.1.2　风能的基本特征及特点

1.1.2.1　风能的基本特征

风的持续时间和风的强度决定了其蕴含的风能的多少。风能资源的开发利用也必不可少地要进行风能资源条件分析、观测、评估等工作，风能资源的各项量化指标主要通过风能的特性参数来实现，例如风速、风向、风级、风能密度等。

1. 风速

风速是指空气在单位时间内在水平方向上移动的距离，一般用v表示，单位是m/s，即每秒移动的距离（m）。对于空气运动速度的描述，一般采用以下参数：

（1）平均风速。相对于有限时段，通常指2min、10min等的风速的平均值。时段通常可设定为时、日、月、年等。

（2）瞬时风速。相对于无限小的时段，通常指某一瞬间的风速。其取值通常用平均风速（10min）加上风的波动分量来计算。

（3）最大风速。给定观测时段内10min平均风速的最大值。观测时段通常设定为时、日、月、季、年等。最大风速值由给定的观测时段内任意连续10min平均风速集合中的最大值确定。

（4）极大风速。给定时段内瞬时风速的最大值。此处瞬时风速一般取1s或3s平均风速，具体视计算精度需要来确定。

风的时空变化及不确定性决定了风速的随机属性。风速随着时间和季节不同而频

繁变化，甚至瞬息万变。通常所说的风速是风速仪在一个极短时间内测得的瞬时风速，其计算时段不同，得到的平均风速也不同。除此之外，风速的大小也受风速仪设置高度的影响，高度越高，风速越大。

国际上通常采用的风速数据主要是10min平均数据，如果风速的平均周期不一致，相应的风速结果也会不同。

利用测风设备测得的风速是在一个极短时间段内得到的数值。平均风速的获得，需通过在一定的时间段内多次测量，取其算术平均值。测风时取空间某一点，某一个测风周期的平均风速如小时平均风速、月平均风速、年平均风速等为测风周期内各次观测风速之和除以观测次数。

2. 风向

风是矢量，既有大小，又有方向，所以描述风的参数有风向和风速。

风向测量是指测量风的来向，风向标是测量风向的最通用装置，一般由层翼、指向标、平衡锤及旋转主轴四部分组成，风向标实物图如图1-5所示。其重心在支撑轴的轴心上，整个风向标可以绕垂直轴自由摆动，在风的动压力作用下取得指向风的来向的一个平衡位置。

风向标用16个方位表示，即北东北（NNE）、东北（NE）、东东北（ENE）、东（E）、东东南（ESE）、东南（SE）、南东南（SSE）、南（S）、南西南（SSW）、西南（SW）、西西南（WSW）、西（W）、西西北（WNW）、西北（NW）、北西北（NNW）、北（N）。静风记为C。风向也可以用角度来表示，以正北为基准，顺时针方向旋转，东风为90°，南风为180°，西风为270°，北风为360°。

各种风向出现的频率标注在极坐标图上形成风向玫瑰图，如图1-6所示。

图1-5　风向标实物图

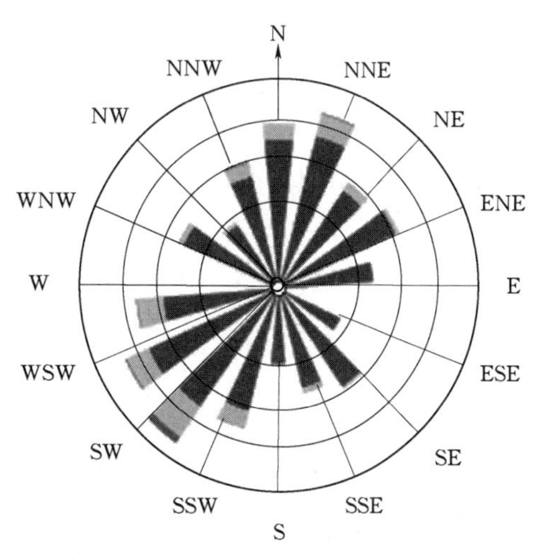

图1-6　风向玫瑰图

最常见的风向玫瑰图是在一个圆上引出16条放射线，它们代表16个不同的方向，每条直线的长度与这个方向的风的频率成正比。

风速仪（风速和方向）一般安装在离地10～12m高度，如果附近有障碍物，其安置高度至少要高于障碍物6m以上，指北的短棒要正对北方，风向箭头指示风的方向。

3. 风级

风级是根据风对地面或海面物体造成影响而引起的各种现象，拟定的用于估计风力大小的风力强度等级。最初是由英国人蒲福（Francis Beaufort）于1805年拟定0～12共13个等级，国际上称为“蒲氏风级”。自1946年以来，风力等级又作了修改，由13个等级增到18个等级。目前我国大陆仍习惯用到12级为止。风级的表现见表1-2。

4. 风能密度

通过单位截面积的风所含的能量称为风能密度，常以W/m^2来表示。风能密度是决定风能潜力大小的重要因素。风能密度与空气密度有直接关系，而空气密度则取决于气压和温度。因此，不同地方、不同条件的风能密度是不同的。一般来说，海边地势低，气压高，空气密度大，风能密度就高，风能潜力也就大。高山气压低，空气稀薄，风能密度就小些。但如果高山风速大，虽然气温低，仍然会有相当的风能潜力。因此，风能密度大，风速大，风能潜力最好。

表1-2 风级的表现

风级	名称	相应风速/(m/s)	表　现
0	无风	0～0.2	地面无风烟直上
1	软风	0.3～1.5	一级看烟辨风向
2	轻风	1.6～3.3	二级轻风叶微响
3	微风	3.4～5.4	三级枝摇红旗扬
4	和风	5.5～7.9	四级灰尘直张舞
5	清劲风	8.0～10.7	五级水面起波浪
6	强风	10.8～13.8	六级强风举伞难
7	疾风	13.9～17.1	七级疾风步行艰
8	大风	17.2～20.7	八级大风树枝断
9	烈风	20.8～24.4	九级烈风掀瓦片
10	狂风	24.5～28.4	十级狂风能拔树
11	暴风	28.5～32.6	十一、十二级陆上稀有
12	飓风	＞32.6	

1.1.2.2 风能的特点

风能是因空气流动产生的自然资源，其优点是蕴量巨大、可再生、分布广泛、没有污染。

风的特性决定了风能也受天气、季节等因素影响，气流瞬息万变，日变化、季节变化甚至年际变化都十分明显，波动很大，有一定不稳定性和间歇性。风能能量密度低，这是风能的一个重要缺陷。由于风能来源于空气的流动，而空气的密度很小，因此，风能的能量密度也很小，只有水力的1/816，在各种能源中，风能的含能量是极低的，对风能的利用有一定的困难。由于地形的影响，风能的地区差异明显，相邻区域内，有利地形的风力往往是不利地形下的几倍甚至几十倍。

1. 风能资源的空间分布特点

风能资源在空间分布上是很不均衡的，这种不均衡主要受到地球纬度的影响。纬度的高低影响着日照的总量，从而在地球表面形成不同的气候区，加之大气环流等影响，每个气候区的风能资源差异较大。即便在同一个气候区，因受自然地理条件的影响，如陆地和海洋所占比例、陆地面积的大小及山脉或湖泊的存在等，风能资源分布也存在很大差异。另外，因地形对风速的影响，地表植被的类型、发育程度也可能通过其对太阳辐射的吸收或反射作用及对地表温度和湿度的影响对风能的大小产生显著的影响。

(1) 风能资源的区域分布特点。风是地球上的一种自然现象，它是由太阳辐射热引起的，可以说风形成的本质是太阳辐射。太阳照射到地球表面，地球表面各处受热不同，产生温差，从而引起大气的对流运动而形成风。风几乎完全受太阳能量的控制，热量主要集中于赤道附近的陆地上，白天是热辐射最强烈的时间，地球绕地轴旋转时，受热最多的地区热空气上升，在气压梯度力和地转偏向力的作用和地表温差的综合影响下由低纬度向高纬度方向流动，在地球表面形成了四个气压带和三个环流圈。

由于地球表面海陆分布形态而导致其所接收的太阳辐射加热效果不同，从而形成了全球风带分布。在北半球近地面，30°N附近下沉气流呈东北向流向赤道的风流背景为东北信风带，该信风带稳定但风速不大，为3～4级；在30°N附近下沉并流向极地的气流，呈偏西方向，且风速较大，称为盛行西风带；而从极地高压流出的空气，吹偏东风，形成极东风带。我国风气候主要受北半球极地东风带、盛行风带、东北信风带的影响。

(2) 风能资源的局地小气候特点。地球表面有大陆、海洋，大陆上又有山脉、丘陵、平原等。这就使风带受大陆上的地形、地貌的变化干扰。这些变化的交织影响使风能资源在局部地区产生显著差异，这些差异由局部地貌和热效应来调节。

丘陵和山脉导致局部地区风速的增加。山峰可以形成高风速层；隘口和峡谷风流的漏斗效应也会使周围的风加速流动。同样的，地貌可以形成低风速的地区，如隐蔽的山谷、山脊的背面或流动产生的临界点。

热效应也导致相当大的局部变化。由于陆地和海洋受热情况的不同，沿海地区通常是多风的，当海洋比陆地温暖时，局部循环表现为表面空气自陆地向海洋移动，暖空气上升到海洋上面，冷空气下沉到陆地上面。当陆地比海洋温暖时，情况则相反。

热效应还由地表高度的不同而引起。高山上的冷空气下沉到下面的平地时会产生强烈的“下降”风。

2. 风能资源的时间变化特点

风能资源在地理空间的分布上是不均匀的，在时间上的分布也是不均匀的，其在年际、年、日变化上都具有较明显的特征和规律。

（1）风能资源的年际变化。风能受控于太阳能量，由于地球围绕太阳公转，年际之间地球表面接收的太阳能量理论上是稳定的，或者变化很小，但是因星际之间的天文变化、太阳黑子活跃程度（太阳自身变化）、地球人类活动等因素，造成地球表面温度缓慢变化，致使风能资源在年际间产生一定的变化。近年来，许多学者对我国风速的年际变化特征及趋势进行了研究，我国第三次全国风能资源普查评估报告（2006）中也指出，我国许多地区地面风速存在下降的现象，尤其中纬度地区（东北、西北、华北）速率下降较为明显。在我国第四次全国风能资源调查的《中国风能资源详查和评估》中，研究人员以观测场海拔与周边地区高差大于300m，现址观测时段大于40年，站址观测环境最新评分高于80分等条件选取了22个从区域上基本可以代表我国风能资源主要开发区风气候的长期变化特征的高山台站进行了长期变化趋势研究，其成果表明，在全球变暖的大背景下，我国多数地区年平均风速有减小趋势，但减少幅度不大，因此在做好环境保护、减少人为影响的情况下，其变化趋势是稳定的。

（2）风能资源的年变化。风能资源在年际上分布是不均衡的，在一年里就某一局部区域而言也具有一定的变化规律。在一年中的风速变化是有季节性的，这种季节性变化取决于形成风的天气系统。各月平均风速的地理分布与年平均风速分布特征基本一致。就全国而论，全年风速最大的时期大多出现在春季，而华南地区秋季风速最大；风速最小的时期，各地差异较大，夏、冬、秋季都可出现，我国各地风速的年变化见表1-3。

表1-3　我国各地风速的年变化　　单位：m/s

地名	月份												全年
	1	2	3	4	5	6	7	8	9	10	11	12	
哈尔滨	3.3	3.5	4.3	5.1	4.6	3.7	3.2	3.0	3.5	4.1	4.2	3.7	3.8
达坂城	6.8	5.7	6.2	7.2	7.3	6.5	5.7	5.4	5.3	5.1	5.6	6.5	6.1
玉门	4.8	4.7	4.8	4.8	4.4	3.9	3.4	3.6	3.5	3.7	4.6	4.7	4.2
塘沽	4.2	4.5	5.0	5.6	5.4	4.9	4.3	3.9	3.9	4.1	4.2	4.2	4.5
张家口	3.8	3.6	3.6	3.8	3.5	2.9	2.3	2.1	2.4	2.7	3.1	3.4	3.1
五台山	13.3	12.3	10.8	9.7	8.2	7.1	5.9	5.7	7.0	8.8	12.1	13.5	9.5

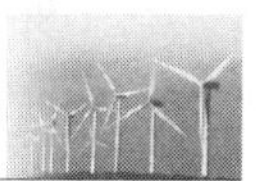

续表

地名	月份												全年
	1	2	3	4	5	6	7	8	9	10	11	12	
朱日和	6.6	5.6	5.6	6.7	6.4	5.4	4.6	4.2	4.8	5.2	6.1	6.2	5.6
成山头	8.2	7.6	7.1	6.8	6.2	5.5	5.1	4.8	5.6	6.7	7.6	7.5	6.6
峡泗	7.6	7.4	7.4	7.5	6.5	6.1	7.2	0	6.9	7.2	7.2	7.3	7.1
台山	9.1	9.2	8.2	7.1	6.7	7.3	8.6	6.7	7.9	9.3	9.9	9.3	8.2
马公	9.1	8.4	7.1	5.5	5.2	4.6	4.3	4.1	5.6	8.3	9.4	9.1	6.7
南澳	4.6	4.7	4.2	3.7	3.4	3.3	3.2	3.0	3.8	5.2	5.2	4.8	4.1
东方	4.6	4.6	4.0	4.3	5.1	5.2	5.4	4.4	3.7	4.4	5.0	4.7	4.6
湖州岛	5.6	5.6	4.0	4.3	3.9	4.8	5.3	4.7	3.7	4.4	5.0	4.7	4.6
大理	3.5	3.7	3.6	3.1	2.4	1.8	1.5	1.2	1.2	1.4	2.0	2.5	2.3
昆明	2.5	2.9	2.9	2.9	2.7	2.2	1.9	1.4	1.5	1.7	1.9	2.0	2.2
那曲	3.3	3.9	4.0	3.7	3.3	2.9	2.3	2.1	2.2	2.4	2.5	2.6	2.9

(3) 风能资源的日变化。我国各地的平均风速和风能资源都具有明显的日变化特征。与风的日变化一样，一天中，6—8 时风速最小，然后逐渐增大；15—17 时达到最大值，而后逐渐减小；夜间变化缓慢，次日凌晨达到最小。孤立的山顶风速的昼夜变化与山麓平原相反，最小值出现在午后，最大值出现在夜间。风速的日变化与下垫面的性质有关。在陆地表面上 20 时至次日 8 时风速较小，8—20 时风速较大，一般午后出现最大值。日落后，地面逐渐冷却，空气层结趋于稳定因而风速减小；一直到日出后地面受热层结趋于不稳定，风速开始增大。这种风能日变化在大型天气过程影响较小时比较显著。

1.1.3 我国的风能资源与分布

我国属季风气候区，冬季盛行偏北风，夏季盛行偏南风。冬季受蒙古高压控制，来自蒙古高原的冷空气南下进入我国，强度较强的冷空气能够横扫我国大陆，长驱直入到达南海海上。

夏季我国大部分地区受来自南海海洋上的夏季风控制．偏南风携带丰富的水分自南向北推进。冬、夏季风是影响我国风气候的两大主要风系，也是决定我国风能资源空间分布和季节变化的主要因子。地形和海陆、湖陆分布对风能资源的局地增加和减小效应也十分突出。

全国风能详查和评价结果显示，我国风能资源丰富，全国地面 50m 高度年平均风功率密度 2300W/m^2 的风能资源理论储量约 73 亿 kW。另外，根据国际上对风能资源技术开发的评价指标，在年平均风功率密度达 300W/m^2 的风能资源覆盖区域内，考虑自然地理和国家基本政策对风电开发的制约因素，并剔除装机容量小于 1.5MW/km^2

的区域后，得出我国陆地50m、70m、100m高度年平均风功率密度为300W/m²的风能资源技术开发量分别为20亿kW、26亿kW和34亿kW。

根据我国风能资源区划，我国陆地风能资源丰富区主要分布在东北、内蒙古、华北北部、甘肃酒泉；云贵高原、东南沿海为风能资源较丰富地区。以70m高度风能资源技术可开发量为例，内蒙古最大，约为15亿kW，其次是新疆和甘肃，分别为4亿kW和2.4亿kW，此外，黑龙江、吉林、辽宁、河北北部，以及山东、江苏和福建等地沿海区域风能资源丰富的面积大。

根据《中国风能太阳能资源年景公报》（2020）有关风能资源的统计资料，我国10m、70m风能资源及分布如下：

1. 10m高度年平均风速

利用全国气象台站2010—2020年地面观测资料，统计分析2020年我国陆地10m高度的风速特征，得到以下结论：

2020年，全国地面10m高度年平均风速较常年（2010—2019年，下同）均值小1.55%，属正常（距平百分率为−2%～2%）略偏小年景，比2019年稍有减小。但分布不均，地区差异性较大。河南、安徽、甘肃、陕西、浙江、北京、宁夏、湖南、湖北、新疆10个省（自治区、直辖市）偏小（距平百分率为−5%～−2%），上海、江苏、青海、河北、山东5个省（自治区、直辖市）明显偏小（距平百分率为−10%～−5%），而广西、云南、四川、吉林、福建5个省（自治区、直辖市）偏大（距平百分率为2%～5%）。我国其他省（自治区、直辖市）地面10m高度年平均风速距平百分率如图1-7所示。

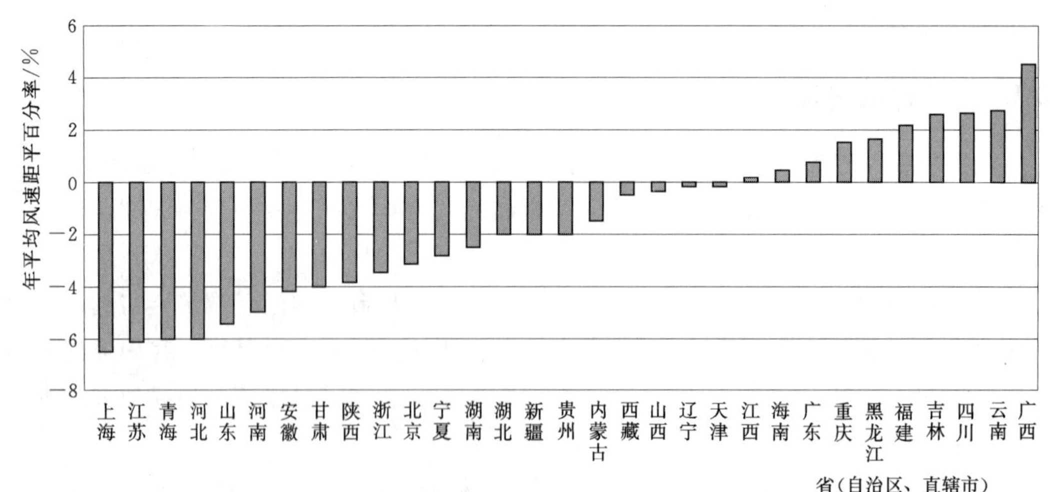

图1-7 2020年各省（自治区、直辖市）地面10m高度年平均风速距平百分率

2. 70m高度层风能资源的地域分布

2020年，全国地面70m高度平均风速约为5.4m/s。平均风速大于6.0m/s的地

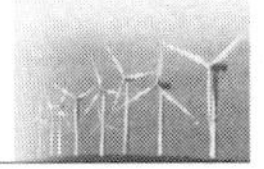

区主要分布在东北地区西部和东北部、华北平原北部、内蒙古中东部、宁夏中南部的部分地区、陕西北部、甘肃西部、新疆东部和北部的部分地区、青藏高原大部、云贵高原中东部、广西、广东沿海以及福建沿海等地，其中，内蒙古中东部、新疆北部和东部的部分地区、甘肃西部、青藏高原大部等地年平均风速达到 7.0m/s，部分地区甚至达到 8.0m/s 以上。山东北部和东部、华南大部、江浙沿海等地年平均风速也达到 5.0m/s 以上，其他地区年平均风速不到 5.0m/s。

2020 年，全国地面 70m 高度年平均风功率密度为 184.5W/m^2。平均风功率密度大值区主要分布在我国的内蒙古中东部、河北北部、新疆北部和东部、广西以及青藏高原和云贵高原的山脊地区，上述地区年平均风功率密度一般超过 300W/m^2；东北地区中西部和东北部、山东沿海地区、四川东北部、贵州东部、湖南西南部、福建沿海的部分地区年平均风功率密度一般为 200～300W/m^2；新疆西部的大部地区、东北东南部、华北中南部、黄淮、江淮、江汉、江南、四川东南部、重庆、云南西部和南部等地年平均风功率密度一般低于 200W/m^2。

按省（自治区、直辖市）统计，2020 年各省（自治区、直辖市）70m 高度平均风速为 4.0～6.5m/s，有 15 个省（自治区、直辖市）年平均风速超过 5.0m/s，其中，黑龙江、吉林、内蒙古 3 个省年平均风速超过 6.0m/s，平均风功率密度为 88.2～287.6W/m^2。有 14 个省（自治区、直辖市）年平均风功率密度超过 150W/m^2，其中，辽宁、黑龙江、吉林、内蒙古 4 个省年平均风功率密度超过 200W/m^2，如图 1－8 所示。

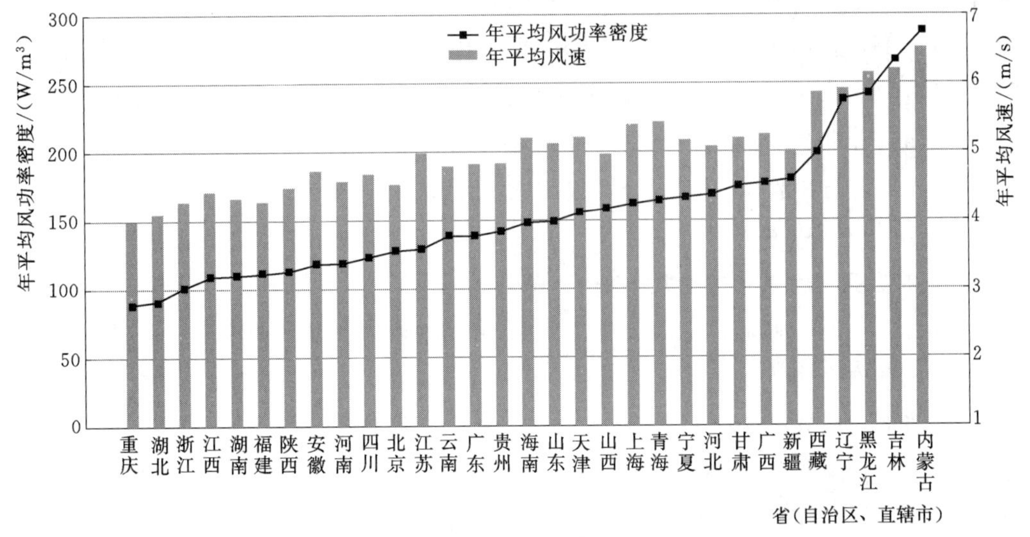

图 1－8　2020 年各省（自治区、直辖市）70m 高度年平均风速与平均风功率密度

3. 70m 高度风能资源的年景评估结论

（1）年平均风速。2020 年，青海、山东、浙江、江苏、甘肃、上海、宁夏、河

南、新疆、河北、安徽、湖北、陕西、北京14个省（自治区、直辖市）70m高度年平均风速较常年偏小（距平百分率为－5%～－2%）；福建、吉林、黑龙江、云南、广西5个省（自治区）偏大（距平百分率为2%～5%）；其他省（自治区、直辖市）与常年接近，如图1－9所示。

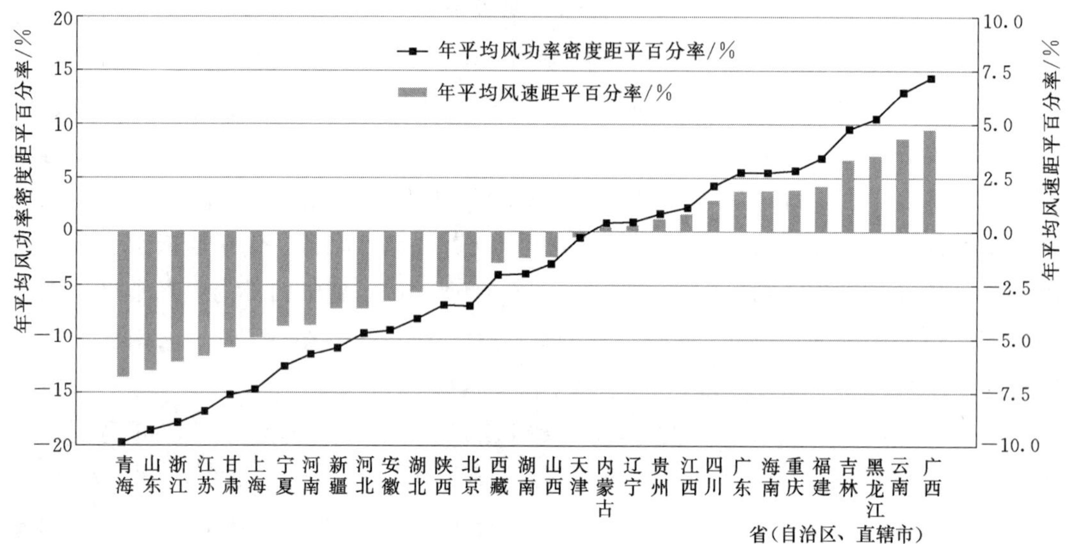

图1－9　2020年各省（自治区、直辖市）70m高度年平均风速与平均风功率密度距平百分率

2020年，全国70m高度年平均风功率密度不小于150W/m²区域的年平均风速与常年相比，偏小（距平百分率为－5%～－2%）的区域主要分布在新疆西部、西藏东部、青海大部、甘肃中西部、宁夏东部、辽宁中部、河北北部以及山东沿海地区；偏大（距平百分率为2%～5%）的区域主要集中在云南北部和东部、贵州东南部、广西、广东西部和北部、黑龙中北部的部分地区以及吉林东部等地，其中，云南东部以及广西东部的部分地区年平均风速明显偏大（距平百分率为5%～10%）。

（2）年平均风功率密度。2020年，河北、安徽、湖北、陕西、北京5个省（直辖市）70m高度年平均风功率密度较常年偏小（距平百分率为－10%～－5%），青海、山东、浙江、江苏、甘肃、上海、宁夏、河南、新疆9个省（自治区、直辖市）明显偏小（距平百分率为－20%～－10%）；广东、海南、重庆、福建、吉林5个省（自治区、直辖市）偏大（距平百分率为5%～10%），黑龙江、云南、广西3个省（自治区）明显偏大（距平百分率为10%～20%）；我国其他省（自治区、直辖市）接近常年。

2020年，全国70m高度年平均风功率密度（≥150W/m²区域）与常年相比，偏小（距平百分率为－10%～－5%）的区域主要分布在新疆西部、西藏东部、青海大部、甘肃中西部、宁夏东部、辽宁中部、河北北部以及山东沿海地区，其中，甘肃西

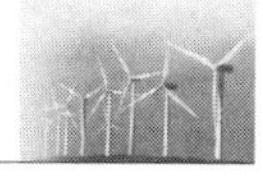

部、青海西部的部分地区明显偏小（距平百分率为−20%～−10%）；偏大（距平百分率为5%～10%）的区域主要集中在黑龙中北部的部分地区以及吉林东部等地：云南北部和东部、贵州东南部、广西、广东西部和北部明显偏大（距平百分率为10%～20%）。

2020年，全国70m高度年平均风功率密度（150W/m²区域），有41.2%的区域比常年偏大，有58.8%的区域面积比常年偏小。有12个省（自治区、直辖市）偏大面积大于偏小面积；有19个省（自治区、直辖市）偏小面积大于偏大面积，见表1-4。

表1-4　2020年各省（自治区、直辖市）70m高度年平均风功率密度为150W/m²区域面积及其年景变化

省（自治区、直辖市）	总面积/万km²	风功率密度偏大面积占比/%	风功率密度偏小面积占比/%
北京	0.3	0.8	99.2
天津	0.3	17.5	82.5
河北	7.1	3.4	96.6
山西	6.2	13.3	86.7
内蒙古	110.3	27.3	72.7
辽宁	12.5	19.6	80.4
吉林	17.4	82.5	17.5
黑龙江	44.4	79.4	20.6
上海	0.3	5.9	94.1
江苏	1.7	25.8	74.2
浙江	1.6	7.6	92.4
安徽	1.4	11.2	88.8
福建	1.9	68.8	31.2
江西	2.3	60.9	39.1
山东	5.9	1.9	98.1
河南	1.8	4.5	95.5
湖北	1.1	16.2	83.8
湖南	3.1	56.2	43.8
广东	6.2	77.5	22.5
广西	14.0	98.6	1.4
海南	1.3	86.3	13.7
重庆	0.6	41.1	58.9
四川	13.1	83.0	17.0
贵州	6.5	51.2	48.8
云南	12.6	92.8	7.2
西藏	74.7	55.3	44.7

续表

省（自治区、直辖市）	总面积/万 km^2	风功率密度偏大面积占比/%	风功率密度偏小面积占比/%
陕西	3.8	19.6	80.4
甘肃	23.0	4.2	95.8
青海	42.5	0.1	99.9
宁夏	3.0	0.4	99.6
新疆	87.4	36.4	63.6
全国	508.3	41.2	58.8

1.2 风力发电历史及发展

1.2.1 风力发电历史

1. 世界风力发电历史

公元前200年，波斯人开始利用垂直轴风车碾米；10世纪，伊斯兰人利用风车提水；到了11世纪风车广泛应用在中东地区。据史料记载，出现在1270年的欧洲第一台风力机是水平轴风力机。第一台水平轴风力机如图1-10所示，这台水平轴风力机也称木马式风磨，通过木质蜗轮蜗杆将水平轴转动转化为竖直轴转动，驱动石磨磨粉，风轮与磨坊可以由一个操纵杆对准风向。13世纪风车传到欧洲；14世纪风车成为欧洲不可缺少的原动机，著名的唐吉坷德大战风车具有代表性。风力磨坊是当时利用风能最具代表性的风力机械。德国人发明了可以随风向转动的磨房，1745年荷兰人发明了旋转机头，应用于荷兰风力磨房。

第一台风力发电机投入运行是在1888年。美国的Charles F. Brush先生在俄亥俄州的科利福兰（Cleveland）安装了风轮直径为17m的风力发电机。第一台风力发电机如图1-11所示，它采用篱笆型多叶片风轮，当风速过大时，凭借一个用铰链安装在风轮后面大尾舵，将风轮转出主风向。该风力发电机首次使用增速齿轮箱驱动直流发电机。这台机组尽管运行了近20年，但其局限性是显而易见的，17m直径的风轮只能驱动12kW的发电机，而现代同样直径的风轮可以驱动70～100kW的发电机。

20世纪30年代初，美国、丹麦、英国、德国等开始对技术复杂的大中型风电机组进行研制，渴望探索到廉价的能源。丹麦的保尔拉考（Paul Lacour）教授系统地研究了风力发电技术，他研制了一种能够自调节的四叶片直流风力发电机并且采用按照空气动力学原理设计的叶片，四叶片直流风力发电机如图1-12所示。在第一次世界大战期间（1914—1918年）有超过250台这种风力发电机在丹麦运行。但是，大量廉价化石燃料驱动的蒸汽机很快把风力发电机挤出了市场，使得这项技术的研究应用停滞不前。

图 1-10 第一台水平轴风力机

图 1-11 第一台风力发电机

至 1973 年石油危机之前，虽然美国、丹麦、法国、英国等国试验性地研制成功 200kW 甚至 1MW 的风电机组，但由于风轮的制造材料、刹车系统、发电价格太高等问题，始终处于科学研究阶段，主要在高校、科研单位开发研究，政府从技术储备的角度提供少量科研费。1973 年以后，风力发电作为能源多样化措施之一，列入能源规划，一些国家将风力发电作为工业化试点并给予政策扶持，以减税、抵税和价格补贴等经济手段给予激励，推进了风力发电工业的发展。进入 20 世纪 90 年代，一方面风力发电技术日趋成熟，风电场规模式建设；另一方面全球环境严重恶化，发达国家开始征收能源税和炭税，环保对常规发电提出新的、更严格的要求。情况的变化缩短了风力发电与常规发电价格竞争的差距，风力发电开始进入商业化发展的阶段。

图 1-12 四叶片直流风力发电机

2. 我国风力发电历史

早在公元前数世纪，我国就开始利用风力提水、灌溉、汲取海水晒盐和驱动帆船。我国风电场的建设始于 20 世纪 80 年代后期。改革开放以来，作为电力行业一个新型门类，风电建设一开始就以外向型的方式开发建设。积极引进国外设备，积极利用外资是这个时期的典型特征。到1999年年底，全国已建成24个风电场，总装机容量达26万kW，其中绝大多数机组是从丹麦、德国、美国、比利时、瑞典引进的，最大单机容量600kW。新疆达坂城风电场总装机容量为5.98万kW，是当时国内最大的风电场；其次是广东省南澳风电场，总装机容量为4.328万kW，排在第三位的是内蒙古自治区辉腾锡勒风电场，总装机容量为3.61万kW。

1.2.2 我国风力发电现状与展望

1. 我国风力发电现状

我国从1984年开始研制200kW风电机组，起步较晚，经过30多年的努力，通过技术引进、自主研发等方式，不断克服创新能力薄弱、未形成完整的风电产业链等障碍，风电设备研制能力大幅度提高，已经形成整机和零部件生产体系。从最初的开发出600kW、750kW风电机组，2007年进入兆瓦级风电机组的研制和生产，至2011年，我国1.5～6MW风电机组（包括海上风电机组）已经形成规模化生产，成为风电场的主流机型；2019年3月，中国海装中标乌兰察布风电基地一期600万kW示范风电项目，乌兰察布风电项目是全球规模最大的单一陆上风电场，该项目中标机型单机平均容量4.16MW，最低功率机型为中国海装3.4MW，最高功率机型为金风科技5.6MW。2019年11月29日，全球海上风电单体产能最大的最大半直驱抗台风型8～10MW海上风电机组在我国广东阳江量产下线，标志着我国由传统意义的风电大国成为风电强国。

截至2019年，我国风力发电总装机容量累计达2.1亿kW，其中陆上风电累计装机容量为2.04亿kW，海上风电累计装机容量为593万kW，风电装机容量占全部发电装机容量的10.4%，装机规模超过全球装机规模的1/3；2019年我国风电发电量为4057亿kW·h，占全部发电量的5.5%。

2. 我国风力发电展望

从全球范围发展趋势来看，在当前可再生能源发电技术中，风电的技术进步和成本预期比较明确，未来与常规能源电力相比将具有经济竞争力。根据国家发展与改革委员会能源研究所与国际能源署执行并发布的《中国风电发展路线图2050》（2014版），在风电规模扩大和技术更为成熟后，风电机组的单位成本有可能达到与煤电机组单位成本持平的水平。

根据我国风电发展政策导向和风能资源开发前景，我国风电在今后相当长的时间内将会在大规模集中开发模式下，走“大型风电基地建设为中心，规模化和分布式发展相结合”的发展思路，即在过去建立大基地融入大电网促进风电规模化发展的基础上，支持资源不太丰富的地区，发展低风速风电场，倡导分散式开发模式，从而避免

风电场过于集中对电网造成的压力，尤其是在东部建设低风速风电场可以就近为东部电力负荷较大的地区供电，缓解电网输配电压力。

1.3 陆上风电场概述

1.3.1 陆上风电场选址

风电场选址即风电场场址选择，是在一个较大的地区内，通过对若干场址的风能资源和其他建设条件的分析和比较，确定风电场的建设地点、开发价值、开发策略和开发步骤的过程，是企业能否通过开发风电场获取经济利益的关键。

1. 陆上风电场宏观选址原则

风电场场址选择的好坏，对风能利用的预期目的能否达到有着关键的作用。当然，风电场还要考虑电网、交通、环境、生活等条件，但风能资源是重中之重。

风电场选址最重要的条件是——必须拥有丰富的风能资源，也就是说，一年四季刮风的日子要很多。而且对于刮风的风速也有限制，规定年平均风速必须在 6m/s 以上才能建立风电场，若海拔较高，还必须订正到标准下的 6m/s 风速。而且，除了年平均风速要达到标准外，风速的大小和稳定性也至关重要，风电机组在小于 3m/s 的风力条件下，虽然叶片也会转动，但是没有发电价值；而在大于 25m/s 的风力条件下工作，会导致风电机组长期满载发电，影响风电机组使用寿命。

选址除了利用现有气象台站的资料外，还要根据当地地形、海陆分布等，按流体力学、小区域气候模式，研究大气流动规律，结合现场实地观测资料，最后判断能否建立风电场。

（1）风能资源丰富，风能质量好。风电场场址轮毂高度年平均风速一般应大于 6m/s，风功率密度一般应大于 300W/m^2，有稳定的盛行风向，以利于机组布置。风能资源的优劣，直接影响风力发电量，从而影响其发电成本。在相同的条件下年平均风速 7m/s 的风电场发电成本比 6.5m/s 的下降 8%左右，7.5m/s 的下降 14%左右，8m/s 的下降近 30%；而年平均风速 6m/s 的风电场的发电成本比 6.5m/s 的上涨 11%左右，因此认真选择一个好的风电场是非常重要的。风速的日变化和季节变化较小，可以降低对电网的冲击。垂直风剪切较小，有利于风电机组的运行，减少风电机组故障。湍流强度较小，可减轻风电机组的振动、磨损，延长风电机组寿命。

（2）较大的容量系数。风电场选址必须选择的风电机组容量系数大的地区。容量系数越大，风电机组实际输出功率越大。风电场选址在容量系数大于 30%的地区有较显著的经济效益。

（3）靠近接入系统。接入系统是风电场实现销售收入的必要条件。风电场场址应尽量靠近电网，减少线损和送出成本。根据电网的容量、结构，确定建设规模与电网是否匹配。

(4) 便利的交通状况。港口、公路、铁路等交通运输条件应满足风电机组、施工机械和其他设备、材料的进场要求。场内施工场地应满足设备和材料的存放、风电机组吊装等要求。

(5) 地质灾害、气象灾害。避免洪水、潮水、地震和其他地质灾害、气象灾害等对工程造成破坏性的影响。

(6) 满足环境保护的要求。避开鸟类的迁徙路径、候鸟和其他动物的停留地或繁殖区。和居民区保持一定距离，避免噪声、叶片阴影扰民。减少耕地、林地、牧场等的占用。

(7) 满足投资回报要求。尽量提高发电量，降低投资和运营成本，以获得较高的利润。

2. 陆上风电场宏观选址方法

(1) 资料分析。搜集初选风电场场址周围气象台站的历史观测数据，主要包括海拔、风速及风向、平均风速及最大风速、气压、相对湿度、年降雨量、最高最低气温及灾害性天气发生频率。

按照测风方案在测风阶段给予足够的投入，设立足够数量的测风塔，安装足够数量的传感器，开始为期至少完整一年的观测，对搜集的观测数据进行整理分析，判断初选区域是否适宜建立风电场。

(2) 实际调研。进行现场实地踏勘，利用地形地貌特征判别法、植物变形判别法、风成地貌判别法、当地居民调查判别法等对场址内风能资源进行评估，主要目的是为初步确定风电场位置、开发区域的具体位置、风场最佳位置提供基础数据。

3. 陆上风电场微观选址原则

(1) 首先应充分考虑场址内盛行风向、风速等风况条件。在同等风况条件下，应优先考虑那些地形地质条件良好且便于运输安装的场地进行布置。

(2) 进行多方案比选，精细调整机位，在投资建设、安装难度、发电效益方面取得最佳平衡，努力提高综合效益，减少投资成本，降低建设安装难度，提高发电量，争取风电场综合效益最优化。

(3) 避免无效机位。如果项目场址内农田、村庄较多，预计在土地、林地、环保、水土保持、村民利益等方面会遇到较多限制，则在设计中需全面考虑地类、环保、水土保持等要求，避免无效机位，做好预备方案，尽量减少机位调整，特别是大规模的调整。

(4) 合理集中机位。如果分散布置风电机组，虽可获得相对较高的发电量，但线路、道路较长，建设安装难度较大，反而降低了综合效益。因此，在综合考虑线路、

道路、建设安装难度等问题并保证发电量的前提下，集中机位以取得发电量、线路、道路、建设安装难度的最佳平衡，降低投资，提高风电场的综合效益。

4. 陆上风电场微观选址方法

(1) 综合考虑风电场地形、地表粗糙度、障碍物等，并合理选用风电场各测风塔的测风数据，利用风能资源仿真计算软件进行流场模拟。

(2) 根据风电场风能资源分布情况和具体地形条件，兼顾单机发电量和风电机组间的相互影响，拟定若干个风电机组布置方案，对风电机组布置进行比选优化。

(3) 从发电量、道路与线路路径、安装平台选取等方面进行技术经济比较，选定风电机组最终布置方案，绘出风电机组布置图。

(4) 现场踏勘时对逐个点位进行考察。并用 GPS、定位桩标记风电机组点位坐标，用相机记录点位周边的情况，在现场踏勘记录表中详细记录每个点位的情况。复核该点位的建设条件，初步判定该点位是否满足建设要求。

(5) 现场踏勘后，将不满足建设条件的点位剔除，将满足建设条件的点位坐标发给当地林业、国土等职能部门进行土地可利用复核，确定点位坐标的土地性质及可利用性。

(6) 经核实后将可利用的点位进行汇总，形成风电场点位坐标表。

5. 陆上风电场选址的影响因素

(1) 地面粗糙度的影响。地面粗糙度对于风电场选址有一定的影响程度。近地层中由于地面粗糙度有所差异，风速也会产生较大的变化。根据不同风场观测资料显示，随着地面粗糙度的增大，风速切变在接近地面时随之减小。由于风能的大小与风速立方成正比，所以，可通过适当提高风电机组塔架的高度，降低地面粗糙度对风速的影响，使风能捕获力大大提高，多发电。

(2) 障碍物的影响。气流流过障碍物时在它的下游会形成尾流扰动，不仅风速降低，而且有很强的湍流，对风电机组的运行十分不利。因此在风电机组设置时必须注意避开障碍物的尾流扰动区。尾流的大小与强弱跟障碍物的大小与外型有关。

(3) 地形的影响。复杂地形是指平坦地形以外的各种地形，大致可以分为隆升地形和低凹地形两类。局地地形对风力有很大影响。这种影响在总的风能资源分区图上显示不出来，需要在大的背景上作进一步的分析和补充测量。然而，复杂地形下风场特征的分析是相当困难的。但了解典型地形下的风场分布规律就有可能进一步分析复杂地形下的风场分布。

(4) 风电场周围环境的影响。在风电场建设的过程中会受其周围的环境因素影响。一方面要对生态环境进行保护，如应避开飞禽的迁徙路线和飞行路线以及动物栖息地等，还要保证尽量不要占用耕地和植被等；另一方面要考虑噪声的影响，根据相关规定要求风电场风电机组和最近的居民小区之间的距离以噪声不能超过

45dB为原则。

1.3.2 陆上风电场的组成及特点

1. 陆上风电场的组成

风电场是在一定的地域范围内，由同一单位经营管理的所有风电机组及配套的输变电设备、建筑设施、运行维护人员等共同组成的集合体。

选择风能资源良好的场地，根据地形条件和主风向，将多台风电机组按照一定的规则排成阵列，组成风电机组群，并对电能进行收集和管理，统一送入电网，是建设风电场的基本思想。

陆上风电场工程（集中式）由风电场道路工程、风电机组（含箱变）工程、场内集电线路工程和风电场升压变电站工程四部分组成。风电场道路工程包括进场道路、进站道路和场内道路；风电机组（含箱变）工程包括基础、塔架、机组和箱式变电站；场内集电线路工程包括架空线路和直埋电缆；升压变电站工程包括集控中心和升压站。

2. 风电场的特点

与火电厂、水电站及核电站等常规发电厂站相比，风电场的电能生产有很大的不同。这主要体现在以下方面：

(1) 风电机组的单机容量小。目前陆上风电场所用的主流大型风电机组多为3.0MW，最大单机容量为DEW-D5.5S-172型6.0MW风电机组。海上风电场的风电机组单机容量稍大一些，最大已达10MW（海装H210-10MW）。而一般火电厂等常规发电厂站中，发电机组的单机容量往往是几百兆瓦，甚至是上千兆瓦。

(2) 风电场的电能生产方式比较分散，发电机组数量多。火电厂等常规发电厂站，要实现百万千瓦级的功率输出，往往只需少数几台发电机组即可实现，因而生产比较集中；而对于风电场，由于风电机组的单机容量小，要达到大规模的发电应用，往往需要很多台风电机组。例如，按目前主流机型的额定功率计算，建设一个50MW的内陆风电场，需要33台单机容量1.5MW风电机组；若要建设1000MW规模的风电场，则需要67台单机容量1.5MW的风电机组。这么多的风电机组，分布在方圆几十甚至上百公里的范围内，电能的收集明显要比生产方式集中的常规发电厂站复杂。

(3) 风电机组输出的电压等级低。火电厂等常规发电厂站中的发电机组输出电压往往在6～20kV电压等级，只需一到两级变压器即可送入220kV及以上的电网。而风电机组的输出电压很低，一般为690V或400V，需要变换至更高的电压等级，才能送入大电网。

(4) 风电机组的类型多样化。火电厂等常规发电厂站的发电机几乎都是同步发电

机。而风电机组的类型很多，同步发电机、异步发电机都有应用，还有一些特殊设计的机型，如双馈式感应发电机等。发电原理的多样化，使得风电并网给电力系统带来了很多新的问题。

（5）风电场的功率输出特性复杂。对于常规发电厂站，通过汽轮机或水轮机等的阀门控制，以及必要的励磁调节，可以比较准确地控制发电机组的输出功率；而对于风电场，由于风能本身的波动性和随机性，风电机组的输出功率也具有波动性和随机性，而且那些基于异步发电原理的风电机组还会从电网吸收无功功率，这些都需要无功补偿设备进行必要的弥补，以提高功率因数和电压稳定性。

（6）风电机组并网需要电力电子换流设备。常规发电厂站可以通过汽轮机或水轮机的阀门控制，准确地调节和维持发电机组的输出电压频率；而在风电场中，风速的波动性会造成风电机组定子绕组输出电压的频率波动。为使风电机组定子绕组输出电压的频率波动不致影响电网的频率，往往采用电力电子换流设备作为风电机组并网的接口。先将风电机组输出的电压变换为直流，再通过逆变器变换为频率和电压能满足并网要求的交流电送入电网。这些用作并网接口的电力电子换流器，在常规发电厂站中是不需要的，且有可能给风电场和电力系统带来谐波等电能质量问题。

正是由于风电场自身的电气特点，风电场电气部分与常规发电厂站的电气部分也不尽相同。

1.3.3 我国陆上风电场的分布

1. 我国的风能分布

我国幅员辽阔，海岸线长，风能资源十分丰富。根据中国气象局的资料，我国离地 10m 高的风能资源总储量约 32.26 亿 kW，其中可开发和利用的陆地上风能储量有 2.53 亿 kW，可开发的 50m 高度的风能资源比 10m 高度多 1 倍，约为 5 亿 kW。

我国风能资源丰富的地区主要分布在三北（东北、华北、西北）地区丰富带，风功率密度为 200～300W/m^2，有的可达 500W/m^2 以上，如阿拉山口、达坂城、辉腾锡勒、锡林浩特的灰腾梁等，可利用小时数在 5000h 以上，有的可达 7000h 以上。这一风能丰富带的形成，主要与三北地区处于中高纬度的地理位置有关。

依托全国风能资源详查和评价工作，中国气象局针对风能资源规划和风电场选址需要，采用规范、统一的标准，在中国大陆风能资源可利用区域设立了 400 座 70～120m 高的测风塔，初步建成了全国陆上风能资源专业观测网，该专业观测网于 2009 年 5 月正式全网观测运行，已获取的实地观测数据为全国（陆上）风能详查和评价提供了可靠的依据，同时也为规范风能资源观测的专业化运行和管理积累了丰富的实际操作经验。该专业观测网的持续运行，可为开展风能预报业务和风电场后评估提供基础支持。

2. 国内风电场地域分布

我国风能资源丰富，开发潜力巨大，在现有技术条件下，我国风能资源足够支撑20亿kW以上的风电装机。受地域和气候影响，我国风能资源在地理分布上差异较大，风能资源集中分布在西北地区、华北地区、东北地区，青藏高原腹地及沿海地区。其中“三北”地区约占到总蕴藏量的69%。根据《2020年风电行业深度分析报告》显示数据，我国风电资源蕴藏总量为4327.74GW，地域分布如图1-13所示。我国国内风电场也主要分布在西北地区、华北地区、东北地区和东南沿海地区。注：华东地区包括山东、江西、江苏、安徽、浙江、福建、上海；华北地区包括北京、天津、河北、山西、内蒙古；西北地区包括宁夏、新疆、青海、陕西、甘肃；华中地区包括湖北、湖南、河南；南方电网包括广东、广西、贵州、云南、海南；东北地区包括辽宁、吉林、黑龙江。

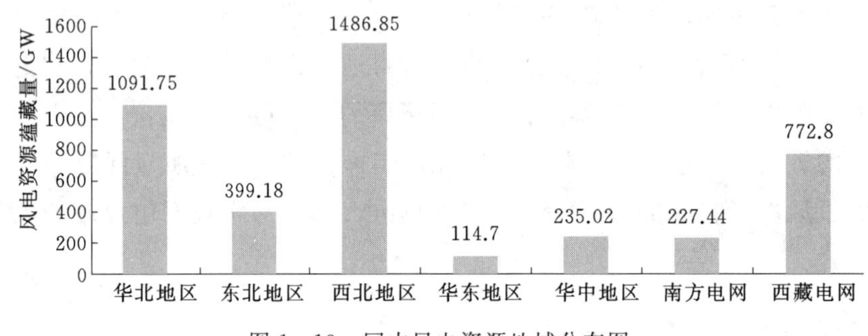

图1-13 国内风电资源地域分布图

3. 区域装机情况

根据中国风能协会（CWEA）公布的全口径数据显示，2013—2019年，我国风力发电并网装机容量呈逐渐上升的趋势，其年复合增长率为20.94%。2013—2015年，我国风电并网装机容量增速超过24%，截至2015年，风电并网装机容量达到13075万kW，同比增长35.04%。2015年以后，我国风电并网装机容量增速放缓。2018年风电装机容量为20953万kW，截至2019年，全国风电装机容量21005万kW，在全球累计风电装机容量的占比大致为32.29%。截至2020年年底，全国并网风电装机容量28153万kW，同比增长34.6%。

截至2020年年底，全国十大风电装机容量省份分别是：内蒙古3786万kW、新疆2361万kW、河北2274万kW、山西1974万kW、山东1795万kW、江苏1547万kW、河南1518万kW、宁夏1377万kW、甘肃1373万kW、辽宁981万kW，如图1-14所示。

4. 中国7大风电基地

2009年，《新能源产业规划》正式颁布，确定了6个省（自治区）的7大千万级的风电基地，包括甘肃、内蒙古、新疆、吉林、河北和江苏，其中内蒙古有2个风电

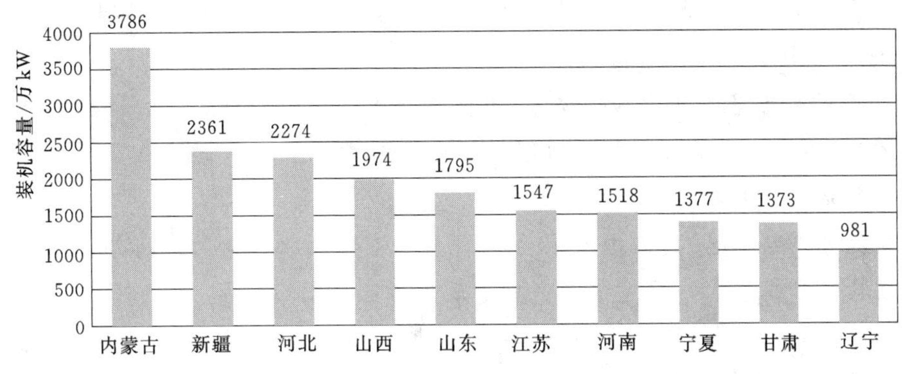

图 1-14 截至 2020 年年底我国风电装机前十省份统计图

基地。分别是酒泉风电基地、哈密风电基地、蒙西+蒙东基地、河北风电基地、江苏风电基地、吉林风电基地。规划到 2015 年建成装机容量 5808 万 kW，2020 年建成装机容量 9017 万 kW，占全国风电总装机容量的 60%左右。

(1) 甘肃酒泉风电基地（915 万 kW）。酒泉市风能、太阳能资源充足，据估计酒泉市风能资源总储量 2 亿 kW，可开发量 8000 万 kW 以上，占全国可开发量的 1/7。酒泉按照“建设大基地、融入大电网”的思路，把新能源产业作为首位产业，加快建设风电项目。

2009 年，酒泉千万千瓦级风电基地项目全面启动，以瓜州和玉门为主的风力发电大规模推进，风电基地一期 380 万 kW、二期首批 300 万 kW 和 65 万 kW 大功率风机示范等项目先后建成并网。截至 2020 年年底，酒泉市全市建成并网风电装机容量达到 1045 万 kW，占全国风电装机容量的 3.7%，占甘肃省风电装机容量的 71.9%，真正实现了千万千瓦级风电装机目标。

(2) 新疆哈密风电基地（1098 万 kW）。新疆哈密地区是全国日照时数充裕的地区之一，具有发展风电、光电的独特优势。截至 2020 年，新疆哈密风电基地总装机容量为 1098 万 kW。

(3) 内蒙古蒙西+蒙东两个风电基地（2557 万 kW）。内蒙古地广人稀，风能分布广，且稳定性好、易开发，是我国陆上风能资源最富集的地区。根据前瞻产业研究院 2020 年内蒙古风电行业市场现状及发展前景分析数据分析，截至 2020 年，蒙东+蒙西两个风电基地累计风电并网装机容量达到 3033 万 kW，占全国累计装机容量的 13.99%。

(4) 河北风电基地（805 万 kW）。作为国家可再生能源示范区的河北省张家口市，依托京津冀协同发展和 2022 年北京联合张家口举办冬奥会的契机，加快风电、光伏、光热和生物质发电基地建设。据国网张家口供电公司介绍，截至 2020 年 8 月，张家口市可再生能源装机总量达到 1601 万 kW，其中风电装机容量 1088 万 kW，光伏装机容量 505 万 kW，光热发电装机容量 1.5 万 kW，生物质发电装机容量 6.5 万 kW，实现了千万千瓦级风电装机目标。

（5）江苏风电基地（538 万 kW）。江苏作为七大风电基地之一，根据江苏省《关于做好 2021 年风电和光伏发电项目建设工作的通知》显示数据，截至 2020 年年底，江苏省风电累计装机为 1547 万 kW。

（6）吉林风电基地（505 万 kW）。2017 年 5 月，吉林省人民政府办公厅印发吉林省战略性新兴产业“十三五”发展规划，规划指出到 2020 年，全省风电装机容量力争达到 550 万 kW。根据吉林省新能源统计数据，截至 2020 年年底，吉林风电基地累计装机容量达到 875 万 kW。

第2章　陆上风电场工程施工管理

2.1　施 工 准 备

2.1.1　项目组织机构及职责

2.1.1.1　成立项目组织机构

陆上风电场项目施工实施组织机构一般称为施工经理部。施工单位在项目中标后，应在投标文件约定的项目组织机构的基础上，通过对项目的进一步了解与研究，以文件的形式发布成立正式的项目施工实施组织机构，即项目经理部（简称“项目部”），并聘任主要管理人员，包括项目经理、项目副经理、项目总工程师、项目安全总监等。在项目部成立后，由项目经理根据项目的规模及具体特点，结合招标文件和投标文件的相关要求，规划项目部的具体部门设置与管理人员配置，并明确项目部主要管理人员和各部门的管理职责。项目部主要岗位从业人员的资格应满足建设单位招标文件的相关要求。

组织结构按权责关系的不同可划分为直线式、职能式、直线职能式和矩阵式等类型。其中，直线职能式组织结构是将直线式和职能式结构相结合的一种结构形式。这种组织结构形式有两个显著特点：一是按照组织的任务和管理职能划分部门、设立机构，实行专业分工，加强专业管理；二是这种结构将管理部门和管理人员分为两大类，第一类是直线指挥机构和管理人员，第二类是职能机构和管理人员。根据陆上风电场项目的施工管理特点，一般都采用直线职能式的组织结构形式来组建施工项目部。陆上风电场项目组织机构图如图2-1所示，企业可根据实际情况设置。

2.1.1.2　项目部主要管理人员职责

1. 项目经理主要职责

项目经理受企业法定代表人委托全面负责项目各项管理工作，为项目第一责任人，其主要职责如下：

（1）严格遵守国家法律、法规以及本企业的各项规章制度，并保证在项目部贯彻执行。

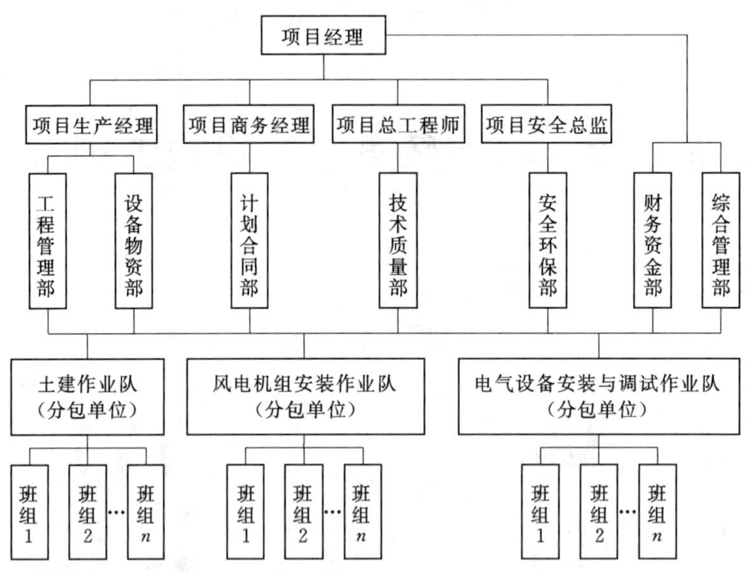

图 2-1　陆上风电场项目组织机构图

(2) 根据项目实施需要，组建项目部管理职能部门和配置相应的管理人员。

(3) 建立健全项目管理制度和管理体系。

(4) 组织编制项目管理策划。

(5) 统筹安排与审批项目资金，对项目成本进行有效管控。

(6) 审批并签发项目部重要文件或重大技术、安全方案。

(7) 严格按照施工合同要求履约。

(8) 代表项目部与企业签订目标责任书，并保证目标实现。

(9) 组织项目部定期生产、安全、质量等大检查。

(10) 主持项目部考核工作。

(11) 参加业主、监理单位主持的相关会议。

(12) 负责落实业主、监理单位的相关制度与要求，负责制定本企业各项制度。

(13) 协调内外部关系和资源，保证项目部运行通畅。

(14) 组织项目部生产、安全月例会。

(15) 管理协作或分包队伍。

(16) 代表企业参与工程竣工验收。

(17) 及时上报质量安全事故，并按权限参与调查与处理。

(18) 其他。

2. 项目生产经理主要职责

项目生产经理全面负责现场安全生产管理工作，其主要职责如下：

(1) 组织施工进度计划的编制与报审，并负责落实。

(2) 组织劳动力、设备和物资需求计划的编制与报审。

(3) 负责现场施工组织与施工资源调配。

(4) 负责生产任务、技术方案和安全措施的落实与考核。

(5) 对现场安全生产和工程质量负直接领导责任。

(6) 协助项目经理对项目成本进行有效管控。

(7) 组织日常安全生产检查与生产例会。

(8) 负责工程变更的申报与处理，最终审签工程量。

(9) 负责与供应商的沟通与协调。

(10) 参与项目部重大事项的决策。

(11) 及时上报质量安全事故，并按权限参与调查与处理。

(12) 完成项目经理交办的其他任务。

3. 项目商务经理主要职责

项目商务经理全面负责项目计划与合同管理工作，其主要职责如下：

(1) 认真分析研究合同，制定合同执行计划以及风险预控措施，并向项目部相关管理人员进行合同交底。

(2) 组织编制项目预算，并根据实际变化进行及时调整。

(3) 根据施工进度计划，组织编制项目资金收支计划。

(4) 及时掌握与工程相关的市场价格信息，预测项目成本风险。

(5) 负责成本核算与成本分析，并提出具体的成本控制措施。

(6) 负责工程变更等项目的签证。

(7) 参与工程量的签证。

(8) 负责商务谈判与市场开拓。

(9) 审核合同结算。

(10) 参与项目部重大事项的决策。

(11) 完成项目经理交办的其他任务。

4. 项目总工程师主要职责

项目总工程师全面负责项目技术质量管理工作，其主要职责如下：

(1) 组织施工组织设计、专项施工方案、强制性条文执行计划等技术质量文件的编制。

(2) 参与设计交底，主持图纸会审与交底。

(3) 审核施工图纸、测量成果、试验检测报告及技术方案。

(4) 对项目部技术人员和施工人员进行书面技术交底。

(5) 研究解决项目施工过程中遇到的重大技术难题。

(6) 组织开展 QC 小组活动和员工培训。

（7）协助项目经理建立项目质量管理体系，负责具体实施。

（8）对工程质量进行有效监控，保证项目质量目标实现。

（9）参与工程验收。

（10）推广应用“四新技术”。

（11）参与项目部重大事项的决策。

（12）完成项目经理交办的其他工作。

5. 项目安全总监主要职责

项目安全总监全面负责项目安全监督管理工作，其主要职责如下：

（1）贯彻落实国家安全生产法律法规及企业的安全生产规章制度。

（2）协助项目经理建立健全项目职业健康安全保证体系和环境保护体系，并监督落实。

（3）督促项目部各级安全生产责任制度和安全管理制度的制定和贯彻落实。

（4）督促项目部组织开展安全教育与培训。

（5）审核项目安全经费投入计划，监督安全费用有效投入和合规使用。

（6）参与施工组织设计、安全专项施工方案的审查，并督促落实。

（7）负责日常安全生产、环境保护和水土保持以及文明施工的监督检查，并定期总结汇报。

（8）督促完善项目安全、环境、水土保持设施。

（9）督促组织开展安全隐患排查整改。

（10）督促组织开展危险源辨识、评估与监控。

（11）督促劳动保护用品的发放使用。

（12）督促施工前的安全交底。

（13）督促建立健全项目应急管理机制，并督促组织开展应急演练。

（14）督促落实施工人员意外伤害保险。

（15）及时上报安全生产事故，并按权限参与事故的调查与处理。

（16）参与项目部重大事项的决策。

（17）完成项目经理交办的其他工作。

2.1.1.3　项目部职能部门职责

1. 工程管理部职责

工程管理部职责如下：

（1）编制项目施工管理相关制度。

（2）编制项目施工进度计划和资源需求计划，并负责落实。

（3）参与施工图纸会审，根据施工进度安排编制施工图纸需求计划。

（4）负责生产目标任务的分解与落实。

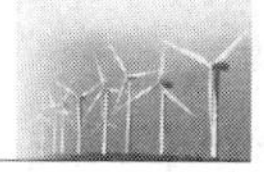

(5) 负责测量成果的整理与复核。

(6) 监督指导现场施工，保证施工安全和质量，并对施工任务按照相关制度进行考核。

(7) 负责工程量统计与签证。

(8) 检查现场施工人员、材料和施工机械的到位情况，并建立有关台账。

(9) 负责施工人员和机械的管理与调配，协调现场生产。

(10) 定期召开施工进度计划执行情况检查会，检查分析存在的问题，研究处理措施，编制生产周报与月报以及年度总结报告。

(11) 对工程成本进行分析、核算与管控。

(12) 编写项目完工报告。

(13) 负责竣工验收资料的收集、整理、编制以及工程移交手续的办理。

(14) 负责工程施工文件、资料的归档与移交。

(15) 及时上报安全生产事故，参与事故的调查，并负责落实补救措施。

(16) 与施工管理相关的其他工作。

2. 技术质量部职责

技术质量部职责如下：

(1) 编制质量工作计划，并监督实施。

(2) 负责测量成果的复核。

(3) 组织设计文件和施工图纸会审。

(4) 负责与设计单位的沟通。

(5) 组织编制施工组织设计、专项施工方案以及安全、环保、水保实施方案。

(6) 编制项目技术方案，并组织技术交底。

(7) 组织建立项目质量管理体系并保证有效运行。

(8) 负责试验与检测，对施工过程质量进行有效监控，保证质量满足合同要求。

(9) 严格按照“三检制”开展内部施工质量检查与验收，并整理验收资料。

(10) 负责研究解决施工过程中的技术难题，为项目实施提供有力的技术保障。

(11) 总结施工技术，推广应用电力“五新技术”。

(12) 及时上报质量事故，参与调查与处理，并制定可靠的补救措施。

(13) 与技术质量相关的其他工作。

3. 计划合同部职责

计划合同部职责如下：

(1) 根据工程总进度计划和合同要求，编制合同执行计划。

(2) 认真研究施工合同，识别合同风险，并制定合同风险控制措施。

(3) 编制项目预算，并根据实际变化进行及时调整。

（4）负责项目变更与索赔管理。

（5）分析工程进度与合同执行计划的差异，根据合同执行计划对施工进度进行监督。

（6）编制成本控制计划，定期进行成本分析与核算。

（7）参与审查施工组织设计。

（8）办理合同结算，对工程造价和合同费用进行控制。

（9）负责项目部合同管理，协调解决合同争议和纠纷。

（10）积极开展商务谈判与市场开拓。

（11）与商务相关的其他工作。

4. 设备物资部职责

设备物资部职责如下：

（1）编制项目设备物资管理制度，并根据制度对项目设备物资进行管理。

（2）根据项目施工进度计划，制订项目部生产物资采购计划，并按企业相关制度要求进行采购，保证物资供应满足施工进度要求。

（3）负责与供应商的沟通，做好材料、设备的催货、检验、运输及交接。

（4）负责测量、计量仪的定期鉴定。

（5）负责甲方供应材料与设备的接收、保管。

（6）负责物资核销。

（7）材料、设备相关资料的整理与归档。

（8）与材料和设备管理相关的其他工作。

5. 财务资金部职责

财务资金部职责如下：

（1）编制项目财务管理制度及实施办法，保证项目资金使用的合法合规。

（2）根据资金使用计划，制定资金保证措施，确保项目资金到位。

（3）负责工程税务管理。

（4）负责项目固定资产管理。

（5）负责项目资金的收支与账务管理。

（6）建立农民工工资发放台账。

（7）编制项目完工财务报告。

（8）与财务资金相关的其他工作。

6. 综合管理部职责

综合管理部职责如下：

（1）编制项目行政管理相关制度。

（2）负责项目印章管理。

(3) 负责项目收发文管理。

(4) 负责办公、生活和劳动保护用品的采购与发放。

(5) 负责项目信息化建设。

(6) 负责工程档案管理。

(7) 负责项目部会议的召集与会议记录的整理。

(8) 负责项目保密。

(9) 负责后勤服务与业务接待。

(10) 制定劳动纪律，并监督执行。

(11) 参与项目地方关系的协调。

(12) 与综合事务相关的其他工作。

2.1.2 编制项目施工管理策划

周密细致的项目施工管理策划是项目实施成功的关键，是项目实施的纲领性文件。因此在项目施工前，项目经理应该主持编制项目施工管理策划。

2.1.2.1 项目施工管理策划的编制原则

陆上风电场项目施工管理策划的编制应遵守“依据充分、尊重事实、目标明确、资源优化、流程清晰、紧密衔接、系统完整、便于操作”的编制原则。

2.1.2.2 项目施工管理策划的主要内容

陆上风电场工程项目施工管理策划主要包括但不限于以下内容：

(1) 编制依据。编制依据主要包括招标文件、投标文件、施工合同、现场调研资料等。

(2) 项目概况。项目概况主要包括项目建设的地理位置、建设规模、交通条件、水文地质条件、气象、利益相关方等。

(3) 项目管理范围。根据施工合同界定施工项目的范围，同时分析施工范围内管理的重点和难点问题，并制定相应的对策。

(4) 项目管理目标。项目管理目标主要包括工期管理目标、质量管理目标、安全管理目标、环境与文明施工管理目标、成本管理目标、创优管理目标等。

(5) 项目管理组织。项目管理组织包括项目组织机构及职责。

(6) 项目进度管理。项目进度管理主要包括各级进度计划及控制措施。

(7) 项目质量管理。项目质量管理主要包括项目质量管理体系的建立及运行、质量管理控制措施。

(8) 项目安全生产管理。项目安全生产管理主要包括项目安全管理体系的建立及运行、安全生产控制措施。

(9) 项目成本管理。项目成本管理主要包括成本预算和控制措施。

(10) 项目绿色施工与环境管理。项目绿色施工与环境管理主要包括绿色施工策划、环境保护管理体系及运行、环境保护措施。

(11) 项目资源管理。项目资源管理主要包括人力资源、设备和材料以及资金管理。

(12) 项目信息管理。项目信息管理包括信息管理计划、信息过程、文件与档案、信息安全及信息技术应用管理等。

(13) 风险识别与管控。风险识别与管控包括项目实施过程中风险的识别，以及可行的预控措施。

2.1.2.3　项目施工管理策划的编制方法

项目施工管理策划的方法可从以下方面着手：

(1) 查阅陆上风电场施工管理相关规程规范。

(2) 参考本企业以往项目管理的经验。

(3) 以进度计划为主线合理配置资源和控制成本。

(4) 目标管理先总后分。

(5) 利用现代管理工具和方法，如WBS、网络图、甘特图、关键路径法、人力资源负荷量图、费用累计曲线、挣得值、PDCA、头脑风暴法、内部专家调查法等。

2.1.3　技术准备

2.1.3.1　收集并熟悉资料

为了全面掌握项目的情况，做到运筹帷幄，在项目实施前，要尽量收集能够收集并熟悉与项目施工有关的各方面技术资料。可收集的资料主要包括但不限于以下资料：

(1) 招标文件、投标文件和施工合同。

(2) 设计文件与施工图纸以及设计单位的供图计划。

(3) 与陆上风电场施工相关的法律法规以及规程规范。

(4) 场区水文、地质、地震、气象资料。

(5) 有关防洪、防雷及其他与研究施工方案、确定施工部署有关的各种资料。

(6) 交通运输条件及地方运输能力。

(7) 原材料的产地、产量、质量及其供应方式。

(8) 劳动力市场情况。

(9) 当地施工企业和制造加工企业可能提供服务的能力。

(10) 施工水源、电源、通信可能的供取方式、供给量及其质量状况。

(11) 地方生活物资的供应状况。

(12) 设备制造厂家及其主要设备交付进度计划。

（13）主要材料、设备、吊装机具的技术资料和供应状况。

（14）现场调查资料，包括场区建（构）筑物和临近区域内的地下管线、地下建（构）筑物、地下废弃建（构）筑物、墓室、洞穴等调查资料。

（15）场区的征地边界资料。

（16）类似工程的施工方案及工程总结资料。

2.1.3.2 编制施工组织设计

施工组织设计是制订施工计划的技术文件，是指导施工的主要依据。一个好的施工组织设计可以达到事半功倍的效果。施工组织设计的编制应符合《风力发电工程施工组织设计规范》（DL/T 5384）的相关要求。

1. 编制依据

编制施工组织设计应依据以下资料：

（1）设计文件。

（2）设备技术文件。

（3）中央或地方主管部门批准的文件。

（4）气象、地质、水文、交通条件、环境评价等调查资料。

（5）技术标准、技术规程、建筑法规及规章制度。

（6）工程用地的核定范围及征地面积。

2. 编制原则

施工组织设计的编制原则如下：

（1）严格执行基本建设程序和施工程序。

（2）应进行多方案的技术经济比较，选择最佳方案。

（3）应尽量利用永久性设施，减少临时设施。

（4）重点研究和优化关键路径，合理安排施工计划，落实季节性施工措施，确保工期。

（5）积极采用新技术、新材料、新工艺，推动技术进步。

（6）合理组织人力物力，降低工程成本。

（7）合理布置施工现场，节约用地，文明施工。

（8）应制定环境保护措施，减少对生态环境的影响。

3. 主要内容

陆上风电场工程施工组织设计主要包括但不限于以下内容：

（1）工程概况。

（2）施工总体说明及总平面布置。

（3）项目组织机构设置。

（4）施工准备，主要包括道路、供水、供电、通信以及生产、生活临时设施建设和材料供应方式等。

（5）主要工程施工方案，包括风电机组基础、风电机组设备安装、集电系统、升压站、房屋建筑等主要单位工程的施工方案。

（6）资源配置，包括机械设备、材料和劳动力等。

（7）施工进度计划，包括总进度计划和单位工程进度计划。

（8）质量控制措施。

（9）安全控制措施。

（10）环境保护与水土保持措施。

（11）文明施工措施。

（12）季节性施工措施。

（13）绿色施工方案。

（14）风险分析与控制措施。

4. 编制流程

（1）施工组织总设计编制流程如图 2-2 所示。

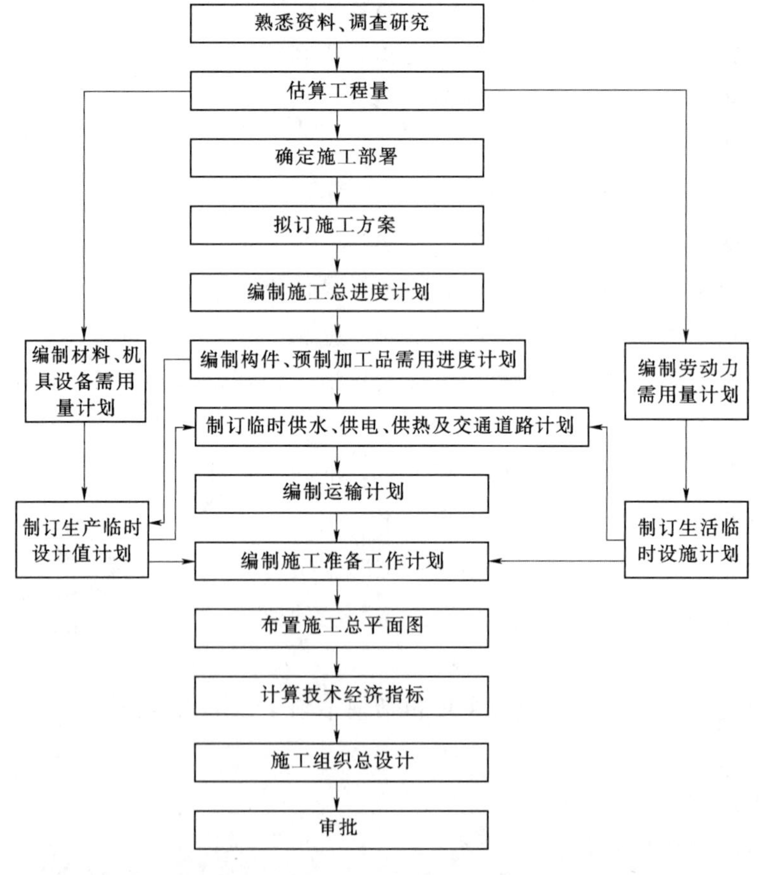

图 2-2　施工组织总设计编制流程

（2）单位工程施工组织设计编制流程如图 2－3 所示。

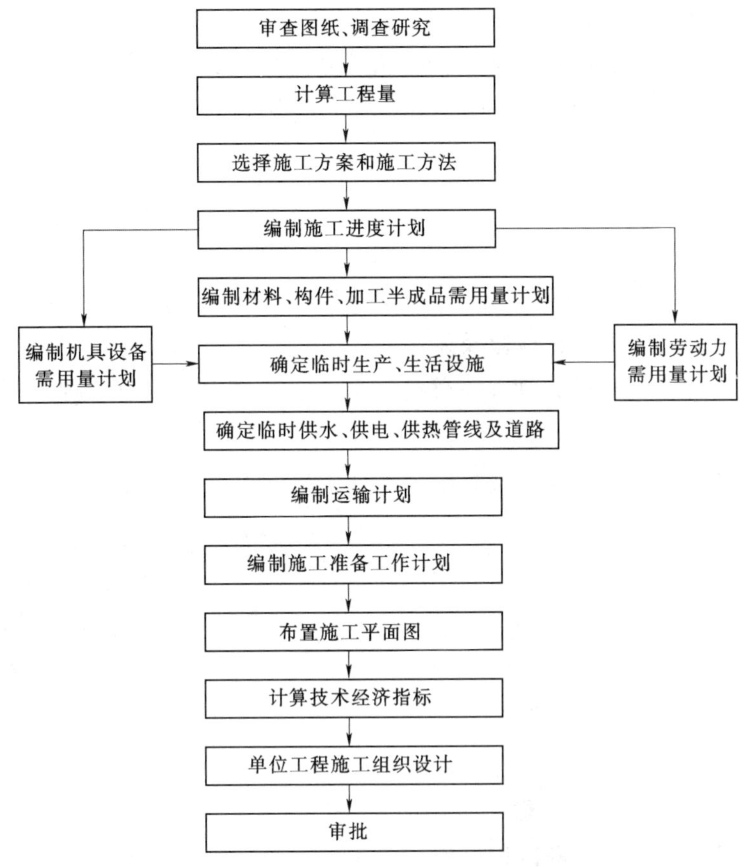

图 2－3　单位工程施工组织设计编制流程

5. 施工组织设计的审批与实施

施工组织设计由项目技术人员编制，项目总工程师校核，经项目经理审核后，上报施工企业技术负责人批准、项目总监理工程师审查通过后，方可实施。若在实施过程中，施工组织设计中的内容，尤其是施工方案有重大变化，应及时修改，修改完成后，应按原审批流程进行审批。

2.1.3.3　开工资料准备

陆上风电场工程在开工前，业主单位都要组织开工安全条件确认，安全确认主要是检查建设、监理、施工各参建单位的开工资料和现场安全设施两个方面，施工单位需要准备的资料主要包括但不限于以下各项：

1. 资质资格类

资质资格类资料如下：

（1）承（分）包商的企业资质证书。

（2）项目部成立文件。

(3) 主要管理人员资格证书（包括项目经理、副经理、总工、专职安全管理人员相关执业资格证书，“八大员”证书）。

(4) 特种作业人员从业资格证书。

2. 手续类

手续类资料如下：

(1) 施工合同。

(2) 开工报告及审批文件。

(3) 作业人员雇主责任保险（工伤、意外伤害保险）及项目一切责任险。

(4) 职业防护用品试验、检验及发放记录。

(5) 进行人员进场报验资料（符合投标文件合同要求，主要管理人员变更经过业主批准）。

(6) 安全费用（专款专用）编制使用计划（满足建安费 2%要求，合同有规定的按合同执行）。

3. 技术资料

技术资料如下：

(1) 单位工程施工组织设计。

(2) 安全文明施工二次策划。

(3) 工程施工强制性条文执行计划表。

(4) 单位工程图纸会审记录（业主单位主持）。

(5) 危险源、环境因素辨识与评价。

(6) 安全技术交底记录。

(7) 法律法规辨识清单（含地方性法规）。

(8) 对危险性较大的分部分项工程制定安全方案。

(9) 分部工程作业指导书。

(10) 项目关键质量点控制清单的工序划分。

4. 设备材料

设备材料如下：

(1) 主要原材料进场报验资料（出厂合格证、检验证明等）。

(2) 混凝土、砂浆配合比报告。

(3) 施工机器（具）的进场报验资料（出厂合格证、年检或维护保养资料）。

(4) 各类测量、试验仪器仪表的进场报验资料（出厂合格证、定期检验合格证）。

(5) 手持电动工器具（如混凝土振捣棒、抹平机、砂轮机、角磨机、手电钻等）绝缘检测记录。

(6) 特种设备进场报验资料（出厂合格证、检验合格证、维修保养记录、当地监

管部门报备证明、设备台账)。

(7) 特种设备与大型施工车辆(挖掘机、压路机、装载机、铲车等)进场前经监理检查审核、放行记录。

(8) 起重机械的现场负荷试验记录。

5. 规章制度

规章制度如下:

(1) 质量管理目标(层层分解)及制度。

(2) 职业健康安全与环境管理目标(层层分解)及制度。

(3) 安全生产责任书(各级安全责任书中应明确安全目标、指标,岗位职责,及对安全目标、指标落实的奖惩兑现的条款约定)。

(4) 安全生产委员会。

(5) 安全管理制度和预案。

(6) 施工机具、设备安全操作规程。

6. 教育培训

教育培训资料如下:

(1)“三级安全教育”记录(作业人员参加安全培训,考试合格)。

(2) 开工前有针对性的应急演练与效果评估。

7. 水保环保

环境和水土保持方案(针对大面积开挖部位、道路回填区域和特殊部位专门编制水土保持措施,水保方案有项目绿化专篇)。

2.1.4 现场准备

1. 入场安全教育

项目部在进场前必须组织对进场的管理人员和施工人员进行安全教育与培训,并组织考试,考试合格后方可上岗。

2. 项目生活办公设施

开工前,项目部营地建设和生活、办公设施必须完善,以满足项目管理人员和施工人员的生活与办公需求。

3. 生产辅助设施

开工前,根据施工组织设计进度计划,项目现场必须完成至少能够满足前期施工需要的临时道路、生产用水、用电设施、通信设备、钢筋加工厂、木材料加工厂、原材料堆场、拌和系统、试验室、环保设施等生产辅助设施的建设,并经验收合格后,方可使用。

4. 安全设施

开工前，与生产生活相适应的安全设施必须完成，如临边安全防护、道路指示牌、安全警示标识标语、围挡、消防器材的配备等。安全防护用品用具必须齐全。

5. 人员机械就位

开工前，根据施工组织设计要求，前期施工的人员和设备必须到位。有从事资格要求的岗位人员必须持有相关的资格证书；要对机械设备进行检查，保证设备处于最佳的工作状态；对需定期校验的仪器设备，如测量仪器等，务必要检查设备校验有效期，对超出校验有效期的仪器设备必须重新校验合格后，方可使用。

2.2　施工技术管理

2.2.1　施工技术管理计划

施工技术管理计划是项目实施过程中技术管理的纲领性文件，应由项目经理组织，项目部技术负责人主持，项目部技术职能管理部门组织技术人员进行编制，并经企业内部技术文件审核流程审核批准，项目监理机构审查通过后执行。

施工技术管理计划的主要内容包括但不限于以下内容：

(1) 技术管理目标与工作要求。

(2) 技术管理保证体系与职责。

(3) 技术管理实施的保障措施。

(4) 技术交底要求。

(5) 图纸自审、会审。

(6) 施工组织设计与施工方案及专项施工技术。

(7) 新技术的推广与应用。

(8) 技术管理考核制度。

(9) 各类方案、技术措施报审流程。

(10) 根据项目内容与项目进度需求，拟编制技术文件、技术方案、技术措施计划及责任人。

(11) 新技术、新材料、新工艺、新产品的应用计划。

(12) 对设计变更及工程洽商实施技术管理制度。

(13) 各项技术文件、技术方案、技术措施的资料管理与归档。

2.2.2　施工技术目标的确定依据及工作要求

1. 确定依据

确定依据主要包括如下内容：

（1）施工合同对施工技术的约定。

（2）施工图纸等设计文件对施工技术的要求。

（3）分部、分项工程实施所依据的标准。

（4）各工序标准、施工工艺与施工方法。

（5）分部、分项工程质量检查验收标准。

（6）工程所涉及材料、设备的具体规格、型号与性能要求以及特种设备的供应商信息。

（7）工程质量保证措施。

2. 工作要求

工作要求主要包括如下内容：

（1）认真研究施工合同、设计文件以及标准对施工技术的要求，所确定的施工技术目标就高不就低，不能低于合同、设计及相关标准的要求。

（2）目标要全面，不能漏项。

（3）目标要具体成量化指标。

2.2.3 施工技术管理保证体系

1. 施工技术管理保证体系架构

陆上风电场施工技术管理保证体系可参照图 2－4 建立。

2. 技术管理组织机构及职责

（1）成立项目部技术管理领导小组。为了保证施工技术管理保证体系的有效运行，项目部应建立专门的技术管理组织机构，即成立项目部技术管理领导小组。技术管理领导小组的组长由项目技术负责人（项目总工程师）担任，副组长由项目副经理、安全总监担任，成员为项目部各职能部门负责人、各作业队（分包单位）技术负责人。

（2）主要工作职责。

1）贯彻执行技术相关法律法规、标准以及有关单位技术要求，制定施工项目技术管理制度，并监督执行。

2）组织编制分项工程和单位工程的施工方案，组织按施工组织设计施工。

3）按规定组织各级人员的技术交底。

4）负责监督检查现场施工技术的落实情况，指导作业队和班组的质量检查工作。

5）审定施工技术组织措施计划并组织实施。

6）参加隐蔽工程验收。

7）负责施工机械设备及材料的检查验收，保证符合施工技术要求。

8）负责落实施工技术方案实施资金。

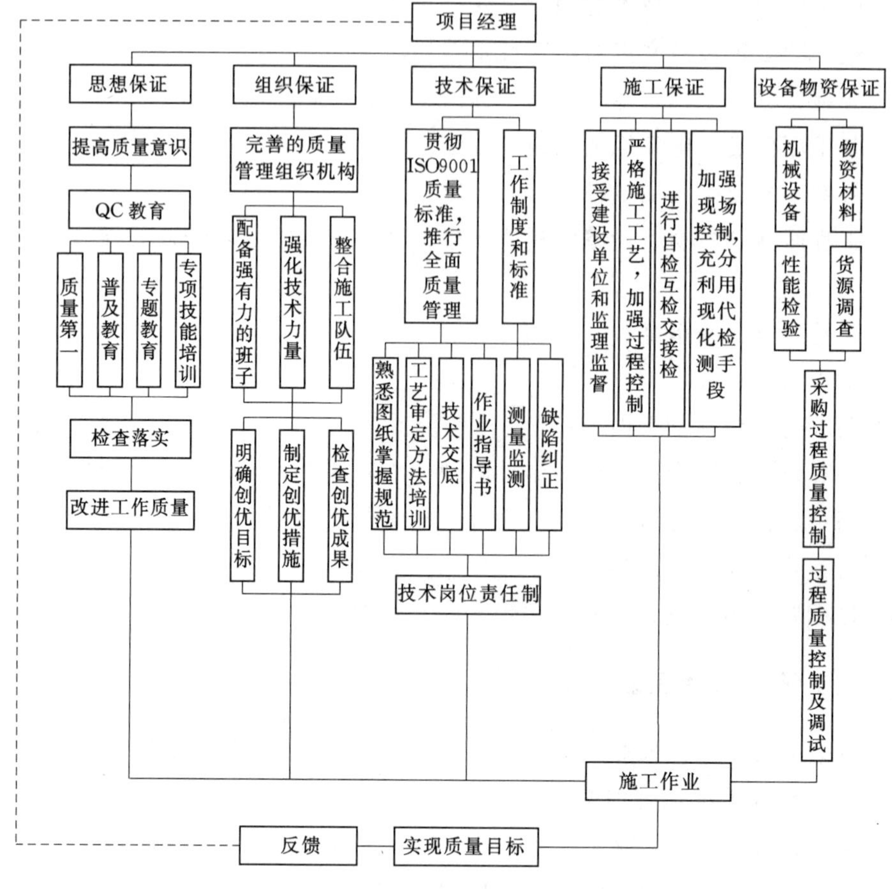

图 2-4　技术管理保证体系架构

9）保证项目施工技术符合相关要求。

10）负责安全、环保与文明施工的技术支持。

11）及时上报质量事故，并参与调查与处理。

12）负责组织工程档案中各项技术资料的签证、收集、整理，并汇总上报。

13）组织技术学习、培训以及技术经验交流，总结项目技术成果，做到持续改进。

14）负责技术管理责任制考核。

2.2.4　施工技术交底管理

施工技术交底是指在设计交底后，工程开工前，或某一单位工程、一个分部分项工程施工前，由相关专业技术人员向参与施工的人员进行的技术性交代，其目的是使施工人员对工程特点、技术质量要求、施工方法等方面有较详细的了解，以便按照设计要求科学地组织施工，避免技术质量等事故的发生。各项技术交底记录也是工程技

术档案资料中不可缺少的部分。

技术交底的形式有书面交底、会议交底、样板/模型交底、挂牌交底等。

项目部的技术交底可分为三级进行。

2.2.4.1 一级技术交底内容及程序

1. 交底内容

对象是项目部全体管理人员，重点在项目的管理，内容应该以合同、设计文件及图纸、经批准的施工组织设计为基础，主要包括以下部分：

(1) 工程概况、工期要求以及项目目标。

(2) 施工组织设计或施工方案。

(3) 工程设计图纸，根据工程特点和关键部位，指出施工中应注意的问题，保证施工质量和安全必须采取的技术措施。

(4) 工程重难点和应对措施，质量监控点和待检点。

(5) 质量标准及质量安全要求。

(6) 应用于本项目的“四新”技术及特殊材料使用的注意事项及操作方法。

(7) 交代图纸审查中所提出的问题及解决方法或存在的问题。

(8) 特殊施工措施。

(9) 资源配置计划、材料及资金需求计划。

(10) 项目划分依据和原则，各类方案编制节点和要求，各类技术台账、技术资料的编制要求及归档要求。

2. 交底程序

(1) 在工程开工前，施工组织设计经审批后，由项目经理组织，项目总工程师主持交底，项目部全体成员和协作（分包）负责人参加。

(2) 技术交底文件由项目总工程师组织编制，质量、安全等交底内容由项目部相关部门编制并汇入交底技术文件中，项目总工程师审核签发。

(3) 施工一级技术交底会议应提前准备，预先通知相关单位，工程技术管理部门拟定会议时间、地点、参会人员名单及会议要求等内容。

(4) 施工一级技术交底会议应形成会议纪要并下发。

2.2.4.2 二级技术交底内容及程序

1. 交底内容

对象是分包或协作队伍技术管理人员，内容应该以合同、设计文件及图纸、经批准的施工组织设计为基础，主要分为以下部分：

(1) 施工图纸，主要应介绍分部分项工程的物理结构及尺寸，工程重难点和应对措施。

(2) 施工方案。

（3）施工机械设备及劳动力配置要求。

（4）交叉作业部位及施工方法。

（5）特殊条件下施工的方法及注意事项。

（6）保证安全及质量的措施，质量监控点和待检点。

（7）重大危险源应急救援措施。

（8）本工程所采用的技术标准、规范、规程的名称，施工质量标准和具体措施，质量检查项目及其要求。

（9）主要材料规格性能、试验要求。

（10）安全文明施工及环境保护要求。

2. 交底程序

（1）在单位、分部分项工程开工前，专项方案经批准后，由项目技术质量部负责人组织编制二级技术交底内容，项目总工程师组织项目全体技术人员及协作（分包）单位班组长召开交底会议，由技术质量部负责人或项目总工程师委托的专业工程师进行交底。

（2）技术交底技术文件由技术质量部负责人组织技术人员编制，项目总工程师审核签发。

（3）施工二级技术交底会议应提前准备，预先通知相关单位和人员，工程技术管理部门拟定会议时间、地点、参会人员名单及会议要求等内容。

（4）施工二级技术交底会议应形成会议纪要并下发。

2.2.4.3　三级技术交底内容及程序

1. 交底内容

对象是具体施工人员，内容应该以合同、设计文件及图纸、经批准的施工组织设计为基础，主要包括以下部分：

（1）施工图纸细部讲解，采用的施工工艺、操作方法及注意事项。

（2）质量标准、交接程序及验收方式，成品保护注意事项。

（3）易出现质量通病的工序及相应技术措施、预防办法，质量监控点和待检点。

（4）工期要求及保证措施。

（5）设计变更情况。

（6）降低成本措施。

（7）现场安全文明施工要求。

（8）现场应急救援措施、紧急逃生措施等。

2. 交底程序

在各分项或重点工序施工前，由技术质量部负责人组织进行班组级施工技术交底，现场技术人员和协作（分包）单位技术负责人（班组长）负责编制交底内容和现

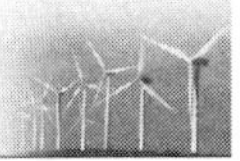

场交底。交底对象主要为施工班组作业人员，项目部技术质量部负责人参加。

2.2.4.4 施工技术交底要求

（1）施工技术交底必须执行国家各项技术标准，包括计量单位和名称；必须符合合同、图纸、施工及验收规范、技术操作规程（分项工程和工艺标准）、质量检验评定标准的相应规定。

（2）施工技术交底还应符合与实现设计施工图中的各项技术要求，特别是当设计图纸中的技术要求和技术标准高于国家施工及验收规范的相应要求时，更应作详细的交底和说明。

（3）下一级技术交底应符合和体现上一级技术交底中的意图和具体要求。

（4）施工技术交底应符合施工组织设计或施工方案的各项要求，包括技术措施和施工进度要求。

（5）施工技术交底应全面、准确，并突出要点，应详细说明怎么做，其技术要求如何，施工工艺与质量标准和安全注意事项等应分项具体说明，不能含糊其辞。

（6）在施工中使用的新技术、新工艺、新材料，应进行详细交底，并交代如何作样板等具体事宜。

（7）施工过程中，专业管理人员应随时、随地开展形式多样的施工技术交底活动，施工技术交底的内容宜以正式交底文件的方式下发。

（8）施工技术交底完成后应据实填写“施工技术交底记录表”，交底和参与交底的每个人都必须签字，“施工技术交底记录表”应齐全、真实、准确。

2.2.5 施工图纸自审与会审

2.2.5.1 施工图纸自审

1. 施工图纸自审组织

项目部在收到施工图纸后，应由项目总工程师主持，技术质量部组织项目部相关职能部门负责人和专业技术人召开施工图纸会，对施工图纸进行自行审核，协作（分包）单位专业人员亦可参加审核会。

2. 施工图纸自审内容

施工图纸审核可分为内业审核和外业审核。

（1）内业审核内容。

1）了解设计意图和设计标准，熟悉质量要求。

2）检查设计文件和图纸数量是否齐全，张数、编号与图纸目录是否相符，设计说明是否全面明了，图纸设计是否符合技术规范和条件，图纸是否经设计单位正式签署。

3）检查工程技术标准是否与招标文件合同相符，所需的标准图、定型图、参考图有无过时作废情况等。

4）检查设计图纸是否与现场实际相符，是否存在施工干扰，施工方案是否满足设计图纸要求。

5）图纸各点标高与平、纵断面图是否一致，结构的尺寸、标高有无差错，设计参数是否齐全合理。

6）建筑结构与设备安装之间有无重大矛盾。

7）有无特殊材料（包括新材料）要求，其品种、规格、数量能否满足需要。

8）复核工程数量汇总表及安装设备清单，看分项工程有无遗漏，汇总数量有无错误。

9）主要构件设计轴线及轮廓的坐标、标高、尺寸是否正确，有无矛盾。

10）细部结构及其相关大样图是否清楚，有无矛盾。

11）不同设计单位提供的图纸、不同专业图之间，同一专业图内各图之间，图与表之间的规格、标号、材质、数量、尺寸、坐标、标高等重要数据是否一致。

12）安装专业中设备管架、钢结构立柱、金属结构平台、电缆、电缆支架以及设备基础是否与工艺图、电气图、设备安装图和到货的设备一致。

13）设计采用的新结构、新材料、新工艺、新技术在施工技术、机具和物资供应上是否可行。

14）设计单位是否在设计文件中注明涉及危大工程的重点部位和环节，是否提出保障工程周边环境安全、工程施工安全的意见或专项设计。

（2）外业审核内容。外业审核主要是对照图纸查看核对现场原地面、构造物原地面、工程地质、征地拆迁、临时工程、构造物设置的位置、规模、数量等情况。

3. 施工图纸自审方法

施工图纸自审可根据供图情况一次自审或分期分批自审，审图一般按以下次序进行：

（1）先粗后细。粗看就是先看平面、立面、剖面，将整个工程的设计图纸粗略地看一遍，以对整个工程的规模、特点、结构情况、使用材料要求等等有大致的了解；细看就是仔细核对图纸中的总尺寸和分尺寸，坐标、轴线、位置、标高、平立面等是否一致，标注是否齐全，有无遗漏、错误之处，各处交叉连接是否相符，门窗型号的位置、尺寸和数量表与平面是否一致等。

（2）先大后细。就是先看总说明及总图，后看细部大样图。

（3）图样与说明结合看。要仔细看设计总说明和每张图纸中的细部说明，注意说明与图面是否一致，说明问题是否清楚、明确，说明中的要求是否切实可行。

（4）土建图与安装图结合看。要对照土建和机、电、管等图纸，核对土建与安装之间有无矛盾；预埋铁件、预留孔洞位置、尺寸和标高是否相符。

(5) 图纸与变更相结合。设计中有许多变更通知单、图纸修改说明，要结合起来看，最好把变更说明部分注到图纸上去，以防止施工中的遗漏。

(6) 从有利于该工程的施工、有利于保证建筑质量、有利于工程美观、有利于降低造价等方面对原设计图提出改进意见。

4. 施工图纸自审的成果

施工图纸自审的成果是经审核而发现的问题记录，是参加施工图纸会审时需要建设和设计单位解答的主要内容，因此项目部应在施工图纸会审前完成施工图纸自审。

2.2.5.2 施工图纸会审

1. 施工图纸会审组织

施工图纸会审一般由建设单位组织（建设单位也可委托监理单位组织），由建设单位、设计单位、监理单位、施工单位技术负责人及相关专业技术人员参加。

2. 施工图纸会审程序

(1) 由设计单位主要设计人员向与会人员汇报拟建工程的设计依据、意图和功能要求，并对特殊结构、新材料、新工艺和新技术提出设计要求。

(2) 施工单位根据自审记录以及对设计意图的了解，提出对设计图纸的疑问和建议。

(3) 由设计单位对施工单位提出的疑问和建议进行解答。

(4) 参会各单位进行讨论。

(5) 由建设单位会议主持人统一认识，形成最终结论，并以设计图纸会审会议纪要的文件形式下发各单位遵照执行。

3. 施工图纸会审的成果

施工图纸会审的成果就是“设计图纸会审会议纪要”，作为与设计文件同时使用的技术文件和指导施工的依据，也是施工单位与建设单位进行工程结算的依据。

2.2.6 施工现场技术管理

施工技术现场管理的内容如下：

(1) 测量专业负责人要对现场测量成果进行现场复核。

(2) 由技术员和施工员、班组长在现场监督施工人员按照施工技术交底的内容规范施工，对发现不符合技术要求的施工行为进行制止并责令整改，并向项目部技术主管领导进行汇报。

(3) 由技术员做好现场技术方案执行记录，并进行统计分析与改进。

(4) 项目技术负责人和项目部技术质量部应组织对现场施工技术进行检查与指导。

(5) 对发现的问题要整改闭环。

2.2.7　试验检测管理

1. 试验检测委托

陆上风电场施工的试验检测一般是就近委托有资质并具有检测能力的第三方检测机构进行检测。施工单位要与检测单位签订委托试验检测合同，并连同检测单位资质及检测设备与人员情况上报监理单位审批与备案。对监理单位审核未通过的检测单位，不得从事工程的试验与检测。

2. 现场试验室

项目部要建造现场试验室并配备必要的设施、设备，包括以下内容：

（1）用于混凝土和砂浆试块制备的试模以及满足混凝土试块标准养护的养护室。

（2）用于混凝土拌和物坍落度检测的坍落度筒。

（3）用于砂石料含水率和含泥量检测的烘箱、台秤。

（4）用于砂石骨料级配检测的砂石筛，以及用粗骨料超逊径检测的超逊径仪。

（5）用于土方回填碾压取样的环刀。

（6）用于日常电气试验检测的仪器仪表，如万用表等。

3. 试验检测计划

主体工程开工前，应由项目技术负责人组织编制试验检测计划，试验检测计划中应明确如下内容：

（1）原材料类型及检测项目、检测频次、取样要求。

（2）混凝土、砂浆拌和物等中间产品的检测频次、方法与相关规定。

（3）混凝土试块的取样频次，试块的制备、养护与送检。

（4）压实度检测频次与方法。

（5）桩基与地基承载力的检测频次与规定。

（6）电气交接试验检测项目。

（7）分部分项工程试验检测的进度安排。

（8）试验人员和仪器设备配置。

（9）试验检测管理流程。

（10）试验检测资料管理。

2.2.8　施工技术资料管理

1. 施工技术资料的内容

陆上风电场工程施工技术资料主要包括如下内容：

（1）相关规程规范以及设计文件、施工图纸和变更通知书。

（2）施工技术管理规划。

(3) 施工组织设计文件和分部分项工程施工技术方案、专项施工方案。

(4) 测量成果。

(5) 设备（材料）产品说明书、合格证、质量证明书和试验检测报告。

(6) 施工技术交底记录。

(7) 施工图纸交底、自审、会审记录。

(8) 施工技术相关制度和文件。

(9) 工程验收资料。

(10) 施工日志。

(11) 与建设单位、监理等单位往来的技术资料。

(12) 其他与技术相关的资料。

2. 施工技术资料的整理与归档

项目部应设置资料员专门负责施工技术资料的整理与归档。陆上风电场项目施工技术资料一般按以下类别进行整理与归档：

(1) 工程的所有原始记录资料、隐蔽验收资料、试验检测资料等过程控制资料。

(2) 与业主、监理、设计、地质、质监等的往来文件。

(3) 分项工程、分部工程、单位工程的现场验收资料。

(4) 分部工程、单位工程的竣工验收签证。

(5) 工程的竣工资料（含图件与报告）。

(6) 工程竣工资料移交业主的清单。

2.3 施工进度管理

2.3.1 施工进度计划

2.3.1.1 编制依据

(1) 合同文件及相关要求。

(2) 项目施工管理规划文件。

(3) 资源条件、内部与外部约束条件。

2.3.1.2 主要内容

(1) 编制说明。

(2) 进度安排。

(3) 资源需求计划。

(4) 进度保证措施。

2.3.1.3　编制步骤

（1）确定进度计划目标。

（2）进行工作结构分解与工作活动定义。

（3）确定工作之间的顺序关系。

（4）估算各项工作投入的资源。

（5）编制进度图（表）。

（6）编制资源需求计划。

（7）审批并发布实施。

2.3.1.4　编制原则

（1）施工进度计划应保证项目总工期目标。

（2）研究项目自身情况，根据工艺关系、组织关系、搭接关系等，对工程实行分期、分批提出相应的阶段性进度计划，以保证各阶段性节点目标与总工期目标相适应。

（3）进度计划安排要考虑资源配置情况，尽量保证劳动力、材料、机械设备等资源投入的均衡性和持续性。

（4）进度计划应与质量、经济等目标相协调，不仅要实现工期目标，还要有利于质量、安全、经济目标的实现。

2.3.1.5　编制方法

目前，陆上风电场施工进度计划编制常用的方法有横道图和双代号网络图。

以 2 台风电机组基础施工为例，介绍横道图和双代号网络图的编制方法。假定开工日期为 2019 年 5 月 10 日。

1. 横道图的编制方法

（1）编制进度计划表。在绘制横道图前，按分部分项工程的施工时间顺序编制施工进度计划表，进度计划表见表 2-1。

表 2-1　施工进度计划表

序号	工作内容	开始时间	完成时间	持续时间/d
1	施工准备	2019-5-10	2019-5-16	7
2	1 号风电机组基础开挖	2019-5-17	2019-5-20	4
3	2 号风电机组基础开挖	2019-5-21	2019-5-24	4
4	1 号风电机组基础垫层混凝土浇筑	2019-5-21	2019-5-21	1
5	1 号风电机组基础垫层混凝土养护	2019-5-22	2019-5-24	3
6	2 号风电机组基础垫层混凝土浇筑	2019-5-25	2019-5-25	1
7	1 号风电机组基础环安装	2019-5-25	2019-5-25	1

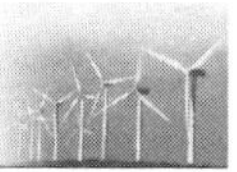

续表

序号	工作内容	开始时间	完成时间	持续时间/d
8	2号风电机组基础垫层混凝土养护	2019-5-26	2019-5-28	3
9	1号风电机组基础钢筋制作、安装，预埋件安装	2019-5-26	2019-5-28	3
10	2号风电机组基础环安装	2019-5-29	2019-5-29	1
11	1号风电机组基础模板安装	2019-5-29	2019-5-29	1
12	2号风电机组基础钢筋制作、安装，预埋件安装	2019-5-30	2019-6-1	3
13	1号风电机组基础混凝土浇筑	2019-5-30	2019-5-30	1
14	1号风电机组基础混凝土浇筑养护	2019-5-31	2019-6-13	14
15	2号风电机组基础模板安装	2019-6-2	2019-6-2	1
16	2号风电机组基础混凝土浇筑	2019-6-3	2019-6-3	1
17	2号风电机组基础混凝土浇筑养护	2019-6-4	2019-6-17	14
18	1号风电机组基础回填	2019-6-14	2019-6-14	1
19	2号风电机组基础回填	2019-6-18	2019-6-18	1

（2）编制进度计划横道图。根据表2-1中的信息用EXCEL等软件绘制施工进度计划横道图，如图2-5所示。

2. 双代号网络图的编制方法

（1）编制各工序占用时间和紧前工作关系表。针对本例编制各工序占用时间和紧前工作关系见表2-2。

表2-2 各工序占用时间和紧前工作关系表

序号	代号	工作内容	持续时间/d	紧前工作
1	A	施工准备	7	—
2	B	1号风电机组基础开挖	4	A
3	C	1号风电机组基础垫层混凝土浇筑	1	B
4	D	1号风电机组基础垫层混凝土养护	3	C
5	E	1号风电机组基础环安装	1	D
6	F	1号风电机组基础钢筋制作、安装，预埋件安装	3	E
7	G	1号风电机组基础模板安装	1	F
8	H	1号风电机组基础混凝土浇筑	1	G
9	I	1号风电机组基础混凝土浇筑养护	14	H
10	J	1号风电机组基础回填	1	I
11	K	2号风电机组基础开挖	4	A
12	L	2号风电机组基础垫层混凝土浇筑	1	CK
13	M	2号风电机组基础垫层混凝土养护	3	L
14	N	2号风电机组基础环安装	1	EM
15	O	2号风电机组基础钢筋制作、安装，预埋件安装	3	FN

续表

序号	代号	工　作　内　容	持续时间/d	紧前工作
16	P	2 号风电机组基础模板安装	1	GO
17	Q	2 号风电机组基础混凝土浇筑	1	HP
18	R	2 号风电机组基础混凝土浇筑养护	14	Q
19	S	2 号风电机组基础回填	1	JR

序号	工作内容	开始时间	完成时间	持续时间/d	2019 年 5 月						2019 年 6 月			
					5 日	10 日	15 日	20 日	25 日	31 日	5 日	10 日	15 日	20 日
1	施工准备	2019-5-10	5-16	7										
2	1 号风电机组基础开挖	2019-5-17	5-20	4										
3	2 号风电机组基础开挖	2019-5-21	5-24	4										
4	1 号风电机组基础垫层混凝土浇筑	2019-5-21	5-21	1										
5	1 号风电机组基础垫层混凝土养护	2019-5-22	5-24	3										
6	2 号风电机组基础垫层混凝土浇筑	2019-5-25	5-25	1										
7	1 号风电机组基础环安装	2019-5-25	5-25	1										
8	2 号风电机组基础垫层混凝土养护	2019-5-26	5-28	3										
9	1 号风电机组基础钢筋制作、安装，预埋件安装	2019-5-26	5-28	3										
10	2 号风电机组基础环安装	2019-5-29	5-29	1										
11	1 号风电机组基础模板安装	2019-5-29	5-29	1										
12	2 号风电机组基础钢筋制作、安装，预埋件安装	2019-5-30	6-1	3										
13	1 号风电机组基础混凝土浇筑	2019-5-30	5-30	1										
14	1 号风电机组基础混凝土浇筑养护	2019-5-31	6-13	14										
15	2 号风电机组基础模板安装	2019-6-2	6-2	1										
16	2 号风电机组基础混凝土浇筑	2019-6-3	6-3	1										
17	2 号风电机组基础混凝土浇筑养护	2019-6-4	6-17	14										
18	1 号风电机组基础回填	2019-6-14	6-14	1										
19	2 号风电机组基础回填	2019-6-18	6-18	1										

图 2-5　施工进度计划横道图

(2) 绘制进度计划双代号网络图。根据表2-2中的逻辑关系绘制进度计划双代号网络图，如图2-6所示。

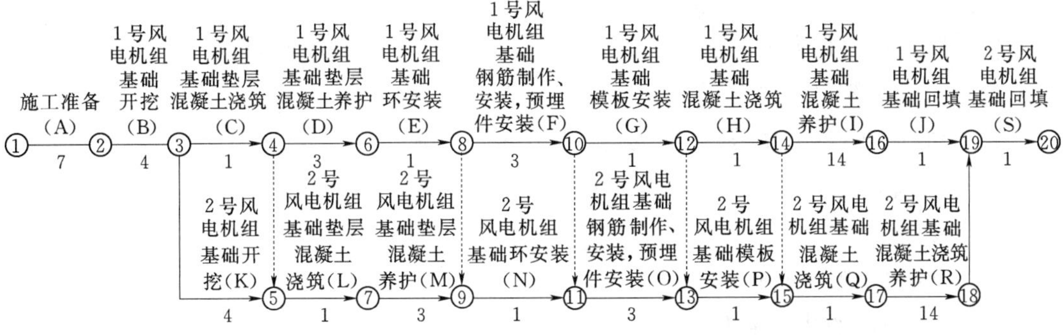

图2-6 进度计划双代号网络图

从图2-6可以看出，①→②→③→⑤→⑦→⑨→⑪→⑬→⑮→⑰→⑱→⑲或A→B→K→L→M→N→O→P→Q→R→S为关键线路，总工期为40天。

3. 横道图与双代号网络图的特点

(1) 横道图的特点。横道图计划表中的进度线（横道）与时间坐标对应，这种表达方式较直观，易看懂计划编制的意图，但是横道图进度计划也存在如下问题：

1) 工序（工作）之间的逻辑关系可以设法表达，但不易表达清楚。

2) 适用于手工编制计划。

3) 没有通过严谨的进度计划时间参数计算，不能确定计划的关键工作、关键线路与时差。

4) 计划调整只能用手工方式进行，工作量较大。

5) 难以适应大的进度计划系统。

(2) 双代号网络图的特点。双代号网络图的绘制虽有一定的难度，但较横道图有以下优点：

1) 工序（工作）之间的逻辑关系表达清楚。

2) 可用计算机软件辅助绘制，且便于调整。

3) 可适应大的进度计划系统。

4) 可计算出关键线路，确定关键工作与时差，便于进度控制。

在编制进度计划时，这两种方法可以根据实际需求选用其中一种，或两者并用。

2.3.2 施工进度计划实施

进度计划编制完成后，应按企业或业主、监理单位的相关规定，履行审批程序，经批准后方可发布实施。

进度计划实施前，应由项目生产经理向执行人进行交底，落实进度责任；各级进度计划执行人应该制定实施计划的措施，以保证进度计划能够得到有效落实。

2.3.3　施工进度计划控制

（1）熟悉进度计划的目标、顺序、步骤、数量、时间和技术要求。

（2）对关键线路上的各项活动过程进行跟踪协调。

（3）对项目进度有影响的相关方的活动进行协调。

（4）实施跟踪检查，进行数据记录与统计，具体内容如下：

1）工作完成数量。

2）工作时间的执行情况。

3）工作顺序的执行情况。

4）资源使用及其与进度计划的匹配情况。

5）前次检查提出问题的整改情况。

（5）将实际数据与计划目标对照，分析计划执行情况。

（6）采取纠偏措施，确保各项计划目标实现。

2.3.4　施工进度计划变更

当现场实际施工进度不能满足施工进度计划要求时，应及时采取补救措施。在采取措施后仍不能实现原目标时，项目部应及时组织分析原因，必要时应变更进度计划，变更后的进度计划必须按原审批流程经批准后方可发布实施。

2.4　施工质量管理

2.4.1　施工质量管理计划

1. 编制依据

（1）合同中有关产品质量的要求。

（2）项目管理规划大纲。

（3）项目设计文件。

（4）相关法律法规和标准规范。

（5）质量管理的其他要求。

2. 主要内容

（1）质量目标和质量要求。

（2）质量管理体系和管理职责。

（3）质量管理与协调程序。

(4) 法律法规和标准规范。

(5) 质量控制点的设置与管理。

(6) 项目生产要素的质量控制。

(7) 实施质量目标和质量要求所采取的措施。

(8) 项目质量文件管理。

3. 审批程序

施工质量管理计划在编制完成后，应按照工程施工管理程序进行审批，包括企业内部审批和项目监理机构的审查。经企业内部批准、项目监理机构审查通过后方可执行。对施工质量计划进行补充、调整时，应按原审批程序重新履行审批手续。

2.4.2 施工质量管理目标和质量要求

应根据工程合同的任务范围和质量要求确定施工质量管理目标和质量要求，并通过全过程、全面的施工质量自控，保证最终交付满足施工合同及设计文件所规定的质量标准的工程产品。

2.4.3 施工质量管理体系

施工质量管理体系是为了实现质量管理目标而建立的组织机构、职责、过程、资源、方法的有机整体。

1. 施工质量管理领导机构及职责

项目经理为施工质量第一责任人，因此，项目部应建立以项目经理为主要负责人的质量管理组织机构。在陆上风电场施工质量管理中一般成立以项目经理为组长、项目总工程师为副组长、项目部其他领导和项目部各职能部门负责人以及协作队伍（分包单位）负责人为组员的质量管理领导小组，作为质量管理工作的领导机构。其主要职责如下：

(1) 组织编制项目施工质量管理计划。

(2) 组织制定项目施工质量管理的相关制度，并贯彻落实。

(3) 领导技术质量管理人员的工作。

(4) 协调调配质量管理方面的各种资源。

(5) 对施工质量进行全过程管控，通过监督检查确保工程质量满足计划设定的要求。

(6) 对施工质量管理进行总结，并持续改进。

(7) 保证施工质量目标的最终实现。

2. 施工质量管理过程与方法

施工质量管理过程与方法如图 2-7 所示。

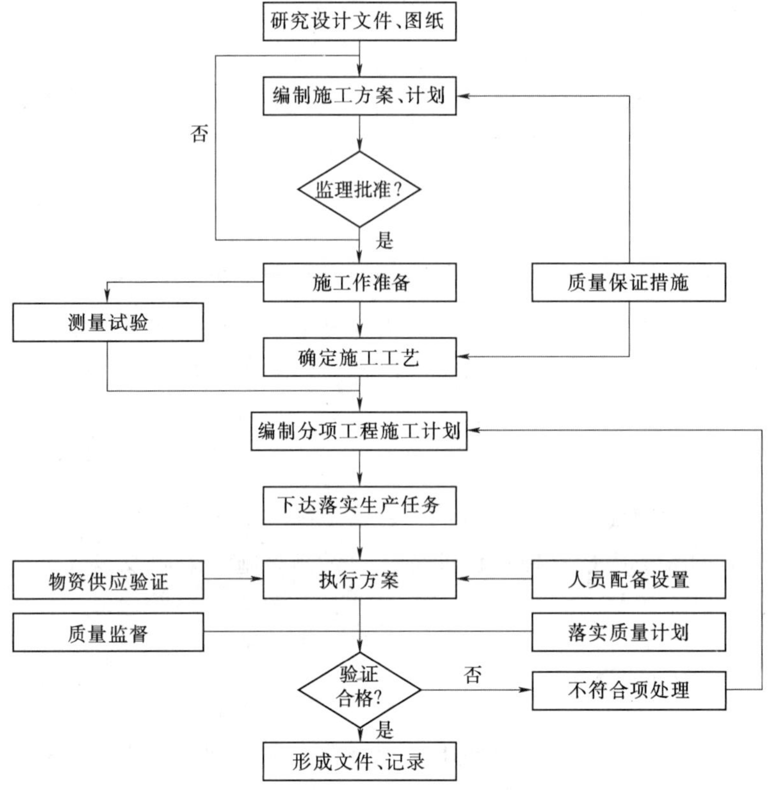

图 2-7　施工质量管理过程与方法

2.4.4　施工质量控制

2.4.4.1　施工质量控制点的设置

施工质量控制点是施工质量控制的重点，凡属关键技术、重要部位、控制难度大、影响大、经验欠缺的施工内容以及新材料、新技术、新工艺、新设备等，均可列为质量控制点。如，风电机组基础开挖与回填、钢筋混凝土施工、风电机组吊装、集电线路、升压站房建设及设备安装等分部分项目工程中必须进行重点控制的内容或部位，均可列为质量控制点。

1. 施工质量控制点的内容

（1）以现行国家或行业工程施工质量验收规范、工程施工及验收规范中规定应检查的项目为依据。

（2）对施工质量有重要影响的关键质量特性、关键部位和重要影响因素应设置质量控制点。

（3）对属于关键技术的施工项目应设置质量控制点。

（4）对工艺有严格要求、对下道工序的工作有严重影响的关键部位或工序应设置

质量控制点。

(5) 应用新材料、新技术、新工艺、新设备时应设置质量控制点。

(6) 所有隐蔽工程应设置为质量控制点。

(7) 对容易出现质量通病的部位应设置质量控制点。

(8) 可能对生产安全有严重影响的关键项目应设置质量控制点。

2. 施工质量控制点的分类

质量控制点应根据现场监理机构的要求，按不同性质和管理要求，细分为：见证点（Witness point），简称 W 点；停工待检点（Hold point），简称 H 点；旁站点（Standby point），简称 S 点。

3. 施工质量控制点（WHS）设置表的编制与审批

施工质量控制点（WHS）设置表由施工单位编制，可与质量检验及评定项目范围划分表结合在一起编制，或按照已审批的质量检验及评定项目划分范围，单独编制各单位工程质量控制点（WHS）设置表。

施工单位编制的质量控制点设置表（WHS 表）上报现场监理机构，由项目监理机构组织业主、勘察、设计、施工单位现场项目部有关人员会审，最后经业主项目部批准后实施。

4. 施工质量控制点的实施

经审批的施工质量控制点（WHS）设置表作为质量控制、工程验收、质量监督检查的依据文件之一，在工程质量控制全过程中实施。

(1) 见证点（W 点）。责任方为监理单位和施工单位，建设单位进行监督检查。监理、施工单位采用巡视、文件见证方式进行控制；建设单位采用抽查方式进行监督检查，形成检查记录。

(2) 停工待检点（H 点）。施工、监理、勘察、设计、建设单位均为停工待检点的控制责任方。H 点分高、中、低三级控制。设置为施工、监理单位控制的 H 点为低等级控制；设置为施工、监理、勘察、设计单位控制的 H 点为中等级控制；设置为施工、监理、勘察、设计、建设单位控制的 H 点为高等级控制。

停工待检点（H 点）的施工作业，如隐蔽工程等，施工单位必须在完成施工质量自检的基础上，提前 24h 向监理项目部提交书面申请，监理项目部及时通知勘察、设计和建设等相关单位在 48h 内对工程停工待检点检查签证后，才能进行隐蔽工程或下道工序的施工。相关责任单位应同步形成停工待检点检查验收签证记录和数码图片归档。

(3) 旁站点（S 点）。施工、监理单位为旁站点（S 点）控制的责任方，建设单位为监督、检查方，采用抽查方式进行监督。

施工项目部提前 24h 向监理项目部提交书面申请，监理项目部通知建设等相关单位在约定时间内对施工旁站点进行检查。施工和监理项目部要对旁站点进行全过程监督检查，并形成旁站点检查记录和数码图片归档。

2.4.4.2　施工质量控制的主要途径

1. 事前预控

（1）施工条件的调查与分析。施工条件主要包括合同条件、法律法规条件和现场条件；做好施工条件的调查与分析，发挥其重要的质量预控作用。

（2）施工图纸会审和设计交底。通过设计交底和施工图纸会审，理解设计意图和对施工的要求，明确质量控制的重点、要点和难点，以及消除施工图纸的差错等。

（3）施工组织设计文件的编制与审查。编制科学合理的施工组织设计，对于资源的合理配置与利用、施工作业技术活动和管理行为，将起到重要的导向作用。施工组织设计文件的审批与审查过程，更有效地保证了施工组织设计实施的有效性。

（4）工程测量定位与标高基准点的控制。按照设计文件所确定的工程测量定位及标高的引测依据，建立工程测量基准点，自行做好技术复核，并报项目监理机构进行监督检查。

（5）材料设备采购质量控制。工程所需材料、构配件和设备是直接构成工程实体的物质，应从施工备料开始进行控制，包括对供货商的评审、询价、采购计划与方式的控制等。

（6）施工机械设备及工器具的配置与性能控制。施工机械设备、设施、工器具等施工生产手段的配置及其性能，对施工质量、安全、进度和施工成本有重要影响，应在施工组织设计过程中根据施工方案的要求来确定，以保证技术预案的质量保证能力。

2. 事中控制

（1）施工技术复核。施工技术复核是施工过程中保证各项技术基准正确性的重要措施，凡属轴线、标高、配合比、样板、加工图等用作施工依据的工作，都要进行严格复核。

（2）施工计量管理。施工过程的计量工作包括投料计量、检测计量等，其正确性与可靠性直接关系到工程质量的形成和客观的效果评价。因此，施工全过程必须坚持对计量人员资格、计量程序和计量器具的准确性等进行控制。

（3）见证取样送检。对工程所使用的主要材料、半成品、构配件以及施工过程留置的试块、试件等应实行现场见证取样送检。见证人员由建设单位及工程监理单位中有相关专业知识的人员担任；送检的试验室应具备经国家或地方工程检验检测主管部门批准的相关资质；见证取样送检必须严格按照规定的程序进行，包括取样见证与记录。

（4）技术核定和设计变更。对施工图纸中要求不甚明白，或图纸内存在的矛盾

等，需要通过设计单位明确或确认的，必须以技术核定单的方式向监理工程师提出，报送设计单位核准确认。

在施工期间对于需要进行局部设计变更的内容，必须按照规定程序，先将变更意图或请求报送监理工程师，经设计单位审核认可并签发“设计变更通知书”后，由监理工程师下达“变更指令”。

（5）隐蔽工程验收。凡被后续施工覆盖的施工内容，如地基基础工程、钢筋工程、预埋管线、电缆直埋等均属于隐蔽工程。加强隐蔽工程质量验收，是施工质量控制的重要环节。严格隐蔽工程验收的程序和记录，对于预防工程质量隐患，提供可追溯的质量记录具有重要作用。

（6）其他。批量施工先行样板示范、现场施工技术质量例会、QC小组活动、质量控制资料管理等，也是施工过程质量控制的工作途径。

3. 事后控制

（1）已完施工成品保护。避免已完工成品受到来自后续施工以及其他方面的污染或损坏。已完成施工的成品保护问题和措施，在工程施工组织设计与计划阶段就应该从施工顺序上进行考虑，防止施工顺序不当或交叉作业造成相互干扰、污染和损坏，成品形成后可采取防护、覆盖、封闭、包裹等相应措施进行保护。

（2）施工质量检查验收。从施工作业工序开始，依次做好检验批、分项工程及单位工程的施工质量验收。通过多层次的把关，严格验收，控制工程项目的质量目标。

2.4.4.3 施工质量控制的相关制度

施工质量控制的制度包括如下内容：

（1）培训和持证上岗制度。

（2）质量责任制度。

（3）质量奖惩制度。

（4）技术交底制度。

（5）材料设备检验制度。

（6）检验、测量及试验设备定期检定制度。

（7）质量记录归档制度。

（8）质量检查验收制度。

（9）质量例会制度。

2.4.5 质量验收

2.4.5.1 陆上风电场工程项目划分

项目划分是工程项目质量验收的基础，陆上风电场工程项目一般按单位工程、分部工程、分项工程和检验批来进行划分。

（1）单位工程。单位工程是指具有独立的设计文件，具备独立施工条件并能形成独立使用功能，但竣工后不能独立发挥生产能力或工程效益的工程。

（2）分部工程。分部工程是单位工程的组成部分，分部工程一般是按单位工程的结构型式、工程部位、构件性质、使用材料、设备种类等的不同而划分的工程项目。

（3）分项工程。分项工程是指分部工程的细分，是构成分部工程的基本项目，又称为工程子目或子目。它是通过较为简单的施工过程就可以生产出来并可用适当计量单位进行计算的建筑工程或安装工程。分项工程应按主要工种、材料、施工工艺、设备类型等进行划分。分项工程可由一个或若干个检验批组成。

（4）检验批。检验批是指按同一生产条件或按规定的方式汇总起来供检验用的，由一定数量样本组成的检验体。检验批是施工过程质量验收的基本单元。

根据《风力发电场项目建设工程验收规程》（DL/T 5191），陆上风电场工程单位工程和分部工程项目划分范围见表2-3。

表2-3　陆上风电场工程单位工程和分部工程项目划分范围

序号	单位工程	子单位工程	分部工程
1	风电机组工程	单台风电机组工程	风力发电机组基础
			风力发电机组安装
			风力发电机监控系统
			塔架
			电缆
			箱式变电站
			防雷接地网
2	升压站、集控中心及辅助工程	设备楼、控制楼、附属楼等	按现行国家标准《建筑工程施工质量验收统一标准》（GB 50300）进行划分
		电气设备安装工程	变压器
			……
3	场内集电线路工程	可分段	铁塔
			架空线
			直埋电缆
			辅助工程
			接地
4	交通工程	可分段	结合《公路工程质量检验评定标准》（JTGF 80/1）参考划分

项目划分可根据具体设计进行必要的增减，在单位工程、分部工程比较大或较复杂时，为了划分得更为清晰，可以将单位工程再划分为若干个子单位工程、将分部工程再划分为若干个子分部工程。分项工程根据每个分部（子分部）工程的各子目进行

划分，检验批可根据实际情况与监理单位共同协商确定。例如，一台天然地基重力式风电机组基础分部工程的分项工程可划分为基础定位及高程控制、土石方开挖、土石方回填、基础混凝土垫层、基础钢筋、基础模板、基础环（锚笼环）安装、基础混凝土等分项工程，相应的检验批可确定为基础定位及高程控制、土石方开挖、土石方回填、垫层、钢筋制作、钢筋安装、模板安装、模板拆除、基础环（锚笼环）安装、混凝土原材料与配合比、混凝土浇筑、混凝土尺寸与外观等。

项目划分应报项目监理机构审批后，作为施工过程质量验收的依据文件。

2.4.5.2 施工过程质量验收

1. 检验批质量验收

（1）检验批质量验收在施工单位自检合格后，由监理工程师组织施工单位项目专业质量（技术）负责人等进行验收。

（2）检验批合格质量应符合下列规定：

1）主控项目和一般项目的质量经抽样检验合格。

2）具有完整的施工操作依据、质量检查记录。

主控项目是指工程中对安全、卫生、环境保护和公众利益起决定性作用的检验项目。主控项目的验收不允许出现不符合项，主控项目的检查具有否决权。除主控项目以外的检验项目称为一般项目。

2. 分项工程质量验收

（1）分项工程在施工单位自检合格后，由监理工程师组织施工单位项目专业质量（技术）负责人等进行验收。

（2）分项工程质量验收合格应符合下列规定：

1）分项工程所含的检验批质量均符合合格标准规定。

2）分项工程所含的检验批的质量验收记录应完整。

3. 分部（子分部）工程质量验收

（1）分部工程应由总监理工程师组织施工单位项目负责人和技术、质量负责人等进行验收。地基与基础以及主体结构分部工程的勘察、设计单位工程项目负责人和施工单位技术、质量部门负责人也应参加相关分部工程验收。

（2）分部（子分部）工程质量验收合格应符合下列规定：

1）所含分项工程的质量均应验收合格。

2）质量控制资料应完整。

3）地基与基础、主体结构和设备安装等分部工程有关安全及功能的检验和抽样检测结果符合有关规定。

4）观感质量应符合要求。

单位工程要做竣工验收。

2.4.5.3　施工过程质量验收不合格的处理

（1）在检验批验收时，其主控项目不能满足验收规范或一般项目超过偏差限值的子项不符合检验规定的要求时，应及时处理检验批，其中严重的缺陷应推倒重来，一般的缺陷通过翻修或更换器具、设备予以解决后重新进行验收，经验收如能够符合设计要求，则应评定该检验批合格。

（2）个别检验批发现试块强度等不满足要求难以确定是否验收时，应请有资质的法定检测单位检测鉴定，当鉴定结果能够达以设计要求时，应通过验收。

（3）当检测达不到设计要求，但经原设计单位核算仍能满足结构安全和使用功能的检验批，可予以验收。

（4）严重质量缺陷或超过检验批范围内的缺陷，经法定检测单位检测鉴定后，认为不能满足最低限度的安全储备和使用功能，则必须进行加固处理。虽然改变外形尺寸，但能够满足安全使用要求，可按技术处理方案和协商文件进行验收，责任方应承担经济责任。

（5）通过返修或加固后处理仍不能满足安全使用要求的分部（子分部）工程、单位（子单位）工程，严禁验收。

2.4.6　工程质量事故与处理

2.4.6.1　工程质量事故的定义

工程质量事故是指由于建设、勘察、设计、施工、监理单位违反工程质量有关法律法规和工程建设标准，使工程产生结构安全、重要使用功能等方面的质量缺陷，造成人身伤亡或者重大经济损失的事故。

2.4.6.2　电力工程质量事故的分类

（1）按事故的性质及严重程度划分为一般事故和重大事故。一般事故通常指经济损失在 5000～10 万元额度内的质量事故。凡是有下列情况之一者，可列为重大事故：

1）建筑物、构筑物或其他主要结构倒塌者。

2）超过规范规定或设计要求的基础严重不均匀沉降、建筑物倾斜、结构开裂或主体结构强度严重不足，影响构筑物的寿命，造成不可补救的永久性质量缺陷或事故。

3）影响建筑设备及其相应系统的使用功能，造成永久性质量缺陷者。

4）经济损失在 10 万元以上者。

（2）按事故造成的后果划分未遂事故和已遂事故。

（3）按事故责任划分为指导责任事故和操作责任事故。

1）指导责任事故。指导责任事故指由于在工程实施指导或领导失误而造成的质量事故。例如由于赶工期追进度，放松或不按质量标准进行控制和检验，施工时降低质量标准等。

2）操作责任事故。操作责任事故指在施工过程中，由于实施操作者不按规程或标准实施操作而造成的事故。例如，浇筑混凝土时随意加水；混凝土拌和料产生了离析现象仍浇筑入模；压实土方含水量及压实遍数未按要求操作等。

2.4.6.3 电力工程质量事故的处理流程

（1）进行质量事故调查，提出调查报告。

事故发生后，应及时组织调查处理。调查结果要整理撰写成事故调查报告，其内容如下：

1）工程概况，重点介绍事故有关部分的工程情况。

2）事故情况，事故发生时间、性质、现状及发展变化的情况。

3）是否需要采取临时应急防护措施。

4）事故调查中的数据、资料。

5）事故原因的初步判断。

6）事故涉及人员与主要责任者的情况等。

（2）进行质量事故原因分析。

（3）制定质量事故处理方案。事故处理的基本要求是：安全可靠，不留隐患，满足建筑功能和使用要求，技术可行，经济合理，施工方便。无须做处理的问题常有以下情况：

1）不影响结构安全、生产工艺和使用要求。

2）检验中的质量问题，经论证后可不做处理。

3）某些轻微的质量缺陷，通过后续工序可以弥补的，可不做处理。

4）对出现的问题，经复核验算，仍能满足设计要求者，可不做处理。

（4）进行事故处理方案设计。

（5）组织事故处理方案施工。

（6）监理单位组织检查验收。

（7）编写事故处理报告。

（8）质量问题处理的鉴定。事故处理结论的内容如下：

1）事故已排除，可以继续施工；

2）隐患已经消除，结构安全可靠；

3）基本满足使用要求，但附有限制条件，如限制使用荷载、限制使用条件等；

4）经修补处理后，完全满足使用要求；

5）对耐久性影响的结论；

6）对建筑外观影响的结论；

7）对事故责任的结论等。

此外，对一时难以做出结论的事故，还应进一步提出观测检查的要求。事故处理后，还必须提交完整的事故处理报告，其内容包括：事故调查的原始资料、测试数据；事故的原因分析、论证；事故处理的依据；事故处理方案、方法及技术措施；检查验收记录；事故无须处理的论证；事故处理结论等。

2.4.6.4　电力工程质量事故的产生原因

（1）技术原因。

（2）管理原因。

（3）社会、经济原因。

（4）违背建设程序原因。

（5）工程地质勘察原因。

（6）未加固处理好地基原因。

（7）设计计算问题。

（8）建筑材料及制品不合格。

（9）施工和管理问题。

（10）自然条件影响。

（11）建筑结构使用问题。

2.4.6.5　施工质量事故预防措施

（1）严格按照基本建设程序办事。首先要做好项目可行性的论证，不可未经深入的调查分析和严格论证就盲目拍板定案；要彻底搞清工程地质水文条件方可开工；杜绝无证设计、无图施工，禁止任意修改设计和不按图施工；工程竣工不进行试车运转、不经验收不得交付使用。

（2）科学地加固处理好地基。对软弱土、冲填土、杂填土、湿陷性黄土、膨胀土、岩层出露、溶洞、土洞等不均匀地基要进行科学的加固处理。要根据不同地基的工程特性，按照地基处理与上部结构相结合使其共同工作的原则，从地基处理与设计措施、结构措施、防水措施、施工措施等方面综合考虑治理。

（3）进行必要的设计审核复核。要请具有合格专业资质的审图机构对施工图进行审查复核，防止因设计考虑不周、结构构造不合理、设计计算错误等原因，导致质量事故的发生。

（4）严格把好建筑材料及制品的质量关。要从采购订货、进场验收、质量复验、存贮和使用等环节严格控制材料及制品的质量，防止不合格或变质、损坏的材料和制品用到工程上。

（5）对施工人员进行必要的技术培训。要通过技术培训使施工人员掌握基本的工程结构和材料知识，懂得遵守施工验收规范对保证工程质量的重要性，从而在施工中自觉遵守操作规程，不蛮干，不违章操作，不偷工减料。

（6）依法进行施工组织管理。施工管理人员要认真学习、严格遵守国家相关政策法规和施工技术标准，依法进行施工组织管理。首先要熟悉图纸，对工程的难点和关

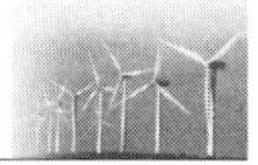

键工序、关键部位应编制专项施工方案并严格执行；施工作业必须按照图纸和施工验收规范、操作规程进行；施工技术措施要正确，施工顺序不可搞错；脚手架上不可超载堆放构件和材料；要严格按照制度进行质量检查和验收。

(7) 做好应对不利施工条件和各种灾害的预案。要根据当地气象资料的分析和预测，事先针对可能出现的风、雨雪、高温、严寒、雷电等不利施工条件，制定相应的施工技术措施；还要对不可预见的人为事故和严重自然灾害做好应急预案，并有相应的人力、物力储备。

(8) 加强施工安全与环境管理。许多施工安全和环境事故都会连带发生质量事故，加强施工安全与环境管理，也是预防施工质量事故的重要措施。

2.5 安全生产管理

2.5.1 安全生产管理计划

1. 编制要求

项目部应根据合同的有关要求，确定项目安全生产管理范围和对象，制定项目安全生产管理计划，并在实施过程中根据实际情况进行补充和调整。

项目安全生产管理计划应满足事故预防的管理要求，并应符合下列规定：

(1) 针对项目危险源和不利环境因素进行辨识与评价，确定对策和控制方案。

(2) 对危险性较大的分部分项工程编制专项施工方案。

(3) 对分包人的项目安全生产管理、教育和培训提出要求。

(4) 对项目安全生产交底进行控制，对有关分包单位制定的项目安全生产方案进行控制的措施。

(5) 制定应急准备与救援预案。

2. 审批程序

安全生产计划在编制完成后，应按照工程施工管理程序进行审批，包括企业内部审批和项目监理机构的审查。经企业内部批准、项目监理机构审查通过后方可执行。对项目安全生产计划进行补充、调整时，应按原审批程序重新履行审批手续。

2.5.2 安全生产管理目标

项目部成立后，根据施工实际，依据本企业、建设单位安全管理目标，制订项目安全施工与职业健康安全管理目标，并纳入项目部总体经营目标。安全生产管理目标应包含人员、机械、设备、交通、火灾、环境、职业健康等事故方面的控制指标。项目安全生产管理目标的内容不能少于建设单位安全管理目标的内容，各项安全指标不得低于本企业、建设单位的控制指标。

2.5.3　安全生产管理体系

1. 安全生产管理领导机构及职责

项目经理为项目安全生产第一责任人，因此，项目部应建立以项目经理为主要负责人的安全生产管理组织机构。在陆上风电场施工安全生产管理中，一般应成立安全生产委员会（简称“安委会”）或安全生产领导小组，作为项目安全生产管理的领导机构。由项目经理担任主任（或组长），项目安全负责人为副组长，项目部其他领导和各职能部门负责人以及协作队伍（分包单位）负责人为组员。一般项目规模较大、管理和施工人员较多时，成立安委会；项目规模不大、管理和施工人员较少时成立安全生产领导小组。安委会（或安全生产领导小组）的主要职责如下：

（1）贯彻落实国家有关安全生产的法律法规、标准规范，制订、完善项目安全生产总体目标及年度目标、安全生产目标管理计划，并组织实施与考评。

（2）组织制订、完善、评估安全生产管理制度，并组织落实与监督、考核。

（3）组织开展国家、行业以及本企业要求的和项目关键环节、重要时段的安全生产监督检查、隐患排查。

（4）组织开展安全生产标准化建设活动。

（5）组织开展安全绩效检查与考核。

（6）定期组织安全生产例会，分析项目安全生产形势，研究解决安全生产工作中的重大问题。

（7）协调解决项目安全生产工作中的重大问题。

（8）组织开展事故调查、分析，从项目层面做出事故处理的决定。

2. 安全生产责任体系

施工项目部应该建立以项目经理为主要责任人的安全生产责任体系，以项目生产经理为主要责任人的安全生产实施体系，以项目总工程师为主要责任人的安全技术保障体系，以项目安全总监为主要负责人的安全生产监督体系。各体系在安全生产过程中要认真履行各自的职责，确保项目实施过程中的安全生产工作“责任到人、实施到底、保障有力、监督到位”，保障安全生产的人员、物资、费用、技术等落实到位，各级人员应具备相应的任职资格和能力。

2.5.4　安全生产管控要点

2.5.4.1　建立健全安全生产管理制度

施工项目部应根据施工安全的需要，建立健全项目的安全生产管理制度，并保证贯彻执行。安全生产管理制度主要如下：

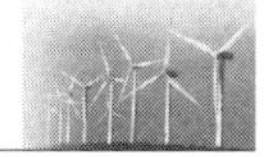

（1）安全生产责任制度。

（2）安全生产教育制度。

（3）安全生产检查制度。

（4）安全隐患排查治理制度。

（5）安全生产费用管理制度。

（6）应急管理制度。

（7）安全生产例会制度。

（8）劳动保护用品管理制度。

（9）安全技术交底制度。

（10）安全生产考核制度。

（11）事故报告、调查处理管理规定。

（12）各专业安全规定，如施工安全用电管理规定、脚手架安全管理规定、设备设施安全管理规定、车辆交通安全管理规定、高处作业安全管理规定、起重机作业安全管理规定、特种作业人员持证上岗管理规定、交叉作业安全管理规定等。

2.5.4.2 危险源辨识与控制措施

1. 危险源

危险源是指可能导致人身伤害和（或）健康损害的根源、状态或行为，或其组合。危险源可分为以下两类：

（1）第一类危险源是指可能发生意外释放能量的载体或物质。这是事故发生的主体，决定事故后果的严重程度。

（2）第二类危险源是指造成约束、限制能量措施失效或破坏的各种不安因素。这是导致事故的必要条件，决定事故发生的可能性。第二类危险源包括：偏离规定要求而未能完成预期功能等的不安状态；导致物的故障或人的失误的不良环境因素。

重大危险源是指长期地或者临时地生产、搬运或者存储危险物品，且危险物品的数量等于或者超过临界量的单元（包括场所和设施）。

2. 危险源辨识

施工项目部应按分部分项工程划分评价单元，对评价单元作业活动中的危险源进行全面、充分的辨识。

（1）危险源辨识的方法。

1）经验对照法。

2）安全检查表法。

3）设备故障类型及影响分析法。

4）现场操作活动失常分析法。

5）专家头脑风暴法。

（2）危险源辨识的范围。

1）所有进入施工现场人员的活动，包括分包方人员和其他进入现场的人员（供应商、交流学习等人员）的活动。

2）人的行为、能力和其他人的因素。

3）施工现场内（包括办公、生活区域）的设施、设备和材料，包括相关方所提供的设施、设备和材料等。

4）施工过程中的各项变更，如材料、商务的变更等。

5）对工作区域、过程、装置、机械设备、操作程序和工作组织的设计。

3. 风险评价方法

陆上风电场工程的风险评价方法可采用作业条件危险性评价法（LEC 法），也称为风险度评价法，是对人们在具有潜在危险环境中作业时的危险性的半定量评价方法。计算公式为

$$D=LEC \tag{2-1}$$

式中　D——风险度；

L——发生事故的可能性大小；

E——人体暴露于危险环境的频率；

C——一旦发生事故会造成的损失后果。

发生事故的可能性大小（L）及对应分值见表 2-4。

表 2-4　发生事故的可能性大小（L）及对应分值表

分值	发生事故的可能性	分值	发生事故的可能性
10	完全可以预料到	0.5	很不可能，可以设想
6	相当可能	0.2	极不可能
3	可能但不经常	0.1	实际不可能
1	可能性小，完全意外		

人体暴露于危险环境的频率（E）及对应分值见表 2-5。

表 2-5　人体暴露于危险环境的频率（E）及对应分值表

分值	发生事故的可能性	分值	发生事故的可能性
10	连续暴露	2	每月一次暴露
6	频繁暴露	1	每年几次暴露
3	每周一次，或偶然暴露	0.5	非常罕见地暴露

一旦发生事故会造成的损失后果（C）及对应分值见表 2-6。

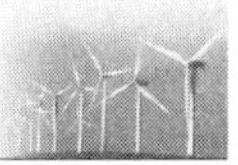

表 2-6 一旦发生事故会造成的损失后果（*C*）及对应分值表

分值	发生事故产生的后果	分值	发生事故产生的后果
100	大灾难，许多人死亡	7	严重，重伤
40	灾难，数人死亡	3	重大，致残
15	非常严重，一人死亡	1	引人注目，需要救护

风险度 *D* 值及对应的风险等级和危险程度见表 2-7。

表 2-7 风险度 *D* 值及对应的风险等级和危险程度

D 值	风险等级	危险程度
≥320	Ⅴ（不可容许风险）	极其危险，不能继续作业
160～320	Ⅳ（重大风险）	高度危险，要立即整改
70～160	Ⅲ（中度风险）	显著危险，需要整改
20～70	Ⅱ（可容许风险）	一般危险，需要注意
<20	Ⅰ（可忽视风险）	稍有危险，可以接受

4. 危险源的控制措施

（1）第一类危险源的控制方法。对第一类危险源采取的控制措施包括消除危险源、限制能量和隔离危险物质等。为了防止或减少事故，可采取隔离、个体防护和应急救援等措施。

（2）第二类危险源的控制方法。第二类危险源涉及的范围很广，其控制方法包括提高各类设施的可靠性以消除或减少故障、增加安全系数、设置安全监督系统、改善作业环境等，最重要的是加强员工和施工人员的安全培训，增强安全生产意识，克服一切不利于安全的不良操作习惯，严格按章操作，并在生产中保持良好的生理和心理状态。

5. 风险控制措施

风险级别与相应的控制措施见表 2-8。

表 2-8 风险级别与相应的控制措施表

风险级别		控制措施
级别	名称	
Ⅰ	可忽视风险	不需采取措施且不必保留文件记录
Ⅱ	可容许风险	可保持现有控制措施，即不需另外的控制措施，但应考虑投资效果更佳的解决方案，可不增加额外成本的改进措施，需要检测来确保控制措施得以维持
Ⅲ	中度风险	应努力采取措施降低风险，但应仔细测定并限定预防成本，应在规定时间内实施风险减少的措施，如条件不具备，可考虑长远措施和当前简易控制措施。 在中度风险与严重伤害后果相关的场合中，必须进一步评价，更准确地确定伤害的可能性，确定是否需要改进控制措施，是否需要制定目标和管理方案

续表

风险级别		控制措施
级别	名称	
Ⅳ	重大风险	直接风险降低后才能开始工作。为降低风险有时必须配给大量的资源，当风险涉及正在进行中的工作时，就应采取应急措施，应制定目标和管理方案
Ⅴ	不容许风险	风险已消除时才能开始或继续工作。若即便经无限的资源投入也不能降低风险，就必须禁止工作

Ⅲ级以上风险为重大风险，所识别的危险源为重大危险源，其控制要编制专项方案，按专项方案的相关要求进行重点控制。

2.5.4.3　安全教育

1. 安全教育的内容

(1) 安全思想教育。对施工项目部全体从业人员进行安全思想教育，使全体人员真正认识到安全生产的重要性和必要性，懂得安全生产和文明施工的科学知识，牢固树立"安全第一"的思想，自觉遵守各项安全生产法律法规和规章制度。通常从加强思想路线和方针政策教育、劳动纪律教育两个方面进行。

(2) 安全知识教育。安全基本知识教育的主要内容包括：工程概况；施工内容；施工工艺流程、方法；项目施工危险区域及其安全防护的基本知识和注意事项；机械设备、场内动力的有关安全知识；有关电气设备（动力照明）的基本安全知识；高处作业安全知识；消防制度及灭火器材应用的基本知识；个人防护用品的正确使用知识等。

(3) 安全技能教育。每个现场管理人员和施工人员都要熟悉本岗位、本工种的专业安全技能知识。安全技能知识是比较专业、细致和深入的知识，它包括安全技术、劳动卫生和安全操作规程。

2. 安全教育的基本要求

(1) 新进场人员的三级安全教育。陆上风电场施工项目的三级安全教育通常是指企业（公司）级、项目部级、班组级三级。新进场人员必须按规定通过三级安全教育和实际操作训练，并经考核合格后方可上岗。

1) 企业（公司级）安全教育由企业主管领导负责，企业职业健康安全部门会同有关部门组织实施，内容包括安全生产法律、法规，通用安全技术、职业卫生和安全文化的基本知识，本企业安全生产规章制度及状况、劳动纪律和有关事故案例等。

2) 项目部级安全教育由项目级负责人组织实施，专职或兼职安全员协助，内容包括工程项目的概况，安全生产状况和规章制度，主要危险因素及安全事项，预防工作事故和职业端正的主要措施，典型事故案例及事故应急处理措施等。

3) 班组级安全教育由班组长组织实施，内容包括遵章守纪，岗位安全操作规程，

岗位间工作衔接配合的安全生产事项，典型事故及发生事故后采取的紧急措施，劳动防护用品（用具）的性能及正确使用方法等。

三级安全教育必须要有完整的记录，并归档管理。

(2) 改变工艺和变换岗位时的安全教育。当施工项目部管理人员或施工人员发生从一个岗位调到另外一个岗位，或从某个工种改变为另一个工种，或因放长假离岗一年以上重新上岗的情况，项目部必须进行相应的安全技术和教育，使其掌握现岗位的安全生产特点和要求。

(3) 经常性安全教育。安全教育必须坚持不懈、经常不断地进行，这就是经常性安全教育。在经常性安全教育中，安全思想、安全态度教育最重要。进行安全思想、安全态度教育，要采取多种多样的安全教育活动，激发员工做好安全生产的热情，促使员工重视和真正实现安全生产。经常性安全教育的形式有：每天的班前班后会上说明安全注意事项；安全活动日；安全生产会议；事故现场会；张贴安全生产宣传画、宣传标语及标志等。

(4) 特种作业人员的培训。

1）特种作业是指对操作者本人，尤其对他人和周围设施的安全有着重大危害因素的作业。直接从事特种作业的人员，称为特种作业人员。

2）特种作业范围。与陆上风电场施工相关的特种作业范围有电气作业、锅炉司炉、压力容器、起重机械操作、爆破作业、金属焊接（气焊）作业、机动车辆驾驶以及符合特种作业基本定义的其他作业。

3）从事特种作业的人员，必须经国家规定的有关部门进行专门的安全教育和安全技术培训，并经考核合格取得特种作业操作资格证后，方准上岗作业。

3. 安全教育的培训形式

安全教育培训可以采取各种各样的有效方式来开展，教育培训要突出讲求实效，避免枯燥无味和流于形式。可采取各种生动活泼的形式，并坚持经常化、制度化。同时，应注意思想性、严肃性和及时性，避免片面性、应付性、形式性。教育培训应正确指出造成事故的原因及防患于未然的具体措施，切实让被教育对象接受到全面的教育，以确保施工安全。

2.5.4.4 危大工程专项施工方案与实施

1. 危大工程

危大工程是危险性较大分部分项工程的简称，是指建设工程施工过程中，容易导致人员群死群伤或者造成重大经济损失的分部分项工程。危大工程需编制专项施工方案。

2. 陆上风电场工程相关危大工程

根据电力建设工程危险性较大的分部分项工程范围，与陆上风电场工程相关的危大工程包括但不限于：

（1）特殊地质地貌条件施工。

（2）人工挖孔桩。

（3）土方开挖工程。开挖深度超过 3m（含 3m）的基坑（槽）的土方开挖工程。

（4）基坑支护、降水工程。开挖深度超过 3m（含 3m）或虽未超过 3m 但地质条件和周边环境复杂的基坑（槽）支护、降水工程。

（5）边坡支护工程。

（6）模板工程及支撑体系。

1）各类工具式模板工程：包括大模板、滑模、爬模、翻模等工程。

2）混凝土模板支撑工程：搭设高度 5m 以上；搭设跨度 10m 及以上；施工总荷载 $10kN/m^3$ 及以上；集中线荷载 15kN/m 及以上；高度大于支撑水平投影宽度且相对独立无联系构件的混凝土模板支撑工程。

3）承重支撑体系：用于钢结构安装等的满堂支撑体系。

（7）超重吊装及安装拆卸工程。

1）采用非常规起重设备、方法，且单件起吊重量在 10kN 及以上的起重吊装工程。

2）采用起重机械进行安装工程。

3）起重机械设备自身的安装、拆卸。

（8）脚手架工程。

1）搭设高度 24m 及以上的落地式钢管脚手架工程。

2）附着式整体和分片提升脚手架工程。

3）悬挑式脚手架工程。

4）吊篮脚手架工程。

5）自制卸料平台、移动操作平台工程。

6）新型及异型脚手架工程。

（9）拆除、爆破工程。

1）建（构）筑物拆除工程。

2）采用爆破拆除的工程。

（10）临近带电体作业。

（11）送变电及风电工程。

1）运行电力线路下方的线路基础开挖工程。

2）10kV 及以上带电跨（穿）越工程。

3）15m 及以上跨越架搭拆作业工程。

4）跨越铁路、公路、航道、通信线路、河流、湖泊及其他障碍物的作业工程。

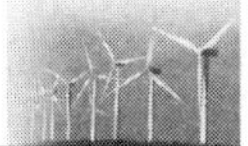

5）铁塔组立，张力放线及紧线作业工程。

6）采用无人机、飞艇、动力伞等特殊方式作业工程。

7）铁塔、线路拆除工程。

8）索道、旱船运输作业工程。

9）塔筒及风电机组运输、安装工程。

（12）其他。

1）建筑幕墙安装工程。

2）钢结构、网架和索模结构安装工程。

3）预应力工程。

4）用电设备在5台及以上或设备总容量50kW及以上的临时用电工程。

5）厂用设备带电。

6）主变压器就位、安装。

7）高压设备试验。

8）厂、站（含风力发电）设备整套启动试运行。

9）有限空间作业。

10）采用新技术、新工艺、新材料、新设备的分部分项工程。

3. 陆上风电场工程相关超过一定规模的危大工程

陆上风电场工程相关的超过一定规模的危大工程包括但不限于：

（1）深基坑工程。

1）开挖深度超过5m（含5m）的基坑（槽）的土方开挖工程。

2）开挖深度虽未超过5m，但地质条件和周边环境和地下管线复杂，或影响毗邻建（构）筑物安全的基坑（槽）的土方开挖、支护、降水工程。

（2）模板工程及支撑体系。

1）各类工具式模板工程：包括大模板、滑模、爬模、飞模、翻模等工程。

2）混凝土模板支撑工程：搭设高度8m及以上；搭设跨度18m及以上；施工总荷载15kN/m^{2}及以上；集中线荷载20kN/m及以上。

3）承重支撑体系：用于钢结构安装等满堂支撑体系，受单点集中荷载700kg以上。

（3）起重吊装及安装拆卸工程。

1）采用非常规起重设备、方法，且单件起吊重量在100kN及以上的起重吊装工程。

2）起重量600kN及以上的起重设备安装工程；高度200m及以上内爬起重设备的拆除工程。

（4）脚手架工程。

1）搭设高度50m及以上落地式钢管脚手架工程。

2）提升高度150m及以上附着式整体和分片提升脚手架工程。

3）架体高度20m及以上悬挑式脚手架工程。

（5）拆除、爆破工程。

1）采用爆破拆除的工程。

2）码头、桥梁、高架、烟囱、冷却塔拆除工程。

3）容易引起有毒有害气（液）体、粉尘扩散造成环境污染及易引发火灾爆炸事故的建（构）筑物拆除工程。

4）可能影响行人、交通、电力设施、通信设施或其他建（构）筑物安全的拆除工程。

5）文物保护建筑、优秀历史建筑或历史文化风貌区控制范围的拆除工程。

（6）送变电及风电工程。

1）高度超过80m及以上的高塔组立工程。

2）运输重量在20kN及以上、牵引力在10kN及以上的重型索道运输作业工程。

3）风电机组吊装工程。

（7）其他。

1）施工高度50m及以上的建筑幕墙安装工程。

2）跨度大于36m及以上的钢结构安装工程。跨度大于60m及以上的网架和索膜结构安装工程。

3）开挖深度超过8m的人工挖孔桩工程。

4）高度在30m及以上的高边坡支护工程。

5）采用新技术、新工艺、新材料、新设备且无相关技术标准的分部分项工程。

4. 危大工程专项施工方案的内容

（1）工程概况：危大工程概况和特点、施工平面布置、施工要求和技术保证条件。

（2）编制依据：相关法律、法规、规范性文件、标准、规范、施工图设计文件、施工组织设计以及厂方提供的设备相关资料等。

（3）施工计划：包括施工进度计划、材料与设备计划。

（4）施工工艺技术：技术参数、工艺流程、施工方法、操作要求、检查要求等。

（5）施工安全保证措施：组织保障措施、技术措施、监测监控措施等。

（6）施工管理及作业人员配备和分工：施工管理人员及专职安全生产管理人员、特种作业人员、其他作业人员等。

（7）验收要求：验收标准、验收程序、验收内容、验收人员等。

（8）应急处置措施。

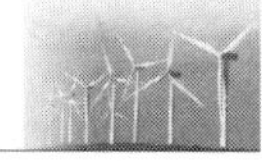

(9) 计算书及相关施工图纸。

5. 危大工程专项施工方案的编制与审批

危大工程专项施工方案由施工单位项目技术负责人负责编制，经施工单位技术负责人审核、总监理工程师审查后实施。对超过一定规模的危险性较大的工程还必须通过专家论证。

6. 超过一定规模的危大工程专项施工方案专家论证

由施工单位（总承包工程由总承包单位）组织超过一定规模的危大工程专项方案专家论证会。

(1) 论证会参会人员。

1) 专家从当地专家库中随机抽取，不得少于5人。

2) 建设单位项目负责人。

3) 有关勘察、设计单位项目技术负责人及相关人员。

4) 总承包单位和分包单位技术负责人或授权委托的专业技术人员、项目负责人、专项施工方案编制人员、项目专职安全管理人员及相关人员。

5) 监理单位项目总监理工程师及专业监理工程师。

(2) 专家论证的主要内容。

1) 专项施工方案内容是否完整、可行。

2) 专项施工方案计算书和验算依据、施工图是否符合有关标准规范。

3) 专项施工方案是否满足现场实际情况，并能够确保施工安全。

(3) 结论。专家论证后结论为“通过”的，项目部参考专家意见自行修改完善；结论为“修改后通过”的，专家意见要明确具体修改内容，项目部应当按照专家意见进行修改，并履行有关审核和审查手续后方可实施，修改情况应及时告知专家。

7. 危大工程专项施工方案交底

经批准实施的专项施工方案在实施前必须由项目经理组织，由项目技术负责人对施工人员及现场管理人员进行交底，交底记录要齐全。

8. 危大工程专项施工方案实施要求

(1) 危大工程专项施工方案在按规定履行完审批程序后即可实施，若在过程中因设计、结构、外部环境等因素发生变化确需修改的，应征得建设单位、监理单位同意，修改后的专项施工方案应当重新审核。对于超过一定规模的危险性较大的分部分项工程的专项施工方案，施工单位应重新组织专家进行论证。

(2) 监理单位应结合专项施工方案，编制监理实施细则，并对危险性较大的分部分项工程实施专项巡视检查。

(3) 危险性较大的分部分项工程完成后，监理单位应组织有关人员进行验收。验收合格的，经施工单位技术负责人、工程总承包单位负责人或技术负责人及总监理工程师签字后，方可进行后续工程施工。

（4）监理单位发现未按专项施工方案实施的，应责令整改；施工单位拒不整改的，监理单位应及时向建设单位报告；建设单位接到监理单位报告后，应立即责令施工单位停工整改；施工单位仍不停工整改的，建设单位应及时向当地政府能源主管部门、工程建设主管单位和国家能源局或其派出机构报告。

2.5.4.5　安全技术交底

施工项目部应该依据国家有关安全生产的法律法规、标准规范的要求和工程设计文件，施工组织设计，安全技术计划和专项施工方案，安全技术措施等安全技术管理文件的要求在分部分项工程施工前对相关人员进行安全技术交底。

1. 安全技术交底的内容

安全技术交底的主要内容如下：

（1）工程项目的分部分项工程概况、施工项目的施工作业特点和危险点。

（2）针对危险点的具体预防措施。

（3）应注意的安全事项。

（4）相应的安全操作规程和标准。

（5）发生事故后应及时采取的避难和急救措施。

2. 安全技术交底的要求

（1）施工项目部必须实行逐级安全技术交底制度，纵向延伸到班组全体作业人员。

（2）危险性较大的分部分项工程专项施工方案实施前，编制人员或技术负责人应当对现场管理人员和作业人员进行安全技术交底。

（3）项目部技术负责人应将工程概况、施工方法、施工工序、安全技术措施等向工长、班组长进行详细交底。

（4）施工作业前班组长应向作业人员进行作业内容、作业环境、作业风险及措施等安全技术交底。

（5）安全技术交底必须具体、明确，针对性强。

（6）安全技术交底的内容应针对分部分项工程施工中给作业人员带来的潜在危险因素和存在问题。

（7）应优先采用的安全技术措施。

（8）定期向由两个以上作业队和多工种进行交叉施工的作业队伍进行书面交底。

（9）安全技术交底应有书面记录，交底双方应签字确认，交底资料应由交底双方及安全管理部门留存。

2.5.4.6 安全检查

1. 安全检查的内容和形式

安全检查的内容主要是根据生产活动的特点，制定具体检查项目、标准。概括起来主要是查思想、查制度、查机械设备、查安全设施、查安全教育培训、查操作行为、查劳保用品使用、查伤亡事故和处理等。

安全检查可分为综合检查、日常检查、专项检查、季节性检查、节假日检查和不定期检查。

(1) 综合检查。综合检查是对办公、生活及施工现场进行的安全大检查，检查内容较为全面，具体的检查频次根据相关的规定执行。

(2) 日常检查。日常检查指项目部每月至少进行1次安全大检查；班组每周、每班次都应该进行检查；专职安全技术人员的日常检查应该有计划，针对重点部位应周期性地进行检查。

(3) 专项检查。专项检查指组织有关专业人员对某项专业、特种设备、特殊场所（如电焊、气焊、起重设备、脚手架、运输车辆、压力容器、易燃易爆场所等）的安全问题或在施工中存在的普遍性安全问题进行单项检查，这类检查专业性强，也可以结合单项评比进行。

(4) 季节性检查。季节性检查是根据季节特点，为保障安全生产的特殊要求所进行的检查。如春季风大，要着重防火、防爆；夏季高温多雨和雷电，要着重防暑、防高温、防汛、防雷电、防触电；冬季着重防寒、防冻等。

(5) 节假日检查。节假日检查是针对节假日期间容易产生麻痹思想的特点而进行的安全检查，包括节日前进行安全生产综合检查，节日后进行遵章守纪的检查等。

(6) 不定期检查。项目部也可以根据安全生产的具体情况，开展不定期的安全检查，确保安全生产的可控。

2. 安全检查的方法和要求

(1) 安全检查的方法。常用的安全检查方法有常规检查、安全检查表法和仪器实测实量检查法。

(2) 安全检查的要求。

1) 加强领导。

2) 要有明确的目的。

3) 检查记录是安全评价的依据，因此要认真、详细地记录。

4) 安全检查后要认真地、全面地进行系统分析，用定性和定量相结合的方法进行安全评价。

5) 整改是安全检查工作的重要组成部分，是检查结果的归宿。整改工作包括隐患登记、整改、复查、销案。

2.5.4.7　安全隐患排查与治理

1. 建设工程的安全隐患

安全隐患主要体现在人的不安全行为、物的不安全状态和管理上的缺陷三个方面。

(1) 人的不安全行为。人的不安全行为是人表现出来的、与人的心理特征相违背的非正常行为。在工程上指人为地使系统发生故障或发生性能不良的事件，违背设计和操作规程的错误行为。主要包括以下类型：

1) 操作失误、忽视安全、忽视警告。

2) 造成安全装置失效。

3) 使用不安全设备。

4) 手代替工具操作。

5) 物体存放不当。

6) 冒险进入危险场所。

7) 攀坐不安全位置。

8) 在吊物下作业、停留。

9) 在机器运转时进行检查、维修、保养。

10) 有分散注意力的行为。

11) 未正确使用个人防护用品、用具。

12) 不安全装束。

13) 对易燃易爆等危险品处理错误。

(2) 物的不安全状态。物的不安全状态是指能导致事故发生的物质条件，包括机械设备或环境所存在的不安全因素。主要包括以下类型：

1) 物本身存在的缺陷。

2) 防护保险方面的缺陷。

3) 物的放置方法的缺陷。

4) 作业环境场所的缺陷。

5) 外部和自然界的不安全状态。

6) 作业方法导致的物的不安全状态。

7) 保护器具信号、标志和个体防护用品的缺陷。

(3) 管理的缺陷。组织管理上的缺陷，也是事故潜在的不安全因素，主要包括以下方面：

1) 技术上的缺陷。

2) 教育上的缺陷。

3) 生理上的缺陷。

4）心理上的缺陷。

5）管理工作上的缺陷。

6）学校教育和社会、历史上的原因造成的缺陷。

2. 安全隐患排查

（1）应建立安全隐患排查治理机制，定期组织开展工程的隐患排查治理工作，在开展隐患排查前应制定排查方案，明确排查的目的、范围、时间、人员和方法等内容，定期组织开展全面的隐患排查。

（2）通过排查及时发现及消除隐患，并采取闭环管理。对排查出的重大安全隐患，应作出书面通知，落实整改责任、整改资金、整改措施、整改预案、整改期限，按安全隐患的等级建立安全隐患信息台账，并按照职责分工实施监控管理。

（3）应按照“谁主管、谁负责”和“全方位覆盖、全过程闭环”的原则，落实职责分工，完善工作机制，对隐患进行初步评估，经过自评估确定为重大隐患的应由负有安全生产监督管理职责的部门和企业职代会“双报告”，实行自查自改自报的闭环管理。

（4）涉及消防、环保、防洪、航运或灌溉等的重大隐患，要同时报告地方政府有关部门协调整改。

（5）重大隐患信息报告包括隐患名称、隐患现状及其产生的原因，隐患危害程序、整改措施和应急预案，隐患办理期限、责任单位和责任人员。

3. 安全隐患治理

（1）做好安全隐患记录。记录检查中发现的各类安全隐患，通过统计分析，主要有两类，一类属于多个部位存在的同类型隐患，即“通病”；另一类属于重复出现的隐患，即“顽症”。根据对上述两种类型隐患的分析和研究，修订和完善安全管理措施。对排查出的安全隐患，应及时采取有效的治理措施，形成“查找－分析－评估－报告（控制－验收）”的闭环管理流程。

（2）下发安全隐患整改通知书。对属于一般安全隐患但不能立即整改到位的安全隐患应下达“隐患整改通知书”，制定隐患治理措施，经检查负责人批准后执行，限期落实整改。

（3）立即整改。对于违章指挥和违章作业行为，查检人员应当指出，并限期纠正；对于危害和整改难度较小，发现后能够立即整改排除的一般安全隐患，应立即组织整改。

（4）制定方案进行整改。对于重大安全隐患存在单位，其应成立由单位主要负责人为组长的安全隐患治理领导小组，制定重大安全隐患治理方案，并按照治理方案组织开展安全隐患的治理整改，应对治理全过程进行监督管理。

（5）跟踪检查。检查单位应该对受检单位的纠正和预防措施的实施过程和实施效果进行跟踪验证，并保存验证记录。

（6）安全隐患存在单位在安全隐患整改过程中，应采取相应的安全防护措施。安全隐患治理、整改完毕后，应对安全隐患治理效果进行验证，并做好整改记录。

2.5.4.8　生产安全事故应急预案

为了防止一旦紧急情况发生时出现混乱，能够按照合理的响应流程采取适当的救援措施，预防和减少可能随之引发的职业健康安全和环境影响，应编制生产安全事故应急预案。

1. 应急预案体系

应急预案体系包括综合应急预案、专项应急预案和现场处置方案。

（1）综合应急预案。综合应急预案是从总体上阐述事故的应急方针、政策，应急组织机构及相关应急职责，应急行动、措施和保障等基本要求和程序，是应对各类事故的综合性文件。

（2）专项应急预案。专项应急预案是针对具体的事故类别（如基坑开挖、脚手架拆除等事故）、危险源和应急保障而制定的计划或方案，是综合应急预案的组成部分，应按照综合应急预案的程序和要求组织制定，并作为综合应急预案的附件。专项应急预案应制定明确的救援程序和具体的应急救援措施。

（3）现场处置方案。现场处置方案是针对具体的装置、场所或设施、岗位所制定的应急处置措施。现场处置方案应具体、简单、针对性强。现场处置方案应根据风险评估及危险性控制措施逐一编制，做到事故相关人员应知应会、熟练掌握，并通过应急演练，做到迅速反应、正确处置。

根据陆上风电场施工的特点，施工项目部一般可将综合应急预案和专项应急预案合二为一编制，但对现场处置方案要根据风险评估及危险性控件逐一编制。

2. 应急预案编制的要求

（1）符合有关法律、法规、规章和标准的规定。

（2）结合本地区、本单位和本项目安全生产实际情况。

（3）结合本地区、本单位和本项目危险性分析情况。

（4）应急组织和人员的职责分工明确，并有具体的落实措施。

（5）有明确、具体的事故预防措施和应急程序，并与应急能力相适应。

（6）有明确的应急保障措施，并能满足本地区、本单位和本项目的应急工作要求。

（7）预案基本要素齐全、完整，预案附件提供的信息准确。

（8）预案内容与相关应急预案相互衔接。

3. 应急预案的主要内容

（1）总则。

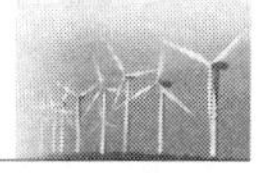

1）编制目的。简述应急预案编制的目的、作用等。

2）编制依据。简述应急预案编制所依据的法律、法规、规章，以及有关行业管理规定、技术规范和标准等。

3）适用范围。说明应急预案适用的区域范围，以及事故的类型、级别。

4）编制体系。说明应急原则，内容应简明扼要、明确具体。

（2）危险性分析。

1）施工项目部概况。主要包括项目部总体情况及生产活动特点等内容。

2）危险源与风险分析。主要阐述本项目存在的危险源及风险分析结果。

（3）组织机构及职责。明确应急救援指挥机构总指挥、副总指挥、各成员单位及其相应职责。应急救援指挥机构根据事故类型和应急工作需要，可以设置相应的应急救援工作小组，并明确各小组的工作任务及职责。

（4）预防和预警。

1）危险源监控。明确施工项目部对危险源监测监控的方式、方法，以及采取的预防措施。

2）预警行动。明确事故预警的条件、方式、方法和信息的发布程序。

3）信息报告与处置。按照有关规定，明确事故及未遂伤亡事故信息的报告与处置办法。

（5）应急响应。

1）响应分级。针对事故危害程序、影响范围和单位控制事态的能力，将事故分为不同的等级。按照分级负责的原则，明确应急响应级别。

2）响应程序。根据事故的大小和发展态势，明确应急指挥、应急行动、资源调配、应急避险、扩大应急等响应程序。

3）应急结束。明确应急终止的条件。事故现场得以控制，环境符合有关标准，导致的次生、衍生事故隐患消除后，经事故现场应急指挥机构批准后，现场应急结束。结束后应明确：事故情况上报事项；需向事故调查处理小组移交的相关事项；事故应急救援工作总结报告。

（6）信息发布。明确事故信息发布的部门和发布原则。事故信息应由事故现场指挥部及时准确地向新闻媒体通报。

（7）后期处置。后期处置主要包括污染物处理、事故后果影响消除、生产秩序恢复、善后赔偿、抢险过程和应急救援能力评估及应急预案的修订等内容。

（8）保障措施。

1）通信与信息保障。明确与应急工作相关联的单位或人员的通信联系方式和方法，并提供备用方案。建立信息通信系统及维护方案，确保应急期间信息通畅。

2）应急队伍保障。明确各类应急响应的人力资源，包括专业应急队伍、兼职应急队伍的组织与保障方案。

3）应急物资装备保障。明确应急救援需要使用的应急物资和装备的类型、数量、性能、存放位置、管理责任人及其联系方式等内容。

4）经费保障。明确应急专项经费来源、使用范围、数量和监督管理措施，保障应急状态时生产经营单位应急经费及时到位。

5）其他保障。根据本单位应急工作需求而确定的其他相关保障措施（如交通运输保障、治安保障、技术保障、医疗保障、后勤保障等）。

（9）培训与演练。

1）培训。明确对本单位人员开展应急培训的计划、方式和要求。如果预案涉及社区和居民，要做好宣传教育和告知等工作。

2）演练。明确应急演练的规模、方式、频次、范围、内容、组织、评估、总结等内容。

（10）奖惩。明确事故应急救授工作中奖励和处罚的条件和内容。

2.5.4.9　生产安全事故报告、调查及处理

1. 事故分级

根据《生产安全事故报告和调查处理条例》（国务院令第493号），生产安全事故（以下简称事故）按造成的人员伤亡或者直接经济损失，一般分为以下等级：

（1）特别重大事故，是指造成30人以上死亡，或者100人以上重伤（包括急性工业中毒，下同），或者1亿元以上直接经济损失的事故。

（2）重大事故，是指造成10人以上30人以下死亡，或者50人以上100人以下重伤，或者5000万元以上1亿元以下直接经济损失的事故。

（3）较大事故，是指造成3人以上10人以下死亡，或者10人以上50人以下重伤，或者1000万元以上5000万元以下直接经济损失的事故。

（4）一般事故，是指造成3人以下死亡，或者10人以下重伤，或者1000万元以下直接经济损失的事故。

上述所称的“以上”包括本数，所称的“以下”不包括本数。

2. 事故报告

（1）安全生产事故报告的程序。事故发生后，事故现场有关人员应当立即向施工项目部负责人进行报告，施工项目部负责人应立即向本单位负责人报告；单位负责人接到报告后，应当于1h内向事故发生地县级以上地方政府安全生产监督管理部门和负有安全生产监督管理职责的有关部门报告。情况紧急时，事故现场有关人员可以直接向事故发生地县级以上地方政府安全生产监督管理部门和负有安全生产监督管理职责的有关部门报告。

（2）安全生产事故报告的内容。报告事故应包括以下内容：

1）事故发生单位概况。

2）事故发生的时间、地点以及事故现场情况。

3）事故的简要经过。

4）事故已经造成或者可能造成的伤亡人数（包括下落不明的人数）和初步估计的直接经济损失。

5）已经采取的措施。

6）其他应当报告的情况。

事故报告后出现新情况的，应当及时补报。

3. 事故现场处置

单位负责人接到事故报告后，应当立即启动事故相应的应急预案，或者采取有效措施，组织抢救，防止事故扩大，减少人员伤亡和财产损失。

事故发生后，有关单位和人员应当妥善保护事故现场以及相关证据，任何单位和个人不得破坏事故现场，毁灭相关证据。

因抢救人员、防止事故扩大以及疏通交通等原因，需要移动事故现场物件的，应当做出标志，绘制现场简图并做出书面记录，妥善保存现场重要痕迹、物证。

4. 事故调查

（1）组织调查组调查。未造成人员伤亡的一般事故，县级政府可以委托事故发生单位组织事故调查组进行调查。这种情况下，若施工项目部发生安全事故，施工单位应组织调查组进行调查，调查组要履行下列职责：

1）查明事故发生的经过、原因、人员伤亡情况及直接经济损失。

2）认定事故的性质和事故责任。

3）提出对事故责任者的处理建议。

4）总结事故教训，提出防范和整改措施。

5）提交事故调查报告。

（2）调查报告的内容

1）事故发生单位概况。

2）事故发生经过和事故救援情况。

3）事故造成的人员伤亡和直接经济损失。

4）事故发生的原因和事故性质。

5）事故责任的认定以及对事故责任者的处理建议。

6）事故防范和整改措施。

事故调查报告应当附具有关证据材料，事故调查组成员应当在事故调查报告上签名。

事故调查报告报送负责事故调查的地方政府后，事故调查工作即告结束。事故调查的有关资料应当归档保存。

事故发生单位应当按照负责事故调查的地方政府的批复，对本单位负有事故责任的人员进行处理。负有事故责任的人员涉嫌犯罪的，依法追究刑事责任。

5. 事故处理原则

（1）事故原因不清楚不放过。

（2）事故责任者和员工没有受到教育不放过。

（3）事故责任者没有处理不放过。

（4）没有制定防范措施不放过。

事故发生单位应当认真吸取事故教训，落实防范和整改措施，防止事故再次发生。防范和整改措施的落实情况应当接受工会和职工的监督。

2.6 施工资源管理

2.6.1 劳动力管理

劳动力管理是作为项目部参加施工项目生产活动的生产要素，对其所进行的管理工作。其核心是按施工项目的特点和目标要求，合理地组织、高效率地使用和管理劳动力，培养、提高劳动者素质，激发劳动者的积极性与创造性，提高劳动生产率，全面完成工程合同，获取更大效益。

1. 劳动力管理内容

施工项目劳动力组织管理的内容见表 2-9。

表 2-9　施工项目劳动力组织管理的内容

管理方式	内　　容
对外包、分包劳务的管理	（1）认真签订和执行合同，并纳入整个施工项目管理控制系统，及时发现并协商解决问题，保证项目总体目标实现。 （2）对其保留一定的直接管理权，对违纪不适宜工作的工人，项目管理部门拥有辞退权，对贡献突出者有特别奖励权。 （3）间接影响劳务单位对劳务的组织管理工作，如工资奖励制度、劳务调配等。 （4）对劳务人员进行上岗前培训并全面进行项目目标和技术交底工作
由项目管理部门直接组织的管理	（1）严格项目内部经济责任制的执行，按内部合同进行管理。 （2）实施先进的劳动定额、定员，提高管理水平。 （3）组织与开展劳动竞赛，调动职工的积极性和创造性。 （4）严格职工的培训、考核、奖惩。 （5）加强劳动保护和安全卫生工作，改善劳动条件，保证职工健康与安全生产。 （6）抓好班组管理，加强劳动纪律

续表

管理方式	内　　容
与企业劳务管理部门共同管理	（1）企业劳务管理部门与项目经理部通过签订劳务承包合同承包劳务，派遣作业队完成承包任务。 （2）合同中应明确作业任务及应提供的计划工日数和劳动力人数、施工进度要求及劳务进退场时间、双方的管理责任、劳务费计取及结算方式、奖励与罚款等。 （3）企业劳务部门的管理责任是：包任务量完成，包进度、质量、安全、节约、文明施工和劳务费用。 （4）项目经理部的管理责任是：在作业队进场后，保证施工任务饱满和生产的连续性、均衡性；保证物资供应、机械配套；保证各项质量、安全防护措施的落实；保证及时提供技术资料；保证文明施工所需的一切费用及设施。 （5）企业劳务管理部门向作业队下达劳务承包责任状。 （6）承包责任状根据已签订的承包合同建立，其主要内容如下： 1）作业队承包的任务及计划安排。 2）对作业队施工进度、质量、安全、节约、协作和文明施工的要求。 3）对作业队的考核标准、应得的报酬及上缴任务。 4）对作业队的奖罚规定

2. 劳动定额

（1）劳动定额的概念。劳动定额是指在正常生产条件下，为完成单位产品（或工作）所规定的劳动消耗的数量标准。其表现形式有两种：时间定额和产量定额。时间定额指完成合格产品所必需的时间；产量定额指单位时间内应完成合格产品的数量。两者在数值上互为倒数。

（2）劳动定额的作用。劳动定额是劳动效率的标准，是劳动管理的基础，其主要作用如下：

1）劳动定额是编制施工项目劳动计划、作业计划、工资计划等各项计划的依据。

2）劳动定额是项目部合理定编、定岗、定员及科学地组织生产劳动推行经济责任制的依据。

3）劳动定额是衡量考评工人劳动效率的标准，是按劳分配的依据。

4）劳动定额是施工项目实施成本控制和经济核算的基础。

（3）劳动定额水平。劳动定额水平必须先进合理。在正常生产条件下，定额应控制在多数工人经过努力能够完成，少数先进工人能够超过的水平上。定额要从实际出发，充分考虑达到定额的实际可能性，同时还要注意保持不同工种定额水平之间的平衡。

3. 劳动定员

劳动定员是指根据施工项目的规模和技术特点，为保证施工的顺利进行，在一定时期内（或施工阶段内）项目必须配备的各类人员的数量和比例。

（1）劳动定员的作用。

1）劳动定员是建立各种经济责任制的前提。

2）劳动定员是组织均衡生产，合理用人，实施动态管理的依据。

3）劳动定员是提高劳动生产率的重要措施之一。

（2）劳动定员的方法。

1）按劳动定额定员，适用于有劳动定额的工作，计算公式为

$$某工种的定员人数=\frac{某工种计划工程量}{该工种工人产量定额\times计划出勤工日利用率}$$

2）按施工机械设备定员，适用于车辆及施工机械的司机、装卸工人、机床工人等的定员。计算公式为

$$某机械设备定员人数=\frac{必需的机械设备台数\times每台设备工作班次}{工人看管定额\times计划出勤工日利用率}$$

3）按比例定员，即按某类人员占工人总数或与其他类人员之间的合理的比例关系确定人数。如普通工人可按与技术工人的比例定员。

4）按岗位定员，即按工作岗位数确定必要的定员人数，如维修工、门卫、消防人员等。

5）按组织机构职责分工定员，适用于工程技术人员、管理人员的定员。

2.6.2　材料管理

施工项目材料管理是项目部为顺利完成工程项目施工任务，合理使用和节约材料，努力降低材料成本，所进行的材料计划、订货采购、运输、库存保管、供应、加工、使用、回收等一系列的组织和管理工作。

1. 施工项目材料计划管理

项目部编制的主要的材料计划见表2-10。

表2-10　项目部编制的主要的材料计划

材料计划	编制依据和内容
施工项目主要材料需要量计划	（1）项目开工前，向企业材料机构提出一次性材料计划，包括总计划、年计划。 （2）依据施工图纸、预算，并考虑施工现场材料管理水平和节约措施编制材料需要量。 （3）以单位工程为对象，编制各种材料需要量计划，然后归集汇总整个项目的各种材料需要量。 （4）该计划作为企业材料机构采购、供应的依据
主要材料月（季）需要量计划	（1）在项目施工中，项目经理部应向企业材料机构提出主要材料月（季）需要量计划。 （2）应依据工程施工进度编制计划，还应随着工程变更情况和调整后的施工预算及时调整计划。 （3）该计划内容主要包括各种材料的库存量、需要量、储备量等数据，并编制材料平衡表。 （4）该计划作为企业材料机构动态供应材料的依据

续表

材料计划	编制依据和内容
构配件加工订货计划	(1) 在构件制品加工周期允许时间内提出加工订货计划。 (2) 依据施工图纸和施工进度编制。 (3) 作为企业材料机构组织加工和向现场送货的依据。 (4) 报材料供应部门作为及时送料的依据
施工设施用料计划	(1) 按使用期提前向供应部门提出施工设施用料计划。 (2) 依据施工平面图进行现场设施的设计编制。 (3) 报材料供应部门作为及时送料的依据
周转材料，工具租赁计划	(1) 按使用期，提前向租赁站提出租赁计划。 (2) 要求按品种、规格、数量、需用时间和进度编制。 (3) 依据施工组织设计编制。 (4) 作为租赁站送货到现场的依据
主要材料节约计划	(1) 根据企业下达的材料节约率指标编制。 (2) 要求落实到各有关的分部分项工程施工的技术组织措施中。 (3) 作为向施工班组领发料限额及考核的依据

2. 施工项目材料计划的编制

(1) 施工项目材料需要量计划编制。以单位工程为对象归集各种材料的需要量，即在编制的单位工程预算的基础上，按分部分项工程计算出各种材料的消耗数量，然后在单位工程范围内，按材料种类、规格分别汇总，得出单位工程各种材料的定额消耗量。在此基础上考虑施工现场材料管理水平及节约措施即可编制出施工项目材料需要量计划。

(2) 施工项目月（季、半年、年）度材料计划编制。主要内容是计算各种材料的需要量、储备量，经过综合平衡确定材料申请、采购量等。

1) 各种材料需要量确定的依据是：计划期生产任务；技术组织措施和设备维修计划；上期材料计划执行情况分析资料；材料消耗定额等。其计算方法为直接计算法。其计算公式为

$$某种材料需要量=\sum(计划工程量\times材料消耗定额)$$

2) 各种材料库存量、储备量的确定。

$$计划期初库存量=编制计划时实际库存量+期初前的预计到货量-期初前的预计消耗量$$

$$计划期末储备量=(0.5\sim0.75)经常储备量+保险储备量$$

当材料生产或运输受季节影响时，需考虑季节性储备。其计算公式为

$$季节性储备量=季节储备天数\times平均日消耗量$$

3) 编制材料申请量和市场采购量。

$$材料申请采购量=材料需要量+计划期末储备量-(计划期初库存量-计划期内不合用数量)-企业内可利用资源$$

（3）材料计划的组织实施。

1）做好材料的申请、订货采购工作，使所需全部材料从品种、规格、数量、质量和供应时间上都能按计划得到落实，不留缺口。

2）做好计划执行过程中的检查工作，发现问题，找出薄弱环节，及时采取措施，保证计划的实现。

3）加强日常的材料平衡工作。

3. 项目现场材料管理

施工项目现场材料管理的内容见表 2-11。

表 2-11　施工项目现场材料管理的内容

材料管理环节	内　　容
材料消耗定额	（1）应以材料施工定额为基础，向基层施工队、班组发放材料，进行材料核算。 （2）要经常考核和分析材料消耗定额的执行情况，着重于定额与实际用料的差异，非工艺损耗的构成等，及时反映定额达到的水平和节约用料的先进经验，不断提高定额管理水平。 （3）应根据实际执行情况积累和提供修订和补充材料定额的数据
材料进场验收	（1）根据现场平面布置图，认真做好材料的堆放和临时仓库的搭设，要求做到有利于材料的进出和存放，方便施工、避免和减少场内二次搬运。 （2）在材料进场时，根据进料计划、送料凭证、质量保证书或材质证明（包括厂名、品种、出厂日期、出厂编号、试验数据等）和产品合格证，进行数据验收和质量确认，做好验收记录，办理验收手续。 （3）材料的质量验收工作，要按质量验收规范和计量检测规定进行，严格执行验品种、验型号、验质量、验数量、验证件制度。 （4）要求复检的材料要有取样送检证明报告；新材料未经试验鉴定，不得用于工程中；现场配制的材料应经试配，使用前应经认证。 （5）材料的计量设备必须经具有资格的机构定期检验，确保计量所需要的精确度，不合格的检验设备不允许使用。 （6）对不符合计划要求或质量不合格的材料，应更换、退货或让步接收（降级使用），严禁使用不合格的材料
材料储存保管	（1）进库的材料须验收后入库，按型号、品种分区堆放，并编号、标识，建立台账。 （2）材料仓库或现场堆放的材料必须有必要的防火、防雨、防潮、防盗、防风、防变质、防损坏等措施。 （3）易燃易爆、有毒等危险品材料，应专门存放，专人负责保管，并有严格的安全措施。 （4）有保质期的材料应做好标识，定期检查，防止过期。 （5）现场材料要按平面布置图定位放置，有保管措施，符合堆放保管制度。 （6）对材料要做到日清、月结、定期盘点、账物相符
材料领发	（1）严格限额领发料制度，坚持节约预扣，余料退库。收发料具要及时入账上卡，手续齐全。 （2）施工设施用料，以设施用料计划进行总控制，实行限额发料。 （3）超限额用料时，须事先办理手续，填限额领料单，注明超耗原因，经批准后，方可领发材料。 （4）建立领发料台账，记录领发状况和节超状况

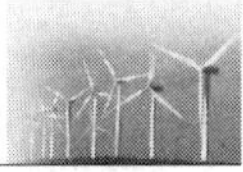

续表

材料管理环节	内　　容
材料使用监督	（1）组织原材料集中加工，扩大成品供应。要求根据现场条件，将混凝土、钢筋、木材、石灰、玻璃、油漆、砂、石等不同程度地集中加工处理。 （2）坚持按分部工程或按层数分阶段进行材料使用分析和核算，以便及时发现问题，防止材料超用。 （3）现场材料管理责任者应对现场材料使用进行分工监督、检查。 （4）是否认真执行领发料手续，记录好材料使用台账。 （5）是否按施工场地平面图堆料，按要求的防护措施保护材料。 （6）是否按规定进行用料交底和工序交接。 （7）是否严格执行材料配合比，合理用料。 （8）是否做到工完场清，要求“谁做谁清，随做随清，操作环境清，工完场地清”。 （9）每次检查都要做到情况有记录，原因有分析，明确责任，及时处理
材料回收	（1）回收和利用废旧材料，要求实行交旧（废）领新、包装回收、修旧利废。 （2）施工班组必须回收余料，及时办理退料手续，在领料单中登记扣除。 （3）余料要造表上报，按供应部门的安排办理调拨和退料。 （4）设施用料、包装物及容器等，在使用周期结束后组织回收。 （5）建立回收台账，记录节约或超领记录，处理好经济关系
周转材料现场管理	（1）按工程量、施工方案编报需用计划。 （2）各种周转材料均应按规格分别整齐码放，垛间留有通道。 （3）露天堆放的周转材料应有规定限制高度，并有防水等防护措施。 （4）零配件要装入容器保管，按合同发放，按退库验收标准回收，作好记录。 （5）建立保管使用维修制度。 （6）周转材料需报废时，应按规定进行报废处理

2.6.3 项目机械设备管理

施工项目机械设备管理是指项目经理部针对所承担的施工项目，运用科学方法优化选择和配备施工机械设备，并在生产过程中合理使用，进行维修保养等各项管理工作。

1. 机械设备的选择

根据项目业务范围和项目分包项目情况，对自建分项工程的机械设备主要考虑采用公司内部设备或在项目所在地机械设备租赁市场上选择租赁，其选择的依据是施工项目的施工条件、工程特点、工程量多少及工期要求等。选择的原则主要是要适用于项目施工的要求，使用安全可靠、技术先进、经济合理。

2. 机械设备的合理使用

施工项目机械设备的使用见表 2-12。

3. 机械设备的保养与维修

施工项目机械设备的保养与维修见表 2-13。

表 2－12　施工项目机械设备的使用

机械设备管理环节	内　　容
机械使用责任制	(1) 实行人机固定，要求操作人员必须遵守安全操作规程，积极为施工服务。 (2) 提高机械施工质量，降低消耗，将机械的使用效益与个人经济利益联系起来。 (3) 爱护机械设备，管好原机零部件、附属设备和随机工具，执行保养规程。 (4) 认真执行交接班制度，填好运转记录
实行操作证制度	(1) 对操作人员进行培训、考试，确认合格者发给操作证，持证上岗。 (2) 实行岗位责任制
严格执行技术规定	(1) 遵守技术试验规定，凡进入施工现场施工的机械设备，必须测定其技术性能、工作性能和安全性能，确认合格后才能验收、投产使用。 (2) 遵守走合期的使用规定，防止机件早期磨损，延长机械使用寿命和修理周期。 (3) 遵守寒冷地区冬季使用机械设备的规定
合理组织机械施工	(1) 根据需要和实际可能，经济合理地配备机械设备。 (2) 安排好机械施工计划，充分考虑机械设备的维修时间，合理组织实施、调配。 (3) 组织机械设备流水施工和综合利用，提高单机效率。 (4) 为施工机械创造良好的现场环境，如交通、照明设施，施工平面布置要适合机械作业要求。 (5) 加强机械设备安全作业，作业前须向操作人员进行安全操作交底，严禁违章作业和机械带病作业
实行单机或机组核算	(1) 以定额为基础，确定单机或机组生产率、消耗费用和保修费用。 (2) 加强班组核算，按标准进行考核和奖惩
建立机械设备档案	包括原始技术文件，交接、运转和维修记录，事故分析和技术改造资料等
培养机务队伍	举办训练班，进行岗位练兵，有计划、有步骤地培养提高机械设备管理人员的技术业务能力和操作保修技能

表 2－13　施工项目机械设备的保养与维修

项目	内　　容
例行保养	是由操作人员每日（班）工作前、工作中和工作后进行的保养，又称日常保养。 主要内容是：保持机械清洁，检查运转状态，紧固易松脱的螺栓，调整各部位不正常的行程和间隙，按规定进行润滑，采取措施防止机械腐蚀
定期保养	当机械设备运转到规定的保养定额工时时，停机进行的保养，又称强制保养，一般分为四级。一级保养由操作者负责，二级、三级、四级保养由专业保养工（修理工）负责
维修	维修包括零星小修、中修和大修。 零星小修是临时安排的修理，一般和保养相结合，不列入修理计划，由项目经理部负责。其目的是消除操作人员无力排除的机械设备突然发生故障、个别零件损坏或一般事故性损坏，及时进行维修、更换、修复。 大修和中修列入修理计划，并由企业负责按机械预检修计划对施工机械进行检修。 大修是对机械设备进行全面的解体检查修理，保证各零部件质量和配合要求，使其达到良好的技术状态，恢复可靠性和精度等工作性能，以延长机械的使用寿命。 中修是对不能继续使用的部分总成进行大修，使整机状况达到平衡，以延长机械设备的大修间隔。中修是在大修间隔期间对少数总成进行的一次平衡修理，对其他不进行大修的总成只执行检查保养

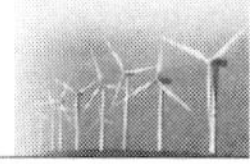

2.7　环境保护与文明施工管理

1. 环境保护与文明施工目标确定

在施工过程中要充分认识到环境保护与文明施工管理的重要作用。根据与业主签订的合同要求及项目所在地政府要求，结合项目特点及公司对风电业务的环境保护与文明施工目标要求，确定环境保护与文明施工目标。

2. 环境保护与文明施工组织机构

工程开工的同时，组建由项目经理直接领导，项目副经理亲自主抓的环境保护与文明施工管理监督机构，负责组织和监督本工程环境保护与文明施工措施的落实。对环境保护和现场文明施工的直接管理由工程技术部负责，安全环保部负责监督检查，其他部门协助检查。各作业队及生产班组安全员同时兼文明施工监督员，负责本队、本班的文明施工监督。文明施工组织机构框图如图2-8所示。

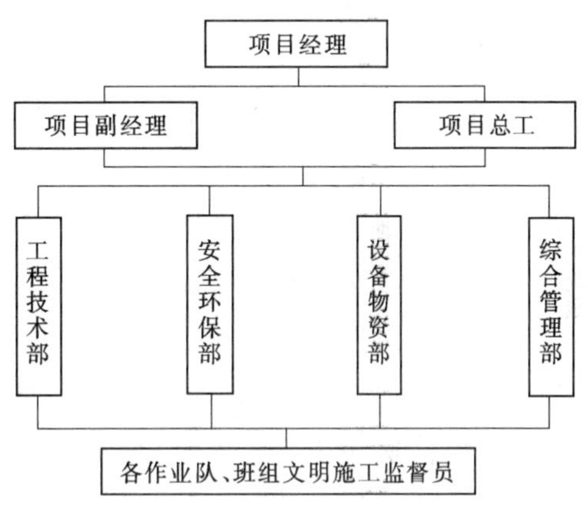

图2-8　文明施工组织机构框图

3. 环境保护与文明施工措施

(1) 认真贯彻执行国家有关环境保护与文明施工的法规和公司、业主有关部门关于环境保护与文明施工的管理规定，落实环境保护与文明施工责任制。

(2) 在制定安全、质量管理文件时，一并考虑环境保护与文明施工的要求，将环境保护与文明施工的精神融汇于安全、质量管理中去。

(3) 由主管项目副经理组织工程技术部、安全环保部、设备物资部、综合管理部有关人员制定环境保护与文明施工的管理实施细则，每周由管理监督机构按实施细则进行检查并把检查情况在生产调度会上向各有关单位及项目经理汇报，提出进一步整改措施。

(4) 加强施工现场管理，现场设备、材料堆放合理整齐，做到工完、料尽、场地清，开展经常性的环境保护与文明施工大检查评比活动，奖励先进、处罚落后，促进环境保护与文明施工水平的提高。

(5) 按施工总平面布置图实施布置管理，施工现场内所有临时设施均按布置图布置，使施工现场处于有序状态。

(6) 主要施工干道，应经常保养维护，施工设备严禁沿道停放，必须在指定地点有序停放，经常冲洗、维护，保证设备的面貌及完好率。

(7) 运料的汽车斗门严密不漏料，经常检查，防止漏料造成对道路的污染，运料时车厢堆料不得高出车厢边板，保证无落料。

(8) 保持生活区内环境整洁卫生，生活垃圾按规定的地点丢弃，生产、生活污水处理后按业主指定的地点排放。晴天施工时，施工道路要洒水保湿，防止灰尘污染空气。

(9) 值班人员遇到业主监理检查工作时主动介绍情况。

(10) 工程完工后，按要求及时拆除所有工地围墙、安全防护设施和其他临时设施，并将工地及周围环境清理干净，做到工完、料尽、场地清。

4. 文明施工考核、管理办法

(1) 环境保护与文明施工实行分层管理，项目经理对整个项目环境保护及文明施工进行宏观控制，项目相关部门对实施进行全过程控制，作业队进行自我控制。

(2) 环境保护与文明施工管理监督机构依据本项目文明施工实施管理细则，将环境保护与文明施工的评定分为“优良”“合格”“不合格”三个等级，按分项、分部、单位工程及作业队、班组逐级评定。

(3) 每周由环境保护与文明施工管理监督机构按实施细则进行详细检查，并认真作好记录。

(4) 提倡文明施工，严禁野蛮施工。对野蛮施工进行制止，一经发现不论是否造成损伤，一律给予经济处罚。

(5) 环境保护与文明施工管理监督机构每月进行一次环境保护与文明施工评比，对环境保护与文明施工优良的作业队、班组进行奖励，对环境保护与文明施工不合格的作业队及班组进行处罚。

2.8 施工成本管理

施工成本是指施工项目作为成本核算对象在施工过程中所耗费的生产资料转移价值和劳动者的必要劳动所创造的价值的货币形式。即项目在施工中发生的全部生产费用的总和，包括所消耗的主、辅材料，构、配件，周转材料的摊销费或租赁费，机械台班费或租赁费，支付给工人的工资，奖金以及项目管理费用支出。

施工成本管理就是在保证工程工期和质量满足要求的情况下，采取相应管理的措施，包括组织措施、经济措施、技术措施、合同措施，把成本控制在计划范围内，进一步寻求最大程度的成本节约。

2.8.1 施工成本管理的任务和程序

1. 施工成本管理的任务

施工成本管理的任务和环节包括施工成本预测、施工成本计划、施工成本控制、

施工成本核算、施工成本分析、施工成本考核。

(1) 施工成本预测。施工成本预测就是根据成本信息和施工项目的具体情况，运用一定的专门方法，对未来的成本水平及其可能的发展趋势做出科学的估计，其实质就是在施工以前对成本进行估算。通过成本预测，可以使项目经理部在满足业主和施工企业要求的前提下，选择成本低、效益好的最佳成本方案，并能够在施工项目成本形成过程中，针对薄弱环节，加强成本控制，克服盲目性，提高预见性。因此，施工成本预测是施工项目成本决策与计划的依据。预测时，通常是对施工项目计划工期内影响其成本变化的各个因素进行分析，比照近期已完工施工项目或将完工施工项目的成本（单位成本）预测这些因素对工程成本中有关项目（成本项目）的影响程度，预测出工程的单位成本或总成本。

(2) 施工成本计划。施工成本计划是以货币形式编制施工项目在计划期内的生产费用、成本水平、成本降低率以及为降低成本所采取的主要措施和规划的书面方案，它是建立施工项目成本管理责任制、开展成本控制和核算的基础。一般来说，一个施工项目的成本计划应包括从开工到竣工所必需的施工成本，它是该施工项目降低成本的指导文件，是设立目标成本的依据。可以说成本计划是目标成本的一种形式。

(3) 施工成本控制。施工成本控制是指在施工过程中，对影响施工项目成本的各种因素加强管理，并采用各种有效措施，将施工中实际发生的各种消耗和支出严格控制在成本计划范围内，随时揭示并及时反馈，严格审查各项费用是否符合标准，计算实际成本和计划成本之间的差异并进行分析，消除施工中的损失浪费现象，发现和总结先进经验。施工成本控制分为事前控制、事中控制（过程控制）、事后控制。

施工成本控制应贯穿于施工项目从投标阶段开始直到项目竣工验收的全过程，它是企业全面成本管理的重要环节。因此，必须明确各级管理组织和各级人员的责任和权限，这是成本控制的基础之一，必须给予足够的重视。

(4) 施工成本核算。施工成本核算是指按照规定开支范围对施工费用进行归集，计算出施工费用的实际发生额，并根据成本核算对象，采用适当的方法，计算出该施工项目的总成本和单位成本，施工项目成本核算所提供的各种成本信息是成本预测、成本计划、成本控制、成本分析和成本考核等各个环节的依据。

(5) 施工成本分析。施工成本分析是在施工成本核算的基础上，对成本的形成过程和影响成本升降的因素进行分析，以寻求进一步降低成本的途径，包括有利偏差的挖掘和不利偏差的纠正。施工成本分析应贯穿于施工成本管理的全过程，它是在成本的形成过程中，主要利用施工项目的成本核算资料（成本信息），与目标成本、预算成本以及类似施工项目的实际成本等进行比较，了解成本的变动情况。成本偏差的控制，分析是关键，纠偏是核心。

（6）施工成本考核。施工成本考核是指在施工项目完成后，对施工项目成本形成中的各责任者，按施工项目成本目标责任制的有关规定，将成本的实际指标与计划、定额、预算进行对比和考核，评定施工项目成本计划的完成情况和各责任者的业绩，并以此给予相应的奖励和处罚。成本考核以成本降低额和施工成本降低率作为成本考核的主要指标。

2. 施工成本的构成

施工成本是指在建设工程项目的施工过程中所发生的全部生产费用的总和。建设工程项目施工成本组成见表 2－14。

表 2－14　建设工程项目施工成本组成表

<table>
<tr><th colspan="3">成本项目</th><th>内　　容</th></tr>
<tr><td rowspan="4">直接费</td><td rowspan="3">直接工程费</td><td>人工费</td><td>（1）基本工资：发放给生产工人的基本工资。
（2）工资性补贴：物价补贴，煤气、燃气补贴，交通补贴、住房补贴、流动施工补贴。
（3）生产工人辅助工资：生产工人年有效施工天数以外非作业天数的工资。学习、培训期间的工资，探亲、休假期间的工资，产假、婚假、丧假期间的工资，女工哺乳期间工资等。
（4）职工福利费。
（5）劳动保护费</td></tr>
<tr><td>材料费</td><td>材料原价、材料运杂费、运输损耗费、采购保管费、实验检验费</td></tr>
<tr><td>施工机械使用费</td><td>折旧费、大修理费、经常修理费、安拆费及场外运费、人工费、燃料动力费、养路费及车船使用税</td></tr>
<tr><td colspan="2">措施费</td><td>环境保护费，文明施工费，安全施工费，临时设施费，夜间施工费，二次搬运费，大型机械设备进场及安拆费，混凝土、钢筋混凝土模板及支架费，脚手架费，已完工程及设备保护费（在竣工验收前对已完工程及设备进行保护费用），施工排水、降水费</td></tr>
<tr><td rowspan="2">间接费</td><td colspan="2">规费</td><td>工程排污费、工程定额测定费、社会保障费（养老保险、失业保险、医疗保险）、住房公积金、危险作业意外伤害保险</td></tr>
<tr><td colspan="2">企业管理费</td><td>管理人员工资、办公费、差旅交通费、固定资产使用费、工具用具使用费、劳动保险费、工会经费、职工教育经费、财产保险费、财务费、税金、其他（技术开发、业务招待、绿化、广告、咨询、审计等）</td></tr>
</table>

直接成本是指施工过程中耗费的构成工程实体或有助于工程实体形成的各项费用支出，是可以直接计入工程对象的费用，包括人工费、材料费、施工机械使用费和施工措施费等。

间接成本是指为施工准备、组织和管理施工生产的全部费用的支出，是非直接用于也无法直接计入工程对象，但为进行工程施工所必须发生的费用，包括管理人员工

资、办公费、差旅交通费等。

3. 施工成本管理的程序

风电场工程项目成本控制程序如图2-9所示。

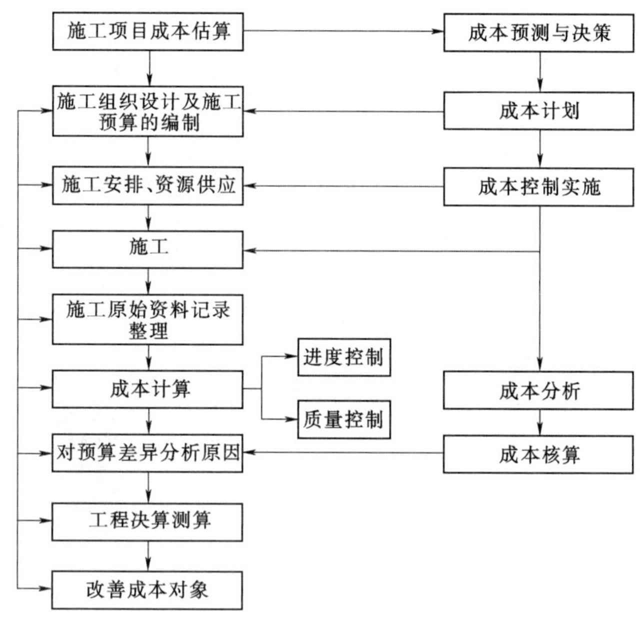

图2-9 风电场工程项目成本控制程序

4. 降低施工成本的途径和措施

降低施工成本的途径和措施见表2-15。

表2-15 降低施工成本的途径和措施

途径	措施
认真审图纸，积极提出修改意见	在满足合同和保证质量的前提下，结合项目实际情况，认真审核图纸，提出可行性优化方案，经业主及设计单位同意后，进行设计变更
加强合同管理 增创项目预算	(1) 深入研究招标、合同文件，正确编制施工预算。 (2) 把合同规定的“开口”项目，作为增加收入预算的重要方面。 (3) 根据工程变更资料，及时办理结算资料
制定经济合理的施工方案	(1) 正确选择施工方案。 (2) 方案以工期为依据，结合项目规模、性质、现场条件、资源情况
落实技术组织措施	(1) 开工前根据工程情况制定技术组织计划，编制月进度计划同时编制月技术组织措施。 (2) 项目部应分工明确，责任落实到位

续表

途　　径	措　　施
组织均衡施工，加快施工进度	组织均衡施工，做到快而不乱
降低材料成本	（1）严格执行公司材料采购制度。 （2）认真计量验收，避免材料缺失，质量不合格。 （3）严格执行材料消耗定额，严格控制浪费。 （4）正确核算材料消耗水平，坚持余料回收。 （5）改进施工技术，推广新技术、新工艺、新材料、新设备。 （6）合理利用材料的降级使用，避免材料浪费。 （7）加强现场管理，合理堆放，减少搬运、仓储及堆积损耗
提高机械使用率	（1）结合施工方案，机械性能、操作运行和台班成本综合考虑，选取最适合项目施工特点的施工机械。 （2）做好工序、各机械施工的组织工作，最大限度地发挥机械效能。同时严格执行持证上岗及岗前培训，避免操作不熟练或操作不当影响正常施工。 （3）做好机械设备的运维保养工作，减少机械设备的修理工作
用好激励机制，调动职工增产节约积极性	（1）对关键工序的施工班组进行奖励，可直接奖励劳动者。 （2）对任务重、工期紧，采用多队伍作业的，在分配时可预留一定工作量奖励工期快、质量好、安全可靠运行的队伍

2.8.2　施工成本管理的措施

为了取得施工成本管理的效果，应从多方面采取措施进行管理，项目成本管理措施归纳为组织措施、技术措施、经济措施和合同措施。

1. 组织措施

组织措施是从施工成本管理的组织方面采取措施。施工成本控制是全员的活动，如实行项目经理责任制，落实施工成本管理的组织机构和人员，明确各级施工成本管理的组织机构和人员，明确各级施工成本管理人员的任务和职能分工、权利和责任。组织措施是其他各类措施的前提和保证。

2. 技术措施

施工过程中降低成本的技术措施包括：进行技术经济分析，确定最佳的施工方案；结合施工方法，进行材料使用的必选，在满足质量的前提下，通过代用、改变配合比、使用外加剂等方法降低材料消耗的费用；确定最合适的施工机械和设备使用方案；结合项目的施工组织设计及自然地理条件，降低材料的库存成本和运输成本；使用先进的施工技术，运用新材料，使用先进的机械设备等。运用技术纠偏措施的关键是要能提出多个不同的技术方案，同时对多个不同的技术方案进行技术经济分析，选

择最佳方案。

3. 经济措施

经济措施是目前施工成本管理中人们最为接受和采用的措施，管理人员编制资金使用计划，确定分解施工成本管理目标。对施工成本目标进行风险分析，并制定防范性对策。采取奖励性或惩罚性措施进行成本管理。

4. 合同措施

采用合同措施控制施工成本，应贯穿于整个合同周期，即从合同谈判开始到合同结束的全过程。合同管理的措施既要密切关注对方合同的执行情况，寻求合同索赔的机会；同时也要密切关注自己履行合同的情况，以防被对方多索赔。

2.8.3 施工成本计划

施工成本计划是以货币形式编制施工项目的计划期内的生产费用、成本水平、成本降低率以及为降低成本所采取的主要措施和规划的书面方案，它是建立施工项目成本管理责任制，开展成本控制和核算的基础，是该项目降低成本的指导性文件，是设立目标成本的依据。可以说，施工成本计划是目标成本的一种形式。

1. 施工成本计划的类型

施工成本计划的类型有竞争性成本计划、指导性成本计划、实施性成本计划。竞争性成本计划是施工项目投标及签订合同阶段的估算成本计划。指导性成本计划是选派项目经理阶段的预算成本计划，是项目经理的责任成本目标。实施性成本计划，采用企业的施工定额通过施工预算的编制而形成，它以项目实施方案为依据，以落实项目经理责任目标为出发点。

2. 施工成本计划的编制依据

施工成本计划的编制依据主要如下：

（1）国家和上级部门有关编制成本计划的规定。

（2）项目经理部与企业签订的承包合同及企业下达的成本降低额、降低率和其他有关技术经济指标。

（3）有关成本预测、决策的资料。

（4）施工项目的施工图预算、施工预算。

（5）施工组织设计。

（6）施工项目使用的机械设备生产能力及其利用情况。

（7）施工项目的材料消耗、物资供应、劳动工资及劳动效率等计划资料。

（8）计划期内的物资消耗定额、劳动工时定额、费用定额等资料。

（9）以往同类项目成本计划的实际执行情况及有关技术经济指标完成情况的分析资料。

（10）同行业同类项目的成本、定额、技术经济指标资料及增产节约的经验和有效措施。

（11）本企业的历史先进水平和当时的先进经验及采取的措施。

（12）同类项目的先进成本水平情况资料。

3. 施工成本计划的编制方法

施工成本计划的编制方法主要如下：

（1）按照施工成本组成编制施工成本计划。

（2）按照施工项目组成编制施工成本计划。

（3）按照施工进度编制施工成本计划。

2.8.4　施工成本控制

1. 施工成本控制的依据

施工成本控制的依据如下：

（1）工程承包合同。

（2）施工成本计划。

（3）进度报告。

（4）工程变更或索赔资料等。

2. 施工成本控制的方法

施工成本控制方法如下：

（1）人工费的控制。

（2）材料费的控制。

（3）施工机械使用费的控制。

（4）施工分包费用的控制。

2.8.5　施工成本核算

通过施工项目成本控制，把施工项目成本控制在目标成本范围内。施工成本核算包括两个基本环节：①按照规定的成本开支范围对施工费用进行归集和分配，计算出施工费用的实际发生额；②根据成本核算对象，采用适当的方法，计算出该施工项目的总成本和单位成本。施工成本管理需要正确及时地核算施工过程中发生的各项费用，计算施工项目的实际成本。施工成本核算所提供的各种成本信息，是成本预测、成本计划、成本控制、成本分析和成本考核等各个环节的依据。

施工成本一般以单位工程为成本核算对象，也可以按照承包工程项目的规模、工期、结构类型、施工组织和施工现场等情况，结合成本管理要求，灵活划分成本核算对象。施工成本核算的基本内容如下：

（1）人工费核算。

（2）材料费核算。

（3）周转材料费核算。

（4）结构件费核算。

（5）机械使用费核算。

（6）其他措施费核算。

（7）分包工程成本核算。

（8）间接费核算。

（9）项目月度施工成本报告编制。

施工成本核算制和项目经理责任制等共同构成了项目管理的运行机制。组织管理层与项目管理层的经济关系、管理责任关系、管理权限关系，以及项目管理组织所承担的责任成本核算的范围、核算业务流程和要求等，都应以制度的形式作出明确的规定。

项目经理部要建立一系列项目业务核算台账和施工成本会计账户，实施全过程的成本核算，具体可分为定期的成本核算和竣工工程成本核算，如每天、每周、每月的成本核算。定期的成本核算是竣工工程全面成本核算的基础。

形象进度、产值统计、实际成本归集要三同步，即三者的取值范围应是一致的。形象进度表达的工程量、统计施工产值的工程量和实际成本归集所依据的工程量均应是相同的数值。

竣工工程的成本核算，应分为竣工工程现场成本核算和竣工工程完全成本核算两部分，分别由项目经理部和企业财务部门进行核算分析，其目的在于分别考核项目管理绩效和企业经营效益。

2.8.6 施工成本分析和成本考核

1. 成本分析的内容

成本分析的内容如下：

（1）正确计算成本计划的执行结果，计算产生的差异。

（2）找出产生差异的原因。

（3）正确地对成本计划的执行情况进行评价。

（4）提出进一步降低成本的措施和方案。

2. 成本分析的方法

成本分析的基本方法有比较法、因素分析法、差额计算法、比率法等。

3. 成本考核的作用

施工成本考核是指在施工项目完成后，对施工项目成本形成中的各责任者，按施工项目成本目标责任制的有关规定，将成本的实际指标与计划、定额、预算进行对比和考核，评定施工项目成本计划的完成情况和各责任者的业绩，并以此给予相应的奖励和处罚。通过成本考核，做到有奖有惩，赏罚分明，才能有效地调动每一位员工在各自施工岗位上努力完成目标成本的积极性，为降低施工项目成本和增加企业的积累，做出自己的贡献。

施工成本考核是衡量成本降低的实际成果，也是对成本指标完成情况的总结和评价。

成本考核制度包括考核的目的、时间、范围、对象、方式、依据、指标、组织领导、评价与奖惩原则等内容。

以施工成本降低额和施工成本降低率作为成本考核的主要指标，要加强组织管理层对项目管理部的指导，并充分依靠技术人员、管理人员和作业人员的经验和智慧，防止项目管理在企业内部异化为靠少数人承担风险的以包代管模式。成本考核也可分别考核组织管理层和项目经理部。

项目管理组织对项目经理部进行考核与奖惩时，既要防止虚盈实亏，也要避免实际成本归集差错等的影响，使施工成本考核真正做到公平、公正、公开，在此基础上兑现施工成本管理责任制的奖惩或激励措施。

施工成本管理的每一个环节都是相互联系和相互作用的。成本预测是成本决策的前提；成本计划是成本决策所确定目标的具体化；成本计划控制则是对成本计划的实施进行控制和监督，保证决策的成本目标的实现；成本核算又是对成本计划是否实现的最后检验，它所提供的成本信息又对下一个施工项目成本预测和决策提供基础资料；成本考核是实现成本目标责任制的保证和实现决策目标的重要手段。

2.9　施工变更管理

工程变更是指在工程项目实施过程中，按照合同约定的程序，监理人根据工程需要，下达指令对招标文件中的原设计或经监理人批准的施工方案进行的在材料、工艺、功能、功效、尺寸、技术指标、工程数量及施工方法等任一方面的改变。

1. 设计变更的主要类型

（1）更改工程有关部分的标高、基线、位置和尺寸。

（2）增减合同中约定的工程量。

（3）增减合同中约定的工程内容。

（4）改变工程质量、性质或工程类型。

（5）改变有关工程的施工顺序和时间安排。

（6）为使工程竣工而必须实施的任何种类的附加工作等。

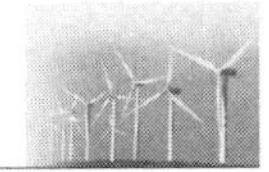

2. 现场签证的主要类型

（1）因设计变更导致公共部位需要拆除。

（2）施工过程中出现的未包含在合同中的各种技术措施处理。

（3）施工过程中由于施工条件、地下状况导致工程量的增减。

（4）在施工合同之外委托承包单位的零星工程。

（5）合同规定需要实测工程量的工作项目。

（6）取消合同某项或某部分工程，及其他工程变更需要附加的工作。

3. 设计变更的程序和内容

建设单位须对原工程设计进行变更，发包方应不迟于变更前14天以书面形式向承包方发出变更通知，变更超过原设计标准或批准的建设规模时，须经原规划管理部门和其他有关部门审查批准，并由原设计单位提供变更的相应图纸和说明。

因变更导致的合同价款的增减及造成的承包方损失，由发包方承担，延误的工期相应顺延。

合同履行中发包方要求变更工程质量标准及发生其他实质性变更，由双方协商解决。

承包商要求对原工程进行变更，控制顺序为：

1）施工单位不得擅自对原工程设计进行变更。否则因此发生的费用和导致建设单位的直接损失，由乙方承担，延误的工期不予顺延。

2）施工单位在施工中提出的合理化建议涉及设计图纸或施工组织设计的变更及对原材料、设备的换用，须经设计工程师同意。未经同意擅自更改或换用，施工单位承担由此发生的费用，并赔偿建设单位的有关损失，延误的工期不予顺延。

3）工程师同意采用施工单位的合理化建议，须发生的费用和获得的收益，甲乙双方另行约定分担或分享。在变更前，双方就要办理工程变更中涉及的费用增加和造成损失的补偿协议，以免因费用补偿的争议影响工程进度。

2.10 工程移交与竣工验收

2.10.1 工程移交

2.10.1.1 工程移交生产验收申请

工程移交生产验收由建设单位组织，建设单位项目公司完成工程移交生产前的准备工作后，及时向建设单位提出工程移交生产验收申请。建设单位及时筹办工程移交生产验收。根据工程实际情况，工程移交生产验收可以在工程竣工验收前进行。

2.10.1.2　工程移交生产验收应具备的条件

（1）风电场建设工程合同工作内容完成95%以上，土建主体工程全部完成，电气安装工程全部投运。

（2）风电机组并网发电，并通过240h试验考核，设备状态良好、无重大缺陷。

（3）工程建设、监理、设计、施工等资料整理分类基本完成，具备进行查证核实的条件。

（4）对工程整套启动试运验收中所发现的设备缺陷已全部消缺。

（5）运行维护人员已通过业务技能考试和安规考试，能胜任上岗。

（6）各种运行维护管理记录簿齐全。

（7）风电场和变电运行规程、设备使用手册和技术说明书及有关规章制度等齐全。

（8）安全、消防设施齐全良好，且措施落实到位。

（9）备品配件及专用工器具齐全完好。

2.10.1.3　工程移交生产验收的准备

建设单位在提出工程移交生产验收申请前，首先完成自查工作，将自查报告、准备报告、资料目录清单等相关材料与验收申请一并上报，接到开展验收通知后，按照要求做好验收准备工作，包括现场条件、相关资料、会议安排等内容。

2.10.1.4　工程移交生产验收应提供的资料

1. 工程总结报告

（1）建设单位的建设总结。

（2）设计单位的设计报告。

（3）施工单位的施工总结。

（4）调试单位的设备调试报告。

（5）生产单位的生产准备报告。

（6）监理单位的监理报告。

（7）质监部门的质量监督报告。

2. 备查文件、资料

（1）施工设计图纸、文件（包括设计变更联系单等）及有关资料。

（2）施工记录及有关试验检测报告。

（3）监理、质监检查记录和签证文件。

（4）各单位工程完工与单机启动调试试运验收记录、签证文件。

（5）历次验收所发现的问题整改消缺记录与报告。

（6）工程项目各阶段的设计与审批文件。

（7）风电机组、变电站等设备产品技术说明书、使用手册、合格证件等。

(8) 施工合同、设备订货合同中有关技术要求的文件。

(9) 生产准备中的有关运行规程、制度及人员编制、人员培训情况等资料。

(10) 有关传真、工程设计与施工协调会议纪要等资料。

(11) 土地征用、环境保护等方面的有关文件资料。

(12) 工程建设大事记。

2.10.1.5 工程移交生产验收的检查项目

(1) 检查设备、备品配件、工器具及图纸、资料、试验报告文件。

(2) 检查安全标识、安全设施、指示标志、设备标牌，各项安全措施应落实到位。

(3) 检查设备质量情况和设备消缺情况及遗留的问题。

(4) 检查风电机组实际功率特性和其他性能指标。

(5) 检查生产准备情况。

2.10.1.6 工程移交生产验收的主要内容

(1) 工程移交生产验收以建设任务基本完成为前提，重点突出生产准备工作，对存在的问题和遗留的项目进行梳理、对建设工程合同执行情况进行初步评估。

(2) 工程移交生产验收原则以国家有关风电机组、电气设备、电力线路、建筑、交通工程的规范标准，《风力发电场项目建设工程验收规程》(DL/T 5191) 为依据，以及风电场设计文件、图纸、技术资料为基础，以监理、业主、质检部门验收结论为前提，分类核查验收。

(3) 基建工程完工情况检查。

1) 检查风电场土建工程，包括道路、场平、风电机组基础、箱变基础、升压站、控制楼、生活办公楼等基础设施的施工完成情况。

2) 检查风电场电气设备，包括箱变、主变压器、35kV 开关柜、400V 开关柜、开关站 (CIS)、无功补偿装置、直流、监控、保护等设备的供货、安装完成情况。

3) 检查风电场 35kV 架空线路、送出线路的施工完成情况。

4) 检查风电场风电机组、塔筒设备的供货、吊装及调试施工完成情况、基建项目的施工完成情况。

5) 检查风电场消防工程、环境工程、水保工程及其他零星基建项目的施工完成情况。

6) 检查风电场备品备件、工器具及工程图纸、文件、资料的归类整理完成情况。

7) 检查风电场基建合同执行情况，进行工程投资造价的初步评估。

(4) 投产设备运行情况检查。

1) 检查风电机组、塔筒设备的运行情况，重点检查风电机组的稳定性，以及风电机组出力、效率、异常及故障情况。

2) 检查箱变、主变压器、场用变压器、35kV 架空线路、35kV 开关柜、400V 开关柜、开关站（CIS）、无功补偿装置、高压电缆等风电场次设备的运行情况，重点检查设备的质量、异常和缺陷情况。

3）检查综合自动系统、通信系统、直流装置、保护装置、计量装置等风电场二次设备的运行情况，重点检查设备的异常、故障和缺陷情况。

（5）生产准备工作情况检查。

1）检查生产组织和人员到位情况，包括组织结构、岗位设置、职责划分、人员配置、人员培训、技能评价、持证上岗的工作开展情况。

2）检查生产制度建设和执行情况，包括运行管理规定、维护管理规定、安全管理制度、运行规程、检修规程以及各类生产报表、台账、记录的制定情况。

3）检查生产工器具及备件的配置情况，包括运行操作工具、维修使用工具、安全用具、个人工具、易损备品备件及应急设备的配备情况。

4）检查辅助生产设施及后勤保障的基本情况，包括办公设施、生活设施、生产车辆、应急物资的配置情况。

5）检查生产档案的建立和信息管理情况，包括设备档案、资料管理、技术档案、信息分析系统、统计平台的管理建设情况。

（6）现场检查、验收完成后，验收小组拟定“工程移交生产验收意见书”，并经验收会议讨论通过。

（7）验收小组对验收过程中提出的遗留问题提出处理意见，各单位及时进行整改和完善，以备竣工复查。

（8）对生产单位提出运行管理要求与建议。

（9）在“工程移交生产验收交接书”上履行签字手续。

2.10.1.7　工程移交生产验收交接书的内容与格式

工程移交生产验收交接书的内容与格式见表 2-16。

2.10.2　竣工验收

2.10.2.1　竣工验收的概念

工程项目竣工验收是项目开发建设期的最后一个环节。竣工验收阶段的主要工作就是对项目质量进行全面的检查与评定，考核其是否达到项目决策所确立的质量目标，是否符合设计文件所规定的质量标准。

工程竣工验收应在完成工程整套启动试运、环境保护、水土保持、消防、工程档案和工程决算等专项验收的基础上进行。竣工验收应由建设单位组织，并接受工程质量监督机构的监督。

2.10.2.2　竣工验收的依据

（1）国家有关法律、法规及行业有关规定。

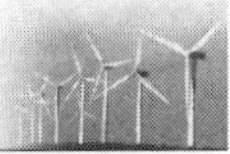

表 2-16 工程移交生产验收交接书的内容与格式表

××工程移交生产验收交接书

前言（简述移交生产验收主持单位、参加单位、验收时间与地点等）

一、工程概况

（一）工程名称及位置

（二）工程主要建设内容

包括工程批准文件、规模、总投资、投资来源。

（三）工程建设有关单位

（四）工程完成情况

包括开工日期及完工日期、施工发现的问题及处理情况。

（五）建设征地补偿情况

二、生产准备情况

包括生产单位运行维护人员上岗培训情况。

三、设备备件、工器具、资料等清查交接情况

应附交接清单。

四、存在的主要问题

五、对工程运行管理的建议

六、验收结论

七、验收组成员签字

见"××工程移交生产验收组成员签字表"。

八、交接单位代表签字

见"××工程移交生产验收交接单位代表签字表"。

工程移交生产验收　　　　　　　　工程移交生产验收组

主持单位（盖章）：　组长（签字）：

____年__月__日　　　　　　____年__月__日

（2）国家及行业相关技术标准、规程和规范。

（3）工程建设的有关招投标文件、合同文件及合同中明确采用的质量标准和技术文件。

（4）经批准的设计文件、施工图纸及说明书。

（5）其他相关文件。

2.10.2.3 竣工验收应具备的条件

（1）完成工程设计和合同约定的各项内容，由于特殊原因致使少量尾工不能完成的除外，但不得影响工程正常安全运行。

（2）设备状态良好，各单位工程能正常运行。

（3）历次验收和质量监督机构提出的整改问题已全部处理完毕。

（4）有工程使用的主要建筑材料、建筑构配件和设备的进场检验报告，以及工程质量检测和功能性试验资料。

（5）有完整的技术档案和施工管理资料。

（6）归档资料符合电力行业工程档案资料管理的有关规定。

（7）工程建设征地补偿和征地手续等已基本处理完毕。

(8) 工程投资全部到位。

(9) 竣工决算已经完成并通过竣工审计。

2.10.2.4　竣工验收前的准备工作

(1) 主体工程单位工程验收完成，包含风电机组、集电线路、交通工程和风电场升压变电站等，主体工程验收根据《风力发电工程施工与验收规范》(GB/T 51121)和《风力发电场项目建设工程验收规程》(DL/T 5191) 的要求进行。单位工程完工后由建设单位负责组织勘察、设计、施工、监理、质监和主要设备材料供应商等单位进行验收。各单位工程完工并经验收合格后，建设单位组织当地电网调度机构、质量监督机构以及建设、勘察、设计、施工、监理、施工和主要设备材料供应商等单位进行工程整套启动验收。

(2) 环境保护、消防、安全设施、工程档案和工程竣工决算的专项验收，由建设单位或总承包单位组织，按国家有关法规办理专项验收及验收报告。

(3) 编制竣工图。施工单位依据设计图纸、设计变更文件，结合建筑物和设备等实际情况的技术文件编制竣工图，竣工图是对工程进行验收和生产使用中、维护管理以及今后改建、扩建的依据。竣工图要保证质量，做到规格统一、图面整洁、字迹清楚，符合归档要求。

(4) 编制竣工决算报告。风电场项目竣工决算报告是正确核定新增固定资产价值、办理固定资产交付使用手续的依据性文件。项目业主单位应在风电场工程全部投产后 3 个月内组织编制完成竣工决算报告，项目设计、施工、监理等单位应积极配合。在竣工决算未经批复之前，原机构不得撤销，项目负责人及财务主管人员不得调离。

(5) 竣工决算报告应根据国家现行有关规定进行审核，审核单位应具有甲级造价咨询资质或审计资质，并由审核单位出具竣工决算审核报告。项目业主单位应根据审核报告提出的意见和要求进行整改，并将整改情况形成书面报告。

(6) 整理技术经济资料和文件。建设项目竣工后，建设、勘察、设计、施工、监理、质监等单位应将有关批准文件、技术经济资料和竣工图等进行系统整理，由建设单位分类立卷，在竣工验收时以完整的工程档案移交生产使用单位和档案部门保管，以适应生产管理的需要。整理的范围和要求按国家有关规定执行。主要内容包括：项目审批文件和年度投资计划文件，设计（含工艺、设备技术）及设计变更、施工、监理文件，招投标、合同管理文件，会计档案，财产物资清单，工程总结文件，勘察、设计、施工、监理、质监等单位签署的质量合格文件，施工单位签署的工程保修证书，工程竣工图纸等。

(7) 提出工程竣工验收报告。竣工验收报告的主要内容包括：项目建设情况；国家关于风电建设管理有关要求的执行情况；主体工程、环境保护、消防、安全设施、

工程档案等专项验收的主要结论；竣工财务决算情况；对各专项验收鉴定书所提主要问题和建议的处理情况等。

2.10.2.5　竣工验收的工作程序

（1）召开预备会，听取建设单位汇报竣工验收会准备情况，确定工程竣工验收委员会成员名单。

（2）召开第一次会议。

1）宣布验收会议程。

2）宣布工程竣工验收委员会委员名单及各专业检查组名单。

3）听取建设单位的工程竣工报告。

4）看工程声像资料、文字资料。

（3）分组检查。

1）各检查组分别听取相关单位的工程竣工汇报。

2）检查有关文件、资料。

3）现场核查。

（4）召开工程竣工验收委员会会议。

1）检查组汇报检查结果。

2）讨论并通过“工程竣工验收鉴定书”。

3）协调处理有关问题。

（5）对工程做出总体评价，宣读“工程竣工验收鉴定书”。

（6）竣工验收委员会成员和参建单位代表在“工程竣工验收鉴定书”上签字。

（7）签发“工程竣工验收鉴定书”，并自鉴定书签字之日起28天内，由验收主持单位行文发送有关单位。

2.10.2.6　竣工验收的检查内容

1. 竣工验收的主要内容

（1）项目建设总体完成情况。建设地点、建设内容、建设规模、建设标准、建设质量、建设工期等是否按批准的项目申请报告及可行性研究报告文件建设完成，各单位工程、工程整套启动验收是否完成，是否编制各专业竣工图。

（2）项目执行国家关于风电建设管理有关要求的情况。项目是否列入全国/省风电规划，资源是否合理有效利用，项目前期工作是否符合风电前期工作管理规定，项目开发权的获得及核准是否符合要求，风电机组本地化率是否符合要求；节能降耗设计标准、强制性规定及措施是否贯彻落实等。

（3）项目变更情况。项目在建设过程中是否发生设计或施工变更，是否按规定程序办理报批手续。

（4）法律、法规执行情况。环保、消防、安全设施等是否按批准的设计文件建成，是否按照国家有关法规进行专项验收。

（5）档案资料情况。建设项目批准文件、设计文件、竣工图及文件、监理、质监文件及各项技术文件是否齐全、准确，是否按规定立卷，并通过档案验收。

（6）竣工决算情况。项目业主单位是否按要求组织编制了竣工决算报告，是否经有资质的审核单位进行了审核并出具了审核报告，是否根据审核意见进行了整改以及整改结果处理情况等。如验收组织单位认为有必要，可对竣工决算报告进行复审。

（7）投产或者投入使用准备情况。组织机构、岗位人员培训、物资准备、外部协作条件是否落实。

（8）项目管理情况及其他需要验收的内容。

2. 竣工验收应提供的材料

（1）工程竣工验收资料是项目竣工验收的重要依据，施工单位应按合同和验收标准的要求提供全套竣工验收资料。其主要内容包括但不限于：

1）项目开工报告、施工组织设计、施工进度计划、施工方案。

2）技术人员名单、图纸会审及交底记录。

3）测量放线资料、材料、构件、设备质量合格证明。

4）试验检验报告、隐蔽工程验收记录。

5）设计变更通知书、技术变更核实单。

6）分部分项工程质量检验评定资料、单位工程验收资料。

（2）工程建设全过程合法性证明文件、项目核准文件。

（3）规划许可证、土地使用证、质量监督注册证书、移交生产签证书、安全专项验收证书、消防专项验收证书、水土保持与环保专项验收证书、劳动卫生专项验收证书、档案专项验收证书、竣工决算书、竣工决算审计报告、达标投产证书等。

（4）建设、设计、施工、调试和生产单位的工程总结。其内容包括工程（含配套工程）建设全过程中所采用的新技术、新工艺、现代化管理等方面所取得的效果和经验教训，安全、质量、进度和效益，性能和技术经济指标、考核试验、竣工决算等完成情况。

（5）竣工图。

（6）反映工程建设全过程的声像资料。

（7）工程竣工决算报告及其审计报告。

（8）工程竣工报告。

2.10.2.7 竣工验收鉴定书的内容与格式

工程竣工验收鉴定书的内容与格式见表2-17。

表 2-17 竣工验收鉴定书的内容与格式表

<table>
<tr><td>

××工程竣工验收鉴定书

前言（简述竣工验收主持单位、参加单位、验收时间与地点等）
一、工程概况
（一）工程名称及位置
（二）工程主要建设内容
包括设计批准机关及文号、批准建设工期、工程总投资、投资来源等，叙述到单位工程。
（三）工程建设有关单位
包括建设、设计、施工、主要设备制造、监理、咨询、质量监督、运行管理等单位。
二、工程建设情况
（一）工程开工日期及完工日期
包括主要项目的施工情况及开工和完工日期、施工中发现的主要问题及处理情况等。
（二）工程完成情况和主要工程量
包括实际完成工程量与批准设计工程量对比等。
（三）建设征地补偿
包括征地批准数与实际完成数等。
（四）水土保持、环境保护方案执行情况
三、概算执行情况及投资效益预测
包括年度投资计划执行、概算及调整、工程竣工决算及其审计等情况。
四、单位工程验收和工程启动试运验收及工程移交情况
五、工程质量鉴定
包括审核单位工程质量，鉴定工程质量等级。
六、存在的主要问题及处理意见
包括竣工验收遗留问题处理责任单位、完成时间，工程存在问题的处理建议，对工程运行管理的建议等。
七、验收结论
包括对工程规模、工期、质量、投资控制、能否按批准设计投入使用，以及工程档案资料整理等作出明确的结论（对工期使用提前、按期、延期，对质量使用合格、优良，对投资控制使用合理、基本合理、不合理，对工程建设规模使用全部完成、基本完成、部分完成等，应有明确术语）。
八、验收委员会委员签字
见“××工程竣工验收委员会委员签字表”。
九、参建单位代表签字
见“××工程参建单位代表签字表”。
十、保留意见（应有本人签字）
见附件。
工程竣工验收　　　　　　　　工程竣工验收委员会
主持单位（盖章）：　　　　　主任委员签字：
________年____月____日　　　　________年____月____日

</td></tr>
</table>

2.11 智 能 建 造

2.11.1 智能建造方案

智能建造方案是项目实施过程中工程数字化的纲领性文件，应由专职人员组织和主持，数字化专业人员进行编制，并经企业内部技术文件审核流程审核批准，项目监理机构审查通过后执行。

2.11.2 智能建造建设背景

智能建造建设背景是项目采用智能建造的原因，通过分析研究项目情况，找出项目人、机、料、法、环五大生产要素在进度、质量、安全等管理维度中存在的管控难点，抽取其中BIM技术能够解决的，编制形成智能建造建设背景。

2.11.3 智能建造建设目标

智能建造建设目标是项目希望借助BIM技术达到的管控目标，基本上包括以下情况：

(1) 解决项目精益建造管控痛点。

(2) 响应国家对行业信息化、数字化的号召。

(3) 达到企业对项目信息化、数字化的要求。

(4) 完成项目的省级甚至国家级报奖需要。

通过调研国家、行业、业主企业、项目部对项目和项目所处行业智能建造的要求，编制智能建造建设目标。

2.11.4 智能建造建设理念

智能建造建设理念是智能建造的整体思路，贯穿建设目的、总体架构、BIM设计及应用、智能建造平台功能、智慧工地功能、跟踪服务内容等，形成一个整体的智能建造解决思路，是智能建造方案的总纲。

2.11.5 智能建造总体架构

智能建造总体架构主要指智能建造平台作为集成BIM、GIS、大屏、信息化平台以及智慧工地的集成平台的从硬件到软件再到展示端的整体架构，包括但不限于：

(1) 感知层，即物联网硬件、数据采集设备、数据上报软件等服务于平台，并起到底层数据采集的作用。

(2) 数据层，即集成平台的数据中心，能够承载BIM、GIS、信息化系统数据、BIM系统数据。

(3) 应用层，即集成平台的具体功能，能够满足业主及使用平台的各方在工程建设对应阶段的需求。

(4) 用户层，即集成平台的权限管理模块，能够针对不同的使用对象编辑权限，满足参建各方协同管理但又各司其职。

(5) 展现层，即集成平台的输出端，一般为手机移动端、网页端、大屏系统端。

2.11.6 BIM设计

BIM设计是指模型设计。针对正向设计项目，将设计模型进行施工深化，并关联设计成果；针对非正向设计项目，将设计图纸逆向建模，并关联设计成果。目的是为BIM应用和智能建造平台的BIM平台做准备，BIM设计模型的几何精度和信息深度是由BIM应用和BIM平台应用的目的和所处工程建设阶段决定的。

2.11.6.1 BIM设计体系标准

1. BIM体系

BIM体系是指做BIM设计前需要确定的体系架构，包含BIM标准、BIM软件、BIM平台以及BIM应用。

(1) BIM标准是从BIM模型设计的开始就需要根据BIM应用和BIM平台需要，确定建模的几何精度和信息深度，进而确定建模标准。建模标准一般包含文件的命名规则、模型构件的命名规则、模型构件的属性要求、模型构件的编码要求、模型构件的配色要求等。

(2) BIM软件指各专业建模所需用到的三维设计引擎，如Revit、Catia、Civil3D、BM_GeoModeler、PKPM。

(3) BIM平台指以BIM模型为核心展开功能设计和应用的系统，利用BIM模型和平台自身功能辅助设计和施工优化方案，设计阶段主要的BIM平台有协同设计平台、三维会审平台、数字移交平台。

(4) BIM应用指基于BIM模型，利用BIM软件进行分析和模拟，生成分析报告或模拟结果，帮助业主优化设计、优化施工。

2. BIM标准

BIM标准包含构件编码规则、文件编码规则、材质使用原则、族库编制规则、软硬件标准以及专业拆分原则。

(1) 构件编码规则赋予构件ID，帮助构件记录从设计到施工再到运维的每一次变动信息。

(2) 文件编码规则构建非结构化数据结构化管理基础，借助文件编码，文件能与构件关联，并在BIM平台的各项功能中更容易被调取。

(3) 材质使用原则确保BIM模型与真实项目的一致性，并利用材质库进行便捷的方案对比或修改。

(4) 族库编制规则保障构件在施工期和运维期无障碍重复利用，并能与真实项目一一对应，形成真正的数字孪生。

(5) 软硬件标准确保各项应用顺利实施，分别在BIM设计、应用以及智能建造和智慧工地环节满足移动端、电脑端、大屏端应用的需要。

(6) 专业拆分原则便于各专业分别进行 BIM 设计和应用，并在施工和运维阶段与对应的参建单位和管理部门专项对接。

3. BIM 审查

BIM 审查是充分利用 BIM 的可视化优势，让业主所见即所得，分别在方案阶段、初设阶段以及施工图阶段借助 BIM 技术审查设计和施工方案是否满足业主需求。

(1) 方案阶段 BIM 审查主要通过 BIM 进行方案展示，利用 BIM 直观的展示帮助业主审查设计是否满足需求，同时利用 BIM 软件的工程量统计功能，审查项目投资是否合理。

(2) 初设阶段 BIM 审查除了继续帮助业主审查设计成果和设计概算，还能够审查设计是否缺项漏项，提高招标清单准确度，降低后期变更风险。

(3) 施工图阶段 BIM 审查图纸的可施工性，提前发现需要返工的问题，节省工期和工程投资。审查各专业的协调性，防止各专业的专业碰撞问题在施工中造成返工和资金浪费。审查施工单位做的管线综合方案，确保满足装修吊顶高度，且易于后期运维使用。利用 BIM 4D 进度模拟审查进度计划是否合理。审查项目预算和工程结算。

2.11.6.2　BIM 设计属性关联

BIM 设计模型具有属性关联特性，所关联的属性主要包括设计属性、施工属性以及设备属性。属性内容的定制基于设计、施工和设备全生命周期信息，目的是将真实的工程与 BIM 模型关联，做到信息的一致。

1. 设计属性

设计属性指模型构件属性表上带有的设计图纸内容，主要包含材质信息和尺寸信息。

2. 施工属性

施工属性指模型构件属性表上带有的质量、安全、造价内容，主要包含质量验收评定结果、质量验收人员信息、安全隐患联系单、安全员信息、工程量信息等。

3. 设备属性

设备属性指模型设备属性表上带有的厂家设备参数和设备从出场到入场到安装再到运维的信息内容，主要包含设备的基本参数、出厂日期、保修日期、零件表、验收日期、验收情况、验收人员信息、安装日期、安装人员信息、安装验收信息、维修人员信息、维修情况。

2.11.6.3　BIM 设计信息承载

BIM 设计信息承载的主体是 BIM 设计模型，而这里指的信息是非结构化数据，也就是非 BIM 模型属性数据，一般为图纸、设计报告、施工资料以及设备运维资料。

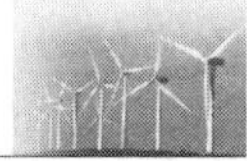

1. 设计成果

设计成果指设计图纸、设计报告等设计数据，这些非结构化数据在施工阶段开始前完成与BIM模型的结构化挂接，并且在施工阶段随工程进展的变更不断更新。

2. 施工数据

施工数据指施工方案、验收报告、联系单、结算单、施工资料等数据，这些非结构化数据在施工阶段随现场进度不断挂接在BIM模型上。

3. 设备资料

设备资料指设备出场合格证、设备采购合同、设备说明书、设备安装方案、设备验收报告、设备维修记录表等数据，这些非结构化数据在施工和运维阶段，随设备出厂后不断更新完善。

2.11.7 BIM应用

BIM应用指对模型的应用，即利用模型本身的几何属性以及设计过程中附加的构件属性，通过BIM分析软件进行分析和模拟，生成分析报告或模拟结果的过程。BIM应用一般包含风光声热分析、BIM辅助造价、BIM辅助管线综合、各专业BIM协调、BIM出图、4D进度模拟。

2.11.7.1 风光声热分析

1. 室外通风模拟

(1) 相关标准要求。

1)《绿色建筑评价标准》(GB/T 50378) 第4.1.12条 住区风环境有利于冬季室外行走舒适及过渡季、夏季的自然通风。

2)《绿色建筑评价标准》(GB/T 50378) 第5.1.7条 建筑物周围人行区风速低于5m/s，不影响室外活动的舒适性和建筑通风。

(2) 分析结果。

1) 风速矢量分析图。

2) 风速场分析云图。

3) 风速放大系数云图。

4) 建筑表面压力分析云图。

5) 剖面风压云图。

6) 剖面风矢图。

2. 日照分析

(1) 相关标准要求。

1)《绿色建筑评价标准》(GB/T 50378) 第4.1.4条 住区建筑布局保证室内外的日照环境、采光和通风的要求，满足现行国家标准《城市居住区规划设计规范》(GB 50180) 中有关住宅建筑日照标准的要求。

2)《绿色建筑评价标准》(GB/T 50378) 第 4.5.1 条　每套住宅至少有 1 个居住空间满足日照标准的要求。当有 4 个及以上居住空间时，至少有 2 个居住空间满足日照标准的要求。

3)《绿色建筑评价标准》(GB/T 50378) 第 4.2.9 条　根据当地气候和自然资源条件，充分利用太阳能、地热能等可再生能源。可再生能源的使用量占建筑总能耗的比例大于 5%。

(2) 分析结果。

1) 建筑日照的定性分析和定量分析。

2) 建筑窗户分析。

3) 日照三维仿真分析。

4) 单体窗照分析。

5) 建筑表面辐照。

6) 建筑阳台辐照。

7) 地面辐照图。

3. 采光设计分析

(1) 相关标准要求。

1)《绿色建筑评价标准》(GB/T 50378) 第 4.5.2 条　卧室、起居室、书房、厨房设置外窗，房间的采光系数不低于现行国家标准《建筑采光设计标准》(GB 50033) 的规定。

2)《绿色建筑评价标准》(GB/T 50378) 第 5.5.11 条　办公、宾馆类建筑 75% 以上的主要功能空间室内采光系数满足现行国家标准《建筑采光设计标准》(GB 50033) 的要求。

3)《建筑采光设计标准》(GB 50033) 第 4.0.2 条　住宅建筑的卧室、起居室的采光不应低于采光等级Ⅳ级的采光标准值，侧面采光的采光系数不应低于 2%，室内天然光照度不应低于 300lx。

4)《建筑采光设计标准》(GB 50033) 第 4.0.4 条　教育建筑的普通教师的采光不应低于采光等级Ⅲ级的采光标准值，侧面采光的采光系数不应低于 3%，室内天然光照度不应低于 450lx。

5)《建筑采光设计标准》(GB 50033) 第 4.0.6 条　医疗建筑的一般病房的采光不应低于采光等级Ⅳ级的采光标准值，侧面采光的采光系数不应低于 2%，室内天然光照度不应低于 300lx。

(2) 分析结果。

1) 采光分析模型。

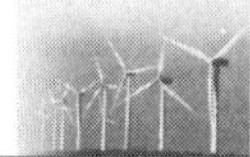

2）区域分析不采光评价。

3）民用建筑采光三维分析。

4）工业厂房采光三维分析。

5）窗地比验证及不采光系数验证。

4. 节能设计分析

（1）相关标准要求。《绿色建筑评价标准》（GB/T 50378）第5.2.1条 围护结构热工性能指标符合国家批准或备案的公共建筑节能标准的规定。

（2）分析结果。

1）隔热验算。

2）可开启面积比。

3）结露检查。

4）冷凝受潮分析。

5）节能分析模型。

5. 能耗与负荷计算

（1）相关标准要求。

1）《绿色建筑评价标准》（GB/T 50378）第5.1.12条 建筑物处于部分冷热负荷时和仅部分空间使用时，采取有效措施节约通风空调系统能耗。

2）《绿色建筑评价标准》（GB/T 50378）第4.2.10条 居住建筑采暖或空调能耗不高于国家批准或备案的建筑节能标准规定值的80%。

3）《绿色建筑评价标准》（GB/T 50378）第5.2.16条 公共建筑建筑设计总能耗低于国家批准或备案的建筑节能标准规定值的80%。

（2）分析结果。

1）能耗计算。

2）冷热设计负荷计算。

3）全年动态负荷计算。

2.11.7.2 BIM辅助造价

主要包括施工图预算中的工程量清单项目确定、工程量计算、分部分项计价、工程总造价计算等。

（1）应用流程。BIM辅助造价应用流程如图2-10所示。

（2）数据输入

1）建立材料编码体系。对材料分类与编码，进行规范化、标准化管理。

2）规范数据输入。通过BIM技术可以整合材料管理过程中多个部门的数据信息，实现协同作业与信息共享。各部门的数据输入要统一。创建施工图预算模型时，应根据施工图预算要求，对导入的施工图设计模型进行检查和调整。

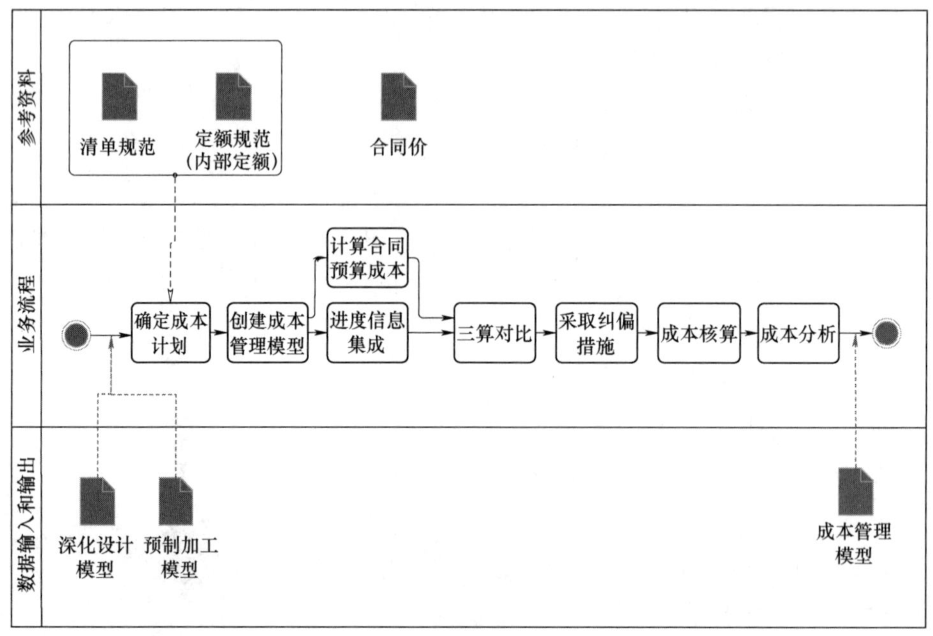

图 2-10　BIM 辅助造价应用流程图

(3) 软件方案。软件方案如图 2-11 所示。

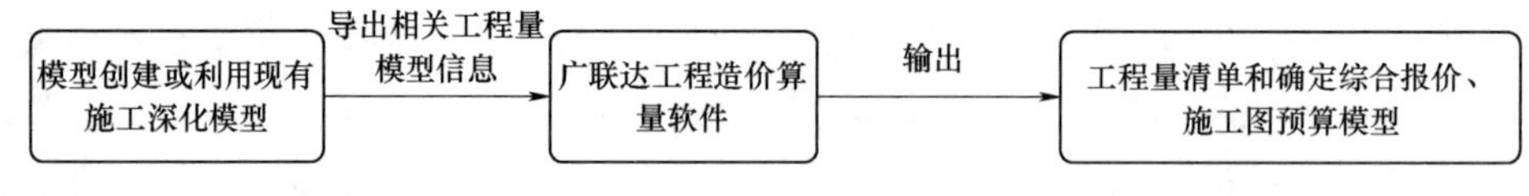

图 2-11　软件方案

(4) 模型内容。

1) 确定工程量清单项目和计算工程量时，应针对相关模型元素识别工程量清单项目并计算其工程量。

2) 分部分项计价时，应针对每个工程量清单项目根据定额确定综合单价，并在此基础上计算相关模型元素的成本。

3) 在施工图预算 BIM 应用中，施工图预算模型宜在施工图设计模型基础上，附加或关联预算信息。

(5) 成果交付。施工图预算 BIM 应用交付成果包括招标预算工程量清单、招标控制价、投标预算工程量清单、投标报价单等。

2.11.7.3　BIM 辅助管线综合

1. 管线综合布置原则

管线综合前，应明确管线综合的一般规范和原则。综合管线布置原则见表 2-18。对审核通过的机电专业深化设计图依据 BIM 建模软件进行各专业管线综合设计。

表2-18 综合管线布置原则

序号	原则	具体内容
1	满足深化设计施工规范	机电管线综合不能违背各专业系统设计原意，保证各系统使用功能。同时，应满足业主对建筑空间的需求，满足建筑本身的施工功能要求。对于特殊建筑形式或特殊结构型式（如屋面钢结构桁架区域），还应该与专业设计沟通，对双方专业的特殊要求进行协调，保证双方的使用功能不受影响
2	合理利用空间	机电管线的布置应该在符合使用功能、路径合理、方便施工的原则下尽可能集中布置，系统主管线集中布置在公共区域（如走廊等）
3	满足施工和维护空间需求	充分考虑系统调试、检测和维修的要求，合理确定各种设备、管线、阀门和开关等的位置和距离，避免软碰撞
4	满足装饰需求	机电综合管线布置应充分考虑机电系统安装后能满足各区域的净空要求，无吊顶区域管线排布整齐、合理、美观
5	保证结构安全	机电管线需要穿梁、穿一次性结构墙体时，需充分与结构设计师沟通，绝对保障结构安全

2. 管线综合与BIM模型应用

根据管线综合布置原则进行机电专业深化设计，对综合完成的BIM模型进行碰撞检测，根据碰撞检测结果进行查缺补漏。首先以配合满足项目土建预留预埋工作为主，进行机电主管线与一次结构相关内容的深化设计工作，然后根据精装修要求进行机电末端的深化设计工作。

（1）工作方法。

1）处理建筑、结构信息，剔除不需要的信息。

2）利用BIM软件进行各专业机电管线综合深化设计。

3）要求设计人员在综合管线深化设计过程中，随时调整各专业管线的布置以满足各技术规范要求。

4）送审、会审各专业图纸级模型并确认。

（2）综合管线设计及模型的作用。

1）检查空间是否满足要求（安装、维修、规范、安全）。

2）明确各专业管线的布置要求（定位、相关的关系），确定施工顺序。

3）利用可视化特点进行管线协调（交底）。

3. 综合支吊架的设计与应用

根据BIM综合管线模型进行综合支吊架的设计，在满足各专业规范、现场施工要求的基础上，力求达到简洁、美观的目的。工作要求如下：

（1）能承受各专业管线的静荷载及动荷载（安全性要求）。

（2）节省材料、制作工艺简单、能大批量工厂化生产（经济性要求）。

(3) 简洁、美观（观感要求）。

综合支吊架的设计与应用工作流程如图 2-12 所示。

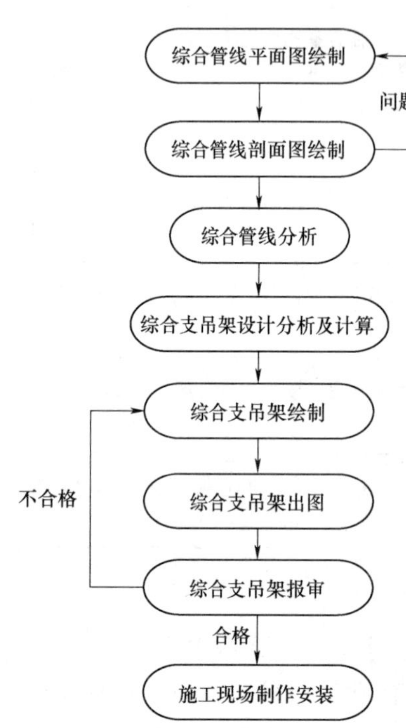

图 2-12　综合支吊架的设计与应用工作流程图

4. 碰撞检测的应用

此处所提的碰撞检查为最后的查缺补漏图纸审查。

(1) 工作要求。

1) 基于综合模型进行碰撞检查。

2) 应明确相关技术规范，方可进行碰撞检查。

3) 对碰撞检查结果及时协调并进行管线调整。

(2) 工作方法。

1) 首先在综合模型中检查管线之间是否符合综合原则。

2) 在机电管线综合的基础上，对保温、操作空间、检修空间进行软硬碰撞检测，检查是否符合相关技术规范。

3) 对碰撞检测结果进行调整。

2.11.7.4　各专业 BIM 协调

机电综合模型与土建、钢结构、外立面、装饰等专业模型协调。

1. 与土建预留预埋配合

(1) 工作要求。

1) 预留预埋的施工图纸，必须以审批通过的综合深化设计图纸为依据。

2) 为保证机电施工的准确性，机电施工前应先对土建已经完成的预留预埋工作进行校核。

3) 现场预留预埋产生的误差，要及时反映在各专业施工图与 BIM 模型中。

(2) 工作方法。

1) 通过综合深化设计，首先进行项目一次结构的预留预埋孔、洞的预留，如部分现场已施工则应复核孔洞的位置，及时调整深化设计管线走向。

2) 根据项目施工进度，配合确定二次结构和预留预埋孔洞位置。

3) 对现场预留预埋工作中产生的误差要及时调整管线，并反映在施工图和 BIM 模型中。

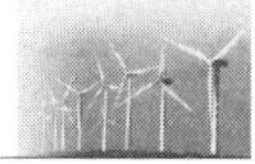

2. 与外立面、装饰配合中的应用

根据整合装修模型，调整机电末端管线。通过 BIM 模型来协调建筑模型与机电模型间相互干扰，避免碰撞，减少返工。确保满足装修对吊顶高度、形式及吊顶上的器具点位的综合布置要求。

2.11.7.5 BIM 出图

在经审批通过的综合深化设计模型基础上，按专业在综合管线模型中的具体位置完善各专业模型，并按工程项目设备采购的实际情况补充 BIM 相关信息，然后利用 BIM 软件进行出图。

1. 各专业施工图的具体要求

(1) 补充管线综合图中省略的各专业管线。

(2) 补全管道定位尺寸及管线标高。

(3) 根据相关专业（装饰、外立面）的确认资料调整专业管线布置。

(4) 根据工程实际采购的情况调整各专业管线位置和设备接口等定位。

(5) 补充三维轴测图。

2. 工作方法

(1) 将审批通过的综合模型拆分成各专业模型。

(2) 将各专业模型补充完整，如毛细管路、末端、器具、阀门等。

(3) 补充相关信息，如设备用电负荷、设备参数、外形尺寸、安装方法、标注定位等。

(4) 对尺寸定位必须准确。

2.11.7.6 4D 进度模拟

通过进度计划管理软件编制而成的施工进度计划与 BIM 模型相结合，可以直观地将 BIM 模型与施工进度计划关联起来，自动生成虚拟建造过程。对虚拟建造过程进行分析，合理调整施工进度，更好地控制现场施工与生产。

施工进度管理 BIM 应用的基本流程：确定机电施工项目工作分解结构 WBS，对项目的范围和工作自上而下有规则地分解，产生工作清单；预估每项工作所需的时间和费用，决定工作之间的逻辑关系，应用 MS Project、P3\P6 软件编制进度计划；将 MS Project、P3\P6 进度计划导入 Navisworks，并与 BIM 模型相关联，形成 4D 进度管理模型；通过动画的方式表现进度安排情况，对项目工作面的分配、交叉以及工序搭接之间的合理性进行直观检查和分析，利用进度模拟的成果对项目进度计划进行优化更新，形成施工过程演示模型和最终的进度计划，对施工进度进行管理。4D 进度模拟应用流程如图 2-13 所示。

1. 软件方案

采用 Revit、Navisworks 和 MS Project、P3\P6 进行机电施工进度计划管理，

BIM 进度管理软件方案如图 2－14 所示。

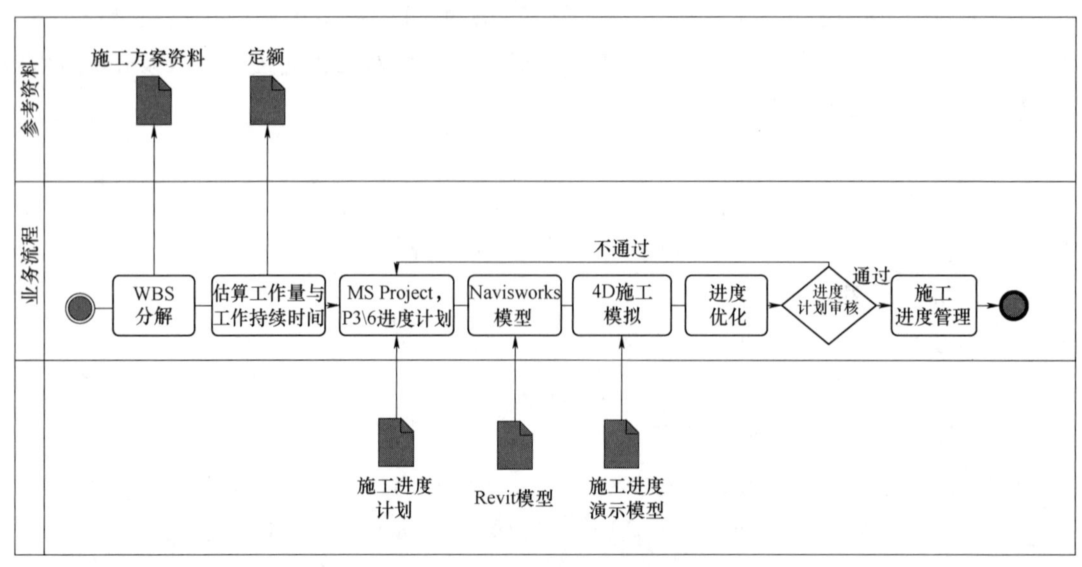

图 2－13　4D 进度模拟应用流程

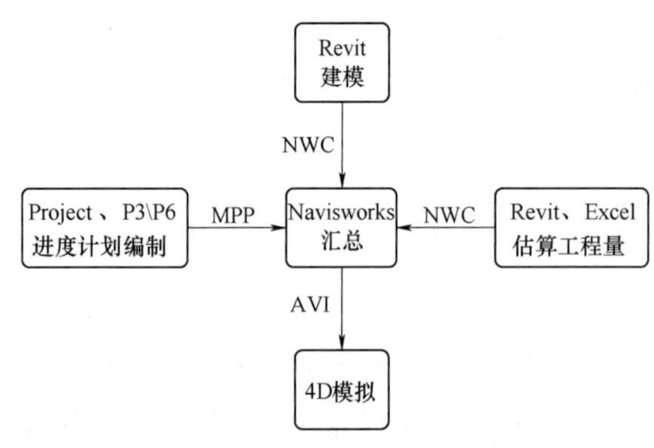

图 2－14　BIM 进度管理软件方案

利用 Revit 软件进行 BIM 建模，建模过程中记录图纸问题，并及时更新、管理模型版本。采用 MS Project、P3＼P6 进行进度计划编制，通过 Revit 模型导出明细表，导入 Excel 中估算工程量，工程量数据导入 Project、P3＼P6 中计算成本、劳动力，并进行资源平衡。利用 MS Project、P3＼P6 调整资源投入，优化进度工期直至满足工期需求。将进度计划导入 Navisworks 进行 4D 施工模拟，核查并优化进度计划。

2. 数据输入

施工进度管理以 Revit 创建的信息化模型为基础，将 Revit 建立的各专业信息化模型导入 Navisworks，进行模型浏览、审查和碰撞检查，形成整体 BIM 模型。

MS Project、P3＼P6 软件编制的进度计划是在工程量估算的基础上，分配劳动力与机械，依据工程量与施工企业定额估算工作的持续时间。进度计划的编制要综合进行空间分析和施工顺序分析，建立工作分解结构 WBS，其工作清单应与模型、模型元素或信息相关联。对工作清单建立项目记账编码，用于费用、进度计划以及实际消耗的记录，实现信息化管理。在 WBS 基础上创建的进度管理模型应与工程施工的区

域划分、施工流程对应。

MS Project、P3 \ P6 软件编制的进度计划以 MPP 格式为主，通过 Timeliner 模块直接与 Navisworks 进行数据传递。在施工过程中，将实际进度、成本信息输入 MS Project、P3 \ P6 软件中进行数据分析，并将进度计划软件与 Navisworks 同步，在 Navisworks 中进行实际进度和计划进度展示。

3. 模型内容

Navisworks 可以导入项目管理软件 MS Project、P3 \ P6 的进度计划，和模型直接关联，通过 3D 模型和动画能力直观演示施工的步骤。在 MS Project、P3 \ P6 的进度计划导入后，需要进行 BIM 模型与施工任务的匹配，一般采用以下两种方式：

（1）手动匹配。手动匹配时，需要在 BIM 模型中筛选出与进度计划的施工任务相匹配的图元进行关联，Navisworks 提供多种图元筛选方式。在 Navisworks 中选择图元，建立选择集，选择集名称与相对应的进度计划项一一对应，并附图元。手动匹配的优势在于灵活、方便、操作简单。

（2）规则自动匹配。按规则进行自动匹配主要是依据模型的参数特点按照一定的规则对应到进度计划项上。自动匹配快捷方便，能在一定程度上降低匹配工作量，但是缺点是不够灵活，流程烦琐，匹配错了难以修改。

完成施工任务匹配后的 BIM 模型被赋予了时间信息，形成 4D - BIM 模型，能够直观地演示施工过程，进行项目进度计划的优化更新。

在项目实施过程中，对进度计划进行动态管理，对实际进度的原始数据进行收集、整理、统计和分析，并将实际的进度信息通过进度计划软件的更新关联到 BIM 模型中，对 4D—BIM 模型中的实际进度信息进行完善。将计划工期和实际工期进行对比分析，找到存在的差异，分析产生的原因，对项目施工进度计划进行预警、纠偏和调整，保证施工进度处于受控状态。

4. 成果交付

基于 BIM 技术进行施工进度管理，在 3D 模型的基础上添加进度时间形成 4D 模型，形象直观地表达进度计划，能更快处理变更、快速进行方案检查、快速规划、分析建造过程以及快速匹配估算工程量、施工持续时间、施工成本等数据。基于 BIM 技术的施工进度管理交付的成果包括施工过程演示模型和施工进度计划甘特图。

2.11.8 智能建造平台

以工程进度为主线，以设计、采购、施工、安装等的编码管理为纽带，实现各管理要素（模块）的互联互通，按照建设一个平台、一个数据中心、一个门户的原则，对接所有系统。

2.11.8.1　建设思路

以 BIM+GIS 三维模型为载体、以数据为核心，全面掌握和控制工程建设各方面的数据，实时跟踪比较分析，全面实现施工进度、安全和质量的可视化管理，支撑甲方实现对工程建设的精益化管理。

2.11.8.2　总体架构

总体架构图如图 2-15 所示。

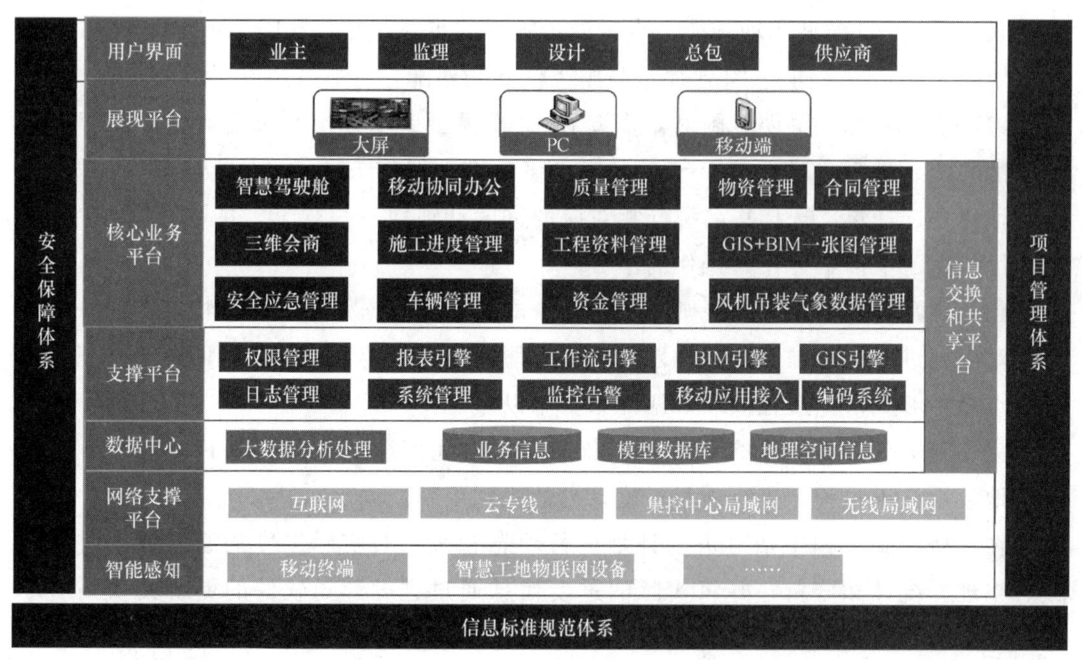

图 2-15　总体架构图

2.11.8.3　平台软件开发

风电场项目涉及面广、影响大、安全交付要求高，是集数据处理、信息发布、整合资源为一体的集成化项目，再加上风电行业内没有积累、没有储备、没有对标等现状，为了更好地执行项目，应采用统一指挥、并行实施、相互支援的实施办法。

在项目开发阶段遵循需求分析、概要设计、详细设计、编码阶段、测试阶段、安装调试及实施、项目总结等阶段实施。

1. 需求分析

根据业主要求和业务逻辑特点，采取指向性引导，包括数据源、业务逻辑、业务形态，以项目管理平台为标准作为参考，尽可能规避风险；适应已有技术储备的同时也需要挖掘业主核心诉求，全力满足业主要求，按照要求汇总形成需求分析文档来指导开发，具体内容如下：

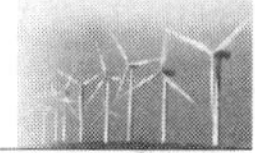

（1）系统各个模块功能定义说明。

（2）系统各个模块功能业务逻辑。

（3）系统数据逻辑。

（4）系统性能要求。

（5）系统安全性要求。

（6）系统接口要求。

（7）系统使用范围。

（8）系统客户界面要求。

2. 概要设计

该阶段是从需求出发，在明确最终需求的情况下进行概要设计，业主需求需要进一步调研、深化。在该阶段多采取偏差干预，尽量做到前期尽可能多地消化变更，以便节省项目成本、控制质量，按阶段逐步增加测试系统（模块逐渐增多），多沟通数据结构设计，最终形成概要设计文档，主要包括以下内容：

（1）系统整体架构。

（2）系统开发工具及方法。

（3）系统每个模块的用户需求说明。

（4）系统各模块之间的接口。

（5）系统每个模块的工作流及数据流定义。

（6）数据库设计定义。

（7）数据库表结构定义。

3. 详细设计

详细设计阶段主要按照合同履约，针对每一项功能按照要求，进行实现的详细设计，细化概要设计的功能模块，主要包括以下内容：

（1）每个功能模块的用户需求的详细说明。

（2）每个功能模块工作流的详细实现的设计。

（3）每个功能模块数据流详细设计及数据实现走向详细设计。

（4）各功能模块子模块的定义和详细实现方式。

（5）各功能模块之间接口的数据流及工作流的详细描述。

（6）各种界面原型设计。

4. 编码阶段

在编码阶段，按照详细设计要求进行编码，要求编程人员所写代码一定要完成详细设计的所有功能，在代码编制过程中，要求程序员严格执行编码规范和格式要求。

5. 测试阶段

根据项目属于多系统集成平台还是单系统开发确定测试策略，主要包括集成测试和系统测试，并最终形成测试文档。

6. 安装调试及实施

根据项目结构特点策划技术数据的建立、技术服务的范围，定制开发模块的基础数据。

2.11.9 智慧工地

智慧工地是利用BIM+IOT技术，以现场的物联网设备来感知工地情况，在系统上统计和分析数据，根据数据对现场及时调整。

2.11.9.1 功能设计

功能设计主要根据工程特点和业主需求，并依据以下文件：《工程项目施工组织设计》《工程项目临建方案图纸》《项目初步设计报告及附图》《项目施工图设计报告及附图》。

风电场项目的智慧工地主要有以下功能：

1. 劳务实名制管理系统

通过身份证进行实名绑定，将人员身份信息、劳动合同书编号、岗位技能证书号登记入册，确保人、证、册、合同、证书相互统一，使业主可全面掌握劳务人数、情况明细，杜绝闲杂人员混入工地。可使用人脸识别方式。

2. 人员管理系统

为保证安全及作业期间对变电站人员进行精确管理，基于UWB无线技术进行人员定位精确管理系统，通过无线定位标签（智能安全帽）自动记录相关人员的活动区间、活动轨迹与关联时间的对应关系，实现对施工现场人员进出、人员活动区域的掌握，对违规操作的人员可以有效进行监控与报警，防止施工现场的人员不按规定进行操作，形成闭环管理实时监测，为后台系统的人员位置管理提供基础数据。

3. 风电机组吊装监测系统

风电场工程地理位置偏僻，自然条件恶劣，施工位置分散，施工工期短，单机容量大，设备尺寸大，运输不便，施工困难，高峰期需要大面积同时作业，需要起重机械多。履带吊使用环节普遍存在超载和违章作业等现象，这是起重机事故的直接原因。风电机组吊装监测系统主要实现设备远程监督与管理。风电机组吊装监测系统要求机械厂家根据要求自行安装并提供数据接口。

4. 影像管理系统

（1）固定视频监控系统。固定视频监控系统用于升压站施工监控。远程视频监控施工作业现场，实现对升压站、仓储区、临建生活区现场整体场景的视频监控，及时

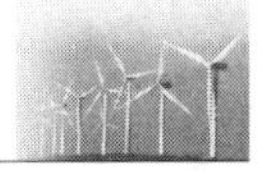

发现施工过程的安全隐患、事故、工人群聚、材料偷盗等异常事件，并对视频进行录制作为事故分析证据。视频储存时间为24h×30d，数字图像采用MJPEG、MPEG－4或H.264压缩格式，本地储存可远程调取。其中配备一台AI摄像头支持人脸识别、人形识别等AI功能，支持神经网络学习，可根据工地需要进行深度学习。支持智能报警、越界侦测、区域入侵侦测、场景变更侦测、人脸侦测等功能。

（2）移动视频监控系统。根据项目野外作业点会随风电机组基础浇筑、风电机组吊装工作移动的特点，采用综合智能杆实现移动视频监控，具备高清视频监控、视频存储、支持人脸识别、支持人形识别等功能。

（3）执法记录仪。Ⅰ型执法记录仪配备给甲方现场管理人员，是管理前线的智能终端。可实现实时视频、强制视频监控、一键视频上传、音视频通话、集群对讲、定位、高清录像、红外录制等功能。辅助业主全面实时掌控现场业务工作状态，在各类紧急事件发生时快速决策。Ⅱ型执法记录仪配备给野外作业组管理人员。

（4）无人机。无人机搭载高清摄像头，主要用于生产形象进度巡检、360°现场全景影像拍摄及风电机组吊装质量检查。具备智能跟随、智能返航、遥控图传系统等功能。要求最大工作半径10km，续航时长不小于60min。项目竣工后可作为风电机组、线路运营维护前端巡检设备。

（5）多媒体信息发布系统。多媒体信息发布系统利用先进的数字编解码和传输技术，遵循集中控制、统一管理的方式，将音视频信号、图片、文本、HTML网络页面、实时数据等多媒体信息通过网络平台传输到显示终端，最终以高品质的高清数字信号播出。

5. 环境监测系统

项目设置环境检测仪，包括空气温湿度传感器、风速传感器、风向传感器、扬尘检测模块（PM2.5/PM10）、噪声传感器、LED屏、立柱、联动控制器。实时监测项目现场的PM2.5、PM10、风速、风向、噪声、温度、湿度等数据，可显示现场实时天气。

智慧管理平台可接入“御风系统”测风数据。通过移动端、领导驾驶舱可以实时查看现场环境状态，同时系统可生成统计报表。

2.11.9.2 硬件采购及安装

1. 采购招标

结合企业实际情况和工程特点，遵循便于施工管理，利于施工质量、进度和安全控制的基本原则，可对智慧管理平台硬件部分进行采购（包括安装和调试）。

供应商：采用邀请招标确定合格供应商。

合同范围如下：

（1）智慧工地的硬件部分采购。

（2）硬件安装实施、现场测试、调试等工作。

（3）产品出厂说明书、产品参数说明书、产品质量保证书、员工培训操作手册、技术交底文件等。

2. 安装部署

（1）安装前的工作。货物开箱，根据货物清单清点货物，检查货物情况，包括货物外观、合格证、标识、随机资料、附件等，有缺货、货物损坏及时记录并报告。检查现场情况是否符合安装条件，包括基座浇筑是否完成且基座面是否平整、预埋件是否正确。

（2）配套系统建设。中控室、设备间宜采用防静电架空地板，并在地板下敷设线槽用于操作台、机柜、大屏之间的系统连接。视频系统的户外供电线路、视频信号线路、控制信号线路应有金属屏蔽层，并穿过钢管埋地敷设。弱电系统设置可靠的等电位连接与接地系统，弱电接地系统与防雷接地、保护接地宜共用接地网，接地电阻不大于 1Ω。

（3）机柜安装。基座面检查，基座面平整，基座面积略大于机柜底面积，基座周围 1m 内无其他障碍物，以免影响机柜开关门。机柜定位，使其处于基座中心，定位、划线，需要打孔的地方做好标记。底座固定，用冲击钻打孔，装上 M16×20 的膨胀螺栓，放上底座，固定好膨胀螺栓。机柜固定，将机柜放置在底座上，用 M16×20 的螺栓固定在底座上，机柜之间用 M8×10 的内六角螺丝固定，机柜固定好后，装上上盖，用内六角螺丝固定。

（4）电气线路连接。首先将各设备电源线和信号线做好标记或套上线号。将信号线和电源线分别引至电气板接线端子区，根据电气图纸依次进行接线。接完后要检查是否接好，防止接触不良。各种电缆和管路应加保护管敷于地下或空中架设，空中架设的电缆应附着在牢固的桥架上，并在电缆和管路以及电缆和管路的两端做明显标识。

（5）安装后的工作。安装完成后，不要贸然通电，先要仔细对照电气图纸检查接线是否正确，串口是否对应。保持机柜内的清洁、美观，不能有电线屑在电气板里，防止通电短路或漏电，安装结束后打扫现场卫生，整理工具。

3. 采购管理

智慧工地硬件部分按要求由采购部负责采购所有的设备物资，并作为责任主体。

（1）采购原则。设备物资采购工作应遵循“公平、公开、公正、科学择优”和“货比三家”的原则，保证按项目的质量、数量和时间要求，以合理的价格和可靠的供货来源获得所需的设备、材料及有关服务。

（2）采购程序及流程。设备物资管理委员会为设备物资采购的领导机构，生产管理部/招标采购中心为设备物资采购的归口管理部门。设备物资采购严格按设备物资

采购管理办法规定的程序、流程、采购方式等执行。对于零星采购参照设备物资采购管理办法、常用设备配备管理办法及相关规定执行。

(3) 制度建立。在编制项目实施阶段时，项目部将建立设备材料监造、出厂验收、到货、缺陷处理协调控制以及仓库管理制度等，以保证设备质量、进度等满足工程建设需要。

2.11.10 跟踪服务

2.11.10.1 培训及技术服务

1. 培训及技术服务方案总体设计

通过对系统建设的理解和项目部对系统培训及技术服务需求的分析，培训及技术服务的基本需求如下：

1）促使各级工作人员认识系统带来的便利。

2）帮助各级工作人员掌握和提升系统所要求的技能。

3）协助服务提供者更好地使用系统，提高效率，降低成本。

4）协助相关管理人员掌握 VR 设备、执法记录操作使用等。

项目培训主要包括系统管理、软件应用、系统维护、硬件操作四个方面的培训。

在课程设计中，项目部密切围绕各大功能系统选择内容，结合日常工作的案例，采取现场培训、集体培训和网络教学等灵活的教学手段，让知识转化为用户的实际能力和工作效率。

培训结束后的一项重要工作是质量评估，即对参训人员进行有效的考核。培训后将采用成熟的产品评测平台，在真实软件环境下和实际试验环境中考核相关人员完成实际任务的办事应用能力。

2. 培训计划及时间

根据业主工期节点合理设计培训计划，将系统和硬件实施计划报送业主，在系统和硬件上线前按计划进行培训。

3. 培训内容安排

培训的教程将按不同专业分别制订，每一专业组应能对所有系统和设备的特性、构造、操作要求和维修有完整的了解。提供的培训教程将包括整个系统的软件及硬件。

与软件有关的教程包括：①系统的概要；②操作系统、数据库和应用程序；③系统的生成、配置和管理。

与硬件有关的教程包括：①系统的概要；②计算机及其网络系统的配置、运转、诊断和维护；③外围设备的工作原理、运转、诊断和维护。培训相关的教学资料如幻灯片、录像、磁盘或光盘等将在培训结束后提供给业主。

4. 培训对象及目标

由于业主不同岗位的工作人员在系统中担当的职责不同，对此进行了分类并确定培训的目标。

(1) 管理层。管理层指主要分管领导和业务部门领导。管理层人员需要把握系统的发展方向。在日常工作中会去查看一些和部门事务处理的统计信息。有效、高效地处理分析这些信息直接体现系统项目的价值。对管理层的培训希望达到以下目标：

1) 明确了解系统中各部门和领导干部的职责。

2) 了解系统的实施过程。

3) 了解系统的主要功能。

4) 掌握相关系统的基本操作技能。

在工程的建设过程中，将为管理层提供短期的集中培训。培训方式可以灵活采用多媒体教室授课、实地考察和研讨会相结合的方式，培训地点可以根据需要确定。

(2) 应用层。应用层指项目管理人员、施工单位、设计单位和监理单位。应用层人员是系统的直接使用者。应用层人员是否具备电子办公的意识和能力直接决定了系统的成败。对应用层的培训提出以下目标：

1) 了解系统的基本常识。

2) 熟悉系统的主要功能。

3) 熟悉系统的业务流程。

4) 具备计算机安全的基本能力。

5) 掌握利用计算机安排工作、时间的能力。

(3) 系统维护层。系统维护层指系统的维护管理人员。系统维护层需要保障系统的日常运转，并需要根据部门职能的变化对系统进行调整。对系统维护层的培训提出以下目标：

1) 具备网络硬件调试、配置能力。

2) 具备网站维护开发能力。

3) 具备数据库系统维护能力。

4) 具备数据交换共享平台的配置、管理和维护能力。

5. 培训组织与管理

(1) 培训人员安排。为了保障培训的顺利进行，确保培训质量，设置培训专项组，培训专项组人员角色为培训项目主管 1 名（项目副总工）、培训师 2 名。

1) 培训项目主管。

a. 负责培训计划、培训内容、参与人员的定制。

b. 监督培训计划的执行质量和效果。

c. 负责培训资源的调度、组织和协调。

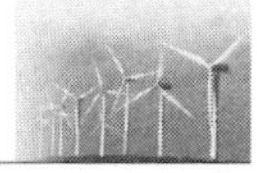

2）培训师（应用）。

a. 负责用户管理决策层、业务操作层以及系统管理员的培训。

b. 配合资深技术专员进行技术层的培训。

c. 负责现场和远程技术支持。

3）培训师（开发）。

a. 负责技术层的接口开发、系统集成培训。

b. 负责产品培训师的技术支持。

（2）培训组织形式。由于项目涉及单位较多，应用系统复杂，因此培训工作显得尤为重要。针对项目的特点，项目部将针对不同的培训对象采用集中、分散及日常培训等多种方式完成培训工作。

1）集中培训。集中培训主要针对管理员和技术人员，因管理员和技术人员人数较少，并且学习的内容较多，周期长，在项目中将进行集中培训的方式，搭建模拟环境，主要学习内容为系统安装、配置、管理、日常维护，以便于系统的推广。

2）分散培训。分散培训主要针对最终使用用户，由于使用本系统的人员数量较多，将采用各自分散培训的方式进行，培训主要内容为应用系统的使用。

3）日常培训。日常培训主要是针对甲方的技术开发人员，由于开发人员的培训周期长，内容多，因此在项目中将采用日常培训的方式以作为集中培训补充。

4）一对一培训。一对一培训主要针对高层领导和经过培训还未掌握使用方法的个别用户，项目部将有培训工程师进行一对一的上机指导培训，以帮助领导以及需要个别辅导的用户掌握系统操作方法。

6. 培训规模

培训的规模大小主要看受训的人数和受训次数，百人以上就可算是较大规模的培训。从培训的效果来看，一次性受训的人数超过 40 人后，培训的效果下降很快。一次性受训的人数为 20 人，培训的效果和效率是相对最佳的。

所以对于大型软件的培训，在受训人数较多的情况下，常用的办法是化整为零，将受训人员分为 20～40 人一批，进行分批、分时或同时进行培训，不宜进行大课培训。

同时针对培训对象的不同，培训的规模也可以进行适当地调整，如：领导干部、技术人员和主要业务系统使用人员，人数不是很多的情况下，为了更好的效果，将人数尽量小组化的情况下批次不会有明显增加（因为批次过多，学习的内容不能同步，影响了相互沟通的及时性），将人数分为 5～10 人一批，这样便能保证重点用户的培训质量。

7. 培训的环境要求

（1）培训期间要求培训人携带电脑，采用培训引领的方式指导培训单位和人员做好相关模块的软件实操。

（2）受训方应提供培训场所及必要的网络环境。

8. 培训实施

在系统建设的实施过程中，实际各部门和不同人员对培训的需求有很大差异。要通过非常详细的培训前的需求调查，因地施教，并且要在一套非常严密的培训考核中才能达到预期的培训要求。因此，项目部认为与甲方共同建设一套合理的、有扩展能力的培训体系是项目中的重点之一。

（1）培训前的准备工作。为了确保系统的高效实施，与之配套的培训方案必须是满足系统实际需求的，而且能确保真正地提高甲方各级人员的办公效率。所以双方共同确定一个高效科学的培训框架，实地考察项目培训需求是培训成功的前提保障。其步骤如下：

1）项目部与业主一起商议培训课程，确定各层级的培训计划和考核标准。

2）通过培训前的客户访谈工作，了解培训对象对培训的期望值等。

3）确定培训方式、培训场地、培训时间、组织培训方案等。

4）组织编写专业的，适合业主方实际需求的培训讲义。

5）开发考核体系和设计考核标准。

系统培训是一个任重道远的项目，建立一支高质量、高素质的专业培训讲师队伍是确保培训成功的关键因素。项目部和甲方将紧密合作，做好参谋，做好培训指导工作，化繁为简，增加课程的实用性和趣味性，最大限度地提高各级领导和工作人员对系统的理解及信息技术的应用能力。项目部将充分利用多年IT培训经验，投入充足的资源，保证出色完成本次培训工作。

（2）现场培训。项目部提供甲方认为必要的附加培训，这种附加培训可在工程现场进行，因此称为现场培训。

项目部将派出有关专家到现场，承担现场培训任务，至少提供3次集中培训，参加人数甲方自定。现场培训有下列内容：

1）系统的基本知识和系统维护。

2）系统的安装、调试、在线联调和维护等课程。

3）软件应用及操作培训。

4）软件包使用和维护培训。

当进行现场安装和测试时，项目部将对业主的运行人员进行系统在线操作培训。现场培训的计划将在实施联络会上讨论确定。

9. 推进应用

在系统建设完毕后即将进入推进应用的过程，培训方式以不同层次用户区分后进行。项目完成交付使用后半年内至少提供3次，每次至少8h。推进应用的形式以专题

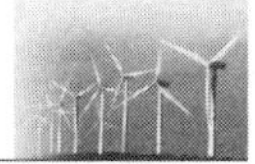

培训会议为主。

2.11.10.2 创新创优

1. 创新创优举措

风电场职能建造是为了将项目建设成为一流的项目，从智慧工程管理角度出发，建成国内标杆工地。配置质量、进度、安全、车辆管理等子系统辅助实现质量优、安全高、科技水平高的目标，打造“一流工程”的特征。配置领导驾驶舱、风电机组吊装气象数据管理等子系统实现创新成果目标，打造“一流成果”的特征。配置智能测风、智能监测、远程调度等系统辅助实现全面智能，打造“一流设备”的特征。配置粉尘监测、噪声监测等环境监测系统辅助实现环保严目标，打造“一流工程”的特征。配置劳务实名、人员管理、影像管理等系统实现创优成果，打造“一流管理”的特征。

2. 创新创优目标

项目应根据业主需求分别取得核心期刊论文、实用新型专利、软件著作权，省部级或国家级科技类奖等，同时争创国家级科技类奖项奖项。

第3章 陆上风电场土建施工

3.1 场内道路施工

陆上风电场道路由场外道路和场内道路组成，其中：场外道路的选用一般结合风电场区域位置，选择合适的已有运输道路，大多由高速公路、国道、省道及县乡道路组成；场内道路一般自陆上风电场的场外道路接入点起算至风电场各风电机组机位和各建筑物处。陆上风电场场内道路一般主要包括路基、路面、排水系统、防护工程、交通标识等。路基一般有填方路基、挖方路基、半挖半填路基，路面一般有碎石路面、泥结石路面、水泥混凝土路面。戈壁平原风电场场内道路一般采用碎石路面。

场内道路主要考虑满足运行、检修、消防、大件设备运输和吊装等的要求，综合考虑道路状况、自然条件等因素，宜利用已有道路或路基。场内道路按《公路工程技术标准》(JTG B01) 四级公路标准设计，设计速度宜为15km/h。道路平曲线半径及通道宽度应满足风电机组运输的要求，宜采用较高的平曲线指标。干线道路最大纵坡不宜大于12%，最大坡长不宜超过150m，支线道路最大纵坡不宜大于15%，最大坡长不宜超过100m，宜采用较高的纵坡指标。道路设计主要考虑原则是“充分利用既有道路，减少征地和动迁，充分考虑挖填平衡”，设计控制要素为道路纵坡、路宽、转弯半径、压实度等。

3.1.1 施工准备

风电场场内道路施工施工准备主要分为现场准备、资源准备和技术准备。场内道路施工准备主要内容见表3-1。

表3-1 场内道路施工准备主要内容

项目	主要内容
技术准备	(1) 熟悉设计文件，了解设计意图，进行图纸自审工作，并查看图纸是否齐全，有无遗漏、出错或相互矛盾之处，对发现的错误及时提出并进行澄清答疑，做出记录。 (2) 搜集涉及的各类标准规范、商务文件及行政文件等。 (3) 编制专项施工方案。 (4) 对控制网进行复核，增设控制点和水准点，进行施工测量放线

续表

项目	主要内容
现场准备	(1) 现场踏勘调查，了解现场施工条件。 (2) 进行“三通一平”建设。 (3) 确定施工平面布置，合理选择办公生活区
资源准备	(1) 组织劳动力和机械设备进场。 (2) 进行材料计划、资金计划等

3.1.2 路基工程施工

3.1.2.1 场地清理

场地清理的一般要求如下：

(1) 路基用地范围内的树木、灌木丛等应在清表前砍伐或移植，砍伐的树木堆放在路基用地之外，并妥善处理。

(2) 经过国家级自然保护区或风景区等的路段，清理场地前主动与保护区有关管理部门联系，辨别、确认国家保护的珍稀植物资源，并根据国家有关规定结合保护区管理部门进行移植等妥善处理。

(3) 路基用地范围内的垃圾、有机物残渣及原地面以下至少100～300mm内的草皮、农作物的根系和表土应予以清除，并且达到规范要求。清理的表土有序集中地堆放在弃土场内，以供土地复耕和绿化使用。场地清理完成后，全面进行填前碾压，其压实度达到设计文件规定的要求。

(4) 路基用地范围及取土场范围内的树根全部挖除，并将路基范围内的坑穴在清除沉积物后按要求分层填平夯实。

(5) 路基跨越河、塘、湖地段时，采取措施修筑围堰，排除积水，清除淤泥等不适宜材料，并按设计要求的施工工艺、方案等进行填前处理。

3.1.2.2 挖方路基施工

1. 开挖施工工艺流程

土方路堑开挖施工工艺流程如图3-1所示，石质路堑开挖施工工艺流程如图3-2所示。

2. 路堑开挖施工

(1) 土方路堑开挖根据地面坡度、开挖断面、纵向长度及出土方向，结合土方调配距离，选用安全、经济的开挖方案。

(2) 可作为路基填料的土方，分类开挖和使用，非适用材料做弃方处理。

(3) 较短的路堑采用横挖法，路堑深度较大时，分成几个台阶进行开挖；较长的路堑采用纵挖法，按横断面全宽纵向分层开挖或采用通道式纵挖法开挖；超长路堑采

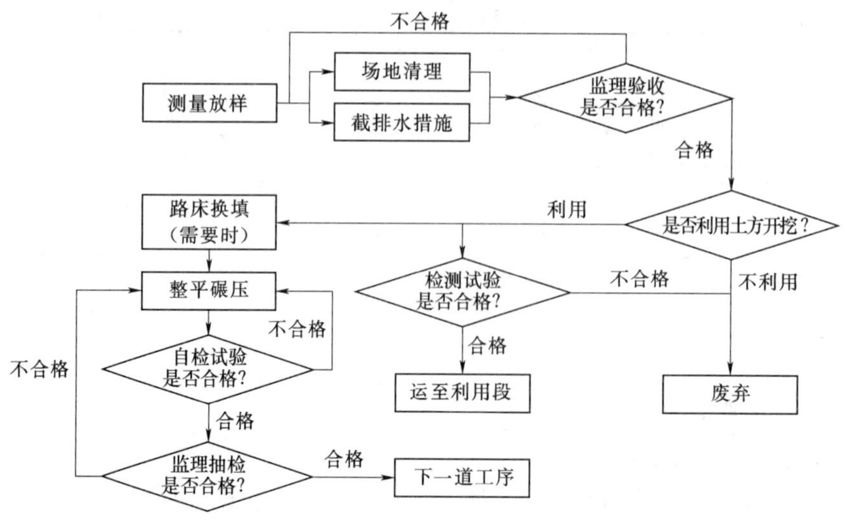

图 3-1　土方路堑开挖施工工艺流程图

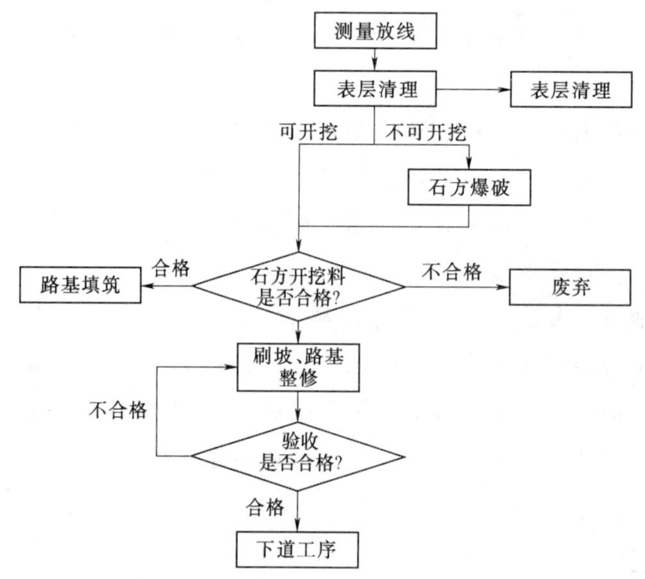

图 3-2　石质路堑开挖施工工艺流程图

用分段纵挖法开挖。

(4) 开挖过程中，采取措施保证边坡稳定；开挖至边坡时预留至少 30cm，保证刷坡过程中设计边坡线外的土层不受到扰动，同时对已开挖的坡面进行复核，确保开挖坡面不欠挖、不超挖。

(5) 石质路堑根据地质情况采用机械开挖或爆破开挖方式，采用爆破开挖前应进行爆破试验，石方爆破以小型松动爆破为主，并清除由爆破引起的松动岩石。石质开挖边坡支护紧跟开挖工作面进行。

(6) 开挖至路床部分后，先开挖排水边沟并尽快进行路床施工，否则在设计路床顶高程以上预留至少 30cm 厚的保护层。

(7) 当路床土含水量高或为含水层时，及时按照设计的盲沟、换填、改良土质、土工织物等处理措施进行施工。

(8) 路床表层以下为非适用土、不满足 CBR 值的材料或整理完成的路槽测试弯沉值不合格时，换填符合要求的填料，换填深度满足设计要求，不小于 80cm，分层回填压实。

(9) 原则上弃方就近处理。弃方均运至指定的位置，弃土堆堆置整齐、稳定，排水畅通，避免对土堆周围的环境造成污染。

(10) 排水沟开挖的位置、断面尺寸和沟底纵坡按设计图纸要求施工。排水沟开挖与路基修筑同时进行，道路取土兼顾排水沟的设置。

3.1.2.3 填方路基施工

1. 路基填筑施工工艺流程

路基填筑施工工艺流程如图 3-3 所示。

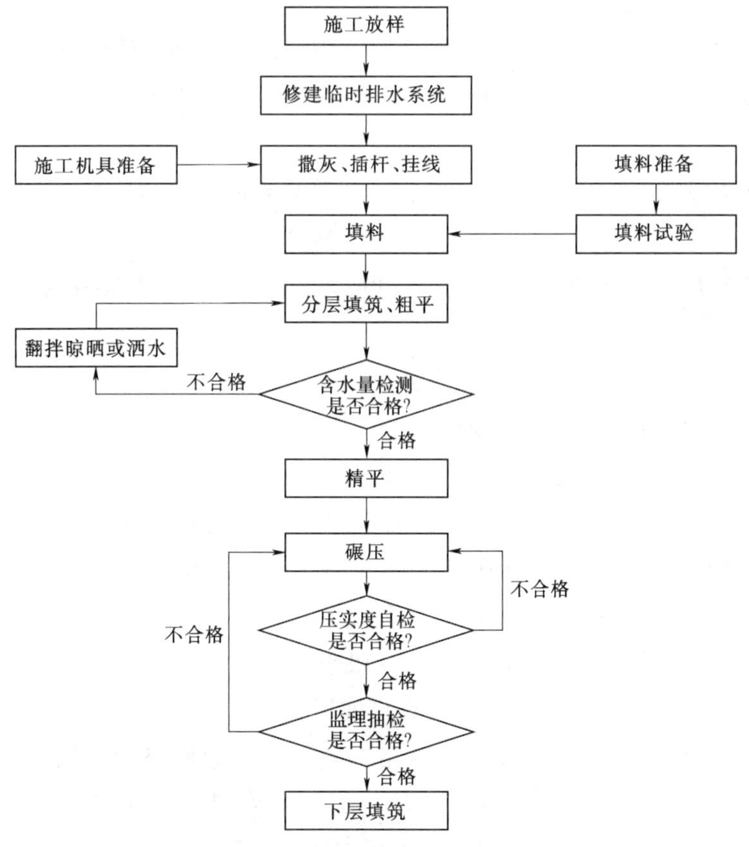

图 3-3 路基填筑施工工艺流程图

2. 填筑材料

(1) 路堤填料中其石块最大粒径应小于层厚的 2/3。

(2) 路堤填料最小强度和最大粒径要求应符合表 3-2 的要求。

表 3-2　路堤填料最小强度和最大粒径要求

项目分类（路面底面以下深度）		填料最小强度（CBR）/%	填料最大粒径/mm
路堤	上路床（0～0.3m）	5	100
	下路床（0.3～0.8m）	3	100
	上路堤（0.8～1.5m）	3	150
	下路堤（>1.5m）	2	150
零填及路堑路床（0～0.3m）		5	100
零填及路堑路床（0.3～0.8m）		3	100

3. 施工要求

(1) 填方路堤施工前，应按相关设计及规范要求对原地面进行清理及压实。所有填方作业均应严格按照规范要求施工。

(2) 路堤基底应在填筑前进行压实。整个施工期间，必须保证排水畅通。

(3) 路堤填料中石料含量不小于 70%时，应按填石路堤施工；小于 70%时，按填土路堤施工。

(4) 路堤基底及路堤每层施工完成后，必须经监理工程师检验合格后方得进行上一层的填土施工。

(5) 对于陡峻山坡半挖半填路基，边坡外面的松散弃土应在路基竣工后全部清除。

(6) 填筑、摊铺、碾压包括以下方面：

1) 路基每层填筑严格执行“划格上土、挂线施工”。根据松铺厚度、车载方量计算划分灰格，均匀卸土。推土机粗平、平地机精平，形成路拱。

2) 准备直径 3cm、长 150cm 红白相间（25cm 刻度）的花杆，在边线位置每隔 20m 插一根，依据花杆上的刻度连续挂好线绳，线绳应绷紧，作为机械平整时的依据，保证平整度和松铺厚度。

3) 运输车按要求卸料后，先用推土机粗平，对含水量进行检查，不合格要洒水或翻拌晾晒，合格后用平地机精平；检查松铺厚度、平整度，符合要求后方可碾压。

4) 先稳压，后振动碾压，碾压时压路机遵循从路边向路中、从低侧向高侧的原则；压路机的碾压行驶速度不超过 4km/h，错轮宽度对振动压路机不小于压实轮的 1/3，对三轮压路机不小于后轮的 1/2。碾压应达到无漏压、无死角。必要时，配备小型碾压夯实设备。

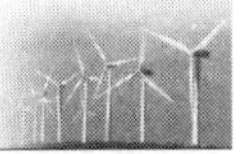

5）每一填筑层压实后的宽度不小于填筑宽度。新建段路基填筑宽度是指路基整修成型后的宽度设计值加两侧各30～50cm宽度之和；加宽段路基填筑宽度是指整修成型后的宽度设计值加不小于50cm。

6）当路基填高超过1.5m时，路基顶面边缘应设置不低于20cm的挡水埝，挡水埝开口应和临时急流槽对应；施工中应随时检查挡水埝和临时泄水槽的完好情况，及时修补。

7）每一个压实层在经过雨雪后，或由于特殊原因没有填筑上一层而致使本层超过10天暴露在外，在填筑上一层时应复压，并重新检测压实度。

（7）排水。在地表过分潮湿，应在路堤两侧护坡道外开挖纵向排水沟、在路基范围内开挖纵横向排水沟，排除积水，切断或降低地下水，并应按监理工程师的指示进行施工。

（8）在路基范围内开挖的横向排水沟，当为切断或降低地下水位作用时，应回填渗水性良好的砂砾料。

（9）在路基范围内有大片低洼积水地段时，可先作土埂排除积水，并将杂草、淤泥以及不适宜的材料清除出路堤以外，按监理工程师要求的深度将此地面翻松（如此地面密实度达到要求可不挖松），经处理后再进行压实。对旱地或地表土质疏松时也应进行原地面压实。

3.1.2.4 半填半挖路基施工

半填半挖路基施工要求如下：

（1）半填半挖地段填料严格控制填料种类，选用适宜性、材质较好的填料；填筑时，严格处理横向、纵向、原地面等结合面，确保路基的整体性。

（2）按规范清理半填断面的原地面，并从填方坡脚起向上设置向内侧倾斜的2%～4%的台阶，台阶宽度不小于2m，在挖方一侧，台阶与每条行车道宽度一致，位置重合。

（3）在开挖坡面坡度陡于45°时，根据坡面地质情况进行坡面清理，保证碾压设备能够碾压到边。强夯时，加强该填挖边界的强夯处理。

（4）填筑时，从最低标高处的台阶开始分层摊铺碾压，开挖的台阶和对应的填筑层同时碾压；特别要注意填、挖交界处的拼接，碾压时做到密实、无拼痕。

（5）按照正常的碾压在台阶局部存在碾压空白区，在台阶结合部位增加横向碾压。

（6）半填半挖路段的开挖，等下半填断面的原地面处理好后，方可开挖上挖方断面；将挖方中非适用材料废弃，严禁填在半填断面内。

（7）结合部有地面水汇流的路段，在施工前做好临时排水沟导排水流；结合部的原坡面有地下水露出时，根据设计文件或规范要求设置截排水盲沟等设施。

(8) 施工前及施工过程中，详细查看半挖基底和坡面是否有渗水，如有渗水，根据渗水情况设置防、截、疏导水流设施，特别是填土、土石混填的半填半挖路段。

(9) 半填半挖路段除正常分层填筑压实外，采用强夯压实。

(10) 高度小于 800mm 的路堤、零填及挖方路床的加固换填选用水稳性较好的材料。

3.1.2.5　质量要求

1. 一般要求

路基的路床标高、宽度、线形及边坡坡度应符合设计要求；排水沟沟底无阻水、积水现象，具备铺砌要求；临时排水设施与现有排水沟渠连通，挖出的废渣按指定的地点整齐堆放。

2. 检查项目及标准

(1) 土方路基检查项目及检验标准见表 3-3。

(2) 石方路基检查项目及检验标准见表 3-4。

(3) 外观鉴定。路基表面平整、密实，曲线圆滑，边线顺直。边坡坡面平顺稳定。沟底无阻水或积水现象。

表 3-3　土方路基检查项目及检验标准

项次	检查项目	规定值或允许偏差	检查方法和频率
1	压实度/%	≥94	密度法：每 200m 每压实层测 2 处
2	弯沉 (0.01mm)	不大于设计值	
3	纵断面高程/mm	+10，-20	水准仪：每 200m 测 2 点
4	中线偏差/mm	100	全站仪每 200m 测 2 点，弯道加 HY、YH (曲线交点)
5	宽度/mm	不小于设计值	米尺：每 200m 测 4 处
6	平整度/mm	≤20	3m 直尺：每 200m 测 2 处×5 尺
7	横坡/%	±0.5	水准仪：每 200m 测 2 个断面
8	边坡	不陡于设计值	在山坡处，每 200m 抽查 4 处

表 3-4　石方路基检查项目及检验标准

项次	检查项目	规定值或允许偏差	检查方法和频率
1	压实度	孔隙率满足设计要求；沉降差不大于试验路确定的沉降差	密度法：每 200m 每压实层测 1 处。水准仪：每 50m 测 1 个断面，每个断面测 5 个点
2	弯沉 (0.01mm)	不大于设计值	
3	纵断高程/mm	+10，-20	水准仪：每 200m 测 4 断面
4	中线偏差/mm	≤100	全站仪每 200m 测 2 点，弯道加 HY、YH (曲线交点)

续表

项次	检查项目		规定值或允许偏差	检查方法和频率
5	宽度/mm		不小于设计值	米尺：每200m测4处
6	平整度/mm		≤30	3m直尺：每200m测4处×3尺
7	横坡/%		±0.5	水准仪：每200m测2个断面
8	边坡	坡度	满足设计要求	每200m抽查4处
		平顺度	满足设计要求	

3.1.3 路面工程施工

3.1.3.1 泥结石路面施工

1. 施工工艺流程

泥结石路面施工工艺流程如图3-4所示。

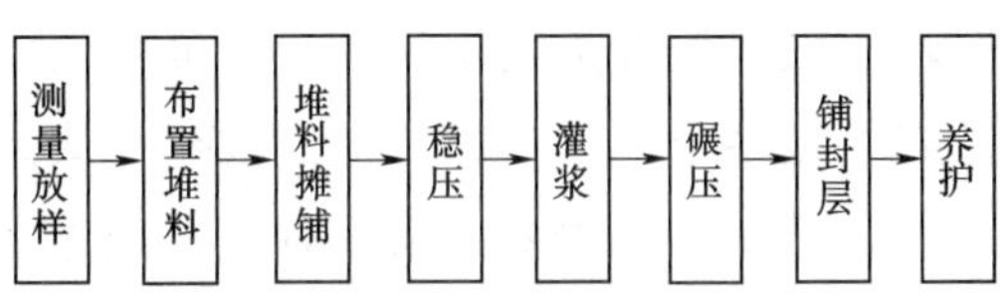

图3-4 泥结石路面施工工艺流程图

2. 施工准备

泥结石路面施工准备主要内容见表3-5。

表3-5 泥结石路面施工准备主要内容

项目	主要内容
材料准备	(1) 泥结石主要由碎石、泥土组成。采用质地坚韧、耐磨、轧碎花岗岩或石灰石，碎石应呈多棱角块体。 (2) 泥结碎石所用的石料应符合设计要求；长条、扁平状颗粒不宜超过20%。泥结碎石层所用黏土应具有较高的黏性，塑性指数以12～15为宜。黏土内不得含腐殖质或其他杂物
机具准备	翻斗汽车按计划直接将材料卸入路床，推土机或人工摊铺，洒水车，压路机，其他夯实机具
作业条件	保证路床已全部完成并经验收合格，保持现场运输、机械调转作业方便，各种测桩齐备、牢固，不影响各工序施工
配合比	黏土用量一般不超过混合料总重的15%～18%。泥浆一般按水与土为0.8∶1至1∶1的体积比进行拌和配置。如过稠，则灌不下去，泥浆要积在石层表面；如过稀，则宜流淌于石层底部，干后体积缩小，黏结力降低，均将影响路面的强度和稳定性

3. 测量放线

堆料前，应由测量人员进行测量放线，控制好摊铺厚度和道路中线、边线，设置好边桩。

4. 布置堆料

摊铺作业时间，每个流水段可按40～50m为一段，根据摊铺用料石量计算卸料车数。卸料后用推土机整平。碎石层虚铺厚度应为设计厚度乘以松铺系数的松铺厚度，松铺系数人工摊铺为1.40～1.50，机械摊铺为1.25～1.35。应按机械配备情况确定每天的施工长度，可根据施工进度要求以8～10h为一班连续摊铺。

5. 堆料摊铺

(1) 作业段划分。摊铺作业时间，每个流水段可按40～50m为一段，根据摊铺用料石量计算卸料车数；卸料后用推土机整平。碎石层虚铺厚度应为设计厚度乘以松铺系数的松铺厚度，松铺系数人工摊铺为1.40～1.50，机械摊铺为1.25～1.35。应按机械配备情况确定每天的施工长度，可根据施工进度要求以8～10h为一班连续摊铺。

(2) 摊铺。碎石料卸料后，应及时推平。应最大限度使用推土机初平，路宽不能满足推土机操作宽度的情况下，使用人工摊平。现场施工人员应根据放线标高及虚铺厚度，用白灰标出明显标志，为推土机指示推平高度，以便推土机按准确高度和横坡推平，为下一步稳压创造良好条件。

(3) 人工配合机械施工。施工时，设专人指挥卸料，要求布料均匀，布料量适当。布料过多或过少时，会造成推土机或人工工作量过大，延长工作时间。在路床表面洒水，洒水车应由专人指挥，应参照作业时的气候条件控制洒水量，以最佳含水量为标准调整现场洒水量。各类机械施工必须自始至终由专人指挥，不要多头指挥，各行其是。应配备足够的平整、修边人员，对机械不能修整到的边角部位进行修补，同时测量摊铺层的宽度、标高、坡度、平整度，保证摊铺面合格。

6. 稳压

稳压宜用压路机自两侧向路中慢速稳压两遍，使碎石各就其位，穿插紧密，初步形成平面。稳压两遍后即洒水，用水量2～2.5kg/m^2，以后随压随洒水花，用量约1kg/m^2，保持石料湿润，减少摩阻力。

7. 灌浆

碎石层经稳压后，随即进行灌浆。灌浆时要浇灌均匀，并且灌满碎石间的空隙。泥浆的表面应与碎石齐平，碎石的棱角应露出泥浆之上。灌浆时必须使泥浆灌到碎石层的底部，灌浆后1～2h，当泥浆下沉，空隙中空气溢出后，在未干的碎石层表面上撒石屑嵌缝料，用以填塞碎石层表面的空隙。

8. 碾压

灌浆完成后，待路面表面已干但内部泥浆尚处于半湿状态时，应立即用压路机在路基全宽内进行压实，由两侧向中心碾压，先压路边二三遍后逐渐移向中心。从稳定到碾压全过程随压随洒水花效果较好。碾压至表面平整，无明显轮迹，压实密度不小于设计要求。碾压中局部有"弹软"现象，应立即停止碾压，待翻松晾干或处理后再压，若出现推移应适量洒水，整平压实。

9. 铺封层

碾压结束后，路表常会呈现骨料外露而周围缺少细料的麻面现象，在干燥地区路表容易出现松散。为了防止产生这种缺陷应加铺封面，其方法是在面层上浇洒黏土浆一层，用扫把扫匀后，随即铺盖石屑，扫匀后用轻型压路机碾压3～4遍，即可开放交通。

10. 养护

经常对路面进行保养和维护，保持路面平整完好，路面整洁，横坡适度，对出现的问题及时分析和修补。

由于路面渗析力低，降雨极易形成路面径流，冲刷的泥沙会淤积路边的排水边沟，从而引起路面积水横溢，冲毁路基，影响道路使用寿命，因此应对路面适时进行养护，保持路面横向排水通畅。

3.1.3.2 碎石路面施工

1. 施工工艺流程

级配碎石路面施工工艺流程如图 3-5 所示。

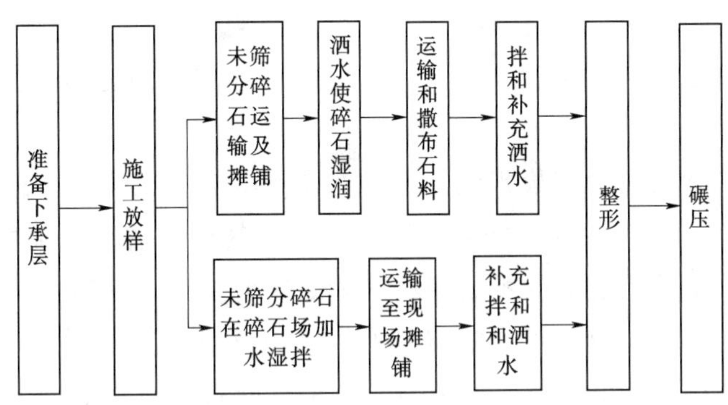

图 3-5 级配碎石路面施工工艺流程图

2. 材料

(1) 级配碎石或砾石的推荐级配范围见表 3-6。

表 3-6 级配碎石或砾石的推荐级配范围

结构层	通过下列筛孔的质量百分率/%											液限/%	塑性指数
	37.5mm	31.5mm	26.5mm	19mm	16mm	13.2mm	9.5mm	4.75mm	2.36mm	1.18mm	0.6mm		
二级以下公路	100	90～100	80～93	64～81	57～75	50～69	40～60	25～45	16～31	11～22	7～15	<28	<6或9

注：1. 潮湿多雨地区塑性指数宜小于 6，其他地区塑性指数宜小于 9。
2. 对于无塑性的混合料，小于 0.075mm 的颗粒含量应接近高限。

(2) 当采用未筛分碎石、砾石时宜采用表 3-7 中推荐的级配范围。

表 3-7 未筛分碎石、砾石的推荐级配范围

结构层	通过下列筛孔的质量百分率/%									液限/%	塑性指数
	53mm	37.5mm	31.5mm	19mm	9.5mm	4.75mm	2.36mm	0.6mm	0.075mm		
二级以下公路	100	85～100	69～88	40～65	19～43	10～30	8～25	6～18	0～10	<28	<6或9

注：潮湿多雨地区，塑性指数宜小于 6，其他地区塑性指数宜小于 9。

(3) 采用天然砾石、砾石土时宜采用表 3-8 中推荐的级配范围。

表3-8　天然砾石、砾石土的推荐级配范围

通过下列筛孔的质量百分率/%						液限/%	塑性指数
53mm	37.5mm	9.5mm	4.75mm	0.6mm	0.075mm		
100	80～100	40～100	25～85	8～45	0～15	<28	<9

3. 运输和摊铺集料

(1) 集料装车时，应控制每车料的数量基本相等。

(2) 在同一料场供料的路段内，宜由远到近卸置集料。卸料距离应严格掌握，避免料不够或过多。未筛分碎石和石屑分别运送时，应先运送碎石。

(3) 料堆每隔一定距离应留一缺口。

(4) 集料在下承层上的堆置时间不应过长。运送集料较摊铺集料工序宜只提前数天。

(5) 应事先通过试验确定集料的松铺系数并确定松铺厚度。人工摊铺混合料时，其松铺系数为1.40～1.50；平地机摊铺混合料时，其松铺系数为1.25～1.35。

(6) 用平地机或其他合适的机具将料均匀地摊铺在预定的宽度上，表面应力求平整，并具有规定的路拱。应同时摊铺路肩用料。

(7) 检查松铺材料层的厚度，必要时，应进行减料或补料工作。

(8) 未筛分碎石摊铺平整后，在其较潮湿的情况下，将石屑按规范计算的距离卸置其上。用平地机并辅以人工将石屑均匀摊铺在碎石层上。

(9) 采用不同粒级的碎石和石屑时，应将大碎石铺在下层，中碎石铺在中层，小碎石铺在上层。洒水使碎石湿润后，再摊铺石屑。

4. 拌和及整形

风电场场内一般现场无稳定土拌和机，级配碎石的拌和可采用平地机或多铧犁与缺口圆盘耙配合进行。

用平地机进行拌和，宜翻拌5～6遍，使石屑均匀分布于碎石料中。平地机拌和的作业长度，每段宜为300～500m。平地机刀片安装角度宜符合表3-9的要求。

表3-9　平地机刀片安装角度　　单位：(°)

拌和条件	平面角α	倾角β	切角γ
干拌	30～50	45	3
湿拌	35～40	45	2

拌和结束时，混合料的含水量应均匀，并较最佳含水量大1%左右，同时应没有粗细颗粒离析现象。

(1) 用缺口圆盘耙与多铧犁配合拌和级配碎石时，用多铧犁在前面翻拌，圆盘耙

紧跟在后面拌和，即采用边翻边耙的方法，共翻耙 4～6 遍。应随时检查调整翻耙的深度。用多铧犁翻拌时，第一遍由路中心开始，将混合料向中间翻，同时机械应慢速前进。第二遍从两边开始，将混合料向外翻。拌和过程中，应保持足够的水分。拌和结束时，混合料的含水率和均匀性应色泽一致，没有灰条、灰团和花面，以及无明显粗细集料离析现象。

(2) 使用在料场已拌和均匀的级配碎石混合料时，摊铺后混合料如有粗细颗粒离析现象，应用平地机进行补充拌和。

(3) 用平地机将拌和均匀的混合料按规定的路拱进行整平和整形，在整形过程中，应注意消除粗细集料离析现象。

(4) 用拖拉机、平地机或轮胎压路机在已初平的路段上快速碾压一遍，以暴露潜在的不平整。

(5) 再用平地机进行整平和整形。

5. 碾压

(1) 整形后，当混合料的含水量等于或略大于最佳含水量时，立即用 12t 以上三轮压路机、振动压路机或轮胎压路机进行碾压。直线和不设超高的平曲线段，由两侧路肩开始向路中心碾压；在设超高的平曲线段，由内侧路肩向外侧路肩进行碾压。碾压时，后轮应重叠 1/2 轮宽；后轮必须超过两段的接缝处。后轮压完路面全宽时，即为一遍。碾压一直进行到要求的密实度为止。一般需碾压 6～8 遍，应使表面无明显轮迹。压路机的碾压速度，头两遍以采用 1.5～1.7km/h 为宜，以后用 2.0～2.5km/h。

(2) 路面的两侧应多压 2～3 遍。

(3) 严禁压路机在已完成的或正在碾压的路段上调头或急刹车。

(4) 凡含土的级配碎石层，都应进行滚浆碾压，一直压到碎石层中无多余细土泛到表面为止。滚到表面的浆（或事后变干的薄土层）应清除干净。

6. 横缝的处理

两作业段的衔接处，应搭接拌和。第一段拌和后，留 5～8m 不进行碾压，第二段施工时，前段留下未压部分与第二段一起拌和整平后进行碾压。

7. 纵缝的处理

应避免纵向接缝。在必须分两幅铺筑时，纵缝应搭接拌和。前一幅全宽碾压密实，在后一幅拌和时，应将相邻的前幅边部约 30cm 搭接拌和，整平后一起碾压密实。

8. 取样试验

在已完成的底基层、基层上按表 3-10 要求进行取样试验，级配碎（砾）石试验项目与频度见表 3-10。

表3-10　级配碎（砾）石试验项目与频度

项目	频　　度	质量标准
级配	2000m²/次	在规定范围内
均匀性	随时观察	无粗细集料离析现象
压实度	每一作业段或不超过200m²检查6次以上	级配集料基层和中间层98%，填隙碎石固体积率85%
塑性指数	1000m²/次，异常时随时试验	小于规定值
集料压碎值	据观察，异常时随时试验	不超过规定值
承载比	3000m²/次，据观察，异常时随时增加试验	不小于规定值
弯沉值检验	每一评定段（不超过1km）每一线车道40～50个测点	95%或97.7%概率的上波动界限不大于计算的允许值
含水量	据观察，异常时随时试验	最佳含水量－1%～＋2%

9. 质量检验

(1) 基本要求。

1) 石料质地坚韧、无杂质，颗粒级配符合要求。

2) 配料必须准确，塑性指数应符合规定。

3) 混合料拌和均匀，无粗细颗粒离析现象。

4) 碾压达到要求的密实度。

(2) 检查项目。级配碎（砾）石检查项目及检验标准见表3-11。

(3) 外观鉴定。表面平整密实，边线整齐，无松散现象。

表3-11　级配碎（砾）石检查项目及检验标准

项次	检查项目	规定值或允许偏差				检查方法
		底基层		基层		
		高速、一级公路	其他公路	高速、一级公路	其他公路	
1	压实度/%	98	98	97	96	按JTG F80/1每200m每车道2处
2	平整度/mm	符合设计要求		符合设计要求		3m直尺：每200m测2处×10尺
3	纵断高程/mm	+5，-10	+5，-15	+5，-15	+5，-20	水准仪：每200m测4个断面
4	宽度/mm	符合设计要求				尺量：每200m测4处
5	厚度/mm	-8	-10	-10	-12	按JTG F80/1附录H检查，每200m每车道1点
6	横坡/%	±0.3	±0.5	±0.3	±0.5	水准仪：200m测4个断面

3.1.3.3　混凝土路面施工

一般陆上风电场水泥混凝土路面用于需过水的路段或进场升压站路段及山地风电场坡度较陡路段。混凝土路面施工遵守《水泥混凝土路面施工及验收规范》（GBJ 97）。混凝土面层采用分幅分块法进行施工，施工缝设置于设计永久纵缝或胀缝、缩

缝处。

水泥混凝土路面施工工艺流程如图 3－6 所示。

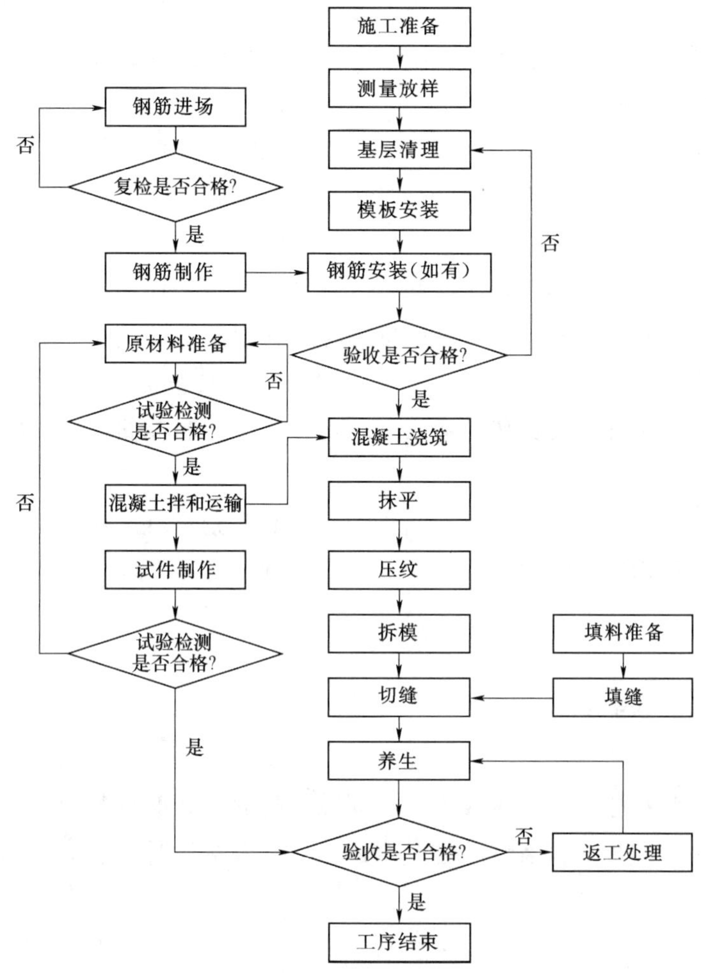

图 3－6 水泥混凝土路面施工工艺流程图

1. 材料准备

根据施工进度计划，在施工前备好所需要的水泥、砂石料及外加剂，并在实际使用时核对调整，所有材料均报监理工程师批准后才进行备料。路面混凝土所使用的原材料，按规定进行质量检验。

2. 基层检验与整修

按规定对基层进行弯沉值、路幅宽、路拱标高、表面平整度和压实度等项进行检测，检测结果符合规范要求。在混凝土摊铺施工前，清理基层表面，并充分洒水湿润。

3. 测量放样

根据设计图纸，将各伸缩缝、胀缝，曲线起讫点、纵坡变化点的中心及一对边桩在实地标明并注上路面标高。主要中心桩分别固定在路边稳固位置，临时水准点每隔

100m 左右设置 1 个。

4. 模板安装及整修

采用钢模板，模板高度与混凝土板厚度一致。根据混凝土板的平面位置，直线段每隔 10m、弯道每 5m 固定钢筋桩钉，对准桩号和高度安装模板，模板安装牢固、顺直。另外，模板安装前调直，补缺焊接，清除表面污物。

设置纵缝时，按要求间距，在模板上预先作拉杆置放孔。

模板顶标高、幅宽待监理工程师检查合格后，刷脱模剂，以利于拆摸。

5. 混凝土拌和、运输

混凝土由拌和站集中拌和，在拌和机的技术性能满足拌和要求的条件下，混凝土各组成材料的技术指标和配合比计量的准确性是拌制质量的关键。混凝土拌和的供料系统采用配有电子秤等的自动计量设备，在施工前，按混凝土配合比要求，对水泥、水和各种集料的用量准确调试后，输入到自动计量的控制存储器中，经试拌检验无误后，再正式拌和生产。

混凝土拌和好后，采用自卸汽车运输至工作面，充分对运输汽车进行调配，及时将混凝土运到工作面，运输时间不超过 40min，遇高温天气对运输中的混凝土料进行覆盖，防止水分过早蒸发。

6. 混凝土卸料、摊铺

采用纵向卸料式卸料，现场设专人指挥，由自卸车在铺筑范围内操作，后退式供料。

在混凝土拌和物摊铺前，再对模板的间隔、高度、支承情况和基层平整、湿润情况以及钢筋的位置和传力杆装置等进行全面检查，确认满足要求后，局部不平处，用人工选细碎石混凝土填补整平。

摊铺时考虑混凝土振捣后的下落高度，预留一定厚度，松铺厚度通过现场试验确定，一般为设计厚度的 1.10～1.15 倍。

7. 振捣

采用混凝土路面插入式振捣器与平板振捣器振捣，先用插入式振捣振捣，后用平板振捣器振捣；插入式振捣器的移动间距不大于其作用半径的 1.5 倍，其至模板的距离不大于振捣器作用半径的 0.5 倍，并避免碰撞模板和钢筋；振捣器在每一位置振捣的持续时间，以拌和物停止下沉、不再冒气泡并泛出水泥砂浆为准。

混凝土拌和物经振捣整形密实后，再用振平滚筒进一步整平。

8. 表面修整

混凝土路面修整包括整平、精光、纹理制作等工序。做面前，清边整缝，清除黏浆，修补掉边、缺角；做面分两次进行，先找平抹平，使混凝土表面无泌水时，再作第二次抹平；抹平后沿横坡方向压槽。风电场工程采用 80 型抹光机抹平，ZKJ－95

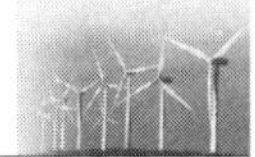

刻纹机刻纹。

9. 养护

混凝土板表面的泌水消失后且不因洒水而破坏时，用草袋覆盖洒水养生，每天洒水喷湿至少2～3次，保持草袋湿润，养生直到符合要求为止。

10. 拆模

混凝土达到一定强度后，即可拆除模板，拆模时间视气温而定。拆模时，先起下模板支撑、钢钎等，然后用扁头小铁棒插入模板顶部内侧，慢慢向外竖向撬动，撬动时切勿损伤混凝土板角和企口，拆下的模板平放并保护好，防止变形，以便周转使用。

11. 切缝和刻纹

采用切缝机、刻纹机进行切缝和刻纹。切缝时按设计图纸要求画好线，使切割缝顺直整齐，切缝深度与宽度符合设计要求。

12. 填缝

混凝土路面养生期满后即可进行填缝施工。填缝前，对缝内清除干净，必要时用水冲洗干净，待其干燥后，在其侧壁表面涂一薄层沥青漆，等干燥后再填缝。填缝料采用沥青混合料，其灌注高度与板面齐平。

13. 验收

浇筑完成后，按质检要求对路面平整度、混凝土强度、蜂窝、相邻高差等进行检测，不合格的板块返工重做，直至合格。

3.1.3.4 质量要求

1. 水泥混凝土面层质量基本要求

(1) 基层质量应符合规范规定并满足设计要求，表面清洁、无浮土。

(2) 接缝填缝料应符合规范规定并满足设计要求。

(3) 接缝的位置、规格、尺寸及传力杆、拉力杆的设置应满足设计要求。

(4) 混凝土路面铺筑后按施工规范要求养护。

(5) 应对干缩、温缩产生的裂缝进行处理。

(6) 外观不应出现坑穴、鼓包和掉角。接缝填筑不得漏填、松脱，不应污染路面，路面应无积水。

(7) 水泥混凝土面层实测项目需满足《公路工程质量检验评定标准》(JTG F80)的有关规定。

2. 级配碎（砾）石基本要求

(1) 配料准确，塑性指数应满足设计要求。

(2) 表面无松散、无坑洼、无碾压轮迹。

(3) 表面连续离析不得超过10m，累计离析不得超过50m。

（4）实测项目应满足《公路工程质量检验评定标准》（JTG F80）的有关规定。

3.2 风电机组基础施工

3.2.1 概述

风电大规模开发已逾十年时间，基础由原来的外国进口风电机组附带基础施工图，发展到风电机组厂家提供概念设计，由设计院进行基础施工图设计。机组单机容量由原先广泛使用的 750kW、850kW、1500kW，发展到目前广泛使用的 2500kW 以上机型，甚至 5000kW；轮毂高度由 50m 增至 100m、120m、140m 等；陆上风电场区域由开发条件优越的戈壁荒滩、大漠草原发展到黄土卯梁、丘陵山地等。

岩石锚杆基础多用于岩石岩性和完整性较好，基础开挖较困难的地区。预应力筒型基础适用于戈壁滩的砂砾地基条件场地，预应力筒型基础的设计源于美国 P&H 技术，主要设计依据为 Broms 法计算水平抗力，此方法没有考虑风电机组基础对水平变位的限制，按此法计算得到的抗倾覆结果安全度不足，国内设计采用此体型需要进行有限元模型模拟计算。目前国内岩石锚杆基础和预应力筒形基础应用较少，本书对此两种形式的基础施工工艺不再介绍。重点对桩基础、圆形扩展基础、预应力混凝土塔筒基础技术施工工艺进行介绍。

3.2.2 结构型式及特点

目前陆上风电场基础型式主要有重力扩展基础、梁板式基础、桩基础、预应力筒型基础等。

1. 桩基础

目前应用于风电场桩基础主要有混凝土灌注桩基础、预应力混凝土管桩基础等型式，湿陷性黄土地区大多采用混凝土灌注桩基础。本节以湿陷性黄土地区桩基础为例进行说明。湿陷性黄土区风电场主要分布在宁夏、陕西、甘肃、山西和河南等地区，一般灌注桩基础采用机械成孔扩底端承混凝土灌注桩基础。不同机型，桩数为 12～20 根，桩径 0.8～1.0m，桩长 18～25m，扩底直径为 1～3 倍桩径。陆上风电机组桩基础适应地质条件范围见表 3-12。

2. 重力扩展基础

扩展基础是目前风电场设计应用最为普遍的基础，风电机组单机容量在 750～5000kW 均有应用。基础体型有方形、八边形、圆形等不同形式，根据风电机组受力特点，尤以圆形为主。目前国内主要应用在西北、华北、东北等低压缩性且承载能力大于 300kPa 等场地。圆形重力式基础如图 3-7 所示。

表 3-12 陆上风电机组桩基础适应地质条件范围表

桩基型式	适用地质条件	备注
灌注桩	泥浆护壁灌注桩：适用于各种土层、分化岩层，以及地质强开复杂分化不均、软硬变化较大的地层 干作业成孔灌注桩：适用于地下水位以上的黏性土、粉土、中等密实以上的砂土层	不受土质、场地条件限制，施工工艺复杂，对场地要求不高，质量控制不易；单桩承载力大，承载荷载大；造价易控制
预制桩	素填土、淤泥、一般黏性土、粉土、稍密—中密的砂土、松散—稍密碎石土；桩端能进入硬黏性土、密实砂土、碎石土、软岩及风化岩	受土质和场地限制，施工工艺简单，质量控制容易，单桩承载力小，承载荷载小；受地质条件影响，造价不易控制

3. 梁板式基础

梁板基础又称格构基础，实际是扩展基础的一种形式，是目前风电市场较为推崇的基础型式，但实际应用较少，主要因为工程量减少不明显，模版工程量增加，施工难度加大，质量不易控制。梁板式基础如图 3-8 所示。

图 3-7 圆形重力式基础

图 3-8 梁板式基础

4. 预应力筒形基础

预应力筒形基础也是一种新的基础型式，其受力原理是利用基础周围土的抗力来维持基础的稳定和变形。预应力筒形基础不使用基础环进行基础和风电机组塔筒连接，而是通过塔筒下法兰的螺栓孔使用高强螺杆将基础同塔筒连接。目前国内基本禁止使用此类基础。

5. 常见风电机组基础结构特点对比

国内陆上风电场目前常用的基础为重力式扩展基础，部分风电场采用梁板式基础，针对两种基础型式进行了对比，重力式基础与梁板式基础对比见表 3-13。

表 3-13 重力式基础与梁板式基础对比表

序号	分项	重力式基础	梁板式基础
1	结构受力分析	依靠自身重量及覆土重来维持稳定，大体积混凝土结构	依靠自身重量及覆土重来维持稳定，地基反力通过底板传力给肋梁，肋梁成为主要的受力结构
2	混凝土、钢筋量	混凝土方量较大，钢筋量较大	减少了混凝土方量，但钢筋量略有增加

续表

序号	分项	重力式基础	梁板式基础
3	施工控制	体型简单、模板工程量小，施工方便。大体积温控难度稍大	格构式基础体型复杂、模板工程量大，拼接处密封困难较大，易造成漏浆。主梁高度大，钢筋密集，不利于混凝土的浇筑和振捣，质量控制难度较大
4	工期	单台基础约 5 天（不含开挖和垫层）	单台基础约 12 天（不含开挖和垫层）
5	运行期维护	需要对锚笼环进行维护	需要对锚笼环进行维护
6	应用广泛程度	应用非常广泛	应用较广泛

3.2.3 施工准备

风电机组基础施工准备主要分为现场准备、技术准备和资源准备。

1. 现场准备

(1) 进一步勘察现场，了解现场的施工条件；形成现场考察报告。

(2) 办理开工令。

(3) 测量定位放线。

(4) 通水、通电、通路、场地平整。

(5) 组织材料、设备、劳力按计划分批进场。

(6) 确定施工平面布置形成施工平面布置图，合理选择生活办公区域建设位置。

2. 技术准备

陆上风电机组基础施工各项技术资料的准备见表 3-14。

表 3-14　陆上风电机组基础施工各项技术资料的准备表

技术资料类别	具体内容
设计文件类	1. 施工图纸。 2. 安全文明施工图集、标准图集。 3. 图纸自审、会审。 4. 设计交底
规范类	1. 质量验收规范。 2. 行业标准。 3. 操作规程。 4. 企业标准。 5. 工艺工法等
合同类	1. 招标文件。 2. 工程量清单。 3. 投标答疑。 4. 总分包合同。 5. 材料、设备采购合同。 6. 合同洽商记录。 7. 补充协议等
政府文件类	1. 政府部门发布的关于施工现场管理。 2. 施工质量、安全控制等的各种文件

续表

技术资料类别	具 体 内 容
施工资料类	一、开工准备类资料 1. 工程所在地的人文、环境资料、地勘资料。 2. 拟选用设备的技术资料。 3. 施工组织设计、安全文明施工方案、专项施工方案。 4. 各项施工管理制度。 5. 工程开工报告、单位工程开工报告。 6. 项目试验规划。 7. 现场执行的有效标准、规范、规程和文件清单，形成的技术资料清单。 8. 施工技术交底记录。 二、施工过程记录类资料 9. 施工日志。 10. 施工测量记录。 11. 混凝土浇筑通知单。 12. 混凝土搅拌、浇筑及养护记录或混凝土施工日志。 13. 大体积混凝土温控测量及施工养护记录。 14. 主要原材料跟踪台账。 15. 重要工序交接记录。 16. 设计变更和材料代用签证。 17. 建（构）筑物构件和建筑设备消缺处理记录。 三、质量验收记录类资料 18. 原材料出厂合格证和出厂检验、试验报告。 19. 成品、半成品出厂合格证和出厂检验、试验报告。 20. 现场检验报告。 （1）防水、防腐材料、外加剂及掺合料工艺性能试验报告。 （2）砂浆、混凝土试验报告。 （3）钢筋焊接、机械连接和钢材焊接试验报告。 （4）钢结构摩擦面的抗滑移系数和高强度螺栓扭矩系数或轴力试验报告。 （5）土（石）方回填试验报告。 （6）灌浆料、胶泥、涂料试验报告。 （7）混凝土拌和用水试验报告。 （8）灌浆料、混凝土强度评定。 （9）重要构件强度试验报告。 （10）钢结构施工技术规范规定的型钢复检试验报告。 （11）地基承载力试验报告及桩基检测报告。 （12）其他施工工艺试验报告。 21. 高强度螺栓测试报告和施工记录。 22. 隐蔽工程验收记录。 （1）地基验槽。 （2）钢筋。 （3）地下混凝土结构。 （4）地下构筑物防水、防腐。 （5）防雷接地。 （6）抹灰砌体、钢结构及装饰装修基层。 23. 检验批、分项、分部（子分部）和单位（子单位）工程质量验评记录。 24. 风电机组基础环、锚笼环测平记录

注： 一般风电场的相关要求按以下规定：

质量验收资料：采用《电力建设施工质量验收及评价规程 第1部分：土建工程》（DL/T 5210.1）中相关表格。

报审表格：采用国家电网公司有关的表格。

3. 资源准备

（1）原材料准备。材料准备应满足工程进度的要求，并适当考虑堆积成本、供求紧缺程度。

（2）机械设备准备。根据施工方法、施工进度以及机械台班产量的安排，编制施工机具设备需用量计划，组织施工机具设备需用量计划的落实，确保按期进场。陆上风电场土建施工常见机械设备见表3-15。

表3-15　陆上风电场土建施工常见机械设备表

序号	机械名称	规格型号	额定功率/容量/吨位
1	液压挖掘机	CAT330	165kW
2	液压挖掘机	PC210	103kW
3	装载机	ZL50	154.4kW
4	振动压路机	YZ18J（18t）	128kW
5	旋挖钻机	YSR150	125kW
6	自卸汽车	15t	15t
7	手风钻	YT28	—
8	空压机	$10m^3$	$10m^3$
9	空压机	$20m^3$	$20m^3$
10	推土机	TY220	—
11	混凝土运输罐车	Hjc9	$12m^3$
12	电焊机	ARC400I	—
13	电焊机	ARC250	—
14	钢筋调直切断机	LGT4-14	—
15	钢筋切断机	GQ50	—
16	钢筋弯曲机	GB32	—
17	振捣棒	ZDN50	—
18	混凝土拌和站	HZS90	$90m^3/h$
19	混凝土拌和站	HZS75	$75m^3/h$
20	柴油发电机	50kW	50kW
21	油罐车	5600L	5600L
22	潜水泵	50WQP-20-50-7.5	—
23	水泵	IS50-32-250	—

3.2.4　风电机组基础施工工艺流程

陆上风电场风电机组基础施工程序如图3-9所示。

3.2.5 地基处理施工

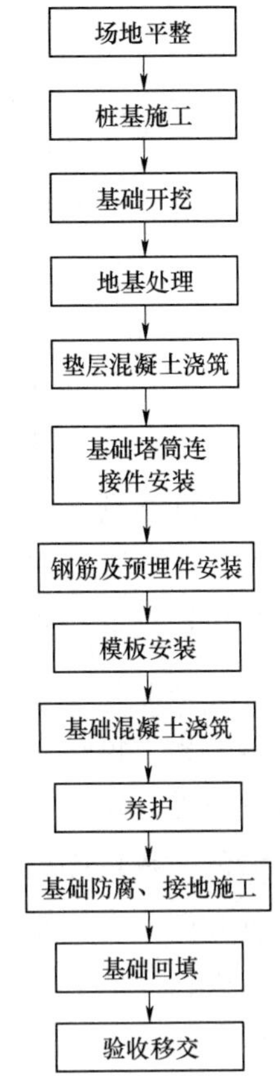

图 3-9 陆上风电机组基础施工程序

软弱地基如软黏土、杂填土、冲填土、饱和粉细砂、湿陷性黄土、泥炭土、膨胀土、多年冻土、岩溶和土洞等，强度不足、压缩性过大或不均匀，作为地基有时必须考虑对地基进行处理。上部结构荷载日益增大，变形要求更严，对地基的要求也更高，风电场建筑布置在软弱地基上的情况也往往会出现。目前国内最常见的风电机组基础软基处理方法有换填法和挤密法。

3.2.5.1 换填法

换填法为挖去天然地表浅层软弱土层或不均匀土层，分层回填强度较高、压缩性较低且无腐蚀性的砂石、素土、灰土、工业废料等材料，压实或夯实后形成地基（持力层）垫层的地基处理方法。

换填法适用于浅层软弱地基及不均匀地基的处理，如淤泥、淤泥质土、湿陷性黄土、素填土、杂填土地基以及暗沟、暗塘等的浅层处理。风电场风电机组基础可能遇到这种情况。采用换填垫层全部置换厚度不大的软弱土层，可取得良好的效果。风电场箱变基础一般地质条件不满足时采取灰土换填方式。

陆上风电场风电机组基础一般换填主要为砂和砂石垫层换填，部分基础在开挖后一般地质条件发生变化基础底部局部部位为软弱层，一般此情况采用抛石混凝土或混凝土置换。

1. *砂和砂石垫层换填*

（1）基坑开挖时应避免坑底土层受扰动，可保留约 200mm 厚的土层暂不挖去，待铺填垫层前再挖至设计标高。

（2）铺设垫层前应验槽，并清除基底表面浮土、杂物，两侧应设一定坡度，防止振捣时塌方。

（3）垫层铺设时，严禁扰动垫层下卧层及侧壁的软弱土层，防止被践踏、受冻或受浸泡，降低其强度。

（4）垫层下有厚度较小的淤泥或淤泥质土层，在碾压荷载下抛石能挤入该层底面时，可采取挤淤处理。先在软弱土面上堆填块石、片石等，然后将其压人以置换和挤出软弱土，再做垫层。基底为软土时应在与土面接触处先铺一层 150～300mm 厚的细砂层或铺一层土工织物。

（5）垫层底面标高不同时，土面应挖成阶梯或斜坡搭接，并按先深后浅的顺序施工，搭接处应夯压密实。分层铺设时，接头应做成斜坡或阶梯形搭接，每层错开0.5～1.0m，并注意充分捣实。

（6）人工级配的砂砾石，应先将砂砾石拌和均匀后，再铺夯压实。

（7）垫层应分层铺设，分层夯或压实，控制每层砂垫层的铺设厚度。每层铺设厚度、砂石最优含水量控制及施工设备、方法选用。夯实、碾压遍数、振实时间应通过试验确定。用细砂作垫层材料时，不宜使用振捣法或水撼法，以免产生液化现象。

2. 灰土垫层换填

（1）施工前准备工作：垫层前应验槽，并清除基底表面浮土、杂物，两侧应设一定坡度，防止振捣时塌方。

（2）场地有积水应晾干：局部有软弱土层或孔洞，应及时挖除后用灰土分层回填夯实。

（3）灰土体积配合比一般用3∶7或2∶8，垫层强度随含灰量的增加而提高。但含灰量超过一定值后，灰土强度增加很慢。多用人工翻拌，不少于3遍，使其达到均匀，颜色一致，并适当控制含水量，一般控制在最优含水量±2%的范围内，最优含水量可通过击实试验确定。如含水过多或过少，应稍晾干或洒水湿润，现场以手握成团，两指轻捏即散为宜；如有球团应打碎，要求随拌随用。

（4）铺灰应分段分层夯筑，每层虚铺厚度可根据试验确定，夯实机具可根据工程大小和现场机具条件用人力或机械夯打或碾压，遍数按设计要求的干密度由试夯（或碾压）确定，一般不少于4遍。

（5）灰土分段施工时，上下两层的接缝距离不得小于500mm，接缝处应夯压密实。当灰土地基高度不同时，应做成阶梯形，每阶宽不少于500mm；对作辅助防渗层的灰土，应将地下水位以下结构包围，并处理好接缝，同时注意接缝质量，每层虚土从留缝处往前延伸500mm，夯实时应夯过接缝300mm以上，接缝时，用铁锹在留缝处垂直切齐，再铺下段夯实。

（6）灰土应当日铺填夯压，不得隔日夯打。夯实后的灰土3天内不得受水浸泡，并及时进行基础施工与基坑回填，或在灰土表面作临时性覆盖，避免日晒雨淋。雨期施工时，应采取适当防雨、排水措施，以保证灰土在基槽（坑）内无积水的状态下进行。刚打完的灰土，如突然遇雨，应将松软灰土除去，并补填夯实；稍受湿的灰土可在晾干后补夯。

（7）冬期施工，必须在基层不冻的状态下进行，土料应覆盖保湿，冻土及夹有冻块的土料不得使用；已熟化的石灰应在次日用完，以充分利用石灰熟化时的热量，当日拌和灰土应当日铺填夯完，表面应用塑料面及草袋覆盖保温，以防灰土垫层早期受冻降低强度。

3.2.5.2 挤密法

挤密碎石桩一般是指用振动、冲击或水冲等方式在软弱地基中成孔后，再将碎石或砂挤压入土孔中，形成大直径的碎石或砂所构成的密实桩体。碎石桩按制桩工艺可分为振冲（湿）碎石桩和干法碎石桩。采用振动加水冲的制桩工艺制成的碎石桩称为振冲碎石桩或湿法碎石桩。采用无水冲工艺（如干振、振挤、锤击等）制成的桩为砂石桩。风电场一般根据地质条件不同选用不同的制桩方式，本书以干法振冲为例。

碎石桩采用振动沉管法施工，施工顺序采用跳打形式，隔行施打，相邻两根桩必须采用跳跃间打；振冲挤密碎石桩工艺流程如图3-10所示。

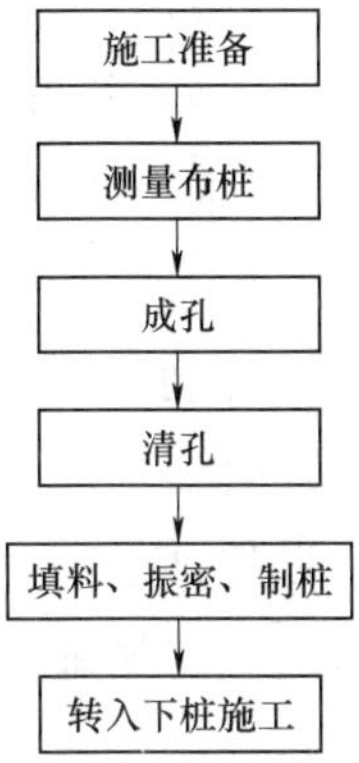

施工准备 → 测量布桩 → 成孔 → 清孔 → 填料、振密、制桩 → 转入下桩施工

图3-10 振冲挤密碎石桩工艺流程图

项目施工前先进行试验桩施工，根据设计要求确定各项参数值（确定密实电流值、留振时间、造孔速度、每层填料厚度等指标）。

（1）桩位放样。

1）轴线放样。根据设计图纸，由专业测量人员测放出中桩，并加以妥善保护。

2）测放桩位。根据设计要求，组织技术人员测量放样，测量地面整平后的标高。依据桩位图布设中桩、控制桩位，布桩时现场用钢卷尺定出每一根桩的桩位，用不易损坏的竹签插入土层标定位置（桩位误差不得超过5cm，桩间误差不得超过10cm）。在钻孔灌注桩两侧布设桩位时，预留钻孔灌注桩施工位置，预留净距应符合（实际布桩时应保证碎石桩桩位与钻孔桩桩位的距离$R \geqslant R_{钻孔桩}+R_{碎石桩}+50\text{cm}$），以确保将来不影响钻孔桩的施工。放线定位严格遵守《工程测量规范》（GB 50026）中有关桩基施工的规定。定位与打桩间隔不超过24 h，施工过程中，要尤其注意防止破坏标识引起桩位不准，并随时复核，对因挤土作用引起的桩位偏差，及时调整。

（2）桩机就位，合拢合瓣桩尖，将管桩向下垂直，使桩尖对准桩位标记，利用锤重及沉管自重徐徐静压1～2m后开动振动锤振动下沉。调整桩机搭架，使沉管与地面基本垂直，校正桩管垂直度应不大于1.5%；校正桩管长度及投料口位置，使之符合设计桩长；设置二次投料口；在桩位处铺设少量碎石。

（3）启动振动锤，将桩管下到设计深度，每下沉0.5m留振30s。

（4）稍提升桩管使桩尖打开。

（5）停止振动，立即将碎石由加料口注入桩管内，灌入量按桩身理论方案量值与充盈系数计算。做好现场施工记录，严格控制每根桩的碎石充盈系数，充盈系数控制在设计范围内。避免先期大后期小的不良现象，以增加桩的均匀性。

(6) 振动拔管。管内灌入碎石高度需大于 1/3 管长，方可开始拔管，应有专人负责碎石灌入量，以防超灌或少灌。拔管前先振动 1min 以后边振动边拔管，每提升 0.5～1m 导管应反插 30cm，留振 10～20s，如此反复直至全管拔出，拔管速度应根据试验桩确定的速度进行。

(7) 根据单桩设计碎石用量确定第一次投料的成桩长度，进行数次反插直至桩管内碎石全部拔出。

(8) 提升桩管开启第二投料口并停止振动，进行第二次投料直至灌满。

(9) 继续边拔管边振动，直至拔出地面。

(10) 提升桩管高于地面，停止振动进行孔口投料（第三次投料）直至地表。

(11) 启动反插，并及时进行孔口补料至该桩设计碎石桩用量全部投完为止。

(12) 孔口加压至前机架抬起，完成一根桩施工。

(13) 移动桩架至另一孔位，重复以上操作。

(14) 做好场地整洁，文明施工。

(15) 铺设碎石垫层。振冲碎石桩处理完成后，在桩顶上铺填 30cm 厚碎石垫层，全部处理范围均采用 20t 振动压路机重叠轮迹碾压至少两边，待压实度满足设计要求时方可进行下道工序施工。

3.2.5.3　质量要求

(1) 施工前应检查原材料，应检查粉质黏土、砂石、灰土、粉煤灰等原材料质量；灰土的配合比；砂、石、灰土拌和均匀程度；对基槽清底状况、地质条件予以检验。

(2) 施工过程中应检查分层铺设厚度、分段施工时上下两层的搭接长度、施工含水量控制、夯压遍数等。

(3) 每层施工结束后应分层对垫层的质量进行检验，检查地基的压实系数。一般可采用环刀法、贯入测定法。

(4) 对素土、灰土、砂石、粉煤灰垫层还可采用静力触探、轻型动力触探或标准贯入试验检验。砂石垫层可用重型动力触探检验，检验标准应以现场试验和设计压实系数所对应的贯入度为准。

砂和砂石地基质量检验标准见表 3-16。素土、灰土地基质量检验标准见表 3-17。

表 3-16　砂和砂石地基质量检验标准

项目	序号	检查项目	允许值或允许偏差		检查方法
			单位	数值	
主控项目	1	地基承载力	不小于设计值		静载试验
	2	配合比	设计值		检查拌和时的体积比或重量比
	3	压实系数	不小于设计值		灌砂法、灌水法

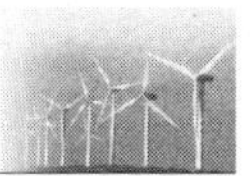

续表

项目	序号	检查项目	允许值或允许偏差		检查方法
			单位	数值	
一般项目	1	砂石料有机质含量	%	≤5	灼烧减量法
	2	砂石料含泥量	%	≤5	水洗法
	3	砂石料粒径	mm	≤50	筛析法
	4	分层厚度	mm	±50	水准测量

表3-17 素土、灰土地基质量检验标准

项目	序号	检查项目	允许值或允许偏差		检查方法
			单位	数值	
主控项目	1	地基承载力	不小于设计值		静载试验
	2	配合比	设计值		检查拌和时的体积比
	3	压实系数	不小于设计值		环刀法
一般项目	1	石灰粒径	mm	≤5	筛析法
	2	土料有机质含量	%	≤5	灼烧减量法
	3	土颗粒粒径	mm	≤15	筛析法
	4	含水量	最优含水量±2%		烘干法
	5	分层厚度	mm	±50	水准测量

3.2.6 灌注桩基础施工

目前国内湿陷性黄土地区大多采用混凝土灌注桩基础，一般主要采用泥浆护壁成孔灌注桩和干作业钻孔灌注桩。常用的钻孔机械设备分为正反循环钻机、旋挖钻机、冲抓式钻机、螺旋钻机等。本书主要对常见的泥浆护壁成孔灌注桩和干作业钻孔灌注桩进行介绍。

3.2.6.1 泥浆护壁成孔灌注桩

泥浆护壁成孔主要包括正循环钻孔和反循环钻孔，对孔深较大的端承型和粗粒土层中的摩擦桩，宜采用反循环工艺成孔或清孔。

使用钻头或切削刀具成孔属于泥浆循环方式，在孔内充满泥浆的同时，用泵使泥浆在孔底与地面之间进行循环，把土渣排出地面，即泥浆除了起稳定孔壁的作用之外，还被用作排渣的手段。通过管道把泥浆压送到孔底，浆在管道的外面上升，把土渣携出地面，为正循环方式。泥浆从管道的外面自然流入或泵入孔内，然后和土渣一起被抽吸到地面上来，即反循环方式。

1. 施工工艺流程

泥浆护壁成孔灌注桩施工工艺流程如图3-11所示。

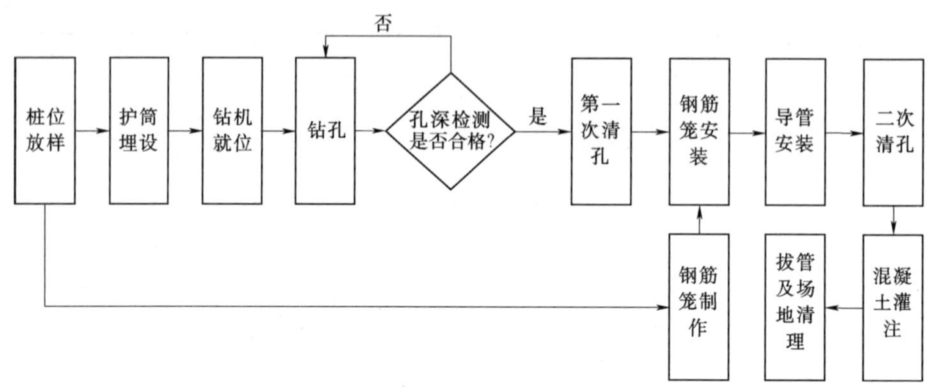

图3-11　泥浆护壁成孔灌注桩施工工艺流程图

2. 泥浆制备

泥浆制备应选用高塑性黏土或膨润土。泥浆应根据施工机械、工艺及穿越土层情况进行配合比设计。施工期间护筒内的泥浆面应高出地下水位1.0m以上，在受水位涨落影响时，泥浆面应高出最高水位1.5m以上；在清孔过程中，应不断置换泥浆，直至灌注水下混凝土。

3. 成孔

（1）测量放线。要由专业测量人员根据给定的控制点用双控法测量桩位，并用标桩标定准确。

（2）埋设护筒。泥浆护壁成孔时，宜采用孔口护筒，护筒设置应符合下列规定：

1）护筒埋设应准确、稳定，护筒中心与桩位中心的偏差不得大于50mm。

2）护筒可用4～8mm厚钢板制作，其内径应大于钻头直径100mm，上部宜开设1～2个溢浆孔。

3）护筒的埋设深度：在黏性土中不宜小于1.0m；砂土中不宜小于1.5m。护筒下端外侧应采用黏土填实；其高度应满足孔内泥浆面高度的要求。

4）受水位涨落影响或水下施工的钻孔灌注桩，护筒应加高加深，必要时应打入不透层。

（3）钻机就位。钻机就位前，先平整场地，铺好枕木并用水平尺校正，保证钻机平稳、牢固。成孔设备就位后，必须平正、稳固，确保在施工过程中不发生倾斜、移动。使用双向吊锤球校正调整钻杆垂直度，必要时可使用经纬仪校正钻杆垂直度。为准确控制钻孔深度，应在桩架上作出控制深度的标尺，以便在施工中进行观测、记录。

（4）钻进。钻进参数应根据地层、桩径、砂石泵的合理排量和钻机的经济钻速等因素加以选择和调整。

1）正循环钻进。

a. 钻头回转中心对准护筒中心，偏差不大于允许值。开动泥浆泵使冲洗液循环2～3min，然后再开动钻机，慢慢将钻头放置孔底。在护筒刃脚处应低压慢速钻进，使刃脚处的地层能稳固地支撑护筒，待钻至刃脚以下1m以后，可根据土质情况以正常速度钻进。

b. 在黏土地层钻进时，由于土层本身的造浆能力强，钻屑成泥块状，易出现钻头包泥、憋泵现象，因此要选用尖底且翼片较少的钻头，采用低钻压、快转速、大泵量的钻进工艺。

c. 在砂层钻进时，应采用较大密度、黏度和静切力的泥浆，以提高泥浆悬浮、携带砂粒的能力。在坍塌段，必要时可向孔内投入适量黏土球，以帮助形成泥壁，避免再次坍塌。要控制钻具的升降速度和适当降低回转速度，减轻钻头上下运动对孔壁的冲刷。

d. 在碎石土层钻进时，易引起钻具跳动、憋车、憋泵、钻头切削具崩刃、钻孔偏斜等现象，宜用低档慢速、优质泥浆、慢进尺钻进。

e. 为保证冲洗液在外环空间的上返流速在0.25～0.3m/s，以能够携带出孔底泥沙和岩屑，要有足够的冲洗液量。

2）反循环钻进。

a. 钻头回转中心对准护筒中心，偏差不大于允许值。先启动砂石泵，待泥浆循环正常后，开动钻机慢速回转下放钻头至孔底。开始钻进时应轻压慢转，待钻头正常工作后，逐渐加大转速，调整压力，并使钻头不产生堵水。在护筒刃脚处应低压慢速钻进，使刃脚处的地层能稳固地支撑护筒，待钻至刃脚以下1m以后，可根据土质情况以正常速度钻进。

b. 在钻进时，要仔细观察进尺情况和砂石泵排水出渣的情况，排量减少或出水中含钻渣量较多时，要控制钻进速度，防止因循环液比重过大而中断循环。

c. 采用反循环在砂砾、砂卵地层中钻进时，为防止钻渣过多，卵砾石堵塞管路，可采用间断钻进、间断回转的方法来控制钻进速度。

d. 加接钻杆时，应先停止钻进，将机具提离孔底80～100mm，维持冲洗液循环1～2min，以清洗孔底并将管道内的钻渣携出排净，然后停泵加接钻杆。

e. 钻杆连接应拧紧上牢，防止螺栓、螺母、拧卸工具等掉入孔内。

f. 钻进时如孔内出现坍孔、涌砂等异常情况，应立即将钻具提离孔底，控制泵量，保持冲洗液循环，吸除坍落物和涌砂，同时向孔内补充性能符合要求的泥浆，保持水头压力以抑制涌砂和塌孔，恢复钻进后，泵排量不宜过大，以防吸坍孔壁。

g. 钻进达到要求孔深停钻时，仍要维持冲洗液正常循环，直到返出冲洗液的钻渣含量小于4%时为止。起钻时应注意操作轻稳，防止钻头拖刮孔壁，并向孔内补入适量冲洗液，稳定孔内水头高度。

(5) 清孔。利用灌注水下混凝土的导管作为吸泥管，高压风作为动力将空内泥浆抽排走。

4. 钢筋笼制安

(1) 钢筋笼的加工场地应选择在运输和就位比较方便的场所，最好设置在现场内。

(2) 钢筋的种类、型号及规格尺寸要符合设计要求。

(3) 钢筋进场后应按钢筋的不同型号、直径、长度分别堆放。

(4) 钢筋笼绑扎顺序应先在架立筋（加强箍筋）上将主筋等间距布置好，再按规定的间距绑扎箍筋。箍筋、架立筋和主筋之间的接点可用电焊焊接等方法固定。在直径大于 2m 的大直径钢筋笼中，可使用角钢或扁钢作为架立筋，以增大钢筋笼刚度。

(5) 钢筋笼长度一般在 8m 左右，当采取辅助措施后，可加长到 12m 左右。

(6) 钢筋笼下端部的加工应适应钻孔情况。

(7) 为确保桩身混凝土保护层的厚度，一般应在主筋外侧安设钢筋定位器或滚轴垫块。

(8) 钢筋笼堆放应考虑安装顺序、钢筋笼变形和防止事故等因素，以堆放两层为好，如果采取措施可堆放三层。

(9) 钢筋笼安放要对准孔位，扶稳、缓慢，避免碰撞井壁，到位后立即固定。

(10) 大直径桩的钢筋笼要使用吨位适应的吊车将钢筋笼吊入孔内。在吊装过程中，要防止钢筋笼发生变形。

(11) 当钢筋笼需要接长时，要先将第一段钢筋笼放入孔中，利用其上部架立筋暂时固定在护筒上部，然后吊起第二段钢筋笼对准位置后用绑扎或焊接等方法接长后放入孔中，如此逐段接长后放入到预定位置。

(12) 待钢筋笼安设完成后，要检查确认钢筋顶端的高度。

5. 混凝土灌注

(1) 钻孔应经终孔质量检验合格后，应立即开始混凝土灌注工作。

(2) 灌注混凝土的导管直径宜为 200～250mm，壁厚不小于 3mm，分节长度视工艺要求而定，一般为 2.0～2.5m，导管与钢筋应保持 100mm 距离，导管使用前应试拼装，以水压力 0.6～1.0MPa 进行试压。

(3) 开始灌注水下混凝土时，管底至孔底的距离宜为 300～500mm，并使导管一次埋入混凝土面以下 0.8m 以上，在以后的浇筑中，导管埋深宜为 2～6m。导管必须居中，混凝土振捣可通过混凝土自密实保证。拌制时要求坍落度、和易性满足设计要求。

(4) 灌注过程中导管要经常上下活动，以便混凝土的扩散和密实。灌注过程中放料不宜太快、太猛。导管提升时应保持竖直、居中，当导管卡挂在钢筋笼上时可转动导管缓慢提升。

(5) 导管拆卸时速度要快，拆下的导管要冲洗干净，并按顺序摆放整齐。

(6) 桩顶灌注高度不能偏低，应在凿除泛浆层后，桩顶混凝土达到强度设计值。

3.2.6.2 干作业钻孔灌注桩

干作业钻孔灌注桩宜用于地下水位以上的黏性土、粉土、填土、中等密实以上的砂土、风化岩层。干作业钻孔一般有洛阳铲、螺旋钻等成孔方式。采用长螺旋钻机的螺旋钻头，在桩位处就地切削土层，被切削土块钻屑随钻头旋转，沿着带有长螺旋叶片的钻杆上升，输送到出土器后自动排出孔外，然后装卸到翻斗车（或手推车）中运走，其成孔工艺可实现全部机械化。本书以螺旋钻为例对干作业钻孔进行介绍。

1. 施工工艺流程

干作业钻孔灌注桩工程施工工艺流程如图 3-12 所示。

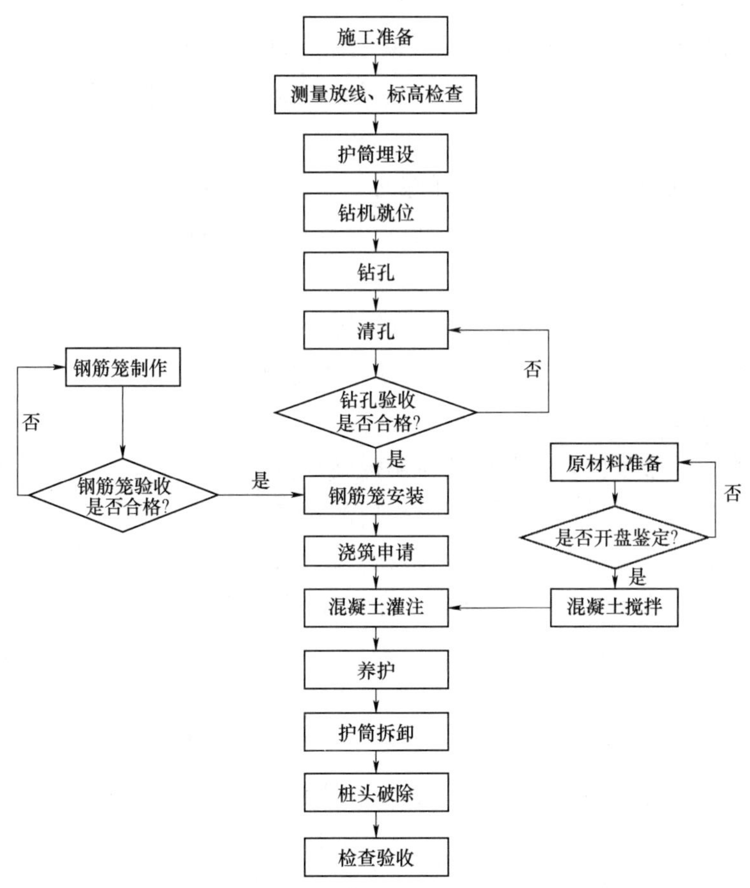

图 3-12 干作业钻孔灌注桩工程施工工艺流程图

2. 施工方法

(1) 钻孔机就位。现场放线、抄平后，移动长螺旋钻机至钻孔桩位置，完成钻孔机就位。钻孔机就位时，必须保持平稳，确保施工中不发生倾斜、位移。使用双向吊锤球校正调整钻杆垂直度，必要时可使用经纬仪校正钻杆垂直度。

（2）钻进。调直机架挺杆，对好桩位（用对位圈），开动机器钻进、出土。螺旋钻进应根据地层情况，合理选择和调整钻进参数，并可通过电流表来控制进尺速度，电流值增大，说明孔内阻力增大，应降低钻进速度。开始钻进及穿过软硬土层交界处，应保持钻杆垂直，控制速度缓慢进尺，以免扩大孔径。钻进遇含有砖头瓦块卵石较多的土层，或含水量较大的软塑黏土层时，应控制钻杆跳动与机架摇晃，以免引起孔径扩大，致使孔壁附着扰动土和孔底增加回落土。当钻进中遇到卡钻，不进尺或钻进缓慢时，应停机检查，找出原因，采取措施，避免盲目钻进，导致桩孔严重倾斜、跨孔甚至卡钻、折断钻具等恶性孔内事故。遇孔内渗水、跨孔、缩颈等异常情况时，须立即采取相应的技术措施；上述情况不严重时，可调整钻进参数，投入适量黏土球，经常上下活动钻具等，保证钻进顺畅；冻土层、硬土层施工，宜采用高转速、小进尺、恒钻压钻进。钻杆在砂卵石层中钻进时，钻杆易发生跳动、晃动现象，影响成孔的垂直度，该过程必须用经纬仪严密监测，并建立控制系统，做到及时控制成孔垂直度。

（3）停止钻进，读钻孔深度。为了准确控制钻孔深度，钻进中应观测挺杆上的深度控制标尺或钻杆长度，当钻至设计孔深时，需再次观测并做好记录。

（4）孔底土清理。钻到预定的深度后，必须在孔底处进行空转清土，然后停止转动。孔底的虚土厚度超过质量标准时，要分析原因，采取措施进行处理。

（5）提起钻杆。提起钻杆时，不得曲转钻杆。

（6）检查成孔质量。用测深绳（坠）或手提灯测量孔深及虚土厚度，成孔的控制深度应符合下列要求：

1）摩擦型桩。摩擦桩以设计桩长控制成孔深度。

2）端承型桩。必须保证桩孔进入持力层的深度。

3）端承摩擦桩。必须保证设计桩长及桩端进入持力层的深度。

检查成孔垂直度、桩径，检查孔壁有无胀缩、塌陷等现象。

（7）复核桩位，移动钻机。经成孔检查后，填好桩钻孔施工记录，并将钻机移动到下一桩位。

（8）钢筋笼制安。钢筋笼的制安方法同 3.2.6.1 节钢筋笼制安。

（9）混凝土灌注。混凝土灌注同 3.2.6.1 节灌注。

3.2.6.3　质量要求

1. 成孔深度控制

成孔深度的控制应符合下列要求：

（1）摩擦型桩。摩擦桩应以设计桩长控制成孔深度；端承摩擦桩必须保证设计桩长及桩端进入持力层的深度。

（2）端承型桩。当采用钻（冲）挖掘成孔时，必须保证桩端进入持力层的设计深

度；当采用沉管深度控制应以贯入度为主，以设计持力层标高对照为辅。

2. 灌注桩质量控制

(1) 灌注桩施工允许偏差必须符合表3-18，桩顶标高至少要比设计标高高出0.5m。每灌注$50m^3$混凝土必须有1组试块。

(2) 灌注桩的沉渣厚度。对摩擦型桩，不应大于100mm；对端承型桩，不应大于50mm。

(3) 桩的静载荷载试验根数应不少于总桩数的1%，且不少于3根，当总桩数少于50根时，不应少于2根。

(4) 桩身完整性检测的抽检数量柱下三桩或三桩以下承台抽检桩数不得少于1根；设计等级为甲级，或地质条件复杂，成桩可靠性较差的灌注桩，抽检数量不应少于总桩数的30%，且不少于20根，其他桩基工程的抽检数量不应少于总桩数的20%，且不少于10根。

(5) 对砂子、石子、钢材、水泥等原材料的质量，检验项目、批量和检验方法应符合国家现行有关标准的规定。

(6) 施工中应对成孔、清渣、放置钢筋笼、灌注混凝土等全过程进行检查；人工挖孔桩应复验孔底持力层土（岩）性。嵌岩桩必须有桩端持力层的岩性报造。

(7) 施工结束后，应检查混凝土强度，并应做桩体质量及承载力检验。

表3-18 灌注桩施工允许偏差

序号	成孔方法		桩径允许偏差/mm	垂直度允许偏差	桩位允许偏差/mm
1	泥浆护壁钻孔桩	$D<1000$mm	≥0	≤1/100	≤70+0.01H
		$D\geq1000$mm			≤100+0.01H
2	套管成孔灌注桩	$D<500$mm	≥0	≤1/100	≤70+0.01H
		$D\geq500$mm			≤100+0.01H
3	干成孔灌注桩		≥0	≤1/100	≤70+0.01H
4	人工挖孔桩		≥0	≤1/200	≤50+0.005H

注：1. H为桩基施工面至设计桩顶的距离（mm）。
2. D为设计桩径。

灌注桩钢筋笼质量检验标准见表3-19，泥浆护壁成孔灌注桩质量检验标准见表3-20，干作业钻孔灌注桩质量检验标准见表3-21。

表3-19 灌注桩钢筋笼质量检验标准

项次	项目	允许偏差/mm	项次	项目	允许偏差/mm
1	主筋间距	±10	3	钢筋笼直径	±10
2	箍筋间距或螺旋筋间距	±20	4	钢筋笼长度	±100

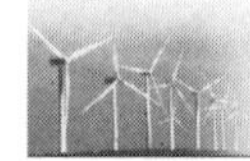

表 3-20　泥浆护壁成孔灌注桩质量检验标准

项	序	检查项目		允许值或允许偏差		检查方法
				单位	数值	
主控项目	1	承载力		不小于设计值		静载试验
	2	孔深		不小于设计值		用测绳或井径仪测量
	3	桩身完整性		—		钻芯法—低应变声—声波透射法
	4	混凝土强度		不小于设计值		28d 试块强度或钻芯法
	5	嵌岩深度		不小于设计值		取岩样或超前钻孔取样
一般项目	1	垂直度		《建筑地基基础工程施工质量验收标准》(GB 50202)表 5.1.4		用超声波或井径仪测量
	2	孔径		《建筑地基基础工程施工质量验收标准》(GB 50202)表 5.1.4		用超声波或井径仪测量
	3	桩位		《建筑地基基础工程施工质量验收标准》(GB 50202)表 5.1.4		全站仪或用钢尺量开挖前量护筒，开挖后量桩中心
	4	泥浆指标	比重（黏土或砂性土中）	1.10～1.25		用比重计测，清孔后在距孔底 500mm 处取样
			含砂率	%	≤8	洗砂瓶
			黏度	s	18～28	黏度计
	5	泥浆面标高（高于地下水位）		m	0.5～1.0	目测法
	6	钢筋笼质量	主筋间距	mm	±10	用钢尺量
			长度	mm	±100	用钢尺量
			钢筋材质检验	设计要求		抽样送检
			箍筋间距	mm	±20	用钢尺量
			笼直径	mm	±10	用钢尺量
	7	沉渣厚度	端承桩	mm	≤50	用沉渣仪或重锤测
			摩擦桩	mm	≤150	
	8	混凝土坍落度		mm	180～220	坍落度仪
	9	钢筋笼安装深度		mm	+100	用钢尺量
	10	混凝土充盈系数		≥1.0		实际灌注量与计算灌注量的比
	11	桩顶标高		mm	+30～50	水准测量，需扣除桩顶浮浆层及劣质桩体
	12	后注浆	注浆终止条件	注浆量不小于设计要求		查看流量表
				注浆量不小于设计要求 80%，且注浆压力达到设计值		查看流量表，检查压力表读数
			水胶比	设计值		实际用水量与水泥等胶凝材料的重量比
	13	扩底桩	扩底直径	不小于设计值		井径仪测量
			扩底高度	不小于设计值		

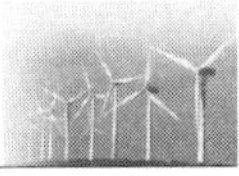

表 3-21 干作业钻孔灌注桩质量检验标准

项目	序号	检查项目		允许值或允许偏差		检查方法
				单位	数值	
主控项目	1	承载力		不小于设计值		静载试验
	2	孔深及孔底土岩性		不小于设计值		测钻杆套管长度或用测绳、检查孔底土岩性报告
	3	桩身完整性		—		钻芯法（大直径嵌岩桩应钻至桩尖下500mm），低应变法或声波透射法
	4	混凝土强度		不小于设计值		28天试块强度或钻芯法
	5	桩径		《建筑地基基础工程施工质量验收标准》(GB 50202) 表5.1.4		井径仪或超声波检测，干作业时用钢尺量，人工挖孔桩不包括护壁厚
一般项目	1	桩位		《建筑地基基础工程施工质量验收标准》(GB 50202) 表5.1.4		全站仪或用钢尺量，基坑开挖前量护筒，开挖后量桩中心
	2	垂直度		本标准表5.1.4		经纬仪测量或线锤测量
	3	桩顶标高		mm	+30～50	水准测量
	4	混凝土坍落度		mm	90～150	坍落度仪
	5	钢筋笼质量	主筋间距	mm	±10	用钢尺量
			长度	mm	±100	用钢尺量
			钢筋材质检验	设计要求		抽样送检
			箍筋间距	mm	±20	用钢尺量
			笼直径	mm	±10	用钢尺量

3.2.7 预制桩基础施工

预制管桩适用于素填土、淤泥、一般黏性土、粉土、稍密—中密的砂土、松散—稍密碎石土；桩端能进入硬黏性土、密实砂土、碎石土、软岩及风化岩。相比灌注桩而言预制桩施工快捷，质量容易控制。国内目前的预制管桩在风电场中的应用大多在淤泥地质条件中，部分也应用在粉土地区。

预制管桩打桩方式有锤击法和静压法，本书分别就两种打桩方法进行介绍。

3.2.7.1 锤击法

锤击法是利用桩锤自由下落时的瞬时冲击力锤击桩头所产生的冲击机械能，克服土体对桩的桩侧摩阻力和桩端阻力，其静力平衡状态遭受破坏，导致桩体下沉，达到新的静力平衡状态。

1. 施工设备

打桩设备包括桩锤、桩架、动力装置、送桩器及衬垫。

2. 打桩顺序及工艺流程

制定打桩顺序时，应先研究现场条件和环境、桩区面积和位置、邻近建筑物和地下管线的状况、地基土质性质、桩型、布置、间距、桩长和桩数、堆放场地、采用的施工机械、台数及使用要求、施工工艺和施工方法等，然后结合施工条件选用打桩效率高、对环境污染小的合理打桩顺序，打桩顺序要求应符合下列规定：

（1）对于密集桩群，自中间向两个方向或四周对称施打。

（2）当一侧毗邻建筑物时，由毗邻建筑物处向另一方向施打。

（3）根据基础的设计标高，宜先深后浅。

（4）根据桩的规格，宜先大后小，先长后短。

3. 打桩与送桩

（1）打桩。

1）将桩锤控制箱的各种油管及导线与动力装置连接好。

2）启动动力装置，并逐渐加速。

3）打开控制板上的开关，并把行程开关调节到适当的位置。

4）当人工控制时，只需按动手控阀按钮，即可提起冲击块，松掉按钮，即冲击下落。

5）当进行连续作业时，须将“提升”和“停止”控制装置调整到所要求位置，并把“输出”开关扳到“自动控制”位置。

6）对首次使用的液压锤，需添加液压油。

7）停锤时，把“输出开关”扳回关闭位置。

8）桩打入时应符合下列规定：①桩帽或送桩帽与桩周围的间隙应为 5～10mm；②锤与桩帽、桩帽与桩之间应加设硬木、麻袋、草垫等弹性衬垫；③桩锤、桩帽或送桩器应和桩身在同一中心线上；④桩插入时的垂直度偏差不得超过 0.5%。

（2）送桩。当桩顶设计标高在地面以下，或由于桩架导杆结构及桩机平台高程等原因而无法将桩直接打至设计标高时，需要使用送桩。锤击沉桩送桩应符合下列规定：

1）送桩深度不宜大于 2.0m。

2）当桩顶打至接近地面，应测出桩的垂直度并检查桩顶质量，合格后应及时送桩。

3）送桩的最后贯入度应参考相同条件下不送桩时的最后贯入度并修正。

4）送桩后遗留的桩孔应立即回填或覆盖。

5）当送桩深度超过 2.0m 且不大于 6.0m 时，打桩机应为三点支撑履带自行式或步履式柴油打桩机；桩帽和桩锤之间应用竖纹硬木或盘圆层叠的钢丝绳作“锤垫”，其厚度宜取 150～200mm。

4. 终止锤击标准

（1）当桩端位于一般土层时，应以控制桩端设计标高为主，贯入度为辅。

（2）桩端达到坚硬、硬塑的黏性土、中密以上粉土、砂土、碎石类土及风化岩

时，应以贯入度控制为主，桩端标高为辅。

(3) 贯入度已达到设计要求而桩端标高未达到时，应继续锤击3阵，并按每阵10击的贯入度不应大于设计规定的数值确认，必要时，施工控制贯入度应通过试验确定。

(4) 当遇到贯入度剧变，桩身突然发生倾斜、位移或有严重回弹、桩顶或桩身出现严重裂缝、破碎等情况时，应暂停打桩，并分析原因，采取相应措施。

3.2.7.2 静压法

静压法通常应用于高压缩性黏土层或砂性较轻的软黏土地层。当桩需贯穿有一定厚度的砂性土夹层时，必须根据桩机的压桩力与终压力及土层的性状、厚度、密度、组合变化特点与上下土层的力学指标，桩型、桩的构造、强度、桩截面规格大小与布桩形式，地下水位高低，以及终压前的稳压时间与稳压次数等综合考虑其适用性。

在桩压入过程中，以桩机本身的重量（包括配重）作为反作用力，克服压桩过程中的桩侧摩阻力和桩端阻力。当预制桩在竖向静压力作用下沉入土中时，桩周土体发生急速而激烈的挤压，土中孔隙水压力急剧上升，土的抗剪强度大大降低，桩身很容易下沉。

1. 静压桩机具设备

静力压桩宜选择液压式和绳索式压桩工艺；宜根据单节桩的长度选用顶压式液压压桩机和抱压式液压压桩机。选择压桩机的参数应包括型号、质量、压桩力等。

2. 压桩顺序和工艺流程

(1) 压桩顺序。压桩顺序宜根据场地工程地质条件确定，并应符合下列规定：

1) 对于场地地层中局部含砂、碎石、卵石时，宜先对该区域进行压桩。

2) 当持力层埋深或桩的入土深度差别较大时，宜先施压长桩后施压短桩。

(2) 压桩程序。静压法沉桩一般都采取分段压入、逐段接长的方法，其程序为：测量定位→压桩机就位、对中、调直→压桩→接桩→再压桩→送桩→终止压桩→切桩头。

3. 施工方法

(1) 测量定位。通常在桩位中心打1根短钢筋，如在较软的场地施工，由于桩机的行走会挤走预定短钢筋，因此当桩机大体就位之后要重新测定桩位。

(2) 桩尖就位、对中、调直。对于YZY型压桩机，通过启动纵向和横向行走油缸，将桩尖对准桩位；开动压桩油缸将桩压入土中1m左右后停止压桩，调正桩在两个方向的垂直度。第一节桩是否垂直，是保证桩身质量的关键。

(3) 压桩。通过夹持油缸将桩夹紧，然后使压桩油缸压桩。在压桩过程中要认真记录桩入土深度和压力表读数的关系，以判断桩的质量及承载力。

(4) 接桩。桩的单节长度应根据设备条件和施工工艺确定。当桩贯穿的土层中夹有薄层砂土时，确定单节桩的长度时应避免桩端停在砂土层中进行接桩。当下一节桩压到露出地面0.8～1.0m时，便可接上一节桩。

(5) 送桩或截桩。如果桩顶接近地面，而压桩力尚未达到规定值，可以送桩。如果桩顶高出地面一段距离，而压桩力已达到规定值时则要截桩，以便压桩机移位。

(6) 压桩结束。当压力表读数达到预先规定值时，便可停止压桩。

4. 终止压桩的控制原则

静压法沉桩时，终止压桩的控制原则与压桩机大小、桩型、桩长、桩周土灵敏性、桩端土特性、布桩密度、复压次数以及单桩竖向设计极限承载力等因素有关。终止压桩条件应符合下列规定：

(1) 应根据现场试压桩的试验结果确定终压力标准。

(2) 终压连续复压次数应根据桩长及地质条件等因素确定。对于入土深度不小于8m的桩，复压次数可为2～3次；对于入土深度小于8m的桩，复压次数可为3～5次。

(3) 稳压压桩力不得小于终压力，稳定压桩的时间宜为5～10s。

3.2.7.3 质量要求

(1) 桩位的放样允许偏差如下：群桩20mm；单排桩10mm。

(2) 桩基工程的桩位验收，除设计有规定外，应按下列要求进行：

1) 当桩顶设计标高与施工现场标高相同时，或桩基施工结束后，有可能对桩位进行检查时，桩基工程的验收应在施工结束后进行。

2) 当桩顶设计标高低于施工场地标高，送桩后无法对桩位进行检查时，对打入桩可在每根桩桩顶沉至场地标高时，进行中间验收，待全部桩施工结束，承台或底板开挖到设计标高后，再做最终验收。

(3) 打（压）入桩的桩位偏差应符合《建筑地基基础工程施工质量验收标准》(GB 50202) 中的有关规定。

(4) 工程桩应进行承载力检验和桩身质量检验。承载力和桩身质量的检验应符合《建筑地基基础工程施工质量验收标准》(GB 50202) 中的有关规定。

3.2.8 基础连接件安装

基础连接件是预埋在基础中连接基础与塔架的构件，风电机组基础与塔筒连接方式主要有基础环式和锚笼环式。基础环式的目前主要应用在单机容量2.5MW以下风电机组中；单机容量2.5MW以上的风电机组国内已基本采用锚笼环式。

3.2.8.1 基础环安装

基础环主要包括支撑腿、连接螺杆、基础环。支撑腿与垫层预埋件焊接，连接螺杆将支撑腿与基础环进行连接，通过调平螺杆将基础环进行调平。调平后紧固或者焊接螺

母，安装和调平简单快捷。基础环支腿及基础环安装示意图如图 3-13、图 3-14 所示。

图 3-13 基础环支腿安装示意图

图 3-14 基础环安装示意图

基础环安装工艺流程如图 3-15 所示。

基础环安装要求如下：

(1) 风电机组塔筒与基础环连接，基础环直埋于基础主体混凝土中。施工时采用预埋件支撑架固定的方法。

(2) 基础环安装前进行埋件检查，首先在垫层混凝土上放出基础中心线，在基础四周建立加密控制网，放出基础中心线、边线及基础环的位置，按图纸要求采用罗盘放出中心线，以确定塔架门方向，核对无误后方可进行基础环安装。

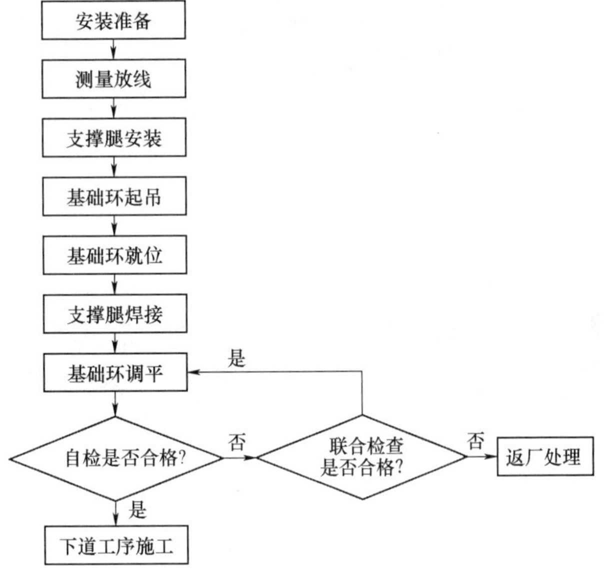

图 3-15 基础环安装工艺流程图

(3) 由于基础环上法兰的安装水平度按设计及厂家要求进行控制，基础环安装按以下步骤进行：在混凝土垫层中预埋支撑连接埋件，其尺寸按设计要求制作，基础环支撑架下端与预埋基础板连接，基础环与支撑架之间用调整螺栓连接，调整螺栓可对基础环的平整度进行调节，以便实现基础环标高的准确控制。安装时，配备两台水准仪及数把水平尺进行全程跟踪观测控制，测量时附近严禁大型车辆走动，以免影响精确度。检测调整螺栓对应的基础环上法兰面的三个点，如果检测后的点水平值超设计及厂家要求时，则通过千斤顶配合调节螺栓，并且重新调整水准仪，对中、检测，使基础环水平度控制在规范之内。调整时吊车不松钩，待调整完毕加固后方可摘钩。

(4) 基础环安装经验收合格后绑扎基础钢筋。螺栓支撑架与钢筋、模板、模板支撑系统及操作脚手架应互不相连，自成体系，防止混凝土浇筑时模板系统的振动及变形对螺栓的影响。

(5) 地脚埋件支撑架与基础环安装完毕后，做整体验收复核，包括控制轴线和基础中心线的验收。基础环表面平整度精度及垂直度按照厂家提供的基础环上的法兰平整度要求执行。

3.2.8.2　锚笼环安装

锚笼环主要包含上下锚板和锚栓组件，锚笼环的安装主要依据设计图纸、厂家作业指导文件进行安装。安装主要以人工安装为主，25t 汽车吊配合，人工找平、找正。猫笼环安装示意图如图 3-16、图 3-17 所示，猫笼环安装工艺流程如图 3-18 所示。

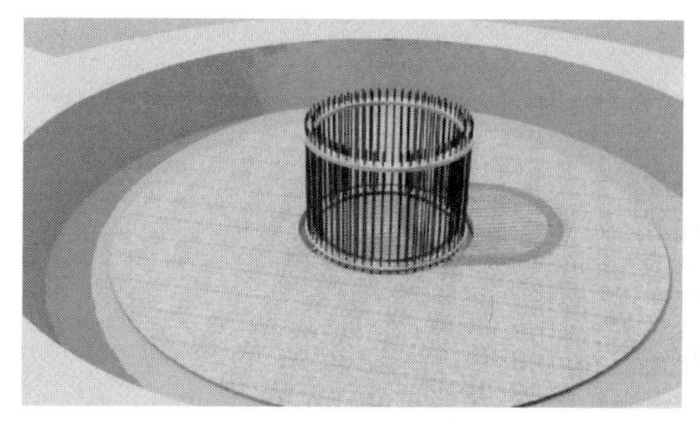

图 3-16　猫笼环安装示意图

图 3-17　锚笼环基础示意图

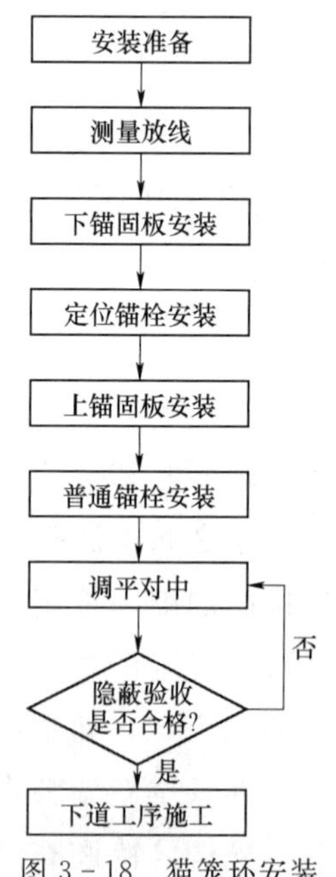

图 3-18　猫笼环安装工艺流程图

1. 施工准备

(1) 根据厂家提供的技术资料，在施工前充分熟悉掌握，并经过厂家专业人员进行现场技术交底，使每个施工人员都能够掌握了解锚笼环安装的方式、方法和各部件的安装注意事项。要求所有施工人员必须服从厂家的具体要求。同时，与施工图纸紧密结合，严格按照设计要求的定位和方向。

(2) 施工前，根据预应力锚栓基础图纸中的锚栓组合件清单清点各部件数量，对各部件进行外观检查。查看上、下锚板是否变形；锚栓螺纹是否损伤，锚栓是否弯曲，将不合格品剔除，严禁使用。

(3) 将所需部件运至采购堆放区后，先平整出一块场地，用软木支垫，以防底环变形和螺栓螺纹的损坏。

(4) 在厂家的指导下组装工装环（工装环数量是影响工程进度最关键的环节，每套工装环的运转周期为 3 天：底环及工装环安装 1 天，钢筋安装 1.5 天，混凝土基础浇

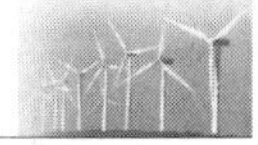

筑0.5天；混凝土浇筑完成后4～5h即可拆除移至下个风电机组基坑进行安装，但在极冷天气下可根据混凝土凝固情况拆除，一般在24h左右）。

2. 底环预埋件留置

根据预应力锚栓基础图要求，核对安装下锚板的预埋件数量、尺寸和位置是否正确。在浇筑垫层混凝土时预留置底环预埋件。

3. 底环安装

底环安装可采用两种形式进行，一种在材料堆放区将底环组装完成，用自备吊运至现场进行整体安装；另一种是底环所有零部件全部运至现场后进行现场组装。由于第一种形式底环运输困难，一般项目采用第二种形式。

(1) 将底环零部件全部运至施工现场，将垫层混凝土及预埋件杂物清理干净，按照图纸要求尺寸（底环下面距预埋件距离为360mm）先在底环支撑螺栓上带两个螺母。用脚手架杆将第1片底环架空，在预埋件对应位置将支撑螺栓由下而上穿孔，支撑螺栓下端放入螺栓孔垫板孔内，第2片如法炮制，第2片装完之后将底环连接板安装牢固，以此类推将全部6片底环组装完成。

(2) 将底环的中心对应基础中心，将底环支撑螺栓与对应的螺栓孔垫板及预埋件焊接牢固，焊脚高度不小于5mm；焊接完成之后进行底环上表面的调平，底环平整度控制在3mm以内。

4. 锚笼环安装与调平

本工序可将人员分成三组进行，将锚栓包装清理干净之后，两人按照图纸设计要求尺寸（锁紧螺母位置为390mm处）将锁紧螺母全部安装至锚栓上，此项工作需注意锚栓丝扣长短（下端丝扣比上端丝扣长出150mm）；两人负责锚栓运输；两人进行锚栓及PE套管安装；另一安全员负责指挥吊车，一临时工进行锚笼环安装配合工作。

(1) 定位锚栓安装。提前将锚栓、PE套管、大螺母、尼龙螺母、锁紧螺母、工装环、扳手等所需物件全部运至现场，做好安全准备工作之后将25t吊车支稳，在工装环对应吊钩位置用3根等长的吊带（必须为安全鉴定合格产品）进行吊装。

在底环连接件位置处（6处对角布置）底端安装好锁紧螺母、上端安装好尼龙螺母和PE套管（因为所有PE套管长度一致，而12根定位锚栓上全部安装有锁紧螺母，因此在安装PE套管前将PE套管裁剪掉一个锁紧螺母的长度）的定位锚栓进行安装，工装环吊至一定高度后缓慢下降，每两个定位锚栓处安排一人将定位锚栓扶稳，对准工装环对应孔将工装环下降至所有12根定位锚栓全部安装至工装环对应孔内，定位锚栓底端锁紧大螺母。

此工序注意事项为：定位锚栓必须均匀对称布置，为了方便其余108根普通锚栓安装，尼龙螺母位置可尽量安装在锚栓的上端（上端大螺母安装后和锚栓上端平齐即可）；为了防止在普通锚栓安装过程中吊车误操作（工装环整体上升，所有锚栓脱离工装环），定位锚栓安装完成后在工装环上端露出锚栓位置安装6个大螺母；PE套管在裁剪时既不宜太短，也不宜太长，若太短则密封效果不佳，若太长则在工装环调平时需进行二次裁剪。

（2）普通锚栓安装。定位锚栓安装完毕，找平、找正后即可进行普通锚栓安装，普通锚栓安装时遵照两组人员均匀对角且同一时针方向同时进行原则。组装普通锚栓时吊车不宜松钩，先将PE管套入锚栓，在将锚栓上端穿入工装环孔中，最后再将锚栓底端穿入底环相对应的孔中，全部锚栓安装完之后将120个大螺母进行安装。

（3）锚笼环调整及密封。在风电机组基础外侧（自然地坪面）每90°位置定一桩，然后用装有花篮螺栓的拖拉绳将工装环与桩连接，调节四个方向的花篮螺栓，使工装环与底环同心（以工装环与底环螺栓孔的中心线为基准，同心度允许偏差应满足不大于3mm）。

工装环与底环同心后进行工装环的调平，在工装环调平前先测量底环12根带尼龙螺母锚栓附近的平整度，将底环平整度采用高程传递的方法进行工装环平整度的粗平，待粗平完成后，将吊车吊钩摘除，最后用高程传递的方法进行工装环表面平整度的精平。工装环调平主要通过调节12个尼龙螺母来控制上表面水平度，上表面平整度应满足设计要求（为了避免在混凝土浇筑过程中对工装环产生扰动，故我方人员在工装环安装完成之后将上表面平整度均控制在1.5mm以内，混凝土浇筑完成之后即对工装环上表面平整度进行复测，均不大于2mm）。工装环平整度调平之后将120个大螺母全部锁紧，且定位锚栓上对应的6个大螺母也全部锁紧。

工装环调平且大螺母全部锁紧之后即可进行防水密封工作。防水密封可采用两种形式：第一种形式为热缩套管形式；第二种形式为塑料胶带形式。考虑到成本问题，一般采用塑料胶带进行防水密封。PE管底端与锁紧螺母连接处、PE套管与尼龙螺母连接处及工装环拆除后PE管与锚栓上端口处全部密封处理。

（4）工装环拆除。混凝土浇筑完成后4～5h即可拆除工装环移至下个风电机组基坑进行安装，但在极冷天气下可根据混凝土凝固情况拆除，一般在24h左右。工装环拆除之后需对工装环进行清理，清理干净之后涂刷脱模剂再进行安装。工装环拆除之后应立即对PE管与锚栓上端口处进行防水密封处理，防止水及杂物掉落至PE套管内。

5. 锚笼环安装质量控制点

锚笼环安装施工质量控制点见表3-22。

表3-22　锚笼环安装施工质量控制点

序号	检验项目	检验标准
1	底环与基础中心的同心度	≤5mm
2	底环与工装环同心度	≤3mm
3	底环水平度	≤3mm
4	锚栓上端露出工装高度	390mm

续表

序号	检验项目	检验标准
5	工装环水平度（浇筑前）	≤3mm
6	工装环水平度（浇筑后）	≤3mm
7	PE管是否安装到位	高出灌浆槽平面20mm
8	底部120个大螺母是否全部锁死	全部锁死
9	锚栓下端面距底环下表面距离	≥150mm
10	风电机组基础锚杆组装防水部分密封检查	胶带的密封

3.2.9 钢筋工程

1. 钢筋施工工艺流程

钢筋施工工艺流程如图3-19所示。

2. 钢筋的材质

风电机组基础钢筋一般采用热轧带肋钢筋，材质应符合《钢筋混凝土用钢 第2部分：热轧带肋钢筋》（GB/T 1499.2）中的相关要求。

（1）每批钢筋均应附有产品质量证明书及出厂检验单，在使用前，应分批进行如下钢筋机械性能试验：

1）钢筋分批试验，以同一炉（批）号、同一截面尺寸的钢筋为一批，取样的重量不大于60kg。

2）根据厂家提供的钢筋质量证明书，检查每批钢筋的外表质量，并测量每批钢筋的代表直径；钢筋应平直、无损伤，表面不得有裂纹、油污、颗粒状或片状老锈。

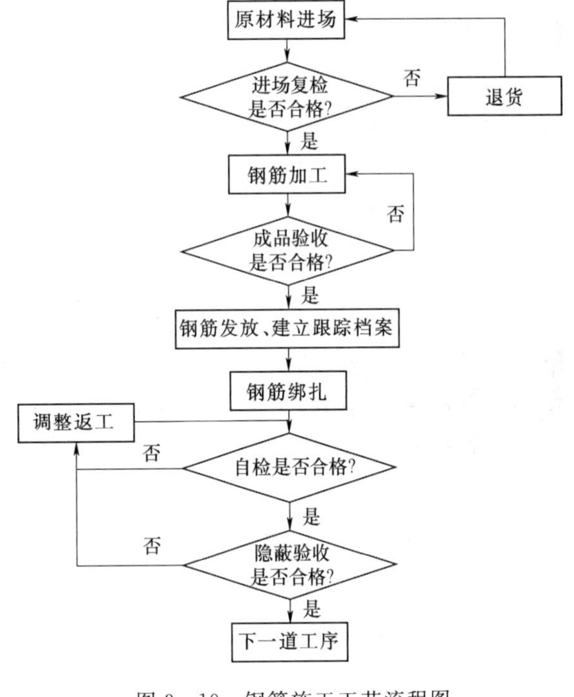

图3-19 钢筋施工工艺流程图

3）在每批钢筋中，选取经检验合格的两根钢筋，各取一个拉力试件（含屈服点、抗拉强度和延伸率试验）和一个冷弯试验。

（2）对有抗震设防要求的框架结构，其纵向受力钢筋的强度应满足设计要求；当设计无具体要求时，对一级、二级抗震等级，检验所得的强度实测值应符合下列规定：

1）钢筋的抗拉强度实测值与屈服强度实测值的比值不应小于1.25。

2）钢筋的屈服强度实测值与强度标准值的比值不应大于1.3。

3. 钢筋的现场存放和保管

（1）钢筋原材料及半成品存放及加工场地应采用硬化处理，且排水良好，对未采取硬化措施的应对原材料及半成品架空放置。

（2）钢筋在运输和存放时，不得损坏包装盒标志，并应按牌号、规格、炉批分别堆放整齐，避免锈蚀或油污。

（3）钢筋存放时应挂牌标识钢筋的级别、品种、状态，加工好的半成品还应标识使用部位。

（4）钢筋存放及加工过程不得污染。

（5）当钢筋在加工过程中出现脆裂、裂纹、剥皮等现象，或施工过程中出现焊接性能不良或力学性能显著不正常等现象时，应停止使用该批钢筋，并重新对该批钢筋的质量进行检测、鉴定。

4. 钢筋配料

（1）钢筋严格按照图纸所要求的规格、数量、外型尺寸根据现场情况分段进行加工，加工前应了解混凝土保护层、钢筋弯曲、弯钩等规定，再根据图纸尺寸计算下料长度，计算方法为

$$直钢筋下料长度=构件长度-保护层厚度+弯钩增加长度$$

$$弯起钢筋下料长度=直段长度+斜段长度-弯曲调整值+弯钩增加长度$$

$$箍筋下料长度=箍筋周长+箍筋调整值$$

（2）对已加工配好的钢筋挂标识规格和使用部位，分类堆放，并垫方木离地20cm，以避免腐蚀。

（3）严格执行领用料制度，加工成形的钢筋由自制的钢筋运输车运到施工现场。钢筋配制加工集中在钢筋加工场进行，钢筋的绑扎搭接连接长度严格按图纸及规范要求施工。

5. 钢筋加工

（1）钢筋的除锈、调直、切断、弯曲等应符合相关规范的要求。

（2）钢筋加工的质量检验应符合下列规定要求：

1）受力钢筋的弯钩和弯折应符合现行规范的规定；①检查数量：每工作班同一类型钢筋、同一加工设备抽查不应少于3件；②检查方法：钢尺检查。

2）钢筋加工的形状、尺寸应符合相关设计要求，其偏差符合钢筋加工允许偏差，见表3-23。

表3-23　钢筋加工允许偏差

项　　目	允许偏差/mm	项　　目	允许偏差/mm
受力钢筋顺长度方向全长的净尺寸	±10	箍筋内净尺寸	±5
弯起钢筋的弯折位置	±20		

6. 钢筋机械连接

钢筋机械连接采用滚压剥肋直螺纹连接，接头采用标准型接头。

(1) 工作原理。钢筋剥肋直螺纹连接形成的过程是将钢筋不经任何处理直接送入钢筋剥肋滚丝机，将钢筋的横肋和纵肋进行剥切处理后，利用滚压轮对钢筋进行滚压，在钢筋端部一次快速直接滚制成螺纹，由于丝头部位冷作、硬化，从而提高了强度，使钢筋丝头达到与母材等强的效果。

(2) 接头套管性能要求。钢筋接头套管材料宜用性能不低于45号优质碳素结构钢或其他经试验确认为符合要求的钢材。钢筋接头的屈服承载力和抗拉承载力应不小于被连接钢筋屈服承载力和抗拉承载力标准值的1.10倍。对直接承受动力荷载的结构，其接头应满足设计要求的抗拉疲劳性能。当无专门要求时，其疲劳性能应符合《钢筋机械连接通用技术规程》(JGJ 107) 的规定。标准型套筒的几何尺寸见表3-24。

表3-24 标准型套筒的几何尺寸

规格	螺纹直径	套筒外径/mm	套筒长度/mm
16	M16.5×2	25	45
18	M19×2.5	29	55
20	M21×2.5	31	60
22	M23×2.5	33	65
25	M26×3	39	70
28	M29×3	44	80
32	M33×3	49	90
36	M37×3.5	54	98
40	M41×3.5	59	105

(3) 接头应用。钢筋接头的混凝土保护层厚度要满足设计要求。在任意接头中心至长度为钢筋直径35倍的区段范围内，有接头的受力钢筋截面面积占受力钢筋总截面面积的百分率应符合下列规定：

1) 受拉区的受力钢筋接头百分率不宜超过50%。

2) 在受拉区的钢筋受力小的部位，接头百分率不受限制。

3) 接头宜避开有抗震设防要求的框架梁端和柱端的箍肋加密区；当无法避开时，接头百分率不宜超过50%。

4) 受压区和装配式构件中钢筋受力较小部位，接头百分率不受限制。

(4) 直螺纹加工与检验。

1) 采用钢筋剥肋滚丝机（型号为GHG40、GHG50)，先将钢筋的横肋和纵肋进行剥切处理后，使钢筋滚丝前的柱体直径达到同一尺寸，然后再进行螺纹滚压成型。

2) 加工过程。将待加工钢筋夹持在夹钳上，开动机器，扳动进给装置，使动力头向前移动，开始剥肋滚压螺纹，待滚压到调定位置后，设备自动停机并反转，将钢筋端部退出滚压装置，扳动进给装置将动力头反复位停机，螺纹即加工完成。

3）丝头加工长度为标准型套筒长度的1/2，其公差为$+2P$（P为螺距）。剥肋滚丝头加工尺寸见表3-25。

表3-25　剥肋滚丝头加工尺寸　　单位：mm

规格	剥肋直径	螺纹尺寸	丝头长度	完整丝扣圈数
16	15.1±0.2	M16.5×2	22.5	≥8
18	16.9±0.2	M19×2.5	27.5	≥7
20	18.8±0.2	M21×2.5	30	≥8
22	20.8±0.2	M23×2.5	32.5	≥9
25	23.7±0.2	M26×3	35	≥9
28	26.6±0.2	M29×3	40	≥10
32	30.5±0.2	M33×3	45	≥11
36	34.5±0.2	M37×3.5	49	≥9
40	38.1±0.2	M41×3.5	52.5	≥10

4）操作工人应按表3-25的要求检查丝头加工质量，每加工10个丝头用通环规、止环规检查一次。经自检合格的丝头，应由质检员随机抽样进行检验，以一个工作班内生产的丝头为一个验收批，随机抽样10%，且不得少于10个。当合格率小于95%时，应加倍抽检，复检中合格率仍小于95%时，应对全部钢筋丝头逐个进行检验，切去不合格丝头，查明原因，并重新加工螺纹。

（5）钢筋机械连接施工。

1）连接钢筋时，钢筋规格和套筒的规格必须一致，钢筋和套筒的丝扣应干净、完好无损。

2）采用预埋接头时，连接套筒的位置、规格和数量应符合设计要求。带连接套筒的钢筋应固定牢靠，连接套筒的外露端应有保护盖。

3）滚压直螺纹接头应使用扭力扳手或管钳进行施工，将两个钢筋丝头在套筒中间位置相互顶紧，直螺纹钢筋接头拧紧力矩值见表3-26。扭力扳手的精度为±5%。

表3-26　直螺纹钢筋接头拧紧力矩值

钢筋直径/mm	16～18	20～22	25	28	32	36～40
拧紧力矩/(N·m)	100	200	250	280	320	350

4）经拧紧后的滚压直螺纹接头应做出标记，单边外露丝扣长度不应超过$2P$。

（6）接头质量检验。钢筋连接作业开始前及施工过程中，应对每批进场钢筋进行接头连接工艺检验。工艺检验应符合下列要求：

1）每种规格钢筋的接头试件不应少于3根。

2）接头试件的钢筋母材应进行抗拉强度试验。

3）3 根接头试件的抗拉强度均不应小于该级别钢筋抗拉强度的标准值，同时应不小于 0.9 倍钢筋母材的实际抗拉强度。

7. 钢筋安装

（1）钢筋表面应洁净无损伤，油漆污染和铁锈等应在使用前清除干净。带有颗粒状或片状老锈的钢筋不得使用。

（2）钢筋应平直无局部弯折，钢筋加工的尺寸应符合风电机组基础施工图纸的要求。

（3）基础环安装经验收合格后绑扎基础钢筋。基础环支撑架与钢筋应互不相连，自成体系，防止混凝土浇筑时模板系统的振动及变形对螺栓的影响。

（4）基础底面、顶面、上台柱等部位主要受力钢筋采用通常钢筋，不得搭接。钢筋之间的搭接 100%采用绑扎，不得采用焊接。

（5）钢筋绑扎过程中如遇基础环支撑架型钢、电缆预埋管等，应采用调整钢筋间距的方法进行避让，不得截断钢筋，破坏受力结构。

（6）钢筋绑扎及基础环安装工作结束后，对基础环进行复测，用调整螺栓来调整基础环的中心线、标高、平面度等误差，当各项指标都满足设计及规范要求后，可对支撑架及基础环进行相应的加固，并对调整螺栓点焊加固，确保基础环位置的准确。

（7）钢筋混凝土中结构受力钢筋的混凝土保护层厚度应以施工图为准。

（8）钢筋架设完毕后须经检查，符合施工图纸后方能浇筑混凝土。

（9）风电机组基础钢筋的接头应采用：钢筋直径不小于 25mm 的钢筋采用机械连接；直径小于 25 的钢筋采用搭接连接，钢筋的搭接长度按施工规范的要求执行。

（10）同一截面的接头至少相隔三排，相邻接头的间距应大于 1m。

（11）架立钢筋应均匀布置，确保钢筋骨架的整体稳定性。

（12）钢筋绑扎。

1）绑扎前先将垫层表面清扫干净，画出钢筋位置线，核对无误后开始绑扎，绑扎前应先放好水泥砂浆保护层垫块。

2）绑扎前对成品的品种、规格、数量进行仔细核对，无误后方可进行，绑扎一律用镀锌铅丝。

3）风电机组基础纵横钢筋交叉点钢筋网采用绑扎，上层须设马凳撑脚固定，以保证钢筋位置的正确，马凳一律采用废料加工，直径不小于 25mm，双向步距 1000mm。

4）同一截面钢筋接头率不得大于 50%，接头须相互错开 35 倍直径，且大于 500mm。

5）绑扎主筋间距必须均匀，箍筋应垂直于主筋，相邻箍筋开口应相互错开，四角布置；梁箍筋的重叠处要相互错开，间距必须按图纸要求，且要布匀。

6）箍筋与主筋的交叉点必须全部绑扎，且相邻的绑扣要正、反扣相邻。

7）受力钢筋的接头需避开箍筋加密区和弯矩最大处。

8. 质量要求

（1）钢筋进场时，应按国家现行相关标准的规定抽取试件作屈服强度、抗拉强度、伸长率、弯曲性能和重量偏差检验，检验结果应符合《钢筋混凝土用钢 第2部分：热轧带肋钢筋》（GB/T 1499.2）的有关规定。

检查数量：按进场的批次和产品的抽样检验方案确定。

检验方法：检查产品合格证、出厂检验报告和进场复验报告。

（2）当发现钢筋脆断、焊接性能不良或力学性能显著不正常等现象时，应对该批钢筋进行化学成分检验或其他专项检验。

检验方法：检查化学成分等专项检验报告。

（3）钢筋加工、连接及安装质量要符合《混凝土结构工程施工质量验收规范》（GB 50204）的规定。

3.2.10　基础混凝土工程

风电场风电机组基础混凝土属大体积混凝土，一般设计要求一次浇筑成型，混凝土不能形成冷缝。不同风电机组机型和不同地质条件基础混凝土强度设计也不一致，目前国内陆上风电场风电机组基础混凝土大多采用C35、C40强度混凝土，根据地质条件增加抗冻和抗渗指标。

风电机组基础混凝土生产一般采用集中厂拌，通过混凝土运输罐车运输至现场，采用混凝土泵车入仓，人工振捣。

混凝土浇筑主要使用的机械设备为混凝土拌和站、混凝土罐车、混凝土泵车、发电机、电焊机、振捣棒等。

1. 混凝土施工工艺流程

风电机组基础混凝土浇筑工艺流程如图3-20所示。

2. 混凝土材料

（1）水泥。

1）水泥材料应符合设计和《通用硅酸盐水泥》（GB 175）的规定。风电机组基础混凝土属于大体积混凝土，根据《大体积混凝土施工标准》（GB 50496），基础混凝土水泥选用水化热低的通用硅酸盐水泥，3d水化热不宜大于250kJ/kg，7d水化热不宜大于280kJ/kg；当选用52.5强度等级水泥时，7d水化热宜小于300kJ/kg。

2）运输。水泥运输过程中应注意其品种和标号不得混杂，并采取有效措施防止水泥受潮。

3）储存。到货的水泥应按不同品种、强度等级、出场批号、袋装或散装等，分别储放在专用的仓库或储罐中，防止因储存不当引起水泥变质。袋装水泥的存放时间

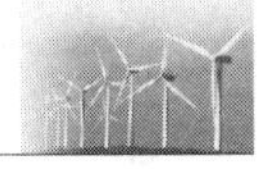

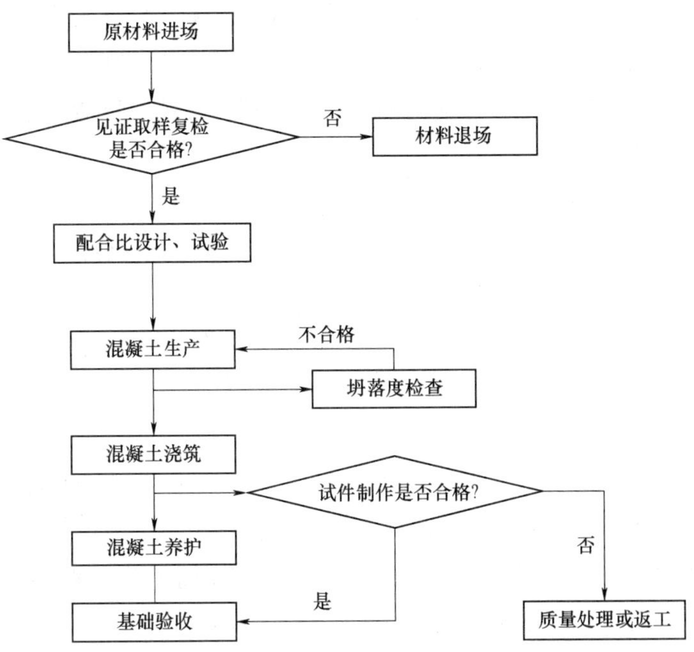

图 3-20 风电机组基础混凝土浇筑工艺流程图

不应超过出厂日期 3 个月，散装水泥不应超过 6 个月。堆放袋装水泥时，应设防潮层，水泥袋距地面、边墙至少 30cm，堆放高度不得超过 15 袋。

4）进入拌和机的水泥温度不得超过 60℃，否则应采取有效降温措施。

（2）水。凡适宜饮用的水均可使用，拌和用水所含物质不应影响混凝土和易性和混凝土强度的增长，以及引起钢筋和混凝土的腐蚀，水质应符合《混凝土用水标准》（JGJ 63）的规定。

（3）骨料。

1）粗细骨料的质量应符合《普通混凝土用碎石或卵石质量标准及检验方法》（JGJ 52）的规定；并应满足下列规定：细骨料宜采用中砂，细度模数宜大于 2.3，含泥量不应大于 3%；粗骨料粒径宜为 5.0～31.5mm，并应连续级配，含泥量不应大于 1%；应选用非碱活性的粗骨料；当采用非泵送施工时粗骨料的粒径可适当增大。

2）存放。混凝土骨料不同粒径的骨料应分别存放，严禁相互混杂和混入泥土，装卸时，应避免造成骨料的严重破碎。

（4）粉煤灰。为降低水化热，风电机组基础混凝土中可掺用粉煤灰掺和料。风电机组基础混凝土中的粉煤灰，不应低于Ⅱ级灰的品质要求。粉煤灰应具备厂家、材料样品、质量证明书和产品使用说明书。粉煤灰的使用部位及其最优掺量应通过试验验证。粉煤灰的运输和储存应严禁与水泥等其他粉状材料混装，以避免交叉污染。

（5）外加剂。混凝土中掺加的外加剂，其质量应符合《混凝土外加剂》（GB 8076）、

《混凝土外加剂应用技术规范》(GB 50119) 等标准的有关规定。根据混凝土的强度标号及抗渗、抗冻性能要求，结合混凝土配合比的选择，通过试验确定外加剂的最优掺量。不同品种外加剂应分别储存，在运输与储存中不得相互混装，以避免交叉污染。

3. 混凝土配合比设计

(1) 根据风电机组基础混凝土设计强度要求，在混凝土施工前，首先应委托具备相应资质的实验单位做好混凝土的配合比试验，报监理人审批后实施，试验依据《普通混凝土配合比设计规程》(JGJ 55) 的有关规定。

(2) 混凝土的坍落度，应根据风电机组基础建筑物的性质、钢筋含量、混凝土运输、浇筑方式和气候条件决定，尽量采用小的坍落度。

4. 混凝土拌和

(1) 拌制现场浇筑混凝土时，必须严格遵守现场实验室提供并经监理人批准的混凝土配料单进行配料，严禁擅自更改配料单。

(2) 拌和设备固定，设备生产率要满足项目高峰期的浇筑强度要求，所有的称量、指示、记录及控制设备都应有防尘措施，设备称量准确。

(3) 混凝土拌和应符合《混凝土结构工程施工质量验收规范》(GB 50204) 的规定，拌和程序和时间均应通过试验确定。

(4) 因混凝土拌和及配料不当，或因拌和时间过长而报废的混凝土应放置在指定的场地。

(5) 混凝土搅拌的时间应根据各种不同的搅拌机型号，并不低于表 3-27 中规定的最短时间。

表 3-27　混凝土搅拌时间表　　单位：s

混凝土坍落度/mm	搅拌机类型	搅拌机容积		
		<250L	250～500L	>500L
≤30	自落式	90	120	150
	强制式	60	90	120
>30	自落式	90	90	120
	强制式	60	60	90

(6) 在搅拌生产过程中，每个台班应不少于两次对混凝土的坍落度进行检查，应符合配合比和施工的要求。在检查坍落度的同时，还应观察混凝土拌和物的黏聚性和保水性，全面评定拌和物的和易性。

5. 混凝土运输

(1) 混凝土出拌和机后，应迅速运达浇筑地点，运输允许时间不应超过表 3-28 的规定，运输中不应有分离、漏浆和严重泌水现象。

(2) 混凝土入仓时，应防止离析，混凝土垂直落距不应大于 2.0m。

表 3-28　混凝土运输允许时间表

气温/℃	延续时间/min			
	采用搅拌车		采用其他运输设备	
	≤C30	>C30	≤C30	>C30
≤25	120	90	90	75
>25	90	60	60	45

6. 混凝土施工

(1) 混凝土浇筑前的施工准备。

1) 砂石料及原材料检测。在混凝土施工前，对选用的砂石料、水泥、外加剂等原材料在监理人的现场见证下进行取样，送具有相关资质的检测单位进行检测。

2) 混凝土的供应。采用现场搅拌站集中搅拌混凝土。在混凝土浇筑前，提前一天向混凝土拌和站预定与图纸标号相符的混凝土，使混凝土能按时到达施工现场。混凝土施工期间，要求质量检查员现场跟踪混凝土供应、施工突发情况、质量情况。

3) 混凝土浇筑前应对模板和隐蔽项目分别进行验收，混凝土浇筑前检查项目见表 3-29。

表 3-29　混凝土浇筑前检查项目

检查项目	要　　求
浇筑项目的轴线和标高	经复核与图纸相符
基槽	地基处理达到设计要求，基槽开挖符合要求并已验收
模板	(1) 能承受施工荷载。 (2) 拼缝严密；模板尺寸正确。 (3) 基坑内无垃圾及木屑等，木模板须用水浇湿
预埋件	(1) 基础预埋螺栓、预埋件、预埋套管位置准确，安装牢固。 (2) 基础连接件法兰平整度符合设计要求
钢筋	(1) 钢筋规格、品种使用无误，钢筋绑扎位置正确。 (2) 进行隐蔽工程验收。 (3) 保护层垫块厚度准确、均匀放置。 (4) 钢筋表面油污已去除
其他	(1) 已经做了施工安全技术交底。 (2) 混凝土浇筑高度的标志已在基础模板上标明。 (3) 混凝土搅拌及浇筑具备连续施工的条件。 (4) 道路畅通。 (5) 与搅拌站联络信号已接通。 (6) 基坑内无积水，并有积水坑和排水措施装置。 (7) 模板拼缝已塞好。 (8) 模板已浇湿。 (9) 夜间施工的照明已准备好。 (10) 做坍落度检验的坍落度料筒及做强度检验试件的模具已准备好，每一工作班对坍落度的检验最少两次

（2）混凝土浇筑要求。

1）浇筑前应对模板及垫层混凝土浇水湿润。

2）混凝土的自由倾落高度不得超过 2m，如超过 2m 时必须采取加串筒措施并分层浇筑。

3）浇筑混凝土时应分层进行，每层浇筑高度应根据结构特点、钢筋疏密决定。一般分层高度为插入式振动器作用部分长度的 1.25 倍，最大不超过 50cm，平板振动器的分层厚度为 200mm。

4）使用插入式振动器应快插慢拔，插点要均匀排列，逐点移动，按顺序进行，不得遗漏，做到均匀振实。移动间距不大于振动棒作用半径的 1.5 倍（一般为 300～400mm）。振捣上一层时应插入下层混凝土面 50mm，以消除两层间的接缝。

5）浇筑混凝土应连续进行，如必须间歇，其间歇时间应尽量缩短，并应在前层混凝土初凝之前，将次层混凝土浇筑完毕。间歇的最长时间应按所用水泥品种及混凝土初凝条件确定，一般超过 2h 应按施工缝处理。

6）浇筑混凝土时，应经常观察基础连接件、预埋电缆管、模板、支架、钢筋的情况，当发现有变形、移位时，应及时采取措施进行处理。

（3）混凝土浇筑注意事项。

1）混凝土浇筑均匀上升。浇筑时一定要高度重视，尤其是在基础环内部浇筑时。使混凝土浇筑均匀上升，以确保基础环不偏移并保持正中位置和顶部水平。

2）钢筋和基础连接件在浇筑前必须绝对干净，确保混凝土全面覆盖钢筋。浇筑时应使用插入式振捣器，使混凝土通过面筋、环型筋供到基础最底处，完成钢筋底部的浇筑，这样才能使混凝土任何部位都不会出现塌陷。

3）根据设计混凝土标号要求做好混凝土配比的设计试验工作。

（4）基础混凝土浇筑。

1）混凝土入仓时采用整体分层下料的方式布料，以防止混凝土浇筑过程对基础环产生侧推力而导致基础环水平度超标。

2）根据风电机组基础结构，基础混凝土一次浇灌完毕，不设施工缝。

3）在混凝土浇筑前，先对设计院图纸和供货厂的设备图纸进行严格审查，无误后方可进行浇筑，以保证基础环安装的绝对准确，并检查基础环的水平度是否发生变化，在确认无误后即可进行混凝土浇筑。

4）浇筑时每层下料厚度为 30～40cm，振捣确保充分、密实，振动器深入插到下层混凝土，使上、下两层混凝土充分结合。在浇筑过程中，专人负责检测基础环水平度，确保基础环水平度不发生变化。

5）混凝土浇筑时派专人监护模板，一旦发现有漏浆、螺丝松动等不利情况及时处理，杜绝跑模事件的发生。

6）混凝土振捣点按梅花形布置，间距45cm左右。插入式振捣器移动间距不宜大于振捣器作用半径的1.5倍，要快插慢拔，振捣密实，不得漏振，每一振点的延续时间，以表面呈现浮浆和不再沉落为达到要求，在浇筑到基础环底处时，要在基础环周围均匀布料浇筑，避免碰撞钢筋、模板、预埋件、预埋管等，混凝土浇筑后复测基础环的中心位置和标高。

7）混凝土振捣完毕用木抹子按预定标高线将表面找平。混凝土表面抹好后及时覆盖塑料薄膜及棉被或草垫。

8）要控制运输时间即混凝土从搅拌机卸出后至入模的时间。气温不高于25℃时，时间不得超过120min，气温高于25℃时，时间不超过90min；保证混凝土运到现场的质量，保证混凝土的和易性与流动性。

9）为保证混凝土质量，浇筑时不允许出现施工冷缝，一是浇筑要按顺序进行，防止接茬部位过多人为造成的冷缝；二是要准备应急措施以防止搅拌站发生故障或电力中断造成混凝土供应中断形成施工冷缝。

10）为了使混凝土浇筑不出现冷缝，要求前后浇筑混凝土搭接时间控制在5h内（初凝时间大于8h），因此，混凝土浇筑前经详细计算安排浇筑次序、流向、浇筑厚度、宽度、长度及前后浇筑的搭接时间，每基础独立浇筑。

11）混凝土表面处理。大体积混凝土表面水泥浆较厚，浇筑后3～4h内初步用长刮杆刮平，初凝前用铁滚筒碾压2遍，再用木抹子搓平压实，以控制表面龟裂，并按规定覆盖养护。

12）施工过程中，降雨时不宜进行混凝土浇筑。

（5）混凝土入仓。混凝土入仓一般采用混凝土泵车入仓，也可根据现场具体情况设置溜槽或其他入仓方式。人工配合平仓。

（6）温度控制。

1）降低混凝土浇筑温度。

a. 为减少温度回升，要求混凝土自出机口至仓面覆盖前的时间不应大于2h，且混凝土运输工具应有隔热遮阳措施。

b. 高温季节浇筑混凝土措施：对砂石料及拌和站搭棚防热；砂石料堆堆高不小于6m。

2）降低混凝土自身温度。

a. 在满足施工图纸要求的混凝土强度、耐久性和和易性的前提下，加优质的外加剂和粉煤灰，以减少单位水泥用量，降低混凝土水化热温升。

b. 控制混凝土层厚和层间歇时间。风电机组基础混凝土必须在设计规定的间歇期内由里向外连续均应上升，不得出现长间歇。

7. 混凝土养护

混凝土浇筑完毕后，应及时洒水养护，以保持混凝土表面经常湿润。

混凝土表面的养护一般应在混凝土浇筑完后12～18h内即开始，但在炎热、干燥气候情况下应提前养护。

混凝土养护时间不应小于14天；在干燥、炎热气候条件下，养护时间不应少于28天。

混凝土的养护工作应由专人负责，并应做好养护记录。

8. 风电机组基础混凝土的防裂措施

(1) 宜使用水化热较低的矿渣水泥，尽量减少单方水泥用量及降低水灰比，并掺用减水剂，以降低混凝土中的水化热。

(2) 浇筑后应立即对混凝土进行保温保湿养护，以控制缓慢降温，在混凝土表面用草袋严密覆盖保温，上面加盖塑料薄膜，并设专人养护。

(3) 延长混凝土的拆模时间，对地下基础，在拆模后应立即进行土方回填，以起到继续保温保湿的作用。

(4) 尽量避免在特别炎热或寒冷季节浇筑大体积混凝土。

(5) 控制好砂石骨料的含泥量，砂的含泥量不超过2%，碎石的含泥量不超过1%。

9. 基础混凝土浇筑中断的处理措施

基础混凝土要求一次浇筑完成，不得留有施工缝。如在混凝土浇筑过程中若遇沙尘暴、暴雨等不可预测原因，使施工过程中断，产生施工缝，则应立即上报设计单位，按施工缝进行处理，一般处理方法为凿毛插筋后再次浇筑。

在浇筑分层的上层混凝土层浇筑前，应对下层混凝土的施工缝面，按监理工程师批准的方法进行冲毛或凿毛处理。混凝土施工缝面的处理应遵守下列规定：

(1) 凿毛。采用空压机配风镐进行毛面处理，凿出全部乳皮，以骨料外露1/3为宜，对于外口上层混凝土不少于5cm的部位应清除，杜绝出现薄体结构，已收面成型的部位，在与新混凝土连接部分形成斜面，避免裂缝的出现。

(2) 仓面清理。排除积水，清除凿毛产生的混凝土渣，清除基础连接件内外以及钢筋上附着的水泥浆和松散混凝土，采用空压机吹出仓面粉尘。

(3) 插筋设置。钻孔间距布置宜为150cm，呈梅花形布置，采用高压风冲洗孔内混凝土粉末至干净；注浆采用高标号普通硅酸盐水泥，砂采用最大粒径小于2.5mm的中细砂，水泥砂浆配合比一般为水泥：砂=1：1～1：2（重量比），注浆直至孔口冒浆为止。插筋安装采用“先注浆后安装钢筋”的方法，钢筋规格宜为直径16mm以上钢筋，钢筋长度应大于50cm，由人工将钢筋尽快插入充满浆液的孔内直到孔底。

(4) 混凝土浇筑。由监理工程师签发开仓许可证后，将混凝土结合面充分湿润，

再在仓面均匀铺设 1cm 厚水泥砂浆后按相关施工规范进行混凝土浇筑。

(5) 混凝土养护。混凝土达到终凝后进行养护，基础表面采用薄膜加棉毡覆盖，保证混凝土的湿润，按相关施工规范进行养护且养护时间不少于 14d。

10. 质量要求

(1) 混凝土原材料的质量要求。

1) 水泥检验。每批水泥均应有厂家的品质试验报告，应按国家和行业的有关规定，对每批水泥进行取样检测，必要时还要进行化学成分分析。检测取样以 200～400t 同品种、同标号水泥为一取样单位，不足 200t 时也应作为一取样单位。检测的项目应包括水泥标号、凝结时间、体积安定性、稠度、细度、比重等试验。

2) 粉煤灰试验。粉煤灰的检测取样以每 100～200t 为一个取样单位，不足 100t 也作为一取样单位。检测项目包括细度、需水量比、烧失量和三氧化硫等指标。

3) 外加剂的检测。配置混凝土所使用的各种外加剂均应有厂家的质量证明书，应按国家和行业标准进行试验鉴定，储存时间过长的应重新取样，严禁使用变质的不合格外加剂。现场掺用的减水剂溶液浓缩物，以 5t 为取样单位，加气剂以 200kg 为取样单位，对配置的外加剂溶液浓度，每班至少检查 1 次。

4) 骨料质量检验。在拌和场，每班至少检查两次砂和小石的含水率，其含水率的变化应分别控制为±0.5%（砂）和±0.2%（小石）的范围内，若超过该范围，需调整混凝土配合比。

砂的细度模数每天至少检查 1 次，骨料的超逊径、含泥量应每班检查 1 次。

(2) 混凝土质量要求。

1) 混凝土拌和均匀性检测。

a. 定时在出机口对一盘混凝土按出料先后各取一个试样，以测定砂浆密度，其差值应不大于 30kg/m^3。

b. 用筛分法分析测定粗骨料在混凝土中所占百分比时，其差值不应大于 10%。

2) 坍落度检测。按施工图纸的规定和监理人指示，每班应进行现场混凝土坍落度的检测，出机口应检测 4 次，仓面应检测 2 次。

3) 强度检测。现场混凝土抗压强度的检测，以 28 天混凝土试件代表值为准。

(3) 混凝土工程建筑物的质量检查和验收。

1) 基础混凝土浇筑前应按技术要求的规定进行地基验槽检查与验收。

2) 在混凝土浇筑过程前，对风电机组基础测量放样成果进行检查和验收。

3) 在基础混凝土浇筑中和浇筑完毕后，应对混凝土浇筑温度和内外温度进行检测。

4) 在各层混凝土浇筑层分层检查验收中，应对埋入基础混凝土体中的各种埋设件、预埋电力电缆管的埋设质量进行检查和验收。

3.2.11　预埋电缆管施工

风电机组基础预埋电力电缆管一般为PE管或PVC管，连接方式一般为承插式连接。电缆管线通常在垫层浇筑后，完成基础底部敷设钢筋安装和基础环或锚笼环安装后进行安装，电缆管的安装可与钢筋安装同时进行。

1. 预埋管安装

（1）预埋管按施工图纸进行施工，管口坐标位置偏差不大于10mm。

（2）电缆管露出地面高度满足设计图纸要求，设计无要求时，一般为200mm，为防止混凝土等流入管内堵塞管路，以及管口的损坏和锈蚀，预埋管管口加管帽保护，并应有明显的标记。

（3）预埋管道安装就位后，固定牢固，防止混凝土浇筑时发生变形或位移。

（4）并列敷设的电缆管管口排列整齐。

（5）埋管施工完成后，在混凝土浇筑前，会同监理作好隐蔽工程验收记录。

2. 预埋管道的验收

（1）所有预埋管道均应按隐蔽工程验收程序进行验收。

（2）验收资料包括：

1）预埋管道的埋设竣工图。

2）预埋管道材料的质量证明书。

3）预埋管加工和安装的质量检查记录。

4）预埋管道的检验和试验记录。

3.2.12　接地工程

风电场中风电机组接地与箱变接地共用复合接地网，一般采用水平接地体和垂直接地体组成的复合接地网的布置形式，对应的风电机组与箱变通过接地装置连接，风电场接地电阻按$R \leqslant 4\Omega$的要求设计。

目前陆上风电场主要的接地方案为设计采用－60mm×6mm热镀锌扁钢作为每台风电机组基础部位的水平接地体，并在基础外围再设置一圈水平接地体，接地体埋深一般位于冻土层以下。另根据土壤电阻率复合使用深埋型垂直接地极，一般垂直接地极采用热镀锌圆钢、铜棒、接地模块等形式，与基础部位水平接地体连接，其数量、长度及埋深根据每台风电机组不同的土壤电阻率计算取得。

1. 接地敷设安装

（1）接地体之间应采用搭接焊接，焊缝的长度和质量要求应符合施工图纸和有关规范规定。焊接后应将焊件焊缝清理干净，并加涂防腐涂料（基础内部的接地一般不做防腐处理）。凡从接地装置中引出的延伸部分均应设明显标记，并采取防腐和保护

措施。

(2) 按施工图纸的规定，将埋设的接地装置从基础内部引出，其延伸位置应能保证基础接地外网安装工作的顺利进行。

(3) 在施工期间，妥善保护好已埋设的接地装置。

(4) 接地模块安装时，保证模块周围无大粒径砾石，模块与接地极的焊接应焊缝饱满。

(5) 接地体均应敷设在冻土层以下。

(6) 焊接时作业人员应穿戴必要的劳动防护用品，保证人身安全。

(7) 接地回填应严格按照设计要求回填，回填料的选择要符合设计要求。

2. 测试

(1) 接地装置全部敷设完毕后，应会同监理、业主进行接地装置的测试。

(2) 测试工作结束后，应由当地相关气象部门出具测试报告。

3. 质量检查和验收

(1) 施工时应会同监理对预埋固定件和接地装置进行质量检查，并做好隐蔽验收记录。

(2) 埋设工作完成后监理应对预埋件进行验收，并向监理部提交验收资料和接地装置的测试报告。

3.2.13 基础防腐施工

当风电场地基土对混凝土和钢筋有腐蚀性时，一般根据腐蚀性强弱进行防腐设计。

基础浇筑完成，待混凝土养护时间到后，先对基础面进行清理，待监理验收后，再进行防水密封施工。防水密封做法为：采用沥青冷底子油涂刷两遍，在上面铺设玻璃丝布，然后再用沥青防腐漆进行涂刷。

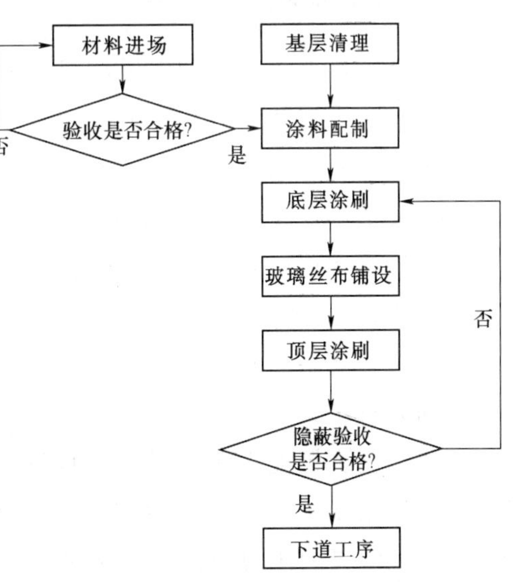

图 3-21 基础防腐施工工艺流程图

1. 工艺流程

基础防腐施工工艺流程如图 3-21 所示。

2. 基层清理

清除原先混凝土表面的水泥疙瘩及其他凸起物，保证混凝土基层密实平整，不得有明显的蜂窝和麻面，且表面平整度的允许偏差不得大于5mm。

3. 配制防腐涂料

根据设计文件要求，拌制防腐涂料，并将其熟化，容器应封闭，在施工过程中应边使用边倒出，防止挥发影响质量，操作人员不得患有皮肤病、支气管炎病、结核病、眼病以及对防腐涂料过敏等症状，同时为操作人员配置劳保用品并合理使用，操作人员不得赤脚或穿短袖衣服进行作业，手不得直接接触环氧沥青，接触有毒材料需戴口罩和加强通风。

4. 涂刷防腐涂料

（1）使用长毛滚筒蘸防腐涂料底漆，涂刷分区分块进行，涂刷宽度按玻璃丝布宽度涂刷。

（2）将玻璃丝布粘贴其上，粘贴无皱纹、无空鼓，布与布接边不少于50mm，阴阳角处应增加1～2层布。

（3）在玻璃丝布上再刷一层防腐涂料。涂刷均匀，无流坠、无漏刷，涂层厚度按设计要求涂刷。

（4）晾晒24h后检查涂刷质量，如有毛刺、脱层和气泡等缺陷时进行修补。

5. 成品保护

（1）在施工及养护期间要采取防水、防火等措施。

（2）成品未完全固化前，严禁穿钉鞋进入，并防止渣土、垃圾进入黏在玻璃层表面上。

（3）防水施工完成后，不得再进行其他破坏防水层的作业。

3.2.14　高强灌浆

锚笼环式风电机组基础在风电机组安装前需在基础与上锚板之间进行高强灌浆。一般灌浆料为水泥基灌浆料，强度为C80。

1. 施工准备

施工人员不少于12人（至少分两组），且需配备至少1名技术人员。每组人员分工为：2人负责水及粉料，操作搅拌器，清洗水桶；2人倒搅拌完的灌浆料；1人在塔筒外侧导流；1人在塔筒内观察并导流。

施工过程严格控制在40min内，若上述分组不能满足时间要求，增加施工分组至满足时间要求。

灌浆料至少提前10天到场，到场后，按厂家提供的配合比检查流动性，流动性必须满足厂家要求，当流动性满足要求时用此时的配合比制作3组试块，分别做1天、7天、28天的压力测试。在新的掺水量下，1天、7天的压力测试可以满足设计需要，则可以按新的掺水量施工；如果强度达不到设计要求，需重新出具配合比或更

换灌浆料。

用电子秤称量每袋灌浆料的实际质量，算出现场实际每袋灌浆料的用水量，并记录下来贴在每袋灌浆料的外封面上。

测量灌浆槽最高点和最低点，并作出明显标记，以最大截面准备模板，防止低处灌浆料的流失，作业时从最高点开始灌注，由最高处往最低处浇筑，充分利用灌浆料的流动性。

在塔筒下落前，施工单位需先彻底清理灌浆槽，并要求吊装公司将塔筒法兰底盘擦干净。在塔筒落实后，如果不能保证立刻灌浆的，则必须立刻用毛毡把外筒露出来的灌浆槽口保护好，避免脏东西进入。第一节塔筒吊装后 4h 内必须进行灌浆施工，否则不建议吊装塔筒。

灌浆前需确认第一节塔筒平整度是否满足厂家运行要求。

2. 灌浆施工

施工前用气泵先吹一遍灌浆槽，作为最后的清理，确定灌浆槽内无积水；检查本次将使用的灌浆料袋口，确保灌浆料在保质期内且未受潮；往搅拌桶内加入计算所需水，慢慢倒入灌浆料并及时搅拌（整袋灌浆料倾倒控制在半分钟左右），搅拌 2～3min 后（此时灌浆料应为可自行流动状态），将搅拌均匀的灌浆料从记录好的最高点处倒入（确保两组同时开始灌浆），导流人员需时刻注意导流；搅拌完一桶后立即开始下一桶灌浆料的搅拌，按此过程循环（中间不得间断），直至灌浆料从最低点溢出、塔筒内侧灌浆槽已经完全灌满此灌浆结束。

3. 成品保护

灌浆料表面初结后，立刻清理灌浆面并收光，立即喷洒养护剂或覆盖塑料薄膜并加盖岩棉被等进行养护。

在不同温度条件下的养护时间和拆模时间见表 3-30。

表 3-30 养护时间和拆模时间表

日最低气温/℃	养护时间/d	日最低气温/℃	养护时间/d
－10～0	14	5～15	7
0～5	10	≥15	7

4. 试验资料

灌浆料专用试模、70.7mm×70.7mm×70.7mm 的砂浆试模各 3 组。按国家规范要求进行养护并送检。最终出具的报告必须为灌浆料报告。

3.2.15 箱式变电站基础施工

风电场采用“一机一变”方案，根据地质条件和箱式变电站容量，一般基础型式为箱式基础（混凝土、砌体）。部分风电场根据地方环保要求设置事故油池。

箱式变电站基础施工主要包括土石方开挖、钢筋工程、混凝土工程和砌体工程，基础工程量小，施工简单，本书不再介绍。

3.3　预应力混凝土塔筒施工

3.3.1　概述

预应力混凝土塔筒多用于低风速开发区或大功率的风电机组，通过提高塔架高度来实现经济效益。预应力混凝土塔筒包括模板工程、钢筋工程、预应力工程、混塔预制、混塔安装等工艺。

目前国内预应力混凝土塔筒大多在50m左右，单节塔筒高度为2.5～4m，考虑塔筒的运输及预制，一般单节混凝土塔筒共分多片预制，大多数按2片、4片预制。每片达到龄期后进行拼装形成整环。

预应力混凝土塔筒一般为工厂预制，属规模化生产。个别风电场由于受地理位置及其他因素影响采用现场预制。本书主要对现场预制方案进行介绍。

3.3.2　预制场布置

根据预制环片的数量和工期，风电机组位置，地形条件，相关的工艺要求及设备选型，人员配备，当地的气候、水文地质情况，当地的交通、水力、电力情况，当地材料供应情况等因素综合考虑，其具体要求如下：

（1）风电机组位置集中。一般选在风电机组位置平面的中心地带。

（2）临时工程量小。预制场的位置应尽量选在地质条件好的地方，减少土石方工程和基础加固工程量，尽量降低大型临时工程费用。

（3）交通方便。预制场位置应尽量与既有公路或施工便道相连，有利于大型预制设备运输进场。

（4）运输距离。环片的运输和吊装是施工组织的一个关键工序，较短的运输距离可确保环片运输安全并加快吊装的施工进度。

（5）征地拆迁少。预制场应尽量使用荒地，尽量减少征地面积，在位置满足预制环片和储存的前提下，尽量利用红线范围以内的区域设置预制场，少占用耕地，减少拆迁量。

（6）考虑防洪排涝、确保雨期施工安全。预制场不宜布置在地势较低的区域，特别是山区，以防止洪水浸漫。

（7）地材和水源方便。在一些特殊的区域，应合理考虑地材和水源因素，防止因

地材和用水短缺发生预制进度受阻情况。

(8) 利于环保。预制场宜远离居民生活区，防止噪声污染产生各种纠纷。

3.3.3 模板及模具

1. 设计及制造要求

风电场可根据规模，综合考虑选用模板或模具方案，模具、模板及支架需要保证混凝土塔筒构件形状、尺寸和位置的准确，要构造简单，方便装拆，安装时要牢固、严密、不漏浆，便于钢筋安装和混凝土浇筑、养护。

考虑工期及保证预制件质量情况下一般混凝土塔筒宜选用成品的模具方案，模具宜选用高强耐用材料。模具制造应会同设计单位对模具的型号、数量、接口型式、尺寸进行检查，确定模具的制造精度要求。

2. 安装要求

(1) 模具、模板安装在施工前要进行试组拼，检查无误后用于施工及生产。模具、模板安装前应做好安全技术准备工作。

(2) 模具附带的埋件或工装应定位准确，安装牢固可靠。模具间连接位置的螺栓、定位销等固定方式应可靠，防止混凝土振捣成形时造成模具偏移和漏浆。

(3) 在模具组拼后，应对模具整体尺寸、预埋件位置、预应力孔道尺寸等进行检查，检查合格后方可进行混凝土浇筑。

(4) 应对上、下相邻两节的模具进行预应力孔道和埋件位置的校对，避免浇筑后上下两节预制塔筒出现预应力孔道的偏差。

(5) 安装要保证混凝土塔筒各部分形状、尺寸和相互位置的正确，防止漏浆，构造要符合模板设计要求。

(6) 拼装高度为 2m 以上的竖向模板，不得站在下层模板上拼装上层模板。安装过程中应设置临时固定设施。

(7) 施工时，作用在已安装好的模板上的实际荷载不得超过设计值。已承受荷载的支架和附件，不得随意拆除或移动。

3.3.4 塔筒预制及运输

1. 钢筋制安

混塔钢筋制安严格按照设计图纸进行，主要考虑预应力孔道、预埋件、吊点埋件等的位置和固定，严格控制钢筋保护层，保证钢筋的制作及安装质量符合相关设计及规范要求。

在钢筋加工时先在基础钢筋加工厂加工成型后再运至现场进行安装。现场绑扎成型，钢筋焊接采用电弧焊，焊接质量及焊缝长度、搭接长度均需满足规范要求。

将加工好的钢筋人工运至现场，绑扎底板、腹板及顶板钢筋并安装正负弯矩预应力管道。

2. 混凝土生产

混凝土塔筒的生产宜集中厂拌，预制前对混凝土进行试生产，检验混凝土强度是否满足设计强度要求，混凝土施工性能是否合理。

3. 混凝土浇筑

（1）在钢筋、模板、预埋件、预应力孔道、混凝土保护层厚度等检查合格后才能浇筑混凝土，在浇筑混凝土前必须清除模板中的杂物和灰尘，清除方法采用空压机配合人工清理吹除等。

（2）在浇筑前检查模板固定是否牢靠，检查各种设施的安全性，是否达到安全规定要求；各项工器具是否正常工作。

（3）浇筑前检查拌和后的混凝土的和易性和坍落度是否满足规范及设计要求，对于不合格的混凝土应重新拌和或清理出场。

（4）浇筑采用泵车入仓方式，振捣采用小型插入式振捣器及附着式振捣器进行振捣。浇筑时注意相邻浇筑面高差不超过 30cm，以防止侧模偏移。

（5）混凝土浇筑振捣完成后用铁抹子收面一次，初凝前再收一次，保证上表面平整、光洁、无裂缝。

（6）混凝土终凝后即开始保温保湿养护，覆盖塑料薄膜保湿，加盖保温棉被。整环浇筑完成 3 天后拆除内模和外模。拆模时防止损伤混凝土，拆模采用吊车配合人工完成。模板拆除后，及时进行清洗及维护，以便下一循环施工。拆模后混凝土继续保湿保温养护至 28 天。

4. 塔筒环片运输

混凝土塔节运输过程中要进行支撑稳定性及塔筒强度验算。环片与塔节运输时的混凝体强度不应低于混凝土设计强度等级的 75%；半环预制的混凝土构件采用立式运输，不宜使用半环扣式运输，环片与塔节运输时，放置的重心位置要与板车中轴线重合。

环片与塔节运输时，要在运输板车上部满铺废弃轮胎或木方加以保护；环片与塔节运输时要绑扎牢固，防止移动或倾倒；对构件边缘或与链索接触的混凝土要采用橡胶加以保护；混凝土塔节运输应有稳定的支撑及固定措施，应考虑道路、桥梁承载能力，并考综合虑道路净空和宽度；混凝土塔节边角部或吊索接触处的混凝土，宜采用垫衬加以保护。

3.3.5　环片拼接

目前环片之间的竖缝连接方式有螺栓连接和灌浆料连接，螺栓连接较简单，本书

不再介绍，主要对灌浆作业进行介绍。

1. 拼接准备

确认预制混凝土环片各部位尺寸偏差符合设计要求。用吹风机或高压水枪对其各部位进行清扫。混凝土环片拼装用材料及工具应准备齐全。

拼装平台刚度满足拼装变形要求，拼装台座平整度不应大于 3mm。若临时平台承载力不满足拼装要求，应采取相关措施进行处理。

2. 环片拼装

(1) 在拼装平台上放样环段中心轴线。调平拼装平台并清理平台杂物。

(2) 将环片用吊车吊至拼装平台。

(3) 调整位置使环片位置与放样线保持一致。调整底部调平埋件的水平度满足设计要求。

(4) 吊起下一环片进行拼接，拼接时轻起缓放，做好对接部位的防护。

(5) 按步骤一环一环进行拼接，至拼成一环。

(6) 拼接完成后对环段进行临时加固，然后开始竖缝灌浆作业。

(7) 当竖缝宽度不大于 50mm 时，竖缝灌浆应采用压力灌浆工艺。浆体由底部注浆管注入，至缝最顶部冒浆且稳定出浆后方可停止。

(8) 当竖缝宽度大于 50mm 时，竖缝灌浆可采用自重法灌浆工艺。浆体由竖缝顶端灌入，通过导流槽沿缝内壁滑入缝的底部，至缝最顶部冒浆且稳定出浆后方可停止。

(9) 灌浆料强度达到设计要求后，即可对环段移走，进行安装工作。

3.3.6 混凝土塔筒吊装

混凝土塔筒的安装与钢塔筒的安装基本一样，本书对不一致部分简要介绍。

1. 吊装准备

(1) 塔筒安装前要编制专项施工方案，吊索、吊带要通过验算确定，预应力张拉及转接段施工应设置操作平台。

(2) 整环吊装时，灌浆后竖缝强度不应低于 35MPa。

(3) 吊装作业前，应对起重作业人员进行技术和安全交底，起重作业人员应熟知施工方案、吊装程序。

(4) 吊装作业前，应确认风速、气温等气象条件满足吊装要求。

(5) 吊装作业前，预制塔筒混凝土抗压强度应达到设计要求，混塔整环吊装时，不应低于混凝土设计强度等级的 75%。

(6) 吊装前应检查构件的吊点螺栓孔眼、预埋件的稳固程度是否满足设计要求。

(7) 起重设备在吊装前应进行试吊，检查起重能力、升降、回转、行走、制动是否正常。

2. 吊装要求

(1) 每节混凝土塔节应进行垂直度测量，基础（基础盖板）或首节的中心应作为后期检验塔筒中心是否偏移的参考点，其误差应符合设计要求。

(2) 首节混凝土塔节吊装完成后与基础顶面宜留有不小于 10mm 的空隙。空隙应采用水泥灌浆料或座浆料进行填充。

(3) 每吊装一节混凝土塔节应对其进行调平，误差应符合设计要求，且吊装结束后，过渡垫板上表面水平度不应超过 3mm。

(4) 其余上下节混凝土塔节水平缝粘接材料施工应与吊装同步进行，粘接材料施工开始至混凝土塔节就位的时间间隔应满足施工要求，且水平接缝的缝隙应满足设计要求。

(5) 水平缝粘接材料应严格按照工艺要求进行配制，搅拌质量应由质检人员进行确认合格后方可使用。

(6) 若采取体内索时，吊装下一节预制混凝土塔节前，应对上一节预制混凝土塔节孔道的通畅性应进行检查，合格后方可吊装。

3.3.7 质量要求

1. 混凝土预制塔筒

混凝土预制塔筒的外观质量标准和检验方法见表 3-31。

表 3-31　混凝土预制塔筒的外观质量标准和检验方法

检查项目		质量标准	检验方法及器具
外观质量		不宜有一般缺陷	观察，检查处理记录
粗糙面质量		混凝土塔节顶面不宜有浮浆、松动的石子	观察检查
预应力孔道位置		≤5mm	钢尺检查
筒壁厚度偏差		±5mm	钢尺检查
混凝土塔节直径偏差		±6mm	钢尺检查
预埋件中心位移		≤5mm	钢尺检查
顶部埋件平整度		3mm	扫平仪检查
预留门洞	中心线	≤5mm	经纬仪和钢尺检查
	截面尺寸	0～5mm	钢尺检查

2. 塔节吊装质量标准

混凝土塔筒吊装质量标准见表 3-32。

表 3-32 混凝土塔筒吊装质量标准

类 别	检查项目		质量标准
主控项目	横向接缝处材料		应符合设计要求和《水泥基灌浆材料应用技术规范》（GB/T 50448）的有关规定
	过渡段顶部水平度		≤3mm
	钢绞线张拉完成后转换段顶部水平度		≤5mm
一般项目	预应力孔道通畅性		通畅，应满足钢绞线穿束
	外观质量		不应有一般缺陷
	混凝土塔筒	筒身全高偏差	±0.1%
		中心线垂偏差	1/1200H（混凝土塔筒全高）

3.4 升压站（开关站）土建施工

3.4.1 升压站（开关站）建（构）筑物及其特点

升压站（开关站）一般划分为生产区和生活区。

1. 生产区

生产区主要建（构）筑物有生产楼及室内设备基础（电缆沟）以及室外设备基础、构架基础、道路、事故油池、电缆沟、围墙等。生产楼一般采用钢筋混凝土框架单层结构，层高5m以上，内设有高压室、低压室、控制室和工具间等；设备基础和电缆沟一般为混凝土或砖砌体结构；道路一般为混凝土路面；围墙一般为砖围墙。

2. 生活区

生活区主要建（构）筑物有综合楼、辅助用房（车库、备品备件库、危废品库等）、水泵房、消防水池、污水处理设施、给排水设施、道路、围墙和场坪等。综合楼一般为单层或双层钢筋混凝土框架结构；辅助用房、水泵房地上部分一般为砖混结构，水泵房地下部分一般为钢筋混凝土结构；消防水池和污水处理调节池等一般为钢筋混凝土结构；给排水井一般为砖砌体结构；道路和场坪一般为混凝土；围墙一般为砖围墙或砖基础铁艺围墙。另外，生活区非建筑区域一般需要绿化。

升压站（开关站）建筑施工除满足建筑专业相关规范外，还应满足电力专业相关规范要求。

3.4.2 测量定位

1. 测量仪器的检定、校准和保养

全站仪、水准仪和经纬仪定期送往国家计量管理部门进行检定和校准，以保证所使用的计量测量器具的准确性。钢尺经检定合格后方可使用。测量仪器应按使用说明书定期保养，由设备管理员建立控制档案，控制档案应包括产品合格证和使用说明书、验收记录、检定校准记录、维护保养记录、使用记录等。

2. 施工控制网的测设

施工控制网宜布设为建筑方格网，平面控制点应根据建筑设计总平面图、施工总平面布置图、施工地区的地形条件等因素经设计确定，点位应选在通视良好、土质坚硬、便于施测和长期保存的地方。高程控制点距离基坑边缘不应小于基坑深度的 2 倍。控制点标志及标识提高规格应符合《工程测量规范》（GB 50026）的规定。应保证控制点在施工期间不被破坏，并定期复测检验。

3. 定位放线

根据设计总平面图，测定建筑物平面位置及高程水准点。利用直角坐标法测设主轴线，并进行闭合校核，各主轴线均埋设固定的控制点，作为向下、向上各施工层传递轴线的基准线。标高的控制从现场水准点引测。±0.00 以下标高测量利用现场标高控制回路引测法；±0.00 以上标高测量，用钢尺沿结构边柱向上竖直测量水平控制点。每段两处向上引测，以便于相互校核和适应分段施工的需要。

4. 沉降观测

按设计要求设沉降观测点，观测点设置要符合设计要求。施工期间每施工一层后使用固定的仪器和控制点进行一次沉降观测；主体施工结束后，每月观测一次至交工；以后每年观测一次，直到沉降稳定为止。

3.4.3　建筑物地基基础施工

3.4.3.1　土方开挖

1. 一般要求

土方作业前应根据土方平衡及地质条件合理确定室内外地坪标高，规划渣土场和土料场以及运输线路。土方开挖采用反铲挖掘机开挖，开挖应按支护结构设计的开挖顺序和开挖深度分层开挖，采取保护措施减少基底土体扰动，基底以上 200～300mm 厚土层人工挖除。开挖后暴露的地基土与设计不符时应通知监理工程师。

2. 截排水

土方开挖时要做好场地排水和截水，以防止地下水或地表水渗入，破坏地基和边坡稳定。基坑开挖应在地表流水的上游一侧设排水沟或挡水堤，将地表滞水截住，在低洼地段挖基坑时，可利用挖土沿四周或迎水一侧筑 0.5～0.8m 高土堤截水。在地下水位较高地段开挖基坑时要采取有效措施降低地下水位，一般采用设明沟和集水井排水。在基坑的一侧、两侧或四周或基坑中部设置排水明沟，每隔 20～30m 设集水井，使地下水流汇集于集水井内，再用水泵将地下水排出基坑。

3. 基坑支护

基坑支护按设计要求与基坑开挖同步进行，基坑支护结构类型根据基坑安全等级、基坑深度、环境条件、土类别和地下水条件选取。场地条件允许且经验算能保证边坡稳定时一般采用放坡开挖。

3.4.3.2 石方开挖

岩石的开挖宜采用钻孔爆破法，在现场试验满足的条件下，强风化的硬质岩石和中风化的软质岩石也可采用机械开挖方式。爆破开挖宜先在基坑中间开槽爆破，再向基坑周边进行台阶式爆破开挖。在接近支护结构或坡脚附近的爆破开挖，应采取减小对基坑边坡岩体和支护结构影响的措施。爆破后的岩石坡面或基底，采用机械修整。

岩石基坑爆破参数可根据现场条件和当地经验确定，无把握时通过试验确定爆破参数。单位体积耗药量宜取 0.3～0.8kg/m^3，炮孔直径宜取 36～42mm。根据岩体条件和爆破效果及时调整和优化爆破参数。

3.4.3.3 地基处理

1. 地基土现场静载试验

基础施工前检验地基承载力，一般通过现场静载试验确定。荷载试验在试坑内进行，深度相当于基础埋置深度，宽度不小于荷载板宽度（或直径）的 3 倍，试验应保持土层的天然温度和原状结构，在坑底铺 1～2cm 厚粗、中砂垫层找平，与荷载板均匀接触，荷载板一般为正文形钢板。加荷方法可采用荷载架加荷或千斤顶加荷。加荷应分级、平稳，第一级荷载宜接近所卸除的土自重压力，总荷载不少于设计荷载的 2 倍。

每一级荷载加完后，按间隔 10min、10min、10min、15min、15min，以后每半小时观测一次沉降，直至沉降相对稳定。绘制荷载板底面压力与下沉量曲线图，确定地基承载力基本值。

2. 地基加固处理方法

升压站加固处理方法一般有换填法、夯实法、挤密法等。换填法一般有素土换填垫层和灰土换填垫层；夯实法一般用于升压站等建筑物门采用重锤夯实；挤密法一般采用挤密碎石桩法。

(1) 素土垫层。将基础底面下一定范围软弱土层挖除，分层回填素土夯（压）实，适用于软土、湿陷性黄土和杂填土地基，垫层土料一般用黏土或粉质黏土，有机质含量不超过 5%。填土与天然土交接处，应修整成台阶形，台阶高 500mm，宽 1000mm。小面积填土可用人工铺土，用人力夯或蛙式打夯机夯实。大面积填土用推土机铺土，中、重型碾压机械分层碾压。

(2) 灰土垫层。灰土垫层具有一定强度、水稳定性和抗渗性，取材容易、成本低，应用广泛。土料可选用就地挖出的黏性土及塑性指数大于 4 的粉土，石灰用Ⅲ级以上新鲜块灰，使用前 1～2 天消解并过筛。将石灰与土按比例混合，调整至最优含水率，充分拌和，分层回填夯实或压实，灰土垫层夯实后压实度应符合设计要求。

重锤夯实法：用起重机械将夯锤提升一定高度，自由落下，对地基表土重复夯击，使地基表面形成一层比较密实的硬壳层，从而加固地基。施工前应通过试夯确定夯实技术参数，如夯锤重量、落距、夯击遍数和下沉量。夯击施工要控制对周围建筑的振动影响，10～15m 以内的建筑应挖防振沟作隔振处理。

灰土挤密桩法：当处理深度较大，换填成本高、工期长，可采用灰土挤密桩加固地基。施工前在现场进行成孔、夯填工艺和挤密效果试验，以确定分层填料厚度、夯击次数和夯实后干密度等要求。成孔一般选用沉管法，用打桩机将与桩孔同直径的钢管打入土中，使桩间土被挤密，然后缓慢拔管成孔。桩孔分层回填用夯实机夯实。

3.4.3.4　混凝土基础施工

1. 垫层浇筑

混凝土基础施工前应进行基坑验槽，清除表面浮土和积水，验槽后立即浇筑垫层。垫层浇筑时测量员应全程进行控制施工，浇筑时由远而近，且不得在同一处连续布料，应在 2m 范围内水平移动布料，且垂直于浇筑，振捣泵送混凝土时，振动棒插入间距一般为 400mm 左右，振捣时间一般为 15～30s，并且在 20～30min 后对其进行二次复振。确保顺利布料和振捣密实，采用平板振动器时，其移动间距应保证平板能覆盖已振实部分的边缘。表面要用磨板磨平。垫层混凝土强度达到设计强度 70%后，方可进行后续施工。

2. 钢筋和模板安装

核对钢筋半成品，按型号对号绑扎，安装。基础梁上部纵向钢筋应贯穿中间节点，梁下部纵向钢筋伸入中间节点，锚固长度及伸过中心线的长度要符合设计要求。操作时按图纸要求划线、绑扎，最后成型，基础上柱插筋下部要与梁筋绑扎固定，上部用钢筋井字形固定牢固，保证插筋位置正确，防止浇捣混凝土时发生移位。

基础混凝土采用组合钢模板，由侧模、阳角模板拼成，模板接缝应严密不漏浆，加固支撑系统采用直径 48mm×3.5mm 钢管。模板安装后，应对独立基础、基础地梁几何尺寸标高支撑等进行预检，均应满足设计与施工规范要求。

3. 混凝土浇筑

基础混凝土浇筑前应规划好混凝土的供应，保证基础混凝土施工期间混凝土连续供应。混凝土运输一般采用罐车，入仓时浇筑高度在 2m 以内可直接卸料入仓，浇筑高度在 2m 以上时，应加串筒、溜槽等缓降设施以防止混凝土离析。对于阶梯形基础，每一台阶作为一个浇捣层，每层先浇边角，再浇中间，每浇筑完一台阶宜稍停 0.5～1.0h，待其初步获得沉实后，再浇筑上层，基础上有插筋埋件时，应固定其位置。当基坑挖成阶梯形时，应先从最低处开始浇筑，按每阶高度，各边搭接长度应不

小于500mm。混凝土振捣插点应均匀排列，逐点移动，顺序进行，不得遗漏，做到振捣密实。浇筑完成后表面用木抹子抹平。

地梁浇筑方法应由一端开始用“赶浆法”，即从一端浇筑梁，根据梁高分层浇筑成阶梯形，随着阶梯形不断延伸，梁混凝土浇筑连续向前进行。梁节点钢筋较密时，浇筑此处混凝土时宜用小粒径石子同强度等级的混凝土浇筑，并用小直径振捣棒振捣。特别注意施工缝处和插筋处的混凝土应密实、抹平。

混凝土浇筑完成后，外露表面应在12h内进行覆盖，并保湿养护。拆模后及时回填土并夯实。

3.4.3.5 回填土施工

回填土应符合设计要求，不得采用淤泥和淤泥质土，有机质含量不大于5%，含水率满足压实要求。基础外墙有防水要求的，外墙防水施工完毕且验收合格后进行回填，防水层外侧宜设置保护层。土方回填前，应根据工程特点、土料性质、设计压实系数、施工条件等合理选择压实机具，并确定回填土料含水量控制范围、铺土厚度、压实遍数等施工参数。重要土方回填工程或采用新型压实机具的，应通过填土压实试验确定施工参数。一般采用振动压路机进行碾压，靠近混凝土结构处、管子周围及管顶填土或作业空间狭小部位可采用蛙式打夯机、振动夯实机、内燃打夯机等小型机具人工夯实。

3.4.4 建筑物主体工程施工

3.4.4.1 钢筋工程

1. 进场材料复检

钢筋进场时，应检查质量证明文件并抽取试件作屈服强度、抗拉强度、伸长率和重量偏差检验。

2. 钢筋下料和代换

根据结构配筋图，绘制各种形状和规格的单根钢筋简略并编号，然后分别计算钢筋下料长度和根数，填写配料单。

钢筋的品种、级别或规格需作变更时，应办理设计变更进行钢筋代换。当构件受强度控制时，钢筋按强度相等的原则进行代换；当构件按最小配筋率配筋时，可按面积相等的原则进行代换；当构件受裂缝宽度或挠度控制时，代换后应进行裂缝宽度或挠度验算。

3. 钢筋加工

（1）钢筋加工包括钢筋除锈、调直、切断、弯曲等。

（2）油渍、漆污和用锤敲击时能剥落的浮皮、铁锈等在使用前应清除干净。在焊接前，焊点处的水锈应清除干净。对直径较细的盘条钢筋，通过冷拉和调直过程自动去锈，粗钢筋用圆盘铁丝刷除锈机除锈。

（3）钢筋调直可采用调直机调直或卷扬机冷拉调直，当采用调直机调直时，调直机不应具有延伸功能。当采用卷扬机冷拉调直时，冷拉率应符合规范要求，调直后的钢筋应平直，不应有局部弯折。

（4）钢筋切断机用于直径40mm以下钢筋切断，切断过程中，发现钢筋有劈裂、缩头或严重的弯头等必须切除。同规格钢筋根据不同长度长短搭配，统筹排料，一般先断长料，后断短料，以减少短头接头和损耗。钢筋断口不得有马蹄形或起弯。向切断机送料时，应将钢筋摆直，避免弯成弧形，操作者应将钢筋握紧，在冲切刀片后退时送进钢筋，切断较短钢筋时，将钢筋套在钢管内送料，防止发生人身或设备安全事故。

（5）钢筋弯曲可采用弯曲机，箍筋弯曲还可采用弯箍机。钢筋弯曲前，对形状复杂的钢筋，根据钢筋料牌上标明的尺寸，用石笔将各弯曲点位置画出。钢筋在弯曲机上成型时，心轴直径应为钢筋直径的2.5～5.0倍，成型轴宜加偏心轴套，以便适应不同直径的钢筋弯曲需要。弯曲细钢筋时，为了使弯弧一侧的钢筋保持平直，挡铁轴宜做成可变挡架或固定挡架。

4. 钢筋连接

（1）钢筋可采用焊接、机械连接方式进行连接。钢筋接头宜设置在受力较小处，同一纵向受力钢筋不宜设置两个或两个以上接头。接头末端至钢筋弯起点的距离，不应小于钢筋直径的10倍。

（2）钢筋机械连接优先采用直螺纹套筒接头。机械连接接头的混凝土保护层厚度符合受力钢筋的混凝土保护层最小厚度规定，且不得小于15mm。接头之间的横向净间距不宜小于25mm。

（3）钢筋焊接方法可采用电阻点焊、闪光对焊、电弧焊、电渣压力焊等。钢筋焊接前参与该项施焊的焊工应进行现场条件下的焊接工艺试验，经试验合格后，方可正式生产。雨天、雪天不宜在现场进行施焊，在现场进行闪光对焊或电弧焊，当超过四级风力时，应采取挡风措施。

5. 钢筋安装

钢筋现场绑扎采用20～22号镀锌铁丝。准备好控制保护层厚度的砂浆垫块或塑料垫块、塑料支架等。钢筋的绑扎接头应在接头中心和两端用铁丝扎牢。

（1）基础钢筋绑扎：按基础的尺寸分配好基础钢筋的位置，用石笔（粉笔）将其位置画在垫层上。将主次钢筋按画出的位置摆放好。当有基础底板和基础梁时，基础底板的下部钢筋应放在梁筋的下部。对基础底板的下部钢筋，主筋在下分布筋在上；对基础底板的上部钢筋，主筋在上分布筋在下。基础底板的钢筋可以采用八字扣或顺扣，基础梁的钢筋应采用八字口，防止其倾斜变形。绑扎铁丝的端部应弯入基础内，

不得伸入保护层内。根据设计保护层厚度垫好保护层垫块。垫块间距一般为1～1.5m。下部钢筋绑扎完后，穿插进行预留、预埋的管道安装。钢筋马凳可用钢筋弯制、焊制，当上部钢筋规格较大、较密时，也可采用型钢等材料制作，其规格及间距应通过计算确定。

（2）柱钢筋绑扎：根据柱边线调整钢筋的位置，使其满足绑扎要求。计算好本层柱所需的箍筋数量，将所有箍筋套在柱的主筋上。将柱子的主筋接长，并把主筋顶部与脚手架做临时固定，保持柱主筋垂直。然后将箍筋从上至下依次绑扎。柱箍筋要与主筋相互垂直。柱箍筋的弯钩叠合处，应沿受力钢筋方向错开设置，不得在同一位置绑扎完成后，将保护层垫块或塑料支架固定在柱主筋上。

（3）墙钢筋绑扎：根据墙边线调整墙插筋的位置，使其满足绑扎要求。每隔2～3m绑扎一根竖向钢筋，在高度1.5m左右的位置绑扎一根水平钢筋。然后把其余竖向钢筋与插筋连接，将竖向钢筋的上端与脚手架作临时固定并校正垂直。在竖向钢筋上画出水平钢筋的间距，从下往上绑扎水平钢筋。墙的钢筋网，除靠近外围两行钢筋的相交点全部扎牢外，中间部分交叉点可间隔交错扎牢，但应保证受力钢筋不产生位置偏移；双向受力的钢筋，必须全部扎牢。绑扎应采用八字扣，绑扎丝的多余部分应弯入墙内（特别是有防水要求的钢筋混凝土墙、板等结构）。应根据设计要求确定水平钢筋是在竖向钢筋的内侧还是外侧，当设计无要求时，按竖向钢筋在里水平钢筋在外布置。墙筋的拉结筋应勾在竖向钢筋和水平钢筋的交叉点上，并绑扎牢固。为方便绑扎，拉结筋一般做成一端135°弯钩，另一端90°弯钩的形状，所以在绑扎完后还要用钢筋扳子把90°的弯钩弯成135°。在钢筋外侧绑上保护层垫块或塑料支架。

（4）梁钢筋绑扎：梁钢筋可在梁侧模安装前在梁底模板上绑扎，也可在梁侧模安装完后在模板上方绑扎，绑扎成钢筋笼后再整体放入梁模板内。第二种绑扎方法一般只用于次梁或梁高较小的梁。梁钢筋绑扎前应确定好主梁和次梁钢筋的位置关系，次梁的主筋应在主梁的主筋上面。楼板钢筋则应在主梁和次梁主筋的上面。先穿梁上部钢筋，再穿下部钢筋，最后穿弯起钢筋，然后根据事先画好的箍筋控制点将箍筋分开，间隔一定距离先将其中的几个箍筋与主筋绑扎好，然后再依次绑扎其他箍筋。梁筋的接头部位应在梁的上部，除设计有特殊要求外，应与受力钢筋垂直设置；筋弯钩叠合处，应沿受力钢筋方向错开设置。梁端第一个箍筋应在距支座边缘50mm处。

（5）板钢筋绑扎前先在模板上画出钢筋的位置，然后将主筋和分布筋摆在模板上，主筋在下分布筋在上，调整好间距后依次绑扎。对于单向板钢筋，除靠近外围两行钢筋的相交点全部扎牢外，中间部分交叉点可间隔交错绑扎牢固，但应保证受力钢筋不产生位置偏移；双向受力的钢筋，必须全部扎牢。相邻绑扎扣应成八字形，防止钢筋变形。板底层钢筋绑扎完穿插预留预埋管线的施工，然后绑扎上层钢筋。在两层钢筋间应设置马凳，以控制两层钢筋间的距离。对楼梯钢筋，应先绑扎楼梯梁钢筋，再绑扎休息平台板和斜板的钢筋。休息平台板或斜板钢筋绑扎时，主筋在下分布筋在上，所有交叉点均应绑扎牢固。

3.4.4.2 模板工程

1. 模板加工

根据工程结构型式和特点及现场施工条件，对模板进行设计，确定模板平面布置、纵横龙骨规格、数量、排列尺寸、柱箍选用的型式及间距、梁板支撑间距、模板组装形式、连接节点大样。验算模板和支撑的强度、刚度及稳定性。绘制全套模板设计图（模板平面图、分块图、组装图、节点大样图、零件加工图）。模板数量应在模板设计时按流水段划分，确定模板的合理配制数量。

2. 模板安装

(1) 柱模板：矩形柱四边按设计尺寸由竹胶板组拼。柱模根部留清扫孔。沿高度方向每500～550mm设一道柱箍，卡紧柱子四面模板。支模前用全站仪确定轴线位置，再由轴线位置用墨线弹出柱子边线，检查柱插筋低一层柱子的主筋是否移位，移位时应由钢筋工校正钢筋位置，使钢筋在柱截面内，再支设柱模板。柱模支设前先清理干净柱根部的松散混凝土和焊渣等杂物，墙筋部位的模板需在上面上钻眼，墙筋外露100mm，过梁插筋、电线管、电线盒等要事先按要求埋好，钢筋应设置保护层垫块。

支柱模时，要根据梁的标高在柱子各面与梁交接处留出缺口，以防止柱子混凝土浇筑过高。各柱之间搭设通长的双排架作为固定柱模板的支撑，柱模板的上、中、下三点与该架子连接，防止柱模板位移。

(2) 梁模板：梁模板支设前在柱子上弹出轴线位置。预留洞位置以所弹轴线为依据，梁底标高，板底标高以－0.5m线为准，用钢尺向上量测确定。梁底模板采用钢模板支设时，两端的模板面标高按设计要求确定，中间部分的标高视梁底是否起拱确定。梁底以下的支撑用扣件式脚手搭设双排架，两立杆横向间距1m，纵向间距1.2～1.3m，底模下的小横杆间距不大于750mm，梁底模宽度同梁宽，各接缝均设回形销，以防止出现错台。梁高小于300mm时，先支梁侧模，再绑钢筋；梁高不小于300mm时，先绑钢筋再支侧模。梁侧模用组合钢模侧放支设沿纵向每500mm设一道立杆，从两侧面夹紧固定侧模，侧模应拉线找直，并保持垂直，两侧模之间加设对撑，以控制梁的宽度。支侧模前要先绑好梁底、梁侧的砂浆垫块，以保证混凝土保护层厚度。

(3) 板的模板：支设时，标高控制同梁底标高控制方法，模板采用12mm厚竹胶板模板，下部铺木方，木方平行平竹胶合板的长边，且在胶合板接头处必须加设木方，以防止出现错台，木方铺在钢管脚手架上。竹胶合板边缘或四角若有上翘，则用电钻打眼，用钢钉钉牢在下部木方上，所有胶合板接缝平整后，再用包装用胶带粘贴，以防止漏浆。板的模板支撑系统采用碗扣式钢管脚手架。

3.4.4.3　混凝土工程

1. 原材料

水泥品种与强度等级应满足设计、施工要求，适应工程所处环境条件，宜选用普通硅酸盐水泥。水泥进场时对其品种、级别、包装或散装仓号、出厂日期等进行检查，对其强度、安定性及其他必要性能指标进行复验。当使用中水泥质量受不利环境影响或水泥出厂超过 3 个月（快硬硅酸盐水泥超过 1 个月）时，应进行复验，并应按复验结果使用。

粗骨料选用粒形良好、质地坚硬的洁净碎石或卵石，宜选用连续级配，含泥量、泥块含量符合规范要求。细骨料宜选用级配良好、质地坚硬、颗粒洁净的天然砂或机制砂，氯离子含量应满足规范要求。

粉煤灰、粒化高炉矿渣粉、沸石粉、硅灰等矿物掺和料的选用根据设计、施工要求，以及工程所处环境条件确定，其掺量应通过试验确定。

减水剂、引气剂、泵送剂、早强剂、缓凝剂等外加剂的选用应根据设计、施工要求，混凝土原材料性能以及工程所处环境条件等因素通过试验确定。外加剂至少进行密度、减水率、含固量（含水率）和 pH 检验。外加剂按不同厂家、不同品种、不同等级分别存放，标识清楚，液体外加剂应放置在阴凉干燥处，防止日晒、受冻、污染、进水和蒸发。

一般符合国家饮用水标准的水可直接用于混凝土拌制和养护。使用其他水源前应按有关标准进行检验后方可使用。

2. 配合比设计

混凝土配合比设计应经试验确定，满足混凝土强度、耐久性、工作性及经济性要求，试配所用原材料与施工实际使用原材料一致。设计配合比应进行生产适应性调整，确定施工配合比。施工配合比应经技术负责人批准。在使用过程中，根据反馈的混凝土动态质量信息对混凝土配合比及时进行调整。

3. 混凝土拌制

混凝土搅拌时应对原材料用量准确计量，计量设备的精度符合国家标准，并应定期校准。使用前设备应归零。原材料的计量应按重量计，水和外加剂溶液可按体积计，其允许偏差符合规定。应通过试验确定投料顺序、数量及分段搅拌的时间等工艺参数。矿物掺合料宜与水泥同步投料，液体外加剂宜滞后于水和水泥投料；粉状外加剂宜溶解后再投料。混凝土应搅拌均匀，宜采用强制式搅拌机搅拌。混凝土搅拌的最短时间根据搅拌机类型及不同坍落度确定。对首次使用的配合比应进行开盘鉴定，开盘鉴定应包括：混凝土的原材料与配合比设计所采用原材料的一致性；出机混凝土工作性与配合比设计要求的一致性；混凝土强度；混凝土凝结时间；设计有要求时，还应包括混凝土耐久性能等。

4. 混凝土运输

混凝土运输多采用混凝土罐车运输，罐车在装料前应将罐内积水排尽，严禁向罐车内混凝土任意加水，运输过程中应能保持混凝土拌和物的均匀性，不产生分层离析现象。混凝土运输罐车的数量根据混凝土浇筑强度、运距确定，应保证混凝土施工的连续性。

5. 混凝土输送

混凝土输送指将运输至现场的混凝土送至浇筑点的过程。升压站（开关站）建筑一般在三层以下，可选用汽车泵、吊车配备斗容器等输送。

泵送混凝土前应先进行泵水检查，并应湿润输送泵的料斗、活塞等直接与混凝土接触的部位；泵水检查后，应清除输送泵内积水。输送混凝土前，宜先输送水泥砂浆对输送泵和输送管进行润滑，然后开始输送混凝土。输送混凝土应先慢后快、逐步加速，应在系统运转顺利后再按正常速度输送。输送混凝土过程中，应设置输送泵集料斗网罩，并应保证集料斗有足够的混凝土余量。

吊车配备斗容器输送混凝土，斗容器的容量应根据吊车吊运能力确定。运输至施工现场的混凝土宜直接装入斗容器进行输送。斗容器宜在浇筑点直接布料。

6. 混凝土浇筑

（1）一般要求。混凝土浇筑前应制定施工方案，准备和检查施工机具，落实混凝土连续供应的保证措施，检查现场水、电、照明准备情况，完成隐蔽工程验收、技术复核和交底等准备工作，掌握天气变化情况。

混凝土浇筑宜一次连续浇筑，不能连续浇筑时，可设施工缝或后浇带分块浇筑。混凝土应分层浇筑，上层混凝土应在下层混凝土初凝前浇筑完成。

混凝土浇筑时应派专人对模板、支架、预埋件进行观察和维护，发现异常情况及时处理。混凝土浇筑应避免造成钢筋、预埋件移位。

（2）浇筑顺序。多层框架按分层分段施工，水平方向以结构平面的伸缩缝分段，垂直方向按结构层次分层。每层先浇筑柱，再浇筑梁、板。洞口浇筑混凝土时，应使洞口两侧混凝土高度大体一致。振捣时振捣棒距洞边300mm以上，从两侧同时振捣，大洞口下部模板应开口并补充振捣。构造柱混凝土应分层浇筑，内外墙交接处的构造柱和墙同时浇筑插入式振捣器移动间距不大于作用半径的1.5倍，振捣器距离模板不应大于振捣器作用半径的0.5倍，不得碰撞预埋件。

混凝土浇筑后，在混凝土初凝前和终凝前，宜分别对混凝土裸露表面进行抹面处理。

柱、墙混凝土设计强度比梁、板混凝土设计强度高一个等级时，柱、墙位置梁、板高度范围内的混凝土经设计单位同意，可采用与梁、板混凝土设计强度等级相同的混凝土进行浇筑。

柱、墙混凝土设计强度比梁、板混凝土设计强度高两个等级及以上时，应在交界区域采取分隔措施。分隔位置应在低强度等级的构件中，且距高强度等级构件边缘不

应小于500mm。

(3) 柱的浇筑。柱浇筑前底部应先填5～10cm厚与混凝土配合比相同的减石子砂浆，混凝土应分层浇筑振捣，使用插入式振捣器时每层厚度不大于50cm，振捣棒不得触动钢筋和预埋件。

柱混凝土应一次浇筑完毕，如需留施工缝时应留在主梁下面。无梁楼板应留在柱帽下面。在墙柱与梁板整体浇筑时，应在柱浇筑完毕后停歇2h，使其初步沉实，再继续浇筑。

(4) 梁板浇筑。梁、板同时浇筑，浇筑方法应由一端开始用“赶浆法”，即先浇筑梁，根据梁高分层浇筑成阶梯形，当达到板底位置时再与板的混凝土一起浇筑，随着阶梯形不断延伸梁板凝土浇筑连续向前进行。和板连成整体高度大于1m的梁，允许单独浇筑，其施工缝应留在板底以下2～3mm处。浇捣时，浇筑与振捣必须紧密配合，第一层下料慢些，梁底充分振实后再下第二层料，用“赶浆法”保持水泥浆沿梁底包裹石子向前推进，每层均应振实后再下料，梁底及梁侧部位要注意振实，振捣时不得触动钢筋及预埋件。

浇筑板混凝土的虚铺厚度应略大于板面，用平板振捣器垂直浇筑方向来回振捣，厚板可用插入式振捣器顺浇筑方向拖拉振捣，并用铁插尺检查混凝土厚度，振完毕后用长木抹子抹平。施工缝处或有预埋件及插筋处用木抹子找平。浇筑板混凝土时不允许用振捣棒铺摊混凝土。

肋形楼板的梁板应同时浇筑，浇筑方法应先将梁根据高度分层浇捣成阶梯形，当达到板底位置时即与板的混凝土一起浇捣，随着阶梯形梁板的不断延长，可连续向前推进。倾倒混凝土的方向应与浇筑方向相反。

浇筑桩梁及主次梁交叉处钢筋较密集的混凝土时，可改用细石混凝土，并采用小直径振捣棒辅以人工捣固措施。

(5) 楼梯混凝土浇筑。楼梯段混凝土自下而上浇捣，先振实底板混凝土，达到踏步位置时再与踏步混凝土一起浇捣，不断连续向上推进，并随时用木抹子将踏步上表面抹平。楼梯的施工缝应留置在楼梯段1/3的部位。

(6) 振捣及养护要求。振捣棒振捣时应垂直于混凝土表面并快插慢拔均匀振捣，当混凝土表面无明显深陷、有水泥浆出现、不再冒气泡时，可结束该部位振捣。混凝土分层振捣的最大厚度为振捣棒作用部分长度的1.25倍。

混凝土浇筑完成后12h内进行覆盖洒水养护，洒水养护应保证混凝土处于湿润状态，可在混凝土表面覆盖麻袋或草帘后进行，但当日最低温度低于5℃时停止洒水。

3.4.4.4 砌筑工程

1. 施工准备

砌筑人员应熟悉图纸，明确混凝土加气块的特点、结构特性、操作要点、技术规定等。砌筑前，应绘制各种内外墙砌体的组砌排列图纸。每一楼层砌体底面应凿除粘接物并清扫干净，将基层面标高用1：3水泥砂浆找平在允许偏差10mm范围内，然后弹出砌体中心线和边线及标明门高、洞口与其他预留孔洞位置。

根据各种墙体的组砌排列图（或砌块尺寸与灰缝厚度）计算并设置皮数杆，使砌体的竖向尺寸符合设计或规范要求。砌筑时，可砌筑各类外墙的样板墙体，待统一检查鉴定合格后，方能全面展开。

MU7.5机制空心砖或混凝土加气块砌筑前要提前浇水湿润，湿润深度为1～2cm。具备出厂合格证或试验合格。

水泥一般采用42.5级以上普通硅酸盐水泥，有出厂合格证并经试验合格方可使用，水泥不得有受潮结块现象。采用中砂，用8mm纱网过筛，含泥量不大于5%。采用生石灰熟化成石灰膏时应用3mm孔径网筛过滤并保存在沉淀池中使其充分熟化（熟化期不少于7昼夜）或采用双灰粉。拌制混合砂浆时，不得使用脱水或受冻结的石灰膏。砂浆用水采用可饮用的洁净水。

2. 砌体施工方法

砌筑采用内脚手架。砌体灰浆饱满，且横平竖直，上下灰缝错开，表面平整，其砂浆饱满。为保证砌体质量符合设计、规范要求，必须在砌前立好皮楼杆，每道墙应先排砌再砌筑。

砌筑墙体时，必须拉线，按要求放入墙体拉结筋，不得遗漏。

现场拌制的砂浆应随拌随用，拌制的砂浆应在3h内使用，当施工期间最高气温超过30℃时，应在2h内使用完毕，预拌砂浆及蒸压加气混凝土砌块专用砂浆的使用时间应按厂方提供的说明书确定。严格控制计量，保证砂浆强度。砌筑前清理砌筑表面的浮灰残渣，在砂浆接触面（或基层面）浇两遍水湿润。常温天气在砌筑前一天将砖浇水湿润。随铺砂浆随砌，砂浆稠度不小于7cm。水平灰缝宽度不宜大于15mm。应砂浆饱满，平直道顺，垂直灰缝砂浆填实，砂浆宜采用混合砂浆。

每日砌筑高度1.2～1.5m，避免连续施工影响墙体的垂直平整。砖砌体的转角处和交接处应同时砌筑。在抗震设防烈度8度及以上地区，对不能同时砌筑的临时间断处应砌成斜槎。其中普通砖砌体的斜槎水平投影长度不应小于高度的2/3。多孔砖砌体的斜槎长高比不应小于1/2。斜槎高度不得超过一步脚手架高度。

留施工洞口时，宜采用留直边洞口，并每2层应放置拉接筋，拉接筋伸入砌体不小于500mm，搭接长度不小于700mm，填补洞口时，黏土空心砖与洞边接触面用粘接砂浆砌筑。

门窗安装宜优先采用预埋混凝土木砖的方法（门口两侧将木砖埋入混凝土预制块中，再将混凝土块砌入墙内，窗口两侧面预埋混凝土块），洞高在2.1～2.2m时每边3块，洞高大于2.2m时，每边4块。

3.4.4.5　脚手架搭设、使用和拆除

主体施工阶段搭设碗扣式脚手架，内装饰采用高凳或简易脚手架，上铺脚手板，外墙封闭采用内砌法。脚手架的搭设、使用和拆除应编制专项施工方案。

1. 脚手架的搭设

搭设场地应平整、夯实并设置排水措施。立于土地面之上的立杆底部应加设宽度不小于200m、厚度不小于50mm的垫木、垫板或其他刚性垫块，每根立杆的支垫面积应符合设计要求且不得小于0.15m^2。在搭设之前，必须对进场的脚手架杆配件进行严格的检查，禁止使用规格和质量不合格的杆配件。周边脚手架应从一个角部开始并向两边延伸交圈搭设；一字形脚手架应从一端开始并向另一端延伸搭设。应按定位依次竖起立杆，将立杆与纵、横向扫地杆连接固定，然后装设第1步的纵向和横向平杆，随校正立杆垂直之后予以固定，并按此要求继续向上搭设。剪刀撑、斜杆等整体拉结杆件和连墙件应随搭升的架子一起及时设置。脚手板采用对接平铺时，在对接处，与其下两侧支承横杆的距离应控制在100～200mm。

2. 脚手架的使用

脚手架搭设完成后经验收合格方可使用。作业层架面上实际施工荷载不得超过设计值。在作业中，禁止随意拆除脚手架的基本构架杆件、整体性杆件、连接紧固件和连墙件。工人在架上作业中，应注意保护自己和他人的安全，避免发生碰撞、闪失和坠落，严禁在架上嬉闹和坐在栏杆上等不安全处休息。人员上下脚手架必须走设安全防护的出入通（梯）道，严禁攀援脚手架上下。

每班工人上架作业时，应先行检查有无影响安全作业的问题存在，在排除和解决后方可开始作业。在作业中发现有不安全的情况和迹象时，应立即停止作业进行检查，解决以后才能恢复正常作业；发现有异常或危险情况时，应立即通知所有架上人员撤离。

3. 脚手架的拆除

架体的拆除应从上而下逐层进行，严禁上下同时作业。同层杆件和构配件必须按先外后内的顺序拆除。剪刀撑、斜撑杆等加固杆件必须在拆卸至该杆件所在部位时再拆除。连墙件必须随架体逐层拆除，严禁先将连墙件整层或数层拆除后再拆架体。拆除作业过程中，当架体的自由端高度超过2个步距时，必须采取临时拉结措施。墙面装饰施工时，其工序应与脚手架拆除相协调，避免任意拆除脚手杆件和连墙件，如确有矛盾，应采取措施后方可拆除脚手架。在拆除过程中，凡已松开连接的杆配件应及时拆除运走，避免误扶和误靠已松脱连接的杆件。拆下的杆配件应以安全的方式运出和吊下，严禁向下抛掷。

3.4.5　建筑装饰装修工程

建筑物外饰面主要材料为面砖、涂料。房间的装饰面材料的色彩选择与照明灯具、设备仪表相协调。考虑到防噪声、防尘等要求，地面选材除主控室、保护盘室为抗静电活动地板，蓄电池室采用耐腐蚀的饰面材料，其他一般采用防滑地砖。

3.4.5.1　抹灰工程

1. 内墙抹灰工程

内墙抹灰一般采用普通硅酸盐水泥、平均粒径0.35～0.5mm的中砂，石灰粉应充分熟化，熟化时间不少于3d。施工前应对主体结构进行验收。

抹灰前检查门窗框安装位置是否准确，接线盒、电箱、管线、管道套管是否固定牢固。连接处缝隙用水泥砂浆分层嵌塞密实，门窗框用塑料贴膜加以保护。砖墙基层表面的灰尘、污垢和油渍等清除干净，并浇水湿润。混凝土蜂窝、麻面、疏松处剔到实处，刷胶黏性素水泥浆或界面剂，然后用水泥砂浆分层抹平。脚手眼应堵严实。

2. 外墙抹灰工程

外墙水泥砂浆抹灰工程施工工艺和室内抹灰相同，只是在选择砂浆时，应选用水泥砂浆或专用的干混砂浆。外墙抹灰施工中除参照室内抹灰要求外，还应注意以下事项：

（1）大面积抹灰应分格，防止砂浆收缩，造成开裂。分格条用红松制作，粘前用水充分浸透，粘时在分格条两侧用素水泥浆抹成45°八字坡形。分格条粘好后待底层呈现七八成干后，可抹面层灰。面层灰用毛刷蘸水轻刷后即可将分格条起出，等灰层干后，用素水泥膏将缝勾好。

（2）在抹檐口、窗台、窗眉、阳台、雨篷、压顶和突出墙面的腰线以及装饰凸线时，应将其上面作成向外的流水坡度，下面做滴水线（槽）。窗台上面的抹灰层应深入窗框下坎裁口内，堵塞密实，滴水线坡度方向正确。

3.4.5.2　门窗工程

木门框安装应在地面工程和墙面抹灰施工以前完成。用钉子将门框与预埋木砖钉牢，预埋木砖的数量不得少于要求。木门扇的安装：先确定门的开启方向及小五金型号、安装位置，对开门扇扇口的裁口位置及开启方向；检查门口尺寸是否正确，边角是否方正，有无窜角；检查门口高度应量两个立边，检查门口宽度应量门口的上、中、下三点，并在扇的相应部位定点划线。

玻璃安装应在框、扇校正和五金安装完毕后，以及框扇最后一遍涂料前进行。安装木门玻璃前，应将裁口内污垢清除干净，并沿裁口的全长均匀涂抹1～3mm厚的底油灰。安装玻璃前，应清除槽口内的灰浆、杂物等，疏通排水孔。玻璃不得与玻璃槽直接接触，并应在玻璃四边垫上不同厚度的玻璃垫，边框上的垫块应采用玻璃胶固定，玻璃装放在框扇内，然后应用玻璃压条将其固定。

3.4.5.3　建筑地面工程

升压站建筑地面一般采用地板砖。控制室和电气设备室采用防静电地板砖。地板

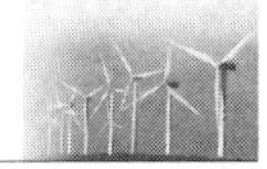

砖规格符合要求，颜色一致，轻敲有金属声，边棱齐全，无翘曲、裂纹等缺陷。地板砖铺设前先进行基层处理，找标高、弹线，然后采用砂浆抹平，弹铺砖控制线。铺砖一般从门口开始，纵向先铺2～3行砖，以此为标筋拉纵横水平标高线，铺时应从里向外退着操作，人不得踏在刚铺好的砖面上，每块砖应跟线。

1. 花岗石铺装

花岗石安装工艺为：楼面先刷素水泥浆一道，30mm厚干硬性水泥砂浆，面上撒2mm厚素水泥，洒适量清水，铺贴石材料，用与石材颜色相似的净水泥浆填缝磨光。铺完2～3行，应随时拉线检查缝格的平直度，如超出规定应立即修整，将缝拔直，并用橡皮锤拍实。此项工作应在结合层凝结之前完成。

面层镶贴应在24h内进行擦缝、勾缝工作，并应采用同品种、同标号、同颜色的水泥。勾缝用水泥细砂浆勾缝，缝内深度宜为砖厚的1/3，要求缝内砂浆密实、平整、光滑。随勾随将剩余水泥砂浆清走、擦净。擦缝要求接缝平直，在铺实修整好的砖面层上用浆壶往缝内浇水泥浆，然后用干水泥撒在缝上，再用棉纱团擦揉，将缝隙擦满。最后将面层上的水泥浆擦干净。

铺完砖24h，洒水养护，时间不小于7d。

2. 防静电地板

（1）基层处理和清理：活动地板面层的骨架支承在现浇混凝土上抹水泥砂浆地面或水磨石楼地面基层上，基层表面应平整、光洁、不起灰。安装前应用钢丝刷清理并清扫干净，平整度偏差太大应用水泥砂浆找平。

（2）找中套方，分格弹线：首先量测房间的长、宽尺寸，在地面弹出中心十字控制线；依照活动地板的尺寸，排出活动地板的放置位置；在墙面上弹出活动地板面层的横梁组件标高控制线和完成面标高控线。

（3）安装支座和横梁组件：按照分格线的位置安放支座和横梁，并调整支座的螺杆，使横梁与标高控线同高且水平。待所有支座和横梁均安装完毕构成一体后，用水平仪再整体抄平一次。支座与基层面之间的空隙应灌注环氧树脂，连接牢固。

（4）铺活动地板：检查活动地板面层下铺设的电缆、管线，确保无误后才能铺设活动地面层。先在横梁上铺设缓冲胶条，并用乳胶液与横梁黏合。铺设地板应用吸盘，垂直放入横梁间方格，保证四角接触处平整、严密，不得采用加垫的方法。不符合模数的板块，其不足部分根据实际尺寸将板块切割后镶补，并配装相应的可调支撑和横梁。切割应按设计要求进行处理安装，不得有局部膨胀变形的情况。

3.4.5.4 饰面砖工程

釉面砖要求规格一致，颜色均匀，边角整齐无缺损，无脱釉、漏釉，无凸凹、翘曲不平、暗痕和裂纹。普通硅酸盐水泥，有出厂合格证，经复试合格，砂宜用中砂，使用前用5mm筛网过筛。镶贴前要找平规矩，用水平尺找平，核对方正，根据镶贴面砖部位的实际尺寸，计算出纵横皮数和镶贴块数，划出皮数并在底子灰上弹好横竖控制线。排砖一般应从阳角开始，在同一墙面上横竖方面均不得有一排以上非整砖，并应将非整砖镶贴在次要部位或墙面的阴角处。

每镶贴完一段工作面后，及时检查质量，用刀将缝隙里面挤到缝外的水泥砂浆剔掉，并用布或棉纱头将砖面擦净。擦缝应在黏结砂浆凝固后进行，用干净布或棉纱头沾浆粘状白水泥素浆顺缝涂擦，等稍干后，用布将缝内水泥擦均匀，并将表面擦干净。

3.4.5.5　涂饰工程

1. 室内刷乳胶漆、涂料

基层清理：墙面、顶棚表面浮尘，疙瘩要清除干净，黏附着的隔离剂应用碱水清刷墙面，然后用清水冲刷干净。

找平：用石膏腻子将缝隙及坑洼不平处找平，操作时要横抹竖起，填实夯平，并收净多余的浮腻子，干燥后，打砂纸磨平，并把浮尘扫净，如发现有坑洼不平处，再找一遍腻子。

满刮第一遍腻子，操作时要往返刮平，注意上下左右接茬，两刮板间要刮净，不能留有腻子，干燥后应磨一遍砂纸，要磨平磨光，要慢磨慢打，线角分明，磨光后应扫净浮尘。满刮第二遍腻子，操作程序同第一遍。

刷第一道乳胶漆、涂料：刷乳胶漆顺序应先上后下进行。门窗口及顶棚与墙面，墙面与墙面相交阴角处，滚子滚不到的地方用毛刷细心涂刷。

复补腻子：第一遍浆干浆后，麻点、坑洼不平处用腻子找平刮净，用细砂纸轻磨，并把浮尘扫净，达到表面光滑平整。

刷第二遍乳胶漆、涂料：方法同刷第一遍。

2. 室内刷油漆

（1）木材面的基层处理。主要是清扫、起钉子、除去油污等，然后铲去脂囊，修补平整，磨砂纸、润粉，进行第一遍满刮腻子，磨光后再进行第二遍满刮腻子。

（2）金属面的基层处理。依靠手工打磨敲铲，清除金属表面的锈垢和尘土等杂物。刷涂前被涂件的表面必须干净，每遍刷涂油漆时，应待前一遍油漆干燥后进行。

3. 外墙刷乳胶漆墙面

外墙面必须干燥，墙面的设备管洞应提前处理完毕，门窗提前安装好玻璃。外墙刷乳胶漆时应注意做好安全防护，以保证施工的顺利进行。

刷涂料前应将墙面上的灰渣等杂物清理干净，用笤帚将墙面浮土等扫净，用石膏腻子将墙面、门窗口角等磕碰破损处、麻面、风裂、接槎缝隙等分别补好，弹好分色线后开始涂料。墙面涂刷先上后下，用排笔涂刷，使用新排笔时，将浮毛和不牢固的毛处理掉。乳胶漆使用前应搅拌均匀，适当加稀释剂稀释。干燥后复补腻子，再干燥

后用砂纸磨光，清扫干净。

3.4.5.6 天花板吊顶系统

用准仪在房间内每个墙（柱）角抄出水平点，距地面一般为500mm弹出水准线。按吊顶平面图，在混凝土顶板弹出主龙骨的位置。采用膨胀螺栓固定吊挂杆件。边龙骨的安装按设计要求弹线，沿墙（柱）上的水平龙骨线把L形镀锌轻钢条用自攻螺丝固定；如为混凝土墙（柱）上可用射钉固定，射钉间距不大于吊顶龙骨间距。主龙骨宜平行房间长向安装，应适当起拱。跨度大于15m的吊顶，应在主龙骨上，每隔15m加一道大龙骨，并垂直主龙骨焊接牢固。次龙骨紧贴主龙骨安装，间距300～600mm。用T形镀锌铁片连接件把次龙骨固定在主龙骨上时，次龙骨两端应搭在L形边龙骨的水平翼缘上。

吊挂顶棚罩面板常用的板材有纸面石膏板、埃特板、防潮板等。饰面板上的灯具、烟感器、喷淋头、风口篦子等设备的位置应合理、美观，与饰面的交接应吻合、严密，做好检修口的预留，安装时应严格控制整体性、刚度和承载力。

3.4.6 屋面工程

建筑屋面一般有防水卷材屋面、涂膜防水屋面、复合防水屋面、瓦屋面、金属板材屋面等。这里介绍防水卷材屋面。

3.4.6.1 屋面找平层

检查屋面板等基层是否安装牢固，不得有松动现象。铺砂浆前，基层表面应清扫干净并洒水湿润。砂浆配合比要称量准确，搅拌均匀，底层为塑料薄膜隔离层、防水层或不吸水保温层，宜在砂浆中加减水剂并严格控制稠度。砂浆铺设应按由远到近、由高到低的顺序进行，严格掌握坡度，可用2m刮杠找平。

待砂浆稍收水后，用抹子抹平压实、压光，终凝前，轻轻取出嵌缝木条。铺设找平层12h后，需洒水养护或喷冷底子油养护。找平层硬化后，用密封材料嵌填分格缝。

防水找平层应为平整、压光的基层。具体做法为1∶3的水泥砂浆在基层混凝土上抹2～5cm，12h后用草袋覆盖，浇水养护，避免找平层出现水泥砂浆收缩开裂、起砂起皮现象。对于墙根部及转角处，用细石混凝土做成圆弧形，以避免节点部位卷材铺贴折裂，利于粘实粘牢。

3.4.6.2 屋面保温层

水泥珍珠岩层保温层，应紧靠在基层表面上，保温材料应按配合比例拌和均匀，根据控制坡线满铺压实。在保温层内设置相互连通的排气管。

干铺的板状保温材料，应紧靠在需保温的基层表面上，并应铺平垫稳。分层铺设的板块上下层接缝应相互错开，板间缝隙应采用同类材料嵌填密实。粘贴的板状保温材料应贴严、贴牢、铺平；分层铺设的板块上下层接缝应相互错开。

3.4.6.3　屋面防水层

铺贴卷材前，在找平层上弹控制线，刷上基层处理剂和基层胶粘剂，每贴一副均先将卷材打开，按线试铺，摆正顺直，定好所需长度和搭接位置，然后回卷。并滚动卷材，用热铺法将卷材粘贴在找平层上，并确保卷材和找平层之间满粘，卷材粘贴后应大面平整，接通顺直。屋面坡度在3%～15%之间时，卷材可平行或垂直屋脊铺贴。铺贴卷材应采用搭接法，上下层及相邻另副卷材的搭接缝应错开，与屋脊平行的搭接缝应顺年最大频率风向搭接。当采用压条或带垫片钉子固定时，最大钉距不应大于900mm。凹槽内用密封材料嵌缝封严。天沟等铺贴卷材应从沟底开始。当沟底过宽，卷材需纵向搭接时，搭接缝应用密封材料封口。

防水卷材进场后，要作抽样试验，试验结果必须符合国家规范有关规定后方可使用。防水卷材严禁在雨天、雪天施工。五级风以上时不得施工。气温低于0°时不宜施工。施工中途下雨、下雪，应做好已铺卷材周边的防护工作。屋面施工所用材料均为易燃物质，施工现场必须做好防火措施。

3.4.7　给排水工程

3.4.7.1　给水工程

铝塑复合管采用卡套式连接，直埋敷设管道的管槽，宜配合土建施工时预留，管槽的底和壁应平整，无凸出尖锐物。管道支承的最大间距应符合设计和规范要求。钢塑复合管可采用螺纹连接、法兰连接或沟槽连接。横管任意两个接头之间均应有支承，支撑点不得设置在接头上。硬聚氯乙烯管可采用黏结连接、橡胶圈柔性连接或与金属配件的螺纹连接。聚丙烯PPR管可采用热熔连接、电熔连接或法兰连接。

墙上有预留孔洞的，可将支架横梁埋入墙内。钢筋混凝土构件上的支架，可在浇筑时在各支架的位置预埋钢板，然后将支架横梁焊接在预埋钢板上。如果没有预留孔洞和预埋钢板，可以用射钉或膨胀螺栓安装支架，沿柱敷设的管道，可采用抱柱式支架。

水表安装在便于检修和计数，不受曝晒、冻结、污染和机械损伤的地方，注意水表安装方向。阀门安装位置尽量保证手轮朝上或倾斜45°水平安装，不得朝下安装。

给水设备在安装前，应按设计图纸对设备基础的混凝土强度、坐标、标高、几何尺寸和螺栓孔位置进行复核或检验。预留孔洞二次灌浆混凝土达到设计强度后再进行给水设备安装。给水设备安装完毕后，按设备说明书的规定进行电气测试。给水设备无负荷试验正常后，方可进行带负荷运行。

3.4.7.2　室内消防系统安装

消火栓箱要符合设计要求，产品均应有消防部门的制造许可证、合格证及3C认

证报告。

安装消火栓支管，以栓阀的坐标、标高定位，甩口，核定后稳固消火栓箱。对于暗装的消火栓箱应先核实预留洞口的位置、尺寸大小，不适合的应进行修正，然后把消火栓箱预放入孔洞内，无误后用专用机具在消火栓箱上管道穿越的地方开孔，如箱体预留有穿越孔则把该孔内的铁片敲落，开孔大小合适，且应保证管道居中穿越。位置确定无误后进行稳装。安装好消火栓支管后协调土建填实封闭孔洞。

消防水龙带应折好放在挂架、托盘、支架上或采用双头盘带的方式卷实、盘紧放在箱内。

安装消火栓水龙带，水龙带与水枪和快速接头绑扎好后，应根据箱内构造将水龙带挂放在箱内的挂钉、托盘或支架上。消防水龙带与水枪的连接，一般采用卡箍，并在里侧绑扎两道 14 号铁丝。消防水枪要竖放在箱体内侧，自救式水枪和软管应放在挂卡上或放在箱底部。

消火栓系统干、立、支管道按设计或规范要求进行水压试验。消火栓应进行试射试验，消火栓位置应符合消防验收要求，标志明显，消火栓水带取用方便，消火栓开启灵活，无渗漏。

3.4.7.3 排水工程

生活污水塑料管道的安装坡度，支架、吊架间距及伸缩节位置必须符合相关设计和规范要求。

管道安装前应按设计位置标高检查复核留洞，埋设好各种固定支吊架。

排水管道的立管与横管、横管与横管的连接应用 45°弯头。排水立管洞墙角垂直敷设。施工时，立管中心线可标注在墙上，按量出的立管尺寸及所需的配件进行配管，立管安装应用线锤找直，三通口找正，并在三通下方设置伸缩节。现场施工时，也可以先进行预制，然后分层组装。另外，安装立管时，立管与墙面应留有一定的操作距离，还必须考虑安装和检修方便。

立管安装后，应按卫生器具的位置和管道规定的坡度敷设排水支管。排水支管不得穿过沉降缝、烟道等。

通气管道应高出屋面 2m，通气口上应做网罩，以防落入杂物。

3.4.7.4 卫生器具

卫生器具的安装应在室内装修工程施工之后进行，其给水管和排水管的甩头位置要准确。

卫生器具安装采用预埋螺栓或膨胀螺栓进行固定。卫生器具安装高度和位置偏差应符合设计和规范要求。支、托架必须防腐良好，安装平整、牢固，与器具接触紧密、平稳。排水管管道最小坡度应符合设计要求。

3.4.8　电气工程

3.4.8.1　电气照明

室外电缆埋管线管的敷设有明配和暗配两种。明配要求配得横平竖直，整齐美观。暗配不要求横平竖直，只要求管路短，弯头少。根据管子敷设的线路进行下料。管口应平齐，用圆锉将管口端面和内壁毛刺磨光。使管口保持光滑，以免割破导线绝缘层。布置好弯管的场地，安置好弯管器，根据钢管规格选择弯管器的模具，把管子放入模具，逐步弯出所需的弯度，钢管的弯曲半径不应小于电缆最大允许弯曲半径。将弯好的管子进行钢管之间的连接，连接时，严禁对口熔焊连接。宜采用大一级的短管套接，内管管口对端，外套管两端焊牢、密封。在连接前要清除管内杂物。穿铅丝与配管同步进行，所有电缆管全部穿好铅丝，管子两端留有余量（200～300mm），供穿电缆用。挖好沟道，放入配好地电缆管，管子两头用木塞堵住，对管子进行固定。先将靠杆子一侧的管子用铅丝绑扎在杆子上。对同在一个沟内的多根埋管，可将多根管子绑扎在一起，然后进行回填。所有电缆埋管必须做好接地线焊接，并要牢固、齐全，焊接处涂防腐漆。

室内电缆埋管应先确定电器的安装位置，测量敷设管路的长度及确定需弯曲的位置，然后进行下料。塑料管的弯曲须采用成品弯头。管子加工好后，就可按预定的线路进行配管，一般是从配电箱端开始，逐段配至用电设备处，在配管过程中塑料管需要连接时可用插入法和套接法。配管过程中将铁丝穿入管内，管子两端留有余量。再将塑料管用插入法与接线盒配电箱等连接，连接处结合面涂上专用胶合剂，接口牢固密封。最后再将其固定牢固，要与建筑施工配合进行。将管口、盒口用木塞或废纸堵塞，防止水泥浆、垃圾进入管内。暗敷的线管，埋设深度与建筑物、构筑物表面的距离不应小于15mm。当绝缘线管需在砌体上剔槽埋设时，应采用强度等级不少于M10的水泥砂浆抹面保护，保护层厚度大于15mm。

配电箱安装要与建筑配合采取预埋或预留孔洞方法，先确定施工线，根据设计图纸以施工线为基准量出距配电箱底或配电箱中心线的高度，将配电箱进行固定或依据配电箱的尺寸预留出位置。接线盒的安装也要与建筑配合，一般均采用预埋的方法，其做法与配电箱预埋相同。在预留孔洞内安装配电箱，固定前先将洞中杂物清理干净，用水把洞内四壁浇湿，再用高标号水泥砂浆将配电箱按要求稳入洞中。固定平整、牢固，灰浆饱满。配电箱的接地和钢埋管焊跨接地线。钢管与主接地网可靠焊接。穿线时，应使用放线架，以保持导线不乱和不造成急弯。导线穿入管中，应一端有人拉，另一端有人送，两者动作要协调。穿入管内的导线，应平行进入，不能互相缠绕。灯具、电器安装顺序是“先室内后室外，先主控后其他”。先在灯位处打孔，打入膨胀管和螺栓，将灯的底座用螺帽固定在螺栓上，电器连接时，将导线绝缘层剥

去合适长度（将导线环成圆扣，而圆的方向应与螺丝拧紧的方向一致），芯线与灯头相连，螺口灯头的相线应接在中心触点上，零线应接在螺纹的端子上。

3.4.8.2 防雷接地

接地主网按设计接出垂直接地极的钢管，钢管长度不够时可采用焊接延长，但每个接地极的接口只能有一个。按钢管的实际尺寸制作“Ω”箍，并焊在切好的钢管上，焊接时注意“Ω”箍一定要紧贴在钢管上，不少于三面施焊，焊缝要符合规范。接地扁钢应平整，正面和侧面都应校正，校正接地扁钢时要在扁钢面垫木块，防止损坏镀锌层。按图纸要求挖好接地沟，接地沟应挖成上宽下窄。其深度必须达到设计要求，并要注意测量深度的参照点应当是场区地坪。水平接地体之间的间距（沟的中心线距离）要符合设计要求。按设计图纸位置将垂直接地极打入沟的中心线上。打入接地体时，应将管帽套在管端保护管口，注意保持与地面垂直，如遇土质比较干时，可用浇水的方法待其够软后再打。“Ω”箍露出底面高度为：敷设降阻剂的为200mm，垂直接地极的间距应符合设计要求。连接平整好的主接地扁钢，然后放入挖好的接地沟内，与垂直接地极上的“Ω”箍焊在一起，焊接接地扁钢的下部，焊接时可在底部备一块长度与搭接长度相同的扁钢，再进行四边施焊，或在垂直接地极未全部打入地下时，先将水平接地扁钢与“Ω”箍进行搭接三边施焊后再将垂直接地极打入地下。

各项工程施工前，按施工方案、图纸要求，由专业技术人员结合现场实际情况向施工人员进行技术交底。接地（网）敷设前应做到运输道路和施工场地基本平坦、畅通。户内接地应该采取明接地方式。所用材料应符合设计要求。主网完成后应测量接地电阻，测试工具用大型接地网接地电阻测试仪。接地电阻应符合设计要求。

建筑物接地敷设按设计要求配合建筑结构施工埋设支撑件，首先定出施工线，量出支撑件埋设高度；然后将预埋支撑件埋设在墙上，按设计图纸用扁钢制作支撑件。暗敷接地扁钢在墙面抹灰前敷设，把平整好的扁钢焊在支撑埋件上，要求水平敷设应平直，敷设高度符合设计要求，保证接地端子安装后在同一个标高上。室内明敷接地干线，当沿建筑物墙壁水平敷设时必须距地面高250～300mm，与建筑物墙壁间的间隙10～15mm，敷设位置不妨碍设备的拆卸与检修。接地线在穿越墙壁、楼板和地坪处应加套钢管或其他坚固的保护套管，钢套管应与接地线做电气连通。建筑物内所有接地必须可靠地连在一起，包括室内电缆沟，接地端子电缆竖井内接地，主控室配电柜、盘接地等。建筑物内的接地按设计要求引出室外并与室外主接地网可靠连接，但引出线不能少于两根，电缆沟内扁钢敷设与主接地网的连接点不能少于两点。

各项工程施工前，按施工方案、图纸要求，由专业技术人员结合现场实际情况向施工人员进行技术交底。所用材料应符合设计要求。

3.4.9　通风及空调工程

3.4.9.1　组合式空调机组安装

空调机组安装前对安装位置进行检查，检查换热器进风口处是否有阻碍空气流动的障碍物，保证空调机组安装在坚实、牢固、表面平坦的混凝土基础或金属钢架上。对防振要求高的场合，空调机组与基础间应放置减振垫。空调机组交货时应组织专业人员进行开箱验收，检查空调机组随机附件是否齐全，根据随机文件核对设备型号及规格，检查空调机组有无损坏、零部件是否齐全。空调机组搬运时应避免损伤，不得强行拖动空调机组。

安装过程中，安装人员需注意空调机组型材与面板的承重，避免损坏空调机组。安装时应使空调机组的接管与墙面或吊顶隔开，外接风管应选用防腐、防潮、不透气、不易霉变的柔性材料。风管的大小尺寸应以保证管内风速为标准，避免风速过大造成噪声过大。空调机组无论是吊装在房间顶上还是卧式安装在地面基础上，必须保证空调机组水平，如果空调机组安装在地面基础上，必须考虑疏水器水封高度差和排水管的设置。空调机组盘管的进出水配管均按逆流方式接入。凝结水管安装时必须保证一定坡度，以便排水。

3.4.9.2　通风机安装

通风机交货应检查装箱清单、设备说明书、产品质量合格证书和产品性能检测报告等随机文件，检查设备及附件是否齐全、完好。

1. 离心式通风机安装

整体安装的通风机，搬运和吊装的绳索不得捆绑在转子和机壳或轴盖的吊环上，现场组装的通风机，绳索的捆绑不得损伤机件的表面，转子、轴径和轴封等处均不应成为捆绑部位。通风机的润滑油冷却和密封系统的管路应清洗干净和畅通，受压部分应做强度试验。通风机的进气管、排气管、阀件、调节装置及气体加热和冷却装置的油路系统管路等均应有独立支撑，并与基础或其他建筑物连接牢固。

整体空调机组的安装应直接放置在基础上，用成对斜垫铁找平。现场组装的空调机组，底座上的切削加工面应妥善保护，不应有锈蚀或损伤。底座放置在基础上，用成对斜垫铁找平。离心通风机如果直接安装在基础上，设备就位前应对基础进行验收，合格后方能安装。预留孔灌浆前应清除杂物，将通风机用成对斜垫铁找平，最后用细石混凝土灌浆。灌孔所用混凝土强度等级应比基础混凝土高一个等级，并捣固密实，地脚螺栓不得歪斜。安装允许偏差符合规范要求。电动机水平安装在滑座或固定在基础上，以装好的通风机为准找平找正。通风机传动装置的外露部位以及直通大气的进、出口必须装设防护罩（网）或采取其他安全措施。

2. 轴流式通风机安装

整体空调机组直接放置在基础上，用成对斜垫铁找平后灌浆。安装在无减振器的支架上，应垫4～5mm厚的橡胶板，找平找正后固定，注意通风机的气流方向。

现场组装的空调机组，水平部分空调机组应将风筒上部和转子拆下，并将主体风筒下部、轴承座和底座在基础上组装后，用成对垫铁找平；垂直部分空调机组将进气室安放在基础上，用成对垫铁找平，再安装轴承座，要求轴承座与底平面均匀接触，轴瓦研刮后，将主轴平放在轴瓦上，用划针固定在主轴轴头上，然后依次装上风轮、机壳、静子和扩压器。

3. 屋顶通风机安装

普通离心式屋顶通风机和轴流式屋顶通风机安装于刚性屋顶板上的混凝土基础上，在基础上预埋地脚螺栓，垫6mm厚橡胶垫，机座上边加平光垫圈，用螺母固定。通风机必须垂直，不得倾斜。

3.4.10 场地平整及室外工程

3.4.10.1 场地平整

根据施工图纸提供的坐标进行初步放样，现场用木桩、石灰粉标记。

土方利用挖掘机或推土机开挖，石方采用预裂爆破技术或光面爆破，对于不适宜采用预裂爆破的部位，应预留保护层。

石方工程开挖前，应进行控制爆破试验，以选择合理的钻爆孔布置和线装药密度等参数。采用预裂爆破技术的相邻两炮孔间岩面的不平整度应不大于150mm，孔壁表层不应产生明显的爆破裂隙。

表面覆盖土层开挖达到规定要求后，清理工作面，进行隐蔽工程验收，在开挖料中选用合格的回填料进行回填。回填土采用分层夯实的方法。采用人工回填，电动冲击夯实，一般分层厚度在250mm。回填土夯实前应进行整平，依次夯打，一夯压半夯均匀分布，不留间隙。作为回填土的土源应符合规范的规定，其中不含有杂草及有机物，土块粒径不大于5cm，土夹石的碎石粒径也不大于5cm，碎石比例不得超过设计要求。回填土按设计要求的密度确定夯实的遍数，一般不少于4遍。边角处不宜机械夯实时，采用人工夯实，但要减少每层的铺土厚度。管道附近回填时，除应对称夯实外，保护好管道，确认不会损坏管道时，方可机械夯击。

3.4.10.2 场内道路

升压站厂内道路一般为混凝土路面，其施工包括路基施工和路面施工。

1. 路基施工

根据施工图纸提供的坐标进行初步放样，现场用木桩、石灰粉标记。清除或移植施工范围内的树木、草皮，分期运至指定弃料场地。采用反铲挖掘机开挖，自卸车运土。

路基回填在表部覆盖土层开挖达到规定要求后，清理工作面，选用合格的回填料分层压实回填。

2. 路面施工

路面基层分为砾类基层和稳定土类基层两种，级配碎（砾）石基层采用机械摊铺配合人工整平，检查松铺层厚度，振动压路机碾压成型。水泥稳定土基层可采用路拌法施工，机械摊铺配合人工整平，压路机碾压成型。

对基层弯沉值、路幅宽、路拱标高、表面平整度和压实度等项进行检测，检测结果须符合规范要求。在混凝土摊铺施工前，清理基层表面，并充分洒水湿润。

采用钢模板，模板高度与混凝土板厚度一致。根据混凝土板的平面位置，直线段每隔10m、弯道每5m固定钢筋桩钉，对准桩号和高度安装模板，模板安装牢固、顺直。另外，模板安装前调直，补缺焊接，清除表面污物。

混凝土采用罐车运输，卸料时注意控制下落高度。采用混凝土路面插入式振捣器与平板振捣器振捣，先用插入式振捣振捣，后用平板振捣器振捣。

混凝土板表面的泌水消失后且不因洒水而破坏时，用草袋覆盖洒水养护至少14d。

混凝土达到一定强度后，即可拆除模板，拆模时间视气温而定。采用切缝机、刻纹机进行切缝和刻纹。切缝时按设计图纸要求画好线，使切割缝顺直整齐，切缝深度与宽度符合设计要求。混凝土路面养护期满后进行填缝施工。填缝前，对缝内清除干净，必要时用水冲洗干净，待其干燥后，在其侧壁表面涂一薄层沥青漆，等干燥后再填缝。填缝料采用沥青混合料，其灌注高度与板面齐平。

3.4.10.3　围墙施工

升压站（开关站）一般常见砖砌围墙和铁艺围墙。

1. 砖砌围墙

砖砌围墙基础和砌体施工与建筑物基础和主体工程施工方法相似，饰面砖施工可参考建筑装饰装修工程相关内容。

2. 铁艺围墙

铁艺围墙土方开挖、基础、地梁、柱的施工不再赘述，下面仅叙述金属栏杆制作和安装。

铁艺栏杆可根据设计图纸现场加工，也可采用成品栏杆。现场加工时，根据大样图计算各种杆件的长度进行下料。焊接好样品经检查验收合格后再加工全部栏杆。焊接后对焊接点进行打磨，栏杆抛光后刷防锈漆及面漆，涂刷遍数按设计要求进行。

基础、柱施工时应按设计要求埋置预埋件，安装前检查预埋件是否齐全、牢固。预埋件安装定位无误后刷两道防锈漆。将加工好的成品铁艺栏杆运输到安装现场，根据设计围栏底部高度，在基础上垫相同高度的垫块，将围栏吊放在垫块上，校正好位

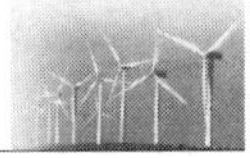

置，将固定点与基础和柱的预埋件连接牢固。栏杆的安装偏差应符合标准和设计要求。

3.4.10.4 草坪

采购的草种应饱满、易于发芽，草种厂家必须有相关质量认证，且有质量合格证。草种纯度和发芽率符合设计要求。草皮与草种用载重汽车运输，保管在通风、干燥的地方。

对坪床进行清理，清理不利于施工和影响草坪植物生长的杂物，如石头、水泥石灰块、树根、砖瓦等，必要时进行挖方和填方施工。清除范围一般不小于草坪床面以下 30cm。如有必要，还需要在植草前 3 周用药剂除草和防虫杀菌消毒或深翻填埋。用翻耕机或人工进行翻耕，改善土壤透水性，提高保水能力。

按设计地形要求对地形进行粗平整，自然式草坪应有适当的自然坡度，规则式草坪则要求平整。将标桩定在固定的坡度之间，挖高填低，填方应考虑填土的沉降问题，用滚筒或平板镇压器进行镇压。按设计要求安装灌溉系统，升压站内草坪一般面积不大，可以利用地形自然排水，不考虑排水系统。

坪床处理：坪床层包含种植土壤层和砂床层两部分，种植土壤层选择优良表层种植土，压 20～30cm，无杂草和杂物。如需改良，可采用有机肥、膨化鸡粪或泥炭土改良土壤板结状况，采用石灰改良酸性土壤，采用石膏和硫酸亚铁改良碱性土壤。砂床层可采用 5cm 厚泥炭土或腐熟有机肥与种植砂混合形成。

处理完毕的坪床土壤充分浇水 1～2 次后，利用滚筒适度滚压，人工用刮板将整个坪床基层处理平整。

建植方法分草皮铺植法和播种法两种。采用草皮铺植法时，在铺植前，坪床应先浇足水，草坪卷进场后及时浇水，草皮铺植接缝处必须密实，相邻草块间应尽量错开，铺后草坪用滚筒压平，小面积草坪用镇板拍平，使草皮与面层土壤紧拉而无空隙。采用播种法时应选择合适的草种在合适季节进行，采用人工撒播，播种后应轻耙土镇压使种子入土 0.3～1cm，然后灌足水，播种后做好灌水、施肥、除杂草、防病虫害等养护工作。

3.4.10.5 事故油池、地下水池工程

事故油池、消防水池、生活水池一般为地下现浇混凝土池体结构。

1. 降水工程

根据地质勘察报告和现场实际情况进行降水工作，水位需降到施工面 0.5m 以下。

2. 基坑土方开挖

以机械开挖为主，人工开挖配合，机械分层开挖至基础底标高上 200～300mm 时采用人工修整至设计标高。

3. 池底板施工

基坑开挖、清理完毕后进行地基验槽，合格后及时浇筑池底垫层，垫层混凝土用平板振捣器振捣密实，表面刮抹平整。

池底板钢筋混凝土，按设计要求在控制间距处划出间距标志，弹出间距控制线，按控制线摆放钢筋，上层钢筋用钢筋支架垫起。池壁钢筋与支柱钢筋向上甩出，池壁钢筋在高出池底板表面不小于500mm范围内绑扎成型。水平施工缝留置在距池底面500mm高的池壁上，施工缝处设置止水带。

预拌混凝土采用混凝土泵车输送，插入式振捣器振捣密实，表面抹压平整。

4. 池壁、支柱、顶板施工

顶板钢筋按设计位置进行排放，钢筋交点逐点绑扎。钢筋骨架尺寸应准确，底板钢筋下面、池壁、支柱钢筋侧面垫水泥砂浆垫块，确保钢筋保护层厚度符合设计要求。

池壁外侧模板可采用组合钢模板或砖胎模，砖胎模内侧15mm厚砂浆抹灰，砖胎模砌筑完成后，先回填土方，保证砖胎模稳固。池壁内侧模板采用组合钢模板，设内支撑系统以防止模板在浇筑期间变形，防止胀模。顶板模板由水平承托木方、竖向钢管架支撑，竖向钢管下方应垫50mm厚木垫板。

施工缝界面以下混凝土抗压强度达到1.5MPa以上后，整体浇筑池壁、支柱和顶板混凝土。池壁和支柱混凝土应分层连续浇筑，间隔时间不超过混凝土初凝时间；顶板混凝土在池壁混凝土浇筑后连续浇筑，不留施工缝。振捣采用插入式振捣棒。顶板混凝土终凝后进行洒水保温保湿养护，池壁和支柱在拆除侧模后洒水养护，养护时间均不少于14d。

5. 土方回填

土方回填前应进行隐蔽工程验收，清理沟底。回填应分层对称进行，采用合格土料，含水率控制在设计要求范围，小型机械夯机夯实，夯实后取样检验干密度、含水率和压实度。

3.4.10.6　室外管道施工

1. 构筑物与管道连接

构筑物与管道连接时，用1：2水泥砂浆将管端与预留洞口间的缝隙填实，砂浆内宜掺入微膨胀剂。

2. 管道安装

管道敷设之前，沟槽应用素土夯实，沟底应平整，不得有尖硬的物体、石块等。如沟基为岩石或不易清除的石块时，沟底下挖100～200mm，填铺细砂或细土，夯实到沟底标高，方可敷设管道。管道接口之前，管道内杂物应清理干净。

管道穿过井壁处，应用水泥砂浆分两次填塞密实、抹平，不得渗漏。井内管道安

装时，井壁距离法兰或承口的距离不小于250mm。供水管道敷设完毕必须进行试压，试验压力为工作压力的1.5倍。消防管道敷设完毕应进行试压、冲洗，试验压力为工作压力的1.5倍，并不小于0.6MPa。

型钢支架及管道镀锌层破损处和外露丝扣要补刷防锈漆。给水管道明装的保温有管道防冻保温、管道防热损失保温、管道防结露保温三种形式。其保温材质及厚度均按设计要求，质量达到国家验收规范标准。

阀门型号、规格、耐压和严密性试验符合设计要求和施工规范规定。位置、进出口方向正确，连接牢固、紧密，启闭灵活，朝向合理，表面洁净。

管道施工完毕并达到一定强度后及时分段进行闭水试验，实际渗水量不得超过允许渗水量。

3. 回填

闭水试验合格后立即清底回填，防止暴露时间过长或遇水浸泡。回填从管道两侧平衡进行，回填土分层夯实，管身周围50cm范围内采用打夯机夯实。

井室周围的回填应与管道沟槽的回填同时进行；当不便同时回填时，应留台阶形接茬。井室周围回填压实沿井室中心对称进行。在密闭性检查前，除接头外露外，管道两侧和管顶以上的回填高度不宜小于0.5m。从管底基础至管顶0.5m范围内，沿管道、检查井两侧必须采用人工对称、分层回填压实，严禁用机械推土回填。管两侧分层压实时，宜采取临时限位措施，防止管道上浮。管顶0.5m以上沟槽采用机械回填时，应从管轴线两侧同时均匀进行，做到分层回填、夯实、碾压。回填时沟槽内应无积水，不得回填淤泥、有机物等，回填土中不得含有石块、砖及其他带有棱角的杂硬物体。

3.4.10.7 户外电缆沟

1. 放样画线

根据设计图纸和复测记录，按照设计单位提供的图纸和现场地形地貌的特点测量电缆路径，在满足设计要求的前提下，按便于缆沟开挖的原则决定敷设电缆线路的走向，然后进行画线。画线时应尽量保持电缆沟顺直，主要采用划双线，拐弯处的曲率半径不得小于电缆的最小允许弯曲半径。

2. 电缆沟开挖

电缆线路路径测量严格按设计确定的路径进行，测量采用百米钢尺。在查明的地下管线缆径路上设立标志，基槽开挖至设计标高，对电缆沟进行验槽，并做好记录。

3. 浇筑混凝土底板垫层

基底原土夯实，放设电缆沟底垫层模板边线以及坡度线，根据边线及坡度线安装模板，并采用水准仪跟踪测定模板标高。底板垫层应按设计要求或规范规定留置变形缝。基础较宽时，在基槽中间设水平控制桩。

4. 电缆沟墙体砖砌

采用经纬仪在底板混凝土表面定点、弹线，确定电缆沟墙体边线。根据电缆沟墙体标高，设置皮数杆。底板第一皮砖缝超过20mm时，应采用细石混凝土找平。砖在砌筑前隔夜浇水湿润，砂浆按配合比搅拌，控制好稠度。砂浆应保证3h内砌筑完毕，砌砖时铺灰长度不应超过500mm，并严格按照皮数杆逐层砌筑，及时清理落地残余砂浆。

砌筑过程中，将预埋件铁件砌入电缆沟墙体内，应根据预设的粉刷层厚度拉线控制预埋件标高及凸出墙体位置。铁件应事先制作完成。电缆沟墙体按照规范砌筑，顶层砖均采用"全丁"砌筑，砌筑完成后，砌体顶面采用砂浆灌缝。墙体应按设计要求或规范规定留置变形缝，上下贯通，并应和底板、垫层变形缝位置一致。

5. 电缆沟压顶混凝土施工

(1) 在电缆沟外墙弹出水平线，根据水平线安装压顶模板，采用钢制卡具固定压顶模板。压顶模板上口根据水平线调平，为防止压顶模板上口倾斜，在压顶两侧设置木方与基坑边沿土方打桩固定。压顶钢筋与墙面及模板两侧设混凝土保护层。

(2) 压顶浇筑前墙面应浇水湿润。压顶混凝土采用木模板拉毛、压实，防止混凝土产生收缩裂缝，并及时清除模板残余混凝土及砂浆。混凝土压顶在变形缝处也应断开。

(3) 伸缩缝设置以15～20m为宜。

(4) 压顶混凝土一次成型，不做粉刷。

3.5 输电线路工程土建施工

3.5.1 概述

输电线路工程土建施工包括架空线路和地埋电缆、光缆的施工，是风电场输电系统的重要组成部分。输电线路既是联系风电机组、升压变电站和电网系统的动脉，同时也是保证电力输出的纽带。

架空线路施工安装主要包括复测分坑，基础施工，接地体埋设，杆塔组立，通道清理、跨越架搭设，架线，附件安装，接地安装。

直埋电缆施工安装主要包括路径复测，沟道开挖，电缆、光缆敷设，电缆头制作，接地安装。

3.5.2 架空线路的施工

3.5.2.1 施工准备

1. 现场准备

开工前，掌握有关技术资料，熟悉图纸，编写施工安装方案并审批；同时做好安

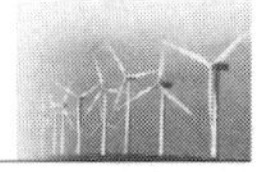

装技术交底工作，并将施工关键环节对施工人员重点强调。做好施工用机具的准备、检查和施工人员的培训。全体参加施工人员须经体检合格，经安全和电气专业知识培训，并经考试合格，取得上岗证资格方可参加施工。集电线路周边交通便利，方便罐车及杆塔设备运输。架空集电线路施工流程如图 3-22 所示。

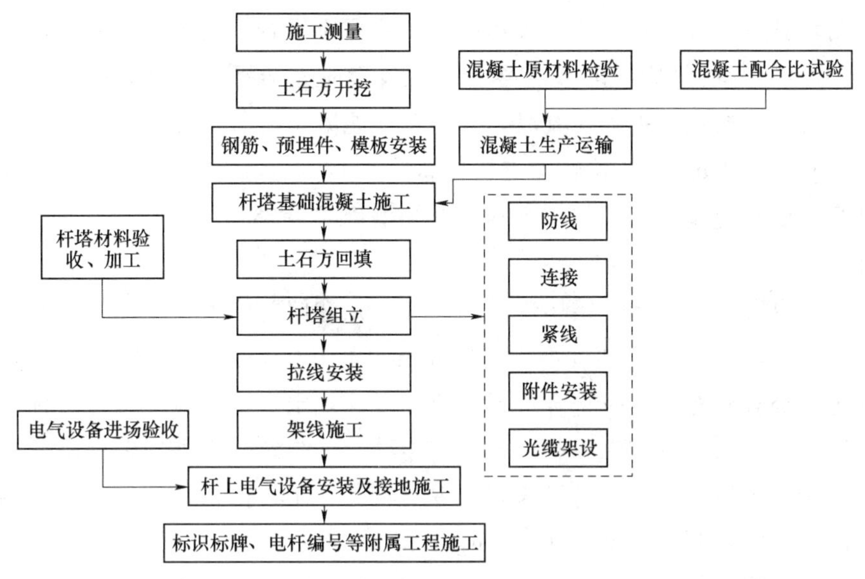

图 3-22　架空集电线路施工流程

本线路工程依据《电气装置安装工程　66kV 及以下架空电力线路施工及验收规范》(GB 50173) 及图纸施工。

2. 原材料进场检验

(1) 架空电力线路工程使用的原材料及器材，必须有该批产品出厂质量检验合格证书，设备应有铭牌，同时要符合国家现行标准的各项质量检验资料。对砂、石等原材料应抽样并提交具有资质的检验单位检验，应在合格后再采用；原材料及器材因超过规定保管期限、保管、运输不良等原因造成损伤或损坏，对原检验结果有怀疑或试样代表性不够，应重做检验，并应根据检验结果确定是否使用或降级使用；钢材焊接用焊条、焊剂等焊接材料的规格、型号应符合《钢结构焊接规范》(GB 50661) 的规定。

(2) 现场浇筑混凝土基础所使用的砂、石应符合《普通混凝土用砂、石质量及检验方法标准》(JGJ 52) 的规定，水泥的品种与标号应满足设计要求的混凝土强度等级，水泥保管时应防止受潮，不同品种、不同等级、不同制造厂、不同批号的水泥应分别堆放，标识清楚。制作预制混凝土构件用水应使用可饮用水。对于现场拌和混凝

土，宜使用可饮用水，当无可饮用水时，应采用清洁的河溪水或池塘水等。水中不得含有油脂和有害化合物，有怀疑时应送有相应资质的检验部门做水质化验，并在合格后再使用。混凝土拌和用水严禁使用未经处理的海水。预制混凝土构件及现浇混凝土基础用钢筋、地脚螺栓、插入角钢等加工质量都应符合设计要求。钢材应符合《钢筋混凝土用钢》(GB/T 1499) 的规定，表面应无污物和锈蚀。

(3) 角钢铁塔、混凝土电杆铁模担的加工质量应符合《输电线路铁塔制造技术条件》(GB/T 2694) 的规定。环形混凝土电杆表面应光洁平整、壁厚应均匀，应无露筋、跑浆等现象。放置地平面检查时，普通钢筋混凝土电杆应无纵向裂缝，横向裂缝的宽度不应超过 0.1mm，其长度不应超过周长的 1/3，预应力混凝土电杆应无纵横向裂缝，杆身弯曲不应超过杆长的 1/1000，电杆杆顶应封堵，同时质量应符合《环形混凝土电杆》(GB 4623) 的规定。

(4) 薄壁离心钢管混凝土结构铁塔端头外径允许偏差应为±1.5mm；杆件长度允许偏差应为±5mm，杆身弯曲度不应超过杆长的 1/1000，并不应大于 10mm，钢管焊缝应全部进行外观检查，并应符合现行行业标准的规定。钢管电杆构件的标志应清晰可见，焊缝坡口应保持平整无毛刺，不得有裂纹、气割熔瘤、夹层等缺陷质量，焊缝表面质量应用放大镜和焊缝检验尺检测，需要时可采用表面探伤方法检验，同时应符合《输变电钢管结构制造技术条件》(DL/T 646) 的规定。

(5) 杆塔用螺栓的质量应符合《输电线路杆塔及电力金具用热浸镀锌螺栓与螺母》(DL/T 284) 的规定。裸露在大气中的黑色金属制造的附件应采取防腐措施。金属附件及螺栓表面不应有裂纹、砂眼、镀层剥落及锈蚀等现象。

(6) 架空电力线路使用的线材表面应光洁，不得有松股、交叉、折叠、断裂及破损等缺陷，线材应无腐蚀现象，钢绞线、镀锌铁线表面镀锌层应良好，无锈蚀。架空绝缘线表面应平整光滑、色泽均匀，无爆皮、无气泡；端部应密封，并应无导体腐蚀、进水现象；绝缘层表面应有厂名、生产日期、型号、计米等清晰的标志。同时导线的质量应符合《圆线同心绞架空导线》(GB/T 1179) 的规定，架空绝缘线的质量应符合《额定电压 10kV 架空绝缘电缆》(GB/T 14049) 和《额定电压 1kV 及以下架空绝缘电缆》(GB/T 12527) 的规定。镀锌钢纹线作为架空地线或拉线时，镀锌钢绞线的质量应符合《镀锌钢绞线》(YB/T 5004) 的规定。复合光缆作为架空地线时，复合光缆应符合《光纤复合架空地线》(DL/T 832) 的规定。

(7) 绝缘子安装时铁帽、绝缘件、钢脚三者应在同一轴线上，不应有明显的歪料，且应结合紧密，金属件镀锌应良好；瓷质绝缘子瓷釉应光滑，并应无裂纹、缺釉、斑点、烧痕、气泡或瓷釉烧坏等缺陷，外观质量不应超过表 3-33 的规定；有机复合绝缘子表面应光滑，并应无裂纹、缺损等缺陷。外露的填充胶接料表面应平整，其平面度不应大于 3mm，且应无裂纹；玻璃绝缘子应由钢化玻璃制造，玻璃件不应

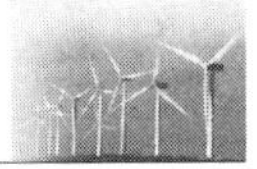

有折痕、气孔等表面缺陷，玻璃件中气泡直径不应大于5mm。同时盘形悬式瓷及玻璃绝缘子的质量应符合《标称电压高于1000V的架空线路绝缘子》（GB/T 1001）、《标称电压高于1000V的架空线路绝缘子交流系统用瓷或玻璃绝缘子元件盘形悬式绝缘子元件的特性》（GB/T 7253）和《盘形悬式绝缘子用钢化玻璃绝缘件外观质量》（JB/T 9678）的规定。有机复合地缘子的质量应符合《标称电压高于1000V的交流架空线路用复合绝缘子——定义、试验方法及验收准则》（GB/T 19519）的规定。

表3-33 瓷件外观质量

瓷件分类		单个缺陷					外表面缺陷总面积/mm^2
类别	HD (cm^2)	斑点、杂质、烧缺、气泡等直径/mm	粘釉或碰损面积/mm^2	缺釉		深度或高度/mm	
				内表面/mm^2	外表面/mm^2		
1	$HD \leqslant 50$	3	20.0	80.0	40.0	1	100.0
2	$50 < HD \leqslant 400$	3.5	25.0	100.0	50.0	2	150.0 (100.0)
3	$400 < HD \leqslant 1000$	4	35.0	140.0	70.0	2	200.0 (140.0)
4	$1000 < HD \leqslant 3000$	5	40.0	160.0	80.0	2	400.0
5	$3000 < HD \leqslant 7500$	6	50.0	200.0	100.0	2	600.0
6	$7500 < HD \leqslant 15000$	9	70.0	280.0	140.0	2	1200.0
7	$15000 < HD$	12	100.0	400.0	200.0	2	$100 + HD/1000$

注：1. 表中 H 为瓷件高度或长度；D 为瓷件最大外径。
2. 内表面（内孔及胶装部位，但不包括悬式头部胶装部位）缺陷总面积不作规定。
3. 括弧内数值适用于线路针式或悬式绝缘子的元件。

（8）金具组装配合良好，安装时，检查铸铁金具表面应光洁，无裂纹、毛刺、飞边、砂暇、气泡等缺陷，镀锌应良好，应无锌层剥落、锈蚀现象；铝合金金具表面应无裂纹、缩孔、气孔，渣眼、砂眼、结疤、凸瘤、锈蚀等；施工所用的金具型号与相应的线材及连接件的型号应匹配。同时金具的质量应符合《电力金具通用技术条件》（GB/T 2314）和《电力金具制造质量》（DL/T 768）的规定，金具的验收应符合《电力金具试验方法　第4部分：验收规则》（GB/T 2317.4）的规定，金具的标志与包装应符合《电力金具通用技术条件》（GB/T 2314）的规定。对于35kV及以下架空电力线路金具还应符合《架空配电线路金具技术条件》（DL/T 765.1）和《额定电压10kV及以下架空裸导线金具》（DL/T 765.2）的规定，l0kV及以下架空绝缘导线金具应符合《额定电压10kV及以下架空绝缘导线金具》（DL/T 765.3）的有关规定。

3.5.2.2 测量

1. 复测

测量仪器和量具使用前应进行检查。仪器最小角度读数不应大于1°。分坑测量前应依据设计提供的数据复核设计给定的杆塔位中心桩，并应以此作为测量的基准。用视距法复测时，架空送电线路顺线路方向两相邻杆塔位中心桩间的距离与设计值的偏差不应大于设计挡距的 1%。

复测主要内容如下：

（1）校核直线杆塔桩的直线、转角杆塔桩的度数、水平挡距、杆塔位置高差、危险点标高、风偏距离等。

（2）重要交叉跨越物（如铁路、公路、电力线、Ⅰ级和Ⅱ级通信线、民房等）的标高。

（3）若复测结果与设计资料不符且超出允许范围，应报工地技术部门处理。

（4）若发现有丢失的桩位，应立即补上，补定后的桩应与原桩号一致。桩之间的距离和高程测量可采用视距法同向两测回或往返各一测回测定，其视距长度不宜大于 400m，测距相对误差，同向不应大于 1/200，对向不应大于 1/150。在补桩时，对其桩距、高差、转角度数、危险点、交叉跨越点都要进行复查。

（5）在复测中发现杆塔位由于地形条件限制，位置不适宜施工时，直线杆塔位允许前后少许移动，其移动值不应大于相邻两挡距最小挡距的 1%，直线杆塔横线路方向位移点不应超过 50mm；转角杆塔、分支杆塔的横线路、顺线路方向的位移均不应超过 50mm，同时，要做好记录和汇报工作。

（6）杆塔位中心桩移桩采用钢卷尺直线量距时，两次测值之差不得超过量距的 1%。采用视距法测距时，两次测值之差不得超过测距的 5%；采用方向法测量角度时，两测回测角值之差不得超过 1′30″。

2. 分坑

单杆基础分坑如图 3－23 所示，双杆基础分坑如图 3－24 所示，直线及分歧塔基础分坑如图 3－25 所示，转角塔基础分坑如图 3－26 所示，起始及终端塔基础分坑如图 3－27 所示。

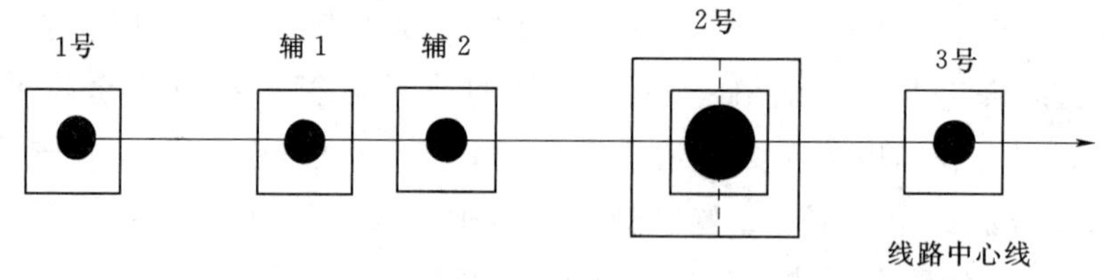

图 3－23　单杆基础分坑图

分坑时，应根据杆塔位中心桩的位置钉出辅助桩，其测量精度应满足施工精度的要求。基础分坑测量应在施工基面开挖完成后进行，以复测后或复原后的塔位中心桩为基准，按杆塔型号和基础型式及根开尺寸和坑口尺寸定辅助桩，其数量应满足分坑图要求，水田及易丢桩处应适当增加。由于施工开挖塔位中心桩无法保存，应在顺线路方向及横线路方向加定辅助桩，以便塔位中心桩重新确定。对辅助桩所定位置应牢固、准确，并加以很好的保护，以便施工及检查验收。

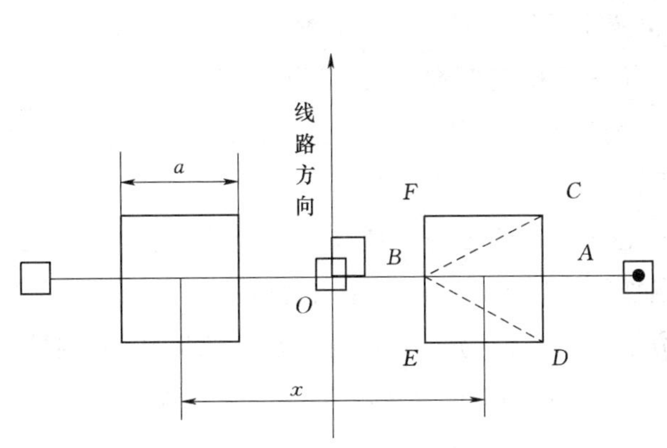

图 3-24 双杆基础分坑图

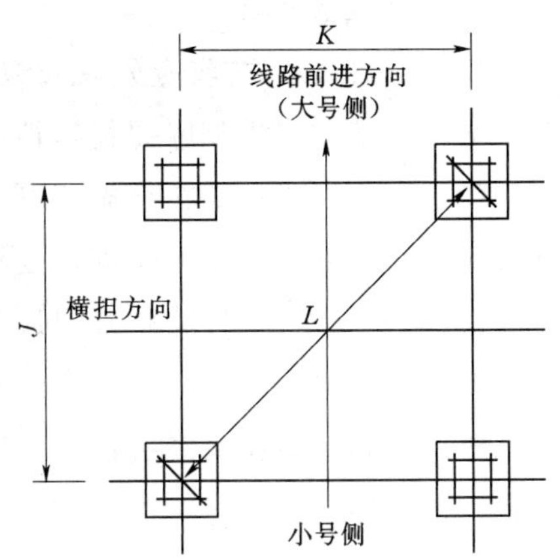

图 3-25 直线及分歧塔基础分坑图

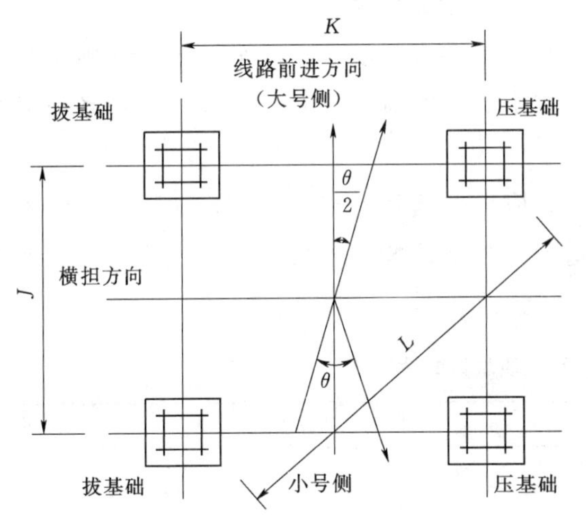

图 3-26 转角塔基础分坑图

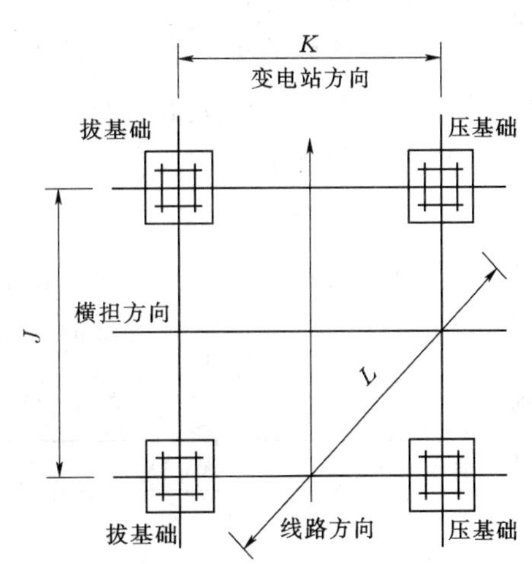

图 3-27 起始及终端塔基础分坑图

基础分坑测量是按设计图纸的要求，将基础在地面上的方位和坑口轮廓线测定出来，以作为挖坑的依据。根据杆塔型式的不同，可分为水泥杆和铁塔两部分。水泥杆分坑有单杆（包括V形铁杆）、直线双杆和转角双杆等。铁塔分坑有正方形基础、矩形基础、高低腿基础、转角塔基础等。

3.5.2.3 基础施工

杆塔基础坑的开挖方法一般有人力开挖、机械开挖和爆破开挖等。除山区岩石以外，绝大部分采用人力开挖和机械开挖方法。这种预先开挖好的基坑，主要用于预制混凝土基础、普通钢筋混凝土基础和装配式混凝土基础等。这类基础具有施工简便的特点，是线路设计中最常用的基础型式。基础在基坑内施工好后，将回填土埋好夯实。

1. 施工注意事项

(1) 基础坑开挖前应先观察现场，摸清实地情况，掌握地形、地貌、地质、河流、交通、基穴和堆积障碍物等情况，并采取相应措施，然后进行施工。

(2) 土石方开挖应按照施工图纸及技术交底资料（基础施工手册），核对基础分坑放样尺寸、方位等是否正确，复核无误后，方可按要求进行开挖。

(3) 对位于山地杆塔基础附近有房屋及经济林区的，应采取相应施工方法。尤其是对石坑进行爆破开挖时，应在爆破点加盖钢丝网罩，并压上装满泥土的草包，避免放炮时损坏邻近房屋及经济作物。在房屋、经济作物及交通道路附近地形陡峭，且场地狭小、地形恶劣的塔位施工，还应在施工周围加筑土墙，以防石块滚落伤害行人、房屋及经济作物。

(4) 土石方开挖一般采用人工开挖。若由沿线村民承包或外来施工队承包，则应加强技术安全指导和组织管理工作，进行必要的安全教育。

(5) 杆塔基础的坑深应以设计图纸的施工基面为基准，一般平地未标注施工基面时，施工基面为零。施工基面的丈量一律以中心桩的地面算起。各种基础都必须保证基础边坡距离的要求。

(6) 坑口轮廓尺寸在基础分坑时考虑，应根据基础的实际尺寸，加上适当的操作裕度。不用挡土板挖坑时，坑壁应留有适当的坡度；坡度的大小应视土质特性、地下水位和挖掘深度而定，一般可参照表3-34预留。

表3-34　各种土质坑口的坡度

土质分类	淤泥、砾土、砂	黏土、黄土	砂质黏土	坚土	石
安全坡度（深：宽）	1：0.75	1：0.3	1：0.5	1：0.15	0
操作裕度/m	0.3	0.2	0.2	0.2	0.1

2. 施工技术要求

(1) 土方施工采用人工配合机械施工。铁塔基础施工基面的开挖以设计图纸为准，按不同地质条件规定开挖边坡。基面开挖后应平整，不应积水，边坡采取防止拥塌的措施。

(2) 杆塔基础的坑深以设计施工基面为基准。当设计施工基面为零时，杆塔基础坑深以设计中心桩处自然地面标高为基准。拉线基础坑深以拉线基础中心的地面标高为基准。

(3) 杆塔基础坑深允许偏差按规范为－50～＋100mm，坑底应平整。同基基础坑在允许偏差范围内按最深基坑操平。

(4) 主柱挖掘过程中，每挖500mm应在坑中心吊垂球检查坑位及主桩直径。开挖将至设计深度时应预留50mm不挖掘，并应待清理基坑时再修整。

(5) 拉线基础坑的坑深不应有负偏差。

(6) 杆塔基础坑及拉线基础坑回填应符合设计要求；应分层夯实，每回填300mm厚度应夯实一次。坑口的地面上筑防沉层，防沉层的上部边宽不得小于坑口边宽，其高度应根据土质夯实程度确定，基础验收时宜为300～500mm。经过沉降后应及时补填夯实。工程移交时坑口回填土不应低于地面。

1) 石坑回填应以石子与土按3∶1比例掺和后回填夯实。

2) 泥水坑回填应先排出坑内积水然后回填夯实。

3) 冻土回填时应先将坑内冰雪清除干净，应把冻土块中的冰雪清除并捣碎后进行回填夯实。

3. 基础施工方法

杆塔基础为现浇钢筋混凝土基础，浇筑用水采用拉水车运至施工现场，现场采用柴油发电机发电，基础材料加工在加工厂进行，现场振捣棒应一用一备，确保施工不中断。

杆塔基础均为台阶基础，基础根开小，拟采用整体开挖后4条腿整体立模浇筑的方法进行基础施工，台阶模板采用钢模板，立柱模板采用竹胶模进行模板组装。

(1) 钢筋绑扎。采用坑内绑扎方法进行钢筋绑扎，绑扎时要求间距一致、标高一致，各种尺寸满足施工验收规范的要求。钢筋绑扎完成应进行隐蔽工程验收。

(2) 模板整立。模板采用整体立模，一个基础4条腿统一立模，一起浇筑。模板内表面涂刷脱模剂。

(3) 螺栓固定. 为保证地脚螺栓固定尺寸的准确性，采用调整板进行固定，根据地螺小根开进行放样加工。

(4) 基础尺寸控制流程。基础尺寸控制须遵守下述控制流程：先控制坑尺寸，第二步控制模板固定尺寸，第三步控制地脚螺栓固定尺寸，最后控制摸面。环环紧扣，才能保证施工质量。

(5) 基础混凝土浇筑。混凝土原材料应检验合格，基础混凝土中严禁掺入氯盐。按设计混凝土强度等级进行配合比试验，混凝土配合比试验应由具有相应资质的检测机构进行并出具混凝土配合比报告。

混凝土采用罐车运输，现场用串筒或小农用车入仓，插入式振捣器进行振捣，混凝土运输、浇筑过程中严禁加水，每班日应检查两次及以上坍落度，浇筑现场取混凝土试样，同条件养护，试块数量符合以下规定：

1) 转角、耐张、终端、换位塔及直线转角塔基础每基应取一组。

2) 一般直线塔基础，同一施工队每5基或不满5基应取一组，单基或连续浇筑混凝土量超过100m^{3}时也应取一组。

3) 当原材料变化、配合比变更时应另外制作。

4）当需要做其他强度鉴定时，外加试块的组数应根据鉴定要求确定。

5）混凝土试块强度试验应由具备相应资质的检测机构进行。

现场浇筑混凝土浇筑后应在 12h 内开始浇水养护，当天气炎热、干燥有风时，在 3h 内进行浇水养护。养护时在基础模板外加遮盖物，浇水次数要能保持混凝土表面始终湿润。对普通硅酸盐和矿渣硅酸盐水泥拌制的混凝土浇水养护，不得少于 7 天；对掺用缓凝型外加剂或有抗渗要求的混凝土，不得少于 14 天；当使用其他品种水泥时应按有关规定养护。

（6）基础拆模经表面质量检查合格后应立即回填，并应对基础外露部分加遮盖物，按规定期限继续浇水养护，养护时应使遮盖物及基础周围的土始终保持温润。采用养护剂养护时，应在拆模并经表面检查合格后立即涂刷，涂刷后不得浇水。注意日平均温度低于 5℃时，不得浇水养护。

基础拆模时的混凝土强度，应保证其表面及棱角不损坏。特殊形式的基础底模及其支架拆除时的混凝土强度应符合设计要求。

3.5.2.4　杆塔组立

1. 钢筋混凝土电杆

钢筋混凝土电杆多采用分段制造，在施工现场将分段杆按设计的要求排直并焊接成整杆，排焊好之后才能进行组装和立杆。混凝土电杆的地面组装顺序一般为先装导线横担，再装地线横担、叉梁、拉线抱箍、爬梯抱箍、爬梯及绝缘子串等。

（1）电杆组装。在组装施工之前，应熟悉电杆杆型结构图、施工手册及有关注意事项，按图纸检查各部件的规格尺寸有无质量缺陷，杆身是否正直；安装时要严格按照图纸的设计尺寸和方位等拨正电杆，使两杆上下端的根开及对角符合要求，且对称于结构中心。如为单杆应拨正在中心线上，要测量双杆的横担至杆根长度是否相等，如不等应调整底盘的埋深。在拨正、旋转或移动杆身时，不得将撬杠插进眼孔里强行操作，必须同时采用大绳子和杠棒，在杠身的 3 个以上部位进行旋转、移位和拨正；组装横担时，应将两边的横担悬臂适当向杆顶方向翘起，一般翘起 10～20mm，以便在挂好到导线后，横担能保持水平。

组装转角杆时，要注意长短横担的安装位置，顶端竖直安装的瓷横担支架应安装在转角的内角侧。组装叉梁时，先量出距离并装好 4 个叉梁抱箍，在叉梁十字中心处要垫高至与叉梁抱箍齐平，然后先连接上叉梁，再连接下叉梁。如安装不上，应按图纸检查根开及叉梁、接板与抱箍安装尺寸，并作调整，安妥为止；以抱箍连接的叉梁，其上端抱箍组装尺寸的允许偏差应为±50mm。分段组合叉梁，组合后应正直，不应有明显的鼓肚、弯曲。横隔梁的组装尺寸允许偏差为±50mm。拉线抱箍、爬梯抱箍的安装位置及尺寸要符合图纸规定。挂线用的铁构件或瓷瓶串、拉线上把等在地面组装时安装好，以减少高空作业量并能提高质量和进度。电杆组装所用螺栓规格数

量按设计要求，安装的工艺应符合规定，各构件的组装应紧密牢固，构件在交叉处留有空隙时，应装设相同厚度的垫圈或垫板。横担及叉梁等所用角钢构件应平直，一般弯曲度允许为1%。如因运输造成变形但未超规定时，准许在现场用冷矫正法矫正，矫正后不得有裂纹和硬伤。组装时如果发现螺孔位置不正，或不易安装，要反复核对查明原因，如查不出原因，可向上级反映，不要轻易扩孔，强行组装。

组装完毕后，应系统检查各部件尺寸及构件连接情况。

（2）立杆。电杆起吊过程中必须有专人指挥，其余施工及其配合的工作人员要精力集中，注意整个过程的工作情况，一旦有异常情况出现，要及时汇报，及时处理，以保证起吊工作的顺利进行。

电杆起吊时，电杆起吊离开地面约0.8m时，应停止起吊，进行以下检查：①检查各部受力情况并做冲击试验；②检查各部受力情况是否正常，用木杠敲击各绑扎点，使受力均匀；③检查各绳扣是否牢固可靠，各桩锚是否走动，锚坑表面土有否松动现象，主杆是否正常，有无弯曲裂纹，是否偏斜，抱杆两侧是否受力均匀，抱杆脚有无滑动及下沉，然后做冲击试验。

在起吊过程中，要随时注意杆身及抱杆受力的情况，要注意杆梢有无偏摆，有偏斜时用侧面拉线及时调正，在起吊过程中要保持牵引绳、制动绳中心线、抱杆的中心线和电杆结构中心线始终在同一垂直面上。

电杆起吊到40°～45°时，应检查杆根是否对准，如有偏斜应及时调正。抱杆脱落前，应使杆根进入底盘位置。如果在抱杆脱落后，杆根再进入底盘，整个电杆的稳定性很差，很不安全。抱杆脱落时，应预先发出信号，暂停起吊，使抱杆缓缓落下，并注意各部受力情况有无异常。

电杆起立到约70°时，要停磨，并收紧稳好四面拉线，特别是制动方向拉线。之后的起吊速度要放慢，且要从四面注意观察电杆在空间的位置。

电杆在起立到80°时，停止牵引，用临时拉线及牵引绳自重将杆身调正，反向拉线必须收紧，以防电杆翻倒。

电杆立好后，应立即进行调整找正，电杆校正后，将四面拉线卡固定好，随即填土夯实，接地装置和卡盘在回填时一并埋设。带拉线的转角杆起立后，应在安装永久拉线的同时做好内角侧的临时拉线，并待前后侧的导线架好后方可拆除临时拉线。

2. 铁塔工程

铁塔及附件材料经公路及施工便道运至距离线路的最近地点后，可利用运输车运至坑位附近后组装。铁塔组立的施工方法有整体立塔和内悬浮抱杆分解组塔两种。整体立塔的主要特点是铁塔在地面组装好后，用倒落式人字抱杆起吊一次完成，不需要高空作业，在地形条件允许的地方是一种比较好的铁塔组立方法。内悬浮抱杆分解组塔主要是将铁塔分节或分片用抱杆组塔，先立好塔腿，然后利用抱杆组立塔身，最后组立塔头的正装组立法，其主要特点是高空作业。

(1) 整体立塔。整体立塔起吊的方法有三种，分别为人字抱杆坐落在塔脚旋转支点附近、人字抱杆两腿叉开骑在塔身上、人字抱杆立在塔腿主材上。

1) 人字抱杆坐落在塔脚旋转支点附近。这种方法适用于根开宽大的铁塔，此法各部受力都增加，抱杆也要选得相当坚固，因而笨重。人字抱杆坐落在塔脚旋转支点附近，如图3-28所示。

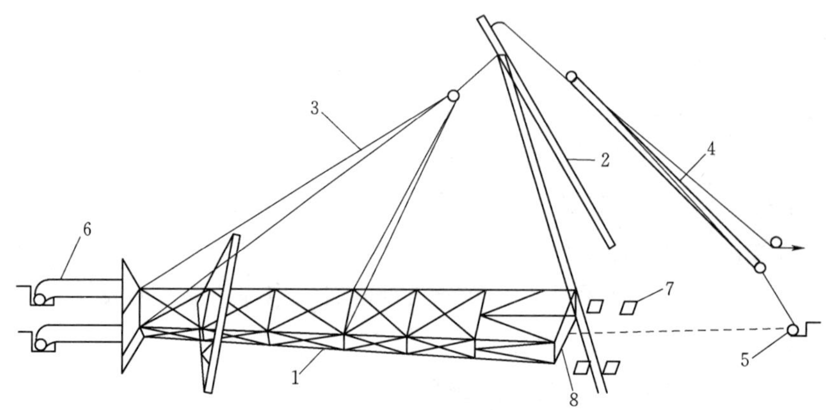

图3-28　人字抱杆坐落在塔脚旋转支点附近

1—被吊铁塔；2—人字形抱杆；3—起吊装置；4—牵引系统；5—主牵引地锚；6—制动系统；7—基础；8—补强

2) 人字抱杆两腿叉开骑在塔身上。抱杆根部与塔身有一定距离，可以根据需要调整，多用于窄根开的自立塔和拉线V形塔或拉猫塔。人字抱杆骑在塔身如图3-29所示。

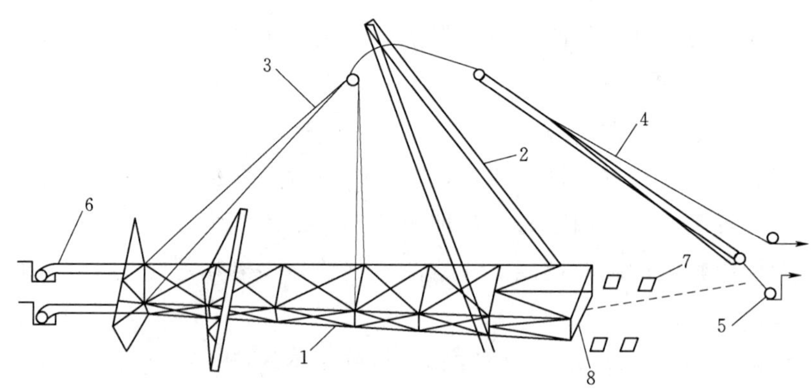

图3-29　人字抱杆骑在塔身

1—被吊铁塔；2—人字形抱杆；3—起吊装置；4—牵引系统；5—主牵引地锚；6—制动系统；7—基础；8—补强

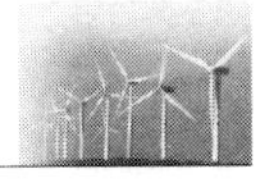

3）人字抱杆立在塔腿主材上。这种方法采用自身重量较轻的铝合金抱杆比较合适，这种方法可以提高人字形抱杆的有效高度，改善各部受力情况，抱杆与塔身不会发生摩碰现象。人字抱杆立在杆塔主材如图 3-30 所示。

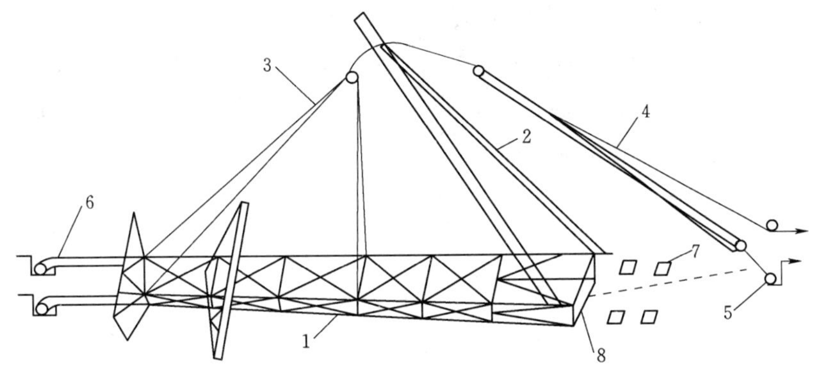

图 3-30 人字抱杆立在杆塔主材

1—被吊铁塔；2—人字形抱杆；3—起吊装置；4—牵引系统；5—主牵引地锚；6—制动系统；7—基础；8—补强

起吊前应提前踏勘检查现场平面布置，必须符合施工技术设计的规定。当铁塔刚刚离开地面时，应停止起吊，检查各部分有无异常现象，确定无异常现象后方可继续起吊。起吊前应尽可能收紧制动绳，以防止就位铰链向前移位和顶撞地脚螺栓。当铁塔起立到 60°左右时，应调整制动绳长度，使制动绳随着铁塔继续起立而慢慢放松，防止制动力过大而将就位铰链向后移位拉出基础面或造成就位困难；当铁塔立到 55°～60°时，应拉紧抱杆大绳，防止抱杆脱帽时的冲击，并使抱杆慢慢落到地面；当铁塔立至 70°左右时就要停止牵引，准备好后拉线，使后拉线处于准备受力状态，再继续缓缓起立；当铁塔重心接近两绞支点的垂直面时，停止牵引，依靠铁塔和牵引系统的重量，缓慢地放松后拉线使铁塔就位。对于吨位大、重心高的铁塔，由于牵引系统的自重较大，当铁塔起立到重心轴线超过后侧塔脚时，将会有一个很大的倒向前侧力矩，这时要特别注意，牵引系统、后侧拉线、制动绳的操作要互相紧密配合；当前方的两个塔脚就位之后，应将铁塔稍微向前倾一些，使后塔脚不受力，以便卸下就位铰链。

铁塔四脚就位后，应锁住临时拉线，并检查铁塔是否正直，底脚板与基础面接触是否吻合，一切符合标准要求后，即可拧紧地脚螺栓。拉线塔的塔脚与基础是铰接，如因场地限制，不能在顺线路方向整立时，可在其他方向整立，待起立后再旋转一定角度使铁塔正确就位。为使铁塔能转向，必须预先将转向器连接好四方拉线，并安装在铁塔中线挂点处，同时将基础铰接锅顶涂以黄油。当铁塔立起后，固定转向拉线，使铁塔有上固定旋转点，此时可直接拨动塔身，使铁塔转至正确位置。

（2）内悬浮抱杆分解组塔。

1）单吊组塔法。单吊组塔法如图3－31所示，抱杆1的末端由承托钢绳5悬浮于已组好塔身的四根主材中心位置，首端由拉线钢绳4固定，整个抱杆悬立于已组好的塔身之上，因此又称为悬浮式抱杆组塔法。起吊钢绳6的牵引端，通过朝天滑车2、腰滑车10、地滑车7引至牵引设备，另一端连接被起吊的塔材，一次只能吊一节铁塔的一面塔材。单吊法所需设备较简单，施工场地紧凑，受地形、地物的影响较小，组塔时受外界因素的影响较少，所需操作人员也较少。

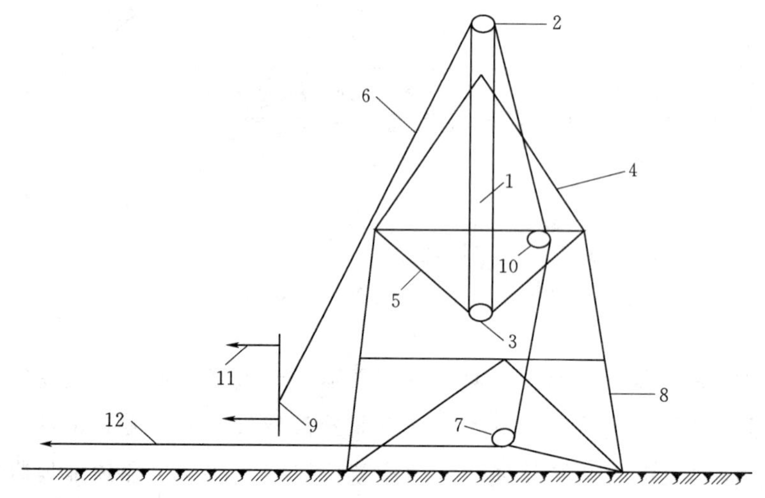

图3－31　单吊组塔法

1—抱杆；2—朝天滑车；3—朝地滑车；4—拉线钢绳；5—承托钢绳；6—起吊钢绳；7—地滑车；8—已组塔身；9—被起吊塔材；10—腰滑车；11—调整绳；12—牵引钢绳

2）双吊组塔法。双吊组塔法如图3－32所示，抱杆1由承托钢绳5和拉线钢绳4悬浮并固定于已组好铁塔结构的中心。起吊铁塔构件在铁塔两边同时起吊，故用两套起吊钢绳6，牵引端各自通过抱杆1的朝天滑车2的滑轮，经腰滑车10、地滑车7在塔身外相连接，再经平衡滑车13引至牵引设备。起吊钢绳的另一端连接被起吊塔材。双吊组塔法同时起吊两片塔材，同时安装，既提高了工效，又改善了抱杆的受力状态，增加了高空作业的安全性。双吊组塔法是两片塔材同时起吊，因而抱杆是正直地立于塔上，两边受力对称，使抱杆近似于纯受压杆件，因而提高了抱杆的承载能力，同时使拉线钢绳受力也大为减轻。双吊组塔法塔内绳索较多，操作上不大方便，通常除特大根开铁塔外，适用于多种塔型。

3.5.2.5　架线工程

在高压架空输电线路架线工程中，用半张力和张力放线方法展放导线，以及用与张力放线相配合的工艺方法进行紧线、挂线、附件安装等各项作业的整套架线施工方法，称为张力架线。这种方法在整个施工段放线过程中导线都始终处于架空状态，以

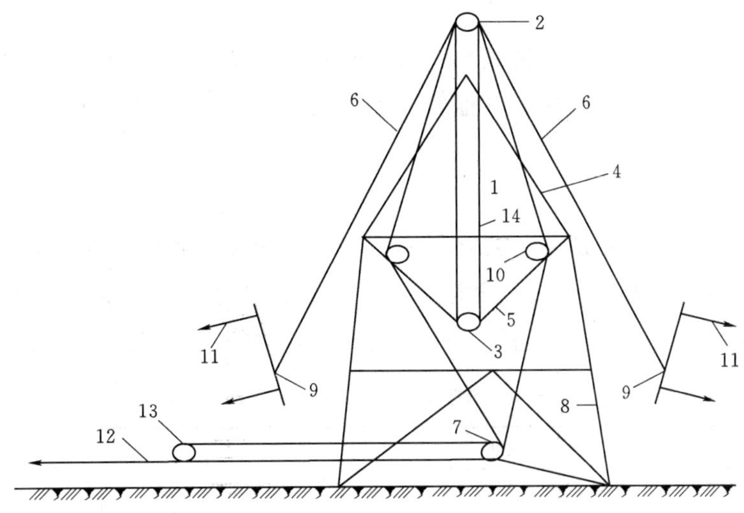

图 3-32 双吊组塔法

1—抱杆；2—朝天滑车；3—朝地滑车；4—拉线钢绳；5—承托钢绳；6—起吊钢绳；7—地滑车；8—已组塔身；9—被起吊塔材；10—腰滑车；11—调整绳；12—牵引钢绳；13—平衡滑车；14—腰环

避免导线与地面的摩擦，减轻运行中的电晕损失及对无线电系统的干扰。张力放线施工作业高度机械化，速度快，工效高，可以用于跨越江河、公路、铁路、经济作物区、山区、泥沼、河网地带等复杂地形条件，更能取得良好的经济效益。

1. 机具准备

（1）机具准备前，应计算施工段的放线张力及紧线张力，确定张力放线方式，并应根据施工技术要求配备放线机具。放线机具主要有主牵引机及钢丝绳卷车、主张力机及导线线轴架、小牵引机及钢丝绳卷车、小张力机及牵引绳轴架；放线滑车、压线滑车、接地滑车；导引绳、牵引绳、牵引板、旋转连接器及抗弯连接器、网套连接器或牵引管；与导线、地线、OPGW、牵引绳、导引绳配套的卡线器，导线接续管保护套，液压压接机，流动式起重机。

（2）机具选择。张力放线机具应配套使用，成套放线机具的各组成部分应相互匹配；配套放线机具应与放线方式相适应。主牵引机，需要计算其额定牵引力，主张力机及导线轴轴架需计算单根导线额定制动张力、主张力机的导线轮槽底直径；小牵引机及小张力机需计算小牵引机的额定牵引力、小张力机的额定制动张力；牵引绳、导引绳需计算最小破断力，宜采用编织防扭钢丝绳，端头宜采用插接式绳扣，插接长度不应小于绳节距的 4 倍；放线滑车需计算放线滑轮槽底直径、包络角；挂双滑车时，应计算导线在两滑轮顶处的高度差和挂具长度差，当直线塔高度差、耐张塔挂具长度差大于 300mm 时，应使用不等长挂具悬挂双滑车，长挂具应挂在导线悬垂角度大的一侧。

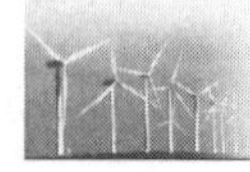

2. 通道清理

在放线之前，悬挂滑轮，清理放线通道障碍物，架空线路通过的走廊应该留有通道，通道内的高大树木、房屋及其他障碍物等在架线施工前应进行清理，严格按设计要求进行。

3. 跨越架的搭设

集电线路一般要跨越铁路、公路、通信和电力线路等各种障碍物，为了使导线不受到损伤及不影响被跨越物的安全运行，在架线施工前，通常采用搭设跨越架的方法，使导地线在跨越架上安全通过。跨越架对构筑物的最小安全距离见表 3-35。

表 3-35　跨越架对构筑物的最小安全距离

项　　目	铁路	公路	通信线、低压配电线
距架身水平距离	至路中心 3m	至路边 0.6m	至边线 0.6m
距封架垂直距离	至轨顶 7m	至路面 6m	至上层线 1.5m

跨越架的搭设分为不带电搭设被跨越物和带电搭设被跨越物两种情况。

搭设跨越架一般适用于跨越铁塔、公路、通信线路及 10kV 停电线路。跨越铁路、公路、通信线路等的跨越架的材料可采用钢管、毛竹、杉木杆等，对电力线路宜采用毛竹、杉木杆搭设。跨越架与带电体之间的最小距离见表 3-36。

表 3-36　跨越架与带电体之间的最小距离

被跨越电力线电压等级/kV	≤10	35
架面与导线的水平距离/m	1.5	1.5
无地线时封顶杆与带电体的垂直距离/m	2.0	2.0
有地线时封顶杆与带电体的垂直距离/m	1.0	1.0

带电搭设跨越架，用于 10kV 及以上的带电线路。不停电搭设跨越架是一种带电作业，因此要特别注意安全。为了降低跨越架的高度，对 35kV 线路，可先短时间临时停电，降低被跨越线路的横担高度，再搭设跨越架。

4. 人力及机械牵引展放导地线

用机械牵引进行牵引放线，机械必须由人工引导，放线顺序必须先上后下。为防止导线磨损，放线段每基塔处必须有专人上塔挂线，把钢绞线、避雷线和导线放入铁滑轮和铝滑轮槽内，根据放线段地形情况，导线牵出长度等于线路长度的 1.1～1.2 倍，导线牵引到头后，末段必须固定。放线工作结束后，进行紧线工作，紧线采用机动绞磨。为保证紧线弛度，选择合适观测档及观测点数用经纬仪进行观测，直至导线弛度满足导线弛度表，在导线端头画记号，然后放下导线，重复紧线，在导线端头画记号，观测两次记号位置是否有差异，确定无误后断线和绝缘子连接。小牵张系统构成示意图如图 3-33 所示。

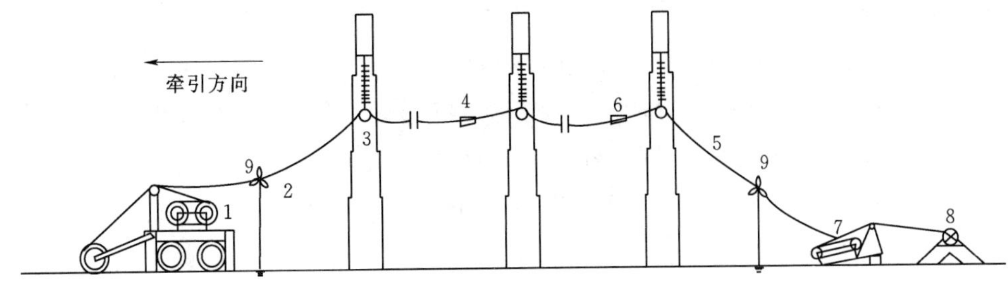

图 3-33 小牵张系统构成示意图

1—小牵引机；2—导引绳；3—架线滑车；4—旋转连接器；5—牵引绳；
6—抗弯连接器；7—小张力机；8—牵引绳盘架；9—接地滑车

（1）人力展放导地线时应注意以下问题：

1）人力展放较长的导地线时要由技工领线，对准方向，中间不能形成大的弯折，放线开始时一般拖线人都集中在起始端，放线时相互间应保持适当的距离，均匀布开，以防一人跌倒影响他人。

2）拖线人员要行走在放线方向同一直线上，放线速度要均匀，不得时快时慢或猛冲拽线；放线遇到有河沟或水塘应用船只或绳索牵引过渡，遇悬崖陡坡应先放引绳作扶绳等措施再通过，遇有跨越处应用绳索牵引通过。

3）在有浮石的山坡地区放线，事先应清理掉浮石，以防滚石伤人；放线过程中，人不得站在盘线里面，整盘展放时，放线架要平稳牢固，线轴要水平。线盘转动时，如果线盘向一侧移动，应及时调节线轴高低，使其不向两侧移动；展放时应有可靠的刹车措施。导线头应由线轴上方引出。拖放导地线或牵引绳需要穿过杆塔上面的放线滑车时，应越过杆塔位置一段距离，停止拖放后，将线头抽回杆塔下面，与预先挂在滑车上的引绳用塔索扣相接，绑扎要牢固。用引绳拉过滑车后，再继续进行拖放。在引绳接头过滑车时，拉线人员不得在垂直下方拉绳，杆塔下面不得有人逗留，以免当绳头连接断脱时，线头掉落伤人。导地线不得在坚硬的岩石上摩擦，跨越处应有隔离垫层保护措施。当导地线牵引被卡住时应用工具处理，人员不得站在线弯内侧。领线人员要辨明自己所放线的位置，不得发生混绞。

4）穿越杆塔放线滑车时，引线应在拉线上方应用工具处理，人员不得站在线弯内侧。展放的导地线或牵引绳不得在带电线路下方穿过，遇特殊情况必须穿过时，必须在带电线路下方设置压线滑车，锚固应用地钻或坑锚，压线滑车不得使用开口式滑车，并派专人监护。

（2）机械牵引放线时应注意以下问题：

1）牵引钢丝绳一般采用 6×37 结构、直径为 11～13mm 的钢丝绳，破断力为 6.0t。牵引导线基本在地面平地拖动。在牵引放线时，牵引钢丝绳若采用防捻措施，经牵引后钢丝绳会出现轻微的扭劲绞绕现象，但一般不影响使用。

2）牵引放线跨越电力线时，应搭跨越架停电放线，不得在带电线路下方穿过。如因特殊情况难以停电又必须穿越时，该挡导线应另设置压线滑车并设专人监视，才可在地面上拖放。当施工线路紧线停电时，应先将带电导线拆除再将导线挂上，这样可缩短停电时间。若两侧地势较高的导线有可能弹跳起空时，不得拖放线，以防导线一旦起空后，发生触电群伤事故。

3）采用机械牵引放线，按紧线方式一般仅限于一个耐张段内牵引。起牵引钢绳的展放方法和人工放线基本相同，先用人力按耐张段长度拖放一根牵引钢绳，并穿过放线滑车。

4）在平地或地势平缓地带，一般允许拖放一轴线。如牵引段两端地势有高差，应根据绞磨受力大小加以控制，一般绞磨进口处的牵引绳张力不宜大于2t。对交通不便之处，应将导线从线轴中盘成小盘，不宜采用连续牵引放线。

5）使用机动绞磨或手扶拖拉机直接牵引整轴盘线时，一般采用放线架展放。要求放线架呈水平稳固，两边高低要一致，以防倾倒。因导线牵引速度不快，没有冲击力，一般不需要施加大的制动力。

6）牵引放线的速度不宜过快，一般不宜超过20m/min。牵引绳与导线连接处每次通过滑车时，各护线人员都要严加监视，如有卡住现象应立即停止牵引，必要时可回送导线并派人登高处理。在牵引过程中，如果牵引绳或导线在地面上被障碍物卡牢，并已形成明显的折弯，应停止牵引加以处理。

（3）导地线的连接。架空线路工程中，导地线与导地线的连接和导电线与金具的连接都采用压接的方法，即液压连接法、钳压连接法、爆压连接法三种。

1）液压连接法是采用液压机，以高压油泵为动力，以相应的钢模对大截面导线或地线进行压力连接的操作。施压前接续管及耐张线夹管为圆形，压接后呈六角形。

2）钳压连接法所使用的工具和技术比较简单，利用机械钳压机的杠杆或液压顶升的方法，将力传给钢模，把导线和钳接管一起压成间隔的凹槽状，借助管和线的局部变形获得摩擦阻力，从而把导线连接起来。

3）爆压连接法是在炸药爆炸压力作用下，压力施加于接续管或耐张线夹管上，使管子受到压缩而产生塑性变形，将导线或地线连接起来，从而使连接体获得足够机械强度。

5. 紧线施工

紧线就是将展放在施工耐张段内杆塔放线滑轮里的导线及地线，按设计张力或弧垂把导线和地线拉紧，悬挂在杆塔上，使导地线保持一定的对面或交叉跨越物的距离，以保证线路在任何情况下都能安全运行。紧线系统示意图如图3-34所示。

如没有特殊要求，紧线的顺序是先紧挂地线，后紧挂导线。紧挂导线的顺序是先

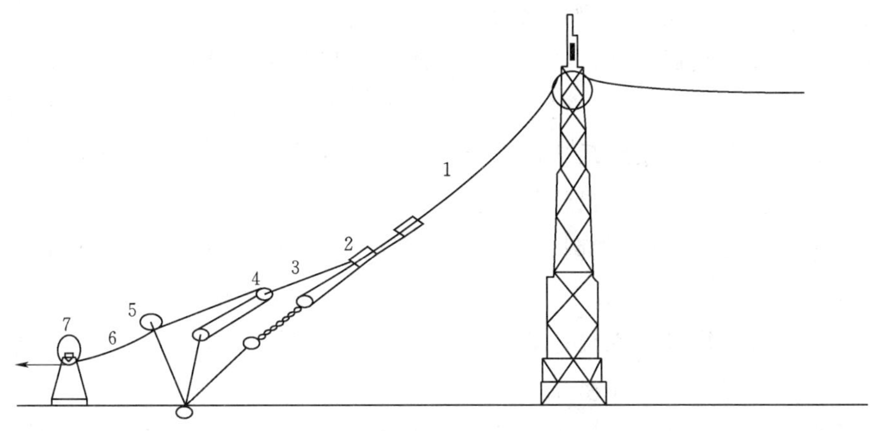

图 3-34 紧线系统示意图

1—导线；2—卡线器；3—总牵引钢丝绳；4—起重滑车；5—地滑车；6—绞磨钢丝绳；7—机动绞磨

紧挂中相，再紧挂两边相。紧线开始时先收紧余线，当导地线接近弛度要求值时，指挥员应通知牵引机械的操作人员，缓缓进行牵引，以便弧垂的观测。在一个紧线段内，当采用一个观测挡观测弧垂时，应先使观测弧垂较标准值略小，然后回松比标准值略大，如此反复一两次后，再收紧使弧垂值稳定在标准值即可划印。紧线时指挥员应处于牵引设备附近，利用通信联络手段，了解锚塔、观测挡和各处情况，指挥牵引设备的停、进、退、快、慢及处理障碍等动作。

采用多挡观测弧垂时，应先使距离操作杆塔最远的一个观测挡达到标准值，然后回松一次使各观测挡都达到标准值方可划印。观测弧垂时，当架空线最低点已达到要求值时，应立即发出停止牵引信号。因为此时导线还会自动调节各挡张力，弧垂还会发生变动，应待架空线稳定，弧垂完全符合要求后，才能发出可以划印的信号。当导地线弧垂符合设计要求后，应立即划印，划印应使用垂球和直尺，且力求准确。划印后，复查弧垂无误即可送回导地线并将其临时锚固，然后进行切割压接等工作。自划印点量切割的线长，其值对于导地线等于金具串长加上压接管销钉孔至管底的距离；若用楔型线夹，等于安装孔至线夹舌板顶距离减去回头长度；若为负值应自划印点向外延长，对于导线等于绝缘子串的全长，加上压接管销钉孔至管底的距离减去 5mm。绝缘子金具串的长度应在受力状态下测量。切割导线压接好耐张管，与绝缘子串联好，装好防振锤后即可挂线。挂线前应再次检查绝缘子串是否完整，绝缘子有无损伤，各部件的朝向是否正确，弹簧销是否插牢，开口销是否开口。

紧线操作应在白天进行，天气应无雾、雷、雨、雪及大风，指挥人员在紧线前对施工人员要进行详细分工，交代岗位、责任、任务、联络信号以及注意事项。紧线前应再次检查导地线是否有未消除的绑线，是否有附加物及损坏尚未处理，或接头未接续等情况，应确保无影响紧线操作之处。

架线弧垂应在挂线后，随即在该观测挡测量，其允许偏差定值及各相间弧垂的相对偏差最大值应符合标准规定。对于连续上（下）山坡时的弧垂观测，当设计有特殊规定时按设计规定观测。架线后应测量导线对被跨越物的净空距离，导线的蠕变伸长换算到最大弧垂时，必须符合设计规定。

当紧线塔两侧导地线已全部挂好，弧垂经复查合格后，方可拆除临时拉线，紧线到此结束。

架线完毕后，铁塔各部螺栓还要全面紧固一次，经检查扭矩合格后，随即在铁塔顶部至下导线以下 2m 之间及基础以上 2m 范围内，全部单螺母螺栓逐个进行防松处理。方法是在紧靠螺母外侧螺纹上刷铅油或在相对位置上打冲 2 次，以防螺母松动，使用防松螺栓时不再涂油或打冲。

6. 光缆架设

由于风电场环境较差，对 ADSS 光缆影响较大，因此在架设光缆时，一般采用 OPGW 光缆架设，兼顾地线与通信双重功能。

（1）光缆单盘测试。

1）用光时域反射仪（OTDR）测试光缆单盘指标，即单盘长度、损耗、衰减系数、后向散射信号曲线图，判断光纤结构的均匀性。

2）准备单盘测试的仪表工具：光时域反射仪（OTDR）、500m 以上单盘尾纤、光缆环割刀、松套管割刀、光纤切割刀、剥线钳、光纤接线子（耦合管）、甘油、剪刀、镊子、酒精、脱脂棉；设计光缆单盘指标、出厂测试记录、测试表格等资料及配盘编号用的油漆、毛笔。

3）检查缆盘包封有无损伤，光缆外护层有无变形、受损，做好记录，损伤严重时，请监理确认，与厂商联系。

4）打开包封，在缆端 1.5m 处环割光缆抽去外护层并与出厂记录核对 A、B 端是否一致，在缆端 1.4m 处割去松套管，区分纤序，用酒精清洗、擦拭光纤，剥去光纤护层约 3cm，擦拭、切割，做测试耦合端头。尾纤做好耦合端头，在耦合管中与光缆光纤耦合，用甘油作耦合剂。打开 OTDR 电源，调整好测试参数，用 1310nm 和 1550nm 双窗口进行测试。

5）测试单盘长度（根据提供的折射率）与缆盘标志长度是否一致。

6）测试单盘损耗和衰减系数（A－B，B－A），衰减系数应符合设计要求（一般 1310nm 为不大于 0.36dB/km；1550nm 为不大于 0.22dB/km）。

7）查看后向散射信号曲线，判断曲线是否均匀，并保存曲线，与敷缆后的曲线比较。

8）测试光缆加强芯的单盘绝缘值应不小于 10MΩ/km。

（2）光缆配盘。根据施工台账和单盘测试资料，配盘按模场直径相差最小配盘（最好按出厂缆盘顺序配盘），同时考虑线路长度、桥涵、隧道、交通等因素的制约。具体如下：

1）根据光缆衰耗的测试数据，按到货单盘光缆长度合理安排使用地段，使光缆接头数量最少，余出光缆最短。配盘时应考虑光缆接头点的施工条件，不要将光缆接头置于地形不好的地段。

2）光缆应尽量做到整盘敷设，以减少中间接头。

3）靠设备侧的第1、2段光缆的长度应大于500m。靠设备侧应选用光纤的几何尺寸、数值孔径等参数偏差小、一致性好的光缆。光缆配盘后接头点应满足下列要求：光缆接头不应设在公路、河流、建筑物上方和长挡距内，管道光缆接头不宜设在异型孔或繁华市区操作接头。

（3）光缆挂设。

1）光缆采用一牵一机械牵引张力放线施工工艺。

2）光缆在吊挂的过程中做好光缆的保护工作。应在吊挂光缆的挂勾处包上防损伤材料，确保光缆在拉起的过程中不因受力而变形。光缆吊挂的速度应该缓慢。

3）对于距离过大的电杆，为了保证光缆的紧弛度及防止光缆受损，拟在两电杆中间支架临时电杆，从多个点同时挂设光缆，待光缆在电杆紧固后，再拆除临时电杆。

4）光缆在敷设安装中的最小曲率半径不小于光缆外径的20倍，固定后不小于光缆外径的10倍。架空光缆线路最低线条跨越其他建筑物的垂直距离、架空光缆与电力线交叉跨越平行隔距等要符合要求。光缆敷设时无蛇弯扭曲，光缆在公路上抬放时要设标志，以保护施工人员和光缆的安全。

5）引上光缆采用3寸镀锌钢管，内穿子管1根，引上光缆布放在子管内。子管应尽量延伸至光缆下50cm处并绑扎在电杆上，引上钢管及子管的上端用油麻和自粘带封堵。

（4）光缆预留、防护。架空光缆在接头处两侧杆作适当预留，长度为80cm；在通信站、中间站两方向各预留5～10m。预留的光缆盘放在余留架上并固定在电杆上。光缆防护：将各单盘光缆的金属构件在接头处作电气断开，将强电影响的积累段限制在单盘光缆的制造长度内。

（5）光缆接续。

1）架空光缆接头采用在接头盒的一端进出线方式，光缆接续在接头处下方较平坦地段进行，光缆的预留长度和接头盒的固定应符合施工规范要求。

2）接续准备：清理场地，搭设防尘帐篷，准备好工具、仪表、材料等。

3）开剥光缆：首先用断线钳剪除两端光缆头30～50m，再用环剥器开剥两端光缆护套不小于1.8m，再用棉纱丙酮擦拭光纤束管，然后将光缆固定在接头盒两端，再用切割刀开剥光纤束管。

4）光纤接续：去除光纤一次、二次涂敷层并用丙酮将接续光纤擦拭干净，以免弄脏热熔管和熔接机。用光纤切割刀制作端面，将切割好的光纤放入熔接机V形槽进行接续，从X、Y、Z三个方向观察端面是否合格，端面如出现斜度大、凹凸不平时，超过经验限定值时重新制作端面；监视光纤熔接推定值（一般应小于0.03dB），仔细观察接续图像有无缺陷，如出现气泡、两端光纤明显错位等不合格现象，重新制备光纤端面，再次接续，直到合格为止。接续时，在接续测试点配合接续人员用OTDR监测光纤熔接指标。将接续好的光纤用热熔管加强保护，接续测试完成后进行光纤收容和接头盒安装（特别强调进行光纤收容时要做到松紧适度，防止光纤出现微弯和拉断式裂纹出现），接头盒内壁、密封条、槽等用酒精擦拭干净，并严格按操作规程进行。

5）接续损耗检测：用OTDR测试仪对接续点进行双向监测，接续点平均损耗值控制在0.04dB以下，单向损耗最大值一般不超过0.12dB。

（6）光缆成端。本书以通信机房ODF架终端盒为分界点，因接续点无法用OTDR监测，光纤接续质量严格从光纤端面制作、光纤收容方面进行控制，如接续时发现明显错位，调节熔接机接续方式，如用手动调节或自动错位接续，保证光纤接续时无明显错位。

（7）光中继段测试。用光源、光功率计法对每段光缆中光纤的1550nm、1310nm波长全程损耗值进行测试，并做好记录；用OTDR光时域反射仪法对每段光缆中光纤依次使用1310nm、1550nm波长进行全程衰耗、衰减系数测试，检查全程光纤融接点是否有损耗值超标点，并将后向散射信号曲线存盘，作为竣工资料的组成部分移交。

用光万用表（含回损测试模块）测试S、R点间的最大离散反射系数，S点的最小回波损耗。

7. 附件安装

（1）杆塔附件安装。对多分裂导线，当负荷较大时，应在横担前后同步提线，提线安装时提线工器具动荷系数应为1.2；横担上悬挂点附近的施工孔为提线安装承力点，横担上未设置施工孔时，提线安装方法和承力点位置应经计算确定；吊钩沿线长方向的承托宽度不得小于导线直径的2.5倍，接触导线部分应衬胶；对于角度较大的直线转角塔，应验算提线安装时的最大导地线张力和提线工器具的荷载。

（2）绝缘子安装要牢固，连接可靠，防止积水，安装时清除表面灰垢、附着物及不应有的涂料。悬式绝缘子安装时与电杆、导线金具连接处，无卡压现象；耐张串上的弹簧销子、螺栓及穿钉由上向下穿入，当有特殊困难时可由内向外或由左向右穿

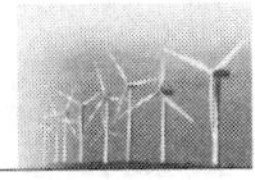

入；悬垂串上的弹簧销子、螺栓及穿钉向受电侧穿入，两边线应由内向外，中线应由左向右穿入；绝缘子裙边与带电部位的间隙不小于 50mm；架空电力线路的瓷悬式绝缘子，安装前采用不低于 5000V 的兆欧表逐个进行绝缘电阻测定，在干燥情况下，绝缘电阻值不得小于 500MΩ。

(3) 间隔棒安装时平面应垂直于导线，各相（极）导线间隔棒的安装位置应符合设计要求。三相（两极）要在同一垂直面上。防振装置安装时防振锤安装个数、安装位置、大头朝向应以设计文件为准，锤头应垂直地面且不得歪扭。

(4) 跳线安装前地面组装，整体起吊，空中就位；吊点 4 套，其中 2 套作为人力辅助起吊工具；安装后，应测量跳线对杆塔的最小距离，距离应符合设计文件要求；任何气象条件下，跳线均不得与金具相摩擦、碰撞。

8. 质量控制措施

(1) 装卸和运输导线、地线线轴时，应使用与线轴宽度相当的吊架吊装，并应轻装轻放，不得碰撞、损坏轴套、轴辐；线轴的护板等设施应保持完整。在装卸、运输、保管中，导线线轴均应立放，不得平放和叠压；运输线轴时，线轴应立放在车厢中部，并应绑扎稳固在车架上，支好掩木；线轴存放的地点应平整，无石块、积水，保护好线盘线轴，及时修补损坏的线轴或侧板。

(2) 导线和地线落地，应考虑减少导线落地距离和导线的余线长度，合理选择牵张场位置；导线和地线在张力机出口处、临锚处、压接操作点处、升空点处等落地操作场应有足够的软质物隔离，导线和地线不得与地面接触；收放余线时，不得拖放，应设专人指挥，互相配合，不得发生金钩、松股，并应避免导线和地线与地面、工器具及导线和地线之间的相互摩擦；导线和地线落地操作场应设专人监护导线，不得使导线和地线遭受车压、人踩或机具损伤；导线和地线落地后应有防污保护措施。

(3) 导线和地线的展放，在保证导线和地线对跨越物安全距离的前提下，应尽量减小放线张力；放线前应对线盘进行检查，修补好损坏的线轴或侧板，并将线盘上的铁钉拔除干净。轴架应呈扇形布置，并应使线轴出线对正张力机进线导向轮，不得使导线和地线与线轴侧边相磨；同时加强对放线工器具的检查维修工作；一般先展放地线、OPGW，后展放导线；保持指挥通信系统正常工作，并应加强施工监护，导线不得跳槽，交叉跨越不得磨损导线和地线；放线过程牵引机操作应平稳，避免大起大落，张力机操作应平稳；滚动线轴的旋转方向应与导线和地线的卷绕方向相同，线层不得松散。展放时，应有专人看护线轴，不得使线盘边缘磨损导线和地线。导线和地线、OPGW 引出方向应与线轴轴线垂直；接续导线和地线作业将网套连接器绕回线轴时，应注意隔离保护，不得挤伤相临导地线；应按计算结果悬挂放线滑车，并应经常检查，运转应正常；多台张力机同时展放完同相（极）导线回牵锚线时，应同时操作，由张力机分次收紧，子导线不得相互驮线；对大挡距处的导线放线时，应采取措施防止多分裂导线混绞。

(4) 临锚时，临锚绳宜选用包胶钢绞线。未包胶临锚绳与导线和地线接触的部位均应套上胶管；安装卡线器前，应核对其型号，并应检查其强度是否符合要求，且钳口钳体应圆滑，卡线器安装及拆除时，不得在线上滑动、滚动。安装时应事先测量好位置，并应一次安装成功，安装后应立即在卡线器后部导线和地线上安装胶管。临锚时，卡线器后端的尾线应用软绳绑吊，尾线不得在卡线器处产生硬弯和松股，子导线的尾线应分开；临锚时间不宜过长，附件及间隔棒安装时间不应超过 5 天，否则应采取临时防振措施；在同一根导线和地线上安装过轮临锚和线端临锚时，应带一定张力，不得因振动引起卡线器松动磨伤导地线，临锚地锚应设置在导线和地线展放的方向，张力机出口与邻塔悬挂点的高差不宜超过 15°；线端临锚时，各子导线弧垂不宜等高，高空临锚时，相邻子导线之间临锚索具应错开布置，且与索具靠近的导线应套胶管；过轮临锚的锚绳应与导线和地线分离，不应共用放线滑车上的导线和地线轮槽。

(5) 防止多分裂导线鞭击，应尽量缩短放线、紧线、附件安装各工序的施工间隔和减少导线在滑车中的停留时间；临锚时，各子导线应作不等高排列，临锚张力应考虑导线防振要求；大风情况下，应采取将各子导线分离的措施。

(6) 紧线施工时卡线器应在导线和地线上错开安装，并应与滑车保持足够距离；锚绳、紧线钢丝绳等工具不得在导线和地线上拖动，接触部分应套胶管；不得在子导线相互缠绕或导地线跳槽的情况下继续收紧导线和地线；临锚、松锚、收紧等作业均不应动作过猛和速度过快，不应使导线和地线张力发生急剧变化；应限制导线、地线在各种紧线滑车上的包络角。

(7) 附件应尽快安装，紧线完毕后，不得使导线和地线因振动和鞭击产生损伤；安装附件及间隔棒时，应将导线和地线上的全部缺陷，包括线夹两侧、临锚点和牵张场导线和地线升空处未处理的局部轻微损伤处理完毕；提线挂钩应包胶，提线钩与导线和地线的接触长度应不小于 2.5 倍的导线和地线直径；安装附件时，应用记号笔划印，不得用钳子、扳手等硬物在导线和地线上划印；拆除放线滑车时，宜用保护胶管，滑车和钢丝绳不得磨损导线和地线；使用软绳传递附件，传递的工具和材料不得碰撞导线和地线；不得用硬物敲击导线和地线；飞车轮槽和开口部分应包胶完好，并应刹车可靠；安装或拆除飞车时，应在导线上预先安装护线胶管，同时应经常检查飞车，车轮应转动灵活，飞车活门处铁件应包胶或盘绕胶带。

(8) OPGW 施工。放线滑车直径不应小于 OPGW 直径的 40 倍，且不应小于 500mm；OPGW 端口应包塑料胶布防水：施工过程中应防止撞击、拉伸、弯曲旋转；在收余线、圈线、接头等施工时均应保证 OPGW 的弯曲半径不得小于 500mm。展放控制张力应符合产品说明书要求，并应保持平衡锤通过滑车时 OPGW 的倾角在 15°以

内；应使用专用紧线器或耐张预绞丝紧线；安装悬垂线夹时，应使用专用工具或配套悬垂线夹提线。

(9) 光纤的熔接应由专业人员按照相关规定进行，剥离光纤的外层铝套管、塑料套管、骨架时不应损伤光纤；安装接线盒时，螺栓应紧固，橡皮封条应安装到位，接线盒不得受潮；光纤熔接后应进行接头衰耗测试，不合格者应重接；不应在雨天、大风、沙尘或空气湿度过大时熔接光纤。架线施工质量控制如图 3－35 所示。

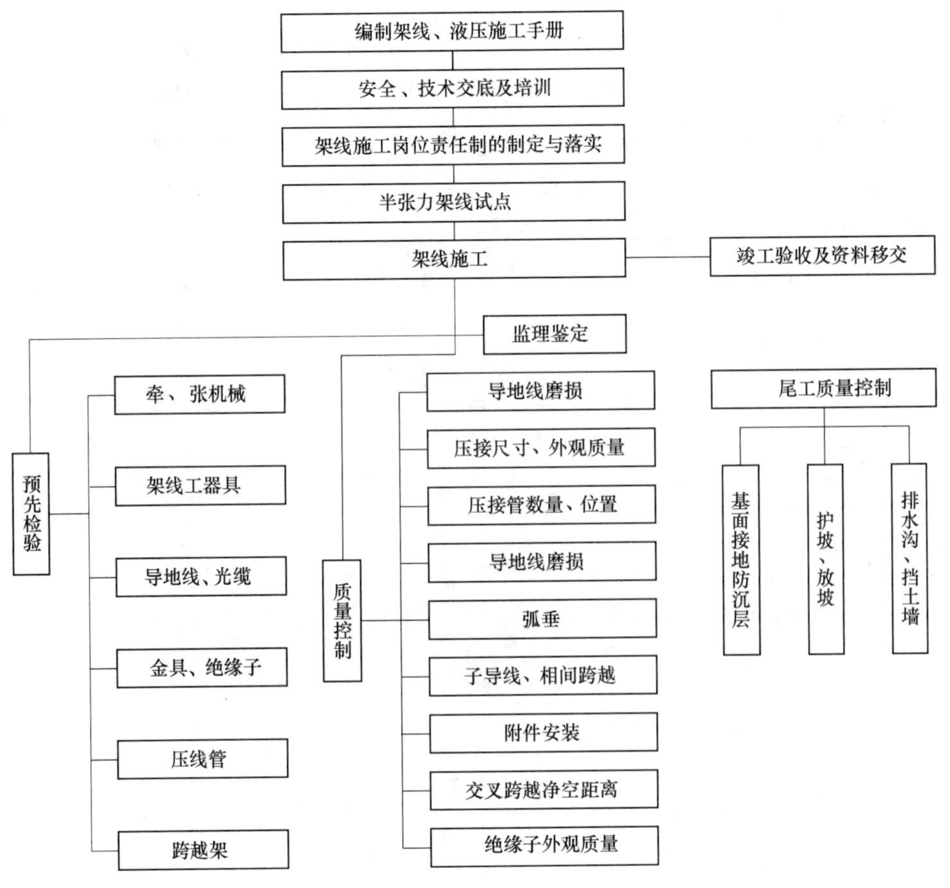

图 3－35 架线施工质量控制图

3.5.2.6 接地工程

(1) 挖接地沟时，如遇大石可绕道避开，沟底面应平整，并清除沟中一切可能影响接地体与土壤紧密接触的石子、杂草、树根等杂物。

(2) 接地体的连接采用搭焊方法，扁钢的搭接长度应为其宽度的 2 倍，四面施焊；圆钢的搭接长度应为其直径的 6 倍，双面施焊；圆钢与扁钢连接时，其搭接长度应为圆钢直径的 6 倍；扁钢与钢管、扁钢与角钢焊接时，除在其接触部位两侧进行焊接外，并应以由钢带弯成的弧形（或直角形）与钢管（或角钢）焊接；所有焊接部位均应进行防腐处理。

（3）接地装置应连接可靠，连接前应彻底清除连接部位的铁锈及其附着物。埋入地下部分的接地体可根据设计要求进行防腐处理，但露出地面及地面以下 300mm 部分的接地体，应作热镀锌防腐。

（4）当接地网采用液压压接方式连接时，其接续管的型号与规格应与所压圆钢匹配。接续管的壁厚不得小于 3mm；搭接时接续管的长度不得小于圆钢直径的 10 倍，对接时接续管的长度不得小子圆钢直径的 20 倍。

（5）采用垂直接地体时，要垂直打入，并与土壤保持良好接触。

（6）采用水平敷设的接地体，接地体应平直，无明显弯曲；地沟底面应平整，不应有石块或其他影响接地体与土壤紧密接触的杂物，倾斜地形沿等高线敷设。

（7）架空线路杆塔的每一腿均应与接地体引下线连接，接地引下线应紧靠杆身，并应每隔一定距离与杆身固定。

（8）接地引下线与接地体连接，应便于解开测量接地电阻。接地装置种类与形状见表 3-37。

表 3-37　接地装置种类与形状

接地装置种类	形　状
铁塔接地装置	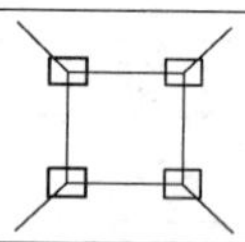
钢筋混凝土杆放射型接地装置	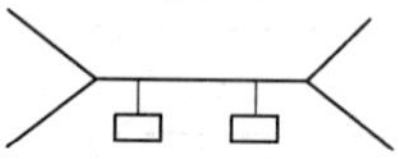
钢筋混凝土杆放射型接地装置	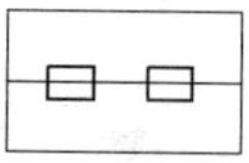

（9）接地沟的回填选取无石块及其他杂物的泥土，并夯实。在回填后的沟面设有防沉层，其高度宜为 100～300mm。

（10）杆塔的最大工频接地电阻应满足接地电阻要求，见表 3-38。

表 3-38　接地电阻要求表

土壤电阻率 ρ/(Ω·m)	工频接地电阻/Ω	土壤电阻率 ρ/(Ω·m)	工频接地电阻/Ω
$\rho<100$	10	$1000\leqslant\rho<2000$	25
$100\leqslant\rho<500$	15	$\rho\leqslant2000$	30
$500\leqslant\rho<1000$	20		

3.5.2.7　附属工程

附属工程包括标识标牌、电杆编号、驱鸟装置、保护帽、防沉土、线路走廊、砍

树等。

(1) 标识标牌、安全警示牌制作安装符合《安全标志及其使用导则》(GB 2894)及业主要求；电杆编号按当地电网要求制作安装；驱鸟装置按设计及装置安装说明进行安装。

(2) 杆塔周围防沉土施工。杆塔基础坑及拉线基础坑回填，应符合设计要求；应分层夯实，每回填 30mm 厚度应夯实一次。坑口的地面上应筑防沉层，防沉层的上部边宽不得小于坑口边宽。其高度应根据土质夯实程度确定，基础验收时宜为 300～500mm。经过沉降后应及时补填夯实。工程移交时坑口回填土不应低于地面。沥青路面、砌有水泥花砖的路面或城市绿地内可不留防沉土台。

(3) 保护帽浇筑。采用人工搅拌，振捣从一角开始，沿模板一边逐渐向前推进，模板边角应用捣固钎配合捣固，确保混凝土密实。保护帽上表面应在凝固前进行先收光 3～4 次，浇筑结束后先收光 2 次，2h 后再细收 1 次。混凝土拆模和养护参考普通混凝土施工要求，洒水养护不少于 7 天。

(4) 线路走廊按设计要求设立区界标志，标明保护区的宽度和保护规定，跨越重要公路和航道的区段，设立标志，标明导线距穿越物体之间的安全距离。

(5) 砍树。线路通过林区，当砍伐通道时，通道净宽度不应小于线路宽度加林区主要树种自然生长高度的 2 倍。通道附近超过主要树种自然生长高度的个别树木应砍伐。砍伐范围遵守设计要求。砍伐前办理入林施工许可手续，并报请地方林业主管部门监督。伐树范围设置警戒，检查电锯等设备。在树木的倒落方向绑好 2 条控制绳索，绳索有足够长度，在树木的倒落方向侧锯树，深度达到树木直径的 1/3 时，然后在另一侧锯树，锯口要比对侧锯口高 20mm 左右。紧绳索，继续锯树，当深度接近树木直径的 2/3 时，锯树人躲开，用力拉紧绳索，使树木按要求的方向倒落。将锯倒的树木进行分解，便于人工搬运。

第4章 陆上风电机组安装

4.1 风电机组结构

风电机组的整体结构分为基础、塔架、机舱（包括传动系统、发电机系统、辅助系统、控制系统等）、风轮（包括叶片、轮毂和变桨距系统）等部分，风电机组整体结构示意图如图4-1所示。

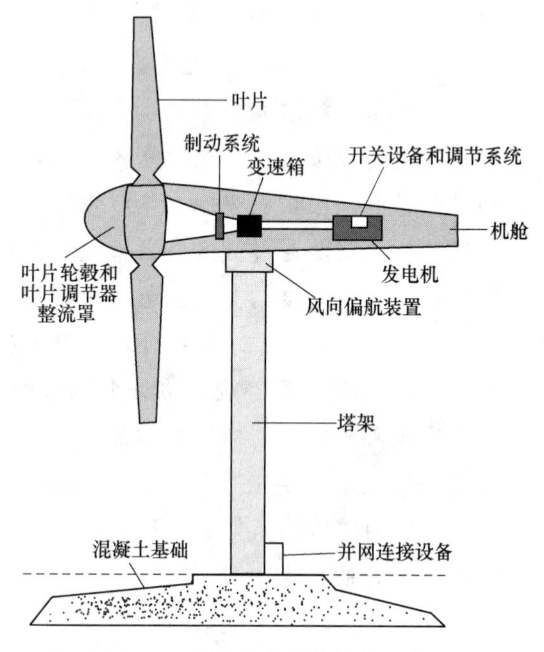

图4-1 风电机组整体结构示意图

4.1.1 塔架

塔架是风电机组的承载部件，它的主要作用是将风力发电机与基础连接，支撑风力发电机在合理的高度，以实现风能利用最经济，风电机组运行更安全。它不但要支撑风力发电机的重量，还要承受风作用到风力发电机和自身上的风荷载，以及风力发电机运行中的动荷载，因此塔架必须要有足够的抗疲劳强度，同时强度、刚度也要满足风电机组运行的安全要求。

陆上风电机组采用的塔架型式主要有桁架式塔架、筒式塔架（钢筋混凝土塔筒以及两种塔筒组合的塔筒，简称钢混塔筒），如图4-2所示。目前国内应用最多的是钢塔筒，采用低合金高强结构热轧钢卷板焊接成型，高度在65～140m，分段制作安装，塔架内部布置有工作台、爬梯和电缆架等，陆上风电场风电机组钢塔筒内部结构如图4-3所示。本章主要介绍钢塔筒的安装。

4.1.2 机舱

机舱是安装与保护风力发电机等主要发电设备的部件，舱壳体主要包括底座和机

(a) 桁架式塔架

(b) 钢塔筒

(c) 钢混塔筒

图 4-2 陆上风电场风电机组塔架型式

(a) 钢塔筒顶部

(b) 钢塔筒内部

图 4-3 陆上风电场风电机组钢塔筒内部结构图

舱罩，内部安装的设备主要包括底座、传动系统、发电机系统、测风系统、控制系统等。风电机组机舱结构示意图如图 4-4 所示。

底座是风电机组主驱动链和偏航机构固定的基础，并能够将荷载传递到塔架。底座一般为焊接构件或铸件。

机舱罩由蒙皮（壳）和骨架组成，起到保护设备的作用。整流罩是置于轮毂前面的罩子，其作用是整流，减小轮毂的阻力和保护轮毂中的设备。机舱罩和整流罩，一般用玻璃纤维和环氧树脂制成。

4.1.3 风轮

风轮一般由一个、两个或两个以上的几何形状一样的叶片和一个轮毂组成，其功

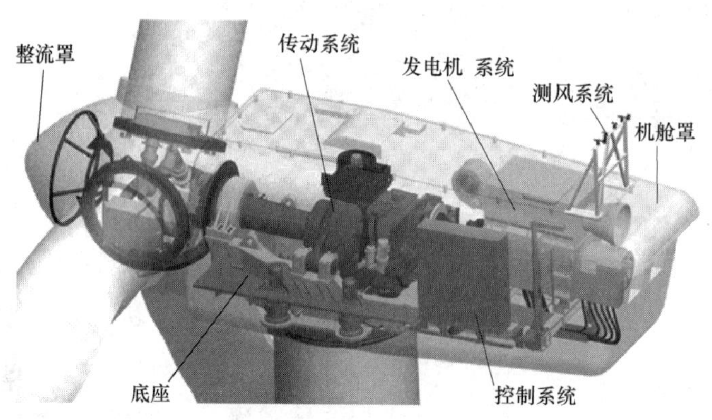

图4-4 风电机组机舱结构示意图

能是将风能转换为机械能。风轮直径是指风轮在旋转平面上的投影圆的直径，风轮直径的大小与风轮的功率直接相关，一般功率越大，直径越大。风轮的高度是指风轮转动中心到基础平面的垂直距离。风轮直径与高度示意图如图4-5所示。风轮叶片一般采用复合材料制造，具有重量轻、强度高、抗腐蚀、耐疲劳的性能。

轮毂是风轮的枢纽，也是叶片根部与主轴的连接件。轮毂通常用钢材焊接或铸造制成，其结构型式取决于具体的设计方案，一般很复杂，因此轮毂多用球墨铸铁铸造而成。风电机组轮毂如图4-6所示。

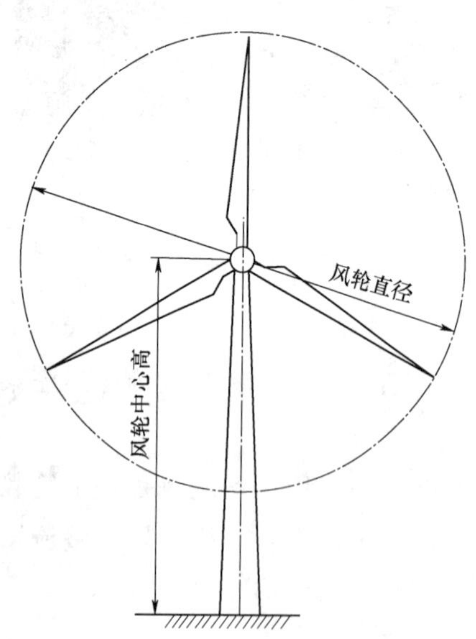

图4-5 风轮直径与高度示意图

图4-6 风电机组轮毂

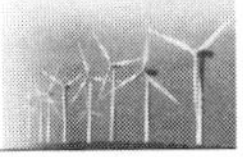

4.2 吊 装 平 台

4.2.1 吊装平台概述

吊装平台是为满足风电机组设备临时摆放、组装、吊装作业需求在风电机组基础旁修建的作业平台。平台的设计因地形不同而有差异，但一般需根据吊车起吊半径和起吊位置确定平台长宽比，以满足吊车臂长操作空间，确保一次性完成吊装。吊装平台有考虑全部设备堆放的平台（用地范围不受限）和考虑部分设备堆放的平台（用地范围受限）两种方案，后者一般是设备随到随吊。吊装平台及设备堆放示意图如图 4-7 所示。

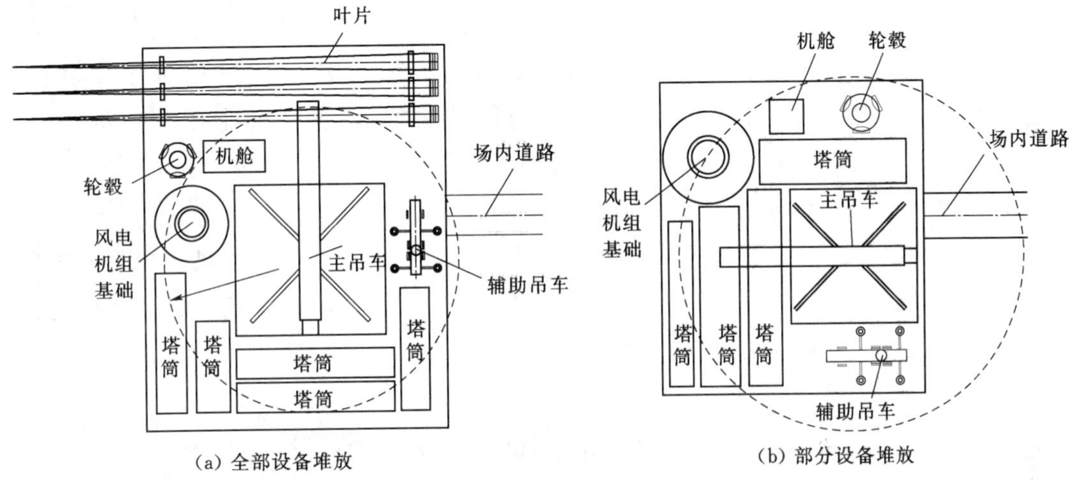

图 4-7　吊装平台及设备堆放示意图

4.2.2 吊装平台施工

4.2.2.1 软基吊装平台施工

1. 施工工艺流程

(1) 挖方区施工流程：测量放线→清除腐殖土→土方开挖→整平→压实→附属设施。

(2) 填方区施工流程：测量放线→清楚腐殖土→原地面压实→分层填筑、分层压实→面层压实→附属设施。

2. 施工方法

(1) 测量放线。用全站仪或 RTK、水准仪等测量仪器，按照设计给定的坐标确定平台的角点位置和高程，并用白灰撒出边线，确定平台范围。

测量放样前，应根据拟采用的吊车参数、设备摆布规划等对平台设计范围进行复核，发现平台不满足吊装要求时，应及时与设计沟通处理，避免返工。

(2) 表层清理。表层清理主要是在开挖或回填前清除表层的植被和腐殖土。

(3) 土方开挖。土方开挖一般采用机械开挖，开挖过程中要及时测量开挖面高程，避免超挖或欠挖，开挖的土方应按要求运至指定的渣场或用作回填料。

(4) 整平。开挖到设计高程后，需对开挖面进行整平，整平通过人工配合机械的方式。

(5) 填筑与压实。表层清理完成后，对原始地面进行碾压或夯实，然后再进行分层填筑、碾压或夯实。填筑前要检查填筑料是否符合要求，每层填筑厚度不宜大于300mm。每层压实度要满足设计要求，设计无要求时，压实度不小于94%；主吊车对场地承载力有要求的须严格执行，没有要求的，其工作区域压实度应不小于设备厂家或设计要求值，以确保场地承载力达到要求。回填区域原始地面横坡坡比陡于1：5时，原始地面应开挖为台阶状，台阶宽度应不小于2m。

(6) 附属设施施工。吊装平台的附属设施主要有挡土墙和排水设施。挡土墙一般采用浆砌石或混凝土结构；排水设施主要是排水边沟，一般采用浆砌石或土质边沟。浆砌石和混凝土施工要严格按照设计及相关规程规范执行。为便于排水，平台应有一定的坡度，设计有要求时，按设计要求，若无要求，按不大于2%设置。

4.2.2.2 岩基吊装平台施工

岩基吊装平台的修建开挖方式与软基吊装平台有区别，对于表层风化严重或破碎的岩石可用挖掘机直接挖除，对较硬的岩石可采用先机械破碎再开挖或爆破开挖的方式，开挖到设计高程后，可用石渣进行整平。

4.3 大件设备运输、存放与保管

风电机组的大件运输包括塔筒、机舱、轮毂、叶片等的运输。风电机组设备一般由业主单位或总承包单位采购，由建设单位或生产厂家负责送至合同约定的交货地点，一般采用堆场交货或机位交货。交货时，要由建设、监理、设备制造厂家和施工等单位人员对设备的外观进行联合验收，核验附带工器具及技术资料的数量，并办理移交手续。卸车由施工单位负责。在场内道路尚不具备运输条件、吊装平台未修建完成或吊装平台不满足堆放全部设备的情况下，需要先将运输到场的设备临时存放在事先准备好的堆场，安装时再倒运到吊装平台。

4.3.1 设备场内运输

(1) 运输前，必须对行驶路段路况进行调查，对路宽、路基、坡度、桥梁、转弯半径、架空线路、树木等情况进行摸排，对不符合运输条件的路段采取必要措施整改，保证运输车辆能安全通行。

(2) 倒运设备的车辆必须满足大件设备装载运输的性能要求，运输前要进行安全

检查。

（3）根据路况配备吊车、装载机、挖掘机、卷扬机等辅助车辆、设备和施工人员，以便应对突发状况。

（4）运送大件设备时，在转弯处、桥梁处、坡度较大处、路况变化处等路段要有专人指挥。

（5）在坡度较大的路段，可采用装载机或卷扬机对运输车辆进行辅助牵引，以确保车辆运输安全。陡坡路段严禁车后跟人。

4.3.2 设备存放

（1）设备存放应按场地规划分类存放。

（2）设备存放位置应与边坡保持一定的安全距离。

（3）设备存放位置应方便后期吊装作业，避免或减少设备倒运次数。

（4）设备下部应用方木等进行支垫，避免设备本身或箱体直接着地，要摆放平稳，保持通风和周围排水通畅。

（5）叶片存放时，宜顺主导风方向摆放。确因场地限制时，可以根据场地情况贴边或适当伸出场地放置。叶片放置平稳后，应设置地锚，对叶片支架进行临时固定。

（6）塔筒存放时，宜顺主导风方向摆放。

（7）辅料等装置可集中存放在临时堆场，分类堆放，做好防雨、防积水和通风等措施。

4.3.3 设备保管

（1）设备保管应由专人负责，并建立出入库管理台账。

（2）设备保管人员每天应对设备进行巡查，并做好记录。主要检查如下内容：

1）设备放置位置是否有积水、下陷，周边地层是否有裂纹、水冲沟壑等影响设备平稳的安全隐患。

2）检查设备防护措施是否到位，是否有损坏。

3）检查设备主要部件或附件是否丢失。

4）发现问题应及时给主管领导汇报，采取措施处理。

（3）设备保管人员应及时掌握到货及安装进度，规划并协调设备存放。

4.4 主吊车选型

4.4.1 吊车最小臂杆长计算

目前，风电机组吊装采用的主吊车有履带式起重机（履带吊车）和轮胎式起重

机（汽车吊车）两种。在风电机组设备中，一般机舱的吊装高度最高、重量最大，因此，往往作为吊车选型的主要依据。

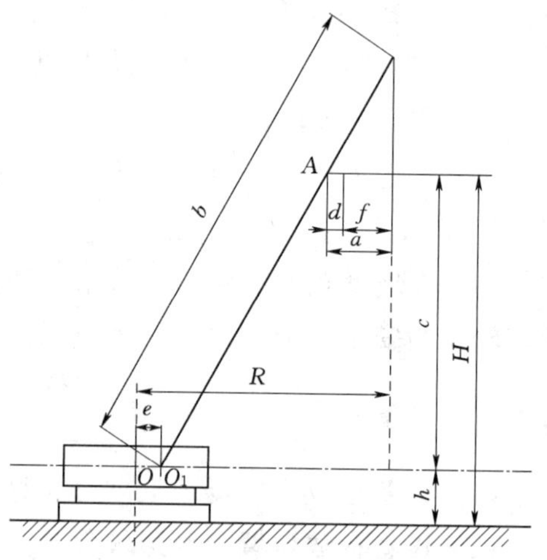

图 4-8 吊车吊装机舱示意图

吊车吊装机舱示意图如图 4-8 所示，图中 O 点为吊车回转中心，O_1 点为吊车臂杆与车体接点，A 点为机舱上平面中线与臂杆下平面轴线的交点。吊车臂杆的最小长度为

$$b=(a^{\frac{2}{3}}+c^{\frac{2}{3}})^{\frac{3}{2}} \tag{4-1}$$

其中 $a=d+f, c=H-h$

式中 b——吊车臂杆最小长度，m；

a——机舱上表面吊装中心与臂杆下平面轴线交点的距离，m；

c——臂杆与车体连接铰接点到机舱上平面的垂直距离，m；

d——机舱上平面端部与臂杆下平面之间预留的安全距离，m；

f——机舱宽度的 1/2，m；

h——臂杆根部与车体连接的铰接点离地高度，m；

H——臂杆中心线在机舱上边缘处离地面最小的安全高度，m。

4.4.2 吊车作业半径计算

在吊车臂杆最小长度下吊车的作业半径为

$$R=a^{\frac{1}{3}}b^{\frac{2}{3}}+e \tag{4-2}$$

式中 R——吊车作业半径，m；

e——臂杆铰接点与吊车回转中心的水平距离，m。

4.4.3 吊装机舱总起重量计算

吊装机舱时的总起重量为

$$G=k(G_0+g) \tag{4-3}$$

式中 G——吊装机舱时总起重量，t；

G_0——机舱自重，t；

g——吊具、索具、平衡梁和吊钩等的重量和，t；

k——动载荷系数，一般取 1.1。

4.4.4 主吊车选型实例

结合以上计算数据，通过与不同吊车工况荷载表中的参数对比，选择经济适用的

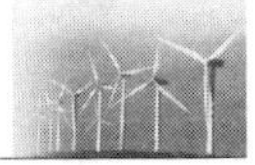

吊车型号。

以某风电场2.0MW风电机组主吊车的选型为例，介绍主吊车的选型方法。

1. 风电机组设备

风电机组设备的技术参数见表4-1。

表4-1 风电机组设备的技术参数

名称	部件			数量	重量	
	尺寸	最大直径/mm	最小直径/mm		单重/t	总重/t
叶片	59.5m×4.0m×2.4m	—	—	3	13.600	40.800
机舱	10715mm×4130mm×4440mm	—	—	1	84.300	84.300
轮毂	5335mm×4620mm	—	—	1	25.000	25.000
塔架（80m，三段）	底段塔筒（21200mm）	4600	4200	1	69.509	69.509
	中段塔筒（26700mm）	4200	3617	1	55.897	55.897
	顶段塔筒（29200mm）	3617	3000	1	38.845	38.845
	内附件（爬梯、平台）	—	—	1	7.444	7.444
	基础环（2400mm）	4600	4200	1	16.292	16.292

由表4-1可以看出，单体机舱的重量最大，安装高度也最高，因此与其有关的各参数可做为主吊车选型的主要依据。

2. 计算所需吊车最小臂长

确定式（4-1）各参数值如下：机舱上平面端部与臂杆下平面之间预留的安全距离$d=0.50$m；机舱宽度的1/2，$f=4.13/2=2.065$(m)。

机舱上表面吊装中心与臂杆轴线交点的距离$a=0.5+2.065=2.565$(m)；臂杆根部与车体连接的铰接点离地高度$h=2.0$m（此值暂按经验设定，具体可根据拟选吊车参数进行复核）；臂杆中心线在机舱边缘处离地面最小的安全高度H＝塔身高度＋机舱高度＋安装调整高度（机舱下平面到塔身上端的距离，一般取0.2m）$=77.1+4.44+0.2=81.74$(m)；臂杆与车体连接铰接点到机舱上平面的垂直距离，$c=H-h=81.74-2=79.74$(m)；则根据式（4-1），$b=(2.565^{\frac{2}{3}}+79.74^{\frac{2}{3}})^{\frac{3}{2}}=92.35$(m)。

现以SANY履带起重机系列为例，从臂杆长度考虑，可考虑选用SCC4000A履带起重机固定副臂（FJ）工况（主臂长度84m，固定副臂12m，主副臂夹角10°）和SCC5000A履带起重机固定副臂（FJ）工况（主臂长度84m，固定副臂12m，主副臂夹角10°）两种机型。

3. 计算起重半径

（1）根据SCC4000A履带起重机参数计算。由起重机产品说明书知$h=2.586$m，$e=1.75$m；根据式（4-1）计算得最小臂长为$b=91.53$m，主臂长度84m＋固定副臂12m（主副臂夹角10°）能够满足。

根据式(4－2)计算最小臂长时的作业半径 $R=a^{\frac{1}{3}}b^{\frac{2}{3}}+e=2.565^{\frac{1}{3}}\times91.53^{\frac{2}{3}}+1.75=23.43$(m)，实际作业半径应在 23.43m 范围内。

(2)根据 SCC5000A 履带起重机参数计算。由起重机产品说明书知：$h=2.593$m，$e=2.00$m；根据式(4－1)计算得最小臂长为 $b=91.52$m，主臂长度 84m＋固定副臂 12m(主副臂夹角 10°)能够满足。

根据式(4－2)计算最小臂长时的作业半径 $R=a^{\frac{1}{3}}b^{\frac{2}{3}}+e=2.565^{\frac{1}{3}}\times91.52^{\frac{2}{3}}+2.00=23.68$(m)，实际作业半径应在 23.68m 以内。

4. 计算起重总重量

(1)根据 SCC4000A 履带起重机参数计算。机舱起重总重量 $G=k(G_0+g)$，从表 4－1 查知 $G_0=84.300$t；由起重机产品说明书可知吊钩重量为 2.98t，吊索重量约为 2t，机舱吊具重量为 3t，$g=2.98+2+3=7.98$t，则 $G=1.1\times(84.3+7.98)=101.51$(t)。

(2) 根据 SCC5000A 履带起重机参数计算。机舱起重总重量 $G=k(G_0+g)$，从表 4－1 查知 $G_0=84.300$t；由起重机产品说明书可知吊钩重量为 3.2t，吊索重量约为 2t，机舱吊具重量为 3t，$g=3.2+2+3=8.2$t，则 $G=1.1\times(84.3+8.2)=101.75$(t)。

5. 根据吊车荷载表选择

SCC4000A 履带起重机固定副臂（FJ）工况荷载表见表 4－2 和 SCC5000A 履带起重机固定副臂（FJ）工况荷载表见表 4－3。

表 4－2　SCC4000A 履带起重机固定副臂（FJ）工况荷载表

（主臂长度 24～84m，主副臂夹角 10°，副臂 12m，后配重 150t，中央配重 40t）　单位：t

半径/m	24	30	36	42	48	54	60	66	72	78	84	半径/m
8	166											8
9	164	163										9
10	161	161	161	160								10
11	158	160	159	159	158							11
12	156	158	158	158	156	155	153					12
14	152	153	152	149	144	139	135	130	126	122		14
16	128	127	126	125	124	120	116	113	109	105	102	16
18	109	108	107	106	105	104	101	98.5	95.3	92.5	89.4	18
20	94.1	93.4	92.5	91.8	90.8	90	89.1	87.1	84.3	81.8	79.1	20
22	82.7	82	81.2	80.5	79.6	78.8	77.9	77.2	75.2	73	70.5	22
24	73.4	72.8	72	71.3	70.5	69.7	68.8	68.2	67.3	65.5	63.2	24
26	65.8	65.2	64.5	63.8	63	62.2	61.4	60.8	59.9	59.1	57	26
28	59.4	58.9	58.1	57.5	56.7	56	55.1	54.5	53.7	53	51.5	28

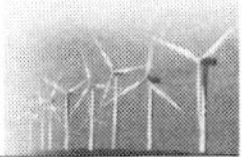

续表

半径/m	24	30	36	42	48	54	60	66	72	78	84	半径/m
30	54	53.4	52.8	52.1	51.3	50.6	49.8	49.2	48.4	47.8	46.8	30
32	49.3	48.8	48.1	47.5	46.7	46	45.2	44.6	43.8	43.2	42.3	32
34	45.1	44.7	44.1	43.5	42.7	42	41.2	40.6	39.8	39.2	38.4	34
36		41.1	40.5	40	39.2	38.5	37.7	37.1	36.3	35.7	34.9	36
38		37.9	37.4	36.8	36	35.4	34.5	34	33.2	32.6	31.7	38
40			34.5	34	33.3	32.6	31.8	31.2	30.4	29.8	29	40
44			29.7	29.2	28.5	27.8	27	26.5	25.7	25.1	24.1	44
48				25.2	24.5	23.9	23.1	22.5	21.6	20.9	19.9	48
52					21.2	20.5	19.6	19	18.1	17.4	16.4	52
56						17.5	16.6	16.1	15.1	14.4	13.5	56
60						14.9	14	13.5	12.5	11.9	10.9	60
64							11.7	11.2	10.3	9.6	8.7	64
68								9.2	8.3	7.7	6.7	68
72									6.5	5.9	5	72
76									4.9	4.3	3.4	76

表 4-3 SCC5000A 履带起重机固定副臂（FJ）工况荷载表

（主臂 36～102m，固定副臂 12m，主副臂夹角 10°，主机后配重 180t，中央配重 40t）

单位：t

半径/m	36	42	48	54	60	66	72	78	84	90	96	102	半径/m
10	167.0												10
11	165.0	165.0	164.0										11
12	164.0	163.0	163.0	162.0									12
13	161.0	161.5	161.0	161.0									13
14	159.0	160.0	159.0	160.0	158.0	152.0	147.0						14
15	157.0	155.0	152.0	150.0	146.5	141.5	136.5						15
16	155.0	150.0	145.0	140.0	135.0	131.0	126.0	122.0	118.0	107.0	103.0		16
17	144.0	140.0	135.5	131.0	126.5	122.5	118.0	114.0	110.5	100.8	97.2		17
18	133.0	130.0	126.0	122.0	118.0	114.0	110.0	106.0	103.0	94.5	91.4	90.0	18
19	124.0	121.5	118.5	114.5	110.5	107.0	103.6	100.0	96.8	89.2	86.4	85.0	19
20	115.0	113.0	111.0	107.0	103.0	100.0	97.1	93.9	90.6	83.9	81.4	80.0	20
21	107.5	106.2	104.6	101.2	97.6	94.6	91.6	88.5	85.4	79.4	77.2	75.5	21
22	100.0	99.3	98.1	95.4	92.1	89.1	86.0	83.1	80.1	74.9	72.9	71.0	22
24	88.8	87.6	86.4	85.2	82.3	79.5	76.7	74.0	71.2	67.1	65.6	63.1	24
26	79.2	78.0	76.8	75.5	73.9	71.3	68.7	66.2	63.6	60.4	59.3	56.9	26

续表

半径/m	36	42	48	54	60	66	72	78	84	90	96	102	半径/m
28	71.1	69.9	68.7	67.5	66.2	64.3	61.7	59.4	57.0	54.5	53.7	51.4	28
30	64.2	63.0	61.8	60.6	59.4	58.1	55.7	53.5	51.1	49.3	48.7	46.5	30
32	58.2	57.1	55.9	54.6	53.4	52.4	50.4	48.3	46.0	44.6	44.3	42.2	32
34	53.0	51.9	50.7	49.5	48.3	47.2	45.6	43.6	41.4	40.5	40.3	38.3	34
36	48.5	47.3	46.2	44.9	43.7	42.7	41.4	39.4	37.3	38.6	36.7	34.8	36
38	44.4	43.3	42.1	40.9	39.7	38.6	37.4	35.7	33.6	35.3	33.5	31.6	38
40	40.8	39.7	38.5	37.3	36.1	35.0	33.8	32.3	30.3	31.0	30.5	28.7	40
44	34.5	33.5	32.4	31.2	29.9	28.9	27.6	26.4	24.4	27.0	25.3	23.5	44
48		28.3	27.2	26.1	24.8	23.8	22.6	21.4	19.5	22.5	20.8	19.2	48
52			22.9	21.8	20.6	19.5	18.3	17.1	15.3	18.6	17.0	15.4	52
56				18.1	16.9	15.9	14.7	13.5	11.7	15.2	13.7	12.1	56
60				14.9	13.7	12.7	11.5	10.2	8.5	12.3	10.8	9.2	60
64					10.9	11.6	10.1	8.5	5.7	9.7	8.2	6.7	64
68						10.4	8.9	7.4	5.6	7.3	5.9	4.4	68
倍率	11	11	11	10	10	10	9	8	8	7	6	6	

从表4-2可以看出，SCC4000A在主臂为84m时，只有在作业半径为16m时满足吊装重量要求；从表4-3可以看出，SCC5000A在主臂为84m时，作业半径在16～18m之间能够满足吊装重量要求，因此选择SCC5000A履带起重机固定副臂（FJ）工况较为可靠。

4.5　陆上风电机组安装

4.5.1　吊装专项施工方案

根据《电力建设工程施工安全管理导则》（NB/T 10096）规定，风电机组（含海上）吊装工程属于超过一定规模的危险性较大的分部分项工程（简称“危大工程”），施工前必须编制危险性较大工程专项施工方案，且要通过专家论证，并履行有关审核和审查手续后方可实施。

4.5.2　一般规定

（1）风电机组安装施工前应对风电机组基础、安装平台和施工道路进行检查，确保现场满足大件设备运输和风电机组安装施工条件。

（2）风电机组设备、材料应具有合格证明文件，塔筒连接高强螺栓还应委托有资

质的检测单位进行质量复检。

(3) 应根据风电机组部件重量、轮毂中心高度、吊车性能参数等选用起重机械及吊索具，使用前应对其进行安全检查，检查内容如下：

1) 起重机械使用前应检查其液压系统、回转系统、限位器、防后倾装置、卷扬机和钢丝绳、站位水平度。

2) 纤维吊具使用前应检查合格证、标签、安全工作载荷、表面磨损情况；刚性吊具使用前应检查有无弯曲变形、裂纹、损坏现象。

(4) 导向绳的长度应按设备尺寸及安装高度进行计算；导向绳的极限拉力应满足使用要求。

(5) 设备起吊点的选择应符合设备技术要求，如无明确规定，应根据设备尺寸、重量及重心进行计算后确定。

(6) 施工用力矩工具或高强螺栓张拉工具应在检定周期内使用，且使用前应做现场率定。

(7) 结构连接高强螺栓应分多次及时对称紧固至规定力矩，并做好防松标记，螺栓、螺母和垫片安装应符合设备技术要求。各节点高强螺栓力矩抽查数量不宜少于10%。

(8) 结构连接高强螺栓紧固前，起吊机具不应脱钩，并应保持必要的持载力。高强螺栓完成额定力矩值后不应重复使用。

(9) 大雾、雨雪、雷电、视野不良、−20℃以下低温等恶劣天气环境下不得从事风电机组安装作业。

(10) 风电机组各部位安装限制作业风速应符合设备技术要求。设备制造厂家未提供相关技术要求时，塔架、机舱安装限制作业风速宜为10m/s，风轮安装限制作业风速宜为8m/s。超过限制作业风速，应停止风电机组吊装作业。

4.5.3 塔筒安装

4.5.3.1 安装准备

1. 基础环及吊装平台验收，确定对接标记

(1) 基础环及吊装平台验收工作，是风电机组吊装施工的前提准备工作，一般在施工前，施工单位会同监理单位、建设单位、基础环平台施工单位进行基础环及吊装平台的验收移交工作。

(2) 基础环验收内容如下：基础环法兰面水平度（一般是土建单位提供设备）、螺栓安装区域水泥平台的标高位置（用螺栓试测）、基础环接地电阻情况、基础环卫生情况、基础混凝土强度检测报告、吊装平台尺寸等情况。交接过程中不合格的不予签字，并以书面形式通知监理单位，要求其督促相关单位整改；各方签字的验收文件

施工方需要留存一份原件。有特殊情况的，以书面形式留存说明。

(3) 在验收过程中，要求厂家或者建设单位确定塔筒门的安装方向，确定好的塔筒门用油性笔进行标记，方便后续电控平台及塔筒与基础环的对接工作。

2. 电控平台定位，组装平台

(1) 电控平台定位一般是以基础环确定的塔筒门对接标记为准，划两条直径方向上的直线，按照厂家要求划线，确定电控平台的安装位置。

(2) 确定好安装平台位置后，用吊车将平台摆放到安装位置，组装平台。

(3) 调整电控平台的地脚螺栓，从而控制电控平台的标高。

(4) 有些平台上螺栓有碍电控柜安装，在调好平台高度后要拆除障碍螺栓，方便后续作业。

3. 电控柜就位，固定电控柜

(1) 班组长会同监理单位、生产厂家、运输单位按照设备技术要求对开箱后的电控柜进行检查，包括数量、质量方面的检查，方可组织安装工作。需要倒运电控柜的，应先将电控柜用随车吊倒运至吊装现场，在运输过程中电控柜要用绳索进行固定，并有人员押车看护。

(2) 指挥人员根据现场需要，指挥吊车和安装附件运输车辆就位。吊车要在地基坚实的地面支车站位，支车过程中要按要求对地面进行预压，预压过程中出现地面下陷时，要及时采取措施或者改变设备的卸车位置，保证安全施工。

(3) 司索人员选择相应规格的索具，进行全面检查，起重指挥人员进行复核后，同其他作业人员安装电控柜吊具，电控柜吊装必须按照求四点吊装。

(4) 完成索具与电控柜的连接工作后，指挥人员站在安全位置，指挥吊车调正吊点后，点动起绳。

(5) 待索具受力稳定后，指挥人员指挥吊车停止动作，站在电控柜附近扶住电控柜，避免电控柜在刚开始起吊过程中碰撞。

(6) 将电控柜吊运至电控平台的预安装位置，安装电控柜规定螺栓，将电控柜与平台相连接，先进行初拧，待所有电控柜都就位后，调整柜体之间的间隙，并清除柜体之间的垃圾，然后进行最终拧紧。

4. 连接螺栓清点，连接件准备

(1) 将连接螺栓包装打开，包装要集中堆放，沿着安装位置摆放好，将垫片按方向放到螺栓上，一般规定垫片有字一面为正面。

(2) 将螺母与垫片也按照方向摆好，做好安装准备。

(3) 用相应的毛刷在螺纹端部涂抹相应的润滑剂，有的还要求在垫片与螺栓、垫片与螺母之间涂抹润滑剂（有部分型号风电机组不需要涂抹 MoS_2，以厂家技术要求为准）。

5. 连接法兰清理

（1）用笤帚清扫连接法兰。

（2）用锉刀清理法兰面的毛刺。

（3）用圆锉或者钢筋棍清理螺孔里面的混凝土杂物。

（4）用钢丝刷或者电动钢丝刷清理法兰面的锈迹。

6. 接地点清理

（1）去除自带绝缘胶布。

（2）用电动磨光机清除塔筒接地焊耳处的防腐层，见钢体本质。有专门接地焊耳时全部打磨，安装接地软连接时打磨尺寸要比接触面大3～5mm。等电位接地排要全面打磨干净。

4.5.3.2 塔筒下段安装

1. 塔筒下段检查

塔筒下段在吊装前要进行相关检查，检查内容包括爬梯与塔筒的连接件、平台连接件、电缆夹板连接件、电缆夹板附件、塔筒外观油漆、塔筒内外卫生、塔筒附件安装、导电轨接头紧固情况等。

2. 塔筒吊具安装

（1）塔筒吊具用吊车安装。

（2）安装塔筒上法兰吊具时，吊具安装位置一般位于法兰圆周钟表三点钟与九点钟位置所在的水平内，或以该水平面分布对称布置，底部法兰溜尾吊具一般位于法兰圆周钟表十二点钟位置。

（3）上法兰的吊具安装时，要注意正对卡环的吊具螺栓的安装方向，避免因紧固造成螺栓与卡环相互干扰。

（4）吊具螺栓在紧固时，要装设一对垫片，紧固到吊具与塔筒法兰面紧贴为止。

（5）溜尾吊具安装位置要与上法兰的连线基本垂直，方可保证起吊平稳。

3. 上平台附件准备

（1）上平台上的附件一般为塔筒上法兰的连接螺栓，在起吊前先将所有电缆附件摆放到上平台处放置牢靠，靠近人孔门的电缆要垫木板做好防护，以防在起吊过程中附件跌落。

（2）螺栓附件应放在包装箱内，无包装箱的可以放在包装袋内，避免零散放在平台上在起吊过程中跌落。

（3）导电轨接头必须在起吊前放在平台上，并放到安全位置固定牢靠，避免在起吊过程中跌落，不许将导电轨接头捆在塔筒的导电轨上起吊，否则塔筒就位后，导电轨接头难以安装施工。

（4）起吊前除了塔筒内导电轨封头的外包装不拆外，导电轨其他外包装必须全部拆掉，确保工程质量。

(5) 起吊前电缆夹板要打开，预留一根连接螺栓进行电缆夹板连接，在电缆安装到位后，再将打开的电缆夹板用螺栓固定。

4. 塔筒起吊

(1) 塔筒起吊由专人统一指挥，如果一人指挥不能满足要求可增设副指挥，副指挥须服从总指挥的指令。

(2) 起吊前，主吊和辅吊处各设一名指挥，主吊指挥为总指挥。

(3) 起吊前，指挥先调正吊点，指令塔筒周围的人员撤离危险区域，指挥吊车点动起绳，辅吊配合动作。

(4) 至塔筒水平抬至1.5m时，辅助作业人员清洗塔筒外表并进行补漆。

(5) 指挥主吊车动作，辅吊配合，保证溜尾塔筒距地面距离50～100cm，直至塔筒竖直为止。

(6) 塔筒竖直后在塔筒下法兰上均布三点固定揽风绳。

(7) 拆除溜尾吊具，拆除过程中作业人员要相互配合，避免螺栓吊具砸伤作业人员。

(8) 总指挥指挥吊车起吊，然后交由高空指挥指挥。

5. 塔筒对接

(1) 指挥吊车起吊，待吊高高于电控柜50cm时，停止工作。指挥吊车转杆，转至电控柜正上方时，在揽风绳的协助下，高空作业人员扶住塔筒，控制塔筒的摆动，避免塔筒碰伤电控柜，吊车慢慢下绳。

(2) 塔筒下法兰高于安装法兰50cm后，指挥吊车停止动作，然后指挥吊车转杆，至安装位置停止动作。

(3) 作业人员调整塔筒与门的对接标记，等塔筒与基础环对接好以后，四个对角每个角安装定位螺栓。

6. 塔筒连接螺栓安装

(1) 依次安装塔筒连接螺栓。

(2) 螺栓安装完成后，准备指挥吊车下降。

(3) 下降过程注意作业人员的肢体或者衣物之类是否夹在法兰中间。

7. 塔筒吊具脱钩

(1) 塔筒下法兰与基础环的连接螺栓全部安装完成后，用电动枪先进行四个对角紧固，每个角至少紧固5颗连接螺栓，而后依次紧固。

(2) 电动扳手紧固后，用液压站或者力矩拉伸器先进行四个对角紧固，每个角至少紧固5颗连接螺栓，而后依次紧固。厂家有特殊要求的按照厂家要求完成。

(3) 在四个对角用液压站或力矩拉伸器紧固完至少5颗连接螺栓的力矩后，方可

进行脱钩工作。

（4）高空作业人员拆除完吊具后，把连接螺栓可靠固定，在吊车转杆的过程中，吊钩下面严禁站人，避免高空坠物伤人。

8. 塔筒接地线安装

（1）去除塔筒下段自带绝缘胶布。

（2）用电动磨光机清除塔筒接地焊耳处的防腐层，见钢体本质。有专门接地焊耳时全部打磨，安装接地软连接时打磨尺寸要比接触面大3～5mm。

（3）选择厂家要求的接地线，按照厂家要求用螺栓将接地线固定好，紧固螺栓有力矩要求的用力矩扳手紧固，并做好防松标记。

（4）塔筒上法兰接地打磨。去除自带绝缘胶布。用电动磨光机清除塔筒接地焊耳处的防腐层，见钢体本质。有专门接地焊耳时全部打磨，在法兰面上安装接地软连接时打磨尺寸要比接触面大3～5mm。

4.5.3.3 塔筒中段安装

1. 塔筒中段检查

塔筒中段在吊装前要进行相关检查，检查内容包括爬梯与塔筒的连接件、平台连接件、电缆夹板连接件、电缆夹板附件、塔筒外观油漆、塔筒内外卫生、塔筒附件安装、导电轨接头紧固情况等。

2. 塔筒吊具安装

（1）塔筒吊具用吊车安装

（2）安装塔筒上法兰吊具时，吊具安装位置一般位于法兰圆周钟表三点钟与九点钟位置所在的水平内，或以该水平面分布对称布置，底部法兰溜尾吊具一般位于法兰圆周钟表十二点钟位置。

（3）上法兰的吊具安装时，正对卡环的吊具螺栓要注意安装方向，避免因紧固造成螺栓与卡环相互干扰。

（4）吊具螺栓在紧固时，要装设一对垫片，紧固到吊具与塔筒法兰面紧贴为止。

（5）溜尾吊具安装位置要与上法兰的连线基本垂直，方可保证起吊平稳。

3. 上平台附件准备

（1）上平台上的附件一般为塔筒上法兰的连接螺栓，在起吊前先将所有电缆附件摆放到上平台处放置牢靠，靠近人孔门的电缆要垫木板做好防护，以防在起吊过程中附件跌落。

（2）螺栓附件应放在包装箱内，无包装箱的可以放在包装袋内，避免零散放在平台上在起吊过程中跌落。

(3) 导电轨接头必须在起吊前放在平台上，并放到安全位置固定牢靠，避免在起吊过程中跌落，不许将导电轨接头捆在塔筒的导电轨上起吊，否则塔筒就位后，导电轨接头难以安装施工。

(4) 起吊前除了塔筒内导电轨封头的外包装不拆外，导电轨其他外包装必须全部拆掉，确保工程质量。

(5) 起吊前电缆夹板要打开，预留一根连接螺栓进行电缆夹板连接，在电缆安装到位后，再将打开的电缆夹板用螺栓固定。

4. 塔筒起吊

(1) 塔筒起吊由专人统一指挥，如果一人指挥不能满足要求可增设副指挥，副指挥须服从总指挥的指令。

(2) 起吊前，主吊和辅吊处各设一名指挥，主吊指挥为总指挥。

(3) 起吊前，指挥先调正吊点，指令塔筒周围的人员撤离危险区域，指挥吊车点动起绳，辅吊配合动作。

(4) 至塔筒水平抬至1.5m时，辅助作业人员清洗塔筒外表并进行补漆。

(5) 指挥主吊车动作，辅吊配合，保证溜尾塔筒距地面距离50～100cm，直至塔筒竖直为止。

(6) 拆除留尾吊具，拆除过程中作业人员要相互配合，避免螺栓吊具砸伤作业人员。

(7) 总指挥指挥吊车起吊，然后交由高空指挥指挥。

5. 塔筒中段上法兰准备

(1) 用笤帚清扫连接法兰。

(2) 用锉刀清理法兰面的毛刺。

(3) 用钢丝刷或者电动钢丝刷清理法兰面的锈迹。

(4) 将连接的螺栓打开包装，包装要集中堆放，沿着安装位置摆放好，将垫片按方向放到螺栓上，一般规定垫片有字一面为正面。

(5) 将螺母与垫片也按照方向摆好，做好安装准备。

(6) 用相应的毛刷在螺纹端部涂抹相应的润滑剂，有的还要求在垫片与螺栓、垫片与螺母之间涂抹润滑剂（有部分型号风电机组不需要涂抹 MoS_2，以厂家技术要求为准)。

6. 塔筒对接

(1) 高空指挥吊车起吊，至塔筒下法兰高于安装法兰50cm后，指挥吊车停止动作，而后指挥吊车转杆，至安装位置停止动作。

(2) 作业人员调整塔筒的对接标记，等塔筒中段与塔筒下段对接好以后，四个对角每个角安装定位螺栓。

7. 塔筒连接螺栓安装

(1) 依次安装塔筒连接螺栓。

(2) 螺栓安装完成后，准备指挥吊车下降。

(3) 下降过程注意作业人员的肢体或者衣物之类是否夹在法兰中间。

(4) 塔筒中段与塔筒下段法兰连接螺栓在安装过程中，塔筒内严禁人员进入，防止高空坠物伤人。

8. 塔筒爬梯、安全滑轨连接及接地线安装

(1) 塔筒连接螺栓完成后，安排专人进行爬梯、安全滑轨的连接及接地线安装。

(2) 先进行接地线安装，后进行爬梯安装。

(3) 去除塔筒下段自带绝缘胶布。

(4) 用电动磨光机清除塔筒接地焊耳处的防腐层，见钢体本质。有专门接地焊耳时全部打磨，在法兰面上安装接地软连接时打磨尺寸要比接触面大3～5mm。

(5) 选择常见要求的接地线，按照厂家要求用螺栓将接地线固定好，紧固螺栓有力矩要求的用力矩扳手紧固，并做好防松标记。

(6) 先连接爬梯，后连接安全滑轨。

9. 塔筒吊具脱钩

(1) 塔筒下法兰与塔筒下段上法兰的连接螺栓全部安装完成后，用电动枪先进行四个对角紧固，每个角至少紧固5颗连接螺栓，而后依次紧固。

(2) 电动扳手紧固后，用液压站或者力矩拉伸器先进行四个对角紧固，每个角至少紧固5颗连接螺栓，而后依次紧固。厂家有特殊要求的按照厂家要求完成。

(3) 在四个对角用液压站或者力矩拉伸器紧固完至少5颗连接螺栓后，方可进行脱钩工作。

(4) 高空作业人员拆除完吊具后，把连接螺栓可靠固定，在吊车转杆的过程中，吊钩下面严禁站人，避免高空坠物伤人。

10. 塔筒上法兰接地打磨

(1) 去除自带绝缘胶布。

(2) 用电动磨光机清除塔筒接地焊耳处的防腐层，见钢体本质。有专门接地焊耳时全部打磨，在法兰面上安装接地软连接时打磨尺寸要比接触面大3～5mm。

4.5.3.4 塔筒上段安装

1. 塔筒上段检查

塔筒上段在吊装前要进行相关检查，检查内容包括爬梯与塔筒的连接件、平台连接件、电缆夹板连接件、电缆夹板附件、塔筒外观油漆、塔筒内外卫生、塔筒附件安装、导电轨接头紧固情况等。

2. 塔筒吊具安装

(1) 塔筒吊具用吊车安装。

(2) 安装塔筒上法兰吊具时，吊具安装位置要基本平分上法兰，上下两对吊具要与水平基本平行。

(3) 上法兰的吊具安装时，正对卡环的吊具螺栓要注意安装方向，避免因紧固造成螺栓与卡环相互干扰。

(4) 吊具螺栓在紧固时，要装设一对垫片，紧固到吊具与塔筒法兰面紧贴为止。

(5) 留尾吊具安装位置要与上法兰的连线基本垂直，方可保证起吊平稳。

3. 上平台附件准备

(1) 上平台上的附件一般为塔筒上法兰的连接螺栓，在起吊前先将所有电缆附件摆放到上平台处放置牢靠，靠近人孔门的电缆要垫木板做好防护，以防在起吊过程中附件跌落。

(2) 螺栓附件应放在包装箱内，无包装箱的可以放在包装袋内，避免零散放在平台上在起吊过程中跌落。

(3) 起吊前电缆夹板要打开，预留一根连接螺栓进行电缆夹板连接，在电缆安装到位后，再将打开的电缆夹板用螺栓固定。

(4) 起吊前塔内需要敷设电缆的先敷设离爬梯最近的电缆，依次敷设离爬梯较远的电缆。

(5) 马鞍平台下曲线段的电缆在敷设后要进行紧固，紧固过程中发现电缆孔过大的情况，要垫胶皮固定电缆，曲线段的电缆要在夹紧前整理好。

4. 塔筒起吊

(1) 塔筒起吊由专人统一指挥，如果一人指挥不能满足要求可增设副指挥，副指挥须服从总指挥的指令。

(2) 起吊前，主吊和辅吊处各设一名指挥，主吊指挥为总指挥。

(3) 起吊前，指挥先调正吊点，指令塔筒周围的人员撤离危险区域，指挥吊车点动起绳，辅吊配合动作。

(4) 至塔筒水平抬至1.5m时，辅助作业人员清洗塔筒外表并进行补漆。

(5) 指挥主吊车动作，辅吊配合，保证溜尾塔筒距地面距离50～100cm，直至塔筒竖直为止。

(6) 拆除溜尾吊具，拆除过程中作业人员要相互配合，避免螺栓吊具砸伤作业人员。

(7) 总指挥指挥吊车起吊，然后交由高空指挥指挥。

5. 塔筒上法兰准备

(1) 用笤帚清扫连接法兰。

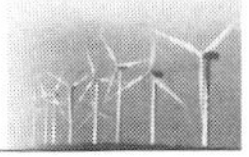

(2) 用锉刀清理法兰面的毛刺。

(3) 用钢丝刷或者电动钢丝刷清理法兰面的锈迹。

(4) 将连接的螺栓打开包装，包装要集中堆放，沿着安装位置摆放好，将垫片按方向放到螺栓上，一般规定垫片有字一面为正面。

(5) 将螺母与垫片也按照方向摆好，做好安装准备。

(6) 用相应的毛刷在螺纹端部涂抹相应的润滑剂，有的还要求在垫片与螺栓、垫片与螺母之间涂抹润滑剂（有部分型号风电机组不需要涂抹 MoS_2，以厂家技术要求为准）。

6. 塔筒对接

(1) 高空指挥吊车起吊，至塔筒下法兰高于安装法兰 50cm 后，指挥吊车停止动作，而后指挥吊车转杆，至安装位置停止动作。

(2) 作业人员调整塔筒的对接标记，等塔筒中段与塔筒下段对接好以后，四个对角每个角安装定位螺栓。

7. 塔筒连接螺栓安装

(1) 依次安装塔筒连接螺栓。

(2) 螺栓安装完成后，准备指挥吊车下降。

(3) 下降过程注意作业人员的肢体或者衣物之类是否夹在法兰中间。

(4) 塔筒上段与塔筒中段法兰连接螺栓在安装过程中，塔筒内严禁人员进入，防止高空坠物伤人。

8. 塔筒爬梯、安全滑轨连接及接地线安装

(1) 塔筒连接螺栓完成后，安排专人进行爬梯、安全滑轨的连接及接地线安装。

(2) 先进行接地线安装，后进行爬梯安装。

(3) 去除塔筒下段自带绝缘胶布。

(4) 用电动磨光机清除塔筒接地焊耳处的防腐层，见钢体本质。有专门接地焊耳时全部打磨，在法兰面上安装接地软连接时打磨尺寸要比接触面大 3～5mm。

(5) 选择常见要求的接地线，按照厂家要求用螺栓将接地线固定好，紧固螺栓有力矩要求的用力矩扳手紧固，并做好防松标记。

9. 塔筒吊具脱钩

(1) 塔筒下法兰与塔筒中段上法兰的连接螺栓全部安装完成后，用电动枪先进行四个对角紧固，每个角至少紧固 5 颗连接螺栓，而后依次紧固。

(2) 电动扳手紧固后，用液压站或者力矩拉伸器先进行四个对角紧固，每个角至少紧固 5 颗连接螺栓，而后依次紧固。厂家有特殊要求的按照厂家要求完成。

(3) 在四个对角用液压站或者力矩拉伸器紧固完至少 5 颗连接螺栓后，方可进行脱钩工作。

（4）高空作业人员拆除完吊具后，把连接螺栓可靠固定，在吊车转杆的过程中，吊钩下面严禁站人，避免高空坠物伤人。

10. 塔筒内安全钢丝绳的铺设

（1）塔筒安装工作完成后，应及时铺设安全钢丝绳。

（2）在爬梯上方将钢丝绳的一段固定好，而后沿爬梯将钢丝绳放下。

（3）在爬梯最下端固定，并调节连接法兰，控制钢丝绳的摆动量在活动范围内。

4.5.4 机舱安装

4.5.4.1 安装准备

（1）机舱安装工作要准备好扳手、电源、电钻、胶枪、玻璃胶、连接螺栓、连接件、倒链、撬杠等，需要吊车安装的需协调好吊车使用时间。

（2）要对号安装的，提前根据卸货记录找到相应编码的附件。

（3）利用安装支架组对机舱的，提前组装好并准备好机舱组装支架。

（4）机舱安装支架必须摆放在坚硬的地面上，机舱放置时应顺风放置。

4.5.4.2 附件及壳体安装

（1）机舱内散热风扇安装必须用吊车将散热风扇吊起，一般采用锁死的方法吊装，在预安装位置安装。散热风扇有方向性，具体以厂家的作业指导书为准，避免在安装过程中装反。此外，安装时注意人员站位，注意手扶位置，避免人员受伤。

（2）机舱内的小吊车安装也需要靠吊车吊起，一般采用两点两根吊带锁死的方法，在预安装位置安装。小吊车固定螺栓有紧固要求时，要用力矩扳手进行紧固。

（3）机舱壳为三片的，安装时应先安装两侧壳体，后安装顶部壳体。机舱在安装支架上组对时，可以先将机舱放到安装支架上，用人力将机舱下壳体抬起进行拼装。

（4）拼装时，机舱壳体连接处有胶皮的不能去除，保留原有胶皮，可以将胶皮上的螺孔扩大，这样能够保证安装后部件的严密性。

（5）安装紧固螺栓，不锈钢螺栓在安装前在螺栓端部需要涂抹少许紧固胶，而后再进行紧固工作。

（6）紧固完成后在机舱壳体接缝处均匀涂抹密封胶。

（7）一般情况下排风罩应等机舱吊装完成后在高空安装，也有在地面直接安装好的，还有先将合页安装好的。在高空和地面直接安装好的，一般螺栓在不锈钢螺栓紧固完成后，在机舱外面的一侧螺栓上均匀涂抹密封胶；只进行合页安装的，一般在合页固定螺栓及合页与机舱的连接处涂密封胶。

（8）先将风速仪、风向标支架组装，而后固定在机舱预安装位置，固定螺栓有长短之分，方便与机舱接地线连接。支架螺栓紧固工作完成后在支架与机舱接缝处、固定螺栓上均匀涂抹密封胶，完成支架安装工作。

（9）风向标、风速仪、避雷针及航空灯的安装一般在机舱组装工作完成后在地面安装（直驱风电机组风向标、风速仪在机舱吊装完成后安装）。按要求将风速仪及风向标固定在支架上，并将控制电缆按要求敷设。避雷针的安装完成后要在支架与机舱连接处均匀涂抹密封胶。航空灯安装完成固定后要在航空灯与支架连接处涂抹密封胶，也可在航空灯未安装前先在预安装位置涂上密封胶，而后再安装。

（10）机舱接地线及灯线安装。机舱组装完成后，要按照厂家要求在机舱内安装照明灯具，并铺设地线。照明灯具安装时先在机舱壳体上划线，确定灯具安装位置，打孔，灯具固定，连接线路。接地线安装时一般多要求在连接处涂抹导电膏，并用螺栓可靠固定。还要将机舱接地线与避雷针相连接。

（11）水管连接。按照厂家安装手册要求，连接散热器和风扇之间的水管，方向应正确，密封性应良好。

（12）拆除高速刹车盘防护罩，并将螺栓集中堆放；拆除主轴防护网，拆除人孔板螺栓，并将螺栓集中放置；去除主轴法兰盘上螺栓孔的堵头，并清洁法兰面。

（13）除 2 组对角方向留有的 4 颗固定螺栓卸松以外，其他运输支架上的固定螺栓全部拆除；清理机舱外部卫生，除去机舱包装。

（14）将机舱与轮毂连接的附件放到机舱内，将机舱至马鞍平台的电缆放到机舱内，做好起吊准备。

（15）在便于高空人员拆解的位置将揽风绳绑好，揽风绳的拉力方向应在机舱同侧两端。

（16）指挥主吊吊起机舱吊具，司索人员按要求用索具将机舱和吊钩连接好，做好起吊准备工作。

（17）部分机型需要吊装前，将主轴盘车至规定对接位置，便于后续风轮法兰与主轴法兰的顺利对接。

4.5.4.3 机舱吊装

（1）索具安装完成后，指挥人员指挥吊车点动起绳，机舱内司索人员配合调整吊带位置，避免吊带与设备发生障碍，损伤吊带和设备。

（2）待索具受力后指挥吊车停止动作，司索及其他作业人员从机舱内出来，站在机舱周围安全位置，扶好机舱，做好起吊准备。

（3）指挥吊车起绳，观察机舱移动情况，如吊物中心、吊钩、杆头出现倾斜应及时停止动作，待重物不受力后调整吊钩位置重新起吊。

（4）当机舱底部离地 20cm 后，指挥吊车停止起升动作，等设备自由找正中心后将重物放到地面上。

（5）拆除机舱运输支架或者安装支架上面的固定螺栓。

（6）待人员撤离危险区域后，指挥吊车起绳。起升高度在 1.5m 左右停止动作，作业人员用钢丝刷、清洁剂等除去机舱与塔筒连接法兰的锈迹，并去除防护堵头。

(7) 待清理法兰工作准备完成以后，指挥主吊起升。起绳过程中，机舱同侧两端的揽风绳要基本保证机舱侧面或者机舱主轴盘正对吊车臂杆（前者是侧后方安装时机舱起吊位置，后者是机舱正挂时的起吊位置）

(8) 待机舱底部高于塔筒上段上法兰面 50cm 时，高空指挥人员指挥吊车停止动作，而后指挥吊车转杆到塔筒法兰正上方停止转杆动作。

(9) 指挥吊车下绳，高空作业人员扶住机舱，同时地面作业人员通过风绳控制机舱平衡，辅助高空作业人员组对工作，等机舱法兰面最低点距法兰面 5cm 时，停止下降动作。

(10) 根据后续安装的需要，由地面作业人员调整机舱安装位置，高空作业人员配合。位置调整好以后，2 组对角每个位置安排一个作业人员及时安装定位螺栓。先装位置低处的螺栓，调整起吊高度，依次安装其他连接螺栓。螺栓安装完成后，准备指挥吊车下降。下降过程注意作业人员的肢体或者衣物之类是否夹在法兰中间。

(11) 塔筒中段与塔筒下段法兰连接螺栓在安装过程中，塔筒内严禁人员进入，防止高空坠物伤人。

(12) 机舱法兰与塔筒上段上法兰的连接螺栓全部安装完成后，用电动枪先进行四个对角紧固，每个角至少紧固 5 颗连接螺栓，而后依次紧固。

(13) 电动扳手紧固后，用液压站或者力矩拉伸器先进行四个对角紧固，每个角至少紧固 5 颗连接螺栓，而后依次紧固。厂家有特殊要求的按照厂家要求完成。在第一遍用液压站紧固连接螺栓后，方可进行脱钩工作。

(14) 高空作业人员拆除完吊具后，指挥吊车动作时小心索具与设备发生碰撞。

(15) 将连接的螺栓打开包装，包装要集中堆放，沿着安装位置摆放好，将垫片按方向放到螺栓上，一般规定垫片有字一面为正面。将螺母与垫片也按照方向摆好，做好安装准备。

(16) 用相应的毛刷在螺纹端部涂抹相应的润滑剂，有的还要求在垫片与螺栓、垫片与螺母之间涂抹润滑剂（有部分型号风电机组不需要涂抹 MoS_2，以厂家技术要求为准）。

4.5.5 风力发电机安装（针对直驱风电机组）

4.5.5.1 安装准备

(1) 主吊、辅吊就位，作业人员就位。

(2) 拆卸运输支架螺栓的工具就位，清理法兰的工器具及除锈剂到位；此外还需要准备毛刷、钢卷尺或者直尺、管钳、丝锥、小撬杠、美工刀、揽风绳等工具。

(3) 电机吊具总成及翻身吊耳准备好，准备好手拉葫芦以及调整角度用的钢丝绳。

(4) 卸松2组对角各预留的1颗螺栓，其余螺栓全部拆除。

4.5.5.2 发电机吊装

1. 发电机准备

(1) 检查发电机锁紧手轮是否处在锁止状态。

(2) 指挥人员指挥吊车安装好发电机主吊具和翻身吊具，钢丝绳上要包一层质地柔软的材料，在主吊具与发电机吊耳连接的钢丝绳上栓上揽风绳，方便脱钩工作。

(3) 指挥主吊起绳，运输支架距地面20cm时停止起升，待发电机停止晃动时指挥主吊将发电机放到地面。

(4) 拆除预留的4颗螺栓。作业人员站在安全位置后，指挥主吊起绳，到发电机法兰面离地1.5m时，停止动作。

(5) 作业人员清除法兰面的锈迹和毛刺，清除排水孔及螺栓孔的堵头。

(6) 在螺栓上均匀涂抹MoS_2，安装螺栓，在发电机的一端不涂抹MoS_2。要求安装好的螺栓方向必须一致，有字一面朝外，用钢板尺或者卷尺测量安装长度。

(7) 安装螺栓过程中，如果出现螺栓不能安装时，则要求用相应规格的丝锥进行通孔过丝。

2. 发电机翻身

(1) 发电机准备工作完成，作业人员站在发电机同侧两端的揽风绳处，通过两边的揽风绳控制发电机的平衡。

(2) 指挥主吊和辅吊同时起吊，起到一定高度，指挥两吊车配合作业，将发电机转至法兰面与竖直状态7°夹角的位置。

(3) 作业人员系好安全带，在发电机上将不同方向两个倒链安装好，并待与机舱连接的法兰面受力后，停止调整工作，指挥辅助吊车脱钩。

(4) 作业人员从高空到地面，将发电机与轮毂连接的螺栓及其他附件放在电机上。

3. 发电机起吊安装

(1) 指挥主吊起吊，作业人员通过发电机两边的揽风绳控制平衡，一般起吊过程中要求发电机法兰与吊车主臂对正。

(2) 待发电机法兰高于机舱法兰50cm时，高空指挥指挥吊车停止起升，而后爬杆。重复起绳爬杆动作，直至轮毂法兰与机舱法兰紧贴为止。

(3) 用端部涂有MoS_2的螺栓将发电机与机舱连接到一起，一般先安装上部螺栓，后安装下部螺栓。如果发电机法兰孔与机舱法兰孔不能对正，则可以在两个法兰上各安装一根螺栓，松开发电机锁定手轮，调整法兰孔位置，在螺栓安装完成吊车脱钩前调整吊车位置，将手轮锁好。

（4）安装过程如出现仰角不合适，作业人员戴好安全带，通过调整两个手拉葫芦的角度调整发电机仰角，从而完成螺栓安装工作。

（5）螺栓安装完成后，先用电动扳手预紧，对称的四个角每个角紧固至少5颗螺栓后再进行依次紧固。

（6）再用液压站进行紧固，对称的四个角每个角紧固至少5颗螺栓后再进行依次紧固，厂家有特殊要求的根据厂家要求进行紧固。

（7）所有螺栓按照厂家要求力矩紧固完成后进行脱钩工作。

（8）脱钩时要求发电机处于锁止状态。

（9）高空指挥指挥吊车下绳，到一定位置后，由地面指挥作业人员通过揽风绳使得钢丝绳与发电机脱离。

（10）至此发电机的吊装工作结束。

4.5.6 叶片组对

4.5.6.1 安装准备

叶片组对前要准备以下工器具：变桨器、控制器、电源、电动扳手、手电钻、撬杠、切割机、铆钉、拉铆枪、连接件、丝锥、扳手、毛刷等。

4.5.6.2 轮毂准备

（1）轮毂要摆放在坚实的地面，在叶片安装方向不得有障碍物。

（2）需要在安装支架上组对叶片的，提前将安装支架摆放好。

（3）拆除轮毂内的固定装置，在吊车作用下将轮毂变到合适的位置。

（4）用相应规格的丝锥对轮毂与机舱或者轮毂与电机连接的螺孔过丝。

4.5.6.3 叶片准备

（1）检查叶片外观、叶片刻度线及法兰孔，将法兰孔的防水堵头拆掉。

（2）安装叶片螺栓，在与叶片连接的螺纹上均涂抹螺纹锁固胶，及时调整螺栓安装长度。安装时要求有字的一面朝外。

（3）安装完成后，要在螺栓端部3cm处均匀涂抹MoS_2。

（4）在叶片同侧两端拴上揽风绳，按要求进行吊带与叶片连接，吊带与叶片之间要有叶片护具，护具与叶片之间要垫质地柔软的材料。

4.5.6.4 叶片组装

（1）起吊之前指挥人员要对安装现场周围的地理环境进行勘查，制定合理的调运线路，并将注意事项告知现场作业人员。

（2）先指挥吊车点动起绳，去除叶片支架。在叶片高于尾部支架时，应及时将尾部支架移走或者推倒，防止在后续作业中造成叶片二次损伤。

（3）去掉前面的运输支架，通过揽风绳控制叶片处在水平状态并控制运转方向。

（4）指挥吊车转杆，调整叶片的状态，使得叶片靠近轮毂。

（5）指挥吊车动作，作业人员通过撬杠调整螺栓位置，辅助控制器控制法兰转动，从而进行叶片与法兰的连接。

（6）在连接过程中，人员避免肢体放在安装螺栓上，防止在安装过程中造成人员伤亡。

（7）安装连接螺帽，从法兰顶部到底端依次安装，而后进行紧固。

（8）组对好的叶片尽量采用吊车大兜的方式进行固定，当支垫位置高于地面不超过 2m 时，可以采用垫苯板或者辅助吊车提住的方式固定，但必须做好防护措施。

支垫完成以后，吊车脱钩，重复上述操作完成其他两个叶片的安装工作。

4.5.6.5 附件安装

1. 挡雨环安装

（1）先将挡雨环的连接板拆开后，放在已安装好的叶片上，靠近轮毂毛刷到一定的距离为宜（以手可以放入的宽度为宜），在叶片上划线。

（2）划好线后，在离线 5mm（靠近轮毂一侧）的地方均匀涂抹结构胶，而后将挡雨环放在叶片上，低沿紧贴划线部分，用紧绳器固定，待结构胶凝固后拆下紧绳器。

（3）在结构胶凝固的同时，要用挡雨环连接板将挡雨环连接好，接头用铆接的方法，每边 4 颗铆钉。另若挡雨环和叶片连接处有缝隙，则必须用密封胶进行填充，大于 5mm 空隙时要先用结构胶填充，后用密封胶填充。

2. 导流帽安装

（1）在安装前必须检查导流帽的外观，且要检查轮毂与导流帽的法兰上是否有密封胶皮。因为加工原因胶皮上的螺栓孔不是很全，必须用螺丝刀或者尖嘴钳进行开孔，为后面的螺栓连接工作做好准备（在安装前，不能将密封胶皮剔除）。

（2）导流帽在用绳索吊起后与轮毂对接时，要注意两个部件上面的对接标记（一定要保证轮毂编号与倒流帽的编号一致），而后安装交接螺栓（螺栓上必须有自锁螺母、两个平垫片，在安装前可以在螺纹处涂抹 MoS_2）。螺栓紧固完后，在壳体连接缝隙处涂密封胶。

4.5.7 风轮吊装

4.5.7.1 吊装准备

（1）在两个叶片上安装吊带（待吊带竖直受力后，在吊带与叶片的缝隙处均匀撒松香粉，增大摩擦阻力保证风轮仰角），在叶尖处通过叶尖护带固定一根导向绳。

（2）安装溜尾吊具。溜尾吊带的绑扎点在距叶尖 9m 处（具体以厂家作业指导书为准），先在叶尖上面铺一层地毡（大小与叶尖护具基本一样），而后将叶尖护具放在地毯上，用大绑的方法将叶尖护具固定在叶片上。另在叶片护具和锁在护具上的吊带扣系结揽风绳（方便高空拆卸吊具，在大绑叶片护具时要注意绳扣的方向）。

4.5.7.2 风轮吊装

(1) 指挥人员在起吊前对起吊现场进行勘查，等人员撤离危险作业区后准备起吊作业。

(2) 指挥人员指挥主辅吊车同时起吊，待轮毂法兰离地1.5m时停止起升动作。

(3) 作业人员用钢丝刷、清洗剂清除法兰上的锈迹，用板锉处理法兰上的毛刺，安装主轴螺栓。

(4) 做好准备工作后作业人员撤出危险作业区域。

(5) 指挥人员指挥吊车配合作业，吊车同时起吊，主吊车慢慢向上，辅助吊车配合将风轮由水平状态慢慢倾斜，并保证叶尖不能接触到地面。在叶尖位置要有专人看护，以防叶尖碰撞。

(6) 待垂直向下的叶尖完全离开地面后，辅助吊车脱钩，拆除叶片护具，由主吊车将风轮起吊至轮毂高度。

起吊过程中作业人员通过揽风绳控制风轮的平衡，一般情况下轮毂正对臂杆。

4.5.7.3 风轮安装

(1) 风轮起吊高度高于安装法兰面后，指挥吊车停止起升动作。爬杆、起绳调节风轮法兰和机舱法兰（或者电机法兰）的距离，使得两个法兰面距离在5cm以内。

(2) 松开机舱主轴锁定销或者发电机锁定销，调整法兰位置。

(3) 在法兰位置符合要求时，安装连接螺栓，指挥吊车爬杆、起升动作并且重复，使得两个法兰紧贴，安装其他能安装的连接螺栓。

(4) 用力矩扳手按要求紧固已安装的连接螺栓。

(5) 非直驱风电机组指挥调整吊点位置及主轴位置，用锁定销将其锁死。直驱风电机组在螺栓力矩全部紧固完成后再进行锁死。

4.5.7.4 吊具脱钩

1. 非直驱风电机组

(1) 风轮在安装状态，使用电动枪将所有能够安装的螺栓安装就位，使用液压力矩扳手进行紧固。在所有已安装螺栓力矩紧固完成后指挥吊车脱钩。

(2) 调整吊钩高度，使用机械锁定销锁好风轮，同时确保液压刹车处于工作状态。

(3) 指挥吊车吊钩下降至人员方便拆解吊带的位置，工作人员系好安全带将风轮吊带一端从吊钩上拆下。

(4) 指挥吊车臂杆离开风轮。

(5) 松开锁定销，打开刹车盘，转动主轴，满足5颗螺栓安装时将刹车盘刹死，

锁上锁定销。安装连接螺栓，用液压站紧固螺栓。

(6) 完成力矩紧固后重复上部操作完成其余螺栓紧固。

2. 直驱风电机组

(1) 直驱风电机组在主轴与风轮的连接螺栓全部完成力矩紧固后脱钩。

(2) 脱钩时指挥人员要注意吊车转动方向，避免吊车转杆过程中碰伤风轮，直至吊车脱离危险区域后方可由吊车自己操作。

4.6　风电机组电气及附属设施安装

4.6.1　塔内电气安装

塔内电气安装按风电机组厂家技术要求进行，电气安装作业流程如图 4-9 所示。

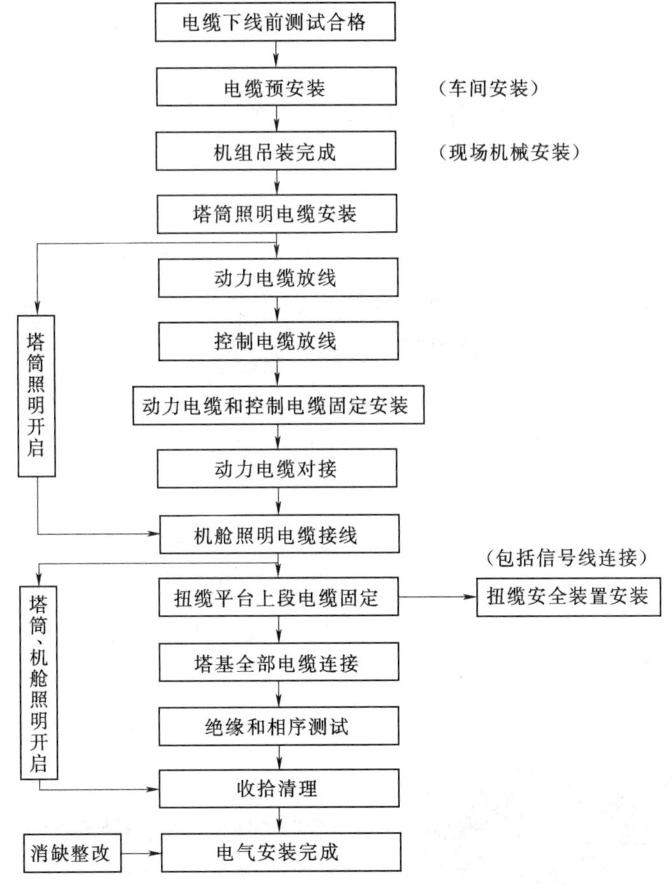

图 4-9　电气安装作业流程图

4.6.1.1 塔筒动力电缆预安装

塔筒动力电缆预安装分为塔筒动力电缆预安装、塔筒母线及动力电缆预安装，其中塔筒动力电缆预安装又分为塔筒动力电缆分段预安装、塔筒动力电缆不分段预安装（常用）。塔筒动力电缆预安装分类如图 4-10 所示。不分段预安装作业流程如下：

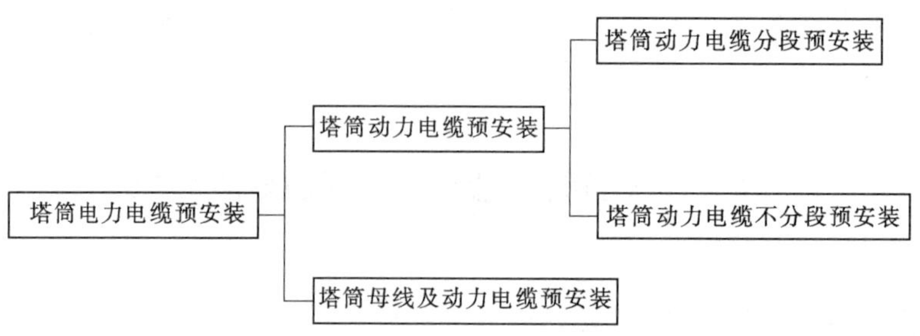

图 4-10 塔筒动力电缆预安装分类

1. 塔筒动力电缆裁剪

(1) 塔筒动力电缆预安装第一步为根据项目塔筒动力电缆确定的安装方式裁剪电缆。

(2) 塔筒动力电缆配置的变频器的进线方式不同则电缆长度不同，变频器进线方式分为上进线方式和下进线方式两类。

2. 塔筒动力电缆绝缘检测

塔筒电缆预安装前，需要对裁剪好的电缆进行绝缘电阻测试，其值必须大于 1MΩ 才可以用于安装。电缆绝缘测试合格后，应立即对电缆端头进行包扎（用电缆保护套或其他防护材料），且注意防雨、防潮、防污染。

3. 塔筒动力电缆不分段预安装

(1) 不分段敷设塔筒内动力电缆时，要先预估电缆长度是否能满足安装，如稍短，可以将伸出扭缆平台的电缆在 500～1000mm 之间进行调整；因两根接地电缆的长度不同，放电缆时应注意机架接地电缆的位置。另外，注意敷设电缆时，确保塔筒内全部的电缆夹完全打开，且整个敷设绑扎和固定操作过程中不能损伤电缆。

图 4-11 电缆排放顺序

(2) 电缆排放顺序如图 4-11 所示，电缆排布应顺序平齐放置所有电缆到对应电缆夹位上，电缆伸出扭揽平台 0.5～1m。

(3) 将动力电缆逐根从一侧起依次将下端没有固定的电缆绕回，电缆弯曲的最下端不应露出塔筒法兰面。

(4) 将电缆按组（每个电缆夹位上的电缆为一组）分别沿爬梯侧杆依次用麻绳

进行绑扎，每根电缆需要在该绑扎点绑扎 2 次。

（5）捆绑好的电缆在吊装时底部不超过塔筒下法兰面。

4. 塔筒间照明电缆的连接测试

（1）吊装完成后，首先连接好各节塔筒之间的照明电缆，照明系统测试合格后，塔筒照明可以用于后续安装，且连线时需要准备照明灯具（头灯或其他灯）。

（2）各节塔筒间的照明连线一般由供应商安装好或在塔筒电缆预装前已经安装好。塔筒间的连接线绑扎在其中一节塔筒内，塔筒间的照明如图 4－12 所示。

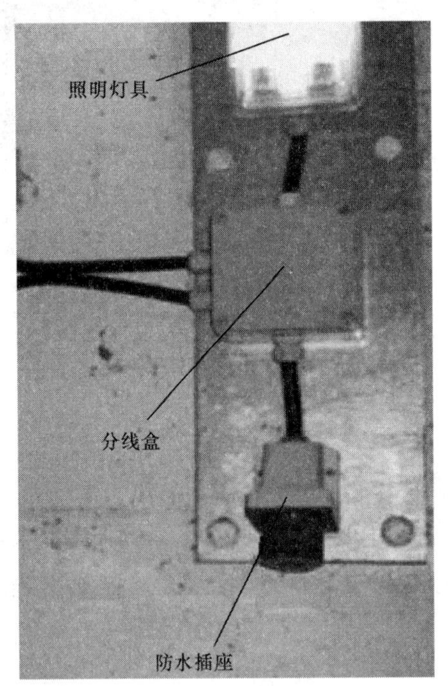

图 4－12　塔筒间的照明

吊装完成后，将电缆绑扎解除，按照图纸将照明电缆连接到对应端子上即可。依次连通整个塔筒。

4.6.1.2　塔筒动力电缆放线安装

吊装完成后，塔筒内扭缆、动力电缆、控制电缆应尽快放线安装固定；并要先检查确认待放线处的电缆夹是否全部打开。

1. 塔筒内动力电缆放线

逐组（每个电缆夹位上的电缆为一组）将要放线的电缆从爬梯处由上而下依次解除绑扎点，并同时在每层平台安排人员将电缆端头引向平台处的电缆过线口慢慢向下放线。重复上述工作直至所有的电缆放线完毕。确保整个过程不损伤电缆。

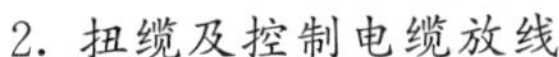

2. 扭缆及控制电缆放线

电缆放线按电缆外径由大到小、先电源电缆后信号电缆的顺序放线。

（1）动力扭缆放线。将机舱平台上的动力扭缆逐根放下，调整电缆网兜的位置，兜好电缆，用卸扣将电缆网兜固定在电缆支撑上，注意电缆支撑受力分布均匀。在电缆环 2 处放线到外侧，其他扭缆环处均放线到内侧。

（2）控制电缆放线。放线时，将 400V 供电电缆、690V 供电电缆、光纤在机舱侧电缆沿线槽敷设好，引至机舱柜下方，预留好电缆。照明电缆、发电机编码器电缆、光纤、解缆信号电缆均穿扭缆环内侧布线；400V 供电电缆、690V 供电电缆要穿电缆网兜，在电缆环 2 处放线到外侧，其他扭缆环处均放线到内侧。

3. 偏航电缆支撑上电缆的固定

（1）将电缆逐根缓慢放下，不要让机舱内已敷设好的电缆承受拉力，用卸扣将电

缆网兜固定在电缆支撑上，注意电缆支撑受力分布均匀。

图 4-13 偏航电缆支撑上电缆的固定

（2）照明电缆、发电机编码器电缆、光纤、解缆信号电缆用扎带（550mm 长扎带）绑扎固定在电缆支撑上。

（3）电缆固定时理清电缆顺序，避免电缆交叉。

（4）电缆放线完成后，检查卸扣的固定是否牢靠，将防松插销插到位，并掰开插销头。

（5）整理线槽末端的胶皮，将其和电缆一同包扎好，做好电缆防护，偏航电缆支撑上电缆的固定如图 4-13 所示。

4. 电缆固定环上电缆的固定安装

电缆环上电缆的固定原则为：尽量将大线径电缆（包括 690V 供电电缆、400V 供电电缆）绑扎在电缆环上，其他不能绑扎到电缆环上的电缆放置在电缆环内。

（1）电缆环 1 上电缆固定。电缆穿过平台上部电缆固定环 1，用扎带（550mm 长扎带）穿过相邻的两个孔将电缆绑扎在电缆环上，连续绑扎所有电缆，电缆整齐排布，避免电缆扭曲交叉，扎带头朝向一致；其他不能绑扎到电缆环上的电缆放置在电缆环内；绑扎完电缆后，剪掉扎带头。电缆穿过电缆固定环 1 如图 4-14 所示。

（2）电缆环 2 上电缆固定。电缆穿过平台之后，开始固定电缆环 2。将电缆环 2 中部置于同解缆开关滑轮的水平位置上；然后将电缆拉直，用扎带（550mm 长扎带）穿过相邻的两个孔将电缆绑扎在电缆环外侧；连续绑扎所有电缆并整齐排布，避免电缆扭曲交叉。电缆穿过电缆固定环 2 如图 4-15 所示。其他不能绑扎到电缆环上的电缆放置在电缆环内。

图 4-14 电缆穿过电缆固定环 1

图 4-15 电缆穿过电缆固定环 2

电缆从上放下，垂直安装，即电缆环 2 上与电缆环 1 上绑扎的同根电缆安装后是垂直的。完成后的电缆环要水平。绑扎完电缆后，剪掉扎带头。

(3) 马鞍处电缆布线。电缆按一定的弧度（此处电缆打弯约 3m）绕过马鞍架。电缆垂弯部位最低处距平台 300～600mm，最多不超过 700mm，且各电缆垂弯的弧度要一致。

将电缆理顺，每组绑扎好并按从左到右的方向排布（便于安装、检修测试）。

马鞍处电缆放线如图 4－16 所示，排布顺序每个夹位一组，依次绑扎（550mm 长扎带）整齐；布母线的塔筒，电缆在转过马鞍桥处用扎带（550mm 长扎带）绑扎整齐。

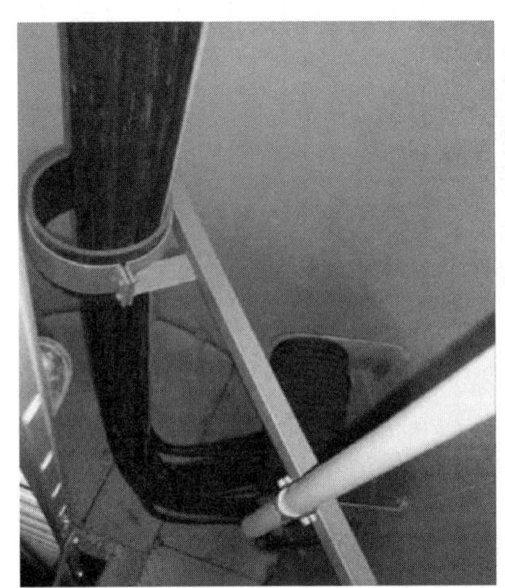

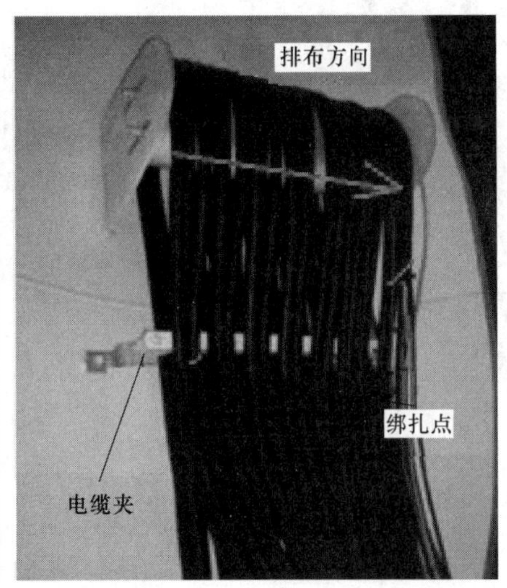

图 4－16　马鞍处电缆放线

5. 塔筒电缆固定

确认动力电缆、动力扭缆和控制电缆放线完成，且检查确认待安装处的电缆夹全部完全打开。塔筒母线动力电缆预安装和动力电缆分段预安装的塔筒不需要进行此步操作，而需要安装固定控制电缆。塔筒动力电缆不分段预安装的塔筒放线完成后，电缆已垂放到塔筒电缆夹上，此电缆直接固定安装。需要安装固定动力电缆和控制电缆。

固定安装方法如下：

(1) 理顺控制电缆、动力电缆，从上至下一同固定。

(2) 理顺塔筒垂下的控制电缆，用扎带绑扎或固定到金属电缆夹内。

(3) 将动力电缆理顺，排布在电缆夹正确位置，从上至下依次压紧电缆夹，拧紧固定螺钉，固定完所有的电缆夹。

(4) 要求电缆垂直，电缆之间固定位置无紊乱、交叉等，保证每个电缆夹对应位置上的电缆为同一根电缆，安装效果如图 4－17 所示。

塔筒连接法兰处的电缆要防止割伤，电缆要留 200mm 余量并塑出一定的形状，上下两塔筒法兰处电缆夹间的动力电缆均匀绑扎 1 处，控制电缆均匀绑扎 6 处。塔筒法兰处电缆示意图如图 4－18 所示。

图 4－17　安装效果图

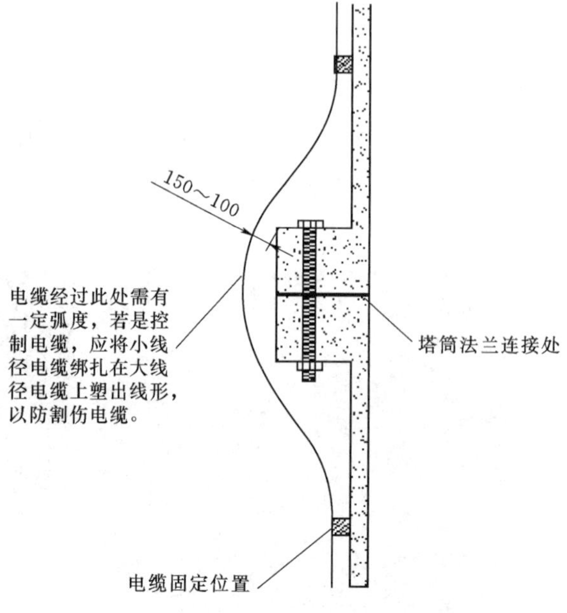

图 4－18　塔筒法兰处电缆示意图（单位：mm）

6. 塔筒电缆对接准备

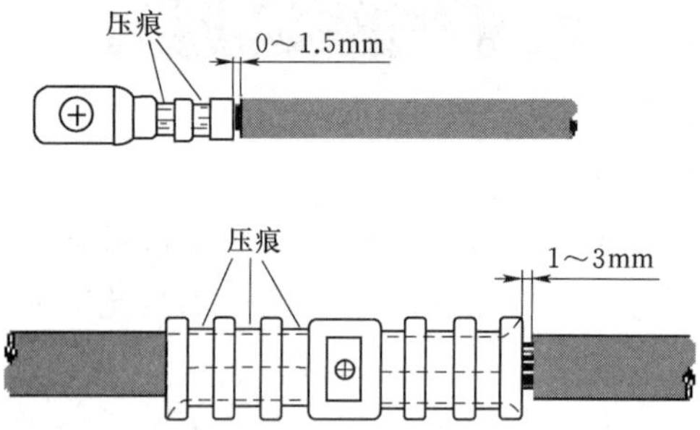

（1）电缆绝缘剥除。对电缆进行连接时，首先根据选择的型号剥除合适的电缆绝缘，剥除绝缘时不能伤到导线丝；导线丝理顺，插入连接件，插入的导线丝不许纠结、扭曲，外露不超过给定值，电缆绝缘剥除如图 4－19 所示。

图 4－19　电缆绝缘剥除

（2）电缆连接件压接。用压接钳和配套模具进行冷态压接，压模每压接一次，在压模合拢到位后应停留 10～15s，使压接部位金属塑性变形达到基本稳定后，才能消除压力。根据对接方式，分为以下两种压接方式：

1）对接管压接。对动力电缆进行连接时，根据选择的型号选择合适模具，按正确的间距和方案压接。压接完成后，清理干净压接产生的毛刺，对接管压接如图 4－20 所示。

2）线耳压接。线耳连接时，根据选择的型号选择合适模具，按正确的间距和方案压接。压接完成后，清理干净压接产生的毛刺，线耳压接如图 4－21 所示。

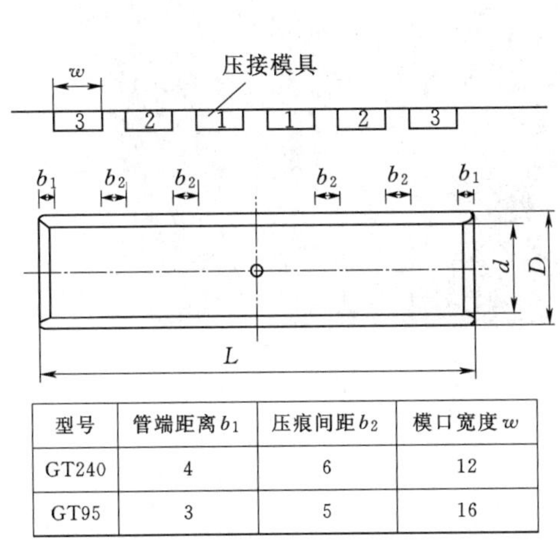

型号	管端距离 b_1	压痕间距 b_2	模口宽度 w
GT240	4	6	12
GT95	3	5	16

图 4-20　对接管压接（单位：mm）

注：1. GT95 压接 2 次，GT240 压接 3 次。

2. 压接模具上的数字表示压接连接时的压接顺序。

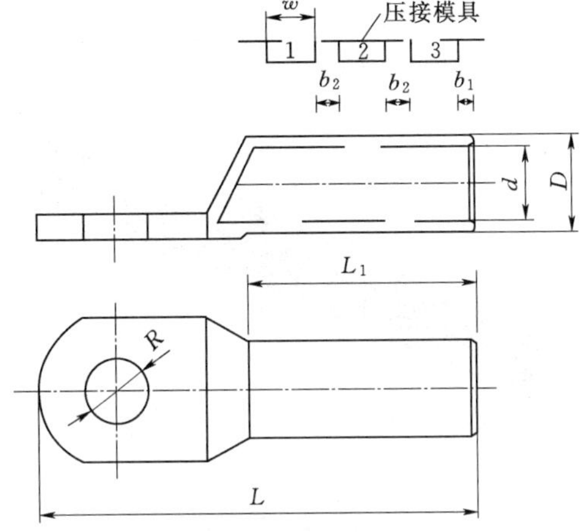

型号	管端距离 b_1	压痕间距 b_2	模口宽度 w
GT240-R	4	6	12
GT95-R	3	5	16

图 4-21　线耳压接（单位：mm）

注：1. GT95-R 压接 2 次，GT240-R 压接 3 次。

2. 压接模具上的数字表示压接连接时的压接顺序。

3. 孔径 R 为 12.16mm 等。

7. 塔筒动力电缆对接过程

塔筒动力电缆连接有防水热缩连接、热缩连接、冷缩连接 3 种方法，其中最常用的为防水热缩连接。防水热缩连接过程如下：

(1) 检查导线。导线两端必须干净且干燥，如有必要，在装配之前，用布或刷子将电缆头清理干净。准备好工具和热缩管。剥除适当电缆绝缘。每个连接处需要 2 个热缩管，根据项目塔筒电缆需要的连接处数来准备热缩管的数量。

(2) 套热缩管。240mm^2 电缆套入直径 40mm 的热缩管，95mm^2 电缆套入直径 30mm 的热缩管，先套 200mm 长的，再热缩一个与相序对应颜色的 300mm 热缩管。

(3) 对接电缆。电缆连接不许交叉，要求相序对应；连接时用液压钳夹着电缆对接管的一端，中间靠外，然后将一端电缆的铜芯插入对接管，接着用液压钳压紧，连续压紧 a 侧，完成后，按以上方法再压接另一侧，连接电缆示意图如图 4-22 所示、连接电缆效果图一如图 4-23 所示、连接电缆效果图二如图 4-24 所示。

(4) 密封热缩管。用防水密封胶将电缆对接接头处填充满（防水密封胶填充与电缆绝缘表皮平齐）；把热缩管中心移至对接管的中心处；密封时先将 200mm 长热缩管烤制热缩，再热缩一个与相序对应颜色的 300mm 热缩管。用热风枪吹热缩管时需要从中间往两端吹，要让热缩管受热均匀，防止中间鼓入空气，密封热缩管示意图如图 4-25 所示。

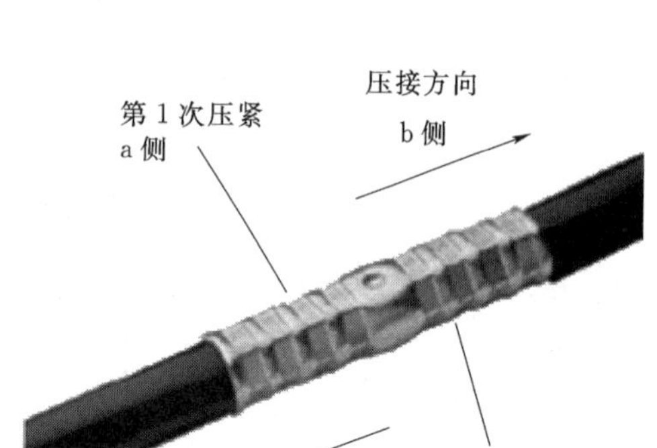

图 4-22 连接电缆示意图

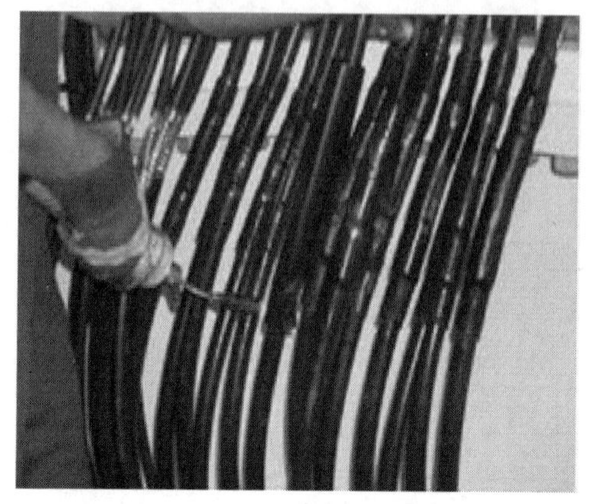

图 4-23 连接电缆效果图一

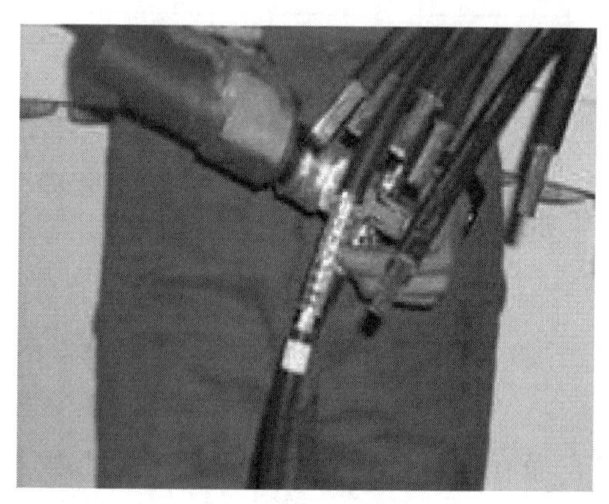

图 4-24 连接电缆效果图二

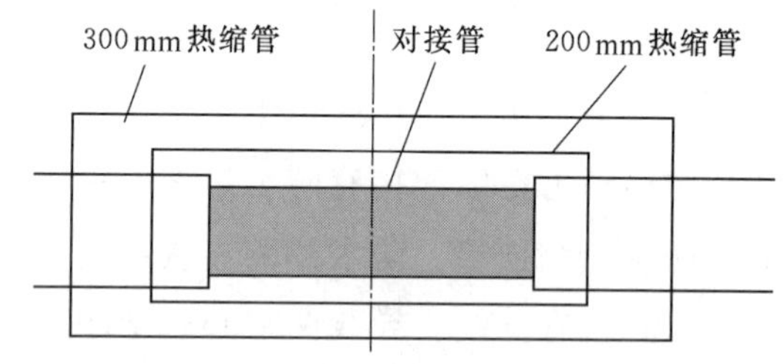

图 4-25 密封热缩管示意图

8. 塔筒母线及动力电缆连接

塔筒动力扭缆、控制电缆放线完毕后，进行母线连接。母线连接时参照风电机组厂家对应的母线排安装说明手册。

(1) 线耳压接。线耳压接如图 4-26 所示，压接方向为依次压接，线耳压接完成后，打磨干净压接毛刺。

(2) 热缩管密封。线耳压接完成后，穿入一个 100mm 的热缩管，先热缩一个 100mm 的热缩管，然后再热缩一个与相序对应颜色的 100mm 热缩管（240mm^{2}电缆穿直径 40mm 的热缩管，95mm^{2}电缆穿直径 30mm 的热缩管）。

将一个热缩管置于安装位置，用热风枪吹热缩管时需要从中间往两端吹，要让热缩管受热均匀，防止中间鼓入空气，依次完成两层防护，热缩管密封如图 4-27 所示。

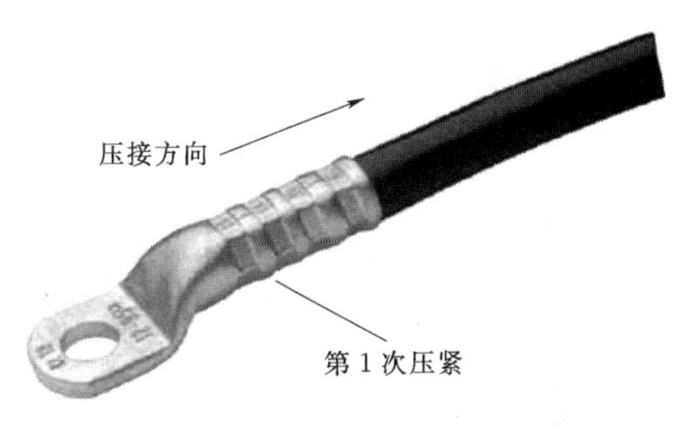

图 4-26 线耳压接

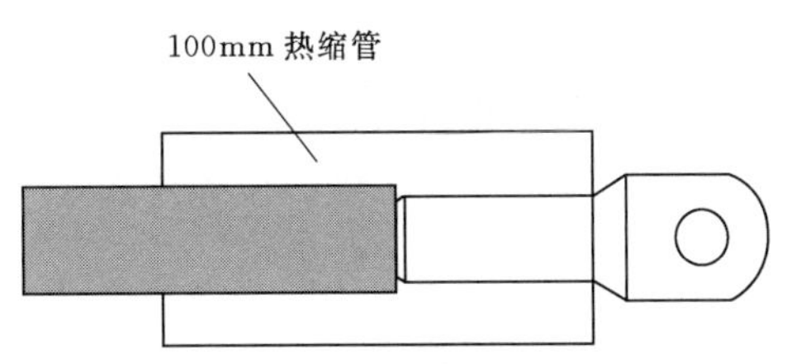

图 4-27 热缩管密封

4.6.1.3 电缆安装要求

电缆布线应严格按照要求的路径进行。电缆布线应横平竖直，线路转弯时，满足最小弯曲半径并在电缆转弯的两端 50～100mm 处固定，其他处固定时扎带分布以 300～400mm 为宜；电缆和其他部件等有干涉处宜选绝缘阻燃型软材料对电缆进行包、垫。

现场接线过程中，进线采用塔形密封圈时，将其割开比电缆外径小一半的圆口，将电缆引入；进线采用电缆防水接头时，连接完成后，锁紧防水接头，如不能锁紧，用绝缘胶布包缠电缆与接头的配合处，确保部件达到设定的防护等级。

4.6.1.4 机舱照明电缆连接

机舱照明电缆连接时，切掉塔筒照明电源，以防触电；连线时需要准备照明灯具（头灯或其他灯）。

马鞍处电缆布线时已经将机舱照明电缆放置到马鞍处，现场接线时将该电缆顺着电缆固定支架绑扎固定，连接到偏航平台上的照明分线盒内对应端子上即可，裁剪下来的电缆连接到塔筒照明分线盒上，再连接到临时 230V AC 电源上即可接通塔筒、机舱照明。

4.6.1.5 变桨系统接线

（1）风电机组发运到现场时，接入变桨系统电缆固定在轮毂法兰面上。变桨系统接入电缆如图 4-28 所示。

（2）现场安装时，保留一个固定管夹，沿轮毂内支架绑扎或直接引入到变桨系统进线处，连接到对应插座或接入对应端子，扣紧插座锁扣或拧紧电缆防水接头。

（3）引线过程中至少保证 3 处可靠固定点。

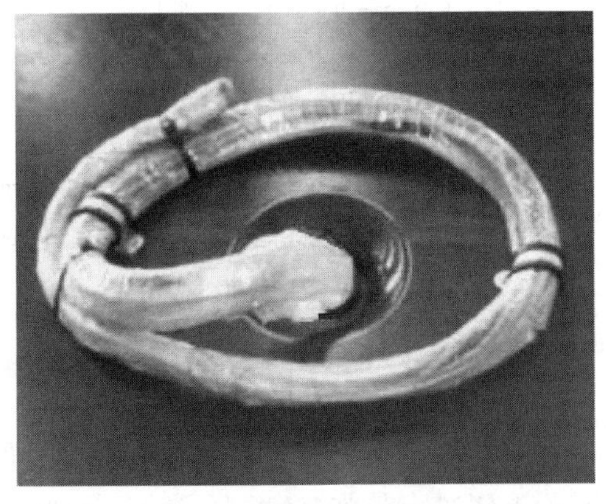

图 4-28 变桨系统接入电缆

4.6.1.6　叶片防雷线连接

叶片防雷线在风轮吊装完成后立即安装；叶片调零后，检查叶片防雷线是否扭曲，必要时调整安装。

4.6.1.7　光纤的连接安装

扭缆放线时，沿线槽敷设光纤电缆至机舱柜下方，现场接线时将光纤跳线沿线槽布线接入机舱柜的光电转换器上。

4.6.1.8　塔基电缆连接

1. 布线原则

（1）各柜体间的电缆连接必须条理分明、固定牢靠、接线牢固，电缆应理顺，尽量避免纠结、交叉，走线美观。

（2）光纤走线弯曲度必须大于150°。

（3）动力电缆排布整齐，与控制电缆无缠绕纠结，并且保证控制电缆不被动力电缆压到。

2. 变频器进线

（1）变频器下进线。以ABB变频器为例，当基础平台上安装有电缆架时，接入变频器的电缆根据电缆架1的走向布线。布线时理顺电缆，排列整齐，变频器下进线如图4－29所示。

塔筒电力电缆下进线接入变频器，定子电缆、转子电缆沿电缆架1布线，电缆向外侧打弯再接入接线端子。注意：电缆不允许裁剪，布线避免交叉，变频器下进线如图4－30所示。

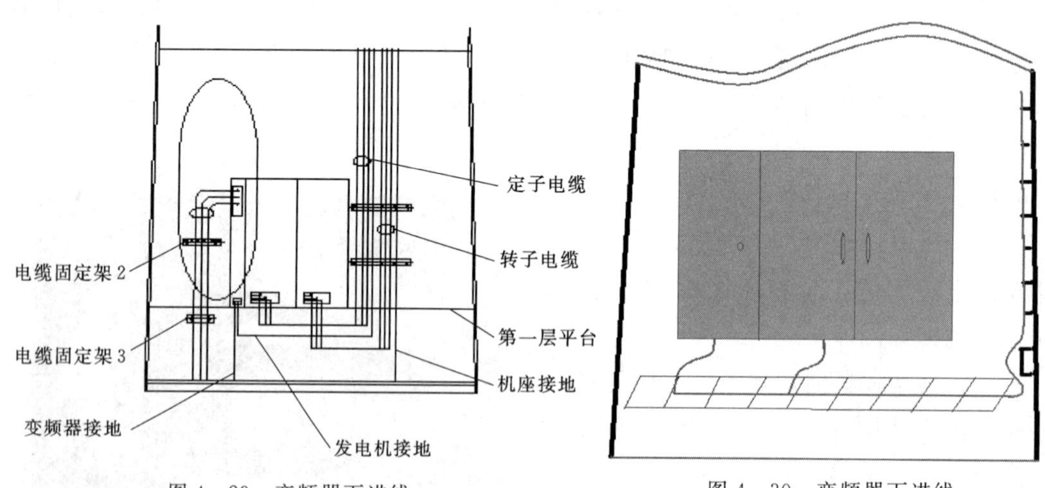

图4－29　变频器下进线

图4－30　变频器下进线

（2）变频器上进线。以IDS变频器为例。当变频器上方安装有电缆桥架时，接入变频器的电缆沿电缆桥架布线。布线时理顺电缆，排列整齐，变频器上进线如图4－31所示。

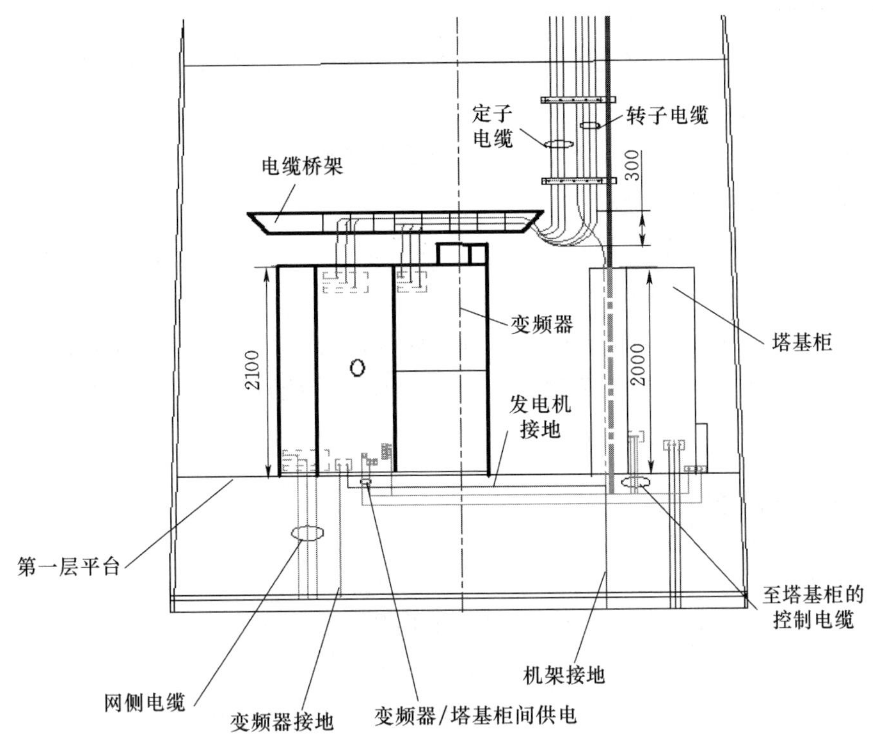

图 4-31 变频器上进线（单位：mm）

塔筒动力电缆上进线接入变频器；定子电缆、转子电缆沿电缆桥架布线。以接线需要最长的（可以认为是接入最远端）一根电缆（不裁剪）为标准接入，电缆在电缆夹与电缆线架之间形成一个弯，按此弯度等高留余量，依次完成电缆连接。

4.6.1.9 塔筒动力电缆绝缘测试

接入变频器及接地环的塔筒动力电缆布置好电缆，制作好线耳后，在未连接电缆前进行电缆绝缘测试，确认制作合格并校准电缆相序后再连接电缆。

操作步骤如下：

（1）拆除发电机侧的定子、转子及定子防雷电缆，拆除机座接地电缆。

（2）拆除变频器侧定子、转子及防雷电缆，拆除机座接地电缆（如已经连接）。

（3）电缆端头悬空，注意不要碰到人或导体。用仪表检查所有电缆没有与接地、其他部件相连或相互连接。

（4）确定从发电机处至塔基的单根电缆，将此电缆的编号告知塔基处协同作业人员。检查该电缆的标签。

（5）进行绝缘测试，其值必须大于 1MΩ。

（6）确认电缆制作合格及相序后接入对应端子。按接线箱内标注的力矩值打紧螺栓。

4.6.1.10　塔筒接地线安装

（1）接线前，需撕掉接线柱端面保护膜并清理干净，要求接触表面光洁、平滑，无油污等，保持良好的导电性。

（2）接地扁钢焊接前，清理焊接端面，要求接触表面光洁、平滑，无油污、锈蚀等，保持良好的导电性。

（3）接地电缆的敷设应平直、整齐，尽量做到距离最短，连接牢靠，保证可靠接地。

（4）接地装置在做防腐处理前，先将接触表面的油污、杂质、油漆清理干净，再用冷镀锌喷漆（剂）喷射连接部件（线耳、螺栓、接线柱等）表面形成完全覆盖层，防止连接件表面生锈。

4.6.2　塔筒至箱变间电缆安装

4.6.2.1　注意事项

（1）风电机组箱变部分电气接线时，箱变高压侧断路器应处于断开状态，高压侧应有明显的断开点。

（2）低压侧断路器应处于断开状态，隔离开关也应处在断开状态，并按相关标准悬挂警示牌。

4.6.2.2　电缆安装

（1）敷设电缆之前，应对挖好的电缆沟认真检查其深度、宽度和拐角处的弯曲半径是否合格，风电机组基础预埋管是否通畅，管内是否已穿好牵引钢丝或麻绳，管内有无其他杂物。电缆沟检查合格后，方可在沟底铺上150mm厚的细土，并开始敷缆。

（2）电缆按长度截好后，运至安装现场。先将一根电缆从风电机组基础靠箱变一侧的穿线管口穿入风电机组基础内，再将该电缆另一端穿入箱变基础内。依次穿好剩余电缆，电缆间距150mm。因电缆长、人员多，故对动作的协调性要求较高。为了提高工作效率，应设专人指挥，指挥者的“停”“走”信号要清晰。

（3）电缆终端制作和安装。根据电缆与设备连接的具体尺寸，测量电缆长度并做好标记。锯掉多余电缆，根据电缆头套型号尺寸及包缠尺寸要求，剥除外护套。剥电缆铠装时，用螺丝刀在锯痕尖处将钢带挑起，用钳子将钢带撕掉，随后将钢带锯口处用钢锉修理钢带毛刺，使其光滑。随后剥去填充物，各相分开。

电缆外护套的剥除长度为“500mm＋端子孔深”。

从外护套端口往下30mm范围用填充胶按半叠法包缠电缆。填充胶包缠应紧密。

套入冷缩指套，套严，逆时针抽去支撑条收缩。套入冷缩指套前可将指套指部多余的支撑条适当拉掉些。

安装好冷缩指套后，套入冷缩绝缘管，冷缩绝缘管与指套指端的搭接长度为20～

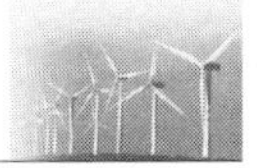

30mm，逆时针抽去支撑条收缩。

确定电缆各相长度后，按“端子孔深＋5mm”的长度切除多余的冷缩管和电缆绝缘层。

将芯线插入接线端子内，用压线钳分3道压紧接线端子。根据不同的相位，在电缆过渡处和端子压接处绕包密封相位带。

将制作好的电缆端子用螺栓分别固定在塔基控制柜和箱变低压室内，要注意电缆的相位与设备母排的相位对应。

在风电机组和箱变盘柜基础电缆孔洞处采用有机防火堵料封堵，封堵点两侧电缆应按规范要求涂防火涂料。

第5章 陆上风电场电气安装

5.1 升压变电站电气安装

5.1.1 概述

升压变电站工程是汇集电能、变换电压和分配电能的电气工程。它是发输变配用电过程中的中间枢纽核心。

升压变电站电气设备一般分为一次设备和二次设备。一次设备指直接输送、分配、使用电的设备，主要包括变压器、110kV及以上GIS组合电器、110kV及以上高压开关设备、35kV高压成套开关柜、35kV动态无功补偿装置、高压避雷器、高压互感器等；二次设备是指对一次设备的工作状况进行监视、控制、测量、保护和调节所必需的电气设备，主要包括计测量表计、继电保护及安全自动装置、计算机综合自动化及远动装置、交直电源装置、通信装置、调度数据网及电力监控安全防护装置、视频监控系统及安全报警装置。

5.1.2 土建交安

土建交安即土建交付安装，指土建工程完工或者达到安装条件，开始各专业的安装工程。在设备安装前，必须对照土建图、安装图和设备实际尺寸对设备基础进行验收，以便确认设备基础有无问题，使基础问题提前得以处理，保证安装的质量和进度。

设备基础验收应检查土建单位提供的中心线、标高点是否正确；对照设备和工艺图检查基础的外形尺寸、基础标高尺寸、基础孔的几何尺寸及相互位置尺寸等。提交安装设备的基础，为了两次灌浆结合紧密，基础表面必须凿毛；所有遗留的模板和露出混凝土外的钢筋等必须清除，并将设备安装场地及地脚孔内的碎料、杂物及积水等全部清除干净；基础周围必须填平、夯实。

1. 设备基础各部分偏差

设备基础各部分偏差见表5-1。

表 5-1 设备基础各部分偏差

单位：mm

项目名称		偏差
基础外形尺寸		±30
基础上平面标高		0
		-20
中心线间的距离		1
地脚孔	相互中心位置	±10
	深度	±20
		0
	垂直点	5/1000
预埋地脚螺栓	顶端标高	±10
		0
	中心距	±2
预埋钢板	标高	±10
		0
	中心位置	±5
	水平度	1/1000
	平行度	10/1000

2. 升压变电站交付安装条件

(1) 室外升压变电站的基础、事故油池、沟道及地下设施等施工完毕。

(2) 变压器基础的排油坑及坑内填石完成。

(3) 与高压电器、母线装置、电缆线路安装的有关建筑物、构筑物已完成。

(4) 构支架基础、电气设备基础达到设计强度的80%以上。

(5) 构支架安装尺寸准确，焊接（螺栓连接）质量符合要求，并经验收合格。

(6) 预埋件及预留孔符合设计要求，预埋件牢固。

(7) 各基础、构架有清晰准确的中心线及标高线。

(8) 预埋件表面混凝土已敲净，电缆沟盖板齐全，电缆沟排水畅通，无积水、无杂物。

(9) 建筑物、构筑物的防雷接地应符合要求，暗埋敷设的二次接地扁钢应能和一次接地网连接，隐蔽部分必须在覆盖前做好中间验收。

(10) 预留地脚螺栓孔洞、直埋螺栓符合设计和施工验收规范的规定。

(11) 建筑用脚手架、模板、施工设施的建筑杂物及垃圾清除干净。

(12) 施工临时道路、临时排水畅通，周围场地平整，基坑已回填夯实。

(13) 施工区域应设置安全文明标识标志。

(14) 各孔洞和未完工尚有敞口的部位有可靠的临时盖板和栏杆。

（15）主要设备、构支架基础、构筑物及构支架吊装的验收有关记录齐全。

（16）混凝土强度试验记录齐全。

（17）沉降观测记录齐全。

3. 开关室交付安装条件

（1）开关室内天棚和墙面粉刷结束；地面基层施工完毕，在设备、盘柜底座安装后，做好地面面层（水磨石地面必须在盘柜就位前完成）；配电室的门窗安装完毕，锁具完好。

（2）屋面防水层应施工完毕，屋面不得渗漏。

（3）预埋件及预留孔符合设计和安装要求，预埋件牢固。

（4）设备安装后，不能再进行装饰或装饰时有可能损坏已安装设备的工作应全部结束。

（5）电缆沟、竖井的抹面工作结束，预埋件表面混凝土已敲净，电缆沟道内的杂物应清除干净，沟盖板已可加盖，电缆沟无积水。

（6）开关室通风或空调系统安装结束，通风管道保温结束并进行吹扫。

（7）消防管道安装工作已结束，压力试验已完成。

（8）设备基础上的纵横中心线、标高、预埋件均应有醒目的标记。

（9）室内环境应整洁，材料设备堆放合理，整齐有序。

（10）室内区域应设置安全文明标识标志。

（11）进入室内区域的通道通畅。

（12）各孔洞和未完工尚有敞口的部位有可靠的临时盖板、栏杆或采取临时封闭措施。

（13）在正式消防系统投用前，室内应设置临时消防设施。

（14）结构安全功能相关的测试报告齐全。

5.1.3　主变压器及中性点设备安装

变电站运行中，主变压器属于一项核心设备，其运行影响着变电站的运行。在工程施工中，主变压器的施工十分关键。主变压器安装施工中，要掌握其安装施工技术要点，规范施工操作流程，这样才能确保主变压器的安装整体质量与效果，从而为变电站的安全稳定运行提供良好保障。

5.1.3.1　变压器本体到场检查

（1）检查本体外表是否有变形、损伤及零件脱落等异常现象，会同厂家、监理单位、建设单位代表检查变压器运输冲击记录仪，记录仪应在变压器就位后方可拆下，冲击加速度应在 $3g$ 以下，由各方代表签字确认并存档。

（2）由于 220kV 及以上变压器为充干燥空气（氮气）运输，检查本体内的干燥空

气（氮气）压力是否为正压（0.01～0.03MPa），并做好记录。变压器就位后，每天专人检查一次并做好检查记录。如干燥空气（氮气）有泄漏，要迅速联系变压器的生产厂家技术人员解决问题。

（3）就位时检查好基础水平及中心线，应符合厂家及设计图纸要求，按设计图纸核对相序就位，并注意设计图纸所标示的基础中心线与本体中心线有无偏差。本体铭牌参数应与设计的型号、规格相符。

（4）为防止雷击事故，就位后应及时进行不少于两点接地，接地应牢固可靠。

5.1.3.2 变压器附件开箱验收及保管

（1）附件到达现场后，会同监理、业主代表、施工安装单位及厂家代表进行开箱检查。开箱检查应根据施工图、设备技术资料文件、设备及附件清单，检查变压器及附件的规格型号、数量是否符合设计要求，部件是否齐全，有无损坏丢失。按照随箱清单清点变压器的安装图纸、使用说明书、产品出厂试验报告、出厂合格证书、箱内设备及附件的数量等，与设备相关的技术资料文件均应齐全。同时设备上应设置铭牌，并登记造册。

（2）被检验的变压器及设备附件均应符合国家现行有关规范的规定。变压器应无机械损伤、裂纹、变形等缺陷，油漆应完好无损。变压器高压、低压绝缘瓷件应完整，无损伤、无裂纹等。

（3）对照装箱清单逐项清点，做好开箱记录；如在检查中发现附件损坏及缺件少件，应在开箱记录中详细记录，必要时应拍照备查，最后各方代表签字确认。

（4）变压器附件中包括有载瓦斯继电器、压力释放阀及温度计等，应在开箱后尽快送检，取得质检部门的合格证明后方可进行安装。

（5）将变压器（220kV 及以下电压等级）三侧套管竖立在临时支架上，临时支架必须稳固。对套管进行介质损耗因数（简称介损）试验并测量套管电容；对套管升高座 TA 进行变比等常规试验，合格后待用。竖立起来的套管要有相应的防潮措施，特别是橡胶型套管不能受潮，否则将影响试验结果。

5.1.3.3 变压器本体安装

变压器一般由专业大件运输公司运输，运输前会对运输路线进行一次全线踏勘并提供路勘报告。运输前在规定的部位安装变压器冲撞记录仪，对运输全过程实时监测，变压器运达现场后，对变压器冲撞记录仪进行检查，冲撞记录仪记录的数据全程回放测试过程，对变压器的安全和受损情况一目了然，打印仪器检测数据，检查在运输过程对变压器是否造成损伤。

目前，我国在工程建设方面变压器本体就位主要有三种方案：吊车吊装就位；卷扬机配合液压千斤顶顶升牵引就位；轨道推进器就位。应根据现场的施工条件及变压器安装的位置合理选择吊装方案。

1. 吊车吊装就位

（1）在变压器基础附近合适位置搭设变压器临时放置平台，方便后期吊装就位。

（2）夯实地基，准备好道木、铁板并进行承重计算，变压器吊装平台用水平尺找平。

（3）将变压器从临时放置平台调运到变压器基础平台，起重机具的支撑腿必须稳固，受力均匀。应准确使用变压器油箱顶盖的吊环，吊钩应对准变压器重心，吊挂钢丝绳间的夹角不得大于60°。起吊时必须试吊，防止钢索碰损变压器瓷套管。起吊过程中，在吊臂及吊物下方严禁任何人员通过或逗留，吊起的设备不得在空中长时间停留。

（4）变压器吊装到就位平台上后，吊车钩上的钢丝绳不应松开，以防不测，变压器的摆放方向应符合图纸规定。

（5）用倒链将变压器微调，慢慢地牵引到变压器基础平台，变压器移动时应不断校正方向。

（6）变压器就位后，应及时找正固定牢固并连上接地线。

2. 卷扬机配合液压千斤顶顶升牵引就位

（1）主变压器经汽车运抵主变压器基础旁后，解除绑扎，以主变压器基础中心线为准进行制动，调节液压平板车高度至最低高度。

（2）在液压平板车与基础之间搭设两个枕木平台，平台搭设以“井”字形式搭设，用枕木搭设和平液压平板车等高的平台，注意平台的搭设不得影响主变压器推开后平液压平板车的离开。

（3）用四台千斤顶逐端顶升设备，设备升高200mm，主变压器底部的合适位置插入2组平行组合钢轨，装上滑板，抹上黄油，设备落放在钢轨滑板上（两台及两台以上千斤顶顶升同一物体时，千斤顶总起重能力不应小于荷重的2倍）。

（4）将设备缓慢、平稳地顶推到枕木平台上，将卷扬机牵引钢索固定在变压器合适位置，确保变压器在牵引过程中不会发生倾斜和侧翻，主变压器横向中心与平台对正后停止牵引，用千斤顶逐端顶升设备，撤除钢轨滑板和液压推进装置，此时液压平板车可驶离开去。

（5）在四个顶点位置搭好千斤顶放置平台，用千斤顶逐端顶起变压器，根据实际高度抽去平台枕木或垫寸板后，降落千斤顶，再顶起、抽枕木、落下，如此循环直到降低主变压器。

（6）再次顶升主变压器至200mm高度，在主变压器纵向方向穿插钢轨进行推位，主变压器横向中心与基础中心对正后停止牵引。最后顶升主变压器，抽出钢轨将主变压器降至基础上。

（7）对变压器进行精确就位（或安装底座、轮座等），直至满足安装要求。

3. 轨道推进器就位

变压器推进流程如图5-1所示。

(1) 安装方法。

1) 施工前必须对施工工器具进行仔细检查、校验，安装单位及监理方确认变压器的各相位和方向，并确认现场场地基础良好后方可使用。

2) 在施工现场对基础旁道路进行障碍清理并检查路面状况，在基础与路面之间铺设铁板或路基箱。

3) 主变压器经汽车运抵主变压器基础旁后，解除绑扎，以主变压器基础中心线为准进行制动，调节液压平板车高度至最低高度。

4) 在液压平板车与基础之间搭设两个枕木平台，平台搭设以“井”字形式搭设，用枕木搭设和平液压平板车等高的平台，注意平台的搭设不得影响主变压器推开后变压器运输平板车的离开。

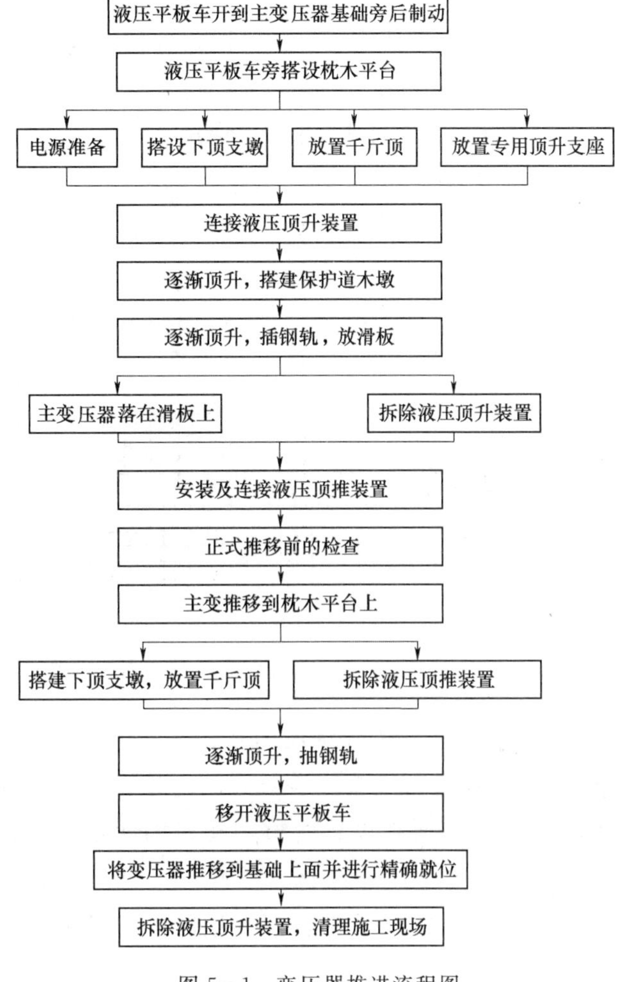

图5-1 变压器推进流程图

5) 用4台千斤顶逐端顶升设备，设备升高200mm，主变压器底部的合适位置插入2组平行组合钢轨，装上滑板，设备落放在钢轨滑板上。(2台及2台以上千斤顶顶升同一物体时，千斤顶总起重能力不应小于荷重的2倍。)

6) 装好液压推进装置，将设备缓慢、平稳地顶推到枕木平台上，主变压器横向中心与平台对正后停止推位，用千斤顶逐端顶升设备，撤除钢轨滑板和液压推进装置，此时液压平板车可驶离开去。

7) 在4个顶点位置搭好千斤顶放置平台，用千斤顶逐端顶起变压器，根据实际高度抽去平台枕木或垫寸板后，降落千斤顶，再顶起、抽枕木、落下，如此循环直到降低主变压器。

8）再次顶升主变压器至 200mm 高度，在主变压器纵向方向穿插钢轨进行推位，主变压器横向中心与基础中心对正后停止推位。最后顶升主变压器抽出钢轨将主变压器降至基础上。

9）根据主变压器安装方式不同，进行精确就位（或安装底座、轮座等），直至满足安装要求。

主变压器运输平板车示意图如图 5－2 所示。

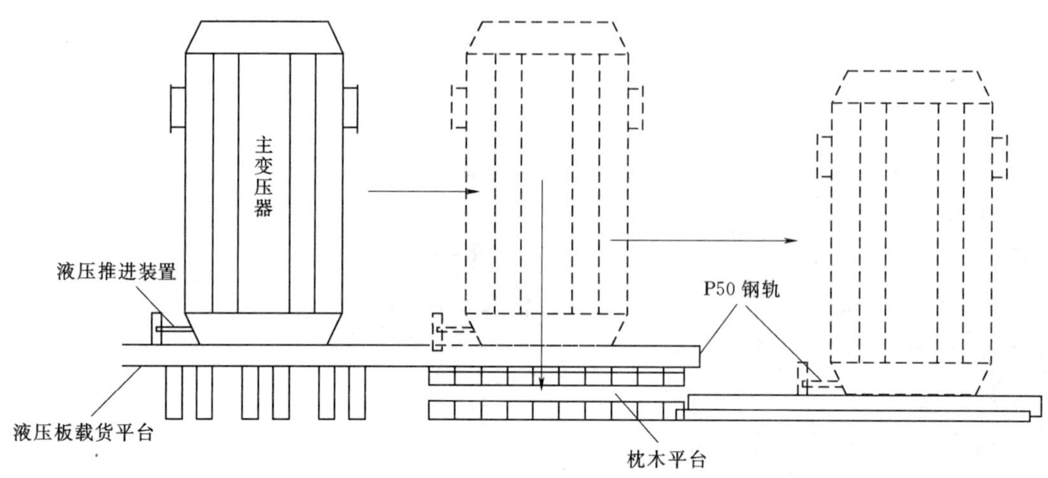

图 5－2　主变压器运输平板车示意图

（2）液压推进装置详细使用方法。

以 YT－1000 液压推进装置为例，其使用方法如下：

1）将设备安放在设置的檀钢滑板的两根钢轨 E（设计适用的钢轨为 P50 重轨，两根），钢轨要求水平并调整其平行。其间距应使设备保持稳定，并对称放置，钢轨后端留出 1.2m 的位置安装液压推进装置，钢轨顶面与滑板之间涂上适量润滑剂以减少摩擦阻力。

2）为防止可能产生的因两端推进油缸的推进速度不一致而造成设备在钢轨上的不平行移动，发生偏斜，必须派专人加强监护；一旦发生上述情况，立即切断推进快的油缸，使之暂停，让另一只继续推进，直至平行，再使两只推进油缸同时工作。

3）每两套液压顶推装置各由一台液压泵供油，要求液压泵的额定压力为 40MPa，流量以 4L/min 为宜。

4）产品出厂时，液压推进装置中的单向顺序阀的调定压力为 1.6MPa，溢流阀的调定压力为 40MPa。

5）操纵换向阀，使液压油通向夹紧油缸和推进油缸的进油腔，使两液压推进油缸同步，推动设备前移。

6）当推进油缸活塞杆工作行程满 500mm 时，操纵换向阀使压力油通向夹紧油缸

的回油腔，使夹紧爪松开，推进油缸回复带动夹紧油缸向设备靠找，直至推进油缸活塞杆回缩到原位。

7）重复5）、6）步骤，使设备不断向前移动，直至全到位。

8）每次使用完毕，必须使油缸活塞杆回缩到位，并保护好活塞杆外露部分；各油管接头分离后，必须将管口包好，以保持各管口和液压油的洁净。

5.1.3.4 变压器附属设备及中性点安装

1. 变压器附属设备安装

(1) 检查器身。

1）检查器身时间尽量安排在晴天，用温度计、湿度计、秒表检测周围环境的温度、空气湿度、器身暴露在空气中的时间，记录值应符合《电气装置安装工程 电力变压器、油浸电抗器、互感器施工及验收规范》（GB 50148）的规定。

2）器身检查前，将场地四周清扫干净，对本体实施防雨、防尘措施。

3）排尽油箱内的绝缘油，排油的同时向油箱内吹入露点为-40℃的干燥空气。

4）充 N_2 的变压器须吊罩检查时，必须让器身在空气中裸露15min以上，待氮气充分扩散后进行。

5）钟罩起吊前，先拆除所有与其相连的部件，平衡起吊时，吊索与铅垂线的夹角不宜大于30°，起吊过程中，防止器身与箱壁碰撞。

6）检查人员穿耐油胶鞋和无口袋的专用衣服，着装整洁，扳手、木榔头、表计等检查工具应清洁干净，并系白布带，由发放人员对所有工具进行数量登记后交检查人员认领，器身检查完成后，检查人员对照工具登记清单将工具交发放人员清点回收，不得有差错。器身检查时的照明宜用防爆安全行灯。

7）观察运输支撑和器身各部位有无移动现象，拆除运输用的临时防护装置及临时支撑。

8）用木榔头检查所有螺栓，观察是否有松动及损坏现象，并加以紧固和处理。

9）观察铁芯有无变形，各部绝缘应完好无损。拆开铁芯接地线，用2500V兆欧表检测铁芯对地绝缘应良好。

10）观察线圈，绝缘层应完好无损，各组线圈排列应整齐，间隙均匀，油路畅通。线圈压钉应紧固，防松螺母应锁紧。

11）用卷尺校核引出线绝缘距离，应符合设计要求。引出线绝缘包扎应牢固，无破损、拧弯现象。引出线的裸露部分应无毛刺或尖角，其焊接应良好。

12）检查无励磁调压切换装置各分接头与线圈的连接应紧固正确；各分接头应清洁，且接触紧密，弹力良好；所有接触到的部分，用0.05mm×10mm塞尺检查，应塞不进去；转动部分应转动灵活，密封良好，指示器指示正确。有载调压装置的各开关接点接触良好。分接线连接牢固、正确，切换部分密封良好。

13）器身检查完毕后，用合格的绝缘油进行冲洗，并清洗油箱底部，不得有遗留杂物。最后，经真空滤油机从本体下部专用注油阀门注入合格的绝缘油到本体内，最终油位高出铁芯上沿100mm以上。

（2）安装储油柜。

1）安装前，按厂家要求对储油柜中的胶囊或隔膜用氮气缓慢充气胀开，进行全面检查，应无渗漏。将油位表送有资格的试验单位按厂家要求进行校核。

2）用吊车配合手拉葫芦安装储油柜支座及储油柜，对称紧固连接螺栓。

（3）安装主油联管及冷却器装置。

1）安装前用绝缘油对安装件进行清洗干净。

2）安装前排尽油箱内的绝缘油，并向油箱内吹入露点为－40℃的干燥空气。

3）先将主油联管与本体之间的阀门安装好再用吊车配合手拉葫芦安装主油联管。

4）按制造厂规定的压力值用压力滤油机配合压力表对冷却装置进行密封试验，散热器、强迫油循环风冷却器持续时间30min应无渗漏，强迫油循环水冷却器按规定进行试验，持续时间1h应无渗漏，油、水系统分别检查。

5）用吊车配合手拉葫芦安装冷却装置。安装完后，经真空滤油机从本体下部专用注油阀门注入合格的绝缘油到本体内，最终油位高出铁芯上沿100mm以上。

6）法兰连接时应涂抹耐油密封胶，并用新的密封垫（圈）密封，密封垫的压缩量不应超过其厚度的1/3。

（4）安装套管。

1）安装前将油箱内的绝缘油接放到合适位置，并向油箱内吹入露点为－40℃的干燥空气。

2）用吊车配合手拉葫芦安装升高座，安装时，电流互感器铭牌位置面向油箱外侧，放气塞位置应在升高座最高处。

3）将套管垂直固定在专设的套管试验架上进行检查、试验，试验应符合《电气装置安装工程　电气设备交接试验标准》（GB 50150）的要求。

4）用吊车配合手拉葫芦安装套管，高压套管穿缆的应力锥应进入套管的均压罩内，充油套管的油标面向外侧。

5）套管安装好后，经真空滤油机从本体下部专用注油阀注入合格的绝缘油到本体内，最终油位高出铁芯上沿100mm以上。

（5）安装有载调压切换装置。

1）安装前对切换开关进行清净，并按厂家要求做密封试验，注入符合厂家技术要求的绝缘油。

2）用吊车配合手拉葫芦安装有载调压装置主体，安装传动杠杆等，其摩擦部分应涂以合适的润滑脂。

（6）安装压力释放阀。

1）安装前将油箱内的绝缘油控制在距安装压力释放阀部位100mm以下，并向油箱内吹入露点为－40℃的干燥空气。按厂家要求校验压力释放阀装置合格。

2）锁定压力释放阀装置负压方向，安装时由两人将其托起，然后对称方向同时拧紧螺栓。

3）用吊车配合手拉葫芦安装压力释放油管。

4）压力释放阀安装好后，经真空滤油机从本体下部专用注油阀门注入合格的绝缘油到本体内，最终油位高出铁芯上沿100mm以上。

（7）安装气体继电器。

1）将气体继电器送有资格的试验单位校验其严密性、绝缘性能并作流速整定，应符合《变压器用气体继电器》（JB/T 9647）和厂家产品技术说明书的规定。

2）气体继电器顶盖上标志的箭头指向储油柜，安装时由两人将其托起，然后对称方向同时拧紧螺栓。

（8）其他附件的安装。

1）先在吸湿器内装入干燥的吸湿剂，油封内装入合格的绝缘油，油位调整到油位线上，安装好托架，两人将吸湿器托起，然后对称方向同时拧紧螺栓，同时安装好管路。

2）根据设计图纸及产品说明书安装安全气道、油连管、测温装置、控制箱等其他附件。

（9）绝缘油过滤。

1）查看滤油机的铭牌，滤油机技术条件应符合绝缘油处理质量的要求，油管路使用洁净的镀锌钢管，使用不镀锌钢管时应进行酸洗、钝化等除锈处理，不镀锌钢管内壁涂防锈底漆和耐油面漆。

2）用干净干燥的白布将储油罐、油管路清扫干净，并进行严格的密封检查，用铜绞线将滤油机、管路、储油罐等设施外壳与接地网可靠连接。

3）在油过滤过程中控制滤油温度，滤油温度不得超过厂家产品技术说明书规定的温度范围，以免油质老化，储油罐的油尽量装满，宜留出200mm左右的膨胀空间。

4）定期在此油机的出口取油样送具有检验资格的试验室试验，监视油质变化趋势，直到油试验指标达到要求为止。

5）认真做好作业记录和交接班记录，包括作业人员、作业时间、天气情况、油过滤温度、流量、油试验指标等。

（10）真空注油。

1）密封检查合格之后，解除气体压力，将油箱内的油排尽，按厂家规定将在真空下不能承受机械强度的附件与油箱隔离，用真空泵对变压器整体抽真空，用真空计检测真空度，真空度小于133Pa后，继续保持抽真空24h，同时监视油箱壁及其他部位的弹性变形。

2）保持真空度小于133Pa 24h后，经真空滤油机从本体下部专用注油阀门真空注入合格的绝缘油到本体内。当油注到铁芯上沿100mm以上时，停止抽真空，然后关闭真空阀，打开各注气孔，继续注油，当各排气孔冒油时，堵住排气孔，直到储油柜油位计指示到正常油位，停止注油。

（11）排氮。

1）记录冲击值，拆除本体上的冲击记录仪；记录压力值，拆除本体上的气压监视表，并装上堵板或阀门。

2）注油排氮之前，取本体油箱内残油送有资格的试验室进行试验，试验结果应符合厂家产品技术说明书的要求，然后通过专用释放阀释放本体内的氮气，随后将油箱内的残油排尽。

3）合格的绝缘油经真空滤油机从本体下部专用注油阀注入变压器本体内，氮气经顶部排出；氮气压力降为零后，立即向箱内吹入露点为－40℃的干燥空气保护未浸油的铁芯部分。油注至油箱顶部将氮气排尽，最终油位高出铁芯上沿100mm以上。油的静置时间应不小于24h。

4）采用抽真空排氮气时，抽真空度应达到厂家产品技术说明书的要求。破坏真空时向油箱内吹入露点为－40℃的干燥空气，如进入检查则应保证油箱内氮气排尽，其含氧量大于18%。

（12）热油循环。

1）将真空滤油机的进口管接到油箱下部出油阀，真空滤油机的出口管接到油箱顶部的专用进油阀，真空滤油机的出口控制温度不低于50℃（或按厂家要求的温度控制），对变压器进行热油循环。

2）间断开闭潜油泵和阀门，使冷却器内的油与油箱主体内的油同时进行热油循环，油箱内的温度不得低于40℃，循环时间不得低于48h。

3）定期取样油箱内的绝缘油送有资格的试验单位进行试验，检测油质变化情况，经过热油循环的油应达到《电气装置安装工程　电气设备交接试验标准》（GB 50150）的规定。

4）作业人员认真做好作业记录，包括作业人员、作业时间、油过滤温度、流量、油试验指标等。

（13）调整、静置。

1）根据真空注油的实际情况决定是否需要补油。补油时先排尽储油柜及油表内的残存空气，根据油位温度曲线，通过储油柜上的专用添油阀经真空滤油机加注合格的绝缘油，直到油位指示计指示正常。

2）在油位调整结束后，施加电压之前，静置时间应符合《电气装置安装工程 电力变压器、油浸电抗器、互感器施工及验收规范》（GB 50148）的规定。

3）静置完毕后，从变压器的套管、升高座、冷却装置、气体继电器及压力释放装置等放气部位放气，直到残余气体排尽。

（14）整体密封试验。向储油柜胶囊内充入露点为−40℃的干燥空气或氮气，直到压力表指示到0.03MPa，停止充气，关闭充气阀，持续24h，压力表压力值应无变化，检查设备各部位，应无渗漏。

2. 中性点成套设备安装

（1）隔离开关安装。

1）支架组立过程中保持隔离开关连杆的方向与隔离开关安装后底部安装孔位置一致，支架找正过程控制垂直度、轴线，灌浆后需要对以上控制数据进行复测。

2）开箱检查接地开关附件应齐全，无锈蚀、变形，绝缘子支柱弯曲度应在规范允许的范围内，绝缘子支柱与法兰结合面胶合牢固并涂以性能良好的防水胶。瓷裙外观完好无损伤痕迹。

3）隔离开关底座、绝缘子支柱、顶部动触头及地刀静触头整体组装，组装过程隔离开关拐臂处于分闸状态，检查处理导电部分连接部件的接触面，清洁后涂以复合电力脂连接。触头接触氧化物清洁光滑后涂上薄层中性凡士林油。

4）所有组装螺栓均紧固，并进行扭矩检测，隔离开关底座自带可调节螺栓时，将其调整至设计图纸要求尺寸，依据设计图纸确定底座主刀与地刀方向，就位找正后紧固螺栓，所有安装螺栓力矩值符合产品技术要求。

5）隔离开关底座与支架应用导体可靠连接，确保接地可靠。

（2）隔离开关调整。

1）接地开关转轴上的扭力弹簧或其他拉伸式弹簧应调整到操作力矩最小，并加以固定。

2）隔离开关、接地开关垂直连杆与隔离开关、机构间连接部分应紧固、垂直，焊接部位牢固、美观。

3）轴承、连杆及拐臂等传动部件机械运动应顺滑，转动齿轮应咬合准确，操作轻便灵活。

4）定位螺钉应按产品的技术要求进行调整，并加以固定。

5）所有传动部分应涂以适合当地气候条件的润滑脂。

6）电动操作前，应先进行多次手动分、合闸，机构应轻便、灵活，无卡涩，动作正常。

7）电动机的转向应正确，机构的分、合闸指示应与设备的实际分、合闸位置相符。

8）电动操作时，机构动作应平稳，无卡阻、冲击、异常声响等情况。

（3）避雷器安装。

1）支架组立前对基础杯底标高、基础面轴线进行复测。

2）组立支架后找正过程要控制支架垂直度偏差和轴线偏差，灌浆后对支架垂直度偏差和轴线偏差同样进行复测。

3）控制支架杆头件不允许重斜，螺栓孔位置与设备底座安装后的位置保持一致。

4）吊装时吊绳应固定在吊环上，不得利用瓷裙起吊。

5）必须根据产品成套供应的组件编号进行，不得互换，法兰间连接可靠（部分产品法兰间有连接线）。

6）避雷器安装面应水平，并列安装的避雷器三相中心应在同一直线上，避雷器应垂直安装；避雷器就位时压力释放口方向不得朝向巡检通道，排出的气体不致引起相间闪络，且不得喷及其他电气设备。

7）避雷器找正后紧固底座紧固件，所有安装螺栓力矩值符合产品技术要求。

8）在线监测装置与避雷器连接导体超过1m时应设置绝缘支柱支撑，硬母线与放电计数器连接处应采取伸缩措施。

9）在线监测装置的朝向和高度应便于运行人员巡视。

（4）电流互感器安装。

1）支架组立前对基础杯底标高、基础面轴线进行复测。

2）组立支架后找正过程要控制支架垂直度偏差和轴线偏差，灌浆后对支架垂直度偏差和轴线偏差进行复测。

3）控制支架杆头件不允许歪斜，螺栓孔位置与设备安装后底座螺孔的位置保持一致。

4）吊装应选择满足相应设备的钢丝绳或吊带以及卸扣，TA吊装时吊绳应固定在吊环上起吊，吊装过程中用缆绳稳定，防止倾斜。

5）设备外观清洁，铭牌标识完整、清晰，底座固定牢靠，受力均匀，设备安装垂直误差不大于1.5mm/m。

6）电流互感器安装时一次接线端子方向应符合设计要求。

7）对电容式电压互感器具有保护间隙的，应根据出厂说明书要求检查并调整。

（5）变压器中性点成套装置中的保护间隙横平竖直，固定牢固，确保中心对准一致，间隙距离符合《交流电气装置的过电压保护和绝缘配合》（DL/T 620）要求，接地应采用双根接地引下线与接地网不同接地干线相连。

3. 变压器泡沫喷雾灭火系统安装

泡沫喷雾灭火系统是采用水成膜类泡沫液的预混液作为灭火剂，在一定压力下通过专用的水雾喷头，将其喷射到灭火对象上，使之迅速灭火的一种灭火装置。该灭火

装置吸收了水雾灭火和泡沫灭火的优点，是一种高效、安全、经济、环保的灭火装置。

泡沫喷雾灭火系统主要由储液罐、泡沫预混液、分区阀、管网及水雾喷头、启动源、动力源、火灾探测器和电气控制盘等部分组成。该装置与火灾自动报警及联动控制装置联合设计、安装和使用，可构成自动灭火系统。系统启动方式分为自动控制、电气手动控制和机械应急手动控制三种。一般情况下应使用电气手动控制。当自动控制和电气手动控制均无法执行时，可采用机械应急手动控制。

（1）安装准备。安装前必须认真阅读与该装置有关的说明书，熟悉工程设计方案。确保该灭火装置布置与设计图纸相符，各部件齐全且符合设计要求。

（2）安装灭火装置。

1）按照设计施工图纸将储液罐放置在装置间，用胀锚螺栓固定在地面上，以免振动和移位。

2）将储液罐上的安全阀和压力表接好，压力表表盘需正对操作面。

3）安装储液罐上管道架。

4）将罐体连接管连接在储液罐上，并固定在管道架上。

5）按照图纸，依次将分区阀、压力开关安装在管道上。

6）将动力瓶组架放置在装置间，集流管用抱箍固定在瓶组架顶部。

7）连接集流管和储液罐上进气孔之间的管道，确定瓶组架位置，并用胀锚螺栓把瓶组架固定在地面上，以免振动和移位。

8）将启动瓶放置于瓶组架上，用启动瓶抱箍固定，电磁驱动器应在确保调试完毕后再安装在启动瓶容器阀上。启动瓶上的启动气体名称标识应朝向操作面，并按容器编号顺序排列。

9）将动力瓶放置于瓶组架上用抱箍固定，将气动驱动器、减压阀和压力表依次安装在容器阀上。动力瓶上的启动气体名称标识应朝向操作面。

10）用高压软管将减压阀气体出口与集流管连接起来。

11）按照设计施工图安装启动管路，将启动瓶容器阀、动力瓶容器阀连接起来。

12）按照设计施工图安装灭火剂输送管道，管道间选择合适的管道连接件相连，在装置间与储液罐上的管道相连。

13）在灭火剂输送管道末端安装泡沫喷雾喷嘴。

14）连接火灾报警灭火控制器与电磁驱动器、压力开关和分区阀的线路。

15）检查各个安装连接部位，必须保证固定牢靠，管路连接密封处良好，线路连接无误。

至此，整套泡沫喷雾灭火系统安装完毕。

（3）安装灭火剂输送管道。管路系统必须严格按工程设计要求进行，管道的材料、通径、长度、表面处理、布置线路等按照《泡沫灭火系统设计规范》(GB 50151)、《泡沫灭火系统施工及验收规范》(GB 50281)、《自动喷水灭火系统施工及验收规范》(GB 50261)和《自动喷水灭火系统设计规范》(GB 50084)进行安装，不得随意更改。

(4)调试。

1)电磁驱动器启动试验。拔出电磁驱动器保险销，接通测试电源(DC24V)，试验电磁铁联动闸刀是否动作。测试完成后，闸刀及电磁驱动器保险销应复位。切记：调试电磁驱动器应离开容器阀单独进行。

2)储存压力检查。逆时针旋开压力表后面螺母至压力表显示(测压通道打开)，指针在绿区为正常。检测完毕后，切记旋紧螺母(关闭测压通道)，以防漏气。

3)反馈信号模拟。短接压力开关的两条引线模拟喷放反馈信号。

4)火灾自动报警灭火控制器调试。分别进行自动、手动、紧急启动/停止等测试。应符合《气体灭火系统施工及验收规范》(GB 50263)要求。

5)待消防部门验收合格、使用单位人员培训到位后，才可接通电磁驱动器的启动线路，拔掉电磁驱动器保险销，装置开始正式运行。

5.1.4 高压配电装置安装

高压配电装置按装设地点分为室内配电装置和室外配电装置；按安装方法主要分为装配式配电装置和成套式配电装置。装配式配电装置主要安装在室外，中型配电装置的优点是：因设备安装位置较低，便于施工、安装、检修与维护操作；构架高度低，抗振性能好；布置清晰，不易发生误操作，运行可靠；所用的钢材比较少，造价低。主要缺点是占地面积大。普通中型配电装置是我国有丰富设计和运行经验的配电装置，广泛应用于220kV及以下的屋外配电装置中。GIS设备是以SF_6作为绝缘介质的气体绝缘金属封闭开关设备(简称GIS)，是将断路器、隔离开关、接地开关、互感器、避雷器、母线、连接管和过渡元件(如电缆头、空气套管和油套管)等全封闭在一个接地的金属外壳内，壳内充以SF_6气体作为绝缘和灭弧介质。GIS可靠性高、结构小型化、占地面积小、便于安装，在国内安装中广泛使用。

5.1.4.1 GIS封闭组合电气设备安装

1. 组合电器设备安装

(1)以母管的中心为基准，标出各间隔的中心线。

(2)整个间隔为1件设备，每件的重量为6～9t，设备就位时比较困难。用室内天车吊装时，要选择好吊点，尼龙吊套、吊装角度要符合要求，避免设备倾斜。吊装过程中要设专人指挥，防止振动过大损伤设备及地面。

(3)对照生产厂家资料中的产品标志，开箱后将各组件的号码标在相应位置及图

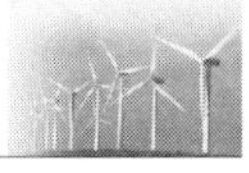

纸上，然后根据号码将各组件一一对应就位。就位安装时用线垂、水平尺找准中心和调好水平。

（4）就位前首先确定中心单元，并将其运至预定位置，找正后将基础点焊固定，然后以此为基准进行拼装，两侧单元向中心单元平移对接。每个间隔之间应保持有1m距离为母线对口的施工做准备。

（5）母线的安装连接。

1）将要延伸的母管放置在距已固定好的母管大约2000mm的位置，按生产厂家图示位置松开制动螺栓，分别将两个对接法兰封盖打开，检查对接面，应光滑，没有划痕、凹凸点、铸造砂眼等缺陷；检查支持绝缘子和盆式绝缘子，应无裂纹、无闪络痕迹，内膛无粉尘、无焊渣，导体和内壁应平整且无尖端、无毛刺。

2）将导体完全地插入管内的接口，并保持导体水平。将涂有硅胶的O形密封环压入密封法兰的密封槽，对接法兰之间的密封垫在对接前必须全部更换。

3）对接时使用两组以上的手搬葫芦，固定在整个GIS单元的首尾两端，在专人指挥下同时用力，使整个单元平行滑动。当两个接口相距约50mm时，使用两支与结合螺栓直径相同的导向杆贯穿两个对接法兰的相对应的两组螺孔，该两组螺孔必须位于法兰面任一直径的两端，然后慢慢扳动葫芦，使两个单元逐步靠近，并随时检查两根导向杆是否伸缩自如，否则必须重新找平或找正。

4）对接成功后，先将法兰圆周上的螺栓全部插入，再按对角方向逐一拧紧，特别注意每条螺栓不要一次拧紧，而是按对角旋转进行。

5）安装母线筒时，应先吊起母线筒的一端，再将另一端垫平，使之平移对接，两组母线的汇合处装有伸缩节，其具体安装要求及调整方法应符合生产厂家规定。

6）母管与出线套管连接前，应先进行套管永久支撑构架的安装。由于户外灰尘大，接口前，接头部分的孔应用胶纸封好，驳接时才撕掉。户外湿度较大，应注意防潮。

7）连接母管时，应一边接母管，另一边设置临时支撑或永久性支撑构架，以免因自身重力引起母管变形。

8）母管内膛作业时，必须由专门指定人员完成，作业时必须戴好帽子、口罩，穿无扣连体工作服，所用工具须记录，工作完毕后再清点，防止遗留在膛内。

9）连接插件的触头中心应对准插口，不得卡阻，插入深度应符合规定。

10）内膛作业完毕封闭前，用吸尘器进行清理，以防头发、灰尘等细小杂物留在膛内。

11）每完成一次对接工作，都必须随时测量对接后的接触电阻值，如不合格必须返工，并随时检查对接后的相位是否正确。

（6）气体的密封。

1）检查 O 形密封槽和法兰表面有无刻痕、凹印、污物等，在涂密封胶前，用溶剂将其清洗干净，并充分干燥。所用溶剂应满足以下要求：环氧树脂用无水乙醇清洗，金属件用稀释剂清洗。

2）使用的密封胶应是能防水、防腐的 KE－44RTV－W 型或 KE－45RTV－W 型，使用前应先在接管口开一小斜口，然后将接管口连接到密封胶管上。

3）在密封槽底靠外侧的角上涂一层密封胶，靠气体内侧不能涂有密封胶，应注意密封胶不得与其他任何型号的溶剂混合使用。

4）均匀抹平密封胶面，使槽底靠外部的角上都布满密封胶。

5）检查专用 O 形密封胶垫是否有损伤与污物，用无水乙醇清洗干净，然后将它放入槽内靠近外部的区域。

6）在 O 形密封胶垫与密封槽靠外侧顶部的接触处涂一层密封胶，用手将胶面均匀抹平，将多余的胶抹到槽的外法兰面上。

7）在 O 形密封胶垫至外部边缘的法兰面上均匀涂一层约 1mm 厚的密封胶，注意法兰的连接必须在涂胶后的 1h 内完成。连接后应将多余的清理干净。

8）确认元件内部没有任何异物即可进行驳接。

9）电压互感器的安装需在交流耐压试验后进行；避雷器的安装需在工频耐压试验后进行。

10）对照安装图进行接地开关操动机构的连接，通过调节连杆，使得制动间隙在允许的范围内（2～8mm）。

11）在断路器单元、母管全部装好后，即可开始抽真空、充气。抽真空与充气应按生产厂家提供的程序进行。

（7）密封室抽真空。抽真空前，检查所有气室防爆膜应无损坏，所有打开气室内的吸附剂必须更换。打开 GIS 气体密封室的进气阀门盖子，把软皮管接头连接到进气阀门上，启动真空泵，并打开管路的阀门。抽真空过程中每隔 10min 观察一次真空表的读数，看指针是否有持续下降。如指针持续下降，表明有泄漏点，必须及时处理。监视真空表读数达到 133.3Pa 时，继续抽真空 30min，停 4h 不低于 133.3Pa，再抽 2h 后可充气。

（8）SF_6 气体充注。检查时 GIS 密封室的进气阀门关闭，打开 GIS 密封室的进气阀门盖子，连接安全阀门及接头到 GIS 密封室的进气阀门上，把接头、SF_6 气体调节装置、尼龙软管连接到气体钢瓶上，打开 SF_6 气体钢瓶阀门，然后慢慢地按顺时针方向转动调节装置手柄，使 SF_6 气体把软管里的空气赶出。把尼龙软管连接到安全阀门上，打开 GIS 密封室的进气阀门，并调整 SF_6 气体调节装置的手柄，对 GIS 密封室进行充气。获得准确压力后，关闭 SF_6 气体钢瓶阀门，关闭 GIS 密封室阀门，并拆除尼龙软管。

除生产厂家有特别说明外，SF_6 气体密封室都应先抽真空后充 SF_6 气体，抽真空过程中如真空泵突然停止，应立即关闭有关阀门，并检查确定真空泵的空气是否回流至胶管或 SF_6 气体密封室。

(9) 充气完成 8h 后，可采用局部包扎法进行气体检漏。用透明塑料布和胶带将 GIS 所有的对接口（包括密度继电器、充气口、接地开关轴封、地线封盖、电力电缆接头等）包扎严密。包扎 24h 后进行定量检测，SF_6 气体泄漏量应符合要求。

(10) 部件螺栓的连接应按厂家提供的力矩值进行紧固；在抽真空前必须把设备基础槽钢跟预埋件焊接牢靠。

(11) 待调整好各支架的中心、位置、高度后，可对照生产厂家图纸进行地脚螺丝的安装与设备接地工作。

(12) 在组件安装过程中，可同时进行就地控制箱就位，电缆的敷设、接线，设备的调试等工作。

2. 质量检查与验收

(1) GIS 的安装是将元件按照一定的工序规律进行组装，工作程序比较简单、方便，但是安装工艺要求非常精细，对作业环境要求较高。所以在安装过程中要注意保持环境的清洁与干燥，各司其职，服从施工负责人的统一安排，悉心接受生产厂家现场技术人员的指导，以保证工作进度和质量。

(2) 间隔间槽基础最大允许水平误差为±3mm，槽钢基础全长最大误差不超过±5mm。

(3) 瓷件无裂纹，绝缘件无受潮、变形、剥落及破损。

(4) 元件的接线端子、插接件及载流部分光洁，无锈蚀。

(5) 各分隔气室气体的压力值和含水量应符合产品技术规定。

(6) 各紧固螺栓齐全，无松动，支架及接地引线无损伤、无锈蚀。

(7) 表计经检验合格，防爆膜完好。

(8) 母线与线筒内壁平整无毛刺，盆式绝缘子清洁、完好，连接插件的触头中心对准插口，无卡阻，插入深度符合技术规定。

(9) 装配工作应在无风沙、雨雪，空气相对湿度小于 80%的条件下进行，使用的清洁剂、密封胶和擦拭材料符合产品技术规定。

(10) 密封槽面清洁，无划伤痕迹，涂密封脂时，不得使其流入密封垫（圈）内侧而与 SF_6 气体接触。

(11) 设备接线端子的接触表面平整、清洁，无氧化膜，连接时涂以薄层电力复合脂。镀银部分不得锉磨，载流部分表面无凹陷毛刺，连接螺栓齐全、紧固。

(12) SF_6 气体充注前，充气设备及管路洁净，无水分、无油污，管路连接无渗漏。SF_6 气体满足以下技术条件：气体（N_2+O_2）不大于 0.05%，四氟化碳不大于

0.05%，水分不大于8ppm，酸度（以HF计）不大于0.3ppm，可水解氟化物（以HF计）不大于1.0ppm，矿物油不大于10ppm，纯度不小于99.8%，生物毒性试验无毒。

5.1.4.2　敞开式配电装置安装

1. 室外构架安装

（1）安装准备。

1）制作固定塞。固定塞采用钢塞，在安装前根据现场实际使用大小制作一定数量的固定塞。

2）制作人字柱固定夹具。

3）杯口找平。杯口基础在吊装前进行杯口内打毛、清理，杯底用C30细石混凝土进行找平。找平时施工员用水准仪进行控制，保证杯底标高符合设计标高。

测量员用经纬仪、大卷尺等工具将杯口基础的轴线标测到基础顶面上，并用红三角标识清楚。施工员依据轴线复测杯口尺寸是否偏移，如偏差较大影响构架的位置则将杯口壁进行凿拓，满足人字柱安装为止。

4）等径杆、钢结构的检验。等径杆、钢结构到现场后，技术员、施工员、质检员、监理进行检验，检验合格后，技术员、施工员对等径杆、钢结构的型号、数量进行核对清点，同时索取等径杆、钢结构的质保材料。按其型号和构架的位置分类堆放，以避免等径杆、钢结构的二次倒运。

（2）等径杆拼装。

1）等径杆拼装首先是进行单杆组装，单杆的连接方式为上下承接式。用道木平行铺成六行，宽10m，长13m的范围，摆放位置由等径杆长度决定，通过拉线测量使道木水平度保持一致。用汽车吊将等径杆头尾相连平放在道木上。用拉线法分别从相互90°的位置检查等径杆直线度，用木塞进行调整。要求杆段对接处侧向挠曲（矢高）不得超过1/1000，全长不得大于15mm。待杆段调直后方可安装法兰螺栓，并重新拉线测量，不符合要求要重新找直，找直后用木塞将对接处塞实，安装工人沿着法兰对接面将螺栓对称拧紧。

2）人字柱组装。将拼接好的单杆用汽车吊就地摆放成“A”字形，然后用木塞固定单杆的外边，进一步复量人字桩尺寸，调整木塞，临时固定。用水平尺检查两根单杆的水平度，检查无误后，安装螺栓。施工员用红笔或墨线将轴线标于杆端底部高600mm处及杆顶铁件上，以便于起吊就位后的测量找正。复测人字柱的长度及底部的宽度，如有偏差对其对应的基础进行处理，使偏差消除在杯口基础内部。

3）等径杆的吊运方法。设备支架等径杆的起吊采用一点起吊法，其吊点选择在等径杆距柱顶0.293L处（L为等径杆长度）。人字柱的起吊采用旋转起吊法，其吊点的选择由起重工决定。人字柱起吊前架子工在构架顶端搭好井字形脚手架并绑好脚手

板和爬梯，以备松钩和构架顶部钢结构吊装做操作平台，起重工在人字柱下端系好缆风绳，以便于就位固定。

(3) 构架人字柱的安装。履带吊将构架人字柱从组装平台上轻轻吊起，平移至杯口基础上空慢慢下落，快到杯口基础顶面时，木工进行就位，待构架接近杯底时刹闸，用人字柱钢塞进行初步固定，起重工初步固定缆风绳。测量员用经纬仪进行轴线及垂直度的测量控制、高度控制，木工和起重工分别调整固定塞和缆风绳，待人字柱矫正好后，固定钢塞和缆风绳。

(4) 构架横梁安装顺序。

1) 划线、定位、找平。根据施工图纸，用角尺和直尺等工具在等径杆端部划线，对钢梁中心线进行定位。在满足图纸设计标高的情况下，通过调整等径杆端部钢管的高度，将柱帽定位并用水平管找平，应在等径杆吊装前搭设脚手架（便于安装钢梁）。

2) 吊装钢梁。等径杆吊装固定，应用缆风绳拉住，并悬挂 2t 链条葫芦。复核钢梁中心跨距后，方可起吊钢梁。钢梁吊装采用两点绑扎吊装法，绑扎点设在距梁端 1/4 处（即在梁底第一个挂环外侧），绑扎时注意对构件的镀锌层的保护，保护方法为用塑料编织带先行包裹好构件绑扎点，然后再采用钢丝绳捆绑。钢梁两侧系上溜绳，以便钢梁就位。安装工对钢梁的就位进行标高、平整度的控制、找平，先将钢梁一侧螺栓连接，再连接另一侧螺栓。

3) 钢梁找正、螺栓紧固。通过调整缆风绳上的链条葫芦和螺栓，使钢梁找正并紧固螺栓。螺栓紧固后，外露丝牙应保证 2.5 丝牙以上。注意：在安装过程中，若螺栓也错位小于 3mm 以下的可用手动铰刀进行铰孔，对于螺栓孔错位大于 3mm 的，必须进行补焊，再重新钻孔打磨后方可安装。严禁火焊吹孔。

(5) 设备支架等钢结构安装。

1) 爬梯应安装在等径杆上，与等径杆一同起吊。

2) 避雷针高度为 10m，应在地面组合调直后整体起吊。

3) 灌浆：构架校正后，用 C30 细石混凝土进行一次灌浆，灌注杯口基础的一半位置，边灌边捣固密实。第二次灌浆在 24h 以后，将钢塞取出，用 C30 细石混凝土将整个杯口基础全部填满并捣固密实收光和进行必要的养护。当杯口二次灌浆混凝土达到 100%强度时，构架各部连接螺栓连接牢固后方可交付电气安装。

(6) 缆风绳的拆除。人字柱缆风绳应等到等径杆杯口内混凝土灌浆 24h 后方可拆除。

2. 断路器安装

(1) 支架安装。将断路器支架分别安装在预埋螺栓上，用水平仪通过调节地脚螺栓上的螺母使支架处于水平位置，底部螺栓全部拧紧，用经纬仪校验后紧固地脚螺栓（部分分相断路器液压机构箱直接立于土建基础上）。

（2）断路器组装。按制造厂的编号和规定顺序进行组装，固定支架时，垫片不宜超过3片，垫片总厚度不应大于10mm，调整同相支柱瓷套的法兰面在同一水平面上，各支柱中心线间距离的误差不应大于5mm，相间中心距离误差不应大于5mm。密封部位的螺栓使用力矩扳手紧固，力矩值符合产品的技术规范。

设备接线端子的接触面应平整、清洁，无氧化膜，并涂以薄层电力复合脂；载流部分的可挠连接不得有损折、表面凹陷及锈蚀现象。

根据产品标识按相序吊装断路器的灭弧室和机构，不能混装，注意吊绳要挂在厂家的专用吊环上。

（3）操动机构箱安装。操动机构箱安装前，应在开箱后检查标识牌上操动机构和极柱的编号是否对应，必须核对正确，以防混装。

1）吊装之前要准备好螺栓、要安装的附件、消耗性的材料，并保持现场干净清洁，清洁瓷瓶、法兰和操作杆，密封法兰按产品要求涂上润滑剂。

2）拆除极座上的顶罩，安装手动操作装置（注意：手动操作装置只可在液压油无压时安装，因此必须保持控制箱中的泄压阀打开，直到拆除手动装置为止），固定液压锁，清洁极座并涂上润滑剂。

3）把定位板插在SF_6连接气管一侧的两个螺孔内，旋入三根辅助安装支撑杆，使绝缘子安稳地放在上面。放入新的胶垫，利用手动装置调节传动杆至合适的安装高度。

4）清洁和润滑定心套筒并将其插入绝缘子，装上密封圈，拆除操作杆两侧的运输包装及螺栓上的帽子，将操作杆与传动杆的法兰相配合的一端穿过定位套筒将上中两节瓷套慢慢吊至驱动杆上，对准安装标志，放在下节瓷套上（注意操作杆上的导电环不要被定心套推高）。

5）连接操作杆后吊起绝缘子拆除支撑杆和定位板，将绝缘子与极座对准并慢慢降到极座上，拧紧螺栓。

6）将手动操作装置打到分闸位置，用专用垫片调整操作杆顶面和绝缘子的上法兰面之间的距离，必须符合产品技术要求。

7）安装并联电容和均压环，拆下的螺栓必须更换新的，并联电容要提前做好试验，组装时电容编号要与灭弧室编号相同。

8）打开曲柄驱动箱上的安装盖，取出干燥剂，从机构箱中取出带连杆的十字叉头，将十字叉头穿过四根光杆螺栓放置在操作法兰上，加入止动垫片后用螺母拧紧。

9）将灭弧室水平吊起，放在绝缘子顶上，拧紧法兰螺丝，用手动操作装置将操作杆向合闸位置慢慢提高，直到可以插入耦合销为止，插入耦合销并用尾销固定，更换胶圈，封上盖板，拆除手动装置。

10）注意各瓷套内部要保持清洁，并用丙酮清洗干净，不得有灰尘，尤其是灭弧

室不能有任何杂质；密封槽面应清洁，无划伤痕迹，已用过的密封垫（圈）不得使用；涂密封脂时，不得使其流入密封密封垫（圈）内侧而与 SF_6 气体接触。按产品技术规定更换吸附剂，各部位的螺栓应使用力矩扳手紧固，其力矩值应符合产品技术规定。

（4）充气。打开密度继电器充气接头的盖板，将充气接头与气管连接，将断路器充气至高于额定气压 0.02～0.03MPa 的指针数。SF_6 气体充装由生产厂家代表进行，电网公司协助及检查。

（5）质量检查与验收。

1）断路器基础中心距离、高度误差小于 10mm，地脚螺栓中心距离误差不大于 2mm。

2）断路器无破损，与主接地网两点接地，相间中心距离误差小于 5mm。

3）密封良好，密封圈无变形，导电部位连接牢固。

4）SF_6 气压正常，无泄漏，常规及特殊试验合格，压力表报警、闭锁值符合设计要求。

5）安装时所有螺栓必须按要求达到力矩紧固值。

6）断路器与操动机构联动正常，分、合闸指示，操作计数器正确。

3. 隔离开关安装

（1）隔离开关组装。

1）将隔离开关按设计规格型号分组运到安装地点，并检查所有的转动部分是否涂有润滑脂，转动是否灵活，如有卡阻应进行处理。

2）组装时对导电部分（不包括镀银部分）先涂上一层凡士林，用砂纸或钢丝刷刷去表面的氧化层，用布擦掉油污，再涂上一层导电膏。均压环要安装正确、平正。

（2）吊装。

1）要求吊装时隔离开关处于合闸位置（剪刀式除外）。各电压等级隔离开关吊装时应注意地刀的朝向符合设计要求，隔离开关主刀闸机构拐臂应安装在正确相上。调整三相开关主轴在一条线上，用水平尺检查底座的水平度，如不平则加垫片调整，但不得多于 3 片，用钢卷尺测量开距。

2）调整主闸刀在合闸位置时处于水平状态，上、下导电管在一条线上，注意一定要使双连杆的长度相等，且主闸刀合闸到位后，主动臂在死点位置，调整限位螺钉间隙为 2mm。

3）用手推动接地刀杆使其插入接地静触头，深度符合规程要求。

4）传动装置的传动部分涂以润滑剂，接地刀刃转轴上的扭力弹簧或其他拉伸式弹簧调整到操作力矩最小，并加以固定，在垂直连杆上涂以黑色油漆。

（3）机构安装调整。机构安装采用铅垂法检查中心度，当机构和开关均处于合闸时，将机构与垂直联动杆焊死，同一轴线上的操动机构安装位置应一致。电动或气动操作前，先进行多次手动分、合闸，机构动作正常。电机转向正确，机构分、合闸指示与设备的实际分、合闸位置相符。机构安装后动作应平稳，无卡阻、冲击等异常情况。限位装置应准确可靠，达到规定的分、合极限位置时，能可靠切除电源或气源。

(4) 三相调整。用联动杆将三相连接起来，注意将三个联动拐臂的起始位置调到一致，并与主闸刀分合闸位置相符。调三相联动杆的长短来调整三相合闸同期性，不同期允许值为35kV小于5mm，110kV小于10mm，220kV和500kV应小于20mm。

1) 当拉杆式手动操动机构的手柄位于上部或左端的极限位置，或涡轮蜗杆式机构的手柄位于顺时针方向旋转的极限位置时，应是隔离开关的合闸位置；反之，应是分闸位置。

2) 隔离开关合闸后，触头间的相对位置、备用行程以及分闸状态时触头间的静距或拉开角度要符合产品技术要求。

3) 有引弧触头的隔离开关由分到合时，在主动触头接触前，引弧触头应先接触，从合到分时，触头断开顺序应相反。

(5) 质量检查与验收。

1) 电压等级不小于110kV时，隔离开关相间距离误差小于20mm；电压等级小于110kV时，隔离开关相间距离误差小于10mm；相间连杆应在同一水平线上。

2) 接线端子及载流部分清洁，且接触良好，触头镀银层无脱落。

3) 隔离开关所有转动部分应涂以适合当地气候的润滑脂，设备接线端子应涂以薄层电力复合脂。

4) 安装时所有螺栓必须按要求达到力矩紧固值。

5) 操动机构、传动装置、辅助开关及闭锁装置应安装牢固，动作灵活可靠；位置指示正确，无渗漏；合闸时三相不同期值应符合产品的技术规定。

6) 隔离开关绝缘电阻、回路电阻等常规试验必须合格。

7) 油漆应完整，相色标志正确，接地良好。

4. 互感器、避雷器及支柱绝缘子安装

(1) 设备开箱检查。

1) 开箱后检查瓷件外观应光洁无裂纹，密封应完好，附件应齐全，无锈蚀或机械损伤现象。

2) 互感器的变比分接头的位置和极性应符合规定；二次接线板应完整，引线端子应连接牢固，绝缘良好，标志清晰；油浸式互感器需检查油位指示器、瓷套法兰连接处、放油阀，应均无渗油现象。

3) 避雷器各节的连接应紧密；金属接触的表面应清除氧化层、污垢及异物，保护清洁。检查均压环有无变型、裂纹、毛刺。

(2) 互感器、避雷器的安装。

1) 认真参考生产厂家说明书，采用合适的起吊方法，施工中注意避免碰撞，严禁设备倾斜时将设备吊起。

2) 三相中心应在同一直线上，铭牌应位于易观察的一侧。

3) 安装时应严格按照图纸施工，特别注意互感器的变比和准确度，同一互感器的极性方向应一致。

4) SF_6 式互感器完成吊装后由生产厂家进行充气，充气完成后需检查气体压力是否符合要求，气体继电器是否动作正确。

5) 避雷器应按厂家规定垂直安装，必要时可在法兰面间垫金属片予以校正。避雷器接触表面应擦拭干净，除去氧化膜及油漆，并涂一层电力复合脂。

6) 对不可互换的多节基本元件组成的避雷器，应严格按出厂编号、顺序进行叠装，避免不同避雷器的各节元件相互混淆和同一避雷器的各节元件的位置颠倒、错乱。

7) 均压环应水平安装，不得倾斜，三相中心孔应保持一致。

8) 放电计数器应密封良好，安装位置应与避雷器一致，以便于观察。计数器应密封良好，动作可靠，三相安装位置一致。计数器指示三相统一，引线连接可靠。

9) 互感器、避雷器的引线与母线、导线的接头截面积不得小于规定值，并要求上下引线连接牢固，不得松动。

10) 安装后保证垂直度符合要求，同排设备保证在同一轴线，整齐美观，螺栓紧固均匀，按设计要求进行接地连接，相色标志应正确。备用的电流互感器二次端子应短接并接地。

(3) 支柱绝缘子安装。

1) 绝缘子底座水平误差不大于 3mm，母线直线段内各支柱绝缘子中心线误差、叠装支柱绝缘子垂直误差不大于 2mm。

2) 固定支柱绝缘子的螺栓齐全，紧固。

3) 接地线排列方向一致，与地网连接牢固，导通良好。

(4) 质量检查与验收。

1) 设备在运输、保管期间应防止倾倒或遭受机械损伤；运输和放置应按产品技术要求执行。

2) 设备整体起吊时，吊索应固定在规定的吊环上。

3) 设备到达现场后，应作下列外观检查：

a. 外观应完整，附件应齐全，无锈蚀、无机械损伤。

b. 油浸式互感器油位应正常，密封应良好，无渗油现象。

c. 电容式电压互感器的电磁装置和谐振阻尼器的封铅应完好。

4）互感器变比分接头的位置和极性应符合规定。

5）二次接线板应完整，引线端子应连接牢固，绝缘良好，标志清晰。

6）互感器油位指示器、瓷套法兰连接处、放油阀均应无渗油现象。

7）隔膜式储油柜的隔膜和金属膨胀器应完整无损，顶盖螺栓紧固。

8）油浸式互感器安装面应水平；并列安装的应排列整齐，极性方向应一致并符合设计要求。

9）电容式电压互感器必须根据产品成套供应的组件编号进行安装，不得互换。各组件连接处的接触面应除去氧化层，并涂以电力复合脂。

10）均压环应安装牢固、水平，不得出现歪斜，且方向正确。具有保护间隙的，应按生产厂家规定调好距离。

11）引线端子、接地端子以及密封结构金属件上不应出现不正常变色和熔孔。

12）放电计数器不应存在破损或内部积水现象。

5.1.4.3　母线安装

1. 软母线安装

（1）导线长度测量及计算。

1）测定绝缘子金具串的长度。将绝缘子金具串垂直吊离地面，用卷尺实测绝缘子金具串的长度。注意绝缘子金具串的实测长度的起点应为绝缘子金具串两端挂件的内沿接点。逐串记录绝缘子金具串的长度。

2）档距测量。采用测量仪器进行架空软母线档距测量，每档的档距均应进行逐相测量，并做好记录。

3）导线长度计算。严格控制各工序测量值的准确性，根据绝缘子串长度、两挂线点之间的距离和弧垂计算需压接的导线长度。

（2）导线裁剪。

1）导线切割前，应先将线预直，切割面两端头均应绑扎，防止割断后松股、散股。

2）切割导线时应将导线展放平直，做好需切割的记号，切割面两端头均绑扎，防止切割后松股、散股。

3）割后的导线端面应与线股轴线垂直，并把导线端面毛刺锉平。只切割铝股时，最后一层不能完全锯断，每股留 1/3，然后用手拧断，防止伤及钢芯。

（3）绝缘子金具组装。

1）绝缘子和金具检查。检查绝缘子型号规格是否符合设计要求，并集中放置在适当的地方，做好保护；在安装之前应做耐压试验；凡外观检查不合格的绝缘子或耐压值达不到要求的，均应标上明显标志，另行存放。检查所有金具型号规格是否符合设计要求，金具表面应无裂纹，光滑无毛刺。

2）按设计要求将绝缘子和各种金具组装成串。根据施工需要，将各组装好的绝缘子金具串移放在适当的地方，要注意保护其清洁和不受损坏。

3）绝缘子安装前应按现行规程、规范的规定试验合格。

（4）导线压接。

1）各种导线及线夹压接前应进行拉力试验，每种导线取试件两件，每种线夹取试件一件，试验合格后方可正式施工。

2）压接导线时，压接用的钢模必须与被压管配套。压接时必须保持线夹的正确位置，不得歪斜，相邻两模间重叠不应小于5mm。

3）导线与线夹压接面均应用酒精清洗干净，清洗长度不应少于连接长度的1.2倍，清洗干净后在线夹内壁均匀地涂上薄薄一层电力复合脂。

4）线夹和钢锚压接前，应调整其放置方位，使之与导线的自然弯曲方向相协调，且符合安装要求。

5）线夹压接前，应先量好线夹的深度，并在导线上标明穿入尺寸标记，以保证足够的插入深度。

6）液压压接过程中，应有两人在液压钳两边把持住被压管，使其与导线始终都保持在水平状态。

7）压接时应自接线板一端开始压第一模，压后管的六角形对边应为0.866D，当有任何一个边尺寸超过0.866D+0.2mm时应考虑更换钢模（D为被压管的外径）。当管压好后如有飞边，应把飞边用锉刀锉掉；外露的钢锚及压接管口应涂防锈漆。

8）导线穿入管时，应沿铝股绞向旋入，注意不使导线松股，再穿钢锚，沿钢芯绞向旋入。

（5）软母线架设。

1）导线与绝缘子金具串的组装应按档距、绝缘子金具串的实测长度及导线下料长度的组合关系进行。

2）软母线架设前将绞磨机固定在安全、便于观察和控制地方，在牢固可靠的支柱基础和构架横梁上选择合适位置挂好滑车。

3）用绞磨机将组装好的软母线的一端挂至一侧构架横梁上，然后再将另一端挂好。挂线过程中，要注意导线不得与地面和间隔内的构支架摩擦。挂线时，构架上的施工人员应与操作绞磨机的人员密切配合，当绝缘子金具串拉至靠近构架时应将速度放缓。

4）测定母线的弛度，其值应在设计弧垂的允许范围−2.5%～5%。若实测弛度值达不到要求，可用更换或增加U形环的方法进行母线弛度调整。

5）设备连线、引下线和跳线安装前，应用钢丝刷清除接触面上的氧化层和其他脏物，并涂上一层电力复合脂。软母线与电器接线端子连接时，不应使设备接线端子受到超过允许的外加应力。

（6）质量检查与验收。

1）软母线不得有扭结、松股、断股及其他明显的损伤或严重腐蚀等缺陷。

2）采用的金具应除有质量合格证外，还应进行下列检查：规格相符，无裂纹、伤痕、砂眼、锈蚀、滑扣等缺陷；线夹船形压板与导线接触面应光滑平整，悬垂线夹的转动部分应灵活。

3）软母线与金具的规格和间隙必须匹配，并应符合国家标准。

4）放线过程中，导线不得与地面摩擦，并应对施工过程导线进行严格检查。

5）切断导线时，端头应加绑扎；端面整齐、无毛刺，并与线股轴线垂直；压接导线前需要切割铝线时，严禁伤及钢芯。

6）软导线和各种连接线夹连接时应符合的规定：导线及线夹接触面均应除去氧化膜，并用汽油清洗，清洗长度不应小于连接长度的 1.2 倍，导电接触面应涂电力复合脂。

7）母线弛度应符合设计要求，其允许误差为－2.5%～5%。同一档距内三相母线的弛度应一致，相同布置的分支线，宜有同样的弯度和弛度。

8）线夹螺栓必须均匀拧紧，紧固 U 形螺丝时，应使两端均衡，不得歪斜；螺栓长度除可调金具外，宜露出螺母 2～3 扣。

9）母线跳线和引下线安装后，应呈似悬链状自然下垂，且各相间的下垂弧垂一致。在满足弧垂允许误差规定时，各相间的相对误差不应超过 300mm。

2. 管型母线安装

（1）施工准备。

1）技术准备。按规程、生产厂家安装说明书、图纸、设计要求及施工措施对施工人员进行技术交底，交底要有针对性。

2）人员组织。技术负责人、安装负责人、安全质量负责人和技术工人。

3）机具的准备。按施工要求准备机具，并对其性能及状态进行检查和维护。

4）施工材料准备。管型母线、支柱绝缘子、金具、槽钢、钢板、螺栓等。

（2）母线支柱绝缘子安装。

1）在地上将支柱绝缘子及管型母线支架和固定线夹组装好，以减少高空作业量。

2）支柱绝缘子应采用吊机吊装，用尼龙绳绑扎吊装。每组瓷绝缘子三相水平误差应不大于 3mm，单相整条支柱绝缘子顶水平误差不应大于 10mm。

（3）管型母线加工。

1）焊接管型母线的焊工应具有相应资格，且在母线施工前，焊工必须经过考试合格。焊条应采用与管型母线相同材料的焊丝，管型母线焊接前应进行焊接试样检验。检验应符合以下要求：

a. 表面及断口检验，焊缝表面不应有凹陷、裂纹、未熔合、未焊透等缺陷。

b. 焊缝进行X光无损探伤并合格。

c. 焊缝直流电阻测定，其值应不大于同截面、同长度的原金属的电阻值。

d. 焊缝抗拉强度试验，其焊接头的平均最小抗拉强度不得低于原材料的75%。

e. 试样的焊接材料，接头型式，焊接位置、工艺等应与实际施工时相同。

2）为防止焊缝产生气孔、夹渣和氧化等缺陷，焊前必须清除焊件中整个焊接区域的油、锈、污垢、氧化膜和其他杂质，直至露出光泽。

3）管型母线切断前应根据母线平断面图实测得的每条焊接管型母线的长度，保证母线焊接部位离管型母线的固定线夹距离不少于50mm，并避开各间隔T夹，隔离开关静触头位置。切断口应平整，与轴线垂直，焊接好的每条管型母线应标上标号。

4）每个管接头应用坡口机加工好坡口，坡口应光滑、均匀，无毛刺。管型母线坡口示意图如图5-3所示；管型母线坡口形式及对接尺寸见表5-2。

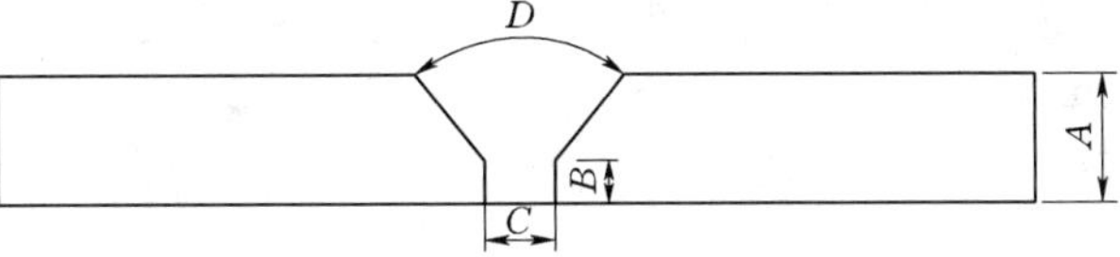

图5-3 管型母线坡口示意图

表5-2 管型母线坡口形式及对接尺寸

管壁厚度 A/mm	坡口形式	坡口角度 D/(°)	钝边长度 B/mm	间隙长度 C/mm
6～10	V形	60～75	1.5～2.5	3～6

5）支架加工定位。用10条22mm×6m槽钢直线焊接，并于槽钢槽口内侧焊上滚轴（每隔2m一对），保证符合其槽钢及滚轴中心线的弯折偏移不大于0.2%，中心线偏移不大于0.5mm。在每条槽钢距离端口200mm处的槽口上对应两侧开半径20mm半圆形槽，用以放置铝制滚动滑轮。支架槽钢加工好后选择较为宽敞的场地，直线平放，用枕木垫平离地面高度200mm，支架两侧必要时用角钢埋地焊牢固定，支架上的滚轴中心线和高度须用仪器校核控制在同一直线及同一平面。

（4）管型母线的焊接。

1）焊接前必须确认焊材的牌号，了解其化学成分、物理和化学性能，以便正确选定焊接材料。批量焊接作业前首先进行焊接试验，按规定试件送检。

2）将母线坡口两侧表面各50mm范围内清刷干净，不得有氧化膜、水分和油污；坡口加工面应无毛刺和飞边。

3）将管型母线放置在已经过操平找正的焊接轨道支架上（水平误差控制在3mm以内），先将第一根管材找正后将衬管装入，再将第二根管材装好，两根管型母线之间的对口间隙为3～5mm，然后进行管型母线中心线及水平方向的找正。确认找正后可将加强孔先焊好作为固定，然后用专用抱夹工具旋转管型母线进行平直度检查，待

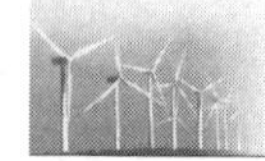

符合要求后再进行下一根管材的组装，确保其弯折偏移不应大于 0.2%，中心线偏移不应大于 0.5mm。

4）每个焊缝应一次焊完，除瞬间断弧外不得停焊，母线焊完未冷却前，不得移动或受力。

5）管型母线对口完成后应及时进行点固焊，点固焊示意图如图 5－4 所示。水平固定焊焊接顺序示意图如图 5－5 所示。

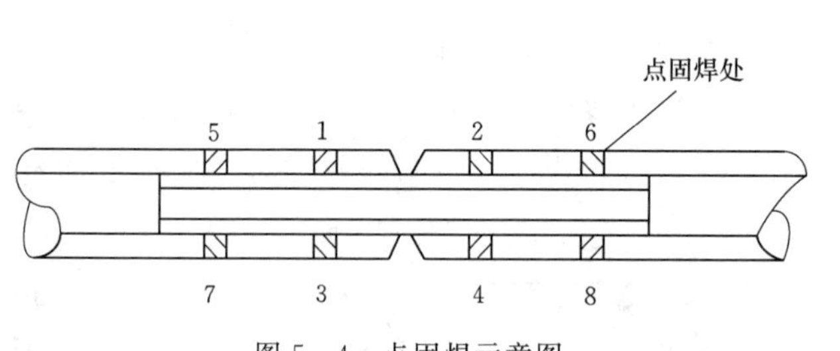

图 5－4　点固焊示意图

图 5－5　水平固定焊焊接顺序示意图

6）咬边深度不得超过母线壁厚的 10%，且其总长度不得超过焊缝总长度的 20%。

7）管型母线对接焊缝的部位距离支柱绝缘子母线夹板边缘不应小于 50mm。

8）焊后应清理，使焊缝光洁，工件上由于燃烧产生的黑斑及焊接产生的飞溅均须用布或钢丝刷刷干净。焊好的管型母线应做好相应编号，并存放在多点支撑、操平找正的轨道上。

（5）管型母线安装。

1）管型母线吊装前应在每段管内穿入阻尼线并安装好封端盖或终端球，终端球应涂好相色漆。注意终端球的滴水孔应向下。

2）在管型母线吊装时，对有导电要求的接触面应用砂纸或钢丝刷去掉表面的氧化层，用布擦干净油污，再涂上电力复合脂后方可进行安装。吊装时应按之前在管型母线上编好的标号进行吊装，避免管型母线就位后位置不正确。

3）为了使吊装过程中管型母线不发生弯曲变形，应采用多点吊装，以提高吊装的精确度。一般单跨可用两点吊装，两跨及以上应采用三点吊装。

4）管型母线吊装前，应将该管型母线的线夹预装上，一次吊装，吊装用的吊绳强度安全系数应不小于 5 倍，管型母线上的绑扎点应考虑防滑和易于解脱，绑绳夹角应不大于 120°，另应在管型母线两端加缆风绳，以免管型母线与其他设备碰撞。

（6）支撑式管型母线的吊装。

1）管型母线的整段吊装，采用长吊架进行吊装。将整根校直好的管型母线用特制的卡具（不受力时可自由脱掉），每 3～4m 固定于吊架钢管横梁上，用吊车吊至安装位置。绝缘子悬挂式或支撑式管型母线的安装，均要求管型母线中心与金具中心相

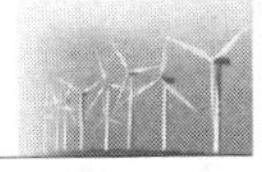

吻合。支撑瓷绝缘子的安装可通过经纬仪及水平仪找正，保证其水平及垂直。

2）管型母线就位后要检查调整三相的水平及其相间距离误差，按图纸要求连接伸缩接头，调整固定型和活动型线夹，并注意伸缩节与线夹的距离及同相管型母线之间的距离，使其符合要求，防止母线热伸冷缩时顶死。

（7）悬挂式管型母线的吊装。

1）应严格按照设计图纸组装好悬式绝缘子串，严格按照首根管型母线吊装时确定的长度调整好所有绝缘子串，保证所有管型母线同型号的绝缘子串等长。

2）将所有管型母线的固定金具按首根管型母线吊装确定的固定位置全部紧固到位，注意将管型母线的拱背朝上。

3）首先将悬式绝缘子串全部吊装到位，将管型母线和悬式绝缘子串可靠连接。然后采用管型母线的静态吊装法，平稳起吊管型母线。

4）吊装准备。布置吊装场，吊点确定根据管母悬吊形式及长度，采用与其同样多的吊点（3 个）及悬吊时的角度（50°），机动绞磨固定牢固。管型母线绑扎采用尼龙吊带，绑扎点为悬吊绝缘子的挂点。

5）吊装过程中由专人统一指挥操作，保证管型母线在吊升过程中始终处于水平位置。

6）在管型母线提升靠近悬式绝缘子时，停止电动绞磨，在管型母线受力静止状态下对管型母线进行调整，管型母线的中心偏差可通过法兰螺栓进行调节。完成后使管型母线的焊口质量全部得到保证，垂直高差不大于 5cm（规程为 1.5‰L，约 8cm）。

5.1.5 高低压成套装置安装

35kV 配电装置是升压站中控制、接收、分配电能的装置，35kV 配电装置安装主要包括高压开关柜安装、封闭母线安装动态无功补偿成套装置安装，目前，我国在升压站高压开关柜使用方面主要有移开式和充气式两种。开关柜具有架空进出线、电缆进出线、母线联络等功能，变压器低压侧接到开关柜需要通过母线连接，母线可以选用矩形铜母线、管型铜母线与高压开关柜连接。为了确保母线安装质量，安装过程中要严格按照施工工序进行。

5.1.5.1 移开式开关柜安装

1. 开箱检查

（1）屏柜开箱前应提早报请监理单位审核同意，同意后方可开箱。开箱时需有监理单位人员现场见证。

（2）开箱时应首先检查设备包装的完好情况，是否有严重碰撞的痕迹及可能使箱内设备受损的现象；根据装箱清单，检查设备及其备品等是否齐全；对照设计图纸，核对设备的规格、型号、回路布置等是否符合要求。厂家资料及备品备件应交专人负责保管并做好登记。

（3）开箱时应使用起钉器，先起钉子，后撬开箱板；如使用撬棍，不得以盘面为支点，并严禁将撬棍伸入木箱内乱撬；开箱时应小心仔细，避免有较大振动。

2. 基础检查

（1）用经纬仪及钢卷尺核对开关柜基础尺寸，检查基础槽钢长度、宽度、标高及相对位置是否符合设计要求；检查高压及控制电缆的孔洞是否对应开关柜的排列布置。

（2）清除基础槽钢面上的灰砂，完成槽钢的接地工作，找出最高点，并标注高差，开关柜宜从中间开始就位。

3. 搬运及开箱检查

（1）开关柜的搬运设专人指挥，配备足够的施工人员，以保证人身和设备安全。

（2）根据现场情况，设备的搬运、移动采用推车进行。搬运时，用吊车将开关柜吊到推车上，然后 1 人拉推车的把手，3 人合力推柜体，1 人专门负责观察推车行走的路线，防止推车的轮子掉到孔洞里及防止柜体倾覆。

（3）盘柜搬运时应按图纸将盘柜按顺序摆放，以方便下一步盘柜的就位安装。

（4）设备检查时生产厂家、监理及业主代表应在现场。检查的主要内容有：检查表面有无刮伤或撞击痕迹，对照设计图纸及核对到货清单，检查设备型号、规格、数量是否相符，以及随柜而到的有关附件、备件、仪表、仪器、专用工具的数量及规格与清单是否相符；特别对于瓷绝缘子等瓷件更应该认真检查有无变形、破损、受潮；检查厂家出厂技术文件是否齐全；如在检查中发现缺损件、厂家资料不齐全等应在开箱检查记录上填好，由在现场生产厂家、监理及业主代表签名见证，通知物资供应部门补回。

4. 盘柜就位安装

（1）首先根据设计的尺寸拉好整排屏柜的直线。按设计位置和尺寸把第一块盘用线锤和水平尺进行找正，按规范盘柜垂直度误差应小于 1.5mm/m，如达不到要求可在柜底垫垫块，但垫块不能超过三块且垫块不能有松动，达到要求后，在开关柜的四个底角上烧焊或钻孔用螺栓将其固定。

（2）第一面开关柜安装好后，其他开关柜就以第一个柜为标准拼装。通常 35kV 配电盘柜以主变压器进线盘柜为第一面柜开始安装，然后分别向两侧拼装。如发现基础槽钢的水平误差较大，应选主变压器进线柜第一面柜的安装位置。

（3）依次将盘逐块找正靠紧。盘间螺丝孔应相互对应，如位置不对可用圆锉修整。带上盘间螺丝（不要拧紧），以第一块盘为准，用撬棍对盘进行统一调整，调整垫铁的厚度及盘间螺丝松紧，使每块盘达到规定要求，依次将各盘固定。最后要求成

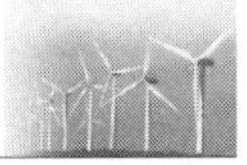

列柜顶水平高差不大于 5mm，成列柜面平整度小于 5mm，柜间缝隙小于 2mm。

5. 开关柜内母线安装

柜内母线厂家已配备。柜体间联络母线安装应按分段图、相序、编号、方向和标志正确放置；母线的搭接面应连接紧密，并在接触面上涂一层电力复合脂，连接螺栓用力矩扳手紧固。

6. 质量检查与验收

（1）基础预埋槽钢的直线度误差应不超过每米 1mm，全长不超过 5mm；水平高差误差不超过每米 1mm，全长不超过 5mm。预埋槽钢应在土建施工阶段进行预埋质量控制，应确认预埋质量符合要求后进行预埋槽钢二次灌浆。

（2）高压柜体拼装的垂直度误差不大于 1.5mm；成排水平度误差不超过 5mm；成排表面平整度不超过 5mm；柜体间缝隙应不大于 2mm。用垫铁调整水平度时，同一位置的垫铁的数量不能超过三块且不能有松动。

（3）交流母线的固定金具或其他支持金具不应成闭合磁路。

（4）当母线平置时，母线支持夹板的上部应与母线保持 1～1.5mm 的间隙；当母线立置时，上部压板应与母线保持 1.5～2mm 的间隙。

（5）母线对地及相与相之间最小电气距离应符合规程中的规定：10kV 不小于 125mm。

（6）母线桥安装时应注意母线桥体的美观，保证横平竖直，桥体与桥体、柜体驳接处的缝隙应小于 2mm。

（7）柜内一次接地母线必须明显可靠接地。

（8）母线固定螺栓的紧固应到达规定的力矩值。

（9）在母线验收合格后应对所有螺栓进行紧固检查，确认达标的用油性笔画上记号，防止个别螺栓没有紧固。

5.1.5.2 充气式开关柜安装

1. 施工准备

（1）设备安装前安装现场应进行全面清扫、检查，具备设备进场条件。

（2）基础埋件应预埋并通过验收，重复检查预埋件的相对位置尺寸、水平高差、牢固程度及接地线引出位置等应符合设计和制造厂的技术要求。埋件包括预埋铁板埋件、电缆管线埋件、暗敷接地网扁铁埋件。

（3）按基础设计图以及制造厂技术要求，测量出各间隔断路器、母线、控制柜等的控制中心线及受力点，并在地面上（或墙面）对其位置进行标识，再校核高程准确。

此项工作结束后，对安装场地进行全面清扫，使安装现场环境符合要求。位置标识内容主要如下：

1）先在地面确定母联断路器基础所在位置，再确定另两台断路器位置。

2）确定出线母线位置。

3）确定开关柜基础制架安装位置，使之与图纸一致。

（4）根据到货清单和图纸，开箱清点设备及其附件，并按照安装顺序将设备倒运到现场。

（5）设备外观检查内容与清洁工作主要如下：

1）检查电压互感器的振动指示器。

2）用交货清单检查所有工具和仪器。

3）设备外观损伤检查，检查设备外部损伤痕迹。

4）组合件外部清洁。

5）安装时必须打开组合件，检查内部损伤和是否清洁。

6）准备法兰和导体与模块的配对连接，检查 O 形密封环。

7）在每一个出货模具装配之前，检查主设计图以确保气密和透气套管已经安装在正确的位置。

8）拉杆运输中被蝶杆紧固，在膨胀节气体间隔充入气体之前，需要调整拉杆与设备图纸一致。在充入气体之后重复测量拉杆位置，记录两次测量结果。当拉杆调整到正确位置，内部的球形座可以用手转动。

（6）施工前，对施工人员进行技术工艺交底、安全生产措施交底、文明施工教育。

（7）设备安装前检查排除作业面围栏杆、孔洞盖板未完善等危险源，检查排除设备吊装、管口对接等危险源。

（8）临时施工电源到位并有防护措施。

2. 基础型钢安装

（1）用水平仪找出室内基础型钢土建预埋铁最高点，检查是否符合地面设计标高。若符合设计，则以土建预埋铁最高点为基准标高，同一室内所有型钢标高必须一致。

（2）按设计要求领料，应注意挑选较平直的槽钢，运至现场后须经过校正后方可投入使用。

（3）施工前应反复核对安装尺寸，不得随意变动安装位置和尺寸，下料时尽可能减少多列槽钢的拼接，严禁使用割刀，也不允许在槽钢上任意开口。

（4）基础型钢与土建预埋铁之间加角钢来调节型钢高度，角钢与埋铁、角钢与型钢之间的焊接应牢固。

（5）基础型钢安装完后，油漆应及时完善。

（6）基础型钢安装后，其顶部高出抹平地面的高度 100mm。

(7) 基础型钢每列不少于2点明显可靠接地。

(8) 基础槽钢安装水平及垂直方向误差不大于1mm；全长误差不大于2mm。

3. 设备运输、开箱检查、吊装

(1) 设备运输、开箱检查、吊装工作同时交叉进行，检查内容主要如下：

1) 设备型号及铭牌数据与设计一致。

2) 设备外观应完好无损。

3) 设备及备件齐全。

4) 技术资料齐全。

(2) 设备运输、吊装时，要防止碰撞与倾倒。吊装前拆除设备吊装平台周围脚手架（拆除部分能满足设备安全吊至吊装平台），用汽车吊将设备吊至设备吊装平台，再采用运载设备车将设备运至安装位置进行安装。设备吊装挂绳一定要挂稳，且牢固可靠，起吊点应选择指定位置，吊装时需注意以下事项：

1) 起重安装作业前须严格检查其中设备各部件的可靠性和安全性，并进行试运行。

2) 起吊作业时指派专人统一指挥，参加起重安全的起重工要掌握作业的安全要求，其余人员应分工明确。

3) 汽车起吊作业地面应坚实平整，支脚支垫牢靠。作业时严禁回转半径范围内的吊臂下站人，严禁起吊的重物自由落下。

4. 开关柜就位

(1) 设备运至施工现场，由技术员清查确定当天所吊高压开关柜的型号、规格、数量及其安装地点。查看盘柜在经过长途运输后，盘柜外观有无明显倾倒及被损坏现象。

(2) 用吊车及叉车将开关柜按安装顺序推进配电室，用人力将开关柜移至安装位置就位，不可将开关柜倒立或横放。

(3) 班组工程师、技术员、质检员以及厂家人员一同到现场，对设备进行开箱检查核对（包括开关柜内一次设备型号及各零配件，检查设备的外观质量，并且有合格证及设备铭牌清晰），发现问题应及时处理。

5. 开关柜安装

(1) 对照设计图纸分段，按编号将盘柜基本移到位。开关柜及柜内设备与各构件间连接牢固，开关柜型号规格与设计一致，柜体油漆完好。

(2) 盘柜间采用螺栓连接固定，盘柜间连接严禁直接用电焊连接。

(3) 开关柜找正方法采用线锤与钢角尺配合找平找正。

(4) 柜体垂直度误差小于1.5mm。

(5) 相邻两柜柜顶水平误差小于2mm，成列柜柜顶水平误差小于2mm。

(6) 相邻两柜柜面误差小于1mm，成列柜柜面误差小于2mm。

(7) 柜间接缝小于2mm。

(8) 柜体与基础槽钢之间采用螺栓固定，螺栓出丝2～3扣。

(9) 柜体的接地应牢固良好，前后柜门应采用专用接地软线可靠连接。

(10) 机械闭锁、电气闭锁应动作准确、可靠。

(11) 动触头与静触头的中心线应一致，触头接触紧密。

(12) 二次回路辅助开关的切换接点应动作准确，接触可靠。

(13) 柜内照明齐全。

(14) 开关柜的安装应符合下列要求：

1) 检查防止电气误操作的"五防"(防止带负荷拉合刀闸；防止带地线合闸；防止带电挂地线；防止误入带电隔离区间；防止误分合开关) 装置齐全，且动作灵活可靠。

2) 手车推拉应灵活轻便，无卡阻、碰撞现象，同型号的手车应能互换。

3) 手车推入工作位置后，动触头顶部与静触头底部的间隙应符合产品要求。

4) 手车与柜体间的二次回路连接插件应接触良好。

5) 安全隔离板应开启灵活，随手车的进出而相应动作。

6) 柜内控制电缆的位置不应妨碍手车的进出，并应牢固。

7) 手车与柜体间的接地触头应接触紧密，当手车推入柜内时，其接地触头应比主触头先接触，拉出时接地触头应比主触头后断开。

6. 母线安装

(1) 母线型号规格符合设计要求，附件、备件齐全。

(2) 母线表面应光洁平整，不应有裂纹、折皱、夹杂物及变形和扭曲现象。

(3) 母线的相序排列，当设计无要求时应符合下列规定：

1) 上下布置的交流母线，由上到下排列为A、B、C相。

2) 水平布置的交流母线，由柜后向柜前排列为A、B、C相。

3) 引下的交流母线，由左到右排列为A、B、C相。

(4) 母线涂漆的颜色为：A相为黄色，B相为绿色，C相为红色。单相交流母线与引出相的颜色相同。

(5) 母线的螺栓连接及支持连接处，母线与电器的连接处以及距所有连接处10mm以内的地方不应刷相色漆。

(6) 高压35kV母线带电部分至接地部分之间以及不同相带电部分之间的安全净距为300mm。

(7) 母线应矫正平直，切断面应平整，矩形母线应进行冷弯，不得进行热弯。

(8) 相同布置的主母线、分支母线、引下线及设备连接线应对称一致，横平竖

直，整齐美观。

(9) 母线开始弯曲处距最近绝缘子的母线支持夹板边缘应不小于 0.25L，但不得小于 50mm。

(10) 母线开始弯曲处距母线连接位置应不小于 5mm。

(11) 母线应尽量减少直角弯曲，弯曲处不得有裂纹及显著的折皱，多片母线的弯曲度应一致。

(12) 母线采用螺栓固定搭接时，连接处距支持绝缘子的支持夹板边缘应不小于 50mm，上片母线端头与下片母线平弯开始处的距离应不小于 50mm。

(13) 母线接头螺孔的直径宜大于螺栓直径 1mm；钻孔应垂直、无歪斜，螺孔间中心距离的误差为±0.5mm。

(14) 母线接触面加工后必须保持清洁，并涂以电力复合脂。

(15) 当拧紧 2 个以上螺栓时，螺栓不能一次拧紧，应反复多次拧紧。

螺栓参考力矩见表 5-3。

表 5-3 螺栓参考力矩表

单位：N·m

螺纹规格	力矩					
	钢或不锈钢螺纹			紫铜、黄铜或铝合金螺纹		
	上限	标准	下限	上限	标准	下限
M8	14	12	10	9.5	8	6.5
M10	24	20	16	14.5	12	9.5
M12	55	45	35	36	30	24
M16	115	95	75	70	60	50
M20	210	180	150	130	110	90
M24	500	420	340	230	190	160
M30	840	700	580	450	380	320
M36	1480	1200	1000	800	660	560

(16) 安装或拆除设备内部螺栓时要特别小心，因为紧固和松开螺栓时，可能会产生金属异物，这些杂物落入设备内十分危险，因此作业完成后应用吸尘器仔细清理，再用无毛纸擦净。

7. 二次回路接线

(1) 盘柜电缆接线前应由技术人员对进入盘柜内的电缆的数量、分配、布局进行规划，并根据盘柜内端子排的布置特点及预留的接线空间大小，以确定最终接线施工方案做到整体效果美观，检修方便，并便于以后的电缆防火封堵，必要时还可以对盘柜进行改造，如增加槽钢与固定角钢、端子排移位加固及增加开孔等。

(2) 电缆接线正确率是确保电缆整体工艺质量的前提，技术人员在接线前应仔细核对设计图纸及回路，及早发现问题，以减少日后变更改线。

(3) 待接线的盘柜，必须经安装完工经质检人员验收合格后，并确认电缆在盘柜下方已整理好后方可进行电缆开头、接线。

(4) 在同一类型的盘柜接线，必须采取相同的施工方法，如走槽盆或走明线。

(5) 电缆进盘后，必须用布将电缆外皮上的灰尘或杂物清理干净后再开头，电缆开头下刀要轻，下刀至电缆皮厚度 2/3 即可，以免伤及线芯。在排线须使用尖嘴钳时，须对钳子进行包扎以免伤及线芯。所有线芯须散把拉直，线芯打把应无交叉现象，当天接线完毕后应将电缆及盘柜内整体清洁一次，不留杂物、灰尘与污渍。

(6) 电缆开头作业在同一工作区域，必须保证其排列高度、固定方式、绑扎方向一致，所有盘、柜、箱内的电缆头排列高度应一致，固定方式统一、整齐。

(7) 所有控制电缆头的热缩头长度为 40mm，线芯小头部分为 15mm，电缆护套部分为 25mm。为保证热缩头缩紧，须采用合适的热缩套管，如发现有热缩管缩不紧的现象，可选择小一号的热缩套管以电缆侧扩大的方式将线芯缩紧。

(8) 电缆芯线和所配导线的端部均应标明回路编号，字迹清晰且不易脱落。

(9) 芯线弯曲应按顺时针方向，端子每侧接线不得超过 2 根，多股软线必须加压终端附件或搪锡；对于螺栓连接端子，宜接 1 根，当接线 2 根时，中间应加平垫片。螺接或插接都必须紧固，且接线正确，所有线芯须正对端子接线螺栓，以保证线芯间隙一致、美观。接多股软电缆线时，包括设备接地软线，应压接相适应的终端附件或搪锡，且压接牢靠。当屏蔽软线须套套管进端子时，为保证接线美观宜在套管内穿入 1mm 的硬线支撑。

(10) 引入盘柜内的电缆应按照二次设计的电缆区域布置图施工。排列整齐，高度一致，避免交叉，并固定牢靠，不得使端子排受机械力。屏蔽层应按设计要求的方式接地。

(11) 盘内排线、接线要做到整齐美观，不宜交叉，横平竖直，盘柜号码长度 30mm。编号要用机器加工，不得手写，读号顺序横排为从左到右，竖排为从下到上，同一盘内的线芯弧度应一致。线芯绑扎间距必须一致（120mm），扎带必须锁紧且锁头必须在隐蔽处，如无法将锁头隐蔽则须将所有锁头方向保持一致，及时剪去多余部分。备用芯必须留全盘顶，保证有足够长度打好电缆编号，便于查找。

(12) 应确保接线的牢固，盘柜内接线完毕后，接线人员应对所有接线端子（含厂家布线）全部重新检查紧固一次，调试人员在查线后也应全部检查一次，对于重要回路如 TA 电流回路、合跳闸回路、重要的保护回路在启动试运前还要再检查紧固一次。

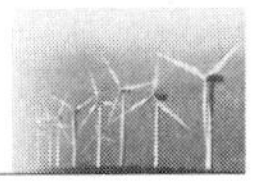

（13）接线完毕后，调试人员及检修人员不允许随意改线或在线芯上做记号，如需改动，必须由挂牌接线人员改动，并做到改后整齐美观。

（14）屏蔽电缆、信号电缆、计算机电缆屏蔽层应按设计或厂家要求接地，厂家无要求者各层屏蔽层只能在一点接地。

（15）盘柜内的屏蔽接地线在未接入之前应将其整理好，避免接触到盘柜内其他线芯及带电设备。

（16）柜内配线的电流回路应采用电压不低于500V的铜芯绝缘导线，其截面不应小于2.5mm^2：其他回路截面不应小于15mm^2。强、弱电回路不应使用同一根电缆，应分别成束分开排列。

（17）二次回路接线正确可靠，接线正确率100%。

（18）在同一作业区域内的电缆挂牌，高度、形式必须按规定保证一致，以达到整体美观。

（19）挂牌准确性的要求。盘柜内正确率不低于98%，就地正确率达到100%。

5.1.5.3 封闭母线安装

1. 施工准备

（1）技术准备。按规程、生产厂家安装说明书、图纸、设计要求及施工措施对施工人员进行技术交底，交底要有针对性。

（2）人员组织。技术负责人、安装负责人、安全质量负责人和技术工人。

（3）机具的准备。按施工要求准备机具，并对其性能及状态进行检查和维护。

（4）施工材料准备。母排、支柱绝缘子、金具、槽钢、钢板、螺栓等。

2. 母线桥架的制作

封闭母线桥由生产厂家到现场实测母线总长度，确定支柱绝缘子位置，以保证绝缘子基本平均分配，并在厂制作好后再送往现场安装。安装前先搭设好脚手架，根据母线桥安装高度搭设至合适高度，根据安装图纸将母线箱逐个抬上脚手架摆放，拼装连接时从两端往中间靠拢连接，用短木方调整母线箱安装高度，在设有吊杆处用吊杆调整母线箱高度及水平度。拼接过程中不宜将两个母线箱之间的螺栓紧固，应留有一定的间隙，以便统一调整母线桥的间隙分布。

3. 支柱绝缘子的安装

安装前检查瓷绝缘子及法兰应完好胶合牢固，按标准试验合格，安装在同一水平面的支柱瓷绝缘子应位于同一平面上，直线段的支柱瓷绝缘子的安装中心线应在同一直线上（中心误差不超过±0.5mm），且两绝缘子之间间隔不应大于1.2m，安装绝缘子位置离母线接头应不小于50mm。桥架所用钢材的规格及尺寸按设计要求根据现场实际安装，对实际情况与图纸不符部分进行完善，安全净距必须符合规范要求，接地可靠，焊接及涂漆符合要求。

4. 母线的测量下料

根据现场实测下料，尺寸带平弯和立弯的线段实测后做出样板，以手工或机械切割，切断面要求平整，带弯的母线应在弯曲后量尺寸再切断。

5. 母线煨弯加工

（1）母线弯曲处距母线金具及母线搭接位置不应小于 50mm，不宜煨直角弯，弯曲处不得有裂纹或显著折皱，母线的最小弯曲半径应符合规范要求，矩形母线应进行冷弯。多片母线的弯曲度应一致。矩形母线平弯、立弯、扭弯各 90°时母线最小弯曲半径 R 值见表 5-4。

表 5-4 母线最小弯曲半径 *R* 值

母线种类	弯曲方式	母线断面尺寸/mm	最小弯曲半径/mm		
			铜	铝	钢
矩形母线	平弯	50×5 及以下	$2a$	$2a$	$2a$
		125×10 及以下	$2a$	$2.5a$	$2a$
	立弯	50×5 及以下	b	$1.5b$	$0.5b$
		125×10 及以下	$1.5b$	$2b$	b

注：1. a 为母线厚度，b 为母线宽度。
2. 母线扭转（扭腰）90°时，扭转部分长度应大于母线宽度 b 的 2.5～5 倍。

（2）划线钻孔。19mm 及以下的孔可以在小台钻上钻出，不宜用手提电钻钻孔。$f \geqslant 20$mm 的孔需要在立式钻床或摇臂钻床上钻孔。孔径一般都大于螺丝直径 1mm，搭接长度等于或大于母线宽度。钻孔时要将钻头磨成平钻头，要求孔垂直无歪斜，孔眼之间中心误差不得大于 0.5mm。为了提高效率，可用 0.5mm 薄铁皮做成样板，然后用样板冲出孔位后再钻孔。

（3）母线接触面加工。母线搭接连接的尺寸孔径螺栓规格应符合规范，要求母线接触面加工必须平整，无氧化膜，涂以电力复合脂，并保证清洁。经加工后铜母线截面减少值不应超过厚截面的 3%，铝母线截面减少值不应超过厚截面的 5%。母线与母线、母线与分支线、母线与接线端子搭接时，其搭接面的处理应符合要求。

6. 母线安装

（1）连接螺栓应使用热镀锌螺栓，螺栓连接的母线两外侧均应有平垫圈，相邻螺栓垫圈间应有 3mm 以上的净距，螺母侧应装有弹簧垫圈或锁紧螺母，应由下往上贯穿，长度宜露出螺母 2～3 扣。

（2）螺栓应受力均匀，不应使接线端子受到额外应力，母线的接触面应连接紧密，连接螺栓用力矩扳手紧固，钢制螺栓的紧固力矩值见表 5-5。

（3）矩形母线搭接符合要求，与变压器套管接线板连接应采用铜、铝伸缩接头，并且铜板应搪锡。伸缩接头个数与母线长度的关系见表 5-6。

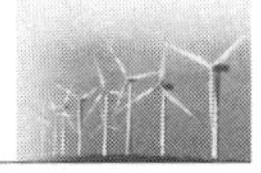

表 5-5 钢制螺栓的紧固力矩值

螺栓规格/mm	力矩值/(N·m)	建议使用值/(N·m)	螺栓规格/mm	力矩值/(N·m)	建议使用值/(N·m)
M8	8.8~10.8	12.0 或直接用扳手拧紧	M16	78.5~98.1	98.0
M10	17.7~22.6	22.0	M18	98.0~127.4	120.0
M12	31.4~39.2	39.0	M20	156.9~196.2	180.0
M14	51.0~60.8	60.0	M24	274.6~343.2	310.0

表 5-6 伸缩接头个数与母线长度的关系

伸缩接头个数	铜母线/m	铝母线/m	伸缩接头个数	铜母线/m	铝母线/m
1	30~50	20~30	3	80~100	50~75
2	50~80	30~50			

(4) 母线的相序排列，当设计无规定时应符合下列规定：

1) 上、下布置的交流母线，由上到下排列为 A、B、C 相，直流母线正极在上，负极在下。

2) 水平布置的交流母线，由盘后向盘面排列为 A、B、C 相，直流母线正极在后，负极在前。

3) 引下线的交流母线由左至右排列为 A、B、C 相，直流母线正极在左，负极在右。

7. 母线相色标志

A、B、C 三相母线分别为黄、绿、红，热缩套管应紧贴铜排，无起层、皱皮、含有气泡等缺陷。母线与电器的连接处及连接处 10mm 以内不应有相色标志或相色漆。

8. 质量检查与验收

(1) 母线表面应光洁平整，不应有裂纹、折皱、夹杂物及变形和扭曲现象。

(2) 对铜母线、铝母线、铝合金管型母线，当无出厂合格证件或资料不全，以及对材质有怀疑时，应按母线的机械性能和电阻率（表 5-7）要求进行检验。

表 5-7 母线的机械性能和电阻率

母线名称	母线型号	最小抗拉强度/(N/mm^2)	最小伸长率/%	20℃时的最大电阻率/[($\Omega \cdot mm^2$)/m]
铜母线	TMY	255	6	0.01777
铝母线	LMY	115	3	0.02900
铝合金管型母线	LF21Y	137	—	0.03730

注：$1N/mm^2 = 1MPa$。

(3) 螺栓固定的母线搭接面应平整，其镀锡层不应有麻面、起皮及未覆盖部分。

（4）制作母线桥架时安全净距必须符合下列规范要求：

1）室内带电部分至接地部分之间或不同相的带电部分之间的安全净距符合规范要求。

2）室外带电部分至接地部分之间或不同相的带电部分之间的安全净距符合规范要求。

（5）金属构件加工、配制、焊接等应符合国家现行标准的有关规定。

（6）所有螺栓、垫圈、弹簧垫等应齐全、完整、可靠。

（7）瓷件应完整、清洁，铁瓷胶合应完整无损。

（8）母线相色标志应符合下列规定：

1）三相交流母线：A相为黄色，B相为绿色，C相为红色。单相交流母线与引出相的颜色相同。

2）直流母线：正极为赭色，负极为蓝色。

3）直流均衡汇流母线及交流中性汇流母线：接地为天蓝色，不接地为黑色。

4）封闭母线：母线外表面及外壳内表面涂无光泽黑漆，外壳外表面涂浅色漆。

（9）母线相色标志应符合下列要求：

1）室外软母线、封闭母线应在两端和中间适当部位涂相色漆。

2）单片母线的所有面及多片、槽型、管型母线的所有可见面均应涂相色漆。

3）钢母线的所有表面应涂防腐相色漆。

4）刷漆应均匀，无起层、皱皮等缺陷，并应整齐一致。

（10）母线在下列各处不应刷相色漆：

1）母线的螺栓连接及支持连接处、母线与电器的连接处以及距所有连接处10mm以内的地方。

2）供携带式接地线连接用的接触面上，不刷漆部分的长度应为母线的宽度或直径，且不应小于50mm，并在其两侧涂以宽度为10mm的黑色标志带。

5.1.5.4　动态无功补偿成套装置安装

1. 无功补偿装置安装

（1）施工准备。施工人员应熟悉设备规范与性能，熟悉施工图纸和施工技术要求及验收规范；准备好施工用的工器具，布置施工现场，接好临时电源；准备好施工用材料和电容器，做好临时存储保管工作。

（2）设备安装。根据施工图和安装场地的实际情况，将功率柜、控制柜根据施工图纸和装箱清单，开箱清点检查电容器的到货数量、规格、出厂证与试验报告等。对电容器外表进行逐个检查，即检查电容器外壳瓷套出线、导电杆接地螺栓和标牌，必须正确、完好无损、无渗漏油的痕迹。

按施工图纸要求电容器分相分层安装在铁构架上，电容器直立安装层间应保证足

够的绝缘距离，同层电容器之间应有不小于100mm的空间距离。为保证电容器组的通风良好，电容器层间不允许装设隔板。各组电容器在选配时，还应注意调整电容量，使每相间电容平衡，误差应不大于5%。电容器的接线应采用软导线，接线正确，接头连接可靠，接线工艺要求对称一致，整齐美观，相色标志清楚。所有电容器的铭牌应一致朝外，便于运行人员检查。电容器外壳应可靠接地，串联电容器多分组装置在对地绝缘的平台上，这种情况下电容器的外壳接地应接到有固定电位的接地母线上。电容器组的自动放电回路应连接可靠，保证电容器组从电网断开后能在10min内将其额定电压峰值剩余电压降到75V以下。

(3) 质量检查与验收。

1) 电容器套管芯棒应无弯曲或滑扣。引出线端连接用的螺母、垫圈应齐全。外壳应无显著变形，外表无锈蚀，所有接缝不应有裂缝或渗油。

2) 三相电容量差值不应超过三相平均电容值的5%。

3) 电容器构架应保持其应有的水平及垂直位置，固定应牢固，油漆应完整。

4) 电容器的配置应使其铭牌面向通道一侧。

5) 凡未与地绝缘的电容器的外壳及电容器的构架均应接地，凡与地绝缘的电容器的外壳均应接到固定的电位上。

6) 电容器组的布置与接线应正确，电容器组的保护回路应完整。

2. 干式电抗器安装

(1) 施工准备。

1) 技术准备。按规程、生产厂家安装说明书、图纸、设计要求及施工措施对施工人员进行技术交底，交底要有针对性。

2) 人员组织。技术负责人、安装负责人、安全质量负责人和技术工人。

3) 机具准备。按施工要求准备机具，并对其性能及状态进行检查和维护。

4) 施工材料准备。槽钢、钢板、螺栓等。

(2) 基础检查。用水平仪测试预埋钢板水平度并标出基础最高点和最低点位置的预埋钢板平面。根据电抗器到货的实际尺寸及规范、设计要求，核对土建基础的位置、尺寸；检查基础预埋钢板是否形成电气闭合回路，如不符合要求，需通知土建施工单位尽快进行整改。

(3) 设备开箱检查。

1) 设备准备开箱检查前，提前两天提交开箱申请至现场监理工程师，由监理工程师组织设备供应代表和厂家代表共同参加开箱检查。

2) 开箱检查的主要内容：设备元件的型号，参数与设计图纸是否相符，如产品型号、额定容量、额定电压、额定电抗率等；产品合格证、产品使用说书、设备试验数据、图纸以及产品的备品备件、专用工器具应完整齐全。

3）检查产品运输过程中有无损伤和变形，检查电抗器的线圈夹缝中是否有异物，所有接缝和连接线是否有松动、断裂，绝缘是否有破损，表面是否有脏物等。

4）检查结果要如实记录在开箱记录上，并经三方代表签名确认。设备开箱检查后，所有资料要统一由专职资料员收集，所有附件由物资人员管理，以待工程竣工移交。

（4）设备安装。

1）电抗器安装。三相垂直布置的电抗器吊装常用由上至下的吊装方式。在室内安装的电抗器，吊车不能将电抗器直接吊装到基础。具体安装步骤如下：

a. 用吊车先将A相电抗器转运至门口，直接放在人力叉车上，再拖运至基础上；然后利用屋顶的吊环作为链条葫芦的挂点，电抗器用钢丝绳吊装容易损伤线圈，采用两对6m长的尼龙吊带作为吊绳，电抗器上、下两面都有8片筋板，采用两条3t、8m长的尼龙绳套在下面的4片筋板上。注意起吊尼龙吊带之间的夹角不得大于60°。挂钩侧钩住尼龙绳，检查可靠后方可起吊，电抗器离地100mm左右时，应再次检测平衡可靠后方可继续起吊，直至其升至1.5m左右。电抗器吊装示意图如图5-6所示。

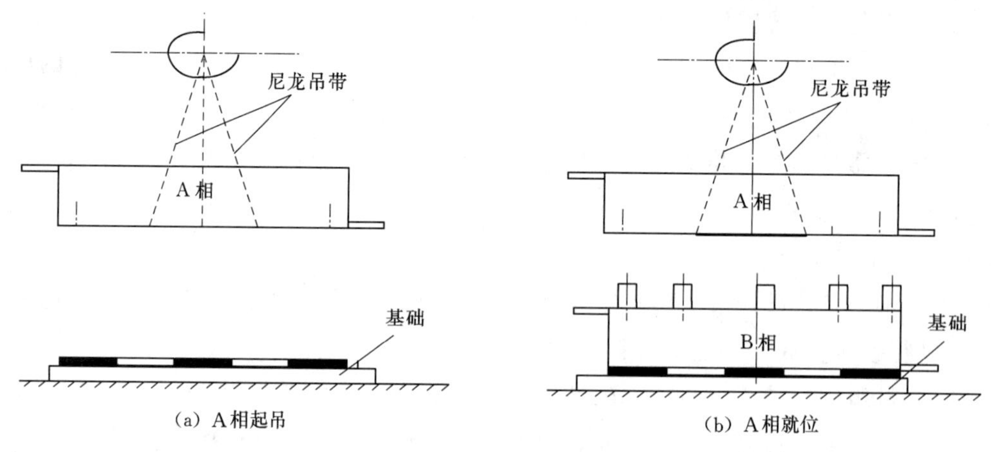

图5-6　电抗器吊装示意图

b. 吊车先将B相电抗器移至基础上，并在其上面装8只支柱瓷瓶，支柱瓷瓶的上下都应装上胶垫。螺栓用手拧上即可，留2～3牙不要拧紧。然后慢慢放下A相电抗器，将A相电抗器降至支柱瓷瓶上，连接好螺栓，并均匀紧固好所有螺栓固定支柱瓷瓶。完全松开吊钩，将尼龙绳套在B相电抗器下面的筋板上。吊起A、B相电抗器，升至1.5m左右。吊车将C相电抗器移至基础上，同样在其上装8只支柱瓷瓶，支柱瓷瓶的上下也装上胶垫。电抗器的安装过程如图5-7所示。

c. 将A、B两相电抗器移至基础上，然后慢慢放下A、B两相电抗器，将电抗器降至支柱瓷瓶上，连接好螺栓，并均匀紧固好所有螺栓固定支柱瓷瓶。

d. 将尼龙绳套在C相电抗器下面的筋板上，吊起约0.5m，用木方垫实，吊钩继续受力，在C相电抗器下面按顺序装上支柱瓷瓶、升高座，螺栓紧固均匀，但不宜太紧。稍微升起电抗器，拆除所垫木方，再慢慢降下电抗器。底座稳在预埋铁板上，检测及校正电抗器本体及支柱瓷瓶的垂直度，电抗器的垂直度误差不大于10mm（注：所有步骤都应注意电抗器接线板的方向）。

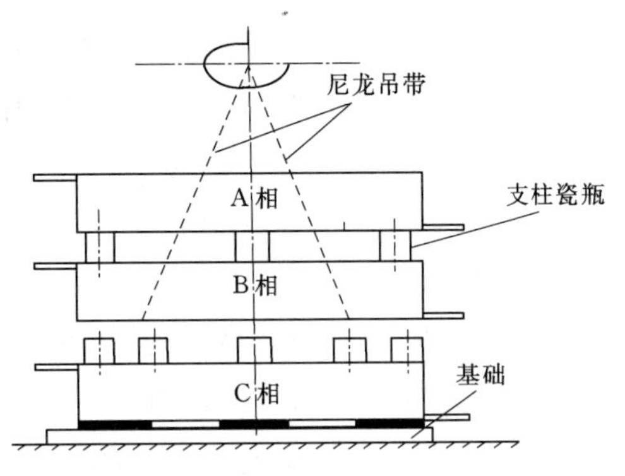

图5-7 电抗器的安装过程图

2）母线安装。母线经放样确定长度，按母线压接工艺要求压接好，母线安装要求走向美观，并保证足够的电气距离，相—地及相—相间距离符合规范要求；母线与电抗器接线板搭接面涂电力复合脂；电抗器侧要用不锈钢螺丝连接。

3）接地安装。将电抗器的基础槽钢焊牢，并在预埋钢板上焊上镀锌接地圆钢，但不能形成闭合磁路。电抗器重叠安装时，底层的支柱绝缘子底座均应接地，其余的支柱绝缘子不接地。

（5）质量检查与验收。

1）支柱及线圈绝缘等应无严重损伤和裂纹，线圈应无变形，支柱绝缘子及附件应齐全。

2）三相垂直排列时，中间一相线圈的绕向应与上、下两相相反。三相水平排列时，三相绕向应一致。

3）垂直安装时，各相中心线应一致。电抗器上、下重叠安装时，应在其绝缘子顶帽上，放置与顶帽同样大小且厚度不超过4mm的橡胶垫片。

4）电抗器上、下重叠安装时，底层的所有支柱绝缘子均应接地，其余的支柱绝缘子不接地。每相单独安装时，每相支柱绝缘子均应接地。支柱绝缘子的接地线不应成闭合回路。

5）三相安装位置不得调换，必须按出厂相序及设计图的安装位置安装，连接线采用伸缩节并符合设计要求。

6）电抗器的安装工作程序比较简单，但是安装前要对基础画好中心线，吊装时按基础中心线找正，吊装时应认真核对电抗器的方向正确。

7）母排间隔棒按相关规范要求错开。

8）当电抗器额定电流为1500A及以上时，应采用不锈钢螺栓。

9）安装完后用力矩扳手校验检查，力矩大小可参见表5-5。

5.1.5.5 接地电阻站用变系统及低压配电装置安装

1. 站用变压器安装

（1）变压器本体安装。

1）变压器到达现场之后可以使用叉车或吊车将设备卸到安装地点，取下固定垫木的螺丝，小心开箱取出设备，拆包装时应防止损坏外壳或顶部安装的套管，使用叉车时应注意使叉车对准变压器底部的槽钢处，以避免损坏外壳。

2）检查变压器外壳、铁芯、绕组、引出线有无破损、变形。

3）组装站用变压器支架，支架底座与基础预埋槽钢焊接牢固，并涂防锈漆，检查支架水平度误差应小于3mm。

4）在支架上安装站用变压器，站用变压器之间应保持相同距离，铭牌、编号朝向通道一侧，安装好的整组站用变压器应符合要求。

5）按设计图、厂家说明书及图纸要求，在站用变压器端子间安装连接线，接线应牢固可靠，对称一致，整齐美观，相色标示正确。

6）变压器规格型号应符合设计要求，其附件、备件齐全，并应有设备的相关技术资料文件以及产品出厂合格证。设备应装有铭牌，铭牌上应说明制造厂名，额定容量，一次、二次电压、电流、阻抗及接线组别等技术数据。

7）电焊条、防锈漆、调和漆等均应符合设计要求，并有产品合格证。

（2）变压器附件安装。

1）干式变压器一次元件应按产品说明书位置安装，二次仪表装在便于观测的变压器护网栏上。

2）变压器电压切换装置各分接点与线圈的连接线压接正确，牢固可靠，其接触面接触紧密良好。切换电压时，接线位置应正确，并与指示位置一致。

3）温控装置、风冷系统按照出厂安装说明书进行安装。

（3）变压器连线。

1）变压器的一次、二次连线、地线、控制管线均应符合现行国家施工验收规范规定。

2）变压器的一次、二次引线连接不应使变压器的套管直接承受应力。

3）变压器中性线在中性点处与保护接地线同接在一起，并应分别敷设，中性线宜用绝缘导线，保护地线宜采用黄、绿相间的双色绝缘导线。

4）变压器中性点的接地回路中，靠近变压器处宜做一个可拆卸的连接点。

5）电流互感器二次侧通过控制电缆接入零序保护和测量表计。检查、紧固柜内所有固定及连接螺栓，保证零部件装配牢固，电气连接可靠。要特别注意，电流互感器一次接线容易配错线，应认真核对施工图纸。

6）变压器外壳、本体、隔离门应用软铜线可靠接地。

2. 35kV 中性点接地电阻柜安装

（1）中性点接地电阻柜安装前应做好基础、接地系统、电缆沟，预埋好进出线电缆和保护管，安装时，应满足相关标准、规程规定，设备间需满足相应电压等级绝缘

距离要求，同时考虑设备的通风、散热以及设备安装维护等要求。

(2) 使用叉车将设备运抵安装现场，取下固定底座的螺栓，小心开箱取出设备，拆包装时应防止损坏外壳、顶部或侧面安装的套管（如果有）；使用叉车时应注意使叉车对准底壳的角钢处，以免损坏设备底板。

(3) 中性点接地电阻柜可安装在专用基础上或混凝土台上，水平放置。通过柜底的螺栓孔用地脚螺栓固定在基础上，若安装于混凝土基础上，建议采用膨胀螺栓来固定。

(4) 电阻元件接地端通过单芯电缆或连接排与接地网可靠连接。电缆的一端自下而上经柜底电缆孔接入电阻柜，做好电缆头，与电阻元件接地端或零序电流互感器输出端可靠连接，电缆在穿孔处要用电缆护圈（已备有）保护，并加以封堵。

(5) 中性点接地电阻柜的进线端用单芯电缆或铜排连接至接地变压器；检查、紧固柜内所有固定及连接螺栓，保证固定牢固连接可靠；外壳经接地螺栓可靠接地。

3. 抽屉式开关柜安装

(1) 基础检查。

1) 用经纬仪及钢卷尺核对开关柜基础尺寸，检查基础槽钢长度、宽度、标高及相对位置是否符合设计要求，并检查基础槽钢的直线度和水平度，误差不得超过允许值；检查高压及控制电缆的孔洞是否对应开关柜的排列布置。

2) 清除基础槽钢面上的灰砂，完成槽钢的接地工作，测量基础槽钢的水平度和不直度，找出最高点，并标注高差，开关柜宜从中间开始就位。

(2) 搬运及开箱检查。

1) 现场搬运盘柜。

a. 开关柜的搬运设专人指挥，配备足够的施工人员，以保证人身和设备安全。

b. 根据现场情况，设备的搬运、移动采用推车进行。搬运时，用吊车将开关柜吊到推车上，然后1人拉推车的把手，3人合力推柜体，1人专门负责观察推车行走的路线，防止推车的轮子掉到孔洞里及防止柜体倾覆。

c. 盘柜搬运时应按图纸将盘柜按顺序摆放，以方便下一步盘柜的就位安装。

2) 设备检查时生产厂家、监理及业主代表应在现场。检查的主要内容有：检查表面有无刮伤或撞击痕迹，对照设计图纸及到货清单检查设备型号、规格、数量是否相符，以及随柜的有关附件、备件、仪表、仪器、专用工具的数量及规格与清单是否相符；特别对于瓷绝缘子等瓷件更应该认真检查有无变形、破损、受潮；检查厂家出厂技术文件是否齐全；如在检查中发现缺损件、厂家资料不齐全等应在开箱检查记录上填好，由在现场的生产厂家、监理及业主代表签名见证，通知物资供应部门补回。

(3) 盘柜就位安装。

1) 核对图纸，确定柜的编号、摆放顺序和摆放位置。

2）单体柜或组合式低压开关柜按指定位置摆放。

3）组合低压柜在装卸的过程中，设专人负责统一指挥，指挥人员发出的指挥信号必须清晰、准确。

4）由辅助移动工具或人力搬运，按编号顺序进行柜体就位，划定柜眼、套扣，以首面柜为基准按扩展方向定位延伸摆放。

5）低压开关柜搬运过程要固定牢靠，以防受力不均导致柜体变形或损坏部件。

6）低压电容柜搬运前将电池组拆开另外搬运，待电容柜就位固定后按原接线方式接回电池组。

7）柜体组立调整，与基础间用0.5～1mm补偿垫片进行调整，每处垫片最多不能超过3片，各柜之间应用厂家配备螺栓进行紧固连接。

8）单体柜按基础就位固定，按规定进行焊接接地处理。

（4）柜体固定安装。

1）柜体紧固螺栓完好，紧固螺栓表面有镀锌处理；螺栓紧固力矩符合安装技术要求。

2）柜体与基础型钢连接牢固，柜单面或成列安装时用螺栓连接牢固，相邻两柜顶部水平误差小于2mm，成列柜顶部水平误差小于5mm，垂直误差小于1.5mm。盘面误差：相邻两柜边小于1mm，成列柜面小于5mm；柜间接缝小于2mm。

3）柜体接地牢固可靠，每段柜有前后各两点以上明显接地，导通良好，焊接长度符合相关要求。

4）机械闭锁、电气闭锁动作准确可靠，二次回路辅助开关的切换接点动作准确，接触可靠。

5）可开启的柜门用多股软铜导线与柜金属架构连接可靠，其截面大于$6mm^2$，多股导线的端部应绞紧，加终端附件或搪锡处理，不得松散、断股。

6）柜体间的连接插件接触良好。

7）安装在有震动场所的低压开关柜应采取防震措施，柜与基础型钢之间垫10mm防震胶垫。

8）抽屉式低压柜推拉灵活，抽屉可互换，断路器分闸后，隔离触头才能分开，抽屉与柜体间的二次插件、柜体接触、框架接地良好。

（5）开关柜内母线安装。

1）硬母线及固定装置无尖角、毛刺，表面光洁平整，包括弯曲部分不应该有裂纹、皱褶、夹杂物及变形和扭曲现象。

2）螺栓固定的硬母线搭接面应平整，其镀银层不应有麻面、起皮及未覆盖部分，镀银层接触面不得任意研磨。

3）母线平置时贯穿螺栓应由下往上穿，其余情况下螺母应置于维护侧，螺栓长

度宜露出螺母 2～3 丝扣。

4）贯穿螺栓连接的母线两外侧均应有垫圈，相邻螺栓垫圈间应有 3mm 以上的净距，螺母侧应装弹簧垫圈锁紧螺母。

5）母线固定金具与支柱绝缘子间平整，螺栓受力均匀，不应使电器的接线端子受到额外应力。

6）柜内母线厂家已配备。柜体间联络母线安装应按分段图、相序、编号、方向和标志正确放置；母线的搭接面应连接紧密，并应在接触面上涂一层电力复合脂。连接螺栓用力矩扳手紧固，其紧固力矩值应符合表 5-5 的规定（不同规格型号低压开关柜力矩按规定要求使用）。

7）当母线平置时，母线支持夹板的上部应与母线保持 1～1.5mm 的间隙；当母线立置时，上部压板应与母线保持 1.5～2mm 的间隙。

8）上下布置的母线由上到下排列为 A、B、C 相；水平布置的母线，由柜后向柜面排列为 A、B、C 相；引下线的母线由左至右排列为 A、B、C 相；三相母线颜色分别为 A、B、C 相对应黄色、绿色、红色；中性汇流母线（PEN）或接地＋中性线（PE＋N）。

9）双层母线的可见部分有相色标志，母线与电器的连接处及连接处 10mm 以内不应有相色标志或相色漆。

10）母线安装完成后进行核相。

（6）质量检查与验收

1）检查绝缘子、套管等是否有破损。

2）检查紧固螺杆是否确实解除；检查所有电气连接，确认连接牢固可靠，检查所有固定螺栓是否全部紧固。

3）内部接线后的检查：是否和连接图纸的接线一样；内部引线与引线之间及和其他结构件之间是否确保图纸指定尺寸以上的距离。

4）变压器与接地网有两处可靠接地；中性点与接地网可靠接地。

5）变压器试运行前应做全面检查，确认各种试验单据齐全，数据真实可靠，变压器一次、二次引线相位、相色正确，接地线等压接接触截面符合设计和国家现行规范规定。

6）变压器应清理、擦拭干净。顶盖上无遗留杂物，本体及附件无缺损。通风设施安装完毕，工作正常。

7）变压器的分接头位置处于正常电压档位。保护装置整定值符合规定要求，操作及联动试验正常。

8）测温装置的信号接点应动作正确，导通良好，整定值符合要求。

9）冲击合闸前，中性点必须接地。否则冲击合闸时，将造成变压器损坏事故。

5.1.6　全站电缆施工

5.1.6.1　电缆保护管配置及敷设

1. 工艺标准

（1）热镀锌钢管外观镀锌层完好，无穿孔、裂缝和显著的凹凸不平，内壁光滑。金属软管两端的固定卡具（管箍、短接头、胶圈、衬管、外帽）应齐全。

（2）保护管的内径与电缆外径之比不得小于1.5。

（3）每根电缆管的弯头不应超过3个，直角弯不应超过2个。弯制后，不应有裂缝和显著的凹瘪现象，其弯扁程度不宜大于管子外径的10%；电缆管的弯曲半径不应小于所穿入电缆的最小允许弯曲半径；保护管的弯制角度应大于90°。

（4）明敷电缆管应安装牢固，横平竖直，管口高度、弯曲弧度一致。支点间距离不宜超过3m。当塑料管的直线长度超过30m时，宜加装伸缩节。非金属类电缆管宜采用预制的支架固定，支架间距不宜超过2m。

（5）直埋保护管埋设深度应大于700mm。

（6）引至设备的电缆管管口位置，应便于与设备连接并不妨碍设备拆装和进出。并列敷设的电缆管管口应排列整齐，高度一致。

（7）电缆管应有不小于0.1%的排水坡度。

（8）电流、电压互感器等设备的金属管从一次设备的接线盒（箱）引至电缆沟，电缆保护管应两端接地，一端将金属管的上端与设备的支架封顶板可靠焊接，另一端在地面以下就近与主接地网可靠焊接。

（9）二次电缆穿管敷设时电缆不应外露。

2. 施工要点

（1）材质要求。保护管宜采用热镀锌钢管、金属软管或硬质塑料管。

（2）保护管的制作。

1）根据敷设路径精确测量各设备所需保护管的长度。

2）根据各设备敷设的电缆型号，选择合适的保护管。

3）保护管的管口应进行钝化处理，无毛刺和尖锐棱角，弯曲时宜采用机械冷弯。

4）镀锌保护管管口、锌层剥落处也应涂以防腐漆。

（3）电缆管的安装。

1）金属电缆管不宜直接对焊，宜采用套管焊接方式，连接时两管口应对准、连接牢固、密封良好，套接的短套管或带螺纹的管接头的长度不应小于电缆管外径的2.2倍，两端应封焊；采用金属软管及合金接头做电缆保护接续管时，其两端应固定牢靠、密封良好。

2）硬质塑料管在套接或插接时，其插入深度宜为管子内径的1.1～1.8倍，在插

接面上应涂胶合剂确保粘牢且密封。采用套接时套管两端应采取密封措施。

3）丝扣连接的金属管管端套丝长度应大于1/2管接头长度。

4）保护管敷设采取明敷和直埋两种方式。在易受机械损伤的地方和在受力较大处直埋时，应采用足够强度的管材。

5）保护钢管接地时，应先焊好接地线，再敷设电缆。

6）电缆管敷设时应有防下沉措施。

7）敷设进入端子箱、机构箱及汇控箱的电缆管时，应根据保护管实际尺寸进行开孔，不应开孔过大或拆除箱底板，保护管与操作机构箱交接处应有活动裕度。

5.1.6.2 电缆沟内支架制作与安装

1. 工艺标准

(1) 钢材应平直，无明显扭曲。下料误差应在5mm范围内，切口应无卷边、毛刺。

(2) 电缆沟内通长扁铁应固定牢固，接地良好，全线连接良好，上下水平。通长扁铁接头处宜平弯后进行搭接焊接，使通长扁铁表面平齐。

(3) 电缆支架应固定牢固，无显著变形。各横撑间的垂直净距与设计偏差不应大于5mm。支架的水平间距应一致，层间距离不应小于2倍电缆外径加10mm，35kV及以上高压电缆应小于2倍电缆外径加50mm。电缆支架的层间允许最小距离见表5-8。

表5-8 电缆支架的层间允许最小距离

单位：mm

电缆类型和敷设特征		支架	桥架
控制电缆		120	200
电力电缆	10kV及以下（除6～10kV交联聚乙烯绝缘外）	150～200	250
	6～10kV交联聚乙烯绝缘	200～250	300
	35kV单芯	250	300
	35kV三芯	300	350
电缆敷设于槽盒内		h+80	h+100

注：h表示槽盒外壳高度。

(4) 电缆支架宜与沟壁预埋件焊接，焊接处防腐，安装牢固，横平竖直，各支架的同层横撑应在同一水平面上，其高低偏差不大于5mm，在有坡度的电缆沟内或建筑物上安装的电缆支架，应有与电缆沟或建筑物相同的坡度。电缆支架最上层及最下层至沟顶、楼板或沟底、地面的距离应符合《电气装置安装工程　电缆线路施工及验收标准》（GB 50168）的规定。

(5) 钢结构竖井垂直度偏差不大于其长度的2‰，横撑的水平误差不大于其宽度的2‰，对角线的偏差不应大于其对角线长度的5‰。

(6) 电缆沟内通长扁铁跨越电缆沟伸缩缝处应设伸缩弯。

2. 施工要点

(1) 材质要求：电缆支架宜采用角钢制作或复合材料制作，工厂化加工，热镀锌防腐。通常扁铁应采用镀锌扁钢。

(2) 电缆沟土建项目验收合格（电缆沟内侧平整度、预埋件）。

(3) 通长扁铁焊接前应进行校直，安装时宜采用冷弯，焊接牢固。

(4) 电缆支架安装前应进行放样，间距应一致。

(5) 金属电缆支架必须进行防腐处理。位于湿热、盐雾以及有化学腐蚀地区时，应做特殊的防腐处理。

(6) 金属支架焊接牢固，电缆支架焊接处两侧100mm范围内应做防腐处理。复合材料支架采用膨胀螺栓固定。

(7) 在电缆沟十字交叉口、丁字口处宜增加电缆支架，防止电缆落地或过度下垂。

(8) 金属支架全长均应有良好接地。

5.1.6.3　电缆桥架制作与安装

1. 工艺标准

(1) 钢材应平直，无明显扭曲。下料误差应在5mm范围内，切口应无卷边、毛刺。

(2) 电缆桥架的水平间距应一致，层间距离不应小于2倍电缆外径加10mm，35kV及以上高压电缆应小于2倍电缆外径加50mm。

(3) 电缆桥架宜采用焊接，焊接处防腐，安装牢固，横平竖直，同一层层架应在同一水平面上，其高低偏差不大于5mm，托架支吊架沿桥架走向左右偏差不大于10mm。各层层架垂直面应在同一垂直面上，转角处弧度应一致。

(4) 直线段电缆桥架超过30m时应有伸缩缝，其连接宜采用伸缩连接板；电缆桥架跨越建筑物伸缩缝处应设置伸缩缝。

(5) 电缆桥架转弯处的转弯半径，不应小于该桥架上的电缆最小允许弯曲半径的最大者。

2. 施工要点

(1) 对预埋件位置进行检查、复测。

(2) 电缆桥架到场后进行检验，检验合格后方可安装。

(3) 电缆桥架宜根据荷载大小选用角钢或槽钢，焊接后做整体防腐处理，或采用热镀锌材料，焊接后在焊接处局部做防腐处理。

(4) 对组装件进行组装。

(5) 金属支架全长均应有良好接地。

5.1.6.4 电力电缆敷设及终端制作安装

1. 准备工作

(1) 现场的电缆支架在安装前满足建筑专业应具备的条件。

(2) 土建专业的预埋件符合设计规定，安置牢固。

(3) 现场的电缆沟抹面工作已结束，建筑垃圾已清理干净，电缆沟排水畅通。

(4) 成盘电缆到货后外观完好，出厂资料齐全；用绝缘电阻表测试电缆芯之间及对屏蔽层和铠装层的绝缘电阻，其电阻值应符合规定要求，试验完毕必须放电。

2. 电缆敷设

(1) 敷设前检查电缆型号、电压等级、规格、长度应与敷设清单相符，外观检查电缆应无损坏；电缆规格应符合设计规定，排列整齐，无机械损伤，标志牌应装设齐全、正确、清晰；电缆的固定、弯曲半径、有关距离和单芯动力电缆的金属护层的接线、相序排列应符合要求。

(2) 电缆敷设时必须按区域进行，原则上先敷设长电缆，后敷设短电缆；先敷设同规格较多的电缆，后敷设同规格较少的电缆。尽量敷设完一条电缆沟，再转向另一条电缆沟。在电缆支架敷设电缆时，布满一层，再布满另一层。

(3) 按照电缆清册逐根敷设，敷设时按实际路径计算每根电缆长度，合理安排每盘电缆的敷设条数。敷设完一根电缆，应马上在电缆两端及电缆竖井位置挂上临时电缆标签。

(4) 电缆固定。垂直敷设或超过45°倾斜敷设的电缆在每个支架上、桥架上每隔2m固定；水平敷设的电缆每隔5～10m进行固定，电缆首末两端及转弯、电缆接头处必须固定；交流单芯电力电缆固定夹具或材料不应构成闭合磁路。当按紧贴正三角形排列时，应每隔一定距离用绑带扎牢，以免其松散；护层有绝缘要求的电缆，在固定处应加绝缘衬垫。电缆各支点间的距离见表5-9。

表5-9 电缆各支点间的距离 单位：mm

电缆种类		电缆敷设方式	
		水平	垂直
电力电缆	全塑型	400	1000
	除全塑型外的中低压电缆	800	1500
	35kV及以上高压电缆	1500	2000
	控制电缆	800	1200

(5) 电缆敷设时不应出现交叉，不同单元的电缆应尽量分开，分别在各自的电缆沟内敷设。电缆在支架上由上至下的敷设顺序为：从高压至低压的电力电缆，从强电至弱电的控制电缆、信号电缆和通信电缆。电缆敷设应做到横看成线，纵看成行，引出方向一致，裕度一致，相互间距离一致，避免交叉压叠，做到整齐美观。

（6）光缆、通信电缆、尾纤应按照有关规定穿设 PVC 保护管或线槽。

（7）机械敷设电缆的速度不宜超过 15m/min，牵引的强度不大于 $7kg/mm^2$，电缆转弯处的侧压力不大于 $3kN/m^2$。

（8）金属保护管不宜有中间口，如有中间口应用阻燃软管连接，不用软管接头，保护管端用塑料带或自粘胶带包裹固定。金属保护管至设备或接线盒之间用阻燃软管连接，两头用相应的接头连接。

（9）高压电缆敷设过程中为防止损伤电缆绝缘，不应使电缆过度弯曲，注意电缆弯曲的半径，防止电缆弯曲半径过小损坏电缆。电缆拐弯处的最小弯曲半径应满足规范要求，对于交联聚乙烯绝缘电力电缆其最小弯曲半径单芯为直径的 20 倍，多芯为直径的 15 倍。电缆敷设的最小弯曲半径见表 5－10。

表 5－10　电缆敷设的最小弯曲半径

单位：mm

<table>
<tr><th colspan="3">电　缆　类　型</th><th>多芯</th><th>单芯</th></tr>
<tr><td colspan="3">控制电缆</td><td>10D</td><td></td></tr>
<tr><td rowspan="3">橡皮绝缘电力电缆</td><td colspan="2">无铅包、钢铠护套</td><td colspan="2">10D</td></tr>
<tr><td colspan="2">裸铅包护套</td><td colspan="2">15D</td></tr>
<tr><td colspan="2">钢铠护套</td><td colspan="2">20D</td></tr>
<tr><td colspan="3">聚氯乙烯绝缘电力电缆</td><td colspan="2">10D</td></tr>
<tr><td colspan="3">交联聚乙烯绝缘电力电缆</td><td>15D</td><td>20D</td></tr>
<tr><td>油浸纸绝缘电力电缆</td><td colspan="2">铅包</td><td colspan="2">30D</td></tr>
<tr><td rowspan="2">油浸纸绝缘电力电缆</td><td rowspan="2">铅包</td><td>有铠装</td><td>15D</td><td>20D</td></tr>
<tr><td>无铠装</td><td>20D</td><td></td></tr>
<tr><td>自容式充油电缆</td><td colspan="2">铅包</td><td></td><td>20D</td></tr>
</table>

注： *D* 为电缆外径。

（10）高压电缆敷设时，在电缆终端和接头处应留有一定的备用长度，电缆接头处应相互错开，电缆敷设整齐，不宜交叉，单芯的三相电缆宜放置“品”字形，并用相色缠绕在电缆两端的明显位置。

（11）电缆敷设时不应损坏电缆沟、电缆管、电缆竖井的防水层。电缆在终端头与接头附近宜留有备用长度。

（12）电缆敷设完后，应及时制作电缆终端，如不能及时制作电缆终端，必须采取措施进行密封，防止潮湿。

（13）电缆敷设完毕后，应对动力电缆进行耐压试验，测得绝缘电阻合格后，方能接线。对于二次部分控制电缆的敷设，查清电缆的起始点及接线的具体位置，确保无误方可敷设接线。

（14）电力电缆接地线应采用铜绞线或镀锡铜编织带，其截面面积不应小于电缆

终端接地线截面，见表5-11中的规定。

表5-11 电缆终端接地线截面 单位：mm^2

电缆截面	接地线截面
120及以下	16
150及以上	25

（15）电缆敷设完固定后，应恢复电缆盖板或填土，户外电缆沟进入主控室和配电室、高压室的入口处以及电缆沟穿越站区均作防火封堵，电缆通过的孔洞用防火堵料封堵。

3. 电缆头制作安装

（1）高压电缆头的制作须严格按照材料说明书要求进行，要注意电缆线芯对地距离应不小于125mm；电缆头的制作过程应一次完成，以免受潮。

（2）高压电缆头接地应将钢铠和铜屏蔽分开接地，并做出标识，单芯电缆在一端接地即可；但为了方便试验及其他原因，另一端接地线也要引出。

（3）控制电缆制作时，电缆头开头尺寸和制作高度要求一致，制作样式统一。

（4）在剥除电缆外护套时，屏蔽层应留有相应长度，以便与屏蔽接地引出线进行连接。各层间进行阶梯剥除。

（5）控制电缆头的接地线采用4mm多股铜芯线，焊接接地线时要采取防护措施，防止温度过高损坏芯线绝缘。

（6）电缆头制作时所使用的热缩管采用统一长度加热收缩而成。电缆的直径应在所用热缩管的热缩范围之内。电缆头在套入热缩管前，可在开头处缠绕几层聚乙烯带，然后套入热缩管加热，这样制作出来的电缆头比较饱满、圆滑，工艺美观。当使用聚乙烯带包电缆头时，要求缠绕密实、牢固可靠，缠绕长度一致。要求每个二次设备内的电缆头套的颜色相同。

5.1.6.5 控制电缆敷设及接线

1. 设备及材料准备

（1）根据设计及施工图要求，结合现场实际情况及时准备好相关设备和材料。

（2）电缆、固定绑丝、绑扎带、电缆标牌等。

（3）电缆运抵现场后，制造厂的合格证或质保书、产品说明书，技术文件应齐全。

（4）设备型号规格应符合设计要求，且均应完好无损。

2. 敷设电缆的条件

（1）电缆层电缆桥架已安装完毕，电缆层内无积水、垃圾等情况。

（2）电缆敷设区域必须有足够的照明；电缆敷设的脚手架搭设符合规程，牢固可靠；桥架验收合格，其内部杂物清理干净；电缆按型号、规格到现场后，电缆堆放区域10m内无明火或易燃易爆物。

（3）编制电缆敷设明细表，确定电缆的型号规格、编号、敷设顺序。

(4) 根据线路图结合现场实际情况来安排部署人员到位。在电缆的起点和终点或者关键部位安排专业电工操作，由专业技术人员现场统一指挥。

3. 施工要点

(1) 控制电缆敷设参照电力电缆敷设。

(2) 单层布置的电缆头的制作高度宜一致；多层布置的电缆头高度可以一致，或从里往外逐层降低；同一区域或每类设备的电缆头的制作高度和样式应统一。

(3) 热缩管应与电缆的直径配套，缠绕的聚氯乙烯带颜色统一，缠绕密实、牢固；热缩管电缆头应采用统一长度热缩管加热收缩而成。

(4) 引入屏柜、箱内的铠装电缆应在进入柜、箱内一定高度将钢带切断，切断处的端部露出屏蔽层，采用 $4mm^2$ 黄绿多股铜芯线与之紧密缠绕或焊接（焊接不得烫伤电缆线芯绝缘层）后，再用聚氯乙烯带紧密缠绕，最后用热缩管进行热缩保护。

(5) 开关场端子箱至保护室的控制电缆屏蔽层在始末两端分别接至等电位屏蔽铜排；开关场设备本体接线盒至端子箱的控制电缆屏蔽层在端子箱一端接至等电位屏蔽钢排，另一端无需接地。

(6) 铠装电缆的钢带应在端子箱一点接地至接地铜排。钢带引出部位宜在电缆头下部的某统一高度，剥除一定长度的电缆外层护套露出钢带，采用 $4mm^2$ 黄绿多股铜芯线与之紧密缠绕或焊接（焊接不得烫伤电缆线芯绝缘层）后，再用聚氯乙烯带紧密缠绕，最后用热缩管进行热缩保护。

(7) 电缆屏蔽线、钢带接地线应在电缆的相同方向分别引出。

4. 二次接线

(1) 工艺标准。

1) 屏柜内配线电流回路应采用电压不低于 500V 的铜芯绝缘导线，其截面面积不应小于 $2.5mm^2$；其他回路截面面积不应小于 $1.5mm^2$。

2) 连接门上的电器等可动部位的导线应采用多股软导线，敷设长度应有适当裕度，线束应有外套。塑料管等加强绝缘层，与电器连接时，端部应绞紧，并应加终端附件或搪锡，不得松散、断股；在可动部位两端应用卡子固定。

3) 电缆排列整齐，编号清晰，无交叉，固定牢固，不得使所接的端子排受到机械应力。

4) 芯线按垂直或水平有规律地配置，排列整齐、清晰、美观；回路编号正确，绝缘良好，无损伤；芯线绑扎扎带头间距统一、美观。

5) 强、弱电回路，双重化回路，交直流回路不应使用同一根电缆，并应分别成束分开排列。

6) 互感器二次回路接地端应接至等电位屏蔽铜排。

7) 直线型接线方式应保证直线段水平、间距一致；S 形接线方式应保证 S 弯弧

度一致。

8）芯线号码管长度一致，字体向外；电缆挂牌固定牢固，悬挂整齐；线鼻子压接不超过6根。

（2）施工要点。

1）电缆型号必须符合设计，电缆号牌、芯线和所配导线的端部的回路编号应正确，字迹清晰且不易褪色；芯线接线应准确，连接可靠，绝缘符合要求，盘柜内导线不应有接头，导线与电气元件间连接牢固可靠；电缆剥除时不得损伤电缆芯线。

2）宜先进行二次配线，后进行接线。每个接线端子每侧接线应为1根。对于插接式端子，插入的电缆芯剥线长度适中，铜芯不外露；对于螺栓连接端子，需将剥除护套的芯线弯圈，弯圈的方向为顺时针，弯圈的大小与螺栓的大小相符，不宜过大。

3）备用芯应满足端子排最远端子接线要求，应套标有电缆编号的号码管，且线芯不得裸露。

4）多股芯线应压接插入式铜端子或搪锡后接入端子排；间隔10个及以上端子排的二次配线应加号码管。

5）装有静态保护和控制装置屏柜的控制电缆，其屏蔽层接地线应采用螺栓接至专用接地铜排。

6）每个接地螺栓上所引接的屏蔽接地线鼻不得超过2个。

5.1.7 升压站二次设备安装

风电场变电站二次设备一般按综合自动化方式设计，全站将保护、测量、控制、远动等综合考虑，设置一套微机综合自动化系统。主要设有主控室，其中布置有二次屏柜（35kV光纤差动保护测控屏、公共测控屏、综合远动屏、交直流电源屏等。）、交直流电源系统、通信系统、视频监控及防盗报警系统、火灾自动报警系统等。35kV集电线路、站用电、无功补偿的保护、测量、控制及计量装置分散布置在就地开关柜上。计算机监控系统采用通信方式接入变电站综合控制楼监控系统，监控系统主机设备布置于主控室内。

5.1.7.1 二次屏柜安装

1. 开箱检查

（1）屏柜开箱前应提早报请监理单位审核，同意后方可开箱。开箱时需有监理单位人员现场见证。

（2）开箱时应首先检查设备包装的完好情况，是否有严重碰撞的痕迹及可能使箱内设备受损的现象；根据装箱清单，检查设备及其备品等是否齐全；对照设计图纸，核对设备的规格、型号、回路布置等是否符合要求。厂家资料及备品备件应交专人负责保管并做好登记。

(3) 开箱时应使用起钉器，先起钉子，后撬开箱板；如使用撬棍，不得以盘面为支点，并严禁将撬棍伸入木箱内乱撬；开箱时应小心仔细，避免有较大振动。

2. 屏柜搬运

(1) 控制、保护屏柜到达现场后，应立即开箱并将其转运到主控室，不允许存放在室外。

(2) 屏柜搬运可采用吊车搬运和人工搬运两种方式。采用吊车搬运应有起重工专门指挥，配备足够的施工人员。屏柜起吊绑扎时，不得用钢丝绳直接绑扎屏柜，防止刮伤屏架漆面。

(3) 屏柜采用人工搬运，搬运时委派一名有经验的人员做现场指挥，并设专职监护人员进行现场监护；同时配备足够的施工人员，以保证人身和设备的安全。

(4) 屏柜搬运前应对参与本项工作的全体人员做好安全技术交底，做好人员分工并告知搬运过程中的路线。

(5) 屏柜搬运前可将易破损的玻璃门拆除，待屏柜搬运至主控室后再安装恢复。

(6) 屏柜搬运至主控室后，应按照平面布置图使屏柜靠近指定位置附近放置，以避免下一步屏柜安装时的往返搬迁。

3. 基础定位

(1) 对于二次户内二次屏柜，按照设计图纸先将二次屏柜置于槽钢基础上，再用油性笔在二次屏柜底部的安装孔内描出孔样，然后将二次屏柜移开，再用电钻描出的孔洞中心钻孔定位。

(2) 对于二次户外二次屏柜，需先加工底座，再根据二次屏柜底部的安装孔在加工好的底座上钻孔定位，然后再将底座与基础槽钢焊接。

4. 屏柜、端子箱（检修箱）安装

(1) 检查预埋基础槽钢的水平度和不直度，不直度按规范要求每米应小于1mm，全长不大于5mm。清除槽钢面上的灰砂，完成基础槽钢的接地工作。

(2) 盘柜就位时应小心谨慎，以防损坏屏（盘）面上的电气元件及漆层，进入主控室应根据安装位置逐一移到基础型钢上并做好临时固定，以防倾倒。

(3) 对屏柜必须进行精密的调整，为其找平、找正；调整工作可以首先按图纸布置位置由第一列从第一面屏柜调整好，再以第一块为标准调整以后各块；一般用增加铁垫片的厚度的方式进行调整，但铁垫片不能超过三块；两相邻屏间无明显的空隙，使该盘柜成一列，做到横平竖直，屏面整齐。

(4) 盘、柜单独或成列安装时，其垂直度、水平偏差以及盘、柜面偏差和盘、柜间接缝的允许偏差应符合柜体允许偏差值，见表5-12。

(5) 经反复调整使全部达标后，可进行屏柜的固定；控制屏、继电保护屏和自动装置屏等不宜与基础型钢焊死，固定方法如下：

1）压板固定法。在基础型钢上点焊螺栓，用小压板及螺母把屏柜固定。

表 5-12 柜体允许偏差值

项目		允许偏差/mm
垂直度（每米）		<1.5
水平偏差	相邻两柜顶部	<2.0
	成列柜顶部	<5.0
柜间偏差	相邻两柜边	<1.0
	成列柜面	<5.0
柜间接缝		<2.0

2）螺丝固定法。在平放的基础型钢上钻一个固定螺丝的直径孔，然后再攻丝，再拧入螺丝加以固定。

（6）端子箱（检修箱）安装可先从场地的第一个间隔调整好，再以第一面端子箱（检修箱）为标准调整以后各面端子箱（检修箱）。整个场地端子箱（检修箱）应成一列，屏面整齐。

5. 二次屏柜接地

（1）箱体的接地。

1）二次屏柜在进行安装时，已通过焊接或螺栓连接的方式与基础槽钢连接，基础槽钢再通过接地扁钢与变电站的主地网连接。

2）有特殊要求时，可在屏柜设专用接地点，用铜导线与变电站的主地网进行连接。

（2）二次屏柜内接地铜排用于各类保护接地、电缆屏蔽层接地，并有两种不同形式：一种是与柜体绝缘的接地铜排；另一种是与柜体不绝缘的接地铜排。无论是哪种形式，每根均须通过两根截面不小于 25mm^2 的铜导线与变电站主地网可靠连接。

6. 屏顶小母线安装

（1）屏顶小母线按设计要求，安装前应对到货的小母线用木锤校直，要求平直，不能有死弯。然后在屏顶按施工图的位置装好小母线的固定端子。

（2）实测小母线的长度，并剪切好小母线，注意要适量预留长度。在小母线与固定端子的接触面进行搪锡。

（3）小母线不同相或不同极的裸露载流部分之间，裸露载流部分与未经绝缘的金属体之间，电气间隙不得小于 12mm，爬电距离不得小于 20mm。安装完毕的小母线其两侧应设标明小母线符号或名称的绝缘标志牌，字迹应清晰、工整，不易脱色。

（4）屏内小母线强、弱电引下线应分开布置。

7. 质量检查与验收

（1）盘、柜及盘、柜内设备与各构件间连接应牢固。主控制盘、继电保护盘和自

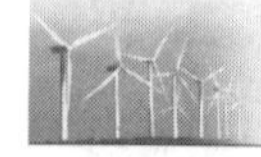

动装置盘等不宜与基础型钢焊死。

（2）盘、柜单独或成列安装时，其垂直度，水平偏差以及盘、柜面偏差和盘、柜间接缝的允许偏差应符合规定。

（3）模拟母线应对齐，其误差不应超过视差范围，并应完整，安装牢固。

（4）端子箱安装应牢固，封闭良好，并应能防潮、防尘。安装的位置应便于检查；成列安装时，应排列整齐。

（5）盘、柜、台、箱的接地应牢固良好。装有电器可开启门的，应以裸露软线与接地的金属构架可靠地连接。

（6）盘、柜的漆层应完整，无损伤。固定电器的支架等应刷漆。

（7）盘、柜上的电器安装要求。

1）电器的安装应符合下列要求：

a. 电器元件质量良好，型号、规格应符合设计要求，外观应完好，且附件齐全，排列整齐，固定牢固，密封良好。

b. 各电器应能单独拆装更换而不应影响其他电器及导线束的固定。

c. 发热元件宜安装在散热良好的地方；两个发热元件之间的连线应采用耐热导线或裸铜线套瓷管。

d. 熔断器的熔体规格、自动开关的整定值应符合设计要求。

e. 切换连接片应接触良好，相邻连接片间应有足够的安全距离，切换时不应碰及相邻连接片。

f. 盘上装有装置性设备或其他有接地要求的电器时，其外壳应可靠接地。

g. 带有照明的封闭式盘、柜应保证照明完好。

2）端子排的安装应符合下列要求：

a. 端子排应无损坏，固定牢固，绝缘良好。

b. 端子应有序号，端子排应便于更换且接线方便；离地高度宜大于350mm。

c. 强、弱电端子宜分开布置；当有困难时，应有明显标志并设空端子隔开或设加强绝缘的隔板。

d. 正、负电源之间以及经常带电的正电源与合闸或跳闸回路之间，宜以一个空端子隔开。

e. 电流回路应经过试验端子，其他需断开的回路宜经特殊端子或试验端子。试验端子应接触良好。

f. 接线端子应与导线截面匹配，不应使用小端子配大截面导线。

（8）二次回路的连接件均应采用铜质制品；绝缘件应采用自熄性阻燃材料。

（9）盘、柜的正面及背面各电器、端子牌等应标明编号、名称、用途及操作位置，其标明的字迹应清晰、工整，且不易脱色。

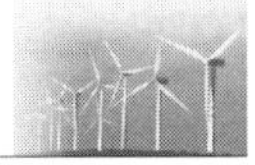

（10）盘、柜上的小母线应按设计要求，小母线两侧应有标明其代号或名称的绝缘标志牌，字迹应清晰、工整，且不易脱色。

（11）二次回路的最小允许电气间隙和爬电距离应符合表5-13中的要求。

（12）盘、柜内两导体间，导电体与裸露的不带电的导体间最小允许电气间隙及爬电距离见表5-13中的要求。

表5-13 最小允许电气间隙及爬电距离 单位：mm

额定电压 U/V	电气间隙		爬电距离	
	额定工作电流/A		额定工作电流/A	
	≤63	>63	≤63	>63
≤60	3.0	5.0	3.0	5.0
$60<U\leqslant300$	5.0	6.0	6.0	8.0
$300<U\leqslant500$	8.0	10.0	10.0	12.0

（13）屏顶上小母线不同相或不同极的裸露载流部分之间，裸露载流部分与未经绝缘的金属体之间，电气间隙不得小于12mm；爬电距离不得小于20mm。

5.1.7.2 交直流电源系统安装

1. 施工准备

（1）设备验收检查。外观完好，设备无损伤：型号、规格符合设计要求；内部功能配置符合设计的要求；蓄电池的容量符合设计要求；附件、备品齐全；说明书及技术文件齐全。

（2）技术准备。熟悉施工图；熟悉交流系统、充电装置、蓄电池、直流接地检查装置等的说明书。

（3）材料准备。镀锌螺栓、线帽管、屏蔽线、相色带、电缆头热缩管等盘柜安装、二次接线所需的材料。

（4）人员组织。技术人员，安全、质量负责人，安装人员。

（5）机具准备。放电试验装置、蓄电池内阻测量仪、万用表、电钻、压接钳、各类扳手、动力电缆接线工具等。

2. 基础检查

对盘柜基础进行核对尺寸，检查槽钢开距是否正确，高压及控制电缆的孔洞是否对应盘、柜的排列布置；清除基础槽钢上的灰砂，完成槽钢的接地工作，测量基础槽钢的水平度和不直度，罩住最高点，并标注高差。

3. 设备搬运

盘柜的搬运应设专人指挥，配备足够的施工人员，以保证人身和设备安全。一般情况下，设备的搬运、移动采用推车进行。搬运时，用吊车将开关柜吊到推车上，然后1人拉推车的把手，3人合力推柜体，1人专门负责观察推车行走的路线，防止推车的轮子掉到孔洞里及防止柜体倾覆。

盘柜搬运时应按图纸将盘柜按顺序摆放，以方便下一步盘柜的就位安装。盘屏柜开箱时应使用起钉器，先起钉子，后撬开箱板。如使用撬棍，不得以盘柜面为支点，并严禁将撬棍伸入木箱内乱撬。

4. 盘柜安装

蓄电池柜架要按照生产厂家提供的说明书及柜架图纸进行安装，并测量柜架尺寸及蓄电池尺寸与安装图是否相符，能否悉数放置电池。柜架放置的位置应便于敷设电缆，柜架的底部可直接焊接在土建预埋的槽钢上，保证柜架的垂直度及可靠接地。蓄电池的排列应按照生产厂家的图纸进行，放置于柜架上的蓄电池应平稳且受力均匀，同一排列的蓄电池应高低一致，排列整齐。用万用表核对每只电池接线端的正负标志与其内部极板实际正负极是否一致；检查正负极板的片数与说明书是否相符；并逐个检查每个电池是否符号生产厂家要求。

5. 蓄电池安装

（1）蓄电池安装连线时应注意每个蓄电池采用串联方式进行连接，接线应正确，极板接触面应做好防腐蚀处理，导电接触面要薄涂一层电力复合脂，螺丝及极板外表涂中性凡士林油，接触面应平整，保证接触良好。

（2）蓄电池每排之间采用生产厂家提供软连接线进行连接，连接螺丝应按生产厂家规定使用力矩扳手紧固，防止过力损坏端子的铜螺丝。电池组的引出线和接入电缆的正极标以褚色，负极标以蓝色，并挂上电缆牌。

（3）安装好蓄电池后在每个蓄电池外壳的适当位置处贴上编号，以便日后维护整组蓄电池，连接好后需复检电池极性是否正确。

（4）所有连接线连接完成后，则先检查极性及连接是否正确，同时必须测量蓄电池端电压。另外，所有充电设备安装应完毕，屏间所有联络电缆应全部敷设。

6. 蓄电池充电

（1）由于是采用阀控式免维护铅酸蓄电池，在出厂时已有充放电，在现场安装好后即可进行补充充电和核对容量放电。

（2）运到现场的蓄电池进行浮充电，单只电池的浮充电电压为2.25～3V。

（3）蓄电池放电核容。蓄电池安装完并充满电后，要进行核容放电，应按10h放电率（0.1C）验正。放电时要设专人值班看护，每小时记录一次放电电压、放电电流、电池温度，单只电池不能低于1.8V，整组电池出现一只电池低于1.8V时，要立刻停下来。当电池组达到额定容量后即停止放电，然后再进行补充充电。

5.1.7.3　通信系统安装

（1）系统通信。通信采用SDH光纤传输方式设计，作为系统调度通信的主备通

道。最终设计应以今后提供的施工设计图纸和技术文件为准。对外联络的永久通信应采用电信公网之间的通信线路。

(2) 升压站站内通信。中控室内装设数字式程控调度交换机1套，用于中控室、风电场生产、行政通信。站内行政和调度交换机有数字中继接口和各类模拟中继接口，可与电力系统、邮电公网及220kV变电站之间实现通信联网，满足电网运行调度和管理的通信需要。

(3) 集群移动通信。在站内设置一套五信道集群移动通信系统，以满足风电场基建施工指挥、生产检修、户外检修、库内调度、场内应急通信等多种情况的需要。集群系统以4线E&M接口接入电站交换机，实现有线、无线及对外的通信联络，并配置3部移动车载台和30部手持机。

(4) 通信电源。通信电源采用高频开关式稳压稳流电源系统，配置2组100A·h阀控式密封铅酸蓄电池。二路取自厂用电不同母线段的交流220V作为主供电源，电源系统输出交流220V及直流48V供通信设备用。当厂用电消失或输入电压低于198V时，自动转为由电源屏内的阀控式密封铅酸蓄电池组供电。通信系统电源由通信系统自行配套。

5.1.7.4 图像视频监控及防盗报警系统安装

1. 图像视频监控系统安装

图像视频监控系统是控制室和上级调度部门对所属的风电场重要场所和主要运行设备实现远程实时图像监控、远程故障和意外情况告警接收处理，以提高工程运行和维护的安全性和可靠性，并可实现风电场运行的可视化监控和调度，使发电运行更为安全、可靠。

系统主要用于对升压站内主要设备操作现场进行远方监控，对风电场主要设备现场状况定期巡视，安全保卫。系统能对监视场景进行录像，便于事故分析。

风电场图像视频监控系统由控制站、摄像头、视频电缆、控制电缆等组成。控制站布置于变电所主控制室，由数字录像监控主机和键盘等设备组成。主控楼摄像头分别置于中控室、通信机房、35kV开关室、GIS室、主控楼主入口、围墙总入口等处。各摄像头与控制站间由同轴电缆和控制电缆相连。数字录像监控主机有计算机通信口，可以接收升压站内区域火灾报警控制系统内任何一点的火警信号，以实现图像监视系统画面与火警信号的视频联动，提高升压站的监控水平。

(1) 系统安装。

1) 按照施工技术图的要求，明确安防系统中各种设备与摄像机的安装位置，明确各位置的设备型号和安装尺寸，根据供应商提供的产品样本确定安装要求。

2) 根据安防系统设备供应商提供的技术参数，配合土建做好各设备安装所需的预埋和预留位置。根据安防系统设备供应商提供的技术参数和施工设计图纸的要求配置供电线路和接地装置。

3）摄像机应安装在监视目标附近，不易受外界损伤的地方。其安装位置不宜影响现场设备和工作人员的正常活动。通常最低安装高度室内为2.5～5.0m，室外为3.5～10.0m。

4）摄像机的镜头应从光源方向对准监视目标，镜头应避免受强光直射，摄像机避免逆光安装。

5）从摄像机引出的电缆留有1m的裕量，以不影响摄像机的转动。

6）安装球形摄像机、隐蔽式防护罩、半球形防护罩时，由于占用天花板上方空间，因此必须确认该安装位置吊顶内无管道等阻挡物。解码器安装在离摄像机不远的现场，安装不要明显；若安装在吊顶内，吊顶要有足够的承载能力，并在附近有检修孔。在监控室内的终端设备，在人力允许的情况下，可与摄像机的安装同时进行。监控室装修完成且电源线、接地线、各视频电缆、控制电缆敷设完毕后，将机柜及控制台运入安装。

7）监控室内电缆理直后从地槽或墙槽引入机架、控制台底部，再引到各设备处。所有电缆成捆绑扎，在电缆两端留适当裕量，并标示明显的永久性标记。

（2）系统调试。

1）单体调试。检查摄像机开通、关断动作和防护罩动作的正确性，检查画面分割器切换动作的正确性。能够进行独立单项调试的设备、部件的调试、测试在设备安装前进行。如摄像机的电气性能调试、配合镜头的调整、终端解码器的自检、放大器的调试等。

开启主机系统，运行系统软件，打印系统运行时的各种信息，确认总控室和各分控机房中央设备运行正常，各智能控制键盘操作正确。

2）系统调试。系统调试按调试设备的功能或作用和所在部位或区域划分。传输系统的每条线路都进行通路、断路、短路测试并做标记。遇到50Hz工频干扰，采用在传输线上输入“纵向扼流圈”来消除；当传输线两端相连的设备输入输出阻抗与非75Ω的传输线特性阻抗不匹配时，会产生高频振荡而严重影响图像质量，需在摄像机的输出端串联几十欧的电阻，或在控制台或监视器上并联75Ω电阻。

3）系统联调。首先检查供电电源的正确性，然后检查信号线路的连接正确性、极性正确性、对应关系正确性。系统进入工作状态后，把全部摄像机的图像浏览一遍，再逐台对摄像机的角度、镜头聚焦和光圈仔细调整，若是带云台和变焦镜头的摄像机，还要摇动操作杆，使云台对应地转动，再调节镜头。把摄像机的图像显示在各监视器上，检查监视器的工作状态。把全部摄像机分组显示在所有监视器上，观察图像切换情况。检查录像机时，自动倒带后对操作多画面处理器或控制台自动录像，录像后实现录像带的重放。

2. 防盗报警系统安装

防盗报警系统是用探测器对建筑内外的重要地点和区域进行布防，可以及时探测非法入侵，并且在探测到有非法入侵时，及时向有关人员示警，如门磁开关、玻璃破碎报警器等可有效探测外来的入侵，红外探测器可感知人员在楼内的活动等。一旦发生入侵行为，防盗报警系统能及时记录入侵的时间、地点，同时通过报警设备发出报警信号。防盗报警系统的设备一般有前端探测器、传输线缆、报警控制器等。

电子围栏由主机和前端组成，主机包括单防区、双防区和多防区，具有控制高低压切换及报警功能，并可与监控联动；前端部分主要由合金线、高压绝缘线、终端杆、过线杆、各类绝缘子、警示牌、万向底座、连接器、紧线器等组成。

(1) 电子围栏主机的安装。

1) 电子围栏主机的安装分为室内嵌入式、壁挂式，室外壁挂式等。变电站一般安装在门卫室、主控室、室外围墙角。

2) 电子围栏主机的箱底离地高度以 1.2m 为宜，安装要牢固，室外安装必须用不锈钢膨胀螺丝。

3) 主机机箱要接地，用不小于 $4mm^2$ 的黄绿线引至变电站专用接地铜牌，接地网的接地电阻应小于 4Ω。

4) 机箱内走线应高低压分开，并绑扎整齐。

(2) 电子围栏主力杆的安装。

1) 主力杆的安装方式分直装、斜装，具体要以现场围墙的实际情况和业主单位要求为准。

2) 墙顶式电子围栏直接安装在围墙顶部上方，可以用焊接、卡箍、预埋等方式，视围墙结构状况选择较合适的方式。例如，在铁栅栏围墙上可采用焊接法，也可采用不锈钢扎带捆绑法。在混凝土围墙上，可采用预埋方式；在砖墙上可采用卡箍方式。只要达到稳固、美观，也可以用别的方式。

3) 主力杆的底座安装要牢固，用 8mm 或者 10mm 的不锈钢螺丝安装。

4) 主力杆和主力杆之间距离应不大于 30m。

5.1.7.5 火灾自动探测报警及消防控制系统安装

风电场火灾自动探测报警及消防控制系统采用区域报警工作方式。在中控室设置一台壁挂式火灾报警控制器（联动型），主要监测设置各火灾探测器场所的火警信号，并可根据消防要求对相关部位的风电机组、防火风口、防火阀等实施自动联动控制。火灾报警控制器上设有被控设备的运行状态指示和手动操作按钮。

风电场的火灾监测对象是重要的电气设备和电缆层等场所，根据环境及不同的火灾燃烧机理，分别选用感烟、感温等不同种类的探测器。探测器主要安装在中控室、

35kV开关室、GIS室、通信室、电缆层等场所；在各防火分区设置手动报警按钮和声光报警器。探测器手动报警按钮动作时，火灾报警控制器发出声光报警并显示报警点的地址，打印报警时间和报警点的地址。同时，按预先编制好的逻辑关系发出控制指令，自动联动停止相关部位的风电机组，关闭防火风口和防火阀，启动声光报警器，也可由值班人员在火灾报警控制器上远方手动操作。

1. 准备工作

（1）土建内外装修及油漆浆活全部完成。室内卫生清理干净。导线穿到位，绝缘电阻符合国家规范要求。确定进场设备是否符合设计及规范要求，是否有有效的检测报告、合格证及国家强制性认证证书。

（2）检查各种设备外观情况是否有划痕、磕碰现象，手动报警按钮及消火栓按钮表面玻璃是否良好。

（3）探测器在即将调试时方可安装，在安装前应妥善保管，并应采取防尘、防潮、防腐蚀措施。

2. 感烟、感温探测器安装

（1）探测器距墙壁、梁边的水平距离不小于0.5m。

（2）探测器周围0.5m内不应有遮挡物。

（3）探测器至空调送风口边的水平距离不应小于1.5m；至多孔送风顶棚孔口的水平距离不应小于0.5m。

（4）在宽度小于3m的内走道顶棚上设置探测器时，居中布置。感温探测器的安装距离不超过10m。感烟探测器的安装距离不超过15m。探测器距端墙的距离不应大于探测器安装间距的一半。

（5）探测器宜水平安装，当必须倾斜安装时，倾斜角度不应大于45°。

3. 手动报警按钮安装

（1）手动报警按钮应安装在明显和便于操作的地方，若安装在墙上，其底边距地面1.4m，且应有明显的标识。

（2）手动报警按钮应安装牢固，且不得倾斜。

（3）手动报警按钮的外接导线应留有不小于0.1m的裕量，且在其端部应有明显标志。

4. 消火栓按钮安装

（1）消火栓按钮安装在消火栓箱内开门方向的上角部位，距箱顶及侧面0.1m处。

（2）消火栓按钮应安装牢固，且不得倾斜。

（3）消火栓按钮应直接启动消防水泵，同时将信号送入消防值班室，还要将水泵启动信号反馈到现场的消火栓按钮。

5. 各类模块安装

(1) 在安装时一定要认清型号，被控制的设备，被控制设备所能提供的接点及接线方式，要达到的要求等。

(2) 模块安装一定要牢固，安装在被控制设备的附近。

(3) 模块的接线及保护措施要得当。

(4) 安装时将信号线从出线孔中穿出，将模块紧贴在预留盒表面，安装孔对准螺孔，将螺栓拧紧。

5.1.8 防雷及接地装置安装

5.1.8.1 避雷针安装

1. 施工准备

安装开始前严格按照国家电网有限公司《电力建设工程施工技术管理导则》(国家电网工〔2003〕153号)的要求做好图纸会审工作，对全体参加施工的人员进行技术交底，技术交底内容要充实，具有针对性和指导性，签字形成书面交底记录。

2. 机具准备

(1) 按照施工措施要求的工器具进行准备和检查，构件进场、验收及堆放。构件进场时，应检查出厂合格证、构件安装说明、螺栓清单等出厂资料，以及构件的防腐质量、碰伤、变形情况，镀锌层不得有黄锈、锌瘤、毛刺及漏锌现象；堆放时用道木垫起，构件不允许与地面直接接触，钢管堆积不得超过三层。

(2) 构件验收的质量标准：对单节钢管弯曲矢高偏差控制在 l/150，且不大于5m；单个构件长度偏差不大于±3m。

3. 基础复测

基础顶面的支承面的质量标准应符合：支承面的标高偏差小于±3.0m；支承面的平整度偏差小于5mm。

4. 构件排杆、组装

构件运输、卸车排放时场地应平整、坚实，争取一次就近堆放，尽量减少场内二次倒运。根据图纸轴线和厂家构件安装说明进行排杆、组装；排钢管杆时应将构件垫平、排直，每段钢柱应保证不少于两个支点垫实。

5. 避雷针组装

(1) 组装时用道木将其垫平、排直，每段钢柱两端保证两根道木垫实，道木应保证在同一平面上，同时应检查和处理钢管接触面上的锌瘤或其他影响节点接触的附着物。

(2) 螺栓安装方向应一致，由下至上，连接螺栓必须逐个对称紧固。

(3) 将套接的钢管分别插入，根据电焊钉的位置套接好。上下两节钢管插入深度要求：第6段和第5段钢管插入深度必须不小于850m，第5段和第4段钢管插入深度必须不小于650m。

(4) 当第6段和第5段、第5段和第4段钢管插入深度达到设计要求后，采用B43焊条在套接接触面施以8m的剖口焊。先在钢管套接处的对称位置上点焊3～4处，点焊长度为30～40m，然后对称地进行一层施焊，每层的起焊点及收焊点要相互错开。焊缝里严禁用焊条或其他金属填充。焊接移动的速度应均匀，收焊时应将溶池填满，焊缝应有一定的加强面，不得有浮焊、夹渣、气孔、弧坑和咬边等缺陷。焊缝表面应成平滑的细鳞形且平缓地与钢管连接，外观缺陷不能够有焊缝不足、焊缝表面裂纹及咬边现象。焊接完毕后，对钢管表面及焊口部分采取防锈处理。自检合格后，待焊口冷却后再涂刷红丹和灰漆防锈。

(5) 组装后，对柱身长度、柱的弯曲矢高进行测量。钢柱组装后对镀锌组合钢柱弯曲失高偏差小于$H/100$，且不大于35m；钢管柱长度偏差为±5mm。

(6) 根据场地条件和构件重量及起吊高度合理选择汽车吊，严格按照技术员要求进行停放，对起吊时的幅度进行严格把控。

(7) 起吊过程中的稳定。

1) 采用缆风绳控制避雷针起吊的，缆风绳必须采用直径大于32m的圆股钢丝绳，设一组(4根)。

2) 缆风绳应在避雷针同一水平面上对称设置，与地面夹角在45°～60°，其下端应采用与钢丝绳拉力相适应的花篮螺丝与地锚拉紧连接，不得拴在树木、电杆等其他物体上。

3) 地锚应采用不少于2根钢管(直径48～53mm)并排设置联合桩(与钢丝绳受力方向垂直)，间距不小于0.5m，打入深度不小于1.7m，桩顶部应有缆风绳防滑措施。

4) 缆风绳不得有接头。端部应设置保险环并用不少于3个与绳径匹配的绳卡固定，绳卡间距不小于钢丝绳直径的6倍，绳卡滑鞍应放在受力绳一侧，不得正反交错设置绳卡。

5) 当避雷针完全吊起后，插入杯口基础，同时收紧缆风绳，确认缆风绳全部固定并使立柱基本垂直，才能松大钩。

6) 独立避雷针的调整、平面校正应根据基础轴线进行根部的调整，立体校正用两台经纬仪同时在相互垂直的两个面上检测。

7) 缆风绳拆除在调整校正结束，由土建施工队负责马上进行混凝土二次灌浆，当土建方回填土之后才可拆除缆风绳。

5.1.8.2　室外接地装置安装

1. 接地沟开挖

(1) 根据主接地网的设计图纸对主接地网敷设位置、网格大小进行放线。

(2) 按照设计要求及相关规范要求的接地深度进行接地沟开挖，深度为设计或相关规范中的最高标准且留有一定的裕度。

(3) 接地沟宜按场地或分区域进行开挖，以便于记录完成情况，同时确保现场的文明施工。

2. 垂直接地体加工及安装

按照设计或规范的要求长度进行垂直接地体的加工。为了避免垂直接地体安装时上端敲击部位的损伤变形，宜在上端用小块铁板或扁钢短头加固。为了便于安装，垂直接地体的结构应为一尖一平；安装时，按照设计图纸的位置、形式安装垂直接地体，垂直接地体上端的埋入深度必须满足设计及相关规范的要求。

3. 主接地网敷设

(1) 接地体埋设深度应符合设计规定，当设计无规定时，不宜小于 0.6m。人工接地网的外缘应闭合，外缘各角应做成圆弧形，圆弧的半径不宜小于均压带间距的一半（3m）；接地网内应敷设水平均压带，按等间距或不等间距布置：35kV 及以上变电站接地网边缘经常有人出入的走道处，应铺设碎石、沥青路面或在地下装设 2 条与接地网相连的均压带；穿过墙、地面、楼板等处应有足够坚固的机械保护措施；接地干线应在不同的两点及以上与接地网相连接；自然接地体应在不同的两点及以上与接地干线或接地网相连接。

(2) 不得用金属体直接敲打扁钢进行调直，以免造成扁钢表面损伤、锈蚀。扁钢弯曲时，应采用机械冷弯，避免热弯损坏锌层。

(3) 主接地网的连接方式应符合设计要求，一般采用焊接方式（钢材采用电焊，铜排采用热熔焊），焊接必须牢固、无虚焊，焊接位置（焊缝 100mm 范围内）及锌层破损处应防腐。

(4) 钢接地体的搭接应使用搭接焊，搭接长度和焊接方式应该符合以下规定：

1) 扁钢-扁钢：扁钢为其宽度的 2 倍（且至少 3 个棱边焊接）。

2) 圆钢-圆钢：圆钢为其直径的 6 倍（接触部位两边焊接）。

3) 扁钢-圆钢：搭接长度为圆钢直径的 6 倍（接触部位两边焊接）。

4) 扁钢与钢管、扁钢与角钢焊接时，为了连接可靠，除应在其接触部位两侧进行焊接外，还应焊以由钢带弯成的弧形（或直角形）卡子或直接由钢带本身弯成弧形（或直角形）与钢管（或角钢）焊接。

(5) 接头内导体应熔透，保证连接部位的金属完全熔化，连接牢固，保证有足够的截面。

(6) 铜焊接头表面光滑、无气泡，应用钢丝刷清除焊渣并涂刷防腐，其他施工要求应参照铜绞线热熔焊接材料供应商的要求实施。

(7) 隐蔽工程验收及接地沟土回填。接地网的某一区域施工结束后，应及时进行

回填土工作。接地沟回填须经过监理人员的验收，合格后方可进行回填工作；同时记录工作完成情况和隐蔽工程的签证。回填土内不得夹有石块和建筑垃圾，外取的土壤不得有腐蚀性，回填土应夯实。

5.1.8.3　室内接地装置安装

（1）户内接地体宜采用热镀锌扁钢，宜明敷，接地线的安装位置应合理，便于检查，不妨碍设备检修和运行巡视，接地线的安装应美观，应避免加工方式不当造成的接地线截面减小、强度减弱、容易生锈等问题。

（2）接地线应水平或垂直敷设，也可与建筑物倾斜结构平行敷设，在直线段上不应有高低起伏及弯曲等现象。

（3）接地线沿建筑物墙壁水平敷设时，高地面距高宜为250～300mm，接地线与建物墙壁间的间隙宜为10～15mm。在接地线跨越建筑物伸缩缝、沉降缝时，应设置补偿器，补偿器可用接地线本身弯成弧状代替，导体的全长度或区间段及每个连接部位附近的表面，应涂以宽度相等的绿色、黄色相间的条纹标识，当使用胶带时，应使用双色胶带。在接地线引向建筑物的入口处和在检修用临时接地点处，均应刷白色底渍并标以黑色标识，注意，同一接地体不应出现两种不同的标识。

（4）设备接地安装。引上接地体与设备连接应采用镀锌螺栓搭接，搭接面要求紧密，不得留有缝隙。螺栓连接时应设防松螺帽或防松垫片，螺栓连接处的接触面应按《电气装置安装工程　母线装置施工及验收规范》（GB 50149）规定处理，不同材料接地体间的连接应横平竖直、工艺美。敷设在设备支柱上的扁钢应紧贴设备支柱，否则应采取加装不锈钢紧固带等措施。户外接地线采用多股软铜线连接时应压专用线鼻子，并加装热缩套。铜与其他材质导体连接时接触面应搪锡，防止氧化腐蚀。

要求两点接地的设备，两根引上接地体应与不同网格的接地网或接地干线相连；每个电气设备的接地应以单独的接地体与接地网相连，不得在一个接地引上线上串接多个电气设备；集中接地的引上线应做一定的标识（红色倒三角），区别于主接地引上线。高压配电间、静止补偿转置、设备等门的铰链处应采用软铜线进行加强接地，保证接地良好。

5.1.8.4　二次等电位接地网敷设

1. 敷设目的

与二次有关的接地分类有各设备提供统一参考电位的逻辑接地，抗干扰的电缆屏蔽层接地，保证人身安全的TV、TA二次回路中性点接地。理论上的接地网无限大且阻抗为零，实际的接地网有阻抗，当有电流流入接地网时，接地网两点间出现电位差，当外界电磁场作用于接地网时，接地网两点间也会出现电位差。敷设等电位接地网的目的是把接地网两点间的电位差降到最小或不存在电位差。

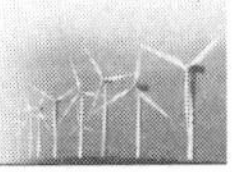

2. 敷设方法

对于室内的等电位接地网，应在控制室、保护室及配电室屏柜下层的电缆室、电缆沟内，按屏柜布置的方向敷设100mm^{2}的专用铜排，并且将该专用铜排首尾两端连接好，形成“目”字形闭环回路，构成控制室、保护室内的等电位接地网。

室内的等电位接地网必须用至少4根以上、截面不小于50mm^{2}的铜排或铜缆与主接地网在电缆竖井处（或电缆沟道入口处）一点连接，连接方式可采用10mm^{2}螺栓压接或者使用穿刺线夹连接。这4根铜排或铜缆应取自目字形结构等电位接地网与主接地网靠近的位置。

室内等电位接地网敷设的关键在于与主接地网的一点连接。因此对于所有与外界联系的电缆沟道内的等电位接地铜排都应通过等电位铜排或铜缆汇集到目字形等电位接地网与主接地网的接地点处一点接地。这样就可以有效避免主接地网中的电位差引入二次设备中。

对于室外的等电位接地网，需沿二次电缆沟道敷设接地铜排或铜缆。接地铜排或铜缆应相隔一定距离（15～20m）与主接地网相接一次，连接方式采用螺栓或者穿刺线夹连接。连接点应尽可能远离高压设备的接地点，如高压避雷器、变压器中性点等，并且距离不宜小于15m。室外接地铜排的敷设可以有效降低二次电缆屏蔽层两端的电压，避免二次设备的误动或拒动。

5.1.9 防火封堵

防火封堵，就是用防火封堵材料密封电缆或管道穿过墙体或楼板形成孔洞，它的作用是防止火灾蔓延到起火源相邻的区域，达到保护人员和设备安全的目的。防火封堵的基本原理是封堵材料起膨胀吸热和隔热作用，遇火膨胀以密封可燃物燃烧所留下的缝隙，阻止火灾和火灾中产生的有毒气体和烟雾的蔓延；通过吸热和隔热降低贯穿物背火面的温度，防止背火面可燃物自燃。防火封堵的意义在于当火灾发生后，其能有效地限制火灾和火灾中产生的有毒烟气的蔓延，从而保护起火源以外区域的人员和设备的安全。目前常见的防火封堵材料包括防火封堵板材、泡沫封堵材料、阻燃模块、防火密封胶、柔性有机堵料、无机堵料及阻火包等。在不同的部位使用不同的防火封堵材料能够对设备和人员起到很好的防护效果。

1. 施工准备

（1）材料准备。统计安装位置、安装方式，确定所需的有机堵料、无机堵料、耐火隔板、防火涂料、防火包及具有相应耐火等级的安装附件的数量，进行材料的准备工作；材料到货后进行外观检查，有机堵料不氧化、不冒油、软硬度适度；无机堵料不结块、无杂质；防火隔板平整光洁、厚度均匀。

（2）技术准备。核对施工图，确认各类的封堵方式符合设计及规范要求；防火封堵材料必须具有国家防火建筑材料质量监督检验测试中心提供的合格检测报告，通过省级以上消防主管部门鉴定，并取得消防产品登记备案证书。

2. 各部位的施工方法

(1) 防火墙。

1) 户外电缆沟内的隔断采用防火墙。对于阻燃电缆，在电缆沟每隔 80～100m 设置一个隔断；对于非阻燃电缆，宜每隔 60m 设置一个隔断，一般设置在临近电缆沟交叉处。电缆通过电缆沟进入保护室、开关室等建筑物时，采用防火墙进行隔断。

2) 防火墙安装方式。两侧采用 10mm 以上厚度的防火隔板封隔，中间采用无机堵料、防火包或耐火砖堆砌，其厚度根据产品的性能而定（一般不小于 250mm）。

3) 防火墙内的电缆周围必须采用不得小于 20mm 的有机堵料进行包裹。

4) 防火墙顶部用有机堵料填平整，并加盖防火隔板；底部必须留有两个排水孔洞，排水孔洞处可利用砖块砌筑。

5) 防火墙必须采用热镀锌角钢做支架进行固定。

6) 防火墙两侧的电缆周围利用有机堵料进行密实的分隔包裹，其两侧厚度大于防火墙表层的 20mm，电缆周围的有机堵料宽度不得小于 30mm，呈几何图形，面层平整。

7) 沟底、防火隔板的中间缝隙应采用有机堵料做线脚封堵，厚度大于防火墙表层的 10mm，宽度不得小于 20mm，呈几何图形，面层平整。

8) 防火墙上部的电缆盖上应涂刷红色的明显标记。

(2) 竖井。

1) 电缆竖井处的防火封堵一般采用角钢或槽钢托架进行加固，确保每个小孔洞的规格小于 400mm×400mm。再用 10mm 或 20mm 厚的防火板托底封堵，托架和防火板的选用和托架的密度必须确保整体有足够的强度，能作为人行通道。

2) 底面的孔隙口及电缆周围必须采用有机堵料进行密实封堵，电缆周围的有机堵料厚度不得小于 20mm。

3) 在防火板上浇铸无机堵料，其厚度按照无机堵料的产品性能而定，一般为 150～200mm。

4) 无机堵料浇筑后在其顶部使用有机堵料将每根电缆分隔包裹，其厚度大于无机堵料表层的 10mm，电缆周围的有机堵料宽度不得小于 30mm，呈几何图形，面层平整。

(3) 盘柜。

1) 在孔洞底部铺设厚度为 10mm 的防火板，在孔隙口及电缆周围采用有机堵料进行密实封堵，电缆周围的有机堵料厚度不得小于 20mm。

2) 用防火包填充或无机堵料浇筑，塞满孔洞。

3）在孔洞底部防火板与电缆的缝隙处做线脚，线脚厚度不小于10mm，电缆周围的有机堵料的宽度不小于40mm。

4）盘柜底部以10mm防火隔板进行封隔，隔板安装平整牢固，安装中造成的工艺缺口、缝隙使用有机堵料密实地嵌于孔隙中，并做线脚，线脚厚度不小于10mm，宽度不小于20mm，电缆周围的有机堵料的宽度不小于40mm，呈几何图形，面层平整。

5）防火板不能封隔到的盘柜底部空隙处，以有机堵料严密封实，有机堵料面应高出防火隔板10mm以上，并呈几何图形，面层平整。

6）在预留的保护柜孔洞底部铺设厚度为10mm的防火板，在孔隙口用有机堵料进行密实封堵，用防火包填充或无机堵料浇筑，塞满孔洞。在预留孔洞的上部再采用钢板或防火板进行加固，以确保作为人行通道的安全性，如果预留的孔洞过大，应采用槽钢或角钢进行加固，将孔洞缩小后方可加装防火板（孔洞的规格应小于400mm×400mm）。

（4）电缆保护管、二次接线盒。

1）电缆管口采用有机堵料严密封堵，管径小于50mm的堵料嵌入的深度不小于50mm，露出管口厚度不小于10mm；随着管径增加，堵料嵌入管子的深度和露出的管口的厚度也相应增加，管口的堵料要成圆弧形。

2）二次接线盒留孔处采用有机堵料将电缆均匀密实包裹，在缺口、缝隙处使用有机堵料密实地嵌于孔隙中，并做线脚，线脚厚度不小于10mm，电缆周围的有机堵料的宽度不小于40mm，呈几何图形，面层平整。对于开孔较大的二次接线盒还应加装防火板进行隔离封堵，封堵要求同盘柜底部。

（5）端子箱。

1）端子箱进线孔洞口应采用防火包进行封堵，不宜小于250mm，电缆周围必须采用有机堵料进行包裹，厚度不得小于20mm。

2）端子箱底部以10mm防火隔板进行封隔，隔板安装平整牢固，安装中造成的工艺缺口、缝隙使用有机堵料密实地嵌于孔隙中，并做线脚，线脚厚度不小于10mm，宽度不小于20mm，电缆周围的有机堵料的宽度不小于40mm，呈几何图形，面层平整。

3）有升高座的端子箱，宜在升高座上部再次进行封堵。

（6）防火包或防火涂料。

1）防火包或涂料的安装位置一般在防火墙两端和电力电缆接头两侧2～3m长的区段。

2）施工前清除电缆表面灰尘、油污。涂刷前，将涂料搅拌均匀，涂料不宜太稠。

3）水平敷设的电缆沿电缆走向进行均匀涂刷，垂直敷设的电缆宜自上而下涂刷，涂刷的次数、厚度及间隔时间应符合产品的要求。

4）防火包的施工严格按照产品说明书要求进行施工。一般采用单根绕包的方式；对于多根小截面的控制电缆可采取多根绕包的方式，两段的缝隙用有机堵料封堵严密。

5）电缆密集和束缚时，应逐根涂刷，不得漏刷，涂刷要整齐。

6）防火封堵系统两侧电缆应采用电缆涂料，电缆涂料的涂覆位置应在阻火墙两端和电力电缆接头两侧长度为1～2m的区段；使用燃烧性能等级为非A级电缆的隧道（沟），在封堵完成后，孔洞两侧电缆涂刷防火涂料长度不应小于1m，干涂层厚度不应小于1mm。使用燃烧性能等级为非A级电缆的竖井，每层均应封堵。竖井穿楼板时应先在穿楼板处进行封堵，并应无缝隙。在常温条件下或火灾温度达到200℃时，烟雾渗透应小于28.3185L/min。施工前，应清除电缆表面灰尘、油污，涂料应在搅拌均匀后涂刷，不宜太稠；水平敷设的电缆应沿电缆走向均匀涂刷；垂直敷设的电缆宜自上而下涂刷。涂刷的次数、厚度及间隔时间要符合产品的要求。

5.1.10　变压器油取样送检

变压器油的主要作用有绝缘作用、散热作用、消弧作用。变压器油具有比空气高得多的绝缘强度，绝缘材料浸在油中不仅可以提高绝缘强度，还可以免受潮气的侵蚀。变压器油的比热大，变压器运行时产生的热量使靠近铁芯和绕组的油受热膨胀上升，通过油的上下对流，变压器所产生的热量就会通过变压器的散热器散出，降低变压器铁芯和绕组的温度，保证变压器的正常运行。在变压器的调压开关触头切换时会产生电弧，变压器油导热性能好，且在电弧作用下能分解大量气体，产生较大的压力，从而提高了介质的灭弧性能。

绝缘油的取样送检是安装工程中必不可少的程序，合格的绝缘油也是保证变压器正常运行的冷却和绝缘介质。变压器绝缘油取样应在变压器安装结束后静置24h进行，并送到相关试验机构进行检测。

根据《电气装置安装工程　电气设备交接试验标准》（GB 50150）的规定，简化分析包括水溶性酸、酸值、闪点、水分、界面张力、介质损耗因数、击穿电压和体积电阻率。

（1）为了进行变压器油的试验，必须对变压器油进行采样。取样工作应在干燥的晴天进行。采样时所用的容器和采样方法对能否真实地反映油的实际质量具有直接影响。做耐压试验的油样不应少于0.5kg，简化试验的油样不应少于1kg。

（2）采样容器应用0.5kg或1kg容量的广口磨砂玻璃塞的无色玻璃瓶。一次应采2～3瓶，以分别供分析和试验用。采样时应贴上标签，注意油样名称、来源、取样日期、取样人、天气情况及其他资料。

(3) 简化分析或全分析的取样瓶一般选用 500mL 深色磨砂口玻璃瓶，特别是 750kV 变压器绝缘油的颗粒度检验，必须是深色取样瓶。取样前将取样瓶清洗干净并进行烘干处理，油样采集时取样瓶的温度应大于油样的温度，防止因容器的温度低而结露，使油中带入水分。油样采集完后用瓶盖盖紧，使瓶口封闭，再用胶带将瓶口紧紧密封。

(4) 绝缘油简化分析检验一般采集 2 瓶油样，一份送至电科院的高压实验室，另一份送至电科院的化学实验室。其中高压试验主要是介质损耗因数和击穿电压，而水溶性酸、酸值、闪点、水分、界面张力和体积电阻率则由化学实验室给出结论。

(5) 油中溶解气体的色谱分析选用 100mL 的玻璃针管取样，且针管头部应有橡胶套封头进行密封。色谱分析取样一般也采集两份，其中一份作为备用油样。

(6) 油样应送至有检验资质的单位进行检验，一般送至各省电力公司电力科学研究院进行检验。

5.1.11 电气交接试验及调试

5.1.11.1 变压器电气交接试验

变压器是整个升压站最重要的电气设备之一，变压器安装完毕后要对变压器进行全面的电气交接试验。变压器交接试验能及时有效地发现变压器因运输、安装等原因造成的缺陷，是防范事故发生、保证电力系统安全运行的有效手段，是保证变压器安全投运的重要保障。

1. 电气交接试验准备

(1) 电气设备已安装就位，电缆敷设完毕，完成安装验收工作，满足试验要求。

(2) 试验场地无异物，试验区域搭设临时围栏、安全带、警示标牌等。

(3) 试验人员需穿戴相应等级的安全帽、绝缘鞋、绝缘手套进行电气试验。

(4) 详细记录试验数据及温湿度、天气情况。

(5) 试验仪器和被试电气设备要可靠接地。

(6) 严格按照试验规程进行电气交接试验。

2. 变压器电气交接试验项目

(1) 测量绕组连同套管的直流电阻。

(2) 检查所有分接头的变压比及三相接线组别。

(3) 测量绕组连同套管的绝缘电阻、吸收比或极化指数。

(4) 测量绕组连同套管的介质损耗角正切值 $\tan\delta$。

(5) 绕组连同套管的交流耐压试验。

(6) 测量铁芯与夹件的绝缘电阻。

(7) 有载调压切换装置的检查和试验（有载调压变压器）。

3. 交接试验项目开展

（1）测量绕组连同套管的直流电阻。

1）试验目的。检查绕组接头的焊接质量和绕组有无匝间短路；分接开关的各个位置接触是否良好以及分接开关的实际位置与指示位置是否相符；引出线有无断裂；多股导线并绕的绕组是否有断股的情况。

2）试验仪器：直流电阻测试仪。

3）试验方法。电流电压表法又称电压降法。电压降法的测量原理是在被测量绕组中通以直流电流，在绕组的电阻上产生电压降，测量出通过绕组的电流及绕组上的电压降，根据欧姆定律，即可计算出绕组的直流电阻。电流电压表法测量直流电阻原理如图 5-8 所示。

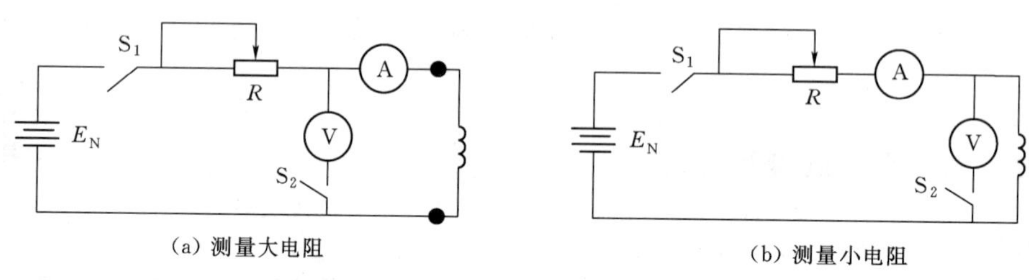

图 5-8　电流电压表法测量直流电阻原理图

测量时，应先接通电流回路，待测量回路的电流稳定后再合开关 S_2，接入电压表。当测量结束，切断电源之前，应先断 S_2，后断 S_1，以免感应电动势损坏电压表。测量用仪表准确度应不低于 0.5 级，电流表应选用内阻小的，电压表应尽量选内阻大的 4 位高精度数字万用表。当试验采用恒流源，数字式万用表内阻又很大时，一般来讲都可使用图示接线测量。

根据欧姆定律，被测电阻的直流电阻值为

$$R_X = U/I$$

式中　R_X——被测电阻，Ω；

U——被测电阻两端的电压降，V；

I——通过被测电阻的电流，A。

电流表的导线应有足够的截面，并应尽量地短，且接触良好，以减小引线和接触电阻带来的测量误差。当测量电感量大的电阻时，要有足够的充电时间。

4）评定标准。

a. 1.6MV·A 以上变压器，各相绕组电阻相互的差别不应大于三相平均值的 2%，无中性点引出的绕组，线间差别不应大于三相平均值的 1%。

b. 1.6MV·A 以下变压器，相间差别一般不大于三相平均值的 4%，线间差别一般不大于三相平均值的 2%。

c. 与同温下产品出厂实测数据比较，其变化不应大于 2%。

d. 三相电阻不平衡的原因有：分接开关接触不良，焊接不良，三角形连接绕组其中一相断线，套管的导电杆与绕组连接处接触不良，绕组匝间短路，导线断裂及断股等。

5）注意事项。

a. 不同温度下的电阻换算公式为

$$R_2=R_1(T+t_2)/(T+t_1)$$

式中 R_1、R_2——在温度 t_1、t_2 时的电阻值；

T——计算用常数，铜导线取 235，铝导线取 225。

b. 测试应按照仪器或电桥的操作要求进行。

c. 连接导线应有足够的截面，长度相同，接触必须良好（用单臂电桥时应减去引线电阻）。

d. 准确测量绕组的平均温度。

e. 测量应有足够的充电时间，以保证测量准确；变压器容量较大时，可加大充电电流，以缩短充电时间。

f. 如电阻相间差在出厂时已超过规定，制造厂已说明了造成偏差的原因，则按标准要求执行。

（2）检查所有分接头的变压比及三相接线组别。

1）试验目的。检查变压器绕组匝数比的正确性；检查分接开关的状况；变压器故障后，测量电压比来检查变压器是否存在匝间短路；判断变压器是否可以并列运行。

2）试验仪器：变压器变比测试仪。

3）试验方法。按照仪器的需要输入相关参数，按接线图和操作步骤，测出每个分接位置的变压比。

4）评定标准。

a. 检查所有分接头的变压比，与制造厂铭牌数据应无明显区别，且应符合变压比的规律。

b. 电压等级 35kV 以下，电压比小于 3 的变压器电压比允许偏差为±1%；其他所有变压器：额定分接电压比允许偏差为±0.5%；其他分接的电压比允许偏差应在变压器阻抗电压值（%）的 1/10 以内，但允许偏差应为±1%。

c. 变压器的接线组别和单相变压器引出线极性应与铭牌上的标记和外壳上的符号相符。

5）注意事项。仪器操作按要求进行，首先计算额定变比，然后加压测量实际变比与额定变的误差。

(3) 测量绕组连同套管的绝缘电阻、吸收比或极化指数。

1) 试验目的。测量变压器的绝缘电阻，是检查其绝缘状态最简便的辅助方法。测量绝缘电阻、吸收比和极化指数能有效发现绝缘受潮及局部缺陷，如瓷件破裂、引出线接地等。

2) 试验仪器：2500～5000V 手动或电动兆欧表。

3) 试验方法。

a. 拆除或断开对外的一切连线，并将其接地放电。此项操作应利用绝缘工具（如绝缘棒、绝缘钳等）进行，不得用手直接接触放电导线。

b. 用干燥、清洁、柔软的布擦去被试品表面的污垢，必要时可先用汽油或其他适当的去垢剂洗净套管表面的积污。

c. 将兆欧表放置平稳，驱动兆欧表达额定转速，此时兆欧表的指针应指"∞"，再用导线短接兆欧表的"火线"与"地线"端头，其指针应指零（瞬间低速旋转以免损坏兆欧表）。然后将被试品的接地端接于兆欧表的接地端头"E"上，测量端接于兆欧表的火线端头"L"上。如遇被试品表面的泄漏电流较大时，或对重要的被试品，如发电机、变压器等，为避免表面泄漏的影响，必须加以屏蔽。屏蔽线应接在兆欧表的屏蔽端头"G"上。接好线后，火线暂时不接被试品，驱动兆欧表至额定转速，其指针应指"∞"，然后使兆欧表停止转动，将火线接至被试品。

d. 驱动兆欧表达额定转速，待指针稳定后，读取绝缘电阻的数值。

e. 测量吸收比或极化指数时，先驱动兆欧表达额定转速，待指针指"∞"时，用绝缘工具将火线立即接至被试品上，同时记录时间，分别读取 15s 和 60s 或 10min 时的绝缘电阻值。

f. 读取绝缘电阻值后，先断开接至被试品的火线，然后再将兆欧表停止运转，以免被试品的电容在测量时所充的电荷经兆欧表放电而损坏兆欧表，这一点在测试大容量设备时更要注意。此外，也可在火线端至被试品之间串入一只二极管，其正端与兆欧表的火线相接，这样就不必先断开火线，也能有效地保护兆欧表。

g. 在湿度较大的条件下进行测量时，可在被试品表面加等电位屏蔽。此时在接线上要注意，被试品上的屏蔽环应接近加压的火线而远离接地部分，减少屏蔽对地的表面泄漏，以免造成兆欧表过载。屏蔽环可用保险丝或软铜线紧缠几圈而成。

h. 测得的绝缘电阻值过低时，应进行解体试验，查明绝缘不良部位。

4) 评定标准。

a. 绝缘电阻换算至同一温度下，与前一次测试结果相比应无明显变化。

b. 吸收比（10～30℃范围）不低于 1.3 或极化指数不低于 1.5。

c. 绝缘电阻在耐压后不得低于耐压前的 70%。

5）注意事项。

a. 测量时依次测量各线圈对地及线圈间的绝缘电阻，被试线圈引线端短接，非被试线圈引线端短路接地，测量前被试线圈应充分放电；测量在交流耐压前后进行。

b. 变压器应在充油后静置 5h 以上，8000kV・A 以上的应静置 20h 以上才能测量。

c. 吸收比指在同一次试验中，60s 与 15s 时的绝缘电阻值之比；极化指数指 10min 与 1min 时的绝缘电阻值之比，220kV、120000kV・A 及以上变压器需测极化指数。

d. 测量时应注意套管表面的清洁及温度、湿度的影响。

e. 读数后应先断开被试品一端，后停摇兆欧表，最后充分对地放电。

（4）测量绕组连同套管的介质损耗角正切值 $\tan\delta$。

1）试验目的。测量 $\tan\delta$ 是一种使用较多而且对判断绝缘较为有效的方法，通过测量 $\tan\delta$ 可以反映出绝缘的一系列缺陷，如绝缘受潮、油或浸渍物脏污或劣化变质，绝缘中有气隙发生放电等。

2）试验仪器：自动介损测试仪。

3）试验方法。

a. 数字式介损测量仪的基本原理为矢量电压法。数字式介损型测量仪为一体化设计结构，内置高压试验电源和 BR26 型标准电容器，能够自动测量电气设备的电容量及介质损耗等参数，并具备先进的干扰自动抑制功能，即使在强烈电磁干扰环境下也能进行精确测量。通过软件设置，能自动施加 10kV、5kV 或 2kV 测试电压，并具有完善的安全防护措施。能由外接调压器供电，可实现试验电压在 1～10kV 范围内的任意调节。当现场干扰特别严重时，可配置 45～60Hz 异频调压电源，使其能在强电场干扰下准确测量。

b. 数字式自动介损测量仪为一体化设计结构，使用时把试验电源输出端（用专用高压双屏蔽电缆插头及接线挂钩）与试品的高电位端相连，把测量输入端（分为“不接地试品”和“接地试品”两个输入端）用专用低压屏蔽电缆与试品的低电位端相连，即可实现对不接地试品或接地试品（以及具有保护的接地试品）的电容量及介质损耗值的测量。

4）评定标准。

a. 当变压器电压等级为 35kV 及以上且容量在 1000kVA 及以上时，应测量介质损耗因数（$\tan\delta$）。

b. 被测绕组的 $\tan\delta$ 值不宜大于产品出厂试验值的 130%，当大于 130%时，可结合其他绝缘试验结果综合分析判断。

c. 当测量时的温度与产品出厂试验温度不符合时，可按 GB 50150 附录 C 换算到同一温度时的数值进行比较。

d. 变压器本体电容量与出厂值相比允许偏差应为±3%。

5）注意事项。

a. 测量按试验时使用的仪器的有关操作要求进行。

b. 应采取适当的措施消除电场及磁场干扰，如屏蔽法、倒相法、移相法。

c. 非被试绕组应接地或屏蔽。

d. 测量温度以顶层油温为准，尽量使每次测量的温度相近。

（5）绕组连同套管的交流耐压试验。

1）试验目的。变频串联谐振（以下简称交流）耐压试验是考验被试品绝缘承受各种过电压能力的有效方法，对保证设备安全运行具有重要意义。交流耐压试验的电压、波形、频率和在被试品绝缘内部电压的分布，均符合在交流电压下运行时的实际情况，因此，能真实有效地发现绝缘缺陷。

2）试验仪器：变频串联谐振成套设备。

3）试验方法。交流耐压试验的接线应按被试品的要求（电压、容量）和现有试验设备条件来决定。通常试验时采用成套设备（包括控制及调压设备），输入 220V 或 380V 交流电源，经调频后进入励磁变压器进行升压，串入电抗器来提升系统电压，并入分压器测试试验电压。进行交流耐压的被试品一般为容性负荷，当被试品的电容量较大时，电容电流在试验变压器的漏抗上就会产生较大的电压降。试验时，将变频串联谐振成套设备按照规定进行接线，设定好耐压时间和耐压值，控制箱设置完毕，系统自动调频，调频完毕，系统开始自动升压，控制屏可以清晰观察升压过程。达到设定值以后，系统自动降压，降压完毕后，用放电棒对被试品充分放电。

4）评定标准。

a. 干式变压器全部更换绕组时，按出厂试验电压值；部分更换绕组和定期试验时，按出厂试验电压值的 0.85 倍。

b. 被试设备一般经过交流耐压试验，在规定的持续时间内不发生击穿，耐压前后绝缘电阻差不超过 30%，取耐压前后油样做色谱分析正常，则认为合格；反之，则认为不合格。

c. 在试验过程中，若空气湿度、温度或表面脏污等的影响仅引起表面滑闪放电或空气放电，应经过清洁和干燥等处理后重新试验；如由于瓷件表面铀层损伤或老化等引起放电（如加压后表面出现局部红火），则认为不合格。

d. 在升压阶段或持续时间阶段，如发生清脆响亮的"当、当"放电声音，像用金属物撞击油箱的声音，这是由于油隙距离不够或是电场畸变引起绝缘结构击穿，此时伴有放电声，电流表指示发生突变。当重复进行试验时，放电电压下降不明显。如有较小的"当、当"放电声音，表计摆动不大，在重复试验时放电现象消失，往往是由

于油中有气泡。

e. 变压器无击穿及闪络现象。

f. 交流耐压试验加压值参考 GB 50150 D. 0. 1 条款中表 D. 0. 1。

5）注意事项。

a. 此项试验属破坏性试验，必须在其他绝缘试验完成后进行。

b. 变压器应充满合格的绝缘油，并静置一定时间，500kV 变压器应大于 72h，220kV 变压器应大于 48h，110kV 变压器应大于 24h，才能进行试验。

c. 接线必须正确，加压前应仔细进行检查，保持足够的安全距离，非被试线圈需短路接地，并接入保护电阻和球隙，调压器归零。

d. 升压必须从零开始，升压速度在 40%试验电压内不受限制，其后应按每秒 3%的试验电压均匀升压。

e. 试验可根据试验回路的电流表、电压表的突然变化，控制回路过流继电器的动作，被试品放电或击穿的声音进行判断。

f. 交流耐压试验前后应测量绝缘电阻和吸收比，两次测量结果不应有明显差别。

g. 如试验中发生放电或击穿，应立即降压，查明故障部位。

h. 试验结束后，一定要对被试品充分放电。

（6）测量铁芯与夹件的绝缘电阻。采用 2500V 兆欧表测量，持续时间为 1min，应无闪络及击穿现象，绝缘电阻值与出厂试验值应无明显差别。

（7）有载调压切换装置的检查和试验（有载调压变压器）。

1）试验目的。进行分接开关的试验，以确定分接开关各档是否正常。

2）试验仪器：有载分接开关特性测试仪。

3）试验方法。首先将有载分接开关特性测试仪接地端子接地，再将带有有载调压切换装置的绕组按照要求接至有载分接开关特性测试仪上，取得 220V 交流电源，并确认其电压正确，然后接至测试仪电源，方可开始操作。

4）评定标准。

a. 有载分接开关的过渡电阻、接触电阻及切换时间都应符合制造厂要求，过渡电阻允许偏差为额定值的±10%，接触电阻小于 500$\mu\Omega$。

b. 分接开关试验应检查触头的接触是否良好，过渡电阻是否断裂，三相切换的同期和时间的长短。

c. 波形分析：桥接过程明显，切换过程中应无断点，即波形无过零点。

5）注意事项。

a. 测量应按照仪器的操作步骤和要求进行，带线圈测量时，应将其他侧线圈短路接地。

b. 应从单数档到双数档和双数档到单数档两次测量。

5.1.11.2　GIS 电气交接试验

GIS 设备因为完全封闭，设备间距离紧凑，容易互相影响，导致故障扩大，故障发生后难以对故障点定位，处理故障时间加强，因此其电气试验非常重要。应全面系统地对 GIS 设备整体及内部各电气设备进行试验检测，确保设备状态良好，使其安全可靠地带电运行。试验项目如下：

1. 主回路导电电阻测量

（1）试验目的。测量其接触电阻，判断是否合格。

（2）试验仪器：直流电阻测试仪。

（3）试验方法。

1）首先，应合上开关（3 次），然后把测试夹分别夹到与开关同相的两端接线排上；接着启动测试仪器进行测量，直至三相测完。

2）测量时应记录被试设备的温度、湿度、气象情况、试验日期及使用仪表等。

（4）评定标准。测试结果不应超过产品技术条件规定值的 1.2 倍。

（5）注意事项。电流输入和电压输入应在不同位置，尽量清洁接触点，使之达到更好的测量效果。

2. 开关设备电气交接试验

（1）绝缘电阻的测量。

1）试验目的。测量开关的绝缘电阻，目的在于初步检查开关内部是否受潮、老化。

2）试验仪器：2500V 兆欧表。

3）试验方法。

a. 断开被试品的电源，拆除或断开对外的一切连线，将被试品接地放电。放电时应用绝缘棒等工具进行，不得用手碰触放电导线。

b. 用干燥、清洁、柔软的布擦去被试品外绝缘表面的脏污，必要时用适当的清洁剂洗净。

c. 兆欧表上的接线端子“E”是接被试品的接地端的，“L”是接高压端的，“G”是接屏蔽端的。应采用屏蔽线和绝缘屏蔽棒作连接。将兆欧表水平放稳，当兆欧表转速尚在低速旋转时，用导线瞬时短接“L”和“E”端子，其指针应指零。开路时，兆欧表转速达额定转速其指针应指“∞”。然后使兆欧表停止转动，将兆欧表的接地端与被试品的地线连接，兆欧表的高压端接上屏蔽连接线，连接线的另一端悬空（不接试品），再次驱动兆欧表或接通电源，兆欧表的指示应无明显差异。然后将兆欧表停止转动，将屏蔽连接线接到被试品测量部位。

d. 驱动兆欧表达额定转速，或接通兆欧表电源，待指针稳定后（或 60s），读取绝缘电阻值。

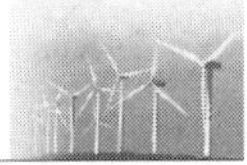

e. 读取绝缘电阻后，先断开接至被试品高压端的连接线，然后再将兆欧表停止运转。

f. 断开兆欧表后对被试品短接放电并接地。

g. 测量时应记录被试设备的温度、湿度、气象情况、试验日期及使用仪表等。

4）评定标准。符合产品技术条件的规定。

5）注意事项。

a. 试品温度一般应为 10～40℃。

b. 绝缘电阻随着温度升高而降低，但目前还没有一个通用的固定换算公式。温度换算系数最好实测决定。

（2）回路直流电阻的测量。

1）试验目的。测量其接触电阻，判断是否合格。

2）试验仪器：直流电阻测试仪。

3）试验方法。

a. 首先，应合上开关（3 次），然后把测试夹分别夹到开关同相的两端接线排上，接着启动测试仪器进行测量，直至三相测完。

b. 测量时应记录被试设备的温度、湿度、气象情况、试验日期及使用仪表等。

4）评定标准。

a. 敞开式断路器的测量值不大于制造厂规定值的 120％。

b. 其他按制造厂和产品技术条件规定。

5）注意事项。电流输入和电压输入应在不同位置，尽量清洁接触点，使之达到更好的测量效果。

（3）交流耐压试验。

1）试验目的。交流耐压是判断开关整体绝缘最有效的试验手段。

2）试验仪器：变频串联谐振成套设备。

3）试验方法。

a. 按照设备接线连接好升压设备，把被试开关外壳可靠接地，然后连接好高压引线，加压到规定值，1min 后降压，停止加压。

b. 拉开刀闸，检查调压器是否调零，合上刀闸，打开高压通按钮，缓慢调节升压旋钮，使电压达到规定试验电压。

c. 测量时应记录被试设备的温度、湿度、气象情况、试验日期及使用仪表等。

4）评定标准。无击穿及闪络现象。

5）注意事项。

a. 被试品为有机绝缘材料时，试验后应立即触摸，如出现普遍或局部发热，则认为绝缘不良，应及时处理，然后再做试验。

b. 如果耐压试验后的绝缘电阻比耐压前下降 30%，则检查该试品是否合格。

c. 在试验过程中，若由于空气湿度、温度、表面脏污等影响，引起被试品表面滑闪放电或空气放电，不应认为被试品的内绝缘不合格，需经清洁、干燥处理之后，再进行试验。

d. 升压必须从零开始，不可冲击合闸。升压速度在 40%试验电压以内可不受限制，其后应均匀升压，升压速度约为每秒 3%的试验电压。

e. 耐压试验前后均应测量被试品的绝缘电阻。

（4）开关机械特性测量。

1）试验目的。开关机械特性是判断开关合格与否的一个重要指标。

2）试验仪器：开关机械特性测试仪。

3）试验方法。

a. 按照测试仪器接线方法正确连接试验接线，然后开始进行开关机械特性测试。

b. 测量时应记录被试设备的温度、湿度、气象情况、试验日期及使用仪表等。

4）评定标准。符合制造厂要求及产品技术条件的规定。

5）注意事项。当开关动作后，应该马上关闭直流电源。

（5）介质损耗因数 $\tan\delta$ 和电容量测试。

1）试验目的。有效地发现设备是否存在受潮缺陷。

2）试验仪器：介损测试仪。

3）试验方法。

a. 测量装在开关设备上的任一只电容型套管的 $\tan\delta$ 和电容时，常采用高压电桥正接线测量，将相应套管的测量用小套管引线接至电桥的 Cx 端，一个一个地进行测量。

b. 具有抽压和测量端子（小套管引出线）引出的电容型套管，$\tan\delta$ 及电容的测量可分别在导电杆和各端子之间进行。

4）评定标准。

a. $\tan\delta$ 值与出厂值或初始值比较不应有显著变化。

b. 电容式套管的电容值与出厂值或初始值比较一般不大于±10%，当此变化达±5%时应引起注意。

5）注意事项。

a. 套管附近的木梯、构架、引线等所形成的杂散损耗也会对测量结果产生较大影响，应予搬除。套管电容越小，其影响越大，试验结果往往有很大差别。

b. 自高压电源接到试品导电杆顶端的高压引线应尽量远离试品中部法兰，有条件时高压引线最好自上部向下引到试品，以免杂散电容影响测量结果。

3. 断路器电气交接试验

(1) 绝缘电阻测量。绝缘电阻测量参照开关设备绝缘电阻测量进行。

(2) 测量每相导电回路的电阻。

1) 试验目的。测量其接触电阻，判断是否合格。

2) 试验仪器：回路电阻测试仪。

3) 试验方法。按照试验接线图接线，合上开关（3次），然后把测试夹分别夹到开关同相的两端接线排上，接着，启动测试仪器进行测量，直至三相测完。

4) 评定标准。每相导电回路的电阻值测量宜采用电流不小于100A的直流压降法，测试结果符合产品技术条件的规定。

5) 注意事项。

a. 测量时应记录被试设备的温度、湿度、气象情况、试验日期及使用仪表等。

b. 试验前检查回路，排除开路故障。

c. 测量时，电压测量线应接在电流输出线的内侧。

d. 接线时应做好防止高空坠落措施，注意保持与带电设备的距离。

(3) 交流耐压试验。

1) 试验目的。

判断开关整体绝缘最有效的试验手段，检测承受过电压能力，保证设备安全投运，稳定工作。

2) 试验仪器：变频串联谐振耐压成套设备。

3) 试验方法。试验时，将变频串联谐振耐压成套设备按照规定进行接线，设定好耐压时间和耐压值，控制箱设置完毕，系统自动调频，调频完毕，系统开始自动升压，控制屏可以清晰观察升压过程。达到设定值以后，系统自动降压，降压完毕后，用放电棒对被试品充分放电。

4) 评定标准。

a. 在SF_6气压为额定值时进行，试验电压应按照出厂试验值的80%。

b. 110kV以下电压等级应进行合闸对地和断口间耐压试验。

c. 试验过程1min内，不发生击穿闪络。

5) 注意事项。

a. 如果耐压试验后的绝缘电阻比耐压前下降30%，则检查该试品是否合格。

b. 在试验过程中，若由于空气湿度、温度、表面脏污等影响，引起被试品表面滑闪、放电或空气放电，不应认为被试品的内绝缘不合格，需经清洁、干燥处理之后，再进行试验。

c. 升压必须从零开始，不可冲击合闸。升压速度在40%试验电压以内可不受限制，其后应均匀升压，速度约为每秒3%的试验电压。

d. 耐压试验前后均应测量被试品的绝缘电阻。

e. 试验结束后要对被试设备充分放电。

（4）分、合闸线圈绝缘电阻及直流电阻测量。

1）试验目的。判断分、合闸线圈的绝缘性能，产品有无老化，绝缘是否受损；直流电阻测试能有效考察线圈和电流回路的连接状况，能反应线圈焊接质量、有无折断、接触不良、各相线圈直流电阻是否平衡等情况。

2）试验仪器：兆欧表、直流电阻测试仪。

3）试验方法。

a. 绝缘电阻测试。兆欧表自校：将兆欧表放平，低转速时用导线瞬时短接“L”和“E”端，其指针应指零，再将“L”和“E”端悬空，摇到额定转速，指针应指向“∞”。

b. 直流电阻测试。将电阻电桥平放，两条试验连接线分别接于分、合闸线圈的两端，然后进行测试。

4）评定标准。

a. 测量分、合闸线圈的绝缘电阻，其值不小于 10MΩ。

b. 直流电阻值与产品出厂试验值相比应无明显差别。

5）注意事项。

a. 测量后应充分放电。

b. 不允许在试验过程中拆除接线。

（5）分、合闸时间，同期性及合闸电阻预计投入时间测量。

1）试验目的。判断开关特性是否符合标准，分、合闸同期性及配合时间是否合格。

2）试验仪器：断路器特性测试仪。

3）试验方法。将断路器特性测试仪的分、合闸控制线分别接入断路器二次控制线中，用试验线将断路器一次各断口的引线接入测试的时间通道，将可调直流电源调至额定操作电压，通过控制断路器特性测试仪，对断路器进行分、合闸操作，得出各相分、合闸时间及和弹跳时间。三相合闸时间中的最大值与最小值之差即为合闸不同期。如果 SF_6 断路器每相存在多个断口，则应同时测量各个断口的分、合闸时间，并得出同相各断口分、合闸的不同期。如果断路器带有合闸电阻，则应同时测量合闸电阻的预先投入时间。

4）评定标准。

a. 分、合闸同期性及配合时间应符合产品技术条件的规定。

b. 合闸电阻投入时间及电阻值应符合产品技术条件的规定。

c. 除制造厂另有规定外，断路器的分、合闸同期性应满足下列要求：相间合闸不

同期不大于 5ms，相间分闸不同期不大于 3ms。

4. 隔离开关电气交接试验

（1）绝缘电阻测量参照开关设备绝缘电阻测量进行，隔离开关与负荷开关的有机材料传动杆的绝缘电阻值见表 5-14，常温下不应低于表 5-14 的规定。

表 5-14 有机材料传动杆的绝缘电阻值

额定电压/kV	3.6～12	24～40.5	72.5～252	363～800
绝缘电阻值/MΩ	1200	3000	6000	10000

（2）交流耐压试验。

1）试验目的。

交流耐压试验是判断开关整体绝缘最有效的试验手段。

2）试验仪器：变频串联谐振耐压成套设备。

3）试验方法。试验时，将变频串联谐振耐压成套设备按照规定进行接线，设定好耐压时间和耐压值，控制箱设置完毕，系统自动调频，调频完毕，系统开始自动升压，控制屏可以清晰观察升压过程。达到设定值以后，系统自动降压，降压完毕后，用放电棒对被试品充分放电。

4）评定标准。

a. 交流耐压过程中未出现击穿闪络现象；

b. 试验电压应符合 GB 50150 附录 F 的规定。

5）注意事项。

a. 被试品为有机绝缘材料时，试验后应立即触摸，如出现普遍或局部发热，则认为绝缘不良，应及时处理，然后再做试验。

b. 如果耐压试验后的绝缘电阻比耐压前下降 30%，则检查该试品是否合格。

c. 在试验过程中，若由于空气湿度、温度、表面脏污等影响，引起被试品表面滑闪放电或空气放电，不应认为被试品的内绝缘不合格，需经清洁、干燥处理之后，再进行试验。

d. 升压必须从零开始，不可冲击合闸。升压速度在 40%试验电压以内可不受限制，其后应均匀升压，升压速度约为每秒 3%的试验电压。

e. 耐压试验前后均应测量被试品的绝缘电阻。

（3）操动机构的试验。

1）试验目的。检查操动机构能否准确动作。

2）试验仪器：三相调压器、电压表。

3）试验方法。将三相调压器的输出端与电动机的电源输入端相连，调压器的输入端与电源板的输出端相连，最后取得三相 380V 电源电压并确保其电压及相序的正确性，然后确认电源板、三相调压器、电动机的输入端的相序必须完全一致为正相序后，方可进行操作。

4）评定标准。当电动机接线端子的电压在其额定电压的80%～110%范围内时，应保证隔离开关的主闸刀或接地闸刀可靠地分闸和合闸。

5）注意事项。试验时要把场用电从隔离开关隔离出去，防止反送电造成事故。

5. 互感器电气交接试验

（1）测量绝缘电阻。绝缘电阻测量参照开关设备绝缘电阻测试进行，评定标准如下：

1）应测量一次绕组对二次绕组及外壳、各二次绕组间及其对外壳的绝缘电阻；绝缘电阻值不宜低于1000MΩ。

2）测量电流互感器一次绕组段间的绝缘电阻，绝缘电阻值不宜低于1000MΩ，由于结构原因无法测量时可不测量。

3）测量电容型电流互感器的末屏及电压互感器接地端（N）对外壳（地）的绝缘电阻，绝缘电阻值不宜小于1000MΩ。当末屏对地绝缘电阻小于1000MΩ时，应测量其tanδ时，其值不应大于2%。

（2）测量绕组的直流电阻。

1）试验目的。直流电阻测试能有效考察线圈和电流回路的连接状况，能反映线圈焊接质量，有无折断和接触不良，各相线圈直流电阻是否平衡等情况。

2）试验仪器：直流电阻测试仪。

3）试验方法。电流电压表法又称电压降法。电压降法的测量原理是在被测量绕组中通以直流电流，在绕组的电阻上产生电压降，测量出通过绕组的电流及绕组上的电压降，根据欧姆定律，即可计算出绕组的直流电阻。

4）评定标准。

a. 电压互感器。一次绕组直流电阻测量值与换算到同一温度下的出厂值比较，相差不宜大于10%；二次绕组直流电阻测量值与换算到同一温度下的出厂值比较，相差不宜大于15%。

b. 电流互感器。同型号、同规格、同批次电流互感器绕组的直流电阻和平均值的差异不宜大于10%，一次绕组有串、并联接线方式时，对电流互感器的一次绕组的直流电阻测量应在正常运行方式下测量，或同时测量两种接线方式下的一次绕组的直流电阻，倒立式电流互感器单匝一次绕组的直流电阻之间的差异不宜大于30%，当有怀疑时，应提高施加的测量电流，测量电流（直流值）不宜超过额定电流（方均根值）的50%。

5）注意事项。

a. 试验结束后要充分放电。

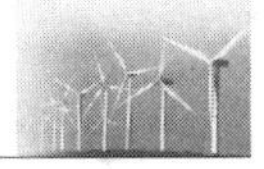

b. 不允许在测量过程中拆除接线。

c. 如果充电进度条和电流显示值长时间不动，则可能所测绕组阻值超出当前电流的测量范围，电流达不到预设值，此时按退出键返回，重新选择电流再测。

(3) 交流耐压试验。

试验设备及仪器和试验方法参照变压器串联谐振交流耐压试验。耐压试验时，被试绕组短接至兆欧表，非被试绕组均短路接地；在试验过程中，若由于空气湿度、温度、表面脏污等影响，引起被试品表面滑闪放电或空气放电，不应认为被试品的内绝缘不合格，需经清洁、干燥处理之后，再进行试验；升压必须从零开始，不可冲击合闸。升压速度在40%试验电压以内可不受限制，其后应均匀升压，速度约为每秒3%的试验电压；耐压试验前后均应测量被试品的绝缘电阻；高压试验变压器有测量绕组的，在不使用时，低压端必须接地，注意绕组不能短路；耐压试验接线必须实行“三检制”（自检、互检、工作负责人检）；加压过程中，必须有人现场监护；加压部分对非加压部分的绝缘距离必须足够，并要防止对运行设备及非加压部分的伤害。

(4) 互感器误差及变比、接线组别和极性测试。

1) 使用变比测试仪，可以自动测量出互感器的变比及误差，以及绕组的接线组别和极性。将变比测试仪的高压输出接互感器的高压端，低压输出接互感器低压端，设备及仪器可靠接地，接线完成后开始测试。

2) 评定标准。互感器的接线绕组组别和极性应符合设计要求，并应与铭牌和标志相符。

6. 避雷器电气交接试验

(1) 测量绝缘电阻。绝缘电阻的测量参照开关设备绝缘电阻测量进行，评定标准如下：

1) 35kV 以上电压等级，绝缘电阻不应小于 2500MΩ。

2) 35kV 及以下电压等级，绝缘电阻不应小于 1000MΩ。

3) 1kV 以上电压等级，绝缘电阻不应小于 2MΩ。

4) 底座绝缘电阻不小于 5MΩ。

(2) 测量直流参考电压和 0.75 倍直流参考电压下的泄漏电流。

1) 试验目的。检查避雷器并联是否受潮、劣化、断裂，以及同相各元件的系数是否相配；对无串联间隙的金属氧化物避雷器则要求测量电流 1mA 下的电压及 75% 该电压下的泄漏电流。

2) 试验仪器：高压直流发生器、微安表。

3) 试验方法。

a. 避雷器地端接地，高压直流发生器输出端通过微安表与避雷器引线端相连，避雷器泄漏电流测试接线图如图 5-9 所示。

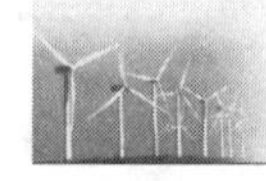

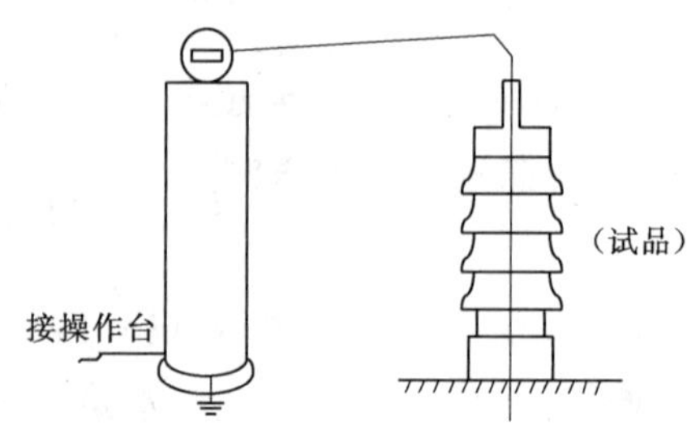

图 5-9　避雷器泄漏电流测试接线图

b. 首先检查升压旋钮是否回零，然后合上刀闸，打开操作电源，逐步平稳升压，升压时严格监视泄漏电流，当要到 1mA 时，缓慢调节升压按钮，使泄漏电流达到 1mA，此时马上读取电压，然后降压至该电压的 75%，再读取此时的泄漏电流。

c. 迅速调节升压按钮回零，断开高压通按钮，断开设备电源开关，拉开电源刀闸，对被试设备和高压发生器放电。

d. 测量时应记录被试设备的温度、湿度、气象情况、试验日期及使用仪表等。

4）评定标准。实测值与制造厂实测值比较，其允许偏差应为±5%。0.75U、1mA 下的泄漏电流不大于 50μA，或符合产品技术条件的规定。750kV 电压等级的金属氧化物避雷器应测试 1mA 和 3mA 下的直流参考电压值，测试值应符合产品技术条件的规定；0.75 倍直流参考电压下的泄漏电流值不应大于 65μA，还应符合产品技术条件的规定。

5）注意事项。试验过程注意人身安全，拆线及换相时应先通过放电棒将感应电流放完后再进行下一步操作。对不同温度下测量的避雷器电导电流进行比较时，需要将它们换算到同一温度。

（3）测量工频放电电压。

1）试验目的。测量工频放电电压是避雷器和有串联间隙金属氧化物避雷器的必做项目，其试验的目的是检查间隙的放电电压是否符合要求。

2）试验仪器：电压表、电流表、调压器、试验变压器。

3）试验方法。

a. 工频放电试验接线与一般工频耐压试验接线相同。

b. 试验电压的波形应为正弦波，为消除高次谐波的影响，必要时调压器的电源取线电压或在试验变压器低压侧加滤波回路。对有串联间隙的金属氧化物避雷器，应在被试避雷器下端串接电流表，用来判别间隙是否放电动作。

c. 保护电阻器是用来限制避雷器放电时的短路电流的。对不带并联电阻的避雷器，一般取 0.1～0.5Ω/V，保护电阻不宜取得太大，否则间隙中建立不起电弧，使测得的工频放电电压偏高。

d. 有串联间隙的金属氧化物避雷器，由于阀片的电阻值较大，放电电流较小，过流跳闸继电器应调整得灵敏些。调整保护电阻器，将放电电流控制在 0.05～0.2A。

4）评定标准。

a. 工频放电电压试验应符合产品技术条件的规定。

b. 工频放电电压试验时，放电后应快速切断电源，切断电源时间不应大于 0.5s，过电流保护动作电流应控制在 0.2～0.7A。

5）注意事项。试验时升压不能太快，以免电压表由于机械惯性作用读不准。应读取避雷器击穿时电压下降前的最高电压值，作为避雷器的放电电压。一般一只避雷器做 3 次试验，取平均值作为工频放电电压。

（4）测量工频参考电压和持续电流。

1）试验目的。工频参考电压是无间隙金属氧化物避雷器的一个重要参数，它表明阀片的伏安特性曲线饱和点的位置。运行一定时期后，工频参考电压的变化能直接反映避雷器的老化、变质程度。

2）试验仪器：电压表、调压器、试验变压器、交流泄漏电流测试仪。

3）试验方法。试验接线图如图 5－10 所示，接好试验接线，然后逐步升压使测得的工频泄漏电流等于工频参考电流，此时读取输入电压，求得避雷器两端所加电压，此电压即为工频参考电压。

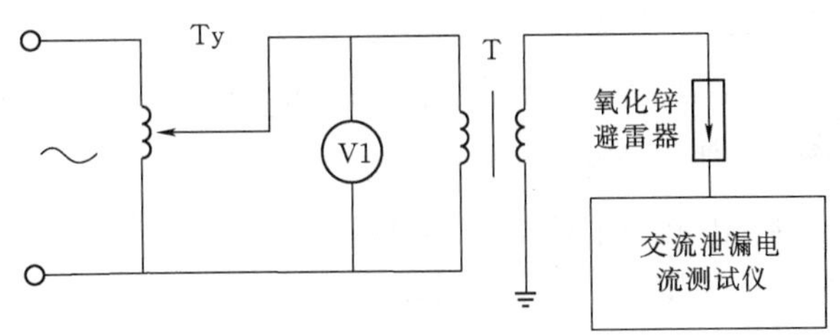

图 5－10 试验接线图

Ty—调压器；T—工频试验变压器

4）评定标准。金属氧化物避雷器工频参考电压应符合《交流无间隙金属氧化物避雷器》（GB 11032）或制造厂规定。

5）注意事项。

a. 初始值和历次测量值比较，当有明显降低时就应对避雷器加强监视，110kV 及以上的避雷器，参考电压降低超过 10%时，应查明原因，若确系老化造成的，宜退出运行。

b. 测量时的环境温度应在（20±15）℃，测量应每节单独进行，整相避雷器有一节不合格，应更换该节避雷器（或整相更换），使该相避雷器合格。

（5）检查放电计数器动作情况。

1）试验目的。检查放电计数器是否正常工作。

2）试验仪器：放电计数器测试棒。

3）试验方法。

a. 将测试棒的接地引线夹在计数器的接地端。

b. 然后打开电源，等待几秒钟后，测试棒高压输出端迅速接触计数器与避雷器连接体，同时观察计数器是否动作。

4）评定标准。计数器能正常动作。

5）注意事项。测试 3～5 次，均应正常动作，测试后计数器指示应调到“0”。

7. 套管电气交接试验

（1）测量套管绝缘电阻。套管绝缘电阻参照开关设备绝缘电阻测量进行，评定标准如下：

1）套管的主绝缘绝缘电阻应不小于10000MΩ。

2）末屏绝缘电阻不宜小于1000MΩ。当末屏对地绝缘电阻小于1000MΩ时，应测量其tanδ，不应大于2%。

（2）测量20kV及以上非瓷套管的介质损耗角正切值tanδ和电容值。

1）试验目的。有效地发现设备是否存在受潮缺陷。

2）试验仪器：介损测试仪。

3）试验方法。首先对套管进行放电，随后拆除高压引线和末屏的接地线。采用介损测试仪正接法，将测试仪正接线柱（高压输出线）与套管高压接线端子相连，另一端连接套管末屏，将仪器的接地端子用接地线接地。

4）评定标准。

a. 在室温不低于10℃的条件下，套管的绝缘介质损耗因数tanδ（%）应符合表5-15的规定。

表5-15　套管的绝缘介质损耗因数表

套管主绝缘类型		tanδ最大值/%
电容式	油浸纸	0.7（500kV套管0.5）
	胶浸纸	0.7
	胶粘纸	1.0（66kV及以下电压等级套管1.5）
	浇铸树脂	1.5
	气体	1.5
	有机复合绝缘	0.7
非电容式	浇注树脂	2.0
	复合绝缘	根据技术协议
其他套管		根据技术协议

b. 电容式套管的实测电容值与出厂值或初始值相比，允许偏差为±5%。

5）注意事项。

a. 抽压小套管绝缘不良，因其分流作用，使测量的tanδ值产生偏小的测量误差。

b. 当相对湿度较大（如在80%以上）时，正接线使测量结果偏小，甚至tanδ测值出现负值；反接线往往使测量结果偏大。潮湿气候时，不宜采用加接屏蔽环来防止表面泄漏电流的影响，否则电场分布被改变，会得出难以置信的测量结果。有条件时可采用电吹风吹干瓷表面或待阳光暴晒后进行测量。

c. 套管附近的木梯、构架、引线等所形成的杂散损耗也会对测量结果产生较大影

响，应予搬除。套管电容越小，其影响越大，试验结果往往有很大差别。

d. 自高压电源接到试品导电杆顶端的高压引线，应尽量远离试品中部法兰，有条件时高压引线最好自上部向下引到试品，以免杂散电容影响测量结果。

(3) 交流耐压试验。

1) 试验目的。考验被试品绝缘能否承受各种过电压，真实有效地反映绝缘缺陷。

2) 试验仪器：变频串联谐振耐压成套设备。

3) 试验方法。先将试验变压器的接地端子可靠接地，然后将试验变压器的输入端与三相调压器的输出端相连，试验变压器的测量端子与电压表的测量端子相连。电压表水平放置，事先计算好电压表的读数，调整好量程，尽量使试验电压的读数位于满量程的1/2以上，以减少测量误差。调压器的输入端经刀闸或空气开关连接后与380V电源连接，再将套管的一次端与试验变压器的高压侧相连，套管的法兰和小套管（末屏）可靠接地。确认以上接线无误后方可进行试验。

4) 评定标准。试验电压根据规程GB 50150附录F确定，穿墙套管、断路器套管、变压器套管、电抗器及消弧线图套管，均可随母线和设备一起进行交流耐压试验，试验过程中应无异常现象，无闪络现象，则可认为试验通过。

5) 注意事项。

a. 被试品为有机绝缘材料时，试验后应立即触摸，如出现普遍或局部发热，则认为绝缘不良，应及时处理，然后再做试验。

b. 如果耐压试验后的绝缘电阻比耐压前下降30%，则检查该试品是否合格。

c. 在试验过程中，若由于空气湿度、温度、表面脏污等影响，引起被试品表面滑闪放电或空气放电，不应认为被试品的内绝缘不合格，需经清洁、干燥处理之后，再进行试验。

d. 升压必须从零开始，不可冲击合闸。升压速度在40%试验电压以内可不受限制，其后应均匀升压，速度约为每秒3%的试验电压。

e. 耐压试验前后均应测量被试品的绝缘电阻。

8. SF_6 电气设备气体密封试验

(1) 试验目的。检测SF_6电气设备的气体密封性能。

(2) 试验仪器。

1) 定性检漏仪：灵敏度不低于10^{-8}，响应时间不大于10s。

2) 定量检漏仪：灵敏度不低于10^{-8}，响应时间不大于10s，测量范围10^{-8}～10^{-4}。

所有仪器必须经过检定合格。

(3) 试验方法。

1) 定性检漏。定性检漏是判断试品漏气与否的一种手段。

a. 抽真空检漏。试品抽真空到真空度为 113×10^{-6}MPa，再维持真空泵运转 30min 后停泵，30min 后读取真空度 A，5h 后再读取真空度 B；如 $B-A$ 值小于 133×10^{-6}MPa，则认为密封性能良好。

b. 检漏仪检漏。试品充气至额定压力，然后使用灵敏度不低于 10^{-8} 的 SF_6 检漏仪检漏，无漏点则认为密封性能良好。

2）定量检漏。定量检漏可以在整台设备/隔室或由密封对应图 TC 规定的部件或元件上进行。定量检漏现场普遍采用挂瓶法、局部包扎法和压降法。制造厂应提供试品的体积和充气量。

a. 挂瓶法。挂瓶法适用于法兰面有双道密封槽的场合。在双道密封槽之间有一个检测孔，试品充气至额定压力后，取掉检测孔的螺塞，经 24h 后，用软胶管分别连接检测孔和挂瓶，经过一段时间后取下挂瓶，用 SF_6 检漏仪测定挂瓶内 SF_6 气体的浓度，密封面的漏气率公式为

$$F=\frac{CVP}{\Delta t}(\mathrm{MPa}\cdot 10^3/\mathrm{s})$$

式中　C——挂瓶中 SF_6 气体的浓度，μL/L；

V——挂瓶容积，m^3；

P——环境绝对大气压，MPa；

Δt——挂瓶时间，s。

b. 局部包扎法。用约 0.1mm 厚的塑料薄膜按被试品的几何形状围一圈半，使接缝向上，尽可能构成圆形或方形，经整形后边缘用胶带密封。塑料薄膜和被试品应保持一定的空隙，一般为 5mm 左右，过一定时间后测定包扎腔内 SF_6 气体的浓度。试品的漏气率 F、年漏气率 F_y 和补气间隔时间 T 分别如下

$$F=\frac{\Delta C(V_m-V_1)P}{\Delta t}(\mathrm{MPa}\cdot \mathrm{m}^3/\mathrm{s})$$

式中　ΔC——试验开始到终止时泄漏气体浓度的增量，为测量值的平均值，μL/L；

Δt——测量 ΔC 的时间间隔，s；

V_m——封闭容积，m^3；

V_1——试品体积，m^3；

P——绝对大气压，MPa。

$$F_y=\frac{F\times31.5\times10^{-6}}{V(P_r+0.1)}\times100(\%/年)$$

式中　V——试品气体密封系统容积，m^3；

P_r——试品压力，MPa。

$$T=\frac{(P_r-P_{\min})V}{F\times 31.5\times 10^{-6}}(\text{年})$$

式中 $P_{\min}$——最小运行压力，MPa。

c. 压降法。压降法适用于设备/隔室漏气量较大或在运行期间测定漏气率。漏气和补气间隔时间为

$$F_y=\frac{\Delta P}{P_1+0.1}\cdot\frac{12}{\Delta t}\times 100(\%/\text{年})$$

其中

$$\Delta P=P_1-P$$

式中 P_1——压降前的压力（换算到标准大气压条件下），MPa；

P——压降后的压力（换算到标准大气压条件下），MPa；

Δt——压降 ΔP 经过的时间，月。

$$T=\frac{(P_r-P_{\min})\Delta t}{12\Delta P}(\text{年})$$

（4）评定标准。

1）试验方法可采用灵敏度不低于 1×10^{-6}（体积比）的检漏仪对各气室密封部位、管道接头等处进行检测，检漏仪不应报警。

2）必要时可采用局部包扎法进行气体泄漏测量。以 24h 的漏气量换算，每一个气室年漏气率不应大于 1%，750kV 电压等级的不应大于 0.5%。

（5）注意事项。

1）采用定性检漏仪进行检漏时检漏仪的探头移动速度不宜大于 10mm/s。

2）采用包扎法进行定量检漏时应注意保证包扎的严密性。

9. SF_6 新气微水含量测定

（1）测试目的。测定 SF_6 新气微水含量。

（2）测试仪器：电解式微量水分分析仪、冷凝式露点水分测量仪和阻容式露点水分分析仪器。

（3）测试方法。

1）电解法。

a. 气密性检查。测试系统所连接头处应无泄漏，否则会因空气中的水分渗入导致测量结果偏高。

b. SF_6 气体流量的标定。仪器的浮子流量计应用皂膜流量计标定，要求标定 100mL/min 和 50mL/min 两点，标定过程中浮子应保持稳定。

c. 电解池灵敏度的检查。将被测气体流量从 100mL/min 降到 50mL/min，所得到的含水量应是初始值的一半，最大相对偏差为 10%。

d. 取去电解池两端接线柱上的接线片，用万用表的 100（Ω）档与接线柱相接，

万用表的指针应从低阻值明显向高阻值变化，否则电解池需要清洗涂敷或更换。

e. 电解池及测量仪器本底干燥。利用高纯氮气进行干燥，将控制阀置于干燥档，缓慢地打开测试流量阀，以20～50mL/min的流量干燥电解池，为节约用气，旁通流量可以关小，至表头示值下降至5×10^{-6}以下。

f. 测量。将控制阀置于“测量位置”，准确调节测试流量为100mL/min，直到仪器示值稳定后读数。该读数减去标底值为被测气体中的本底水分含量。

2）冷凝露点法。目前采用冷凝露点法，露点仪一般采用半导体制冷和光电测量原理。

a. 测量系统、管路及接头等应无泄漏。

b. 镜面污染的处理。当固体颗粒、污着物、油污等进入仪器，镜面受污染时会引起测量底露点偏离。此时可用涤绸蘸无水乙醇或四氯化碳轻轻擦洗镜面，再用干净的涤绸擦干净。

c. 测量方法。采用光电测量的露点仪，测试时按照仪器说明书进行操作，可直接测得露点值。

d. 测量重复性。测量时，直到连续三次测试底露点差值不大于±1.5℃。

e. 计算。测量时可以采用带压测量或常压测量。一般情况下，普遍采用常压测量，测量时将仪器底排气阀门完全打开，调节进气阀门，控制流量在40mL/min左右，测量得到露点值，根据露点值查表得到冰的饱和蒸汽压，用查的冰的饱和蒸汽压除以测试地点的大气压力，可以得到测试气体中的水分含量（体积比）。

（4）评定标准。

1）测量SF_6气体含水量（20℃的体积分数），应按《额定电压72.5kV及以上气体绝缘金属封闭开关设备》（GB 7674）和《六氟化硫电气设备中气体管理和检测导则》（GB/T 8905）的有关规定执行。

2）有电弧分解的隔室，SF_6气体含水量应小于150μL/L。

3）无电弧分解的隔室，SF_6气体含水量应小于250μL/L。

4）气体含水量的测量应在封闭式组合电器充气24h后进行。

10. 主回路交流耐压试验

（1）试验目的。判断GIS主回路整体绝缘是否存在缺陷。

（2）试验仪器：串联谐振耐压成套设备。

（3）试验方法。

1）所有的气室微水试验已合格。耐压试验前必须对每个气室进行微水测试，测量时严格遵守电气试验规程。由于GIS是全密封的电气设备，对SF_6的要求很高，在测试时应有旁站监理。

2）所有的气室已无漏气。耐压前必须对每个气室检漏，本站所有的法兰盘在安装完毕后用密封薄膜进行包扎，目的是更好地使检漏精确。

3）大容量、高电压交流耐压试验通常采用变频电压谐振的方法，通过调节变频电源输出频率使回路中发生电压谐振，再调节变频电源输出电压使试验电压达到试验电压值，试验频率可在一定范围内调节，品质因数高，无“试验死区”，而且试验设备保护功能完善，可以有效地保护试品。在现场试验过程中，试验天气的状况对品质因数影响很大，但是随着试验电压值的慢慢升高，试验回路中会发生电晕，有功损失也会增加，造成品质因数下降。在阴天或空气湿度较大的情况下，品质因数将减少30%左右，使得励磁变压器输入电压增大，因此交流耐压试验一定要选择晴天或空气较干燥的情况下进行试验。变压器的交流试验电压值为出厂试验电压值的80%，频率为30～300Hz，进行1min；GIS试验回路由变频电源、励磁变压器、高压电抗器、分压器、避雷器和试品组成，变频电压谐振试验设备为厂家生产的成套设备，变压器接地必须符合技术规范，试验时高压引线要使用专用的无晕引线。现场要使用16mm^2的裸铜线作为试验设备的接地线，接地线要拉直，不可环绕打折，否则变压器击穿放电时接地线上会产生高压，接地的顺序要按照试验设备的要求连接接地。试验过程中有时会出现“假谐振点”，此时的变频输出电压值为50～80V，而真正的谐振点变频电源输出电压均应小于20V，试验过程中要注意识别。按照商定的试验方案，变压器能够承受规定的试验电压值，1min无击穿放电现象，则认为变压器耐压试验通过。

试验过程中，若变压发生击穿放电的现象，可以根据变压器放电量和放电引起的声、光、电、化学等各种效应进行判断。

4）GIS在交流耐压时必须进行老练试验，老练试验的目的是在加压过程中减少由于杂质小桥引起的放电。把所有接地开关拉开，合上所有断路器、隔离开关、TV间隔及避雷器。

（4）评定标准。变压器承受规定的试验电压值，1min无击穿放电现象，认为变压器耐压试验通过。

（5）注意事项。

1）被试品为有机绝缘材料时，试验后应立即触摸，如出现普遍或局部发热，则认为绝缘不良，应及时处理，然后再做试验。

2）如果耐压试验后的绝缘电阻比耐压前下降30%，则检查该试品是否合格。

3）在试验过程中，若由于空气湿度、温度、表面脏污等影响，引起被试品表面滑闪放电或空气放电，不应认为被试品的内绝缘不合格，需经清洁、干燥处理之后，再进行试验。

4）升压必须从零开始，不可冲击合闸。升压速度在40%试验电压以内可不受限制，其后应均匀升压，速度约为每秒3%的试验电压。

5）耐压试验前后均应测量被试品的绝缘电阻。

5.1.11.3　电缆电气交接试验

电缆电气试验是为了及时发现缺陷和薄弱环节，以便及时加以处理。可防止缺陷扩大而损坏电缆，影响电力设备正常运行。对于即将投入运行中的电缆则可起到防患于未然的作用。埋入地下的电缆，由于平时不易检查，其绝缘性能的变化主要是通过试验来加以判断的。

1. 绝缘电阻测量

（1）试验目的。通过对主绝缘绝缘电阻的测试可初步判断电缆绝缘是否受潮、老化、脏污及局部缺陷，并可检查由耐压试验检出的缺陷的性质。对橡塑绝缘电力电缆而言，通过电缆外护套和电缆内衬层绝缘电阻的测试，可以判断外护套和内衬层是否进水。

（2）试验仪器：500V兆欧表（测量橡塑电缆的外护套和内衬层绝缘电阻时），1000V兆欧表（对0.6/1kV及以下电缆），2500V兆欧表（对0.6/1kV以上电缆）。

（3）试验方法。

1）电缆主绝缘绝缘电阻测量。

a. 断开被试品的电源，拆除或断开其对外的一切连线，并将其接地充分放电。

b. 用干燥、清洁、柔软的布擦净电缆头，然后将非被试相缆芯与铅皮一同接地，逐相测量。

c. 将兆欧表放置平稳，将兆欧表的接地端头“E”与被试品的接地端相连，带有屏蔽线的测量导线的火线和屏蔽线分别与兆欧表的测量端头“L”及屏蔽端头“G”相连。

d. 接线完成后，先驱动兆欧表至额定转速（120r/min），此时，兆欧表指针应指向“∞”，再将火线接至被试品，待指针稳定后，读取绝缘电阻的数值。

e. 读取绝缘电阻的数值后，先断开接至被试品的火线，然后再将兆欧表停止运转。

f. 将被试相电缆充分放电，操作应采用绝缘工具。

2）橡塑电缆内衬层和外护套绝缘电阻测量。

a. 解开终端的铠装层和铜屏蔽层的接地线。

b. 断开被试品的电源，拆除或断开其对外的一切连线，并将其接地充分放电。

c. 用干燥、清洁、柔软的布擦净电缆头，然后将非被试相缆芯与铅皮一同接地，逐相测量。

d. 将兆欧表放置平稳，将兆欧表的接地端头“E”与被试品的接地端相连，带有屏蔽线的测量导线的火线和屏蔽线分别与兆欧表的测量端头“L”及屏蔽端头“G”相连。

e. 接线完成后，先驱动兆欧表至额定转速（120r/min），此时，兆欧表指针应指向“∞”，再将火线接至被试品，待指针稳定后，读取绝缘电阻的数值。

f. 读取绝缘电阻的数值后，先断开接至被试品的火线，然后再将兆欧表停止运转。

g. 将被试相电缆充分放电，操作应采用绝缘工具。

注意，测量内衬层绝缘电阻时，将铠装层接地；将铜屏蔽层和三相缆芯一起短路（摇绝缘时接火线）。测量外护套绝缘电阻时，将铠装层、铜屏蔽层和三相缆芯一起短路（摇绝缘时接火线）。

（4）评定标准。橡塑电缆外护套、内衬层的绝缘电阻不应低于0.5MΩ/km。耐压试验前后绝缘电阻测量应无明显变化。评定标准来自《电气装置安装工程　电气设备交接试验标准》（GB 50150）17.0.3条款。

（5）注意事项。

1）摇表线不能绞在一起，要分开。

2）摇表未停止转动之前或被测设备未放电之前，严禁用手触及。拆线时不要触及引线的金属部分。

2. 检查相位

（1）试验目的。检查电缆两端相位一致并应与电网相位相符合，以免造成短路事故。

（2）试验仪器：数字万用表。

（3）试验方法。

1）在电缆一端将某相接地，其他两相悬空，准备好以后，用对讲机呼叫电缆另一端准备测量。

2）将万用表的档位开关置于测量电阻的合适位置，打开万用表电源，黑表笔接地，将红表笔依次接触三相，观察红表笔处于不同相时电阻值的大小。

3）当测得某相直流电阻较小而其他两相直流电阻无穷大时，说明该相在另一端接地，呼叫对侧做好相序标记（已侧也做好相同的相序标记）。

4）重复步骤1）、2）、3），直至找完全部三相为止，最后随即复查任意一相，确保电缆两端相序的正确。

（4）评定标准。两端相位一致。

（5）注意事项。及时标记，以免相位混乱。

3. 电缆交流耐压试验

（1）试验目的。橡塑绝缘电缆特别是交联聚乙烯电缆，因其具有优异的性能，得到了迅速的发展，目前在中低压电压等级中已基本取代了油浸纸绝缘电缆，超高压交联聚乙烯电缆已发展至500kV电压等级。如果对交联聚乙烯电缆施加直流电压，那么直流试验过程中在交联聚乙烯电缆及其附件中会形成空间电荷，对绝缘有积累效应，会加速绝缘老化，缩短使用寿命，同时，直流电压下绝缘电场分布与实际运行电压下不同。因此，直流试验合格的交联聚乙烯电缆投入运行后，在正常工作电压作用下也会发生绝缘事故。通过施加交流试验电压，可以避免以上不足，并且可以有效地鉴别正常绝缘的绝缘水平。

（2）试验仪器：串联谐振试验设备（包括操作箱、励磁变压器、谐振电抗器、分压器、负载补偿电容等）。

（3）试验方法。

1）将被试电缆与其他电气设备解开并充分放电。

2）布置试验设备，检查设备的完好性，连接电缆无破损、断路和短路，连接线路前应有明显的电源断开点。

3）按照试验接线图连接各部件，各接地点应一点接地。

4）检查“电源”开关处于断开位置，“电压调节”电位器逆时针旋转到底（零位），接通电源线。

5）检查“过压整定”拨码开关，拨动拨盘，使显示的整定值为试验电压的1.05～1.1倍。

6）接通“电源”开关，显示设置界面，进行有关参数设置。

7）升压及试验结果保存与查询。

8）更换试验相，重复步骤1）～7）。

9）关机，断开电源。

（4）评定标准。交流耐压试验电压标准见表5-16。

表5-16　交流耐压试验电压标准

U_0/U/kV	试验电压	时间/min	U_0/U/kV	试验电压	时间/min
18/30及以下	$2U_0$	15或60	190/330	$1.7U_0$（或$1.4U_0$）	60
21/35～64/110	$2U_0$	60	290/500	$1.7U_0$（或$1.4U_0$）	60
127/220	$1.7U_0$（或$1.4U_0$）	60			

在一定频率范围内（通常为20～300Hz），当确定试验电压后，逐渐升高电压，如果在规定时间内耐压试验通过，说明电缆能够投入运行，否则不合格。

（5）注意事项。

1）被试电缆两端应完全脱空，试验过程中，两端应派专人看守。

2）试验前应根据电缆长度、电压等级等确定励磁变低压侧接线方式，以使励磁变高压侧能输出满足试验条件的电压。

3）在施加试验电压前应设定好过电压整定值。

4）试验设备（谐振电抗器、分压器、励磁变压器等）应尽量靠近被试电缆头，

减少试验接地线的长度，并减少接地线的电感量。

5）试验时操作人员除接触调谐、调压绝缘旋钮外，不要触及控制箱金属外壳。

5.1.11.4 接地装置电气交接试验

接地装置是把电气设备或其他物件和地之间构成电气连接的设备。当电气设备发生短路或者遭受雷击时，能够有效地保护电气设备，场区接地装置敷设完毕后，要对其进行电气交接试验，检测接地装置的阻抗值，判断连接是否紧固，有无破坏，确保接地装置的完整性和可靠性。

1. 接地阻抗测量

（1）试验目的。检查接地装置是否受到外力破坏或化学腐蚀等影响而导致接地电阻值的变化。

（2）试验仪器：接地阻抗测试仪。

（3）试验方法。按装置说明接线，辅助接地棒插入地下大概 3/4，装置与两根接地棒保持三点一线，电压引线长度为电流引线长度的 0.618 倍，再次检查接线无误后开始测量，测量结束在面板读取数据并记录。

（4）评定标准。接地阻抗值应符合设计文件要求，无要求时 $Z \leqslant 0.5\Omega$；其他要求参考《电气装置安装工程　电气设备交接试验标准》（GB 50150）25.0.3 条款。

（5）注意事项。接地装置的特性参数大多与土壤的潮湿程度密切相关，因此接地阻抗的测量应在土壤没有冻结时进行，不应在雷雨、雨后立即进行。

2. 接地网电气完整性测试

（1）试验目的。测量同一接地网各相邻设备接地线之间的电气导通情况。

（2）试验仪器：直流电阻测试仪。

（3）试验方法。按装置说明接线，将两条出线分别夹在同一接地网相邻设备接地引下线处，设置装置上合适的电阻，然后检查接线无误后开始测量，测量结束在面板读取数据并记录。

（4）评定标准。直流电阻值不宜大于 0.05Ω；其他要求参考《电气装置安装工程　电气设备交接试验标准》（GB 50150）接地装置条款。

（5）注意事项。测试中要尽量减少接触电阻的影响，发现测试值在 0.5Ω 以上时，要多次测试验证，以保证测试的准确性。

3. 跨步电位差、跨步电压、接触电位差、接触电压和转移电位测量

（1）试验目的。在电压等级较高的系统中，单相接地故障电流显著增加，加入接触电压和跨步电压测量可以保证人身和设备的安全。

（2）试验仪器：DF9000 变频大电流多功能地网接地特性测量系统。

（3）试验方法。测试示意图如图 5－11 所示，其为接触电压和跨步电压测量原理示意图，并接在高输入阻抗电压表两端的电阻 R_m（1000～1500Ω）为等效人体电阻。

首先取下 R_m，电压表分别测量出通过接地网的电流 I 对应的接触电势和跨步电势；然后在电压表两端并接 R_m，则电压表分别测量出通过接地网的测试电流对应的接触电压和跨步电压。

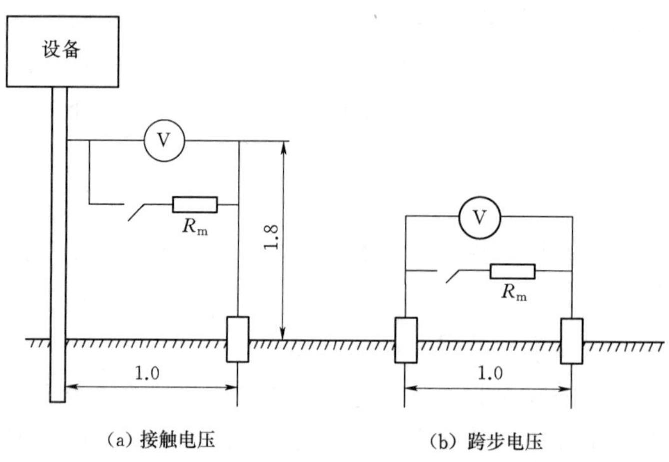

图 5-11　测试示意图（单位：m）

跨步电压即为单位场区地表电位梯度，可直接在场区地表电位梯度曲线上量取折算，也可在场区边缘测试。

根据定义可测试设备的接触电位差，重点是场区边缘的运行人员常接触的设备，如隔离开关、接地开关、构架等。

（4）评定标准。该接地装置所在的变电所的有效接地系统的最大单相接地的短路电流不超过 35kA 时，跨步电位差一般不宜大于 80V；一个设备的接触电位差不宜明显大于其他设备，一般不宜超过 85V；转移电位一般不宜超过 110V。当该接地装置所在变电所的有效接地系统的最大单相接地短路电流超过 35kA 时，参照以上原则判断测试结果。

（5）注意事项。

1）试验时应排除与接地网连接的架空线路、电缆的影响。

2）当接地网接地阻抗不满足要求时，应测量场区地表电位梯度、接触电位差、跨步电压和转移电位，并应进行综合分析。

5.1.12　电气继电保护二次调试

5.1.12.1　调试的基本条件

（1）所有二次接线工作完成，且安装工艺到位。

（2）调试范围内的一切有关工作应已完工，设备一次试验已完成且合格。

（3）继电保护设备具备受电条件，绝缘检查合格。在二次回路调试前应检查整个

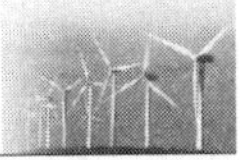

二次系统的对地绝缘，带回路对地绝缘电阻不少于 2MΩ，还应该检查各个直流分支之间的绝缘，确保直流回路不串接。

（4）调试人员应了解被调试设备的产品说明书及其结构原理，了解一次回路布置，调试时做好记录，并应根据实际情况做出正确判断。

（5）人员、调试设备到位。人员配备现场调试总协调人 1 名、技术负责人 2 名、调试人员 3～4 名。

（6）工作现场应尽可能清洁，照明充足，有稳定试验电源。

（7）其他公用设备具备调试条件，如 GPS 对时系统、直流系统已正常运行。

（8）调试中必须有相应的通信设施。

（9）调试人员应熟悉设备周围的环境情况。

5.1.12.2 通用调试

调试试验前所有继电保护装置均需进行通用调试，且通用调试试验合格后，方可进行专用调试试验。

1. 外观及接线检查

（1）检查各元件是否有松动，有无机械损伤，连线是否完好。

（2）检查配线有无断线、接不牢或碰线。

（3）检查各装置电气参数是否与现场一致。

2. 绝缘电阻检测

（1）分组回路绝缘电阻检测。采用 1000V 兆欧表分别测量各组回路间及各组回路对地的绝缘电阻，均应大于 10MΩ。

（2）整个二次回路的绝缘电阻检测。在保护屏端子排处将所有电流回路、电压回路及直流回路连接在一起，并将接地点拆开，用 1000V 兆欧表测量整个回路对地的绝缘电阻，应大于 1.0MΩ。

3. 通电初步检验

（1）通电后全面自检，查看各指示灯应正确，液晶显示屏完好。

（2）检验按键及查看各功能菜单。

4. 开关量输入检验

此项检验的目的是检查压板和开入回路连线是否正确。依次改变屏内压板状态，用导线短接各开入端子和开入正电源或启动操作箱相应回路，同时监视液晶屏变位情况，测量相应端子的导通与断开。不同的屏柜端子号定义不同，需要按图纸做开入试验。

5. 交流回路校验

此项试验的目的是检验屏内的交流回路接线是否正确和装置的采样精度是否满足要求。通过在屏内背面端子排交流端子上，分别通入交流电压、交流电流，检查装置的各 CPU 的采样和极性。做此试验时退出屏上所有压板。

（1）零漂检查。

1）试验方法。此项试验不需要向保护装置加入交流模拟量。测试交流电流回路的零漂时，对应的电流回路处于开路状态；测试交流电压回路的零漂时，对应的电压回路处于短路状态。

2）合格判据。要求在几分钟内测得零漂稳定在 $0.01I_N$ 或 0.05V 以内。

（2）模拟量检查。

1）试验方法。用继电测试仪的“手动试验”或“电流电压”菜单，向保护装置通入对称正序的三相电流和电压，电流分别加 $0.1I_N$、$0.5I_N$、I_N、$2I_N$，电压分别加 10V、30V、50V、60V，最后再通一次三相幅值不对称的电流、电压。

2）合格判据。分别进入保护装置“模拟量”菜单中的“保护测量”和“启动测量”子菜单，液晶显示屏上显示的采样值应与测试仪实际加入量的误差不大于±5%，进入“模拟量”菜单中的“保护测量”子菜单，在液晶显示屏上显示的相位差与测试仪输入的相位差误差不大于±3%。

6. 操作回路检查

检查操作回路跳位、合位、遥控、手跳、手合、防跳等功能的正确性。

7. 对时功能检查

接入对时信号给装置，检查装置对时的正确性，装置液晶显示“*”，时间显示和 GPS 一致。

8. 检修功能检查

投入检修状态压板，检查装置指示的正确性。

5.1.12.3　单装置调试

1. 35kV 进线保护装置调试

（1）纵联差动保护定值校验。

1）差动保护电流启动值（差动保护Ⅱ段）校验。

a. 模拟对称或不对称故障（所加入的故障电流必须保证装置能启动），使故障电流 $I=m\cdot 0.5I_{cdqd}$。

b. I_{cdqd}为差动保护电流启动值。

c. $m=0.95$ 时差动保护应不动作，$m=1.05$ 时差动保护能动作，$m=1.2$ 时测试差动保护的动作时间（40ms 左右）。

2）差动保护Ⅰ段试验。

a. 模拟对称或不对称故障（所加入的故障电流必须保证装置能启动）使故障电流 $I=m\cdot 0.5\times 1.5I_{cdqd}$。

b. $I=0.95$ 时差动保护Ⅱ段动作，动作时间为 40ms 左右，$m=1.05$ 时差动保护

Ⅰ段能动作，$m=1.2$ 时测试差动保护Ⅰ段的动作时间（20ms 左右）。

3）零序差动保护试验。

a. 将三相对称的电容电流 $I_C=0.9\times0.5I_{cdqd}$（电流超前电压 90°）加入装置，保持时间 20s。

b. 模拟零序差动保护故障，加入相电流 $I=1.35I_C$，其余两相电流为 0，动作时间为 60ms 左右。

（2）距离保护定值校验。

1）投入距离保护压板，重合把手切换至“综重方式”。将保护控制字中的“投Ⅰ段距离”“投Ⅰ段相间距离”置 1，等待保护充电，直至充电灯亮。

2）加故障电流 $I=I_N$，故障电压 $U=mIZ_{Zd1\phi\phi}$（$Z_{Zd1\phi\phi}$为相间距离Ⅰ段保护阻抗定值），模拟三相正方向瞬时故障。$m=0.95$ 时距离保护Ⅰ段应动作，装置面板上相应灯亮，液晶屏上显示“距离Ⅰ段动作”，动作时间为 10～25ms，动作相为“ABC”。$m=1.05$ 时距离保护Ⅰ段不能动作，$m=1.2$ 时测试距离保护Ⅰ段的动作时间。

3）加故障电流 $I=I_N$，故障电压 $U=m(1+k)IZ_{Zd1\phi}$（$Z_{Zd1\phi}$为接地距离保护Ⅰ段阻抗定值，k 为零序补偿系数），模拟正方向单相接地瞬时故障。$m=0.95$ 时距离保护Ⅰ段应动作，装置面板相应灯亮，液晶屏上显示“距离Ⅰ段动作”，动作时间为 10～25ms，动作相为故障相。$m=1.05$ 时距离保护Ⅰ段不能动作，$m=1.2$ 时测试距离保护Ⅰ段的动作时间。

4）校验距离保护Ⅱ、Ⅲ段同上类似，注意所加故障量的时间应大于保护定值整定的时间。

5）加故障电流 $4I_N$，故障电压 0，分别模拟单相接地、两相和三相反方向故障，距离保护不动作。

（3）零序保护定值校验。

1）仅投入零序保护压板，重合把手切换至“综重方式”。将相应的保护控制字投入，等待保护充电，直至充电灯亮。

2）加故障电压 30V，故障电流为 $1.05I_{01ZD}$（其中 I_{01ZD}为零序过流保护Ⅰ段定值），模拟单相正方向故障，装置面板上相应灯亮，液晶屏上显示“零序过流Ⅰ段”。

3）加故障电压 30V，故障电流为 $0.95I_{01ZD}$，模拟单相正方向故障，零序过流Ⅰ段保护不动。

4）校验Ⅱ、Ⅲ、Ⅳ段零序过流保护同上类似，注意加故障量的时间应大于保护定值整定的时间。

（4）工频变化量距离保护定值校验。投入距离保护压板，分别模拟 A 相、B 相、C 相单相接地瞬时故障和 AB、BC、CA 相间瞬时故障。模拟故障电流固定（其数值应使模拟故障电压在 $0\sim U_N$ 范围内），模拟故障前电压为额定电压，模拟故障时间为

100～150ms，故障电压为

模拟单相接地故障时

$$U=(1+k)IDZ_{set}+(1-1.05m)U_N$$

模拟相间短路故障时

$$U=2IDZ_{set}+(1-1.05m)\times\sqrt{3U_N}$$

式中　m——系数，其值分别为 0.9、1.1 及 1.2；

DZ_{set}——工频变化量距离保护定值。

工频变化量距离保护在 $m=1.1$ 时，应可靠动作；在 $m=0.9$ 时，应可靠不动作；在 $m=1.2$ 时，测量工频变化量距离保护动作时间。

（5）TV 断线相过流保护、零序过流保护定值校验。

1）仅投入距离保护压板，使装置报“TV 断线”告警，加故障电流 $I=mI_{tvdx1}$（其中 I_{tvdx1} 为 TV 断线相过流定值）。$m=1.05$ 时 TV 断线相过流动作，$m=0.95$ 时 TV 断线相过流不动作，$m=1.2$ 时测试 TV 断线相过流的动作时间。

2）仅投入零序保护压板，使装置报“TV 断线”告警，加故障电流 $I=mI_{tvdx2}$（其中 I_{tvdx2} 为 TV 断线零序过流定值）。$m=1.05$ 时 TV 断线零序过流动作，$m=0.95$ 时 TV 断线零序过流不动作，$m=1.2$ 时测试 TV 断线零序过流的动作时间。

2. 母线保护装置调试

（1）母线区外故障。条件：不加电压。任选同一条母线上的两条变比相同支路，在这两条支路 A 相（或 B 相或 C 相）同时加入电流，电流大小相等方向相反。母线差动保护不应动作。观察面板显示，大差电流、小差电流等于零。

（2）母线区内故障。条件：不加电压。任选某母线上的一条支路，合上该支路的Ⅰ母和Ⅱ母刀闸。在这条支路中加载 C 相电流，电流值大于差动保护启动电流定值。母线差动保护应瞬时动作，切除母联及母线上的所有支路。Ⅰ、Ⅱ母差保护的动作信号灯亮。

注：试验过程中，应先加入试验电流，再合上失灵启动接点，或者两者同时满足，因为保护装置检测到失灵保护启动接点长期误开入（10s），会发“运行异常”告警信号，同时闭锁该支路的失灵保护开入。

（3）比率制动系数校验。

1）验证大差比率系数低值（可适当降低差动保护启动电流定值）。

a. 母联断路器断（母联跳闸位置继电器接点有开入，且分裂压板投入）。

b. 任选Ⅰ母线上两条变比相同支路，在 B 相加入方向相反、大小相同的电流 I_1。

c. 再任选Ⅱ母线上一条变比相同支路，在 B 相加入电流 I_2，调节电流大小，使Ⅰ母线差动保护动作。

d. 记录所加电流，验证大差比率系数低值。

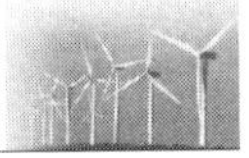

2）验证小差比率系数（可适当降低差动保护启动电流定值）。

a. 任选同一母线上两条变比相同支路，在C相加入方向相反、大小不同的电流。

b. 固定其中一支路电流为 I_1，调节另一支路电流 I_2 大小，使母线差动保护动作。

c. 记录所加电流，验证小差比率系数。

注：在试验中，调节电流幅值变化至差动动作时间不要超过9s，否则，报TA断线，闭锁差动。不允许长时间加载2倍以上的额定电流。

（4）断路器失灵保护。条件：不加电压。

1）线路支路失灵。任选Ⅰ母线上一线路支路，在其任一相驾驭大于 $0.04I_n$ 的电流，同时满足该支路零序或负序过流保护的条件。合上该支路对应相的分相失灵保护启动接点，或合上该支路三跳失灵保护启动接点。失灵保护启动后，经失灵保护1时限切除母联断路器，经失灵保护2时限切除Ⅰ母线的所有支路，Ⅰ母线失灵保护动作信号灯亮。

任选Ⅱ母线上一线路支路，重复上述步骤。验证Ⅱ母失灵保护。

2）主变支路失灵。

a. 任选Ⅰ母线上一主变支路，加入试验电流，满足该支路相电流过流保护、零序过流保护、负序过流保护三者中的任一条件。

b. 合上该支路主变三跳启动失灵保护开入接点。

c. 失灵保护启动后，经失灵保护1时限切除母联断路器，经失灵保护2时限切除Ⅰ母线的所有支路以及本主变支路的三侧断路器，Ⅰ母线失灵保护动作信号灯亮。

d. 任选Ⅰ母线上一主变支路，重复上述步骤。验证Ⅰ母线失灵保护。

e. 加载正常电压，重复上述步骤，失灵保护不动作。

f. 合上该主变支路的失灵保护解闭锁接点，重复上述步骤（所加电流还需满足零序或负序过流保护），失灵保护动作。

（5）母联失灵保护。条件：不加电压。

1）差动启动母联失灵保护。

a. 任选Ⅰ、Ⅱ母线上各一支路，将母联断路器和这两支路C相同时串接电流，方向相同。

b. 电流幅值大于差动保护启动电流定值，小于母联失灵保护定值时，Ⅰ母线差动保护动作。

c. 电流幅值大于差动保护启动电流定值，大于母联失灵保护定值时，Ⅰ母线差动保护先动作，启动母联失灵保护，经母联失灵保护延时后，Ⅰ、Ⅱ母线失灵保护动作。

d. 用实验仪检验Ⅰ母线出口延时（母联失灵保护延时）是否正确。

e. 查看事件记录内容是否正确；查看录波的信息，波形和打印报告是否正确。

2）外部启动母联失灵保护。

a. 任选Ⅰ、Ⅱ母线上各一支路，将母联断路器和这两支路 C 相同时串接电流，Ⅰ母线支路和母联断路器的电流方向相同，Ⅰ母线支路的电流与前者相反，此时差流平衡。

b. 电流幅值大于母联失灵保护定值时，母联断路器三相跳闸启动失灵开入接点闭合，启动母联失灵保护，经母联失灵保护延时后，Ⅰ、Ⅱ母线失灵保护动作。

c. 查看事件记录内容是否正确；查看录波的信息，波形和打印报告是否正确。

（6）母联死区保护。

1）母线并列运行时的死区故障。

a. 母联断路器为合（母联 TWJ 接点无开入，且分裂压板退出）。

b. 任选Ⅰ、π母线上各一支路，将Ⅱ母线上支路的跳闸接点作为母联 TWJ 接点的控制开入量。

c. 将母联断路器和这两支路 B 相同时串接电流，方向相同。

d. 电流幅值大于差动保护启动电流定值，Ⅰ母线差动保护先动作，母联 TWJ 接点有正电，母联断路器断开，经 150ms 死区延时后，Ⅰ母线差动保护动作。

2）母线分列运行时的死区故障。

a. 母联断路器为断（母联 TWJ 接点有开入，且分裂压板投入），Ⅰ、Ⅱ母线加载正常电压。

b. 任选母线上一支路，将母联断路器和该支路 C 相同时串接电流，方向相反，并模拟故障降低Ⅰ母线电压。

c. 电流幅值大于差动保护启动电流定值，Ⅰ母线差动保护动作。

d. 查看录波的信息，波形和打印报告是否正确。

（7）复合电压闭锁。

1）在Ⅰ母线 TV 回路加额定正常电压。

2）在Ⅰ母线任一支路加电流（大于差动保护启动电流定值），差动保护不动作，经 9s 延时，报“TA 断线”告警。

3）合上Ⅰ母线任一支路失灵保护启动开入接点，即使该支路失灵保护电流条件满足，失灵保护不动作，经 9s 延时，报“运行异常”告警。

（8）TA 断线及闭锁差动试验。

1）在Ⅰ母线 TV 和Ⅱ母线 TV 回路中加载正常电压。

2）任选母线上的一条支路，在这条支路中加载 A 相电流，电流值大于 TA 断线闭锁定值，大于差动保护启动电流定值。

3）差动保护应不动作，经 9s 延时，装置发出“TA 断线”信号。

4）保持电流不变，将母线电压降至0。

5）母线差动保护不应动作。

（9）刀闸变位修正。

1）任选同一母线上变比相同的支路，加大小相同、方向相反的电流，此时装置无差流。

2）将两者中的一条支路的刀闸位置断开。

3）装置发出“刀闸告警”信号，同时断开的刀闸被修正合上，此时装置仍无差流。

3. 主变保护装置调试

（1）稳态比例差动保护试验。

1）差动保护启动值校验。差动保护启动值是变压器差动保护动作的最小差流值，它的大小决定差动保护灵敏度的高低，通常采用单独加入一侧电流进行校验，但加入的电流和差并不一定相等，之间有一个平衡系数的关系。基准侧（保护装置说明书上定义有哪侧为基准侧）平衡系数为1，加入的电流等于差流；其他侧平衡系数由TA、TV变比计算得到（或在整定值中给出），加入的电流不等于差流；所以三侧试验电流值是不相等的。

例如一台Y_N/Y/△-11变压器的PST1200保护，试验方法为：投入差动保护，在端子排分别对高压侧A、B、C相，中压侧A、B、C相，低压侧A、B、C相加入0.95、1.05倍启动电流，观察保护的动作行为，并记录动作时间，动作时间从保护跳闸出口接点处测取，应在20ms左右，同时用万用表在端子排上测量各侧断路器跳闸出口接点接通正确。

2）差动速断保护校验。差动速断保护的校验与差动启动值校验类似，高压侧试验电流扩大$\sqrt{3}$倍，中低压侧扣除平衡系数的补偿。动作时间从保护跳闸出口接点处测取，应在15ms左右。

3）比例制动系数校验。在进行制动系数校验时，一定要清楚保护的差流、制动电流的算法和制动特性曲线方程，这样才能合理选择测试点，快速测出制动系数；并且Y_N/Y/△-11变压器差动保护，在用Y侧和△侧同时加入电流进行制动系数校验时，△侧一定要在试验相的超前相同时加入电流，以免该相比率差动保护动作干扰制动系数校验。对于制动电流为某一侧最大电流的制动方式，可先在高压侧固定加入一个电流，使制动电流大于第一拐点值；然后在低压侧超前相加入同向电流，使该相差流为零；最后在低压侧同名相加入反向电流，缓慢减小电流，记录本相差动继电器从不动作到刚好动作的电流值。重复上一步骤，记录差动继电器刚好动作的又一个电流值。算出两组电流数据对应的I_{cd}（差动电流）、I_{zd}（制动电流），根据两组I_{cd}和I_{zd}算出制动系数K_Z。要求实测制动系数和整定值之间的误差不大于±10%。

K_Z 实测制动系数为

$$K_Z=\frac{I_{cd2}-I_{cd1}}{I_{zd2}-I_{zd1}}$$

4）谐波制动系数校验。该项试验检验差动继电器的二次谐波制动情况，只与差流中的二次谐波和基波有效值之比有关，所以对变压器任一侧进行试验均可。对变压器任一侧的一相加入 50Hz 电流 I_1，电流值在差动启动电流和速断电流之间，同时依次加入 $0.9K_2I_1$ 和 $1.1K_2I_1$ 的 100Hz 电流，记录差动继电器的动作行为。其中：在加入 $0.9K_2I_1$ 电流时差动继电器应可靠动作；在加入 $1.1K_2I_1$ 电流时差动继电器应可靠不动作（K_2 表示谐波制动系数）。

（2）变压器后备保护调试。

1）复合电压闭锁方向过流保护。

a. 相间方向元件校验。由于微机保护无法单独查看方向元件的动作情况，因此方向元件动作行为靠整组试验来判断。先根据"方向指向"定值和保护说明书上给出的灵敏度角估算出方向元件的两个动作边界；然后根据方向元件的接线形式（0°或 90°接线）加入相关的电流、电压，电流、电压夹角设置在动作边界角度，电压满足复合电压定值（任一相间电压低于"低电压定值"或负序电压大于"负序电压定值"），电流大于复压方向过流定值；改变电流、电压的夹角，记录复压方向过流从不动作到刚好动作时的角度，作为相间方向元件的动作边界；最后根据动作边界计算方向元件灵敏度角。

b. 复合电压元件校验。和相间方向元件一样，复合电压元件的动作行为也只有靠复压（方向）过流整组动作来判断。

c. 低电压元件。由于低电压元件和负序过压元件是或的关系，因此校验低电压元件时应让负序过压元件不动作。先加入三相对称正序电压 $U_{AB}=U_{BC}=U_{CA}=1.05U_{1zd}$（$U_{1zd}$为相间低电压定值），电流大于复压（方向）过流定值，电流、电压夹角落在相间方向元件动作区，此时，复压方向过流保护、复压过流保护均不动作。任降一相间电压为 $0.95U_{1zd}$，其他量保持不变，此时复压方向过流保护、复压过流保护均动作。

d. 负序过压元件。采用单相降压法进行负序过压元件校验，如果单相降压后，相间电压降低到 U_{1zd}以下，低电压元件就要干扰试验，此时应将 U_{1zd}定值适当改小，让其不动作。加入三相正序电压 $U_B=U_C=57.7$V，$U_A=57.7-3\times0.9U_{2zd}$（$U_{2zd}$为负序相电压定值），$U_A$ 超前 U_B120°，U_B 超前 U_C120°，电流大于复压（方向）过流定值，电流、电压夹角落在相间方向元件动作区，此时，复压方向过流保护、复压过流保护均不动作。降低 A 相电压至 $57.7-3\times1.1U_{2zd}$，其他量保持不变，此时复压方向过流保护、复压过流保护均动作。

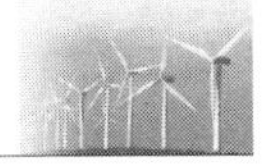

2）复压（方向）过流保护校验。本项试验主要检查保护电流定值、时间定值及跳闸出口逻辑，用整组动作来校验。加入的电压满足复合电压定值，加入电流、电压夹角落入相间方向元件的动作区，引入跳闸出口接点测取保护动作时间。

（3）零序、间隙保护调试。

1）零序方向元件校验。与相间方向元件校验方法一样，先根据“方向指向”定值和保护说明书上的灵敏度角估算出方向元件的两个动作边界；然后根据方向元件判别条件加入相关的电流、电压，电流、电压夹角设置在动作边界角度，电流大于零序方向过流定值；改变电流、电压夹角，记录零序方向过流保护从不动作到刚好动作时的角度，作为零序方向元件的动作边界；最后根据动作边界计算方向元件的灵敏度角。

2）零序（方向）过流保护校验。本项试验主要检查保护电流定值、时间定值及跳闸出口逻辑，用整组试验来校验。同时加入相电流和外接 I_0 通道电流，故障相电压并接入外接的 $3U_0$ 通道，电流、电压夹角落入零序方向元件的动作区，引入跳闸出口接点测取保护动作时间。

3）间隙过流保护、过压保护校验。与零序过流保护一样，间隙过流保护、过压保护用整组动作来校验，只是都不带方向。

4）带开关传动试验。带开关传动试验时，必须事先通知运行人员和开关检修人员，在征得对方同意并派专人到开关场（室）守护后才能进行该项试验。

带开关传动试验要检验每一副跳闸接点，能传动开关的测试开关跳闸的可靠性，不能传动开关的测试跳闸回路接通的正确性。对于多个保护通过同一跳闸接点跳闸的可只进行其中一种保护的带开关传动试验，因为其他保护已通过测试动作时间检验了跳闸接点的接通。对于不能传动的开关，如母联或分段开关、旁路开关，应采用测电位或接点导通法，检测到保护屏端子排相应端子。

带开关传动试验时还要验证保护装置信号灯、液晶显示动作报文、监控系统开关变位、遥信变位、事件记录、动作时序、声音信号的正确性。

4. 110kV 馈出线保护装置调试

（1）光纤通道联调。将光端机（在 CPU 插件上）的接收“Rx”和发送“Tx”用尾纤短接，构成自发自收方式，将本侧识别码和对侧识别码整定成一致，将“纵联差动保护”“通信内时钟”“单相重合闸”控制字均置 1，将“电流补偿”控制字置 0，通道异常灯不亮。校验保护定值时需投入相应保护的功能压板。将保护使用的光纤通道连接可靠，通道调试好后装置上“通道异常灯”应不亮，没有“通道异常”告警，TDGJ 接点不动作。

1）对侧电流及差流检查。

a. 将两侧保护装置的“TA 变比系数”定值整定为 1，在对侧加入三相对称的电流，大小为I_n，在本侧“保护状态”→“DSP采样值”菜单中查看对侧的三相电流I_{ar}、I_{br}、I_{cr}及差动电流I_{cda}、I_{cdb}、I_{cde}，应该为I_n。

b. 若两侧保护装置“TA变比系数”定值整定不全为1，对侧的三相电流和差动电流还要进行相应折算。假设M侧保护的“TA变比系数”定值整定为K_m，二次额定电流为I_{Nm}，N侧保护的“TA变比系数”定值整定为K_n，二次额定电流为I_{Nn}，在M侧加电流I_m，N侧显示的对侧电流为$I_m I_{Nn}/(I_{Nm} K_n)$，若在N侧加电流I_n，则M侧显示的对侧电流为$I_n I_{Nm}/(I_{Nn} K_m)$。若两侧同时加电流，必须保证两侧电流相位的参考点一致。

2）两侧装置纵联差动保护功能联调。

a. 模拟线路空冲时故障或空载时发生的故障。N侧断路器在分闸位置（注意保护开入量显示有跳闸位置开入，且将主保护压板投入），M侧断路器在合闸位置，在M侧模拟各种故障，故障电流大于差动保护定值。M侧差动保护动作，N侧不动作。

b. 模拟弱馈功能。N侧断路器在合闸位置，主保护压板投入，加正常的三相电压34V（小于65%U_N但是大于TV断线的告警电压33V），装置没有“TV断线”告警信号，M侧断路器在合闸位置，在M侧模拟各种故障，故障电流大于差动保护定值，M、N侧差动保护均动作跳闸。

c. 模拟远方跳闸功能。使M侧断路器在合闸位置，“远跳受本侧控制”控制字置0，在N侧使保护装置有远跳开入，M侧保护能远方跳闸。在M侧将“远跳受本侧控制”控制字置1，在N侧使保护装置有远跳开入的同时，在M侧使装置启动，M侧保护能远方跳闸。

（2）通道调试说明。

1）通道良好的判断方法。

a. 保护装置没有“通道异常”告警，装置面板上“通道异常灯”不亮，TDCJ接点不闭合。

b. “保护状态”→“通道状态”中有关通道状态统计的计数应恒定不变（长时间可能会有小的增加，以每天增加不超过10个为宜）。

必须满足以上两个条件才能判定保护装置所使用的光纤通道通信良好，可以将差动保护投入运行。

2）通道调试前的准备工作。

a. 通道调试前首先要检查光纤头是否清洁。光纤连接时，一定要注意检查FC连接头上的凸台和珐琅盘上的缺口是否对齐，然后旋紧FC连接头。当连接不可靠或光纤头不清洁时，仍能收到对侧数据。但收信裕度大大降低，当系统扰动或操作时会导致通道异常，因此必须严格校验光纤连接的可靠性。

b. 若保护使用的通道中有通道接口设备，应保证通道接口装置良好接地，接口

装置至通信设备间的连接线选用应符合厂家要求，其屏蔽层两端应可靠接地。通信机房的接地网应与保护设备的楼地网物理上完全分开。

（3）专用光纤通道的调试步骤。

1）用光功率计和尾纤检查保护装置的发光功率是否和通道插件上的标称值一致。

2）用光功率计检查由对侧来的光纤收信功率，校验收信裕度，应保证收信功率裕度（功率裕度=收信功率－接收灵敏度）在6dB以上，最好达到10dB。若线路比较长，导致对侧接收光功率不满足接收灵敏度要求，需检查光纤的衰耗是否与实际线路长度相符（尾纤的衰耗一般很小，应在2dB以内，光缆平均衰耗：1310nm为0.35dB/km；1550nm为0.2dB/km）。

3）分别用尾纤将两侧保护装置的光收、发自环，将“本侧识别码”和“对侧识别码”整定为一致，将相关通道的“通信内时钟”控制字置1，经一段时间的观察，保护装置不能有“通道异常”告警信号，同时通道状态中的各个状态计数器均维持不变。

4）恢复正常运行时的定值，将通道恢复到正常运行时的连接，投入差动压板，保护装置通道异常灯应不亮，无通道异常信号，通道状态中的各个状态计数器维持不变。

（4）复用通道的调试步骤。

1）检查两侧保护装置的光纤收信功率，校验收信裕度。方法同专用光纤。

2）分别用尾纤将两侧保护装置的光收、发自环，将“专用光纤”“通道自环试验”控制字置1，经一段时间的观察，保护装置不能有“通道异常”告警信号，同时通道状态中的各个状态计数器均维持不变。

3）两侧正常连接保护装置和MUX之间的光缆，检查MUX装置的光纤收信功率（MUX的光发送功率一般为－13.0dBm；接收灵敏度为30.0dBm）。MUX的光纤收信功率应在－20dBm以上，保护装置的光纤收信功率应在－15dBm以上。站内光缆的衰耗应不超过2dB。

4）两侧在接口设备的电接口处自环，将“专用光纤”“通道自环试验”控制字置1，经一段时间的观察，保护装置不能报“通道异常”告警信号，同时通道状态中的各个状态计数器均不能增加。

5）利用误码仪测试复用通道的传输质量，要求误码率越低越好（要求短时间误码率至少在1.0×10^{-6}以上），同时不能有NOSIGNAL、AIS、PATTERNLOS等其他告警。通道测试时间要求至少超过24h。

6）恢复两侧接口装置电口的正常连接，将通道恢复到正常运行时的连接，将定值恢复到正常运行时的状态。

7）投入差动压板，保护装置“通道异常”灯不亮，无“通道异常”信号。通道状态中的各个状态计数器维持不变（长时间后，可能会有小的增加）。

5. 故障录波器装置调试

具体调试内容如下：

（1）设备状态检查。装置整体完好，装置带电启动后无异常信号，设备运行正常。

（2）主机桌面检查。通过主机桌面操作，检查主机桌面是否功能完备，操作灵活。

（3）SV采样检查。通过数字测试仪给装置加SV量，检查装置的SV采样有效值、相位显示与所加量是否一致，检查装置SV采样通道配置与SCD配置文件的一致性。

（4）GOOSE开入功能检查。通过数字测试仪或客户端工具给装置模拟GOOSB开入，检查装置GOOSB开入量的正确性。

（5）装置功能检查。模拟故障录波器各通道的采样越限，对故障录波器的启动录波功能进行定值校验。检查故障录波器各通道之间的同步性能和测距功能。

（6）对时功能检查。给装置接入对时信号，检查装置对时的正确性，显示时间应和GPS一致。

（7）光口发送功率、接收功率测试。将光功率计接入装置每个光口的发送端，测试发送功率，装置的发送功率须满足要求。逐一拔出装置接收光纤，使用光功率计测试光纤接收功率，需满足要求（光波长1300nm光纤，光纤发送功率为－20～－14dBm，光接收灵敏度为－3～－14dBm）。

6. PMU系统调试

电力系统同步相量测量装置（Phasor Measurement Unit，PMU）是用于进行同步相量的测量和输出以及进行动态记录的装置。PMU的核心特征包括基于标准时钟信号的同步相量测量、失去标准时钟信号的守时能力、PMU与主站之间能够实时通信并遵循有关通信协议。现有PMU大多依靠美国的GPS系统进行授时，部分设备已经开始采用GPS和北斗系统双对时。

（1）PMU子站在系统中的作用。

1）同步采样和相盘计算，发电机内电势测量。

2）实时数据上传，可同时与多个主站实时通信，参照IEEE1344、IEEEC37.118、《电力系统实时动态监测系统技术规范》（Q/GDW 131）的要求设计，可以与符合标准协议的任何其他主站系统进行数据交换。

3）稳态循环记录相量、功率、频率等数据。

4）动态短时记录模拟量采样数据，支持模拟量触发、开关量触发、联网触发、手动触发等多种扰动记录触发方式。

5）记录数据分析工具，实现数值浏览、波形复现、数据格式转换等功能。

（2）PMU子站的通信功能。

PMU子站主要用于和主站（调度）进行通信，也可与本地工作站通信。PMU子站将采集到的数据通过调度数据网上送至调度主站。调度数据网按照电力二次系统安全防护工作要求安全分区，网络专用，横向隔离，纵向认证，保障电力监控系统和电力调度数据网络的安全。电力调度数据网原则上区分为生产控制大区和管理信息大区。生产控制大区分为控制区（安全区Ⅰ）和非控制区（安全区Ⅱ）。PMU子站需接入安全区Ⅰ。在与调度进行通信时，通信质量也与调度数据网息息相关。

（3）PMU调试。

1）单元装置调试。

a. 模拟量调试。检查PMU采集到的发电机各模拟量数据与机组实际运行数据是否相符；装置内部计算数据如发电机有功功率、无功功率、频率等与机组实际负荷是否相同。

b. 开关量调试。检查与实际是否相符，模拟开关量动作状态是否正确。

2）装置系统调试。根据发电机及相关设备实际参数配置系统参数，检查主机与各相关下位机通信及数据。

3）与中调联调，检查PMU装置与中调主站通信是否正常，与中调核对传输数据应一致。

7. AVC系统调试

（1）调试目的。

1）依据《风电场接入电力系统技术规定》（GB/T 19963）等相关标准，验证电站电能质量、有功功率控制系统、无功功率控制系统、无功补偿装置及主站运行是否与电力系统相协调，其性能是否满足电力系统稳定要求。

2）利用涉网测试仪器进行现场实际运行数据采集，将现场实际运行数据精准化分析运算，确定电站接入公共连接点有功功率变化率、有/无功控制能力设定值、响应时间超调量、电压波动和闪变、注入电流谐波、间谐波、三相不平衡、无功补偿装置连续运行范围、控制响应特性、电能质量等性能参数是否符合电网电站接入电网技术要求。

3）为电网及电站有功/无功自动控制系统运行维护及性能优化提供技术依据。

（2）调试内容。主要调试内容和执行标准见表5-17。

表5-17　无功功率调试内容表

序号	项目	调试内容	执行标准
1	无功功率	风电机组功率因数调节能力 风电场无功容量配置 风电场无功功率调节能力	《风电场并网性能评价方法》（NB/T 31078） 《风电场接入电力系统技术规定》（GB/T 19963）

（3）试验条件。

1）电站一、二次设备已正常并网运行，调试报告齐全。

2）测试期间，电站不限电，输出功率达到80%额定功率及以上。

3）电站已向调控机构提交测试申请并获得批准。

4）电站具备有功功率控制和无功功率控制能力调节。

5）电站电能质量在线监测系统运行正常。

6）电站AVC系统已完成与站内SVG、逆变器设备的对接调试，并完成与主站AVC的联调。

7）进行现场测试时，电站需协调逆变器厂家、监控系统厂家、有功功率控制系统厂家、无功电压控制系统厂家、SVG厂家现场配合到位。

8）场站需明确测量点是否在同一屏柜，如不在需确定距离。

9）SVG设备需正常投运，禁止厂家或场站后台设置限容量运行。

（4）测试方法。

1）风电场无功功率调节能力。

a. 设置风电场按照并网点电压恒定方式运行。

b. 在风电场并网点采集三相电压、三相电流，采样频率不小于800Hz。

c. 输出功率从0至额定功率的80%，以额定功率的10%为区间，每个区间至少收集10个1min有功功率和无功功率数据系列。

d. 计算风电场输出有功功率和无功功率，其有功功率和无功功率为1min平均值。

e. 给出风电场的无功功率、有功功率相对于并网点电压的变化曲线。

2）风电场无功容量。

a. 当风电场具备恒无功模式，则步长1MW逐步增加容性/感性无功。

b. 当风电场不具备恒无功模式，调节电压设定值测量风电场最大容性/感性无功，步长1kV。

3）风电机组功率因数调节能力。风电机组设置为超前/滞后0.95恒功率因数模式，输出功功率由0～100%P_n，以每10%P_n的有功功率为一个区间段，每个区间段采集至少10个1min有功功率和无功功率数据系列。

8. 有功功率控制系统调试（AGC）

（1）测试目的。

1）依据GB/T 19963等相关标准，验证电站电能质量，有功功率控制系统、无功功率控制系统、无功补偿装置及主站运行是否与电力系统相协调，其性能是否满足电力系统稳定要求。

2）利用涉网测试仪器进行现场实际运行数据采集，将现场实际运行数据精准化

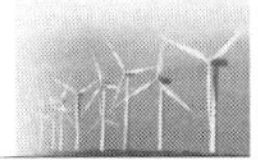

分析运算，确定电站接入公共连接点有功功率变化率、有/无功控制能力设定值、响应时间超调量、电压波动和闪变、注入电流谐波、间谐波、三相不平衡、无功补偿装置连续运行范围、控制响应特性、电能质量等性能参数是否符合电网电站接入电网技术要求。

3）为电网及电站有功/无功自动控制系统运行维护及性能优化提供技术依据。

（2）调试内容。主要调试内容及标准见表5-18。

表5-18 有功功率调试内容表

项目	调试内容	执行标准
有功功率	风电机组有功功率控制能力 风电场有功功率变化率 风电场有功功率控制能力	NB/T 31078 GB/T 19963

（3）试验条件。

1）电站一、二次设备已正常并网运行，调试报告齐全。

2）测试期间，电站不限电，输出功率达到80%额定功率及以上。

3）电站已向调控机构提交测试申请并获得批准。

4）电站具备有功功率控制和无功功率控制能力调节。

5）电站电能质量在线监测系统运行正常。

6）电站AVC系统已完成与站内SVG、逆变器设备的对接调试，并完成与主站AVC的联调。

7）进行现场测试时，电站需协调逆变器厂家、监控系统厂家、有功功率控制系统厂家、无功电压控制系统厂家、SVG厂家现场配合到位。

8）场站需明确测量点是否在同一屏柜，如不在需确定距离。

9）SVG设备需正常投运，禁止厂家或场站后台设置限容量运行。

（4）测试方法。

1）风电机组有功功率控制能力。测试风电机组以有功功率设定值控制模式运行的能力，测试结果参照图5-12形式表示。图中应给出风电机组的有功功率设定值从额定功率的100%开始，以20%额定功率为步长逐步降至额定功率的20%期间，风电机组有功功率可获取值和测量值，如图5-12所示。报告中测试结果为0.2s平均值。

2）风电场有功功率变化率。

a. 风电场正常运行。风电场正常运行的有功功率变化测量方法如下：

测试在风电场连续运行情况下进行。风电场连续运行时，在风电场并网点采集三相电压、三相电流，采样频率不低于800Hz。输出功率从0至额定功率的100%，以10%的额定功率为区间，每个功率区间、每相至少应采集风电场并网点5个10min时间序列瞬时电压和瞬时电流值的测量值；通过计算得到所有功率区间的风电场有功功

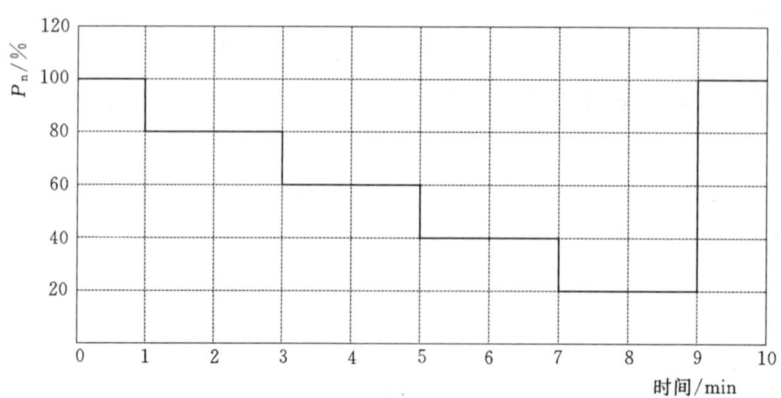

图5-12　测试结果参照图

率的0.2s平均值。

以测试开始零时刻，计算零时刻至60s时间段内风电场输出功率最大值和最小值，两者之差为1min有功功率变化；同样计算0.2s至60.2s时间段内风电场输出功率最大值和最小值，得出1min有功功率变化；依此类推，计算出1min有功功率变化。10min有功功率变化的计算方法与1min有功功率变化的计算方法相同。

b. 风电场并网。风电场并网的有功功率变化测量方法如下：

当风电场的输出功率达到或超过额定容量的75%时，通过功率自动控制系统切除全部运行风电机组；之后风电场重新并网，此时为测试开始零时刻，计算零时刻至60s时间段内风电场输出功率最大值和最小值，两者之差为1min有功功率变化；同样计算0.2s至60.2s时间段内风电场输出功率最大值和最小值，得出1min有功功率变化；依此类推，计算出1min有功功率变化。10min有功功率变化的计算方法与1min有功功率变化的计算方法相同。

c. 风电场正常停机。风电场正常停机的有功功率变化测量方法如下：

当风电场的输出功率达到或超过风电场额定容量的75%时，通过功率自动控制系统切除全部运行风电机组，此时为测试开始零时刻，计算零时刻至60s时间段内风电场输出功率最大值和最小值，两者之差为1min有功功率变化；同样计算0.2s至60.2s时间段内风电场输出功率最大值和最小值，得出1min有功功率变化；依此类推，计算出1min有功功率变化。10min有功功率变化的计算方法与1min有功功率变化的计算方法相同。

3）风电场有功功率控制能力。当风电场输出功率达到或超过额定容量的75%时，设置风电场的有功输出控制曲线，在风电场并网点采集三相电压、三相电流、采样频率不低于800Hz。计算风电场输出有功功率数据，风电场输出有功功率为0.2s平均值。给出风电场输出有功功率跟踪设定值变化的曲线，如图5-13所示。

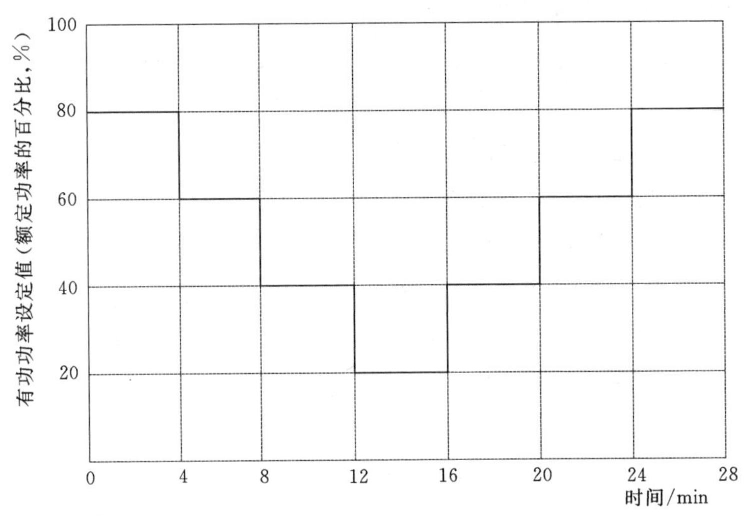

图 5-13 风电场输出有功功率跟踪设定值变化曲线图

（5）电能质量在线监测装置调试。

1）性能检查。主要性能检测项目及检测结果要求见表 5-19。

表 5-19 电能质量在线监测装置性能检测表

检 测 项 目	检测结果要求	检 测 项 目	检测结果要求
外观及机械检查	合格	电压环升事件（120%，1.0002s）	满足要求
频率、跟踪能力	合格	电压骤降事件（85%，1.0002s）	满足要求
采样窗口（要求 10 周波）	10 周波	电压中断事件（2%，1.0002s）	满足要求
谐波测试最高次数	50	电压瞬变事件	能捕捉
间谐波	有	各次谐波有功、无功功率	有
采用谐波子组算法	是	有功、无功功率	有
电压、电流序分量	有		

2）功能检查。主要功能检查项目及检查结果见表 5-20。

表 5-20 电能质量在线监测装置功能检查表

检 查 项 目	检查结果要求	检 查 项 目	检查结果要求
通信接口	以太网	记录与存储功能	有
设置功能	有	外部时间同步	有
统计功能	有	报警功能	有

3）基础参数检测。

a. 频率检测。任选一条支路，用继电保护测试仪给支路加大小相等的 57.74V 电压。依次输入 49.6Hz、49.8Hz、50.0Hz、50.2Hz、50.4Hz，观察显示屏实测值，与设定值进行比较，允许误差 0.01Hz。

b. 基波电流。任选一条支路，用继电保护测试仪给支路 A、B、C 相依次加入大小相等的 0.50A、1.00A、2.00A、3.00A、5.00A 电流，观察显示屏实测值，与设定值进行对比，绝对值误差不大于 0.5%。

c. 基波电压。任选一条支路，用继电保护测试仪给支路 A、B、C 相依次加入大小相等的 55.00V、57.74V、60V、95V、100V、105V 电压，观察显示屏实测值，与设定值进行对比，绝对值误差不大于 0.2%。

d. 电压不平衡度。任选一条支路，用继电保护测试仪给支路 A、B、C 相依次加入 57.0V，0°；58.5V，－115°；56.7V，125° 和 57.8V，0°；56.45V，－125°；59.55V，110°电压，观察显示屏实测值，与设定值进行对比，绝对值误差不大于 0.2%。

e. 电流不平衡度。任选一条支路，用继电保护测试仪给支路 A、B、C 相依次加入 4.9A，0°；5.54A，－127°；4.43A，115°和 2A，0°；2A，－135°；1A，98°电流，观察显示屏实测值，与设定值进行对比，绝对值误差不大于 1.0%。

f. 谐波电压。

a）基波电压设置为 U_N＝57.74V，50Hz，谐波含量设置为 U_H＝0.5%U_N，谐波次数从 2%～50%依次递增，记录每个谐波次数的三相测量值，与设定值进行比较，允许误差为 0.05%U_H。

b）基波电压设置为 U_N＝57.74V，50Hz，谐波含量设置为 U_H＝3%U_N，谐波次数从 2%～50%依次递增，记录每个谐波次数的三相测量值，与设定值进行比较，允许误差为 5%U_H。

g. 谐波电流。

a）基波电流设置为 I_N＝1.0A，50Hz，谐波含量设置为 I_H＝1%I_N，谐波次数从 2%～50%依次递增，记录每个谐波次数的三相测量值，与设定值进行比较，允许误差为 0.15%I_N。

b）基波电压设置为 I_N＝3.0A，50Hz，谐波含量设置为 I_H＝3%I_N，谐波次数从 2%～50%依次递增，记录每个谐波次数的三相测量值，与设定值进行比较，允许误差为 5%I_H。

5.1.12.4　站控层网络设备互联测试

1. 保护装置与监控系统互联测试

具体测试内容如下：

（1）信号上送检查。模拟保护装置发送各种遥信信息，检查监控系统接收各种遥信信息的正确性；检查监控系统对保护装置的定值召换功能。

（2）信号下传检查。模拟监控系统对保护装置执行压板投退、定值区切换、定值修改、断路器刀闸遥控、调录波等命令，检查各项功能的正确性。

(3) 主要调试工具。继电保护测试仪、MU调试工具、保护调试分析软件CSPC、SHOWWAVE、客户端工具等。

2. 测控装置与后台监控系统互联测试

具体测试内容如下：

(1) 信号上送检查。模拟测控装置发送各种遥信、遥测信息，检查监控系统接收各种遥信、遥测信息的正确性；检查监控系统对测控装置的定值召换功能。

(2) 信号下传检查。模拟监控系统对测控装置执行投退压板、遥控断路器刀闸、遥调、定值召唤等控制命令，利用数字测试仪或客户端工具接收测控的GOOSE开出结果的正确性。

(3) 主要调试工具。继电保护测试仪、MU调试工具、保护调试分析软件CSPC、SHOWWAVE、客户端工具等。

3. 状态监测与后台监控系统互联测试

全站的断路器机械特性、断路器SF_6、避雷器、局放等状态监测设备信息接入监控主机。

具体测试内容如下：

(1) 信号上送检查。模拟状态监测装置发送各种遥信、遥测信息，检查监控系统接收各种遥信、遥测信息的正确性；检查监控系统对状态监测装置的定值召换功能。

(2) 信号下传检查。模拟监控系统对状态监测装置执行定值区切换、定值修改、自动调录波等命令，检查各项功能的正确性。

(3) 主要调试工具。继电保护测试仪、MU调试工具、保护调试分析软件CSPC、SHOWWAVE、客户端工具等。

4. 辅助控制系统与后台监控系统互联测试

全站直流、交流、逆变、UPS、通信等电源一体化设计、一体化配置、一体化监控。另外站内的消防、安防、照明、环境监测等运行工况和信息数据能通过一体化监控单元展示并转换为标准模型数据，以标准格式接入当地自动化系统，并上传至远方控制中心。具体测试内容如下：

信号上送检查：在辅助控制系统上模拟发送遥测、遥信、告警等信号，在控制室后台电脑上监测各种信号的正确性。辅助控制系统由相关设备提供商调试。

5. 保护装置或自动装置与信息子站互联测试

具体测试内容如下：

(1) 采集各保护装置的信息检查。包括各种采样信息、开关量信息等。

(2) 控制管理功能检查。接收主站命令，包括定值上装、下装、遥控、遥调、复位、查看定值、查看开关量状态、调用故障波形等功能。

(3) 历史事件记录。记录保护装置的自检信息、事件信息、故障信息、定值变化信息等。

（4）录波波形调用及分析。

（5）主要调试工具。继电保护测试仪、MU调试工具、保护调试分析软件CSPC、SHOWWAVE、客户端工具等。

5.1.12.5　系统整体测试

1. 主变间隔系统测试

具体测试内容如下：

（1）SV回路整体检查。对于传统互感器，利用传统校验仪对间隔合并单元和母线合并单元直接加量，检查本间隔所有保护值、测量值正确性，检查保护各侧采样值相角正确性；对于电子式互感器，先用测试仪对模拟器进行加量，然后经过光纤连接到相应合并单元，检查本间隔所有保护值、测量值正确性，检查保护各侧采样值相角正确性。额定值时采样精度要求为：电压、电流0.2级；功率0.5级。

（2）遥信、跳闸整体回路检查（应带一次设备进行调试）。从根部模拟各种遥信、闭锁等信号输入，检查接收装置是否收到相应开入信号；由装置或后台模拟所有跳闸、遥控、闭锁等信号，检查相应智能终端装置硬开出接点是否连通。检查跨间隔的各种开入量GOOSE信息（启动失灵至母线保护、母线失灵保护动作联跳三侧、解除复压闭锁等开入量）。

（3）保护逻辑检查。检查本间隔保护装置逻辑功能的正确性。

（4）TV切换和并列功能检查。按照设计要求，通过硬开入或GOOSE开入给合并单元提供本间隔相应的刀闸位置，检查合并单元切换和并列逻辑的正确性。

（5）监控系统信号检查。检查主变分系统各设备上送至监控系统信号的正确性。

（6）故障录波器信号检查。检查故障录波器接收主变分系统各设备信号的正确性。

2. 线路间隔系统测试

具体测试内容如下：

（1）SV回路整体检查。对于传统互感器，利用传统校验仪对间隔合并单元和母线合并单元直接加量，检查本间隔所有保护值、测量值的正确性：对于电子式互感器，先用测试仪对模拟器进行加量，然后经过光纤连接到相应合并单元，检查本间隔所有保护值、测量值的正确性。额定值时采样精度要求为：电压、电流0.2级；功率0.5级。

（2）遥信、跳闸整体回路检查（应带一次设备进行调试）。从根部模拟各种遥信、闭锁等信号输入，检查装置接收是否收到相应开入信号。由装置或后台模拟所有跳闸、遥控、闭锁等信号，检查相应智能终端装置硬开出接点是否连通。检查跨间隔的各种开入量GOOSE信息（启失灵至母线保护、母线保护动作启动远跳、母线保护动

作跳闸闭重等开入量)。

(3) 保护逻辑检查。检查本间隔保护装置逻辑功能的正确性。

(4) TV 切换和并列功能检查。按照设计要求，通过硬开入或 GOOSE 开入给合并单元提供本间隔相应的刀闸位置，检查合并单元切换和并列逻辑的正确性。

(5) 监控系统信号检查。检查线路分系统上送至监控系统信号的正确性。

(6) 故障录波器信号检查。检查故障录波器接收信号的正确性。

3. 母线保护系统测试

具体测试内容如下：

(1) 各间隔 SV 回路整体检查。对于传统互感器，利用传统校验仪对各间隔合并单元和母线合并单元直接加量，检查各间隔所有保护采样的正确性；对于电子式互感器，先用测试仪对模拟器进行加量，然后经过光纤连接到相应合并单元，检查各间隔所有保护采样值的正确性。检查母线各支路相对于母线电压相角的正确性。额定值时采样精度要求为：电压、电流 0.2 级；功率 0.5 级。

(2) 遥信、跳闸整体回路检查（应带一次设备调试)。从根部模拟各种遥信、闭锁等信号输入，检查接收装置是否收到相应的开入信息；由装置或后台模拟所有跳闸、遥控、闭锁等信号，检查相应智能终端装置硬开出接点是否连通。检查跨间隔的各种开入量 GOOSE 信息（各间隔启失灵至母线保护、母线保护动作启动远跳至各线路间隔、母线动作跳闸闭重、母线失灵保护解除复压闭锁、失灵动作跳主变三侧等开入量)。

(3) 保护逻辑检查。检查本间隔保护装置逻辑功能的正确性。

(4) TV 切换和并列功能检查。按照设计要求，通过硬开入或 GOOSE 开入给合并单元提供本间隔相应的刀闸位置，检查合并单元切换和并列逻辑正确。

(5) 监控系统信号检查。检查上送至监控系统信号的正确性。

(6) 故障录波器信号检查。检查故障录波器接受信号的正确性。

4. 母联间隔系统测试

具体测试内容如下：

(1) SV 回路整体检查。对于传统互感器，利用传统校验仪对间隔合并单元和母线合并单元直接加量，检查本间隔所有保护值、测量值的正确性；对于电子式互感器，先用测试仪对模拟器进行加量，然后经过光纤连接到相应合并单元，检查本间隔所有保护值、测量值的正确性。额定值时采样精度要求为：电压、电流 0.2 级；功率 0.5 级。

(2) 遥信、跳闸整体回路检查（应带一次设备进行调试)。从根部模拟各种遥信、闭锁等信号输入，检查接收装置是否收到相应的开入信息；由装置或后台模拟所有跳闸、遥控、闭锁等信号，检查相应智能终端装置硬开出接点是否连通。检查跨间隔的各种开入量GOOSE信息（启动失灵至母线保护等开入量）。

（3）保护逻辑检查。检查本间隔保护装置逻辑功能的正确性。

（4）监控系统信号检查。检查上送至监控系统信号的正确性。

（5）故障录波器信号检查。检查故障录波器接收信号的正确性。

5. 低压间隔系统测试

具体测试内容如下：

（1）采样回路整体检查。利用保护测试仪对低压侧各间隔进行加量，检查各间隔所有保护值、测量值的正确性。额定值时采样精度要求为：电压、电流0.2级；功率0.5级。

（2）遥信、跳闸整体回路检查。遥信、跳闸整体回路检查；从根部模拟各种遥信、闭锁等信号输入，检查接收装置是否收到相应的开入信息；由保护装置或后台模拟所有跳闸、遥控、闭锁等信号，检查装置相应硬开出接点是否连通。

（3）保护逻辑检查。检查本间隔保护装置逻辑功能的正确性。

（4）监控系统信号检查。检查上送至监控系统信号的正确性。

（5）故障录波器信号检查。检查故障录波器接收信号的正确性。

（6）主要调试工具。继电保护测试仪、万用表等。

5.2　风电场电气安装

风电场电气设备安装主要包括箱式变电站安装、集电线路电气安装、地埋电缆及光缆施工。

5.2.1　箱式变电站安装

箱式变电站是把高压开关设备、配电变压器、低压开关设备、电能计量设备和无功补偿装置等按一定的接线方案组合在一个或几个箱体内的紧凑型成套配电装置，起到电能转换和采集测控的作用。箱式变电站安装方便，占地面积小，投运方便，广泛应用于风电场区中。箱式变电站的安装和调试过程中要严格按照标准和规范进行，做好各项工作，确保后期进行安全可靠的通电试运行。

5.2.1.1　准备工作

1. 准备工作及安装安全技术交底

（1）掌握有关技术资料，熟悉图纸，编写施工安装方案并审批。

（2）开工前做好安装技术交底工作，并将施工关键环节对施工人员重点强调。

（3）做好施工用机具的准备、检查和施工人员的培训。

2. 参加施工人员的资格和要求

(1) 全体参加施工人员须体检合格，经过安全和电气专业知识培训，并经考试合格，取得上岗证资格方可参加施工。

(2) 劳动力组合必须是班长、技术员、组长、施工人员相结合的方式，分工明确，各负其责。

3. 工作流程

箱式变电站安装流程如图 5-14 所示。

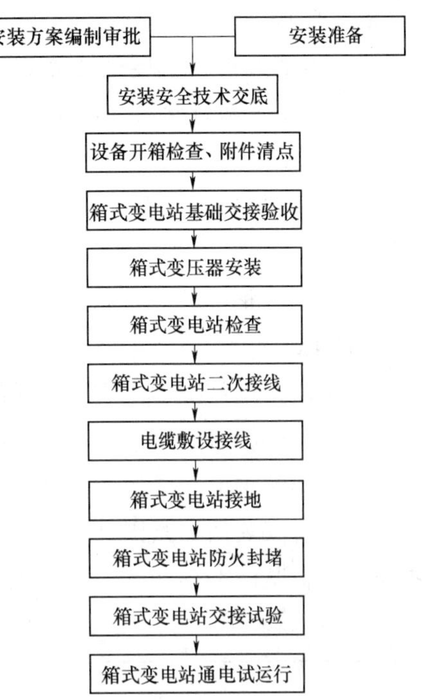

图 5-14　箱式变电站安装流程图

5.2.1.2　设备开箱检查、附件清点

(1) 箱式变压器进场后及时检验，对有缺陷的应立即退货；到达现场后应妥善保管，放置于平整、无积水、无腐蚀物体的场地，不得碰撞，不得在箱式变压器上行走、站立。

(2) 到场后技术人员及质检员会同监理方、建设方到现场依据合同和技术协议进行开箱检查验收。

(3) 外观检查。有铭牌，附件齐全，绝缘件无缺损、裂纹，充油部分不渗漏，充气高压设备气压指示正常，涂层完整。

(4) 对箱式变压器及主要元器件出厂合格证、检验报告、使用说明书、装箱清单检查有无缺失。

(5) 开箱核对型号、规格数量是否符合设计要求；按随产品带的运输清单检查产品零件、备品备件、专用工具、操作手柄应齐全，在安装以前要妥善保管，不得损坏丢失。

(6) 检查设备出厂试验报告记录，保证负荷开关、高压避雷器、插入式熔断器、电流互感器及其他所有表计试验合格。

(7) 材料到货验收完毕，并形成开箱验收记录表，应认真正确填写材料收到及数量记录。

5.2.1.3　箱式变电站基础交接验收

(1) 预装式箱式变电站（简称箱变）应该设置在地势高的地方，防止下雨，被水浸泡。浇制混凝土平台时，要在高低压侧预埋电缆穿管，以安置电缆。开挖地基时必须挖至实土，再回填夯实，浇注混凝土。

(2) 预装式箱式变电站接地与零线共用一处接地网，接地网在箱式变电站基础四个角打下接地桩，然后连成一体，预装式箱式变电站必须有两个可靠的接地点。定期检查接地是否松动和锈蚀。

（3）预装式箱式变电站通常以自然风冷却循环为主，因此不能在四周建违章建筑，还应经常清除百叶窗上的附着物。

（4）基础型钢敷设。

1）电缆室内壁及基础平台用 1∶25 混凝土砂浆抹面，厚度为 20mm，表面需平整。

2）基础型钢安装后，其顶部宜高出抹平地面 10mm，基础型钢应有不少于 2 处的可靠接地。

3）箱式变电站底座与基础之间要用水泥砂浆抹封，以免雨水进入箱式变电站；箱式变电站底面需向外围略倾斜，避免积水。

4）基础型钢应严格按图纸和规范要求敷设，并做防腐处理。

5）设备安装用的紧固件应全部采用镀锌制品（除地脚螺栓外）。

6）设备基础型钢安装允许偏差见表 5-21。

表 5-21　设备基础型钢安装允许偏差

项　目	允　许　偏　差	
	mm/m	mm/全长
不直度	1	5
水平度	1	5
位置误差及不平行度		5

（5）确保箱式变电站的基础验收合格，且对埋入基础的线缆导管和进、出线预留孔及相关预埋件进行检查，才能安装箱式变电站。

5.2.1.4　箱式变压器安装

1. *方法步骤*

（1）准备好施工用吊车、机具、照明安全灯等，并观测天气变化，做好人员分工。

（2）根据设计图纸及厂家变压器安装图用经纬仪、塔尺测量基础标高并找正，找正之后确认基础标高在设计值以内。

（3）转运到位后，要求对箱变所有连接螺栓进行全面紧固；在安装过程中应覆盖塑料膜，防止异物和灰尘进入箱变。

（4）将吊车停到基础右边，吊车固定稳固后将运输箱式变电站的车辆停在吊车左边，吊车起吊前必须先确认吊具及吊装半径内无作业人员及闲杂人员，确认无误后将吊具固定在箱变预留的吊环上，确认吊具固定牢固后将箱变起吊至箱变基础上方，吊装过程中要缓慢，防止磕碰到附近的机械上。

（5）将箱变吊至箱变基础后用水平尺确认箱变处在设计值以内，再用盘尺确认箱

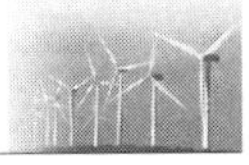

变在基础的正上方，如果箱变不在箱变基础正上方，用撬杠撬至箱变正上方。

（6）确认箱变就位无误后用电焊机在箱变预留的四个焊接点上先焊接四个点，再确认箱变就位无误后，将箱变焊接到基础上，焊接长度不少于5cm，焊工必须持证上岗。

（7）箱变安装就位经检查无误后，对安装好的箱变进行检查。

2. 安全施工方针

（1）坚决执行“安全第一，预防为主”。

（2）所有进入施工现场的施工人员必须戴好安全帽，高空作业人员必须系好安全带，施工人员应服从安全监察人员和施工管理人员的管理。

（3）施工前，应检查施工机械和工器具的安全可靠性，施工人员应正确佩戴安全合格的施工防护用品。

（4）施工负责人对吊装作业做到分工明确，各负其责，统一指挥，设二级监护，除设专职安全员外，施工负责人也是安全监护人，施工时各专业人员密切配合，精神集中，工作时间不得说笑打闹。

（5）现场工作人员必须服从工作负责人的指挥，工作中发现问题及时向负责人报告，严禁非指挥人员参与指挥；进行大型机械吊装施工时，专业技术人员应在场监督指导，避免盲目和违章作业。

（6）特殊工种（吊车操作工、高空作业、起重机、电焊工等）应经过培训合格取证方可上岗，并将操作证复印件报监理审查备案。

（7）吊车位置到架构的轴线距离要控制好，以便吊件到最高位置时吊臂能正常操作。指挥人员应站在安全，有利于观察的位置，以便于发现异常情况能及时处理。

（8）起吊指挥人员与吊车司机在起吊前要统一信号规定，起吊重物下方严禁穿行与停留，指挥人员若同时不能看清操作者及吊件，必须设信号传递人员，按规定逐级做到信号传递无误，指挥无误。

（9）起吊指挥人员应与吊车司机配合好，指挥人员必须使用口哨、手势或旗语语号。

（10）吊车和施工人员应听从指挥，避免盲目作业，如指挥信号不清或将引起事故时，操作人员应拒绝执行并立即通知指挥人员，同时当操作人员感知到任何危险信号时必须立刻停止操作。吊车回旋、起吊严禁有施工人员在旁作业，并保证吊车有足够的回旋半径。

（11）现场应严格按本措施选用的绑点及吊点吊套长度和规定的绕圈数，任何人不得随意更改拉线夹角与长度。

（12）起吊机械应标明最大起重量，起重机械的限位连锁及保护等安全装置必须齐全，灵敏有效。

(13) 吊装过程中如受到外力影响，应及时消除。架构起吊过程中，高空作业人员不得高处等候，在架构梁基本到位后方可进行登高作业。高空使用撬棍时人要站稳，如附近有安装好的构件，应将安全带拴牢后一手扶住一手操作。

(14) 起重区内无关人员不得停留或通过，严禁在吊臂活动范围内及下方有人通过或逗留。

5.2.1.5 箱式变电站检查

对变压器的检查应符合下列要求：

(1) 检查铭牌及接线图标志是否齐全、清晰；外观应清洁，吊装完成后顶盖无遗留物。

(2) 壳体外表面应无碰伤，漆色应均匀，无留痕、起泡、皱纹、露底、严重色差等问题。

(3) 检查高、低压室及设备，其结构布置应符合图纸设计及技术条件的要求。

(4) 进风口及出风口尺寸应符合图纸设计要求。

(5) 母线间间隙应符合规范要求。

(6) 盘柜柜体及内部挡板等无变形损坏；柜门开关无异常。

(7) 出厂二次接线良好、美观，端子排整齐，无缺失。

(8) 所有的附件安装正确、牢固。

(9) 油系统阀门打开，指示正确，油位正常。

(10) 分接开关位置及指示符合运行要求。

(11) 气体继电器、冷却及测温装置外观良好。

(12) 调整五防机械闭锁装置，要求灵活、可靠。

(13) 调整断路器、接地开关，要求快速、可靠，接触良好。

(14) 整体密封性合格，无渗油。

(15) 相色标志齐全、正确。

5.2.1.6 箱式变电站二次接线

(1) 根据施工图画出盘内端子排接线图，根据电缆数量及盘内设备布置，由技术人员和有经验的专业人员统一制订具体方案，确保布线合理、美观。

(2) 电缆在靠近接线端子处开剥，同一端子排的几根电缆开剥端要平齐。电缆开剥要用专用电缆刀，不能损伤电缆芯线及屏蔽网。

(3) 电缆做头时先用塑料带缠绕，然后用黑色且接近电缆粗细的热缩套管紧箍，保证电缆头既密封又美观。

(4) 盘内配线采用尼龙扎线固定，电缆接线要求弯曲方向、弯曲弧度一致，每根芯线都要套上用号头机打印的圆形标号套管，套管长度要统一，一般为20～30mm，套管粗细根据线径选择，且保证标号套管字体向外，首尾统一。

(5) 屏蔽电缆的总屏蔽和分屏蔽按系统接地要求进行接地。一般将总屏蔽网整理后，套上绝缘塑料管，压接于盘内接地端子上。分屏蔽层套绝缘套管后压接于对应端子排的接地端上。所用绝缘塑料套管的长度、颜色、粗细应适中，以利于电缆接线的整体美观。

(6) 多股电缆芯线采用线鼻子压接方式连接，以确保接线质量。

(7) 接线完成，在每根电缆的第一芯挂统一标牌，标明电缆编号、规格、起点位置、终点位置。电缆标牌可用较精致的色纸打印后，用塑封机压膜，用细棉线挂在电缆上。

5.2.1.7 电缆敷设接线

1. 电缆敷设

(1) 敷设程序。先敷设工程急需的电缆，后敷设其余电缆；先敷设集中的电缆，后敷设分散的电缆；先敷设电力电缆，后敷设控制电缆；先敷设长电缆，后敷设短电缆。

(2) 电缆盘应架设稳固，一般离地面100mm为宜，电缆应从盘的上方引出，架盘前要考虑实际长度与敷设长度相符合，避免浪费或制造接头。

(3) 电缆敷设应由专人指挥统一行动，并明确联系信号，不得在无指挥信号时随意拉引，不应使电缆在支架上及地面摩擦拖拉。

(4) 直埋电缆外皮至地坪深度不得小于700mm，坑深不得小于1000mm。

(5) 电缆应敷设在壕沟里，沿电缆全长的上、下紧邻侧铺以厚度不少于100mm的砂层；沿电缆全长应覆盖宽度不小于240mm×480mm×60mm的砖块。

(6) 电缆弯曲半径不应小于15D（D为电缆外径），沿电缆路径的直线间隔50～100m，转弯处或接头部位应竖立明显的方位标志或标桩。

(7) 回填土的土质应对电缆外护套无腐蚀性，回填土应注意去掉杂物，并且每填200～300mm即夯实一次，最后在地面上推100～200mm的高土层，以备松土沉落。

(8) 直埋敷设电缆的接头配置应符合下列规定：接头与邻近电缆净距不得小于0.25m；并列电缆的接头位置宜相互错开，且不小于0.5m的净距；斜坡地形处的接头安置应呈水平状；对重要回路的电缆接头，宜在其两侧约1000mm开始的局部段，按留有备用量方式敷设电缆。

(9) 电缆展放采用机械与人工配合施工。

2. 电缆终端头制作

(1) 电缆做头前应检查电缆是否受潮或在电缆敷设过程中是否有受伤情况，如有应做绝缘测试。

(2) 电缆截取：根据实际位置截取电缆。开剥长度（冷缩护套管厂家规定的尺寸）加接线端子的深度，留内护层10mm，留铠装带25mm。将电缆端部约50mm长的一段外护层擦洗干净。

(3) 焊接地线。在护套上口 90mm 处的铜屏蔽带上分别安装接地铜环，并将三相电缆的铜屏蔽带一同搭在铠装上。用恒力弹簧将接地编织线与上述搭在铠装上的三相电缆的铜屏蔽带一同固定在铠装上。

(4) 安装分支套。把分支套放到三相电缆分叉处。先抽出下端内部塑料螺旋条（逆时针抽掉），然后再抽出三个指管内部的塑料螺旋条。在三相电缆分叉处收缩压紧。用 PVC 胶带将接地铜编织线固定在电缆护套上。

(5) 安装绝缘套管。将三根冷收缩绝缘套管分别套在三相电缆芯上，下部覆盖分支套指管 15mm，抽出绝缘套管内的塑料螺旋条（逆时针抽掉），使绝缘套管收缩压紧在三相电缆芯上。

(6) 安装冷收缩绝缘件准备。半重叠绕包半导电带，从铜屏蔽末端 5mm 处开始绕包至主绝缘上 5mm 的位置，然后返回到开始处。要求半导电带与绝缘交界处平滑过渡，无明显台阶。

(7) 安装接线端子。套入接线端子，对称压接，并锉平打光，仔细清洁接线端子。如果接线端子平板宽度大于冷收缩绝缘件内径，则应先安装冷收缩绝缘件，最后再压接接线端子。

(8) 安装冷收缩绝缘件。用清洗剂将主绝缘擦拭干净。在包绕的半带电带及附近绝缘表面涂上少许硅脂。套入冷收缩绝缘件到安装说明书所规定的位置，抽出冷收缩绝缘件内的塑料螺旋套（逆时针抽掉），使绝缘件收缩压紧在电缆绝缘上。

(9) 绕包绝缘带。用绝缘橡胶带包绕接线端子与线芯绝缘之间的间隙，外面再绕包耐高温、抗电弧的绝缘胶带。

(10) 包绕相色标志带。在三相电缆芯分支套指管外包绕相色标志带。

5.2.1.8　箱式变电站接地

箱变接地必须符合下列规定：

(1) 接地装置引出的接地干线与变压器的低压侧中性点直接连接；接地干线与箱式变电站的 N 母线和 PE 母线直接连接；变压器箱体、干式变压器的支架或外壳应接地（PE）；所有连接应可靠，紧固件及防松零件齐全。

(2) 箱式变电站接地端子应用直径不小于 12mm 的铜质螺栓连接，接地端子数量不得少于 3 个，高压室、低压室、变压器室至少要各有 1 个；箱式变电站高压室、低压室、变压器室的专用接地导体应相互连接。

(3) 箱式变电站非带电金属部分均应可靠接地；门或可抽出部分的接地应保证其在打开或抽出时仍然可靠。

(4) 箱式变电站及落地式配电箱的基础应高于室外地坪，周围排水通畅。用地脚螺栓固定的螺帽齐全，拧紧牢固；自由安放的应垫平放正。金属箱式变电站及落地式

配电箱，箱体应接地（PE）或接零（PEN）可靠，且有标识。

5.2.1.9 箱式变电站防火封堵

1. 防火部位

防火部位包括：所有通向室内的电缆设施的孔洞；所有电缆进入盘、柜、屏、台、箱的孔洞；电缆沟的分支处；电缆沟每隔50m设置1处阻火墙；在阻燃封堵设施两侧不小于1m处均涂刷防火涂料。

2. 防火隔板施工

在每档支架托臂上设置两副专用挂钩螺栓，使隔板与电缆支架固定牢固；并使隔板垂直或平行于支架，整体应确保在同一水平面上。螺栓头外露不宜过长，并应采用专用垫片。隔板间连接处应有50mm左右长度的搭接，用螺栓固定，采用专用垫片。安装的工艺缺口及缝隙较大部位应用有机防火材料封堵。用隔板封堵孔洞时应固定牢固、保持平整，固定方法应符合设计要求。

3. 有机防火堵料施工

（1）施工时应将有机防火堵料密嵌于需封堵的孔隙中。

（2）按设计要求需在电缆周围包裹一层有机防火堵料时，应包裹均匀密实。

（3）用隔板与有机防火堵料配合封堵时，有机防火堵料应略高于隔板，高出部分宜形状规则。

4. 无机防火堵料施工

根据需封堵孔洞的大小，严格按产品说明的要求进行施工。当孔洞面积大于200mm×200mm，可能行人的地方应采用无机隔板做加强底版。用无机防火堵料构筑阻火墙时，应达到光洁，无边角、毛刺。阻火墙应设置在电缆支（托）架处，构筑要牢固；并应设电缆预留孔，底部设排水孔洞。

5. 防火包施工

安装前对电缆做必要的整理，并检查防火包有无破损，不得使用破损防火包。在电缆周围裹一层有机防火堵料，将防火包平整地嵌入电缆空隙中，防火包应交叉堆砌。当用防火包构筑阻火墙时，阻火墙壁底部应用砖砌筑支墩。

6. 自黏性防火包带施工

施工前应做电缆整理，并按产品说明要求进行施工，允许多根小截面控制电缆成束缠绕自黏性防火包带，两端缝隙应用有机防火堵料封堵严实。

7. 防火涂料施工

施工前清除电缆表面的灰尘、油污。涂刷前，将涂料搅拌均匀（按一定比例调和）并控制在合适的稠度。水平敷设的电缆施工时，应沿着电缆的走向均匀涂刷，垂直敷设电缆，宜自上而下涂刷，涂刷次数为2～3次，厚度为1mm，每条厚度均匀一致。

5.2.1.10　箱变交接试验

箱式变电站被试验设备主要有变压器试验、开关设备试验、避雷器试验、电力电缆试验、接地装置试验，各试验项目开展参考升压站电气交接试验进行。

1. 变压器交接试验项目

(1) 测量绕组的直流电阻。

(2) 检查所有分接头的变压比及三相接线组别。

(3) 测量绕组的绝缘电阻、吸收比或极化指数。

(4) 绕组的交流耐压试验。

(5) 测量铁芯与夹件的绝缘电阻。

2. 开关设备试验项目

(1) 测量绝缘电阻。

(2) 测量回路直流电阻。

(3) 交流耐压试验。

(4) 测量开关机械特性。

3. 避雷器试验项目

(1) 测量绝缘电阻。

(2) 直流参考电压和0.75倍直流参考电压下的泄漏电流。

(3) 测量工频放电电压。

(4) 测量工频参考电压和持续电流。

(5) 检查放电计数器动作情况。

4. 电力电缆试验项目

(1) 测量绝缘电阻。

(2) 检查相位。

(3) 电缆交流耐压试验。

5. 接地装置试验项目

(1) 测量接地阻抗。

(2) 测试接地网电气完整性。

(3) 测量跨步、接触电位差、跨步电压、接触电压和转移电位。

5.2.1.11　箱式变电站通电试运行

(1) 变压器送电应不带负载试运行，进行空载投入冲击试验，是为了考验变压器绝缘和保护装置。全电压冲击合闸，第一次投入时均由高压倒投入。

(2) 受电后，持续时间不能小于10min，检查无误后，再每隔5min进行冲击一次。连续进行5次全电压冲击合闸，励磁涌流不应引起保护装置动作，最后一次进行24h的昼夜试运行。

（3）变压器的空载运行主要应检查温升及噪声。正常时发生嗡嗡声，异常时则有以下情况：声音较大且均匀，可能是外加电压较高；声音较大且有嘈杂声，可能是芯部有松动；出现嗞嗞放电声音，可能是芯部和套管表面有闪络；出现爆裂声响，可能是芯部击穿现象，要严加注意。油浸变压器带电后要检查油系统，不可有渗漏。

（4）冲击试验中，操作人员应注意观察冲击电流、温度、空载电流及二次电压，并详细做好记录。变压器空载运行 24h 无异常情况后，可以投入负荷运行并办理验收交接手续。

5.2.2 集电线路电气安装

5.2.2.1 杆上电气设备安装

1. 隔离开关的组装

（1）隔离开关组装的相间距离误差不大于 10mm，相间连杆在同一水平面上；支柱绝缘子垂直于底座平面，且连接牢固，同一绝缘子柱的各绝缘子中心线在同一垂直线上；各支柱绝缘子间应连接牢固，同相各绝缘子柱的中心线在同一垂直平面内；安装时用金属垫片校正其水平或垂直偏差，使触头相互对准、接触良好；其缝隙用腻子抹平后涂以油漆。

（2）传动装置的拉杆应校直，其与带电部分的距离应符合《电气装置安装工程 母线装置施工及验收规范》（GB 50149）的有关规定。当不符合规定时，允许弯曲，但弯成与原杆平行；拉杆的内径与操动机构的直径相配合，两者间的间隙不大于 1mm；连接部分的销子不能松动，当拉杆损坏或折断可能接触带电部分而引起事故时，要加装保护环；所有传动部分涂以适合当地气候条件的润滑脂，同时辅助开关安装要牢固，并动作准确，接触良好，其安装位置便于检查；有防雨措施。

2. 跌落式熔断器

跌落式保险的支架不应探入行车道路，对地距离宜为 5m，无行车碰触的郊区农田线路可降低至 4.5m；熔断器安装牢固、排列整齐，熔管轴线与地面的垂线夹角应为 15°～30°，水平相间距离符合设计要求，动静触头可靠扣接，上、下引线应压紧，线路导线线径与熔断器接线端子应匹配且连接紧密；熔丝规格正确，熔丝两端应压紧、弹力适中，无损伤、吸潮膨胀或弯曲现象；转轴各部分零件完整，光滑灵活，铸件不应有裂纹、砂眼、锈蚀，操作时应灵活可靠、接触紧密，合熔丝管时上触头应有一定的压缩行程；熔管跌落时不应危及其他设备及人身安全。

3. 避雷器

避雷器并列安装时 A、B、C 三相中心在同一直线上，各连接处的金属接触表面，要除去氧化膜及油漆，并涂一层电力复合脂，避雷器防爆片的上下盖子要取下，防爆片要完整无损，同时铭牌应位于易于观察的同一侧，避雷器安装垂直度符合制造厂的规定；放电计数器必须密封良好、动作可靠，并按产品的技术规定连接，安装位置一致，且便于观察，接地可靠，放电计数器恢复至零位；避雷器的排气通道要通畅，排出的气体不会引起相间或对地闪络，并不得喷及其他电气设备。

5.2.2.2 线路试验

线路试验是指对1kV以上架空电力的线路，具体试验项目及标准要求参照《电气装置安装工程　电气设备交接试验标准》(GB 50150)。试验合格后方可投入运行。一般线路试验包括下列内容：

(1) 线路的绝缘电阻能否有条件测定要视具体情况而定，在平行线路的另一条已充电时可不测，同时有线路因感应电压较高或者一些特殊情况可不测。

(2) 测量绝缘子绝缘电阻与交流耐压。

(3) 对线路的耐张线夹与导线压接应进行拉拔试验，试验应抽查一定比例送至第三方实验室，试验结果满足要求规范后安装。

(4) 杆上电气设备试验。具体步骤及标准参照升压站内电气设备试验。

(5) 检查110 (66) kV及以上线路的工频参数。

(6) 检查相位。

(7) 冲击合闸试验：在额定电压下对空载线路的冲击合闸试验应进行3次，合闸过程中线路绝缘不应有损坏，具体参照《110～500kV架空送电线路施工及验收规范》(GB 50233)。

(8) 测量杆塔的接地电阻。试验除测量接地阻抗，还应测量杆塔处接地网的电气完整性，具体标准值参照规范要求。

除了线路试验外，对架设的光缆也必须进行试验，试验合格后方可投入运行。一般光缆的试验项目包括光纤衰减值、光纤熔接后进行接头光纤衰耗值测试等。

5.2.3 地埋电缆、光缆施工

直埋电缆敷设前要根据设计提供的电缆清册和图纸标示路径走向，复核设计电缆长度，根据复核电缆长度进行分盘后采购，避免按电缆总长度采购导致浪费。电缆进场后对产品合格证和出厂试验报告等质量证明文件进行核查；对电缆要进行检查，1kV以上的电缆要做交流耐压试验，1kV以下的电缆用500V兆欧表测绝缘电阻，检查合格后方可敷设。当对纸质油浸电缆的密封有怀疑时，应进行潮湿判断。直埋电缆、水底电缆应经直流耐压试验合格，充油电缆的油样试验合格。电缆敷设时，不应破坏电缆沟和隧道的防水层。对有复检要求的电缆，取样送有资质第三方单位检测合格方可使用。

直埋电缆一般按照相关规范的要求，开挖完电缆沟后，清除沟内杂物，在沟底铺砂垫层并敷设电缆，电缆敷设完毕后铺砂，在电缆上面盖一层砖来保护电缆，然后回

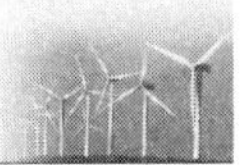

填。光缆一般采用穿管与电缆同沟敷设。电缆敷设过程中应遵守《电气装置安装工程 电缆线路施工及验收规范》(GB 50168) 和《电力工程电缆设计标准》(GB 50217) 的规定。

5.2.3.1 施工准备

(1) 按照施工设计和订货的清单，检查电缆及光缆成盘到货后外观是否完好无损，核对规格、型号和数量是否相符，检查电缆、光缆及其附件的检验合格证、产品说明书、图纸等出厂资料是否齐全。用万用表、绝缘电阻表测试电缆芯之间及对屏蔽层和铠装层的绝缘电阻。电阻值应符合规定要求，试验完毕必须放电。

(2) 查看现场电缆敷设前是否具备条件，包括沟深、路径、障碍物、天气、人员、材料、机械等。现场应电缆沟所有工作已结束，建筑垃圾已清理干净，电缆沟排水畅通。

5.2.3.2 电缆、光缆敷设的一般要求

1. 电缆敷设路径

在电缆线路路径上有可能使电缆受到机械性损伤、化学作用、地下电流、振动、热影响、腐蚀物质、虫鼠等危害的地段，应采取保护措施。无防护措施时，宜避开白蚁危害地带、热源影响和易遭外力损伤的区段。按照设计图纸路径进行敷设。

2. 电缆埋置要求

(1) 电缆表面距地面的距离不应小于 0.7m；穿越农田或在车行道下敷设时不应小于 1m；在引入建筑物、与地下建筑物交叉及绕过地下建筑物处可浅埋，但应采取保护措施。

(2) 电缆应敷设于壕沟里，并应沿电缆全长的上、下紧邻侧铺以厚度不小于 100mm 的软土或砂层；沿电缆全长应覆盖宽度不小于电缆两侧各 50mm 的保护板，保护板宜采用盖砖或混凝土。

(3) 直埋电缆在直线段每隔 50～100m 处、电缆接头处、转弯处、进入建筑物等处，应设量明显的方位标志或标桩。

(4) 电缆直埋敷设于冻土地区时，电缆应埋设于冻土层以下；当受条件限制时，应采取防止电缆受到损坏的措施。

(5) 高压电缆敷设时，在电缆终端和接头处应留有一定的备用长度，电缆接头处应相互错开，电缆敷设整齐，不宜交叉，单芯的三相电缆宜放置成“品”字形，并用相色缠绕在电缆两端的明显位置。电缆敷设应做到横看成线，纵看成行，引出方向一致，余度一致，相互间距离一致，避免交叉压叠，应达到整齐、美观。

(6) 按照电缆清册逐根敷设，敷设时按实际路径计算每根电缆长度，合理安排每盘电缆的敷设条数。电缆敷设时应按区域进行，原则上先敷设长电缆，后敷设短电缆，先敷设同规格较多的电缆，后敷设规格较少的电缆。尽量敷设完一条电缆沟，再转向另一条电缆沟。敷设完一根电缆，应马上在电缆两端位置挂上临时电缆标签。

（7）电缆敷设布置应符合高压电缆、低压电缆、控制电缆分层敷设，并按从上至下为高压电缆、低压电缆、控制电缆原则敷设，不得将电力电缆及控制电缆混在一起。

3. 电缆与其他间距的要求

（1）电缆之间，电缆与其他管道、道路、建筑物等之间平行和交叉时的最小净距应符合表5-22的规定。严禁将电缆平行敷设于管道的上方或下方。

表5-22　电缆敷设最小净距　　单位：m

电缆直埋敷设		最小距离	
		平行	交叉
控制电缆之间		—	0.5
电力电缆之间或与控制电缆之间	10kV及以下电力电缆	0.1	0.5
	10kV以上电力电缆	0.25	0.5
电缆与建筑物基础		0.6	—
电缆与道路边		1.0	—
电缆与排水沟		1.0	—
电缆与树木的主干		0.7	—
电缆与1kV及以下架空线路电杆		1.0	—
电缆与1kV以上架空线路电杆基础		4.0	—
电缆与地下管沟	热力管沟	2.0	0.5
	油管或易燃气管道	1.0	0.5
	其他管道	0.5	0.5
电缆与铁路	交流电气化铁路路轨	3.0	1.0
	直流电气化铁路路轨	10	1.0
不同部门使用的电缆		0.5	0.5

注：1. 电缆与公路平行的净距，当情况特殊时可酌减。
2. 当电缆穿管或者其他管道有保温层等防护设施时，表中净距应从管壁或防护设施的外壁算起。
3. 电缆穿管敷设时，与公路、街道路面、杆塔基础、建筑物基础、排水沟等的平行最小间距可按表5-22中数据减半。

（2）在电力电缆间及其与控制电缆间或不同使用部门的电缆间，当电缆穿管或用隔板隔开时，平行净距可降低为0.1m。

（3）电力电缆间、控制电缆间以及它们相互之间，不同使用部门的电缆间在交叉点前后1m范围内，当电缆穿入管中或用隔板隔开时，其交叉净距可降低为0.25m。

（4）电缆与热管道（沟）、油管道（沟）、可燃气体及易燃液体管道（沟）、热力设备或其他管道（沟）之间，虽净距能满足要求，但检修管路可能伤及电缆时，在交叉点前后1m范围内，应采取保护措施；当交叉净距不能满足要求时，应将电缆穿入

管中，其净距可降低为0.25m。

(5) 电缆与热管道（沟）及热力设备平行、交叉时，应采取隔热措施，使电缆周围土壤的温升不超过10℃。

(6) 当直流电缆与电气化铁路路轨平行、交叉，其净距不能满足要求时，应采取防电化腐蚀措施。

(7) 直埋电缆穿越城市街道、公路、铁路，或穿过有载重车辆通过的大门，进入建筑物的墙角处，进入隧道、人井，或从地下引出到地面时应将电缆敷设在满足强度要求的管道内，并将管口封堵好。

(8) 高电压等级的电缆宜敷设在低电压等级电缆的下面。

(9) 电缆与铁路、公路、城市街道、厂区道路交叉时，应敷设于坚固的保护管或隧道内。电缆管的两端宜伸出道路路基两边0.5m以上，伸出排水沟0.5m，在城市街道应伸出车道路面。

4. 光缆敷设的一般要求

风电场集电线路地埋光缆一般采用穿管与直理电缆同沟敷设，光缆穿管敷设在壕沟里，沿光缆全长的上、下紧邻侧铺不少于100mm厚的砂层和软土。按耐压、耐弯曲、防水、防腐的要求，一般地埋光缆保护管选用管径为25mm的波纹护套管，管材壁厚能满足敷设现场的受力条件。沿光缆覆盖宽度不小于光缆两侧各50mm的保护板或保护砖块。

光缆埋设深度一般不小于0.7m；当穿越公路或穿越风电机组施工场地时需穿直径40mm镀锌保护钢管；光缆与直埋电缆为同沟敷设时，埋深宜与电缆埋深相同，但光缆护管外皮与电力电缆外皮间距至少为0.25m。在城郊与空旷地带的光缆线路，应沿直线段每隔50～100m或转弯处、引进建筑物处以及中间接头部位，设置明显的方位标志或标桩。同时光缆护管的两端应做好密封，防止进水。

5.2.3.3 电缆敷设

一般电缆敷设应按照放样画线、挖沟、敷设过路管、敷设电缆、覆盖与回填、埋设标注桩六个步骤进行。在电缆敷设完成之后，未进行覆盖与回填之前，应邀请建设单位、监理及质量部门做隐蔽工程验收，做好记录、签字，合格后方可进行下一步工序。

1. 放样画线

根据复测结果和设计图纸，先模拟电缆线路的敷设走向，然后进行放样画线。可以采用石灰粉或者其他材料在路面上标明电缆沟的位置走向及开挖宽度，电缆沟开挖宽度应根据设计图纸要求进行开挖。

画线时应根据模拟的线路走向，一般尽量保持为直线，拐弯处的曲率半径不得小于电缆的最小弯曲半径，电缆敷设的最小弯曲半径应符合表5-23的规定。

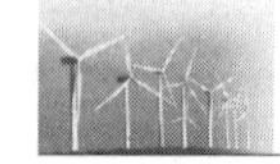

在山坡地带的电缆沟应挖成蛇形曲线，曲线振幅为 1.5m，以减缓电缆的敷设坡度，使其最高点受拉力较小，且不易被洪水冲断。

表 5－23　电缆敷设的最小弯曲半径

<table>
<tr><td colspan="3">电缆形式</td><td>多芯</td><td>单芯</td></tr>
<tr><td colspan="3">控制电缆</td><td>10D</td><td></td></tr>
<tr><td rowspan="3">橡皮绝缘电力电缆</td><td colspan="2">无铅包、钢铠护套</td><td colspan="2">10D</td></tr>
<tr><td colspan="2">裸铅包护套</td><td colspan="2">15D</td></tr>
<tr><td colspan="2">钢铠护套</td><td colspan="2">20D</td></tr>
<tr><td colspan="3">聚氯乙烯绝缘电力电缆</td><td colspan="2">10D</td></tr>
<tr><td colspan="3">交联聚乙烯绝缘电力电缆</td><td>15D</td><td>20D</td></tr>
<tr><td rowspan="3">油浸纸绝缘电力电缆</td><td colspan="2">铅套</td><td colspan="2">30D</td></tr>
<tr><td rowspan="2">铅套</td><td>有铠装</td><td>15D</td><td>20D</td></tr>
<tr><td>无铠装</td><td>20D</td><td></td></tr>
<tr><td colspan="3">自容式充油（铅包）电缆</td><td></td><td>20D</td></tr>
</table>

注：D 为电缆外径。

2. 挖沟

根据放样画线的位置路径开挖电缆沟。开挖过程中，不得出现较大的波浪状，以免路径偏移。开挖路面时，应将路面铺设材料和泥土分别堆置，堆置处和沟边应保持不小于 300mm 通道，堆土高度不宜高于 0.7m，避免石块、硬物等滑进电缆沟内。对开挖出的泥土应采取防止扬尘的措施，同时挖沟深度应大于电缆敷设的深度。

在土质松软带施工时，沟壁上加装护土板以防坍塌；不太坚固的建筑物旁施工时，事先要做好加固措施；市区街道和农村要道处开挖电缆沟时，设置围栏和警告标注；有人行走的地方开挖电缆沟时，要设置跳板，以免影响交通。沟槽在土质松软处开挖、开挖深度达到 1.2m 以上时，应采取措施防止土层塌方。

挖沟深度要大于电缆埋深要求，以考虑在回填后电缆的埋深仍能达到标准深度要求。

3. 敷设过路管

敷设电缆时需要穿过场区道路、公路等，事先应该将过路管全部敷设完成，以便后续电缆敷设可以顺利进行。

过路管一般采用开挖敷设，人工配合机械施工，在需要过路穿管的地方提前开挖埋设过路管，电缆穿管敷设时管的内径不小于电缆外径的 1.5 倍，管的埋深不应小于 0.1m，各保护管应可靠接地，电缆敷设完毕后管的两端应进行封堵。金属电缆管连接应牢固，密封应良好，两管口应对准。接缝应严密，不得有地下水和泥浆渗入。电缆管应有不小于 0.1%的排水坡度。为了不中断交通，开挖敷设完成后应及时恢复道

路，必要时可以在夜间或车辆较少时施工。

4. 敷设电缆

电缆敷设之前，首先检查挖好电缆沟的深度、宽度和拐角处的弯曲半径是否合格，沟内有无其他杂物、硬物，保护管是否埋设好，管口是否打磨光滑，无毛刺，管内是否穿好铁线或麻绳，细砂、盖板或砖是否分放在电缆沟两侧。当电缆沟验收合格后，在沟底铺上100mm厚的砂层，并开始敷缆。直埋电缆做法如图5-15所示。

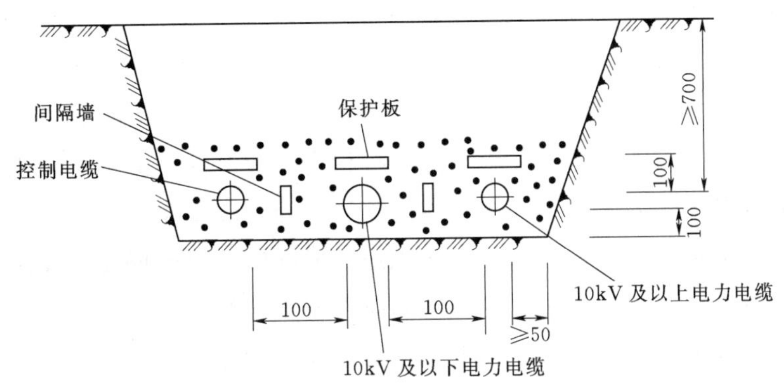

图5-15 直埋电缆做法图（单位：mm）

一般电缆敷设采用人工与机械配合。施放电缆时，先将电缆盘用支架支撑起来，电缆盘的下边缘与地面距离不应小于100mm。放缆过程中，看盘人员在电缆盘的两侧协助推盘放线和负责转动，要派有经验的电缆工看守，以便及时发现和处理敷缆过程中出现的问题。电缆从盘上松下时，应从盘的上端引出，以防停止牵引的瞬间由于电缆盘转动的惯性而不能立即刹住，造成电缆碰地而弯曲半径太小或擦伤电缆外护层。利用机械（卷扬机、绞磨等）牵引电缆，牵引端应用钢丝网套套紧。牵引过程中，牵引速度不得超过8m/min。为了不让电缆过度弯曲，沿沟底放好滚轮，将电缆松下并放在滚轮上，减少电缆的损伤，拉线时配备2～3名人员，检查电缆有无脱离、拖地等异常现象，以免造成电缆的损伤。当电缆穿越管道或其他障碍物时，应用手慢慢传递或在对面用绳索牵引。电缆盘上的电缆放完以后，人员从一端开始依次检查所敷电缆是否受伤并将其摆直。为了提高工作效率，应设专人指挥、专人领线、专人看盘。

5. 覆盖与回填

电缆在沟内摆放整齐以后，上面应覆以厚100mm的细砂或软土，然后盖上保护盖板或砖，宽度以伸出电缆两侧50mm为准（单根电缆一般为150mm宽）。回填土时，应注意去除大石块和其他杂物，并且每回填200～300mm夯实一次，最后在地面上堆高100～200mm，以防松土沉落形成深沟。

在电缆中间接头附近一般提前砌好电缆井，电缆敷设完成后，制作中间头，并对电缆井进行封盖并做好各种防护措施。

6. 埋设标注桩

电缆在拐弯、接头、交叉、进出建筑物等地段应设明显的方位标桩。电缆直线段每隔50～100m处应加设间距适当的路径标桩。标桩应牢固，标志应清晰，标桩露出地面高度应适宜。

5.2.3.4　电缆头制作安装

电缆终端头是将电缆与其他电气设备连接的部件，电缆中间头是将两根电缆连接起来的部件，电缆终端头与中间头统称为电缆附件。电缆附件应与电缆本体一样能长期安全运行，并具有与电缆相同的使用寿命。良好的电缆附件应具有以下性能：

（1）线芯连接好。连接电阻应小而且连接稳定，能经受住故障电流的冲击；长期运行后其接触电阻不应大于电缆线芯本体同长度电阻的1.2倍；应具有一定的机械强度以及耐振动、耐腐蚀性能；此外还应体积小、成本低，便于现场安装。

（2）绝缘性能好。电缆附件的绝缘性能应不低于电缆本体，所用绝缘材料的介质损耗要低，在结构上应能对电缆附件中电场的突变进行完善处理，有改变电场分布的措施。

电缆头的制作主要分为终端头和中间头的制作。根据其制作工艺的特点，电缆头主要分为冷缩电缆头和热缩电缆头，冷缩电缆头是最新的制作工艺。

1. 终端头的制作安装

（1）剥外护套、钢铠和内护层。将电缆校直、擦净，剥去端子内孔深度（1200mm+C）长的外护套；留钢铠30mm，内护套10mm，其余剥除，钢铠可用恒力弹簧做标记剥齐；将铜屏蔽层端头用电工胶带缠绕固定，最后去除电缆填充物。根据电缆头现场位置及尺寸，可以调整剥切外护套的长度（1200mm+C，C为标配尺寸），特别注意边上的相一般要比中间相长，确定的长度要以边相为准，开剥完外护套，将中间相多余的线芯锯掉。

（2）固定钢铠地线。将钢铠上的油漆、铁锈用砂带打磨干净，再将内护层及外护套端口（末端100mm内）用砂带打毛、擦净；把有标志环的地线用大恒力弹簧固定在钢铠上，一般为了牢固，地线要留有10～20mm的头，恒力弹簧将其绕一圈后，把露的头反折回来，再用恒力弹簧缠绕固定。

（3）缠填充胶。从外护套端口以下30mm至整个恒力弹簧、钢铠及内护层，用填充胶缠绕两层。

（4）固定公用铜屏蔽地线。将另一地线塞入三线芯中间，再将垫锥塞入，用地线在三线芯根部包绕一圈，再用恒力弹簧在地线外环绕固定，注意钢铠地线与铜屏蔽地线不要短接。

（5）缠填充胶、密封胶及绝缘自粘带。将铜屏蔽处的整个恒力弹簧、地线及内护

层用填充胶缠绕两层，在填充胶以下的外护套上缠绕两层密封胶（30mm 左右），将地线夹在密封胶中间做防水用，最后在填充胶、密封胶及弹簧外缠一层绝缘自粘带，将地线毛刺及弹簧完全盖住。

（6）安装冷缩指套，固定地线。将三芯指套套入电缆三岔口，尽量下压，逆时针先将指端衬管条抽出（边抽边将指套下压），再抽大口衬管条；收缩完指套后在指套指头往上 300mm 之内的铜屏蔽层缝隙上缠绕电工胶带，防止屏蔽带翘起割伤冷缩绝缘管，在冷缩指套下端用尼龙扎带（户内）或铜扎带（户外）将地线扎紧。

（7）安装第一根长冷缩管及黄绿地线。将第一根长冷缩管套在指套根部，逆时针抽出衬管条使冷缩管收缩（抽动时手不要攥着未收缩的冷缩管）。收缩完成后，将塑封好的黄绿地线用小恒力弹簧固定在铜屏蔽上，并用绝缘自粘带缠绕固定，同样完成其他两相。注意根据电缆的开剥尺寸，只需要一个冷缩管的，无须安装黄绿地线。

（8）安装第二根短冷缩管。将第二根短冷缩管套入电缆，搭接前一根冷缩管 60mm 自然收缩，逆时针抽出衬管条使冷缩管收缩（抽动时手不要攥着未收缩的冷缩管），收缩完成后，量冷缩管末端到线芯端部的距离 D，应等于 380mm＋C；如果小于 380mm＋C 则切除多余的冷缩管（切除时先用胶带环绕固定，然后环切，不能留下刀口，严禁轴向切割）；如果大于 380mm＋C，则锯除多余线芯，同样完成其他两相。注意必须保证 D 的尺寸要求。

（9）剥除铜屏蔽、外半导电层，确定收缩定位标识。保留铜屏蔽 20mm，外半导电层 15mm，其余剥除，按端子内孔深度 C 切除各相主绝缘，用刀片将外半导体电层断口倒角，使其与绝缘层平滑过渡，绝缘层末端倒角 1mm×45°；按相序缠绕相色条，外半导电层断口往下 65mm 处用电工胶带缠绕收缩定位标识。

（10）缠绕半导电带、清洁绝缘处及涂抹绝缘润滑脂。在铜屏蔽上缠绕半导电带，搭接冷缩管和外半导电层各 5mm 并和冷缩管缠平，用砂纸打磨掉主绝缘表面刀痕，并用清洁纸清洁。清洁时，从线芯端头起，撸到外半导电层，切不可来回擦；戴上 PE 手套，将绝缘润滑脂均匀涂在绝缘表面，外半导电层断口台阶处多涂一些，但不要涂抹到外半导电层。

（11）安装冷缩管终端主体。将终端穿进电缆线芯，慢慢拉动终端内的衬管条，使终端端头各收缩定位标识对齐，逆时针方向轻轻拉动衬管条，使冷缩终端收缩（如果发现收缩时终端端头和限位线错位，及时纠正过来）。

（12）压接端子收缩密封管。插入端子，调整端子方向，使用符合规范的六角压模压接三道，用砂纸将端子上的压痕尖角打磨光滑，用绝缘自粘带将压痕及线芯间隙缠平；接下来套入垫管，抵住绝缘层均匀收缩，然后套入密封管，以终端第一个伞裙为起点收缩密封管，同样的工序完成其他两相，安装完毕。35kV 电缆规格适用电缆绝缘外径见表 5-24，电气规程标准配电装置的安全净距离见表 5-25。

表 5-24　35kV 电缆规格适用电缆绝缘外径

电缆规格/mm^2	50～95	120～240	300～400	500～630
适用电缆绝缘外径/m	28.5～35	28.5～35	28.5～35	28.5～35

表 5-25　电气规程标准配电装置的安全净距离　　单位：mm

项　目	适用范围	10kV	20kV	35kV
带电部分至接地部分间	户内	125	180	300
	户外	200	300	400
不同相的带电部分之间	户内	125	180	300
	户外	200	300	400

2. 中间头的制作安装

（1）切割塑料外套。将需要连接的电缆两端头重叠，比好位置，切除塑料外套，一般从末端到剖塑口的距离为 800mm（短端为 600mm）。

（2）锯铠装层。在离剖塑口 20mm 处扎绑线，在绑线上侧将钢甲锯掉，在锯口处将统包带及相间填料切除。

（3）剥除电缆内护套。在剥除电缆内护套时，注意控制力度，以防伤及电缆绝缘层。

（4）剥除屏蔽层。将电缆屏蔽层外的塑料带和纸带剥去，在准备切断屏蔽的地方用金属线扎紧，而后将屏蔽层剥除并切断，并且要将切口尖角向外返折。剥去铜屏蔽长度为：25～50mm^2 电缆剥除 205mm；70～120mm^2 电缆剥除 215mm；150～240mm^2 电缆剥除 225mm；300～400mm^2 电缆剥除 250mm；

（5）剥离半导体层。在剥除半导体层时，要注意控制力度，以防伤及电缆绝缘层。留下 50mm 外半导层。

（6）压接导体。将电缆绝缘线芯的绝缘按连接套管 1/2 的长度剥除，而后插入连接管压接，并用锉刀将连接管突起部分锉平、擦拭干净。应用美工刀在绝缘层顶端削出 45°坡口，并用砂纸打磨光滑。注意：在压接连接套管前应把冷缩电缆头主体套入长（800mm）端，把铜屏蔽网套入短（600mm）端。

（7）量取收缩标记。由半导体层向外量取 15mm，并用 PVC 胶布包好，作为收缩标记。两收缩定位点之间距离为：25～50mm^2 电缆距离为 340mm；70～120mm^2 电缆距离为 360mm；150～240mm^2 电缆距离为 380mm；300～400mm^2 电缆距离为 400mm。

（8）清洁绝缘表面。将靠近连接管端头的绝缘削成圆锥形，用电缆清洁纸擦净绝缘表面，并均匀涂抹硅脂。

（9）收缩冷缩头主体。

（10）安装铜屏蔽网和地线。将铜屏蔽网拉至冷缩头主体合适位置，将地线插入

三相铜屏蔽网中间，并用恒力弹簧将铜屏蔽网、地线和铜屏蔽层固定。

(11) 包扎防水胶带。包扎防水胶带时，应半重叠包扎，不能留有空隙。

(12) 安装外接地线。用锯条或砂纸将钢铠打磨干净，用恒力弹簧将地线固定在钢铠上，并用PVC胶布包扎恒力弹簧。

(13) 包扎第二层防水胶带。

(14) 安装装甲带。装甲带包装袋打开15s后应迅速使用，否则装甲带会硬化，无法使用。

(15) 冷缩电缆中间接头制作工作完成，为得到最佳的效果，30min内不得移动电缆。

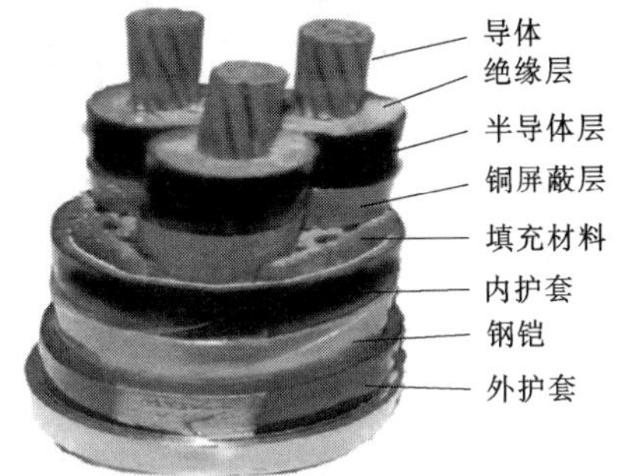

图5-16 高压电缆结构

高压电缆结构如图5-16所示。

5.2.3.5 电缆试验

电缆敷设完成后应进行电缆电气交接试验，试验参考《电气装置安装工程 电气设备交接试验标准》(GB 50150)，试验合格后方可投入运行。一般电力电缆试验包括下列内容：

(1) 测量主绝缘及外护层绝缘电阻。

(2) 检查电缆线路两端相位。

(3) 电缆交流耐压试验。

第6章　陆上风电场达标投产与工程创优

6.1　达　标　投　产

6.1.1　达标投产的概念

达标投产是指，在工程建成投产后，在规定的考核期内，按照统一的标准，对投产的各项指标和建设过程中的工程安全、质量、工期、造价、综合管理等进行全面考核和评价的工作。

风电场工程达标投产考核期，从全部机组 240h 试运行结束开始计算，时间为 6 个月。

6.1.2　总体要求

（1）应遵循“节约型”“环保型”的原则，达标投产不得以提高观感质量为由，擅自提高装饰和建设标准，力戒做表面文章和搞形式主义。

（2）达标投产工程应贯彻落实事前、事中、事后全过程控制的原则，做到有计划、有组织、有落实、有检查、有记录。

（3）项目法人单位应结合工程的实际情况，根据相关要求，在设备和施工招标前组织编写工程项目的达标投产计划，作为施工组织设计大纲的附件提交审查，在审定的基础上制定达标投产实施细则，在所有的承包合同和工程实施过程中，都要体现达标投产计划和细则的要求，并报上级主管单位备案。

（4）工程开工前，建设单位应制定工程达标投产规划，并应在工程合同中明确达标投产要求。

（5）建设单位应组织参建单位编制达标投产实施细则，并应在建设过程中组织实施。

（6）对达标投产工程在建设期间要进行动态考核，具体由项目法人单位和其上级主管单位负责。

6.1.3　达标投产规划

达标投产规划是在风电场工程开工前，由建设单位针对工程项目达标投产目标制

定的整体计划，是项目各参建单位根据合同任务要求编制各自达标投产实施细则的依据。

达标投产规划的内容包括但不限于：

(1) 工程概况。

(2) 达标投产的必备条件。

(3) 考核目标，包括安全目标、质量目标、投资控制目标以及工期控制目标等。

(4) 达标投产考核组织方式，包括领导机构、专业管理机构、工作办公室以及各自的工作职责。

(5) 达标投产考核项目及办法。

(6) 项目考核阶段及程序，主要包括考核范围、考核阶段、考核评比条件、考核标准以及考核审批程序等。

6.1.4 达标投产实施细则

达标投产实施细则是项目各参建单位根据建设单位达标投产规划中的相应要求，按照自身承揽业务的不同对与之相关的达标投产工作进一步细化的工作方案，其主要内容可参考达标投产规划的内容要求，也可根据自身的特点有所区别，但基本内容不得缺失。

建设单位项目达标投产实施细则应报主管部门批准后实施；监理单位的达标投产实施细则应由建设单位现场负责人批准后实施；勘察、设计、施工等单位的达标投产实施细则应报监理单位审核批准后实施，必要时报建设单位项目负责人审签。

6.1.5 达标投产考核

达标投产工作应贯穿于工程建设的全过程。工程建设过程中，在建设单位的组织与监督下，各参建单位应严格按照各自编制的达标投产实施细则开展各项工作，并对整个过程进行动态考核，以确保达标投产目标的实现。

6.1.6 达标投产验收

达标投产验收是指采取量化指标比照和综合检验相结合的方式对工程建设程序的合规性、全过程质量控制的有效性以及机组投产后的整体工程进行质量符合性验收。

风力发电工程的达标投产验收应按《风力发电工程达标投产验收规程》(NB/T 31022) 的规定及其他相关规范、标准的要求进行。

6.1.6.1 达标投产验收的阶段划分

达标投产验收分为初验和复验两个阶段。风力发电工程达标投产验收以核准的每期建设项目为单位，连续建设的多期项目可合并进行复验。

达标投产初验应在风力发电工程整套启动试运前进行，达标投产复验应在考核期结束后 12 个月内进行。

6.1.6.2　达标投产验收的基本内容

风力发电工程达标投产检查验收的内容主要包括职业健康安全与环境管理、中控楼和升压站建筑工程质量、风电机组工程质量（分基础和安装两部分）、升压站设备安装工程质量、场内集电线路工程质量（分架空线路和电力电缆两部分）、调整试验与主要技术指标、交通工程质量、工程综合管理与档案等 10 项基本内容。

各项基本内容又按性质不同分为一般项和主控项，以下内容中除注明为主控项的外，其他皆为一般项。

1. 职业健康安全与环境管理

（1）组织机构。其主要检验内容如下：

1）工程建设项目应成立由建设单位、监理单位和各参建单位组成的项目安全生产委员会，按职责开展工作，并根据人员变化及时调整；该项为主控项。

2）主要施工单位应在生产场所设置独立的安全生产监督部门。

3）施工单位应配备足够的专职安全生产管理人员，必须持证上岗；该项为主控项。

（2）安全管理。其主要检验内容如下：

1）建设单位应按《建设工程生产管理条例》规定，履行建设单位的安全责任，为参建单位创造安全施工条件。

2）施工单位提取的安全生产费用应列入工程造价，在竞标时，不得删减；施工单位专款专用；该项为主控项。

3）建设单位应与参建单位签订职业健康安全与环境管理协议，明确各自的权利、义务与责任。

4）建设单位应负责划分施工现场安全与环境管理责任区域，界限清晰、责任明确。

5）设计应符合安全性强制性条文的规定。

6）从事危险作业的人员有意外伤害保险。

（3）规章制度。其主要检验内容如下：

1）建设、监理和参建单位应建立健全安全管理制度及相应的操作规程；该项为主控项。

2）建立安全例会制度，执行并形成记录。

3）建设、监理和参建单位应按规定进行安全检查，对发现的问题整改闭环，并形成记录。

4）安全管理和作业人员应按规定参加培训，考试合格。

5）特种作业人员应经专项培训，持证上岗，并建立特种作业人员台账；该项为主控项。

6）施工现场应按规定设置安全警示标志；该项为主控项。

（4）安全目标与方案措施。其主要检验内容如下：

1）建设单位、监理单位应建立健全本工程职业健康安全与环境管理体系，并对职业健康安全与环境管理目标进行分解。

2）建设单位、监理单位和参建单位应对工程项目进行危险源、环境因素辨识与评价，制定针对性控制措施，经编制、审核、批准后实施；该项为主控项。

3）重大起重、运输作业，特殊高处作业，带电作业及易燃、易爆区域作业，实行安全施工作业票管理；该项为主控项。

4）对危险性较大的分部、分项工程，施工单位应编制专项方案，并组织论证；该项为主控项。

5）安全专项方案应经审核、批准后实施；该项为主控项。

6）安全技术措施和专项方案实施前，组织交底并履行签字手续；该项为主控项。

7）应制定爆破作业安全管理办法及安全警戒管理制度，落实安全措施；该项为主控项。

（5）工程发包、分包与劳务用工。其主要检验内容如下：

1）工程发包、分包应符合规定，不得整体转包，不得将主题工程专业分包；该项为主控项。

2）施工单位应按规定审核专业分包商、劳务分包商资质；该项为主控项。

3）施工单位应与分包商、劳务分包商签订安全与环境管理协议，明确各自的权利、义务与责任。

4）施工单位应将分包商、劳务用工人员职业健康安全与环境管理的教育、监督、检查纳入本单位管理。

（6）环境管理。其主要检验内容如下：

1）建设单位应编制绿色施工策划，并组织实施，按《建筑工程绿色施工评价标准》（GB/T 50640）的规定进行评价。

2）参建单位应在施工组织设计中有绿色施工方案，内容包括节能、节地、节水、节材环境保护的措施；该项为主控项。

3）施工总平面布置科学、合理，主干道永临结合。

4）不得使用国家明令禁止的技术、设备和材料；该项为主控项。

5）建设单位应制定植被恢复方案，并实施。

（7）安全设施。其主要检验内容如下：

1）建设工程安全设施实现“三同时”；该项为主控项。

2）现场沟、坑、孔洞、临边的护栏或盖板、安全网齐全、可靠；该项为主控项。

3）施工现场安全通道畅通，标识清晰；该项为主控项。

4）高处、交叉作业安全防护设施经验收合格后使用；该项为主控项。

5）施工机械等转动装置防护设施完备；该项为主控项。

6）危险作业场所安全隔离设施和警示标识齐全；该项为主控项。

（8）施工用电与临时用电。其主要检验内容如下：

1）施工用电方案经审批后实施；该项为主控项。

2）动力配电箱与照明配电箱分别设置，电动工器具“一机、一闸、一保护”；该项为主控项。

3）施工用电设施定期检查，并形成记录。

4）高于 20m 的金属井字架、钢脚手架、提升装置等防雷接地可靠，接地电阻小于 10Ω；该项为主控项。

5）电气设备接地可靠；该项为主控项。

6）定期对临时接地进行检查和检测，并形成记录。

（9）测风塔与风电机组。其主要检验内容如下：

1）测风塔顶部应有避雷装置，接地电阻值应符合设计要求；该项为主控项。

2）测风塔应悬挂“严禁攀登”的明显安全标示；测风塔位于航线下方时，应根据航空部门的要求按照航空信号灯；该项为主控项。

3）风电机组开始安装前，施工单位提出专项安全措施，监理单位审核、建设单位批准后方可开始施工；该项为主控项。

4）风电机组安装的吊装设备应符合《电业安全工作规程　第 1 部分：热力和机械》（GB 26164.1）的规定；该项为主控项。

（10）脚手架。其主要检验内容如下：

1）脚手架搭拆应按审批的措施交底、实施；该项为主控项。

2）荷载 270kg/m^2、高度 24m 及以上的落地式钢管脚手架、附着式整体和分片提升脚手架、悬挑式脚手架、吊篮脚手架、自制卸料平台、移动操作平台、新型及异型脚手架等特殊脚手架工程，应按专项安全施工方案审批及验收；该项为主控项。

3）脚手架应挂牌使用、定期检查，并形成记录。

（11）特种设备。其主要检验内容如下：

1）施工单位建立特种设备管理制度，配备专（兼）职管理人员。

2）建设单位和施工单位建立特种设备台账。

3）特种设备应有安全、节能操作规程。

4）特种设备安装前应按规定到政府相关部门备案；该项为主控项。

5）特种设备安拆单位有相应资质，操作人员应经专项培训，持证上岗；该项为

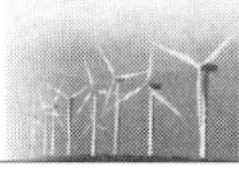

主控项。

6）特种设备安拆方案经审批后实施，并形成记录；该项为主控项。

7）特种设备使用前，经专业机构检测取得许可证，登记标示置于该特种设备显著位置；该项为主控项。

8）特种设备定期维护保养，并形成记录。

9）特种设备应年检合格；该项为主控项。

（12）危险品保管。其主要检验内容如下：

1）制定危险品运输、储存区。

2）各类易燃易爆物质储存区，储罐区与建筑物之间的安全距离应符合《火力发电厂与变电站设计防火规范》（GB 50229）、《常用化学危险品贮存通则》（GB 15603）的规定；该项为主控项。

3）危险品储存区应有明显标识，标识应符合《危险货物包装标志》（GB 190）、《化学品分类和危险性公示通则》（GB 13690）的规定。

4）危险品标识应符合 GB 190、GB 13690 的规定。

5）爆炸危险场所及危险品仓库内，采用防爆型电气设备，开关装在室外；该项为主控项。

（13）全场消防。其主要检验内容如下：

1）消防设计应经公安消防机构审查确认。

2）消防系统应经公安消防机构验收合格，并定期检查，形成记录；该项为主控项。

3）建（构）筑物及设施的耐火等级、安全疏散通道、防火防烟分区、防火距离及装饰装修材料应符合《建筑设计防火规范》（GB 50016）的规定；该项为主控项。

4）重点防火区域和防火部位警示标识醒目；该项为主控项。

5）消防通道、紧急疏散通道应畅通，并设置警示标识；该项为主控项。

6）电缆孔洞封堵、电缆防火涂料符合设计要求；该项为主控项。

7）消防器材配置符合《建筑灭火器配置设计规范》（GB 50140）、《建筑灭火器配置验收及检查规范》（GB 50444）的规定。

8）易燃、易爆区域动火作业办理作业票；该项为主控项。

（14）边坡施工安全。其主要检验内容如下：

1）开挖作业前爆破设计方案应通过审批。

2）应按设计要求进行安全监测布置，按规定进行安全监测、巡视，观测资料及时分析、反馈；该项为主控项。

3）边坡开挖及支护方案应经审批后实施；该项为主控项。

4）安全检测设施和安全防护设施应满足规范和设计要求；该项为主控项。

5）开挖及交叉作业应派专人监护。

（15）劳动保护。其主要检验内容如下：

1）劳动保护用品采购、验收、保管、发放、使用应符合规定。

2）从事职业危害作业人员定期体检。

3）施工现场应有卫生、急救、防疫、防毒、防辐射等专项措施，并组织实施；该项为主控项。

（16）灾害预防及应急预案。其主要检验内容如下：

1）建设单位和各参建单位应建立灾害预防与应急管理体系，职责明确。

2）根据工程所在地域可能发生的自然灾害及安全事故，制定专项预案和储备必备物资。

3）建设单位和各参建单位应定期组织预案演练、评价，并形成记录；该项为主控项。

4）建设项目应制订超标准洪水应急预案，并经过演练和报备。

（17）调试、运行。其主要检验内容如下：

1）系统试运、整套启动、生产运行规程应经审批后实施，并形成记录。

2）备用电源、不间断电源及保安电源切换运行可靠；该项为主控项。

3）试运、生产阶段应严格执行“两票三制”；该项为主控项。

（18）事故、调查处理。其主要检验内容如下：

1）未发生较大及以上安全责任事故；该项为主控项。

2）未发生重大环境污染责任事故；该项为主控项。

3）未发生恶性误操作责任事故；该项为主控项。

4）未发生重大交通责任事故。

5）安全事故及时报告、处理、统计；该项为主控项。

6）应按“四不放过”原则处理。

2. 中控楼和升压站建筑工程质量

（1）地基基础和结构稳定性、耐久性。其主要检验内容如下：

1）结构垂直度偏差应符合《电力建设施工质量验收及评价规程　第1部分：土建工程》（DL/T 5210.1）的规定。

2）基础相对沉降符合《建筑变形测量规范》（JGJ 8）的规定，累计沉降量应符合设计要求；该项为主控项。

3）无有害结构裂缝；该项为主控项。

4）未发生影响使用功能或内久性的缺陷；该项为主控项。

5）永久性边坡、挡土墙的排水、泄水系统应符合设计要求及规范规定。

6）永久性边坡、挡墙的伸缩缝、沉降缝的间距符合设计要求，缝中填塞的防水

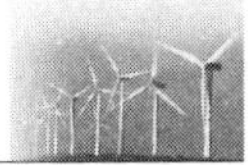

材料应密实，符合规范规定。

（2）测量控制点、沉降观测点。其主要检验内容如下：

1）选点、选型、埋设、标识应符合设计及《工程测量规范》（GB 50026）、《建筑变形测量规范》（JGJ 8）、《电力工程施工测量技术规范》（DL/T 5445）的规定；该项为主控项。

2）沉降观测点、测量控制点的防护完好，标识规范；该项为主控项。

（3）观感质量。其主要检验内容如下：

1）观感质量检查方法、内容应符合《电力建设施工质量验收及评价规程　第1部分：土建工程》（DL/T 5210.1）的规定。

2）单位工程、分部工程的观感质量与验收结论一致；该项为主控项。

（4）混凝土工程。其主要检验内容如下：

1）单位工程、分部工程的观感质量应与验收结论一致。

2）混凝土结构平整密实、色泽均匀，边角方正，棱角顺直。

3）对拉螺栓（片）处理、封堵及防腐应符合《给水排水构筑物工程施工及验收规范》（GB 50141）、《电力建设施工技术规范　第1部分：土建结构工程》（DL 5190.1）、《电力建设施工技术规范　第9部分：水工结构工程》（DL 5190.9）的规定。

（5）钢结构工程、压型钢板维护及平台栏杆。其主项目检验内容如下：

1）无明显变形、损伤、污染、锈蚀；该项为主控项。

2）防腐、防火的施工质量符合《电力建设施工技术规范　第1部分：土建结构工程》（DL 5190.1）的规定。

3）摩擦面结合紧密，高强度螺栓穿入方向一致，符合DL 5190.1的规定；该项为主控项。

4）焊缝焊角高度、长度符合《建筑钢结构焊接技术规范》（JGJ 81）的规定，焊缝均匀，无咬边、夹渣、气孔；该项为主控项。

5）压型钢板维护结构表面应平整，拼缝严密、顺直，无色差、翘边、损坏、起鼓、污染、不漏水。

6）平台、栏杆、钢梯制作安装应符合《固定式钢梯及平台安全要求》（GB 4053）的规定。

（6）砌体工程。其主要检验内容如下：

1）砌体工程应符合《砌体结构工程施工质量验收规范》（GB 50203）的规定，组砌方法正确、灰缝应饱满。

2）清水墙面无污染和泛碱；勾缝均匀、光滑、顺直、深浅一致；平整度、垂直度应符合《砌体结构工程施工质量验收规范》（GB 50203）的规定。

3）变形缝的处理应符合设计要求和规范规定。

（7）装饰装修。其主要检验内容如下：

1）抹灰。

a. 基层与墙体粘结牢固，应无龟裂、空鼓、裂缝。

b. 分格缝（条）宽、深均匀，棱角整齐，表面光滑。

c. 滴水线（槽）的设置应符合《建筑装饰装修工程质量验收规范》（GB 50210）的规定，排水坡度应满足使用功能。

d. 上下窗洞口位置宜一致，窗框与墙体之间缝隙填塞密实、完整。

2）门窗安装。

a. 门（窗）框、扇安装牢固，启闭灵活、严密，无倒翘，窗框与墙体密封严密、平直。

b. 防脱落、防碰撞等配件安装齐全牢固、位置正确，功能应符合使用要求。

c. 门窗朝向正确、玻璃安装牢固，无裂纹、损伤、松动，且符合《建筑装饰装修工程质量验收标准》（GB 50210）的规定。

d. 开窗机安装正确，启闭灵活、严密、操作方便。

3）吊顶和饰面。

a. 构造正确、安装牢固、工艺美观。

b. 饰面表面洁净、色泽一致，平整，压条平直、无翘曲、宽窄一致。

c. 无裂缝、缺损、渗漏痕迹、污染。

4）饰面砖黏结。

a. 粘结牢固，无空鼓、裂痕、脱落。

b. 阴阳角处搭接方式正确，全立面整砖套割吻合，边缘整齐，踢脚、墙裙、贴面突出厚度一致。

c. 缝隙均匀平直，表面平整、洁净，色泽一致。

5）地面。

a. 现浇水磨石地面分格条顺直、清晰、无断条，石子的粒径、颜色分布均匀，表面平整光滑、色泽一致、光泽度合格，无空裂、砂眼、麻纹；边角和变形缝处理符合设计要求。

b. 自流平、内磨地面色彩一致，表面平整，无裂缝、修补痕迹。

c. 现浇混凝土楼板、细石混凝土面层原浆一次抹面，找平、压光。

d. 块料地面铺设应符合《建筑地面工程施工质量验收规范》（GB 50209）的规定。

e. 塑胶地板黏结良好，接缝严密，无气泡。

f. 防腐地面无裂缝、渗漏，并符合设计要求。

g. 实木地板、活动地板（防静电地板）、复合地板、踢脚线（板）的安装及楼梯踏步和台阶的施工应符合设计要求和施工验收规范规定。

h. 散水分隔缝、沉降缝处理应符合设计要求；应无裂开、塌陷。

i. 卫生间地面应防滑，且不积水。

6）幕墙安装。

a. 结构与幕墙连接的各种预埋件数量、规格、位置和防腐处理应符合《建筑装饰装修工程质量验收标准》（GB 50210）的规定、《玻璃幕墙工程技术规范》（JGJ 102）及《金属与石材幕墙工程技术规范》（JGJ 133）的规定；该项为主控项。

b. 幕墙结构胶和密封胶的大注应饱满、密实、连续、均匀、无气泡，宽度和厚度应符合 GB 50210 的规定、JGJ 102 及 JGJ 133 的规定；该项为主控项。

7）涂饰工程。

a. 涂层材料应符合设计要求。

b. 涂料涂饰均匀、色泽一致、黏结牢固，无漏涂、透底、起皮、流坠、裂缝、掉粉、污染。

8）室内环境检测。主控制室等长期有人值班房间必须进行室内环境污染浓度检测，检测结果应符合《民用建筑工程室内环境污染控制规范》（GB 50325）的规定；该项为主控项。

（8）屋面及防水工程。其主要检验内容如下：

1）防水层铺贴应符合标准规定和设计要求，无破损、空鼓、起皱、坡度、坡向正确，排水顺畅、无积水。

2）天沟檐沟、泛水收口、水落口、变形缝、伸出屋面管道等细部构造处理应符合设计要求《屋面工程质量验收规范》（GB 50207）的规定。

3）地下工程防水应无渗漏，且符合《地下工程防水技术规范》（GB 50108）的规定；该项为主控项。

4）防水楼地面、地漏、立管、套管、阴阳角部位和卫生洁具根部应无渗漏；该项为主控项。

5）上人屋面。

a. 上人屋面的女儿墙或栏杆，高度超过 10m 的，其净高为 1100mm；高度超过 20m 的，其净高为 1200mm；该项为主控项。

b. 卷材防水屋面上的设备基座与结构层相连时，防水层应包裹在设施基座上部，并在地脚螺栓周围做密封处理；该项为主控项。

c. 在防水层上放置设备时，其下部的防水层应做卷材增强层，必要时应在其上浇筑细石混凝土，其厚度不应小于 50mm；该项为主控项。

d. 需经常维护的设施周围和屋面出入口至设施之间的人行道应铺设刚性防水保

护层；该项为主控项。

e. 块材面层和保护层与女儿墙根部间应留不小于30mm宽的柔性防水材料填充缝。

（9）给水、排水、采暖。其主要检验内容如下：

1）管道破盾、坡向正确，支吊架配置安装应符合设计要求，补偿措施可靠；该项为主控项。

2）管道和阀门应无渗漏，阀门、仪表安装便于操作和检修。

3）生活污水管道检查口、清扫口位置正确。

4）管道焊缝饱满、均匀。

5）管道防腐、保温应符合设计要求和《建筑给水排水及采暖工程施工质量验收规范》（GB 50242）的规定。

6）设备安装、试运行应符合GB 50242的规定；该项为主控项。

（10）空调。检验要求设施齐全、功能正常、操作方便。

（11）消防。其主要检验内容如下：

1）消防栓、箱安装位置应正确，标志醒目，箱内栓口位置、朝向、高度正确，设施齐全，且符合《建筑设计防火规范》（GB 50016）、《火力发电厂与变电站设计防火标准》（GB 50229）及GB 50242的规定；该项为主控项。

2）变压器等特殊消防设施符合设计要求。

3）移动式消防器材定置管理应符合《建筑灭火器配置验收及检查规范》（GB 50444）的规定。

4）火灾自动报警系统应单独布线，系统内不同电压等级、不同电流类别的线路，不应布在同一管道内或线槽的同一槽孔内，且符合《火灾自动报警系统施工及验收规范》（GB 50166）的规定；该项为主控项。

（12）建筑电气。其主要检验内容如下：

1）电气装置的接地电阻值必须符合设计要求；该项为主控项。

2）开关、插座、灯具等安装应符合《建筑电气照明装置施工与验收规范》（GB 50617）及《建筑电气工程施工质量验收规范》（GB 50303）的规定。

3）建（构）筑物和设备的防雷接地可靠、可测，接地电阻（防雷接地、保护接地、工作接地和防静电接地）应符合设计要求《建筑物防雷工程施工与质量验收规范》（GB 50601）、《建筑电气工程施工质量验收规范》（GB 50303）的规定，该项为主控项。

（13）智能建筑。其主要检验内容如下：

1）安装应符合设计要求和《智能建筑工程施工规范》（GB 50606）、《智能建筑工程质量验收规范》（GB 50339）的规定。

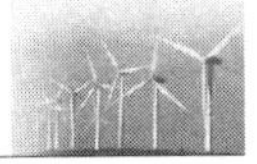

2）电源接地系统应保证建筑物内智能化系统的正常运行和人身、设备安全，该项为主控项。

（14）沟道、盖板。其主要检验内容如下：

1）沟道顺直、平整，排水坡度、坡向正确，无渗漏、积水、杂物，伸缩缝处理应符合设计要求。

2）沟盖板铺设平稳、顺直、缝隙一致，无破损、裂纹等缺陷。

（15）道路、地坪及围墙。其主要检验内容如下：

1）混凝土路面、室外场坪平整密实，无缺损、裂缝、脱皮、起砂、积水、下沉、污染、接缝平直，胀缝和缩缝位置、宽度、深度、填缝应符合设计要求。

2）沥青路面面层平整、坚实，接茬紧密、平顺，路面无积水。

3）路缘石完整，无破损，安装牢固，弧度美观，线条顺直。

4）围墙施工质量应符合设计要求，变形缝、抹灰分格缝、排水口的位置和处理及压顶滴水檐的处理应符合验收规范的规定。

（16）电梯。其主要检验内容如下：

1）电梯机房内主机、控制屏等设施安装应符合设计要求。

2）层门强迫关门装置动作应正常；该项为主控项。

3）电梯安装应符合《电梯安装验收规范》（GB/T 10060）及《电梯工程施工质量验收规范》（GB 50310）的规定；该项为主控项。

（17）水土保持。其主要检验内容如下：

1）场区植被恢复良好，不应有较大面积裸露的土方，实施效果应符合水土保持方案。

2）挡土墙、护坡等质量应符合设计要求。

（18）建筑节能。其主要检验内容如下：建筑节能工程施工应符合《建筑节能工程施工质量验收规范》（GB 50411）的规定；该项为主控项。

（19）技术标准清单。其主要检验内容如下：

1）本工程本专业执行技术标准清单齐全，施工单位编制、审核、批准手续齐全，并经监理单位和建设单位确认。

2）整理有序、动态管理。

（20）强制性条文。其主要检验内容如下：

1）实施计划内容详细、可操作。

2）执行、检查记录齐全；该项为主控项。

（21）质量验收项目划分。其主要检验内容如下：

1）施工单位按《电力建设施工质量验收及评价规程　第1部分：土建工程》（DL/T 5210.1）编制质量验收范围划分表，符合工程实际，并经监理单位汇总审核、建设单位批准。

2）检验批、分项、分部、单位工程验收与质量验收规范范围划分一致。

（22）技术文件的编制和执行。其主要检验内容如下：

1）专业施工组织设计；该项为主控项。

2）主要和特殊工程的施工技术方案。

3）绿色施工专项措施；该项为主控项。

4）建筑节能工程专项施工方案。

5）危险性较大的分部分项工程应有的专项方案，并组织论证。

6）专项施工方案、措施内容完整，编制、审核、批准手续齐全，技术交底及执行检查记录齐全；该项为主控项。

（23）重要报告、记录、签证。其主要检验内容如下：

1）试验、检测。

a. 实验室资质、业务范围清单符合要求；该项为主控项。

b. 见证取样检验项目及数量符合规定。

c. 第三方检验试验报告不少于总数量的30%，并加盖检测机构的CMA计量认证；该项为主控项。

2）勘测、设计。

a. 勘测、设计单位参加验槽和地基工程的施工质量验收签证；该项为主控项。

b. 设计单位对地基处理检测报告、沉降观测成果报告签署意见。

c. 设计单位参加基础和主体结构分部工程的施工质量验收签证。

3）监理。

a. 建筑材料、构配件、设备进场检验签证。

b. 检验试验见证取样签证并建立台账。

c. 设计监理对工程地质报告签署意见，施工监理对沉降观测成果报告、地基处理检测报告签署意见；该项为主控项。

d. 工程检查验收签证。

e. 监理工程师通知单和整改闭环签证。

f. 工程质量评估报告。

4）主要原材料、构配件。

a. 出厂合格证及检验报告齐全。

b. 钢筋（材）、水泥、砂石、外加剂、防水材料、防火材料等现场复试报告，砂、石碱活性检验报告，大体积混凝土用水泥水化热检测报告；该项为主控项。

c. 钢筋、水泥等重要原材料质量跟踪记录。

d. 未使用国家技术公告中明令禁止和限制使用的技术（材料、产品）的证明；该

项为主控项。

e. 新型材料有鉴定报告或允许使用证明。

5）主要质量控制资料。

a. 单位（子单位）工程质量控制资料齐全，符合标准规定。

b. 设计修改和设计变更实施记录。

c. 地基处理和桩基工程施工记录、检测报告（地基承载力检验报告、单桩承载力和桩身完整性检测报告）；该项为主控项。

d. 回填土检测报告。

e. 混凝土强度（标养和同条件）、抗渗、抗冻、抗折等试验报告；该项为主控项。

f. 砌筑、抹灰砂浆强度报告。

g. 钢筋接头检验报告。

h. 隐蔽工程验收：验槽、钢筋、地下混凝土、隐蔽防水、大面积回填土、屋面工程、建筑电气埋管穿线、地下埋管、建（构）筑物防雷接地、吊顶、抹灰、门窗固定、外墙保温等隐蔽工程验收记录；该项为主控项。

6）沉降观测。

a. 沉降观测单位资质，观测人员资质。

b. 施工期沉降观测记录。

c. 运行期沉降观测记录。

7）安全功能检测与主要功能抽查。

a. 单位（子单位）工程安全和功能检验资料及主要功能抽查记录。

b. 建设单位、监理单位和施工单位签署确认的混凝土结构实体强度检测、重要梁板结构钢筋保护层厚度检测数量与部位技术文件；该项为主控项。

c. 混凝土结构实体强度检测报告、钢筋保护层厚度测试报告；该项为主控项。

d. 钢结构工程焊缝检测报告、摩擦面抗滑移系数试验报告和复检报告、高强度螺栓紧固力出厂检验及复验报告，现场处理的构件摩擦面应单独进行摩擦面抗滑移系数试验，其结果应符合设计要求；该项为主控项。

e. 门窗水密性、气密性、抗风压检测报告符合设计要求。

f. 屋面淋雨试验记录。

g. 有防水要求地面的蓄水试验记录。

h. 水池满水试验记录。

i. 承压管道系统水压试验报告、非承压系统和设备灌水试验报告；该项为主控项。

j. 非主控制室等长期有人值班房间室内环境检测报告；该项为主控项。

k. 照明全负荷试验记录及应急照明试验记录。

l. 外墙饰面砖黏结强度检验记录。

m. 室内、室外消火栓试射记录。

n. 火灾报警及消防联动系统试验记录；该项为主控项。

o. 生活饮用水管道冲洗记录、消毒记录及检验报告；该项为主控项。

p. 电梯专项施工技术方案、安装记录、验收合格证及验收报告。

q. 电梯使用前按特种设备管理条例检验、年检、取得许可证；该项为主控项。

r. 质量监督检查报告及问题整改闭环签证记录；该项为主控项。

3. 风电机组工程（基础部分）质量

（1）地基基础和结构稳定性、耐久性。其主要检验内容如下：

1）未发生过超过设计允许结构倾斜、沉降；该项为主控项。

2）基础相对沉降量符合《建设变形测量规范》（JGJ 8）的规定：累计沉降量应符合设计要求；该项为主控项。

3）无有害结构裂缝；该项为主控项。

4）外发生影响使用功能或耐久性的缺陷；该项为主控项。

5）永久性边坡、挡土墙的排水应符合设计要求及规范规定。

6）永久性边坡、挡土墙的伸缩缝、沉降缝的间距符合设计要求，缝中填塞的防水材料应密实，符合规范规定。

（2）测量控制点、沉降观测点。其主要检验内容如下：

1）沉降观测点的设置应符合《电力工程施工测量技术规范》（DL/T 5445）的规定；该项为主控项。

2）沉降观测点的制作、安装、防护、标识应符合《建设变形测量规范》（JGJ 8）的规定；该项为主控项。

3）测量控制点防护完好，规范标识。

（3）观感质量。其主要检验内容如下：

1）短杆质量检查方法、内容应符合《电力建设施工质量验收及评价规程　第 1 部分：土建工程》（DL/T 5210.1）的规定。

2）单位工程、分部工程观感质量应与验收结论一致。

（4）混凝土工程。其主要检验内容如下：

1）现浇结构不得有影响结构性能、设备安装和使用功能的尺寸偏差；该项为主控项。

2）混凝土结构表面无严重缺陷；该项为主控项。

3）混凝土结构平整密实，色泽均匀，变焦方正，棱角顺直。

4）风电机组基础环暗转水平度偏差应符合设计和设备厂家要求；该项为主控项。

5）风电机组基础防腐应符合设计要求。

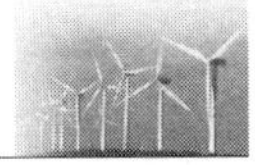

6）基础环与混凝土基础连接处防水应符合设计要求。

7）接地线规格、埋设深度、敷设应符合设计要求；接地体焊接应符合《电气装置安装工程　接地装置施工及验收规范》（GB 50169）的要求；该项为主控项。

（5）水土保持。其主要检验内容如下：

1）场区植被恢复良好，不应有较大面积裸露的土方，实施效果应符合水土保持方案。

2）挡土墙、护坡等质量应符合设计要求。

（6）技术标准清单。其主要检验内容如下：

1）本工程本专业执行技术清单齐全，施工单位编制、审核、批准手续齐全，并经监理和建设单位确认。

2）整理有序、动态管理。

（7）强制性条文。其主要检验内容如下：

1）实施计划内容详细、可操作。

2）执行、检查记录齐全；该项为主控项。

（8）质量验收项目划分。其主要检验内容如下：

1）施工单位按《电力建设施工质量验收及评价规程　第1部分：土建工程》（DL/T 5210.1）编制质量验收范围划分表，符合工程实际，并经监理单位汇总审核、建设单位批准。

2）检验批、分项、分部、单位工程验收与质量验收范围划分表一致。

（9）技术文件编制和执行。其主要检验内容如下：

1）本专业施工组织设计内容齐全，编、审、批手续完备；该项为主控项。

2）主要和特殊工程的施工技术方案及实施记录。

3）绿色施工专项措施；该项为主控项。

4）危险性较大的专项施工方案。

（10）重要报告、记录、签证。其主要检验内容如下：

1）试验、检验。

a. 实验室资质、业务范围清单符合要求；该项为主控项。

b. 见证取样检验项目及数量符合规定。

c. 第三方检验试验报告不少于总数量的30%，并加盖CMA计量检测认证章；该项为主控项。

2）勘测、检测。

a. 勘测、设计单位参加验槽和地基工程的施工质量验收签证；该项为主控项。

b. 设计单位参加基础工程的施工质量验收签证。

c. 设计单位对地基处理检测报告、沉降观测成果报告签署意见。

3）监理。

a. 建筑材料、构配件、设备进场检验签证。

b. 检验试验见证取样签证并建立台账。

c. 设计监理对工程地质报告签署意见；施工监理对沉降观测成果报告、地基处理检测报告签署意见；该项为主控项。

d. 工程检查验收签证。

e. 监理工程师通知单和整改闭环签证。

f. 工程质量评估报告。

4）主要原材料、构配件。

a. 出厂合格证及检验报告齐全。

b. 钢筋（材）、水泥、砂石、外加剂、防水材料等现场复试报告，砂、石碱活性检验报告，大体积混凝土用水泥水化热检测报告；该项为主控项。

c. 钢筋、水泥等重要原材料质量跟踪记录。

d. 未使用国家技术公告中明令禁止和限制使用的技术（材料、产品）的证明；该项为主控项。

e. 新型材料有鉴定报告或允许使用证明。

5）主要质量控制。

a. 单位工程质量控制资料齐全，符合标准规定。

b. 设计修改和设计变更实施记录。

c. 地基处理和桩基工程施工记录、检测报告（地基承载力检验报告、单桩承载力和桩身完整性检测报告）；该项为主控项。

d. 回填土密实度检测报告。

e. 混凝土强度（标养和同条件）、抗渗、抗冻、抗折等试验报告；该项为主控项。

f. 砌筑、抹灰砂浆强度报告。

g. 钢筋接头检验报告。

h. 隐蔽工程验收：验槽、钢筋、地下混凝土、大面积回填土、防雷接地等验收符合标准规定；该项为主控项。

6）沉降观测。

a. 沉降观测单位资质，观测人员资质。

b. 施工期沉降观测记录、资料齐全。

c. 运行期沉降观测记录、资料齐全。

7）安全功能检测与主要功能抽查。

a. 混凝土实体结构强度检测报告；该项为主控项。

b. 钢筋保护层厚度测试报告；该项为主控项。

c. 质量监督检查报告及问题整改闭环签证记录；该项为主控项。

4. 风电机组工程（安装工程）质量

（1）塔架。其主要检验内容如下：

1）塔架的设计、制造应符合《风力发电机组　塔架》（GB/T 19072）的规定。

2）内部重物提升装置工作可靠，防滑抱紧装置可靠，助爬装置检验合格。

3）攀登设施安装可靠；该项为主控项。

4）表面防腐涂层完好无锈色、无损伤，外观无明显的变形。

5）各段塔架法兰结合面接触良好，法兰平面度检测符合设计要求；该项为主控项。

6）塔架内外壁无油渍、无污染。

7）塔架内部部件的设计应满足安全操作的要求。

8）塔架内部部件的安装安全、可靠。

9）塔架内部照明设备齐全，亮度满足工作要求。

10）塔架应满足防盐雾腐蚀、防沙尘暴的要求，筒式塔架有防小动物进入的措施。

11）各段塔架接地连接符合设计要求；该项为主控项。

（2）机舱。其主要检验内容如下：

1）机舱内部有良好的通风条件。

2）机舱内部照明设备齐全，亮度满足工作要求。

3）机舱内部温度、湿度满足运行要求。

4）机舱防腐符合设计要求。

5）机舱内部设备接地满足设计要求；该项为主控项。

（3）风轮。其主要检验内容如下：

1）外观整洁，色调一致，无损伤。

2）叶片防雷接地系统连接正确；该项为主控项。

3）叶片防沙暴、防腐蚀性能符合设计要求。

（4）变桨系统。其主要检验内容如下：变桨动作正确，调节性能符合要求，该项为主控项。

（5）齿轮。其主要检验内容如下：

1）箱体、油冷却器和油泵系统无渗漏；该项为主控项。

2）湿度、噪声、振动符合设计要求。

3）油位、油温正常，油质符合运行要求。

4）寒冷地区应有加热装置，工作正常。

（6）发电机。其主要检验内容如下：

1）复测轴系统轴度符合厂家要求；该项为主控项。

2）绝缘良好，测试记录齐全。

3）空气入口、通风装置和外壳冷却散热系统完好，工作正常。

4）水冷却系统无渗漏，工作正常，并有防冻措施。

5）发电及防护等级应能满足防盐雾腐蚀、防沙尘暴要求，湿度较大的地区有防湿装置。

（7）偏航装置。其主要检验内容如下：

1）偏航动作正确，调节性能符合要求。

2）偏航制动系统工作正常。

3）自动解缆和扭缆保护装置工作正常。

4）测风装置防腐蚀、防沙尘、防冻性能良好。

（8）制动装置。其主要检验内容如下：

1）有两种及以上不同原理且能独立有效制动的制动系统；该项为主控项。

2）制动系统安装齐备、动作可靠；制动间隙、制动时间符合实际要求；该项为主控项。

（9）螺栓连接。其主要检验内容如下：

1）高强度螺栓连接附厂家质量证明和检验报告齐全，使用前抽样复验，检验结果符合《钢结构工程施工质量验收规范》（GB 50205）和《钢结构高强度螺栓连接技术规程》（JGJ 82）的规定；该项为主控项。

2）扭矩扳手检定合格、有效。

3）螺栓穿入方向一致，外露2～3个螺距。

4）高强度螺栓紧固工艺正确，紧固力矩符合设计要求，记录齐全；该项为主控项。

5）螺栓、螺母外表无污染、无损伤。

（10）变压器安装。其主要检验内容如下：

1）外观无损伤、变形，固定牢固，外壳两点可靠接地。

2）冷却装置、储油柜、套管及其他附属装置性能良好，运行正常，无渗漏油；该项为主控项。

（11）盘柜安装。其主要检验内容如下：

1）盘柜安装牢固、可靠。

2）盘柜及柜门接地可靠。

3）柜内照明、加热、除湿装置满足设计要求。

4）盘柜的正面、背面贴有一致的双重命名和编号；该项为主控项。

（12）电缆（导电轨）。其主要检验内容如下：

1）电缆（导电轨）安装指定范围。

2）防火堵料、防火包密实，不透光亮，工艺美观。

3）防火涂料刷层数、长度符合设计要求。

4）电缆管道口封堵严密，有机堵料凸出2～5mm，工艺美观。

（13）设备及系统严密性。其主要检验内容如下：

1）严密、无渗漏，表面清洁。

2）塔架、机舱、控制柜满足防雨、防雪、防沙尘、防小动物的措施。

（14）油漆。其主要检验内容如下：

1）色泽一致、均匀，无流痕、无皱纹。

2）无气泡、无脱落、无返锈、无污染。

3）现场补漆完好、干净，色泽无明显偏差。

（15）防雷接地。其主要检验内容如下：

1）接地体施工符合《电气装置安装工程　接地装置施工及验收规范》（GB 50169）的规定。

2）接地网外露部分的连接可靠，标识齐全明显，便于检查测试；该项为主控项。

3）风电机组的防雷接地电阻不得大于4Ω；该项为主控项。

（16）观感质量。其主要检验内容如下：

1）设备表面清洁，无污染。

2）标识、标牌统一、齐全、规范；该项为主控项。

3）电缆敷设整齐、规范。

4）二次接线整齐、规范。

5）接地线规范、统一，色泽一致；该项为主控项。

6）平台、楼梯、栏杆稳固，工艺良好。

（17）技术标准清单。其主要检验内容如下：

1）本工程本专业执行标准清单齐全，施工单位编制、审核、批准手续齐全，并经监理和建设单位确认。

2）整理有序、动态管理。

（18）强制性条文执行。其主要检验内容如下：

1）实施计划内容详细，可操作。

2）执行、检查记录齐全；该项为主控项。

（19）质量验收项目划分。其主要检验内容如下：

1）单位工程、分部工程和分项工程的划分符合《风电场项目验收规程》（DL/T 5191）的规定及工程实际，并经监理单位审查、建设单位确认。

2）检验批、分项、分部、单位工程验收与质量验收范围划分表一致。

(20) 技术文件编制和执行。其主要检验内容如下：

1) 本专业施工组织设计内容齐全，编、审、批手续完备；该项为主控项。

2) 主要和特殊工程的施工技术方案及实施记录。

3) 绿色施工专项措施；该项为主控项。

4) 危险性较大的专项施工方案。

(21) 重要报告、记录和签证。其主要检验内容如下：

1) 设备、材料质量证明及台账。

2) 基础环水平度复测记录；该项为主控项。

3) 扭矩扳手检定证书。

4) 高强度螺栓连接附复查记录。

5) 机组轴心的同轴度现场复查记录。

6) 高强度螺栓力矩复查记录；该项为主控项。

7) 润滑油检测报告。

8) 接地网接地电阻检测报告；该项为主控项。

9) 机组变压器试验记录。

10) 电缆试验报告。

11) 直埋电缆（隐蔽前）检查签证。

12) 35kV 及以上电力电缆终端安装记录。

13) 质量监督检查报告及问题整改闭环签证记录；该项为主控项。

5. 升压站设备安装工程质量

实体质量：

(1) 仪表检查。其主要检验内容如下：

1) 标准表检定合格、有效；该项为主控项。

2) 仪表校检人员有资格证书。

3) 被建议标贴有合格有效的检定标识。

(2) 变压器、电抗器。其主要检验内容如下：

1) 设备无渗油，油位正常；该项为主控项。

2) 气体继电器、温度计校验整定合格，压力释放阀效验合格。

3) 沿本体辐射的电缆及感温线布置正确，无压痕及死弯。

4) 变压器、电抗器中性点接地引出后，应有两根接地引线与主接地网在不同干线连接，应符合《电气装置安装工程　电力变压器、油浸电抗器、互感器施工及验收规范》(GB 50148) 的规定，其规格应符合设计要求；该项为主控项。

5) 基础与本体分别接地。

6) 消防装置应符合《火灾自动报警系统施工及验收规范》(GB 50166) 的规定。

7）变压器冷却装置运转正常，电源可靠。

8）外观表面清洁无污染。

9）相色标识正确。

（3）高压电器。其主要检验内容如下：

1）设备安装应符合设计、制造厂要求和《电气装置安装工程　高压电器施工及验收规范》（GB 50147）的规定，所有密封件密封良好，充油设备油位正常，充气设备压力符合规定，瓷件无损伤、裂纹、污染；该项为主控项。

2）高压电器的操动机构联动可靠、正确；该项为主控项；该项为主控项。

3）互感器一次、二次连接正确、可靠；该项为主控项。

4）避雷器的泄漏电流在线检查装置可靠。

5）充气、充油设备无泄漏；该项为主控项。

6）电容器的组装符合设计和制造厂要求。

（4）母线。其主要检验内容如下：

1）母线安装应符合《电气装置安装工程　母线装置施工及验收规范》（GB 50149）的规定；该项为主控项。

2）软母线及引下线三相弛度和弯曲度一致。

3）管型母线平直，三相标高一致；焊缝高度符合规定；母线配置及安装架、支持金具符合设计要求，连接正确、可靠；该项为主控项。

4）硬母线连接螺栓紧固力矩应符合 GB 50149 的规定。

5）配电装置母线安装相间及对地净距离应符合 GB 50149 的规定；该项为主控项。

（5）盘柜安装及接地。其主要检验内容如下：

1）盘柜排列整齐，垂直度、平整度和盘间间隙应符合《电气装置安装工程　盘、柜及二次回路接线施工及验收规范》（GB 50171）的规定，固定、可靠。

2）盘柜的正面、背面贴有一致的双重命名编号。

3）户外盘柜安装有防水、防火、防潮、防腐蚀、防尘措施；该项为主控项；该项为主控项。

4）装有电气元件的可开启的盘柜有可靠软导线接地。

5）盘柜接地可靠、明显。

6）计算机监控系统继电保护盘柜的各种接地线接到汇集板引至接地网，按设计可靠接地。

7）室内装置的接地点应符合《电气装置安装工程　接地装置施工及验收规范》（GB 50169）的规定，满足使用要求。

8）成套柜内照明及加热、除湿装置符合设计要求。

9）盘柜内的孔洞封堵严密，封堵材料符合设计要求。

（6）桥架、支架安装及电缆敷设。其主要检验内容如下：

1）电缆桥（构）架安装牢固，槽盒盖板、槽盒终端封盖整齐，无污染，防腐工艺规范。

2）电缆桥架的起始端和终端与接地网可靠连接，全长大于 30m 时应每隔 20～30m 增加接地点；该项为主控项。

3）当钢制电缆桥架超过 30m、铝合金或玻璃钢电缆桥架超过 15m 时，或电缆桥架跨越建筑物伸缩缝处，应采用伸缩连接板。

4）伸缩连接被两端采用截面不小于 $4mm^2$ 的多股软铜导线端部压镀锡鼻子可靠跨越。

5）电缆弯曲半径符合规定。

6）动地电缆与控制电缆、信号电缆分层敷设。直接支持电缆的支架，在水平敷设时，支架间距小于 0.8m；垂直敷设时，支架间距小于 1.0m。

7）电缆终端挂牌统一、齐全、正确、清晰、牢固。

8）室外电缆保护管口朝上，防止进水、封堵严密。

9）直接与元器件连接的电缆、导线穿金属软管，金属软管两端连接牢固。

10）电缆保护管不得采用对接焊，与桥架连接处宜采用侧面丝扣连接。

11）桥架内电缆填充合格率，不宜超过桥架边帮高度的 2/3。

12）电缆表面清洁，绑扎牢固，间距一致，多余绑扎线应清理。

13）直埋电缆的方位标志或标桩的设置应符合规范规定；该项为主控项。

（7）二次连接。其主要检验内容如下：

1）导线绝缘层完好，接线牢固。

2）备用芯长度至最远端子处，无裸露铜芯，对地绝缘良好。

3）导线弯曲弧度一致、横平竖直、工艺美观。

4）芯线标识齐全、统一，字迹清晰、不易脱落。

5）一个端子的接线数不多于 2 根，不同截面芯线不得接在同一个接线端子上。

6）多根电缆屏蔽层的接地汇总到同一接地母线排时，黄绿接地引线截面应小于 $1mm^2$，每个接线鼻子压接不应超过 6 根；该项为主控项。

7）二次回路接地应符合设计和反措要求；该项为主控项。

（8）蓄电池。其主要检验内容如下：

1）蓄电池室的通风、采暖、照明装置应符合防爆要求。

2）布线排列整齐，极性标识正确、清晰。

3）电池编号正确、外壳清洁、液面正常。

4）蓄电池组绝缘良好。

5）蓄电池连接导线结合面涂电力复合脂。

（9）电缆防火。其主要检验内容如下：

1）防火材料型号及材质符合设计要求。

2）易发生火灾的电缆密集场所或火焰易蔓延酿成严重事故的电缆线路，必须按设计要求的防火阻燃措施施工；该项为主控项。

3）防火封堵密实，不透光亮，工艺美观。

4）防火隔板、耐火衬板安装牢固。

5）进盘柜电缆封堵严密，进盘侧电缆涂刷阻燃涂料，厚度不小于1.0mm，控制电缆的涂刷长度1.0～1.5m，电力电缆的涂刷长度2.0～3.0m。

6）电缆穿墙、穿楼板处应加套管，并封堵严密，两侧涂刷阻燃剂涂料，厚度不小于1.0mm，控制电缆的涂刷长度1.0～1.5m，电力电缆的涂刷长度2.0～3.0m。

7）电缆保护管的管口封堵严密，有机堵料凸出，工艺美观。

（10）接地装置。其主要检验内容如下：

1）主接地网接地电阻、导体材质、导体截面、接地极数量符合设计要求；该项为主控项。

2）主接地网导体搭接长度、焊接、埋深、防腐应符合《电气装置安装工程　接地装置施工及验收规范》（GB 50169）的强制性条文要求；该项为主控项。

3）独立接地装置的接地电阻符合设计要求。

4）明敷地线涂以15～100mm等宽的黄色、绿色相间的纹条。

5）每个电气装置的接地应以单独的接地线与接地汇流排或接地干线相连，严禁在一个接地线中串联几个需要接地的电气装置；该项为主控项。

6）电气设备的接地应符合《电气装置安装工程　接地装置施工及验收规范》（GB 50169）的强制性条文要求；该项为主控项。

（11）设备及系统严密性。其主要检验内容如下：设备无渗点、漏点，该项为主控项。

（12）油漆工程。其主要检验内容如下：

1）材质、厚度、颜色符合设计要求。

2）色泽一致、均匀，无流痕、皱纹。

3）无气泡、脱落、返锈、污染。

（13）成品保护。其主要检验内容如下：

1）设备外表光洁，无划痕、污染。

2）电缆沟内电缆外表清洁，沟内无杂物。

（14）观感质量。其主要检验内容如下：

1）构架及设备支架色泽均匀，无污染。

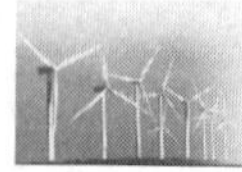

2）电缆敷设整齐、规范。

3）二次接线整齐、规范。

4）蓄电池组绝缘良好。

5）蓄电池连接导线结合面涂电力复合脂。

电气试验：

（1）变压器。其主要检验内容包括：

1）绝缘油合格。

2）绕组连同套管的直流电阻合格；该项为主控项。

3）所有分接头的电压比合格；该项为主控项。

4）变压器的三相接线组别和单相变压器引出线的极性合格；该项为主控项。

5）绕组连同套管的介质损耗电流合格。

6）有载调压切换装置试验合格。

7）绕组连同套管的直流泄漏电流合格。

8）绕组连同套管的绝缘电阻、吸收或极化指数合格；该项为主控项。

（2）断路器，主要检验内容包括：

1）SF_6断路器的密封性实验合格；该项为主控项。

2）交流耐压合格；该项为主控项。

3）分、合闸线圈的最低动作电压合格。

4）分和闸时间、同期性合格。

5）断路器为SF_6气体的含水量合格；该项为主控项。

6）每项导电回路的电阻合格；该项为主控项。

（3）隔离开关及接地开关，主要检验内容包括：

1）回路电阻合格。

2）交流耐压合格。

3）操作机构线圈的动作电压合格。

（4）互感器，主要检验内容包括：

1）绕组的绝缘电阻合格；该项为主控项。

2）互感器的接线组别和极性合格，符合整定值的要求；该项为主控项。

3）各绕组的直流电阻和变比合格，一、二次变比符合整定值的要求。

4）气体泄漏、微水或绝缘油合格。

5）误差合格。

（5）避雷器，主要检验内容包括：

1）金属氧化物避雷器1mA时的直流参考电压值和0.75倍直流参考电压下的泄露电流值合格。

2）金属氧化物避雷器及基座绝缘电阻合格；该项为主控项。

（6）悬式绝缘子和支柱绝缘子，主要检验内容包括：

1）绝缘电阻值合格。

2）交流耐压合格。

（7）电容器，主要检验内容包括：

1）绝缘电阻合格。

2）电容值合格。

3）交流耐压合格。

（8）接地装置，主要检验内容包括：

1）接地导通合格。

2）接地阻抗合格。

3）跨步电压、接触电势满足规程规定和设计要求；该项为主控项。

（9）SF_6封闭式组合电器，主要检验内容包括：

1）SF_6气体含量合格。

2）主回路的交流耐压合格；该项为主控项。

3）密封性合格。

4）主回路导电电阻合格。

5）SF_6气体抽样合格。

（10）电抗器及消弧线圈，主要检验内容包括：

1）绕组连同套管的绝缘电阻、吸收比或极化指数合格。

2）绕组连同套管的介质损耗合格。

3）交流耐压合格；该项为主控项。

（11）套管，主要检验内容包括：

1）绝缘油或SF_6气体合格。

2）介质损耗和套管电容值合格。

3）交流耐压合格；该项为主控项。

（12）二次回路绝缘电阻测量及接地检查，主要检验内容包括：

1）二次回路绝缘电阻合格。

2）二次回路的接地符合规程规定；该项为主控项。

（13）继电保护装置，主要检验内容包括：

1）保护装置单体实验合格。

2）保护定值整定合格；该项为主控项。

3）保护装置整组传动试验合格，与其他关联设备及回路的联动和信号正确；该项为主控项。

4）GPS对时、保护用通道的联调合格。

（14）故障录波，主要检验内容包括：

1）单体试验合格，整定正确，录波功能满足设计要求。

2）录波装置的采样频率、采样精度及GPS对时等技术指标满足要求。

（15）继电保护故障信息管理系统，主要检验内容包括：

1）单体试验合格。

2）与其他设备接口试验合格，包括保护故障信息的采取与处理、对时系统检查以及与系统的联调试验符合要求；该项为主控项。

（16）电网安全自动装置试验，主要检验内容包括：

1）单体试验合格；该项为主控项。

2）整体值符合要求。

3）整体试验合格，包括出口传动试验、整组动作时间测试及GPS对时；

4）与其他设备接口实验合格。

（17）综合自动化系统，主要检验内容包括：

1）功能与设计相符。

2）整组试验合格；该项为主控项。

3）与其他设备接口实验合格。

（18）直流系统试验，主要检验内容包括：

1）蓄电池室的通风、采暖、照明等装置符合设计要求。

2）直流母线的布置方式、直流空气断路器参数的逐级配合符合设计要求。

（19）监控系统，主要检验内容包括：

1）逻辑（含五防逻辑）正确；该项为主控项。

2）装置单体试验合格。

3）系统传动合格。

（20）站用电系统调试，主要检验内容包括：

1）设备单体试验合格。

2）保护整组传动试验合格（包括控制逻辑联锁试验）；该项为主控项。

3）定值整定符合定值单要求；该项为主控项。

4）事故照明切换试验；该项为主控项。

（21）系统试验，主要检验内容包括：

按照审批的试验大纲，系统试验项目合格，满足设计的性能指标要求。

（22）系统调试技术指标，主要检验内容包括：

1）保护及自动装置投入率100%。

2）保护及自动装置正确动作率100%。

3）设备运行可靠统计100％。

4）微机监控系统投入率100％。

5）设备评级一类设备率。

6）变压器非计划停运次数。

7）断路器非计划停运次数。

8）变电主设备和线路等效可用系数不小于95％。

9）母线电量不平衡率不大于0.5％。

10）数据通信系统可用率不小于98％。

11）远动通道可用率不小于98％。

12）遥测信号合格率不小于98％。

13）电量采用装置运行合格率100％。

14）GPS同步系统中设备同步投入率100％，同步时间误差合格。

15）事件记录：SOE分辨率不大于1ms，事故追忆记录（PDR）月完整率不小于98％。

16）交流采样精度：电流、电压、有功功率、无功功率、功率因数误差不大于0.2％，频率测量误差不大于±0.001Hz。

17）数字量输入、输出信号正确率100％。

文件资料：

（1）技术标准清单，主要检验内容包括：

1）本工程执行技术标准清单齐全、有效、施工单位编制审批手续齐全，并经监理和建设单位确认。

2）整理有序、动态管理。

（2）强制性条文执行，主要检验内容包括：

1）实施计划内容详细、可操作。

2）检查记录齐全；该项为主控项。

（3）质量验收项目划分，主要检验内容包括：

1）评定范围划分及评定表应符合《电气装置安装工程　质量检验评定规程》（DL/T 5161）的规定；该项为主控项。

2）分项工程、分部工程及单位工程验评的施工检查记录齐全、数据真实准确、填写规范，验收签证、检验（试验）报告准确；该项为主控项。

3）验收记录与工程进度同步。

4）方案措施实施记录。

（4）质量验收项目，主要检验内容包括：

调试单位按规定编制质量验收范围，符合工程实际，并经监理单位审核、建设单位批准。

（5）技术文件编制和执行，主要检验内容包括：

1）调试大纲内容完整、齐全、编、审、批手续齐全。

2）调试方案、风险辨识、预防措施内容完整、齐全。

3）调试方案、预防措施交底记录内容完整、齐全。

（6）重要报告、记录、签证，主要检验内容包括：

1）调试使用仪器台账、校验报告。

2）分项调试报告、质量验收签证内容完整、齐全。

3）总体调试报告内容完整、齐全。

4）定值单签证、定值整定记录完整、齐全；该项为主控项。

5）信号、测量、控制、逻辑试验签证。

6）质量监督检查报告及问题整改闭环签证记录；该项为主控项。

6. 场内集电线路工程（架空线路部分）质量

（1）结构安全和功能。其主要检验内容如下：

1）无危害、影响结构安全和使用功能的裂缝和缺陷；该项为主控项。

2）铁塔结构符合设计图纸，安装正确。

（2）线路复测。其主要检验内容如下：线路复测符合《220kV及以下架空送电线路勘测技术规程》（DL/T 5076）的规定。

（3）线路基础。其主要检验内容如下：

1）混凝土强度、尺寸符合设计要求；该项为主控项。

2）混凝土表面平整光滑，无蜂窝、麻面、漏筋。

3）保护磨平整光滑，棱线平整。

（4）基础回填。其主要检验内容如下：

1）基础回填符合规范要求，无明显沉降，基面无积水；该项为主控项。

2）场内无施工垃圾。

3）植被恢复按批准方案实施。

（5）杆塔组立。其主要检验内容如下：

1）杆塔安装符合设计图纸；该项为主控项。

2）杆塔材料损伤不超过规范要求。

3）镀锌层脱落部位采取的防腐措施有效；该项为主控项。

4）杆塔倾斜度满足规范规定。

5）转角及终端塔不向受力侧倾斜；该项为主控项。

（6）螺栓安装。其主要检验内容如下：

1）螺栓规格符合设计要求，安装正确；该项为主控项。

2）螺栓与构建接触及出扣情况、穿向符合《110kV～500kV架空输电线路施工及验收规范》（GB 50233）的规定。

3）螺栓级别标识清楚，无滑扣、损伤。

4）脚钉、攀登装置安装规范。

5）螺栓应逐个拧紧，紧固力矩应符合GB 50233的规定；该项为主控项。

6）按设计规定安装防盗、防松装置，防松装置齐全、可靠；该项为主控项。

（7）导线架设。其主要检验内容如下：

1）对地距离符合设计要求；该项为主控项。

2）交叉跨越距离符合设计要求；该项为主控项。

3）相对排列符合设计要求。

（8）附件安装。其主要检验内容如下：

1）绝缘子数量、碗口方向符合设计要求，表面干净、无破损；该项为主控项。

2）开口销齐全，开口符合要求；弹簧销齐全，并安装到位。

3）光缆接线盒安装位置符合设计要求，引下线安装牢固。

4）防震锤、尼龙线安装正确，无滑动。

5）金具螺栓穿向一致。

（9）跳线安装。检验要求连接正确，曲线顺畅、平滑。

（10）接地安装。其主要检验内容如下：

1）接地线规格、埋设深度、敷设符合设计要求。

2）引下线连接符合设计要求，安装正确，便于检查测试；该项为主控项。

3）接地电阻值符合设计要求；该项为主控项。

4）接地板安装专用防盗或防松装置。

（11）防护设施。其主要检验内容如下：

1）基础护坡（堤）、排水沟符合设计要求，排水流畅。

2）线路走廊障碍物清理符合设计要求。

3）塔位边坡静距离符合设计。

（12）观感质量。其主要检验内容如下：

1）塔基平整，无施工遗留物，保护帽工艺美观。

2）塔材表面干净、整洁，塔材防腐处理均匀、美观。

3）引流线条顺畅，安装工艺美观。

4）基地引下线安装工艺美观。

（13）运行管理。其主要检验内容如下：

1）塔位牌、相序牌和警示牌齐全，安装牢固、规范；该项为主控项。

2）特殊地段、特殊环境按规定设置警告牌。

(14) 技术标准清单。其主要检验内容如下：

1) 本工程本专业执行标准清单齐全、有效，编、审、批手续齐全。

2) 整理有序，动态管理。

(15) 强制性条文执行。其主要检验内容如下：

1) 实施计划内容详细，可操作。

2) 执行、检查记录齐全；该项为主控项。

(16) 质量验收项目划分。其主要检验内容如下：

1)“施工质量验收范围划分表”符合验收和评价规程的规定，符合工程实际，并经监理单位汇总审核、建设单位批准。

2) 检验批、分项、分部、单位工程验收与质量验收范围划分一致。

(17) 技术文件的编制和执行。其主要检验内容如下：

1) 本专业施工组织设计内容齐全，编、审、批手续完备；该项为主控项。

2) 主要和特殊工程的施工技术方案及实施记录。

3) 绿色施工专项措施实施记录；该项为主控项。

4) 危险性较大的专项施工方案应由监理单位审核。

(18) 重要报告、记录、签证。其主要检验内容如下：

1) 原材料、设备出厂合格证和检（试）验报告。

2) 原材料到厂复（试）验报告；该项为主控项。

3) 重要原材料质量跟踪记录。

4) 地（桩）基处理检测报告。

5) 基础施工验收记录、检验报告。

6) 杆塔组立及拉线安装记录。

7) 导线、光缆架设记录。

8) 杆塔电气设备、线路附件安装及测试记录。

9) 电力电缆终端安装记录。

10) 光缆衰减试验记录；该项为主控项。

11) 杆塔接地电阻测试记录。

12) 隐蔽工程签证。

13) 质量监督检查报告及问题整改闭环签证记录；该项为主控项。

7. 场内集电线路工程（电力电缆部分）质量

(1) 电缆敷设。其主要检验内容如下：

1) 电缆弯曲半径符合规范规定。

2) 电缆敷设深度符合设计要求；该项为主控项。

3) 电缆之间，电缆与管道、道路、建筑物之间的平行和交叉最小净距离符合设

计要求。

4）并联使用的电力电缆长度、型号、规格相同。

5）直埋式电缆在直线段每隔 50～100m 处、电缆接头处、转弯处、进入建筑物等处应设立明显的方位标识或标桩，跨越河道、涵洞处，应设立明显的标识和警示牌；该项为主控项。

6）电缆方位标识牌字迹清晰且不易脱落。

7）电缆相位正确，相色及线路铭牌正确、齐全。

8）直埋式电缆回填土前，应经隐蔽工程验收并验收合格。回填土应分层夯实；该项为主控项。

（2）电缆线路附属设施。其主要检验内容如下：

1）在易受机械损伤的地方和受力较大处直埋时，采取足够强度的保护管加以保护；该项为主控项。

2）直埋电缆的上、下部应铺以不小于 100mm，两侧不小于 50mm 厚的软土沙层，并加盖板保护。

3）电缆保护管管口无尖锐的棱角、毛刺，管口宜做出喇叭形管口。

4）每根电缆管的弯头数，直角弯不大于 2 个，一般弯头不大于 3 个。

5）电缆头支架一般不应形成闭合磁路，应符合《电力工程电缆设计标准》（GB 50217）的规定。

（3）电缆终端、中间接头。其主要检验内容如下：

1）电缆终端表面完好、清洁。

2）电力电缆终端、中间接头制作工艺符合设计及制造要求。

3）电力电缆终端头处有明显的色相标识，且与系统相位一致。

4）中间接头位置避免在交叉路口、建筑物门口、与管线交叉处或通道狭窄处；该项为主控项。

5）电缆终端支架防腐处理良好，无锈蚀。

6）土壤腐蚀性较强的地区安装中间接头时，做好防腐蚀措施。

（4）电缆线路接地系统。其主要检验内容如下：

1）交叉互联箱、接地箱的接地点接触面平实，无氧化层，连接牢固。

2）电力电缆终端、中间接头的屏蔽可靠接地；该项为主控项。

（5）电缆防火。其主要检验内容如下：

1）防火阻燃设施安装符合设计要求；该项为主控项。

2）电缆孔洞封堵严实、可靠，无明显的裂纹和可见的孔隙；该项为主控项。

（6）电缆试验。其主要检验内容如下：电缆线路试验结果符合《电气装置安装工程　电气设备交接试验标准》（GB 50150）的规定，该项为主控项。

（7）观感质量。其主要检验内容如下：

1）电缆敷设整齐、美观。

2）电缆相色标识明显，位置、高度一致。

（8）技术标准清单。其主要检验内容如下：

1）本工程本专业执行技术标准清单齐全、有效，编、审、批手续完备。

2）整理有序，动态管理。

（9）强制性条文执行。其主要检验内容如下：

1）实施计划内容详细，可操作。

2）执行、检查记录齐全；该项为主控项。

（10）质量验收项目划分。其主要检验内容如下：

1）“施工质量验收范围划分表”符合验收和评价规程的规定，符合工程实际，并经监理单位汇总审核、建设单位批准。

2）检验批、分项、分部、单位工程验收与质量验收范围划分一致。

（11）技术文件的编制和执行。其主要检验内容如下：

1）本专业施工组织设计内容齐全，编、审、批手续完备；该项为主控项。

2）主要和特殊工程的施工技术方案及实施记录。

3）绿色施工专项措施实施记录；该项为主控项。

（12）重要报告、记录、签证。其主要检验内容如下：

1）电缆隐蔽签证记录；该项为主控项。

2）电力电缆终端安装记录。

3）电力电缆中间接头位置记录；该项为主控项。

4）电力电缆试验报告；该项为主控项。

5）光缆试验报告。

6）质量监督检查报告及问题整改闭环签证记录；该项为主控项。

8. 调整试验与主要技术指标

（1）接地。其主要检验内容如下：主接地网接地电阻符合设计要求；该项为主控项。

（2）变电调试技术指标。其主要检验内容如下：

1）系统调试方案；该项为主控项。

2）保护装置投入率 100%，动作可靠；该项为主控项。

3）自动装置投入率 100%，动作可靠。

4）监测表计、变送器投入率 100%，指标正确。

5）站内自动化、监控、测量、远动装置及防误操作系统调试结果合格。

6）通信系统测试项目、参数符合设计要求。

7）调整试验项目已全部完成，试验报告完整、准确、及时、有效；该项为主控项。

8）风电场关口计量经电网审查，并检测合格；该项为主控项。

（3）风电机组静态调试阶段。其主要检验内容如下：

1）照明、通信、安全防护装置齐全。

2）风电机组的防雷接地电阻不得大于4Ω；该项为主控项。

3）线缆绝缘测试合格。

4）导电轨三相电阻平衡率合格；该项为主控项。

5）轮毂内部各接线插头连接可靠，轮毂内部无异物。

6）控制系统参数设定正确，控制功能和保护动作准确、可靠；该项为主控项。

7）检查网测电压、频率正常，符合风电机组上网要求。

（4）风电机组动态调试阶段。其主要检验内容如下：

1）倒送电措施审批手续完整，签证齐全；该项为主控项。

2）变桨控制器参数上传校准检查无误，叶片转向正确、转速正常，润滑泵工作正常，变桨蓄电池电压正常，限位开关调整完成；该项为主控项。

3）主控控制器上传校准检查无误，输入输出信号测试准确，安全链测试正常。

4）偏航系统传感器工作正常；偏航电机转向统一，转速正常；偏航制动系统工作正常，自动解缆工作正常；偏航极限位置开关测试正常；该项为主控项。

5）制动系统安装符合要求，制动系统动作灵活、可靠；该项为主控项。

6）变频器参数上传校准正确无误，变频系统工作正常。

7）正常停机试验及安全停机、振动保护试验，超速保护试验，事故停机试验合格，工作正常；该项为主控项。

8）风电机组自动并网功能正常。

9）低电压穿越试验合格；该项为主控项。

10）风电功率预测系统工作正常。

（5）整套启动试运阶段。其主要检验内容如下：

1）机组额定功率、电压、频率符合设计要求；该项为主控项。

2）测量元件工作正常，显示正确。

3）机组噪声、振动符合《风力发电机组　第2部分：通用试验方法》（GB/T 19960.2）的要求；该项为主控项。

4）风电机组场界噪声符合《风电场噪声标准及噪声测量方法》（DL/T 1084）及当地环保指标的要求；该项为主控项。

5）风电机组转动部件无异响，机组启动正常。

6）通过验收，具备并网运行条件。

（6）240h 并网运行记录。其主要检验内容如下：

1）240h 前安全保护试验、现地/远程控制功能试验完成。

2）240h 并网运行记录。

3）风电机组各部位温度值显示正常，不大于设计值，且振动无异常。

4）不允许出现非外部原因停机。

（7）考核期内的性能和技术指标。其主要检验内容如下：

1）风电机组的防雷接地电阻不得大于 4Ω；该项为主控项。

2）单台机组的可利用率不小于 95%。

3）风电机组平均可利用率不小于 95%。

4）实测功率曲线与标准功率曲线的比值不小于 95%；该项为主控项。

5）风电场的利用小时数达到设计要求；该项为主控项。

6）发电量、场用电率达到设计要求。

7）消缺率 100%。

8）风电场上网电能质量经电网测试合格，电压、频率、三相不平衡、谐波、波动和闪变符合电能质量国家标准。

（8）技术标准清单。其主要检验内容如下：

1）本工程本专业执行技术标准清单齐全、有效，编、审、批手续完备。

2）整理有序，动态管理。

（9）强制性条文执行。其主要检验内容如下：

1）实施计划内容详细，可操作。

2）执行、检查记录齐全；该项为主控项。

（10）技术文件的编制和执行。其主要检验内容如下：

1）机组调试大纲内容完整，编、审、批手续完备；该项为主控项。

2）调试方案、措施交底记录。

3）低电压穿越等涉网特殊试验措施。

（11）重要报告、记录、签证。其主要检验内容如下：

1）调试使用仪器台账、校验报告。

2）质量验收签证。

3）预验收文件签证，调试报告；该项为主控项。

4）低电压穿越等涉网特殊试验报告。

5）质量监督检查报告及问题整改闭环签证记录；该项为主控项。

9. 交通工程质量

（1）路基工程。其主要检验内容如下：

1）道路荷载、线型、转弯半径、坡比及排水满足设计要求；该项为主控项。

2）路基基面平整，边线顺直，曲线圆滑，外形整齐、美观，防止水土流失。

3）排水沟畅通，沟底不得有杂物，坡度符合设计要求。

4）盲沟反滤层应层次分明，进出口排水畅通。

5）涵洞。

a. 洞身顺直，进洞口、洞身、沟槽等衔接平顺。

b. 涵洞处路面平顺，无跳车现象。

6）管道基础及管节安装。

a. 基础混凝土表面平整密实，坡度符合设计要求。

b. 管节铺设顺直，管口缝带圈平整密实；抹带接口表面密实、光洁。

7）桥梁施工符合实际要求；该项为主控项。

8）砌筑护坡、砌筑挡土墙。

a. 砌体表面平整，砌缝完好，勾缝均匀。

b. 泄水孔坡度正确，无堵塞。

（2）路面工程。其主要检验内容如下：

1）路面平整密实，无损伤、裂缝、积水等现象，伸缩缝位置、宽度和填缝符合规定。

2）路缘石完整、无破损；线条直，弧度自然，安装稳固，路肩边沿顺直，无阻水现象。

（3）交通标识。其主要检验内容如下：

1）标识板安装平稳，夜间在车灯照射下底色和字符清晰、明亮。

2）标线线形流畅，曲线圆滑，反光线应散布均匀，附着牢固。

（4）水土保持。其主要检验内容如下：

1）建设单位委托有资质的咨询单位，按《生产建设项目水土保持技术标准》（GB 50433）编制水土保持方案，经主管部门审查批复，建设单位组织实施，形成记录。

2）植被恢复按批准方案组织实施，并形成记录。

3）道路绿化和实施效果符合设计要求，且满足《生产建设项目水土流失防治标准》（GB/T 50434）。

（5）技术标准清单。其主要检验内容如下：

1）本工程本专业执行标准清单齐全、有效，编、审、批手续完备。

2）整理有序，动态管理。

（6）强制性条文执行。其主要检验内容如下：

1）实施计划内容详细，可操作。

2）执行、检查记录齐全；该项为主控项。

(7) 质量验收项目划分。其主要检验内容如下:

1)"施工质量验收范围划分表"符合验收和评价规程的规定,符合工程实际,并经监理单位汇总审核、建设单位批准。

2) 检验批、分项、分部、单位工程验收与质量验收范围划分一致。

(8) 技术文件的编制和执行。其主要检验内容如下:

1) 本专业施工组织设计内容齐全,编、审、批手续完备;该项为主控项。

2) 主要和特殊工程的施工技术方案及实施记录。

3) 绿色施工专项措施实施记录;该项为主控项。

(9) 重要报告、记录、签证。其主要检验内容如下:

1) 勘测、设计单位参加地基工程的施工质量验收并签证;该项为主控项。

2) 监理单位对建筑材料、构配件进场检验签证齐全,建立见证取样检测台账,对地基处理检测报告签署意见。

3) 见证取样检测报告有CMA计量认证标识。

4) 主要原材料(水泥、钢筋等)有出厂质量证明文件及进场检验报告,并有质量跟踪记录;该项为主控项。

5) 隐蔽工程验收记录;该项为主控项。

6) 混凝土工程施工过程记录及土石方分层压实记录。

7) 土石方、混凝土及砂浆检测验收报告;该项为主控项。

8) 质量监督检查报告及问题整改闭环签证记录;该项为主控项。

10. 工程综合管理与档案

(1) 项目管理体系。其主要检验内容如下:

1) 建设单位有健全的项目管理体系,能覆盖整个工程项目全员、全过程、全方位的工程管理和达标投产的目标管理;该项为主控项。

2) 监理、设计、施工、调试单位的质量管理体系、职业健康安全管理体系、环境管理体系应通过认证注册,按期监督审核,证书在有效期内。

3) 建立本工程有效的技术标准清单,实施动态管理。

4) 参建单位质量、职业健康安全环境管理项目明确,并层层分解落实。

5) 项目管理体系运行有效,现场生产和管理过程可控;该项为主控项。

6) 项目管理体系持续改进,体系内部审核、管理评审、监督审核发现的不符合项整改闭环;该项为主控项。

(2) 造价控制。其主要检验内容如下:

1) 竣工决算不得超出批准动态概算;该项为主控项。

2) 不得擅自扩大建设规模或提高建设标准;该项为主控项。

3) 不得违反审批程序选购进口材料、设备。

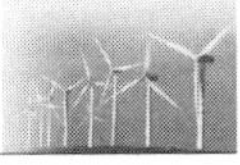

4）设计变更费用不应超过基本预备费的30%。

5）建筑装饰费用不应超出审批文件控制标准。

（3）进度管理。其主要检验内容如下：

1）科学确定工期，建设单位应无明示或者暗示设计、监理、施工单位压缩合同工期、降低工程质量的行为；该项为主控项。

2）严肃工期调整，网络进度定期滚动修正。

（4）合同管理。其主要检验内容如下：

1）建立完善的合同管理制度。

2）工程、设备、物资采购应符合《中华人民共和国招标投标法》的规定。

3）应按合同条款要求支付工程款、设备款。

（5）设备物资管理。其主要检验内容如下：

1）设备物资管理制度和工作标准完善。

2）设备监造符合《电力设备监造技术导则》（DL/T 586）的规定，设备监造报告、质量证明文件齐全。

3）新材料、新设备的使用应有鉴定报告、使用报告、查新报告或允许使用证明文件；该项为主控项。

4）原材料应有合格证及进场检验、复试报告；该项为主控项。

5）构件、配件、高强度螺栓连接副、淋水填料等制成品应有出厂合格证及试验文件。

6）设备、材料的检验、保管、发放管理制度完善，实施记录齐全。

（6）强制性条文的执行。其主要检验内容如下：

1）建设单位制定本工程执行强制性条文的实施计划，各参建单位应有针对性的实施细则，并对相关内容培训有所记录；该项为主控项。

2）对执行强制性条文有相应经费支撑。

3）建设强制性条文执行情况监督检查制度，并有相应责任人。

4）规划、勘测设计、施工、试运、验收符合强制性条文的规定；该项为主控项。

5）工程采用材料、设备符合强制性条文的规定；该项为主控项。

6）工程项目建筑、安装的质量符合强制性条文的规定；该项为主控项。

7）工程中是否采用国家明令禁止使用的设备、材料和技术。

（7）勘测设计管理。其主要检验内容如下：

1）编制提交本工程勘测、设计强制性条文清单；该项为主控项。

2）勘测、设计成品应符合强制性条文和国家现行有关标准的规定；该项为主控项。

3）不得采用国家明令禁止使用的设备、材料和技术；该项为主控项。

4）科技创新、技术进步形成的优化设计方案应经论证，并按规定程序审批；该项为主控项。

5）占地面积、工程投资等指标符合相关规定。

6）施工图交付计划应满足施工进度计划需求，并经建设单位确认。

7）勘测、设计单位不得向任何单位提供未经审查批准的草图、白图用于施工。

8）施工图设计、会检、设计交底符合规定。

9）设计更改管理制度完善；施工图设计符合初步设计审查批复要求；重大设计变更按程序批准；改变原设计所确定的原则、方案或规模，应经原审批部门批准；该项为主控项。

10）明确设计修改、变更、材料代用等签发人资格，向建设单位、监理单位备案，并书面告知施工、运行单位。

11）现场设计代表服务到位，定期向建设单位提供设计服务报告。

12）参加验收规程规定项目的质量验收。

13）参加设备订制货技术洽商及施工、调试重大技术方案的审查。

14）按合同约定编制竣工图及竣工图总说明，并移交；该项为主控项。

15）编制工程质量检查报告、工程总结。

（8）施工管理。其主要检验内容如下：

1）应严格执行《风力发电工程施工组织设计规范》（DL/T 5384）及相关规定，遵守包括施工技术和施工质量管理责任制、施工组织设计、施工图会检、施工技术交底、物资管理、机械及特种设备管理、计量管理、技术校检、设计变更、施工技术文件、技术培训、信息管理等管理制度。

2）施工、检验单位资质及人员资格证件齐全、有效，具体包括：①承包商和分包商单位资质，该项为主控项；②试验、检测单位资质，该项为主控项；③项目经理；④质量验收人员；⑤试验检验人员；⑥特种作业人员，该项为主控项；⑦安全检查人员；⑧档案管理人员；⑨质量评价人员。

3）施工组织总设计和专业设计经审批，并严格执行；该项为主控项。

4）计量标准器具台账及检定证书在有效期内。

5）施工单位应按规定编制节地、节水、节能、节材、环境保护措施，施工经审批后实施。

6）施工质量管理及保证条件应符合《风力发电场项目建设工程验收规程》（DL/T 5191）的规定。

7）编制工法、QC小组成果、科技成果等创新活动计划，效果显著。

8）制定成品保护措施，并形成检查记录。

9）移交生产时的主要设备、主系统、辅助设备缺陷整改已闭环。

10）编制工程总结。

(9) 调试管理。其主要检验内容如下：

1）管理制度完善，组织机构健全，分工明确，责任落实。

2）调试大纲、方案、措施齐全，经审批后实施；该项为主控项。

3）调试项目符合调试大纲要求。

4）试验仪器、设备检验合格，并在有效期内。

5）调试报告完整、真实、有效；该项为主控项。

6）编制工程总结。

(10) 工程监理。其主要检验内容如下：

1）组织机构健全，制度完善，责任明确；该项为主控项。

2）各专业监理人员配备齐全，且具有相应的资格，经建设单位确认后，正式通知被监理单位。

3）按《电力建设工程监理规范》(DL/T 5434) 的规定编制下列文件，并按程序审批后实施，具体包括：①监理规划；②监理实施细则；③执行标准清单，该项为主控项；④监理达标投产计划；⑤强制性条文实施计划，该项为主控项；⑥关键工序和隐蔽工程旁站方案，该项为主控项。

4）按建设单位总体质量、安全目标制定具体实施细则。

5）审核、汇总各施工单位"施工质量验收规范划分表"。

6）完善检验手段，使用的仪器、设备符合《电力建设工程监理规范》(DL/T 5434) 的规定或满足合同要求。

7）参加达标投产初验，并形成相关记录，对存在的问题监督整改、闭环；该项为主控项。

8）编织监理月报、总结、工程总体质量评估报告，并符合《电力建设工程监理规范》(DL/T 5434) 的规定。

9）监理全过程质量控制符合《电力建设工程监理规范》(DL/T 5434) 的规定，记录齐全。

10）工程监理符合《电力建设工程质量监督检查典型大纲》(火电、送变电部分)(电建质监〔2005〕57 号) 的规定。

11）按合同签署工程计量、工程款支付，并符合《电力建设工程监理规范》(DL/T 5434) 的规定。

12）有创优目标的工程项目，按合同约定完成工程量评价工作。

(11) 生产管理。其主要检验内容如下：

1）生产运行机构设置和人员配备符合定编要求，人员经培训、考核合格上岗；该项为主控项。

2）生产准备大纲经审批后实施；该项为主控项。

3）编制管理制度、运行规程、检修规程、保护定值清单，绘制系统图等。

4）编制生产期间成品保护管理制度，形成记录。

5）劳动安全和职业病防护措施完善。

6）操作票、工作票、运行日志、运行记录齐全；该项为主控项。

7）接收设备的备品备件，出入库手续完善。

8）制定机组运行反事故预案，演练，评价，并形成记录。

9）事故分析、处理记录齐全；该项为主控项。

10）启动到考核期的缺陷管理台账及消缺率统计齐全。

（12）信息管理。其主要检验内容如下：

1）建设单位应编制信息管理制度。

2）建立基建 MIS 系统，覆盖主要参建单位；该项为主控项。

3）信息系统软件功能模块设置应包含基建管理的主要工作内容和程序。

4）风电机组试运行前，完成生产管理数据系统单位安装和调试工作；该项为主控项。

5）投入生产前建立设备缺陷、工作票等信息管理系统。

（13）档案管理。其主要检验内容如下：

1）机构、人员、设施。

2）管理职责。

3）项目文件收集。

4）项目文件质量。

5）项目文件整理。

6）照片收集与整理。

7）电子文件归档与整理。

8）实物档案收集与整理。

9）项目档案移交。

10）档案专项验收与评价。

（14）建设项目合规性文件。其主要检验内容如下：

1）项目核准文件；该项为主控项。

2）规划许可证。

3）土地使用证或海域使用证；该项为主控项。

4）水土保持验收文件（具备验收条件）；该项为主控项。

5）工程概算批复文件。

6）质量监督注册证书及规定阶段的监督报告；该项为主控项。

7）安全设施竣工验收文件；该项为主控项。

8）涉网安全性评价报告；该项为主控项。

9）环境保护验收文件（具备验收条件）；该项为主控项。

10）消防验收文件；该项为主控项。

11）劳动保障验收文件。

12）职业卫生验收文件；该项为主控项。

13）档案验收文件（具备验收条件）；该项为主控项。

14）工程移交生产签证书。

15）工程竣工决算书。

16）工程竣工决算审计报告（具备验收条件）；该项为主控项。

17）工程竣工验收文件（具备验收条件）；该项为主控项。

（15）安全管理主要项目文件。其主要检验内容如下：

1）安全生产委员会成立文件；该项为主控项。

2）安全生产委员会、项目部、专业公司安全生产例会记录。

3）危险源、环境因素辨识与评价措施；该项为主控项。

4）建设单位按高危行业企业安全生产费用财务管理的有关规定，设置安全费用专用台账；该项为主控项。

5）建设、监理和参建单位建立健全安全管理制度及相应的操作规程。

6）专业分包及劳务分包单位的安全资格审核；该项为主控项。

7）危险性较大的分部、分项工程安全方案、措施；该项为主控项。

8）安全专项施工方案；该项为主控项。

9）消防机构审查消防设计文件；该项为主控项。

10）爆破审批手续；该项为主控项。

11）特殊脚手架施工方案；该项为主控项。

12）特种设备管理制度、台账及准许使用证书；该项为主控项。

13）重大起重、运输作业，特殊高处作业，带电作业及易燃、易爆区域安全施工作业票。

14）高处、交叉作业安全防护设施验收记录。

15）施工用电方案。

16）高于 20m 的钢脚手架、提升装置等的防雷接地记录；该项为主控项。

17）危险品运输、储存、使用、管理制度。

18）消防设施定期检验记录。

19）灾害预防与应急管理体系文件。

20）自然灾害及安全事故专项预案演练、评价；该项为主控项。

（16）中控楼和升压站建筑工程主要项目文件。其主要检验内容如下：

1）地基基础工程。

a. 桩基检测、试验报告；该项为主控项。

b. 地基处理检测、试验报告；该项为主控项。

c. 天然地基验槽记录；该项为主控项。

d. 钎探记录。

e. 沉降观测报告。

2）主体结构工程。

a. 混凝土强度、抗渗、抗冻等试验报告；该项为主控项。

b. 钢筋接头连接检验报告；该项为主控项。

c. 结构实体钢筋保护层及现浇混凝土楼板厚度检测报告；该项为主控项。

d. 确定混凝土同条件试块和钢筋保护层检测部位的技术文件；该项为主控项。

e. 混凝土粗细骨料碱活性检测报告；该项为主控项。

f. 水平灰缝砂浆饱满度检测记录。

g. 钢构架、钢平台、钢梯、钢栏杆等制作、安装质量验收记录。

3）屋面工程。

a. 屋面隐蔽工程验收记录；该项为主控项。

b. 潜水、蓄水试验记录及大雨后的检查记录；该项为主控项。

4）装饰装修工程。

a. 墙面、地面、顶棚饰面材料安装或粘贴施工二次设计和施工记录。

b. 外墙饰面砖黏接强度检验报告；该项为主控项。

c. 有防水要求的地面蓄水试验记录；该项为主控项。

d. 中控室等长期有人值守房间有害气体检测报告；该项为主控项。

e. 外墙门窗“三密性”检测报告。

f. 门窗安装验收记录（垂直、平整、配件齐全、密封严密、启闭灵活）。

5）建筑给水、排水及采暖工程。

a. 建筑给水、排水及采暖工程隐蔽验收记录；该项为主控项。

b. 管道灌水、通水试验记录（排水、雨水、卫生器具）。

c. 管理穿墙、穿楼板套管安装施工记录。

d. 消防管道、暖气管道和散热器压力试验记录。

e. 消火栓试射记录。

6）建筑电气工程。

a. 接地电阻测试记录。

b. 照明全负荷试验记录。

c. 建筑电气安装隐蔽验收记录。

d. 室内外低于2.4m灯具绝缘性能检测。

7）通风与空调工程。

a. 工程设备、风管系统、管道系统安装及检验记录。

b. 制冷、空调、水管道强度试验严密性试验记录。

c. 通风管道严密性试验（透光、风压）。

d. 防火阀等安装记录。

8）智能建筑工程。

a. 隐蔽工程验收记录；该项为主控项。

b. 系统电源及接地检测报告。

c. 系统试运行记录。

9）建筑节能工程。

a. 墙体、屋面保温材料进场的复试报告及质量证明文件。

b. 外墙保温浆料同条件养护试件试验报告。

c. 屋面保温层厚度测试记录。

（17）风电机组基础主要项目文件。其主要检验内容如下：

1）勘测、设计单位参加验槽和地基工程的施工质量验收签证；该项为主控项。

2）设计单位对地基处理检测报告、沉降观测报告签署意见。

3）监理单位对建筑材料、构件及设备进场检验签证。

4）监理单位检验试验见证取样签证及台账。

5）监理单位对工程地质报告、沉降观测报告、地基处理检测报告的签署意见；该项为主控项。

6）监理整改通知单及闭环签证。

7）出厂质量证明文件、检验报告。

8）钢筋（材）、水泥、砂石、外加剂等现场复试报告；该项为主控项。

9）钢筋、水泥、外加剂等重要原材料质量跟踪管理台账。

10）未使用国家技术公告中明令禁止和限制使用技术（材料、产品）的检查记录；该项为主控项。

11）分部工程质量控制资料。

12）设计变更台账。

13）地基处理和桩基工程施工记录、检测报告；该项为主控项。

14）回填土检测报告。

15）混凝土强度、抗渗、抗冻等试验报告。

16）钢筋接头连接检验报告。

17）验槽、钢筋、基础环、地下混凝土、接地等隐蔽工程验收签证；该项为主控项。

18）砂浆配合比及强度报告、混凝土配合比报告。

19）沉降观测记录及报告。

20）混凝土结构实体强度检测报告；该项为主控项。

（18）风电机组安装主要项目文件。其主要检验内容如下：

1）基础环水平度复验记录。

2）高强度螺栓连接副复验报告；该项为主控项。

3）高强度螺栓连接副扭矩记录。

4）润滑油复检报告。

5）轴系同轴度现场复检记录。

6）风电机组安装记录。

7）制动系统检查记录。

8）冷却系统检查记录。

9）变桨系统查检记录。

10）偏航系统检查记录。

11）扭矩扳手检定证书。

12）设备缺陷及处理记录。

13）机组变压器安装记录。

14）气体继电器检验报告。

15）绕组温度计检验报告。

16）机组变压器试验记录。

17）电缆试验报告。

18）电缆隐蔽签证。

19）35kV及以上电力电缆终端安装记录。

（19）升压站设备安装工程主要项目文件。其主要检验内容如下：

1）主变压器（电抗器）设备。

a. 安装及试验方案。

b. 本体及附件安装、真空注油、密封检查记录。

c. 交接试验记录；该项为主控项。

d. 冷却器、压力释放装置、测温装置调整试验、检查记录。

e. 气体继电器安装、调整、试验记录。

f. 绝缘油试验记录。

g. 消防试验记录。

2）电缆及防火封堵。

a. 电缆敷设及电缆头制作记录。

b. 绝缘、耐压试验记录；该项为主控项。

c. 电缆防火涂料、防火封堵施工及验收签证记录。

d. 电缆桥、支架安装及接地连接施工记录。

3）开关设备（包括 GIS 设备）。

a. 安装及试验方案。

b. 开关设备（GIS）安装、调整、充气及操作试验记录及验收签证。

c. 开关设备（GIS）交接试验记录；该项为主控项。

d. SF_6气体检测报告；该项为主控项。

e. 开关设备“五防”功能试验记录；该项为主控项。

4）防雷、接地施工。

a. 防雷设施安装、测试记录。

b. 接地网间连接施工及接触电阻测量记录。

c. 全厂接地电阻测量记录；该项为主控项。

d. 接地电阻验收签证记录。

e. 接地隐蔽工程验收、签证记录。

5）监控与保护系统。

a. 盘柜安装、接地检查记录。

b. 仪器、仪表校验记录。

c. 主变压器在线监测装置检查记录。

d. 计算机监控系统调整试验记录；该项为主控项。

e. 继电保护静态及联调试验记录；该项为主控项。

f. 火灾自动报警系统调整试验记录；该项为主控项。

g. 工业电视安装测试记录。

h. 调度通信和消防通信施工、调试记录。

i. 继电保护定值单。

6）站用电系统。

a. 设备安装及试验技术方案；该项为主控项。

b. 主要工序的验收签证。

c. 设备安装及交接试验记录。

d. 油或 SF_6气体绝缘设备密封检查记录；该项为主控项。

e. 开关操作和试验记录。

f. 开关“五防”功能试验记录。

g. 互感器接线组别和极性检查记录。

h. 硬母线加工、连接及焊接记录。

i. 箱式母线安装、调整记录。

j. 母线绝缘及耐压试验记录。

7）直流系统。

a. 蓄电池及直流盘柜安装、调试记录。

b. 蓄电池组充放电记录及验收签证；该项为主控项。

8）交流电动机。

a. 电动机试验记录。

b. 电动机检查及验收签证。

9）电气单体调试报告。

a. 变压器、电抗器、断路器、隔离开关、互感器、避雷器、电容器、母线、电缆等试验报告；该项为主控项。

b. 变压器、母线、线路保护及自动装置调试报告；该项为主控项。

c. 故障录波、直流系统、保安电源、电网安全及自动调试报告；该项为主控项。

d. 电气仪表校验报告；该项为主控项。

e. 接地电阻（接地阻抗）测量报告；该项为主控项。

10）其他测试、试验记录（报告）。

a. 光缆熔接及测试记录。

b. 导线压接试验报告。

11）项目文件。

a. 技术标准清单。

b. 强制性条文执行检查记录；该项为主控项。

c. 施工质量验收范围划分表。

d. 专业施工组织设计。

e. 主要和特殊工程施工技术方案及编、审、批手续。

f. 绿色施工专项措施及编、审、批手续。

g. 方案措施实施记录。

h. 主要设备使用（维护）说明书、安装图纸、出厂试验记录（报告）、合格证件。

i. 隐蔽工程验收签证记录；该项为主控项。

j. 设计变更通知单、设计变更执行记录文件。

k. 设备安装单位相关资质证书、试验检验人员、特种作业人员等资质证明文件；该项为主控项。

l. 计量器具，检验、试验仪器设备台账。

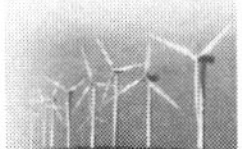

m. 计量器具，检验、试验仪器设备等检定证书；该项为主控项。

(20) 场内集电线路工程主要项目文件。其主要检验内容如下：

1) 杆塔组立及拉线安装记录；该项为主控项。

2) 导线架设记录。

3) 杆上电气设备安装、试验记录。

4) 导线压接试验报告。

5) 电缆敷设记录。

6) 电缆隐蔽签证；该项为主控项。

7) 电缆中间接头位置记录；该项为主控项。

8) 电力电缆及其附件产品合格证、试验报告。

9) 防火阻燃材料检验报告。

10) 接地电阻测量签证记录。

11) 光缆熔接及测试记录。

(21) 调整试验、技术指标主要项目文件。其主要检验内容如下：

1) 调试方案及审查文件；该项为主控项。

2) 调试使用仪器台账、检验报告。

3) 风电机组接地电阻测试报告；该项为主控项。

4) 机组变压器交接试验报告。

5) 静态调试报告。

6) 动态调试报告；该项为主控项。

7) 整套启动调试报告；该项为主控项。

8) 预验收签证文件；该项为主控项。

9) 低电压穿越等涉网特殊试验报告；该项为主控项。

10) 并网安全性评价。

11) 设备台账、备品备件和专用工具清单。

12) 生产运行维护及检修记录。

(22) 交通工程主要项目文件。其主要检验内容如下：

1) 主要原材料（含构配件）检测资料；该项为主控项。

2) 主要质量控制资料。

3) 隐蔽工程验收记录。

4) 地基处理施工过程记录及地基检测报告。

5) 混凝土结构工程施工过程记录。

6) 混凝土实体检测报告。

7) 回填土、混凝土及砂浆检测试验报告。

6.1.6.3　达标投产验收的强制性规定

1. 职业健康安全与环境管理

(1) 施工现场临空处、临边处应设置防护措施，孔洞应设盖板。

(2) 施工现场通道应安全、畅通，标识清晰，各层通道应设护栏。

(3) 危险作业场所应设置安全隔离设施和警告标识。

(4) 施工现场用于加工、运输、储存易燃易爆物品等的设备及管道应有可靠的防静电、防雷接地。

(5) 特种设备安拆应编制专项方案，经审批后实施，并形成验收记录。

(6) 特种设备在投入使用前，应经专业机构检测，在特种设备监督部门登记，取得许可证；登记标识应置于该设备的显著位置。

(7) 重点防火部位应有明显警示标识，并建立岗位防火责任制。

(8) 消防通道、紧急疏散通道应畅通，并设置警示标识。

2. 中控楼和升压站建筑工程质量

(1) 主变压器基础混凝土应无有害结构裂缝。

(2) 钢平台踢脚板，栏杆高度和横、立杆间距，直爬梯踏棍及护笼制作安装应符合《固定式钢梯及平台安全要求》(GB 4053) 的有关规定。

(3) 地基承载力、单桩承载力和桩身完整性必须进行检测，检测结果必须符合要求。

(4) 主控制室等长期有人值班场所应进行室内环境检测。

(5) 生活饮用水管道应冲洗、消毒合格，水质检验应合格。

3. 风电机组工程质量

(1) 风电机组基础混凝土无有害裂缝。

(2) 地基承载力、单桩承载力和桩身完整性检测结果符合设计要求。

(3) 风电机组基础沉降量符合设计要求。

(4) 风电机组基础环（锚笼环）安装水平度偏差符合设计要求。

(5) 塔筒内爬梯应安装牢靠，速差安全滑轨顺直。

(6) 塔筒各段跨接接地连线应接触良好。

(7) 变桨系统中的备用电源工作应可靠。

4. 升压站设备安装工程质量

(1) 高压电器的联运应正常，无卡阻现象；分、合闸指示应正确；辅助开关动作应正确、可靠。

(2) 高压电器的围栏、罩壳、基础、支架、爬梯、检修平台等均应可靠接地。

(3) 电气装置接地应以单独的接地与接地汇流排或接地干线相连接，严禁在一根

接地线中串接几个需要接地的电气装置。高压设备及构架应有两根与不同地点的主地网连接，接地引线均应符合热稳定、机械强度和电气连接的要求，接地连接处应便于检查、测试。

(4) 设备及系统保护定值整定结果应符合要求。

(5) 充油高压电器绝缘油耐压试验应合格。

5. 场内集电线路工程质量

(1) 高压架空线路杆塔的每一腿都应与接地体引下线电气连接可靠。

(2) 直埋电缆的敷设在直线段每隔 50～100m、电缆接头、转弯、进入建筑物等处，应设置明显的方位标识或标桩。

6. 调整试验与主要技术指标

风电机组的防雷接地电阻不得大于 4Ω。

6.1.6.4 达标投产阶段验收

达标投产验收的结果分为符合、基本符合和不符合三个档次，其中："符合"指的是工程实体与项目文件质量符合有关规范和设计要求；"基本符合"是指能够满足安全、使用功能，实物及项目文件质量存在少量瑕疵，尺寸偏差不超过 1.5%，限值不超过 1%；"不符合"指的是工程质量不能满足安全、使用功能，实物及项目文件质量存在大量缺陷。

1. 初验

初验应在风力发电工程整套启动试运行前进行。

(1) 初验应具备的条件。

1) 风电机组土建、安装单位工程施工质量验收合格。

2) 风电场所有机组动态调试已完成。

3) 安全、消防、环保等满足整套启动试运行有关规定。

4) 项目文件齐全、完整、准确。

(2) 初验的组织。初验由建设单位负责验收，监理、设计、施工、调试、生产运行等单位参加。

(3) 初验的方式。初验应按达标投产检查验收的基本内容和强制性要求的内容逐条检查验收，并分别填写检查验收表和强制性条文检查验收结果表。

(4) 初验通过的条件。

1) 8 个基本检查验收项检验内容的验收结果不得存在"不符合"。

2) 8 个基本检查验收项检验内容为"主控"的验收结果的"基本符合"率应不大于 10%。

3) 8 个基本检查验收项检验内容为"一般"的验收结果的"基本符合"率应不大于 15%。

4）有强制性规定的验收结果应全部符合。

5）其他。

a. 初验时不具备检查验收条件的检验内容在复验时进行。

b. “不符合”及“基本符合”存在问题的应处理后再次查验。

（5）初验的成果及应用。初验的最终成果为初验报告，未通过初验的机组不得进入整套启动试运。

2. 复验

（1）复验应具备的条件。

1）工程项目按设计要求全部完成。

2）机组性能试验项目全部完成。

3）初验发现的问题已整改闭环。

4）配套的环保工程已正常投入运行。

5）工程建设全过程项目文件整理工作已完成并移交归档。

6）质量监督各阶段报告中不符合项已闭环。

7）环境保护、水土保持、安全设施、消防设施、职业卫生和档案等已具备专项验收条件。

8）竣工决算已完成，并具备审计条件。

9）机组处于正常运行状态。

（2）复验的申请与组织。

1）建设单位应向复验单位提出申请。申请表应提供下列项目资料：

a. 初验报告。

b. 初验检查验收表。

c. 初验强制性条文验收结果表。

d. 让步处理报告。

e. 初验检查验收“存在问题”整改闭环签证单。

2）复验单位应是上级发电集团公司或全国性电力行业协会；由复验单位派出的现场复验组负责进行复验，由建设单位负责组织，监理、设计、施工、调试、运行等单位参加复验。

（3）复验的方式。复验应按达标投产验收基本内容和强制性条文要求逐条检查验收。

（4）复验通过的条件。

1）工程建设符合国家现行有关法律、法规及标准的规定。

2）工程质量无违反工程建设标准强制性条文的事实。

3）未使用国家明令禁止的技术、材料和设备。

4）工程（机组）在建设期及考核期内，未发生较大及以上安全、环境、质量责任事故和重大社会影响事件。

5）达标投产检验基本内容中验收结果不得存在“不符合”。

6）达标投产检验基本内容中性质为“主控”的验收结果中，“基本符合”率应不大于5%。

7）达标投产检验基本内容中性质为“一般”的验收结果中，“基本符合”率应不大于10%。

3. 达标投产验收结论

（1）通过达标投产复验的工程，现场复验组应编制达标投产复验报告。

（2）复验单位应对复验报告及所附项目文件进行审核，审核通过后以公文的形式批准工程通过达标投产验收。

（3）未通过复验的工程，现场复验组应提出存在问题清单，由建设单位组织参建单位分析原因、制定整改计划、落实责任单位和具体整改措施，整改闭环后，重新申请复验。

（4）重新申请复验的工程，经原复验单位验收，仍可通过达标投产验收。

6.2 绿 色 施 工

6.2.1 绿色施工的相关概念

建设工程施工阶段严格按照建设工程规划、设计要求，通过建立管理体系和管理制度，采取有效的技术措施，全面贯彻落实国家关于资源节约和环境保护的政策，最大限度节约资源，减少能源消耗，减少施工活动对环境造成的不利影响，提高施工人员的职业健康安全水平，保护施工人员的安全与健康。

绿色施工是指在保证质量、安全等基本要求的前提下，通过科学管理和技术进步，最大限度地节约资源，减少对环境的负面影响，实现节能、节材、节水、节地和环境保护（“四节一环保”）的文明施工活动。

绿色施工也有这样的定义：通过切实、有效的管理制度和绿色技术，最大限度地减少施工活动对环境的影响，减少资源与能源的消耗，实现可持续发展的施工。

6.2.2 绿色施工组织与管理

6.2.2.1 绿色施工组织

施工企业要做好项目的绿色施工管理工作，首先要建立健全绿色施工管理的组织机构及相应的规章制度，对绿色施工实行分级管理，并明确各级的责任，加强过程的监督与考核。

企业的管理模式不同，对绿色施工的管理可能也略有不同。绿色施工组织机构如图 6-1 所示，其是根据多年施工经验总结出的一种较为完整且能高效运行的组织机构形式，为大多数风电施工企业所采纳。

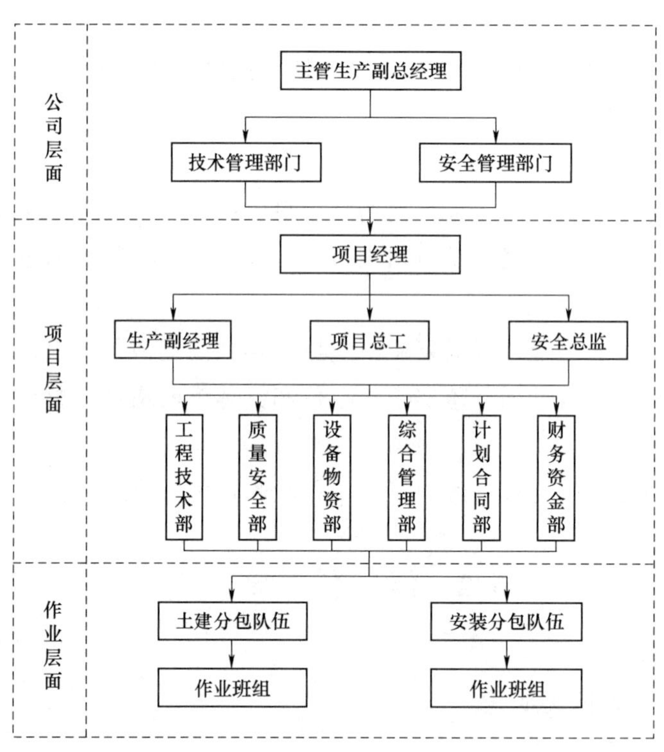

图 6-1　绿色施工组织机构图

6.2.2.2　绿色施工管理

1. 目标管理

绿色施工目标制定时，要制定“四节一环保”方面的具体目标，并结合工程创优制定绿色施工总体目标。“四节一环保”方面的具体目标主要体现在施工工程中的资源能源消耗方面，一般主要包括建设项目能源总消耗量或节约百分比、主要建筑材料损耗率或比定额损耗率节约百分比、施工用水量或比总消耗量节约百分比、临建设施占地面积有效利用率、固体废弃物总量及固体废弃物回收再利用百分比等。这些具体目标往往采用量化方式进行衡量，在百分比计算时可根据施工单位之前类似工程的情况来确定基数。施工具体目标确定后，应根据工程实际情况，按照“四节一环保”进行施工具体目标的分解，以便于过程控制。

2. 绿色施工教育培训管理

在开工前和施工过程中，绿色施工应按管理层级由上级对下级进行教育培训。公

司层级绿色施工主要负责人应组织相关部门或人员对项目部层级的绿色施工主要负责人员进行教育培训，同时结合公司总体管理目标和合同相关要求进行绿色施工技术交底；在接受公司层级的教育培训以及技术交底后，项目经理应组织项目部相关部门对项目部员工和作业层级的绿色施工主要负责人员进行教育培训，再由作业层级负责人组织对班组施工人员进行教育培训；同时结合工程实际进行详尽具体的技术交底，确保绿色施工既定目标的实现。

各层级的绿色施工教育培训都应制定培训计划，明确培训内容、时间、地点、负责人及培训管理制度。

公司层级的绿色施工技术交底应由技术管理部门组织实施；项目部层级的绿色施工技术交底应由项目经理组织，由项目总工进行交底。交底的内容包括绿色施工的目标、绿色施工的内容、绿色施工应用的主要技术以及安全注意事项等。每次培训和交底都应该有详细的记录，并纳入工程档案管理范畴。

绿色施工教育培训相关规定见表 6-1。

表 6-1　绿色施工教育培训相关规定

序号	类别	规定内容	责任人	实施阶段	实施时间	备注
1	三级绿色施工教育	公司层级：公司概况、绿色施工文化、员工的法定权利和义务等	公司主管生产副总经理	开工进场前	开工进场前 7d 内	履行签字
		项目部层级：项目概况、绿色施工重点、规章制度等	项目经理	开工前	开工前 3d 内	履行签字
		作业层级：操作规程、绿色施工注意事项等	分包负责人	开工前	开工前 3d 内	履行签字
2	教育对象	管理人员、自有员工、分包管理人员、作业人员、实习人员	项目经理、项目安全总监	全过程		不准代签
3	教育时间	公司按项目进场时间确定。项目每半年不少于 1 次，每次不少于 1h。班组根据作业人员进场情况确定	项目经理、项目安全总监	全过程		
4	绿色施工培训	填写“培训效果调查表”，人数不少于 5%。送外地培训超过 3d，报送书面总结。每年 12 月 20 日前，项目部将培训总结报送上级部门	项目经理、项目安全总监	全过程	每季度 1 次	

3. 绿色施工信息管理

风电场绿色施工信息管理是绿色施工管理的重要内容。随着科技的进步，信息化管理手段在工程中的应用越来越广泛，因此，在风电场实现信息化施工是推进绿色施工的重要措施。除传统施工中的文件和信息管理内容之外，绿色施工更为重视施工过程中各类信息、数据、图片和影像等资料的收集与整理。

绿色施工资料一般可根据以下类别进行划分：

(1) 技术类。技术类主要包括：示范工程申报表；示范工程的立项批文；工程的施工组织设计；绿色施工方案及绿色施工方案的交底。

(2) 综合类。综合类主要包括：工程施工许可证；示范工程立项批文。

(3) 施工管理类。施工管理类主要包括：地基与基础阶段企业自评报告；主体施工阶段企业自评报告；绿色施工阶段性汇报材料；绿色施工示范工程启动会资料；绿色施工示范工程推进会资料；绿色工程施工示范工程外宣资料；绿色施工示范工程培训记录。

(4) 环保类。环保类主要包括：粉尘检测数据台账，按月绘成曲线图，进行分析；噪声监控数据台账，按施工阶段及时间绘成曲线图并分析；水质（分现场养护水、排放水）监测记录台账；安全密目网进场台账，产品合格证等；废弃物技术服务合同（区环保），化粪池、隔油池清掏记录；水质（分现场养护水、排放水）检测合同及抽检报告（区环保）；基坑支护设计方案及施工方案。

(5) 节材类。节材类主要包括：与劳务队伍签订的料具使用协议、钢筋使用协议；料具进出场台账以及现阶段料具报损情况分析；钢材进场台账；废品处理台账，以及废品率统计分析；混凝土浇筑台账，对比分析；现场施工新技术应用总结，新技术材料检测报告。

(6) 节水类。节水类主要包括：现场临时用水平面布置图及水表安装示意图；现场各水表用水按月统计台账，并按地基与基础、主体结构、装修三个阶段进行分析；混凝土养护用品（养护棉、养护薄膜）进场台账。

(7) 节能类。节能类主要包括：现场临时用电平面布置图及电表安装示意图；现场各电表用电按月统计台账，并按土基与基础、主体结构两个阶段进行分析；履带吊、汽车吊等大型设备保养记录；节能灯具合格证（说明书）等资料、节能灯具进场使用台账；食堂煤气使用台账，并按月进行统计、分析。

(8) 节地类。节地类主要包括：现场施工平面布置图，含化粪池、隔油池、沉淀池等设施的做法详图，分类形成施工图并完善审批手续；现场活动板房进出场台账；现场用房、硬化等各临建建设面积。

4. 绿色施工管理流程

结合绿色施工组织机构设置情况，管理流程可以从绿色施工管理流程、项目绿色施工策划流程、分包单位绿色施工管理流程以及项目绿色施工监督检查流程等考虑设定。项目绿色施工管理流程如图 6-2 所示，项目绿色施工策划流程如图 6-3 所示，分包单位绿色施工管理流程如图 6-4 所示，项目绿色施工监督检查流程如图 6-5 所示。

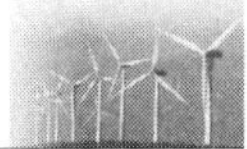

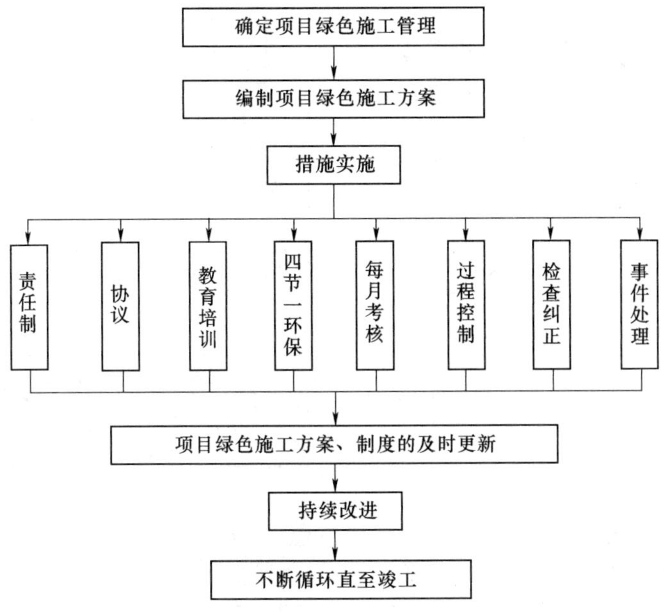

图 6-2 项目绿色施工管理流程图

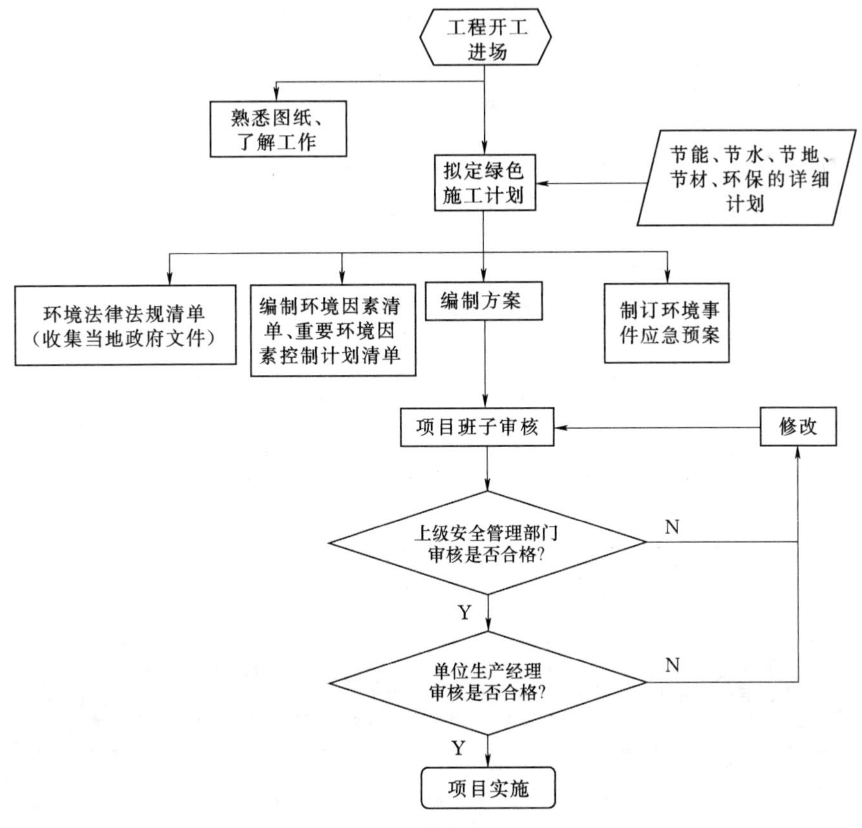

图 6-3 项目绿色施工策划流程图

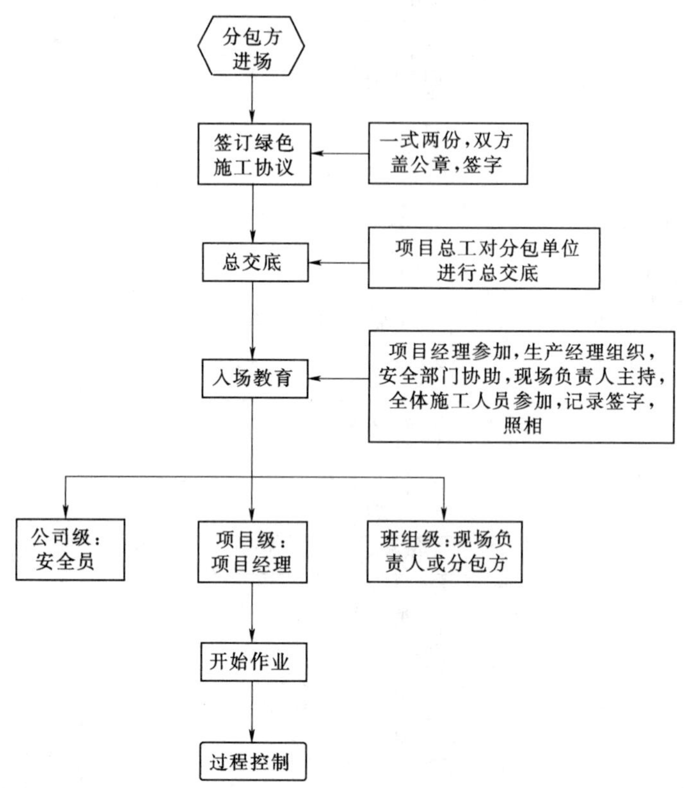

图6-4　分包单位绿色施工管理流程图

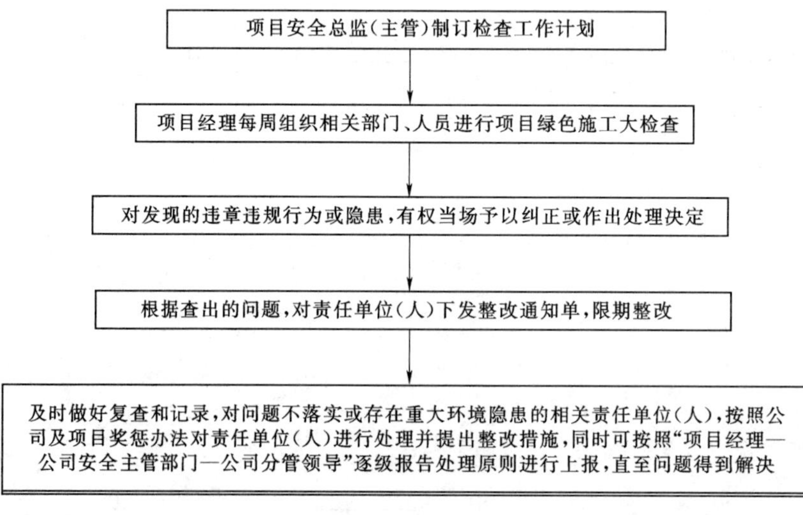

图6-5　项目绿色施工监督检查流程图

6.2.3 绿色施工实施

陆上风电场所处的地理环境主要有沙漠、戈壁、草地、平原等平地和丘陵山地，除沙漠外，其他表面或多或少都覆盖着绿色植被。施工过程中对环境的影响因素是比较多的，主要表现在扬尘、水污染、噪声、废气污染、光污染、建筑垃圾以及施工人员职业健康安全保障等方面。

6.2.3.1 环境保护

环境保护管理应明确工作目标，建立健全环境保护管理体系（图 6 - 6），分类制定有针对性的技术措施，做好前期策划、过程监控和效果总结。

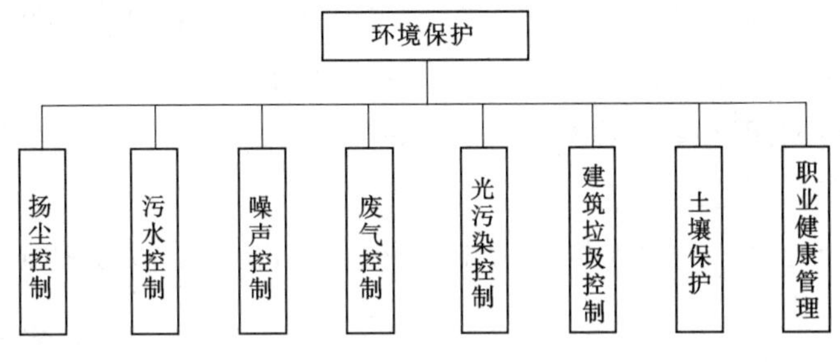

图 6 - 6 环境保护管理体系

1. 扬尘控制

陆上风电场施工现场扬尘的污染源主要有土石方作业、车辆运输、材料堆放、建筑垃圾清理、旧建筑物的拆除等。

(1) 土石方开挖回填。

1) 在六级以上大风天气不应进行土石方开挖回填作业，避免开挖或回填土因风力过大而刮起尘土。

2) 严格控制开挖回填时的卸料高度，挖掘机卸料时料斗应接近地面或已形成的料堆，不能在空中抛洒。

3) 当施工现场尘土较大时，应采用喷雾降尘措施，如采用环保除尘风送式喷雾机等设备降尘。

(2) 车辆冲洗。

现场拉动渣土或材料的车辆在上公路（水泥或沥青路面）前，应该对车辆进行清洗，以免车辆夹带土在车辆行驶时，在公路造成扬尘，并污染路面。

应在出场路口处设置冲洗设施。施工车辆冲洗设备分为简易式洗轮机和自循环洗轮机，其主要组成有水箱、空气压缩机和高压水枪等。具体可根据现场实际情况选择配置。

(3) 裸露土处理。风电场一般风比较大，因此，应对施工形成的裸露土用防尘网进行覆盖，有绿化条件的要进行绿化，从源头控制扬尘产生。

（4）运输车辆全封闭覆盖。现场垃圾、土石料或其他颗粒材料的运输车辆应加装封闭装置，或采取全封闭覆盖措施。土石方运输车辆采用液压升降可自行封闭的重型卡车，配备帆布作为车厢体的第二道封闭措施。

（5）道路洒水降尘。风电场道路在施工期间大部分尚未能完成硬化，因此要根据道路尘土情况，采取用洒水车洒水降尘的措施。

（6）车辆限速。为了避免车辆在未经硬化的场内道路行驶产生扬尘，场区内的施工车辆应该采取限速措施，行驶速度可通过现场道路条件试验确定，但最高不应超过25km/h。

（7）合理规划场地硬化。要合理规划生活区、生产区的硬化区域，并采取必要的硬化方式进行硬化，硬化区域周边应合理设置排水沟。

（8）颗粒材料密闭存放。现场水泥、粉煤灰、砂子等颗粒材料入库存放或者采取覆盖等措施防止起风扬尘。

（9）建筑垃圾处理。建筑垃圾采用袋装密封，防止运输过程中扬尘。模板等清理时采用吸尘器等抑尘措施。

（10）木工加工间密闭。

2. 污水控制

水污染是指因某种物质的介入，导致水体化学、物理、生物或者放射性等方面特性的改变，造成水质恶化，影响水的有效利用，危害人体健康或者破坏生态环境。

（1）现场污水排放检测。依据《污水综合排放标准》（GB 8978），在污水排放处收集少许污水，取pH试纸浸入水中，迅速取出与标准色板比较，即可读出所测污水的pH。若测得的酸碱度达标即可排放，否则须进行进一步处理，符合要求后方可排放。

（2）设备污水存储与处理设施。

1）污水沉淀池。现场污水应采用三级沉淀处理，即采用集水池、沉砂池和清水池进行三级沉淀处理。其原理是将集水池、沉砂池和清水池三个蓄水池用水管相互连通，污水经过三级沉淀处理后进行回收利用或排放。池中沉淀物应及时清理，以保证沉淀池的使用功能。

2）隔油池。隔油池的原理是利用与水的密度差异，分离去除污水中颗粒较大的悬浮油。隔油池应设置在厨房等油污污水下水口处，并定期清理。隔油池可采用成品隔油池，常见成品隔油池的材质有不锈钢、塑料等。

3）化粪池。施工现场化粪池可采用成品化粪池，常用成品化粪池的材质为玻璃钢、塑料等。化粪池应定期清理。

（3）设置危险品储存库房。有毒有害危险品库房应独立设置，距在建工程不小于15m，距临建房屋距离宜大于25m。地面应设置防潮隔离层，防止油料跑冒滴漏，造

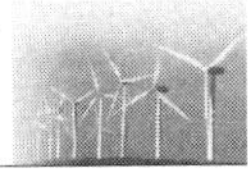

成场地土壤污染。

3. 噪声控制

陆上风电场施工噪声污染主要由机械设备使用和人为活动产生。在居民区周边施工时，施工噪声排放应符合《建筑施工场界环境噪声排放标准》(GB 12523)。

(1) 设备噪声控制措施。

1) 在现场平面规划时，应将高噪声设备（发电机等）尽量远离现场办公区、生活区。

2) 合理选用推土机、挖掘机、装载机、自卸汽车等内燃机机械，保证机械既不超负荷运转又不空转加油，平稳高效运行。

3) 选用低噪声设备，如低噪声振动棒等。

(2) 作业控制措施。

1) 混凝土浇筑时，禁止振动棒空振、卡钢筋振动或贴模板外侧振动。

2) 场区内禁止车辆鸣笛。

3) 吊装作业时应采用对讲机传达命令。

4. 废气控制

施工现场的废气主要包括汽车尾气、机械设备废气、电焊烟气以及生活燃料燃烧排放废气等。

(1) 禁止燃烧废弃物。禁止在施工现场燃烧木材、塑料等废弃物和生活垃圾，禁止使用有烟煤作为现场燃料。

(2) 禁止使用高污染的施工设备。进出场车辆及燃油机械设备的废气排放应符合要求，并应减少使用柴油机械设备。

5. 光污染控制

在施工现场中应避免光污染对作业人员及周边环境的影响，应对夜间照明、焊接等作业采用遮光罩等遮挡措施，降低光污染危害。

(1) 焊接遮光措施。焊接作业应设置光罩或专用遮光布，下部设置接火斗，减少弧光外泄影响周边环境。遮光罩或遮光布应采用不燃材料制作。焊接操作人员应有有效的遮光措施。

(2) 夜间照明灯控制。

1) 夜间照明时，应对照明光源设置遮光罩，使光线照射在施工部位，避免光源散射。

2) 办公区、生活区夜间室外照明全部采用节能灯具。

6. 建筑垃圾控制

(1) 建筑垃圾分类管理。在施工现场建立封闭式垃圾站，密闭运输，分类存放，按时处置。施工现场建筑垃圾分类一览表见表 6-2。

表6-2　施工现场建筑垃圾分类一览表

<table>
<tr><th colspan="2">项目</th><th>可回收废弃物</th><th>不可回收废弃物</th></tr>
<tr><td rowspan="2">无毒无害类</td><td>建筑垃圾</td><td>废木材、废钢材、废弃混凝土、废砖等</td><td>瓷质墙地砖、纸面石膏板等</td></tr>
<tr><td>生活办公垃圾</td><td>办公废纸</td><td>食品类等</td></tr>
<tr><td rowspan="2">有毒有害类</td><td>建筑垃圾</td><td>废油桶类、废灭火器罐、废塑料布、废化工材料及其包装物、废玻璃丝布、废铝箔纸、油手套、废聚苯和聚酯板、废岩棉类等</td><td>变质过期的化工材料、废胶卷、废涂料、废化学品类等</td></tr>
<tr><td>生活垃圾</td><td>塑料包装袋等</td><td>废墨盒、废色带、废计算器、废日光灯（节能灯）、废复写纸等</td></tr>
</table>

（2）建筑垃圾分类处理。建筑垃圾应分类收集，集中堆放，尽量将建筑垃圾资源化与回收利用。

（3）生活办公垃圾分类回收。在办公、生活等区域分类设置垃圾箱，方便生活垃圾分类回收，定时处理。

（4）废旧电池、墨盒集中回收。在办公、生产区域设置旧电池、墨盒收集箱。废旧电池、墨盒回收必须放置在密闭的容器内，防止可能产生的有毒有害物质扩散，并安排专人负责记录，委托有资质单位进行回收处理。

（5）施工过程控制。加强模板工程的质量控制，避免接缝过大漏浆、加固不牢胀模产生混凝土固体建筑垃圾。

7. 土壤保护

（1）保护地表环境，防止土壤侵蚀、流失。因施工造成的裸土，及时覆盖砂石或种植速生草种，以减少土壤侵蚀；因施工造成容易发生地表径流土壤流失的情况，应采取设置地表排水系统、稳定斜坡、植被覆盖等措施，减少土壤流失。

（2）恢复临时占地内植被。施工完成后，应在植被遭到破坏的区域种植当地植物或其他合适的植物，以恢复原始地貌或科学绿化，防止土壤受侵蚀。

8. 职业健康管理

绿色施工应坚持以人为本，建立健全职业健康安全管理体系，保障员工和施工人员的安全与健康。

（1）食堂管理。食堂、餐厅距离厕所不宜小于30m，并设挡鼠板，挡鼠板高度不低于500mm，一般厚度为25mm，挡鼠板上部应贴反光条，便于夜间辨别，防止人员被绊倒。食堂操作人员应有健康证，食堂和餐厅各类器具应保持清洁卫生，室内环境卫生也要保持清洁。

（2）医疗应急措施。施工项目部应配备应急药箱，药箱内应配置常用药品，同时，应制定应急预案，明确急救措施。另外，施工项目部应与就近医院签订合作救治协议，以便病人或伤员能得到及时有效的救治。

(3) 生活区管理。办公区、生活区与施工生产作业区应分区布置。在保证基础生活设施配置齐全的情况下，根据现场实际条件设置员工娱乐、健身等设施，丰富员工文娱活动，促进员工的身心健康。

6.2.3.2 节材与材料资源利用

施工现场应制定具体的节材措施，建立完善的节材管理、限额领料等制度；坚持因地制宜，优先选用质量符合设计要求的当地材料，缩短运输距离，节约运输能耗，减少运输损耗。

1. 节材与材料资源利用管理体系

为了实现材料节约和资源利用，施工项目部在开工前就应该建立节材与材料资源利用管理体系，并建立健全相关管理制度，为项目的节材与材料资源利用提供系统的管理方法。节材与材料资源利用管理体系如图 6-7 所示。

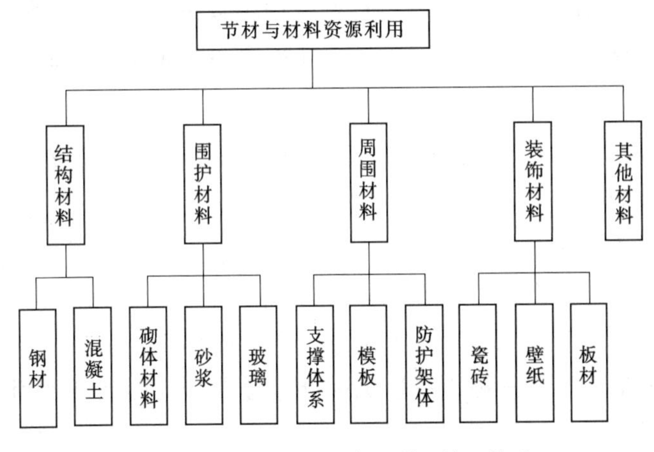

图 6-7 节材与材料资源利用管理体系

2. 钢材节约措施

(1) 采用高强钢筋。高强钢筋具有强度高，综合性能优的特点。采用高强钢筋替代目前大量使用的 HRB335 级钢筋，平均可节约钢材量 12%以上。

(2) 采用计算机软件下料。借助各类工程软件进行计算机软件钢筋翻样、优化下料、统计算量等。目前，国内开发的这类软件很多，可根据工程实际选用。该类软件以钢筋工程施工中的钢筋下料翻样、钢筋加工、钢筋算量等主要工序为目标，操作简单直观，下料精准。

(3) 采用定尺钢筋。项目可根据工程图纸，合理规划钢筋规格尺寸，按实际需要委托钢材生产厂家定尺生产非标准规格的钢材，直接应用，避免二次加工，有效减少钢材损耗。

(4) 采用智能化钢筋加工设备。采用智能化钢筋加工设备，减少操作人员，提高工效，减小加工误差，避免材料浪费。例如，采用全自动数控调直切断机、全自动调直弯箍机、自动化钢筋笼滚焊机、螺旋箍筋加工机等。

（5）采用闪光对焊封闭箍筋技术。闪光对焊箍筋技术是利用对焊机使用两端金属接触，通过低电压的强电流，待金属被加热到一定温度变软后，进行轴向加压顶锻，形成对焊接头。该技术工艺简单，节省钢材效果显著，经济、高效。

（6）采用大直径钢筋直螺纹连接技术。钢筋直螺纹连接技术是指在热扎带肋钢筋的端部制作出直螺纹，利用带内螺纹的连接套筒对接钢筋。采用大直径钢筋直螺纹连接技术施工操作比较简便，可全天候施工，加工效率高，可广泛应用于直径16mm及其以上的HRB335、HRB400和HRB500级钢筋连接。

（7）施工现场钢筋集中加工。施工现场钢筋集中加工可避免材料在场内多次倒运，降低劳动强度，提高加工效率，减少钢筋损耗。

（8）材料存放措施。存放钢材的场地要硬化，并在底部用枕木等垫高不少于200mm，并要铺盖防雨布，保持通风，以避免因钢材生锈不能使用而产生浪费。钢材的存放应按规格、批次分区分类整齐堆放，并作明确的标识，以明确材料名称、规格型号、数量及检验状态等信息。

（9）钢筋废料回收利用。钢筋加工时所剩余的短小钢筋可制作马凳、排水沟箅子、混凝土浇筑时的插筋等。

3. 混凝土施工控制措施

（1）预拌混凝土。精确计量预拌混凝土，既可做到按需拌制与供应，又可精确控制混凝土进场数量，有效避免混凝土富余导致的材料浪费。

（2）加强模板工程的质量控制，避免因拼缝过大产生漏浆、加固不牢产生胀模而浪费混凝土，加强废旧模板再利用。

（3）在施工部位混凝土浇筑完成后，若还有剩余，即可规划用于别的地方，例如用于道路硬化、制作盖板、过梁等，既可变废为宝，又可以减小对环境的影响。

4. 砌体工程控制措施

（1）选用新型砌体材料。在土建工程中，应根据工程实际推广应用新型砌体材料，限制使用烧结黏土砖制品，严禁使用烧结黏土实心砖。目前，可选用的新型砌体材料主要有混凝土多孔砖、轻集料混凝土砌块、粉煤灰砌块、页岩保温砖、再生骨料砌块、砂加气混凝土砌块、混凝土模卡砌块等。

（2）薄层砂浆砌筑。采用薄层砂浆砌筑，将灰缝控制在3～5mm可节约砂浆材料，同时砂浆铺摊均匀、砌筑质量有保证。

5. 装饰工程控制措施

在对升压站房屋进行装饰前，可采取以下措施：

（1）应做好总体策划，通过排板尽可能减少非整块材料的数量；严格按照先天面、再墙面、最后地面的施工顺序组织施工，避免由于工序颠倒造成的饰面污染

或破坏。

(2) 根据每班施工用量和施工面实际用量，采用分装桶取用油漆、乳胶漆等液态装饰材料，避免开盖后变质或交叉污染。

(3) 工程使用的石材、玻璃以及木装饰用料，项目应提供具体尺寸，由供货厂家加工供货。

6. 周转材料控制措施

(1) 定型钢模板。风电机组基础模板宜用定型钢模板，既可加快安装速度，又可大大提高周转次数。

(2) 木模板使用。木模板下料前应绘制配模图，集中加工，减少模板损耗。

(3) 废旧模板利用。充分利用现场废旧模板、木枋，用于洞口、电缆沟等的临时封闭等，多余废料由专业回收单位回收。

(4) 新型材料模板使用。尽可能使用塑料模板、塑钢板等周转次数较多的新型材料模板，节约木材。

(5) 新型脚手架及支撑体系。应采用管件合一的新型脚手架及支撑体系，如碗扣式、插接式、盘销式、承插式和模块式脚手架体系等。管件合一的脚手架及支撑体系可有效减少管件在运输、使用过程中造成的遗失，减少损耗。

(6) 周转材料的存储。模板、架体材料及其构配件等设施材料，应严格按计划进退场，减少库存。设施材料应分区域堆放整齐，并设有防雨防潮措施。配件分类入库存放，减少丢失，防止保管不当造成的材料浪费。

7. 周转建筑物控制措施

(1) 临时建筑布置。主要临时用房、临时设施的防火间距应符合《建设工程施工现场消防安全技术规范》(GB 50720) 的规定。临时办公、生活用房内净高不低于 2.5m，宿舍应满足 $2m^2$/人的使用要求，办公室应满足 $4m^2$/人的使用要求，层数不宜超过 2 层，每层建筑面积不应大于 $300m^2$。建材构件的燃烧性能等级应为 A 级。

(2) 活动板房建造。现场搭设的临时用活动板房，应采用阻燃材料，临建房屋间距不应少于 4m。

(3) 集装箱式设施。集装箱式住房、厨房、卫生间、浴室、配电室、标养室、门卫室等活动设施，应使用功能好，拆运方便，可周转使用。

6.2.3.3 节水与水资源利用

1. 节水措施

(1) 使用自来水或井水。施工现场办公区、生活区水龙头采用节水龙头。生活用水器具选用应符合《节水型生活用水器具》(CJ/T 164) 规定。

(2) 拉用水。在不具备拉引自来水或不具备打井条件时，陆上风电场用水一般可采用从场外水源拉水的方式供水。要根据生产生活用水量精确规划，并制定严格的限水措施，做到节约用水。

（3）混凝土养护节水控制。混凝土浇筑完毕后，养护宜采用薄膜包裹覆盖、喷涂液体等节水工艺，杜绝无措施浇水养护。

（4）喷雾抑尘措施。利用专门的设备或抑尘车将水加压，水通过喷头进行喷洒，其优点是将水喷洒到空气中变成雾状，均匀散布到地面，大大节约用水量，抑尘效果也优于传统方法。

2. 有效利用非传统水源

（1）雨水充沛地区可利用场内地势高差，在临建房屋以及结构屋面将雨水汇流收集后经过渗蓄、沉淀等处理，集中储存，处理后的水体可用于混凝土养护、施工现场降尘、绿化和洗车等。

（2）利用消防水池和沉淀池收集雨水、地表水作为生产用水。

6.2.3.4　节能与能源利用

1. 机械设备与机具

加强设备管理，避免机械设备空载运行，并及时做好施工机械设备维修保养工作，使机械设备保持低耗高效状态；选择功率与负载相匹配的施工机械设备；机电安装采用逆变式电焊机和低能耗高效率的手持电动工具等节电型机械设备。

2. 生产、生活及办公临时设施

现场生活及办公临时设施布置以南北朝向为主，采用“一”字形以获得良好的日照、采光和通风；对办公室进行合理化布置，两间办公室设成通间，减少夏天空调、冬天采暖设备的使用数量、时间及能量消耗；在现场办公区、生活区开展广泛的节电评比，强化员工和施工人员的节约用电意识；对用电量大的地方应单独设置电表，对用电量进行专项统计与分析，并采取必要的节电措施。

3. 施工用电及照明

办公区、生活区临建照明采用节能灯，室内醒目位置设置“节约用电”提示牌；室内灯具按每个开关控制不超过 2 个灯设置；合理安排施工流程，避免大功率用电设备同时使用，降低电负荷峰值。

4. 节能材料

临时设施应采用节能材料，墙体和门窗应选用隔热性能好的材料。

5. 利用太阳能

在施工现场采用太阳能热水器供应热水，在需要夜间照明的区域设置太阳能 LED 灯具，以达到节能的效果。

6.2.3.5　节地与土地资源利用

1. 施工现场合理规划

科学规划施工现场，临建设施应紧凑，各类临建的占地面积应按用地指标所需的

最低面积设计；道路衔接要合理，尽可能地做到临时道路与永久道路相结合，减少道路占地。仓库、加工车间、材料堆场等布置应尽量靠近临时或永久道路，便于材料装卸，缩短材料的场内运输距离。

2. 集装箱式活动房

目前集装箱式活动房的市场很大，临建设施可采用集装箱式活动房，从而避免因建房而造成的土地开挖和硬化。

3. 减少土方开挖量

土方工程施工前，应对施工方案进行优化，做好场内土方平衡，减少土方开挖和回填量，相应减少土方外运，节约成本。最大限度地减少施工活动对原状土地的扰动，保护周边自然生态环境。

6.2.4 绿色施工专项评价

目前，陆上风电场绿色施工专项评价应按《电力建设绿色施工专项评价办法》(2017试行版）的相关要求开展，若有更新则按更新要求执行。

6.2.4.1 定义

绿色施工专项评价是指对工程建设项目绿色施工管控水平、资源节约效果、环境保护效果和量化限额控制指标等进行的评价活动。

6.2.4.2 企业相关要求

绿色施工专项评价的受理单位（机构）应具备独立法人资格，且具备《电力建设工程质量评价能力资格受理办法》规定的工程质量评价能力资格，其人力资源、注册资本、管理水平、检测手段、工程业绩等应满足工程质量评价需要。

6.2.4.3 程序及内容

绿色施工专项评价本着企业自愿的原则，绿色施工专项评价程序如图 6-8 所示。

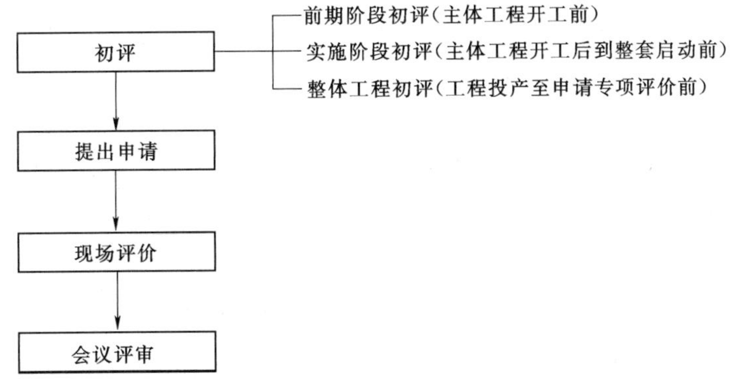

图 6-8 绿色施工专项评价程序

1. 初评

（1）初评的组织。绿色施工专项评价的初评按图 6-8 中的三个阶段进行，由工程建设单位组织主要参建单位完成。

（2）初评的成果。在各阶段初评结束后，建设单位应组织填写“电力建设绿色施工专项评价报告”中本阶段初评的相关内容。整体工程初评结束后，形成由三个阶段评价内容组合成的“电力建设绿色施工专项初评报告”，主要内容与绿色施工专项评价相同。

2. 提出申请

（1）申请提出单位。专项评价申请应在工程通过达标投产且完成整体工程初评后，由工程建设单位、工程管理单位或工程总承包单位提出。

（2）申请应提交的资料。

1）电力建设绿色施工专项评价申请表。电力建设绿色施工专项评价申请表主要内容包括：工程基本参数（总容量、单机容量、台数、工程占地面积、第一台风电机组投运时间、批准单位造价和实际单位造价等）；绿色施工管控情况简述；工程资源节约效果简述；工程环境保护效果简述；量化限额控制指标完成情况简述；申报单位意见等。

2）绿色施工总体策划。项目绿色施工总体策划的要点主要包括：绿色施工指导思想；绿色施工管理方针与管理目标；绿色施工限额控制指标；绿色施工组织体系；各方的绿色施工职责；责任落实和实施考核节点；目标实现的激励制度；对电力“五新”和建筑业绿色施工技术的应用要求等。

3）绿色施工专项方案。绿色施工专项方案的主要内容包括：工程概况；编制依据；管理组织（组织机构、管理职责、宣传教育培训、绿色施工管理制度）；绿色施工影响因素分析（按施工组织体系、施工资源、施工程序、施工准备、施工周期、施工平面布置、施工方案等因素进行分析）；管理目标；实施绿色施工限额控制指标的措施；绿色施工实施效果的日常监控与阶段性检查；绿色施工技术的采用与创新；总平面布置图等。

4）电力建设绿色施工专项初评报告。绿色施工专项初评报告由初评三个阶段评价内容组合而成。

5）涉及绿色施工的主要检测、试验报告。报告必须由具备相应检测资质的第三方试验单位出具。

6）绿色施工技术应用成果证明文件。这里主要指涉及绿色施工的获奖文件等。

7）绿色施工总结报告。绿色施工总结报告的主要内容包括：工程概况；绿色施工方案执行情况；绿色施工三个阶段的初评情况；绿色施工各项限额控制指标完成情况及对比分析；总结施工过程中的电力“五新”应用、建筑业绿色施工技术应用、自

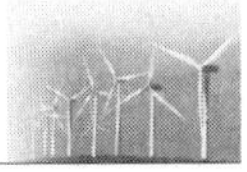

主创新技术及形成的成果；绿色施工产生的直接经济效益与社会综合效益；绿色施工工程初评结果；绿色施工取得的成效体会与建议；涉及绿色施工的主要检测、试验报告；应用绿色施工新技术等。

3. 现场评价

由申请受理单位（机构）对申请资料按相关要求进行初审，通过初审的工程，进入现场评价阶段。

（1）现场评价组织。绿色施工的现场评价为申请受理单位（机构）根据申请，组织4～7名覆盖本工程各专业的专家，组成现场评价组，进行现场评价。

（2）现场评价的方式和内容。现场评价通过检查工程实体质量、检查工程项目文件，重点从工程绿色施工管控水平、资源节约效果、环境保护效果和量化限额控制指标等四个方面，对工程绿色施工的整体水平进行量化评分和综合评价。

评价的具体内容如下：

1）管控水平。

a. 绿色施工组织与管理符合《建设工程绿色施工规范》(GB/T 50905）规定。

b. 建设、设计、监理、施工单位各方履行的绿色施工职责应符合《建设工程绿色施工规范》(GB/T 50905）规定。

c. 建设单位应制订建设项目“绿色施工总体策划”。其中的“限额控制指标清单”应在符合《建筑工程绿色施工评价标准》(GB/T 50640）规定的基础上，补充完善电力行业各专业规范和规范性文件规定。

d. 设计单位除按国家现行有关标准和建设单位的要求进行工程的绿色设计外，还应协助、支持、配合施工单位做好建筑工程绿色施工的有关设计工作。

e. 施工单位应建立以项目经理为第一责任人的绿色施工管理体系，制定绿色施工管理制度，负责绿色施工的组织实施，进行绿色施工的教育培训，定期开展自检、联检和评价工作，并有实施记录。

f. 绿色施工组织设计、绿色施工方案或绿色施工专项方案编制前，应进行绿色施工影响因素分析，并据此制定实施对策和绿色施工评价方案。

g. 施工单位应强化技术管理，施工组织设计、施工方案、专项技术措施、技术交底中应有专门的绿色施工章节，内容充实，涵盖“四节一环保”措施，可操作性强。

h. 绿色施工过程技术资料应收集和归档。

i. 积极采用电力建设“五新”技术中涉及绿色施工的新技术。

j. 积极采用“建筑业10项新技术”中涉及绿色施工的新技术。

k. 施工单位应建立不符合绿色施工要求的施工工艺、设备和材料的限制、淘汰等制度。不得使用国家、行业、地方政府明令淘汰的高耗能机电设备（产品）和禁止使用的技术及建筑材料。

l. 施工单位应建立建筑材料数据库，应采用绿色性能相对优良的建筑材料。

m. 施工单位应建立施工机械设备数据库。应根据现场和周边环境情况，对施工机械和设备进行节能、减排和降耗指标分析和比较，采用高性能、低器械声和低能耗的机械设备。

n. 工程应有保护各种生态环境的具体措施。

o. 工程项目环境保护“三同时”，配套环保设施全部正常运行。

p. 按《建筑工程绿色施工评价标准》（GB/T 50640）和中国电力建设企业协会发布的《电力建设绿色施工专项评价办法》的规定对施工实施情况进行评价，并根据现场绿色施工评价情况，采取改进措施。

2）资源节约效果。

a. 节能与能源利用：①施工现场用电规划合理，建筑室内外采用节能照明器材；②施工、生活用电、采暖计量表完备；③推广应用高效、变频等节电设备；④充分利用有效资源合理安排临建设施，通风、采暖、综合节能效果显著；⑤施工地的管线布置尽量简洁合理，热力管道、制冷管道采取保温措施；⑥推广应用减烟节油设备；⑦金属切割采用焊接切割，用燃气代替乙炔气；⑧推广应用10kV施工电源和节能变压器；⑨按无功补偿技术配置无功补偿设备；⑩主要耗能施工设备有定期耗能统计分析；⑪充分利用当地气候和自然资源条件，尽量减少夜间作业和冬期施工。

b. 节地与土地资源利用：①施工总平面布置应紧凑，减少占地，面积符合《火力发电工程施工组织设计导则》（DL/T 5706）规定；②施工场地应有设备、材料定位布置图，实施动态管理；③合理安排材料堆放场地，加快场地的周转使用，减少占用周期；④大型临时设施应利用荒地、荒坡、滩涂布置；⑤土方工程调配方案和施工方案合理，有效利用现场及周围自然条件，减少工作量和土方购置量；⑥厂区临建设施、道路永临结合，节约占地；⑦采用预拌混凝土，节省现场搅拌站用地；⑧挡墙、护坡等符合设计要求，制定有效的防治水土流失措施。

c. 节水与水资源利用：①施工现场供、排水系统合理适用，办公区、生活区的生活用水采用节水器具；②施工、生活用水计量表完备；③采用雨水回收、基坑降水储存再利用等节水措施；④有条件的现场，充分利用中水或矿井疏干水，减少地表水、地下水用量；⑤有效节约墙体湿润、材料湿润和材料浸泡用水；⑥安装和生产试验性用水应有计划，试验后应回收综合利用；⑦采用高效设备、管道吹扫技术，节约吹扫蒸汽、水用量。

d. 节材与材料资源利用：①积极采用符合设计要求的绿色环保新型材料；②材料计划准确、供应及时、储量适中、使用合理；③安装主材用量符合施工图设计值；

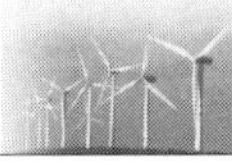

④计划备料、限额领料，合理下料、减少废料，有效减少材料损耗和浪费；⑤模板、脚手架等周转性材料及时回收、管理有序，提高周转次数；⑥设备材料零库存措施合理，效果明显；⑦临时维护材料及时回收，降低损坏率；⑧推广应用高性能混凝土；⑨采用高强钢筋，减小用钢量；⑩通过掺加外加剂、掺合料技术优化混凝土配合比性能；⑪骨料和混凝土拌和物输送采用降温防晒措施；⑫模板和支撑尽量以钢代木，减少木材用量；⑬废材回收制度健全，现场实现无焊条头、无废弃防腐保温材料、无废弃填料和油料、无废弃电缆和成型桥架，实现边角余料回收。

3）环境保护效果。

a. 现场施工标牌应包括环境保护内容，并应在醒目位置设置环境保护标志。

b. 施工现场的文物古迹和古树名木应采取有效保护措施。

c. 现场应建立洒水清扫制度，配备洒水设备，并应有专人负责。

d. 易产生扬尘的施工作业应采取有效防尘、抑尘措施，实施效果不得超出限额控制指标。

e. 对爆破工程、拆除工程和土方工程应有有效的防尘、抑尘措施，实施效果不得超出限额控制指标。

f. 有毒有害固体废弃物应合法处置。

g. 高空垃圾清运应采用封闭式管道或垂直运输机械完成。

h. 现场施工机械、设备噪声、冲管、喷砂、喷涂施工等强噪声源，应采取降噪隔音措施，应符合《建筑施工场界环境噪声排放标准》（GB 12523）的规定。

i. 废水、污水、废油经无害化处理后，循环利用。

j. 各种水处理、废水处理的废液排放应符合国家和地方的污染物排放标准；禁止采用溢流、渗井、渗坑或稀释等手段排放。

k. 强光源控制及光污染应采取有效防范措施。

l. 现场危险品、化学品、有毒物品存放应采取隔离措施，并设置安全警示标志；施工中应采取有效的防毒、防污、防尘、防潮、通风等措施，保护人员健康。

m. 现场放射源的保管、领用、回收应符合《放射性同位素与射线装置安全和防护条例》（国务院令第449号），防射线伤害措施正确，射源保管安全可靠。

n. 建筑物室内采用的天然石材和带有放射性材料，其放射性指标应符合《民用建筑工程室内环境污染控制规范》（GB 50325）的规定。

o. 禁止在现场燃烧废弃物。

p. 汽、水、油、烟、粉、灰等设备、管道无内漏及外渗漏。

q. 保温防腐施工应采取有效措施，减少对环境的污染。

r. 装饰及装修产生的有害气体能及时排放；正式投入使用前，室内环境污染已检测完毕并符合国家现行标准限值。

s. 实施成品保护应采取有效措施，防止对已完工的建筑工程、已进入或已安装的设备盘柜等造成损坏、污染。

t. 饮用水管道应消毒处理，水质应检测合格。

u. 现场食堂应有卫生许可证，炊事员应持有效健康证明；厕所和生活污水按指定地点有序排放。

v. 临地复耕及植被恢复符合国家水土保持有关规定和设计要求。

4）量化限额控制指标。

a. 节能与能源利用：①用电指标；②节电设备（设施）配置率。

b. 节地与土地资源利用。临时设施占地面积有效利用率。

c. 节水与水资源利用：①桩基或基础施工阶段（主体水工建筑物施工阶段）用水量；②节水设备（设施）配置率。

d. 节材与材料资源利用：①钢材材料损耗率；②木材材料损耗率；③模板平均周转次数；④临时围挡等周转设备（料）重复使用率；⑤就地取材；⑥施工废弃物回收利用；⑦施工垃圾再利用率和回收率。

e. 环境保护：①建筑垃圾；②噪声控制；③水污染控制；④抑尘措施；⑤光源控制措施；⑥施工废气污染；⑦工程弃渣；⑧废水处理率；⑨基坑废水；⑩砂石料加工废水；⑪水泥灌浆废水；⑫基础造孔泥浆；⑬混凝土拌和冲洗废水浆；⑭机械修配与停车场洗车废水；⑮工频电场强度（kV/m）（交流输电线路、变电站、换流站、升压站）；⑯工频磁感应强度（μT）（交流输电线路、变电站、换流站、升压站）；⑰合成电场强度（kV/m）（直流输电线路、换流站）；⑱等效连续A声级［dB（A）］（输电线路、变电站、换流站、升压站）。

（3）现场评价成果。绿色施工现场评价的最终成果为《电力建设绿色施工专项评价报告》，报告中的评价内容可根据工程实际情况续增或删减，评价得分计算时，应得分、实得分同步增减。

管控水平、资源节约效果、环境保护效果和量化限额控制指标的总分值都按100分计，权重分别为15%、30%、30%和25%，最后根据各项内容的分值合计和权重计算出总得分。

有创优目标的项目，绿色施工专项评价得分应达到85分及以上；绿色施工专项评价得分85分以下的创优工程，经持续改进后，可再次申请评价。

4. 会议评审

（1）会议评审组织。申请受理单位（机构）组织召开绿色施工专项评价审查会议，参会审查人员的专业应覆盖本工程各主要专业。

（2）会议评审内容。对现场评价组编制的《电力建设绿色施工专项评价报告》及相关申请资料进行核查、审定。

（3）评审结论。申请受理单位（机构）应在《电力建设绿色施工专项评价报告》中填写会议评审结论，并签章。

（4）其他。推荐申报国家级优质工程的项目，应由中国电力建设专家委员会组织对申请受理单位（机构）完成的《电力建设绿色施工专项评价报告》进行评审验收，并出具电力建设绿色施工专项评价验收文件。

6.3 质 量 评 价

6.3.1 质量评价的概念

质量评价是指对实体满足规定要求的程度所作的系统性检查。对工程质量而言，评价可以是对有关建设活动、过程、组织、体系、资料或承担工程人员的能力，以及工程实体质量所进行的检验评定活动。

有创建优质工程目标的电力工程项目应进行工程质量评价。

6.3.2 风力发电工程质量评价相关名词解释

（1）单项工程。建设项目中有独立设计文件、可独立组织施工、建成后可以独立发挥生产能力或工程效益的工程。

（2）施工现场质量保证条件。为确保施工过程各项活动的有效开展和达到预定的质量目标所需要的控制准则和方法，使每个过程符合规定的要求和过程标准，以达到每个过程期望的结果或为实现这些过程策划的结果和对这些过程持续改进实施必要措施的文件、物资及环境。

（3）性能检测。对检验项目中的各项性能进行量测、检查、试验等，并将检测结果与设计要求或标准规定进行比较，以确定每项性能是否达到规定所要求进行的活动。

（4）质量记录。参与工程建设的责任主体和检测单位在工程建设过程中，为证明工程质量的状况，按照国家有关法律、法规和技术标准的规定，在参与工程建设活动中所形成的有关确保工程质量的措施、材质证明、施工记录、检测检验报告及所做工作的成果记录等文字及音像文件。

（5）尺寸偏差及限值实测。对一些主要的允许偏差项目及有关尺寸限值进行量测，并将量测结果与规范规定值进行比较，以表明每项偏差值是否满足规定，以及满足规定的程度。

（6）观感质量。对一些不便用数据表示的布局、表面、色泽、整体协调性、局部做法及使用的方便性等方面进行的质量项目，由有资格的人员通过目测、体验或辅以必要的量测，根据检查项目的总体情况，综合对其质量项目给出评价。

（7）优良工程。风力发电工程质量在满足相关标准规定和合同约定的合格标准基础上，经过评价，在结构安全、使用功能、环境保护等内在质量、外表实物质量及工程资料方面，达到风力发电工程质量评价标准规定的质量指标的建筑工程。

（8）权重值。在质量评价过程中，为了能将有关检查项目满足规定要求的程度用数据表示出来，按各项目所占工作量的大小及影响整体能力的重要程度，分别对各项目规定所占比例分值。

6.3.3　风力发电工程质量评价分类

风力发电工程质量评价分为工程部位（范围）质量评价、单项工程质量评价、整体工程质量评价。

6.3.3.1　工程部位（范围）质量评价

每个工程部位（范围）质量评价应包含全部单位工程质量评价项目。

每个工程部位（范围）应分别按施工现场质量保证条件、性能检测、质量记录、尺寸偏差及限值实测、强制性条文执行情况、观感质量六个评价项目进行核查、判定，并填写工程部位（范围）的评价项目质量评价表（卡）［采用《电力建设工程质量评价管理办法》（2012 年版）中风力发电工程质量评价标准规定的相应表（卡）］。

单位工程验收合格后，评价单位应按所在工程部位（范围）的六个评价项目质量评价表（卡）的相关内容进行阶段性质量评价，判定得分并形成记录。

每个评价项目按一档、二档、三档判定，分别按 100%～85%（含 85%）、85%～70%（含 70%）、70%以下三档取标准分值，评价实得分保留小数点后两位。

每个工程部位（范围）的六个评价项目质量评价表（卡）中，根据国家现行标准列出了若干评价内容，当所列的评价内容在本工程中无此项时，不进行评价，按 0 分计算。

风力发电工程部位（范围）评价项目权重值分配表见表 6－3。

6.3.3.2　单项工程质量评价

单项工程质量评价应包含全部工程部位（范围）质量评价，并形成汇总记录。

单项工程质量评价应在所含全部单位工程验收合格，项目文件收集、整理完毕后进行。

6.3.3.3　整体工程质量评价

风力发电工程整体工程质量评价分为升压站建筑单项工程、升压站设备安装单项工程、风电机组安装单项工程、场内电力线路单项工程、交通单项工程、性能指标单项、工程综合管理与档案单项、工程获奖八个单项，风力发电工程整体工程质量评价

表 6-3　风力发电工程部位（范围）评价项目权重值分配表

序号	评价项目	升压站建筑单项工程部位（范围）				升压站设备安装单项工程部位（范围）			风电机组安装单项工程部位（范围）			场内电力线路单项工程部位（范围）			交通单项工程部位（范围）	
		桩基、地基及结构	屋面、装饰装修	给排水、采暖、通风与空调及电梯	建筑电气、火灾报警及智能建筑	高压电气装置	保护控制、低压电气装置	其他电气装置	风电机组基础	塔架与风电机组安装	电缆、箱式变压器、监控系统、防雷接地	基础工程	杆塔、架线工程	电缆敷设工程	路基工程	路面工程
1	现场质量保证条件	10	10	10	10	10	10	10	10	10	10	10	10	10	10	10
2	性能检测	30	25	25	25	35	25	25	30	25	30	35	30	20	30	30
3	质量记录	30	25	25	25	20	20	20	30	25	30	25	20	20	30	30
4	尺寸偏差及限值实测	10	15	15	15	10	20	15	10	15	10	10	15	20	15	15
5	强制性条文执行情况	10	10	10	10	10	10	10	10	10	10	10	10	10	10	10
6	观感质量	10	15	15	15	15	15	20	10	15	10	10	15	20	5	5
合计		100	100	100	100	100	100	100	100	100	100	100	100	100	100	100
工程部位（范围）权重值		35	35	15	15	45	35	20	30	50	20	35	35	30	60	40

框架体系如图 6－9 所示，风力发电工程整体质量评价单项工程权重值表见表 6－4。

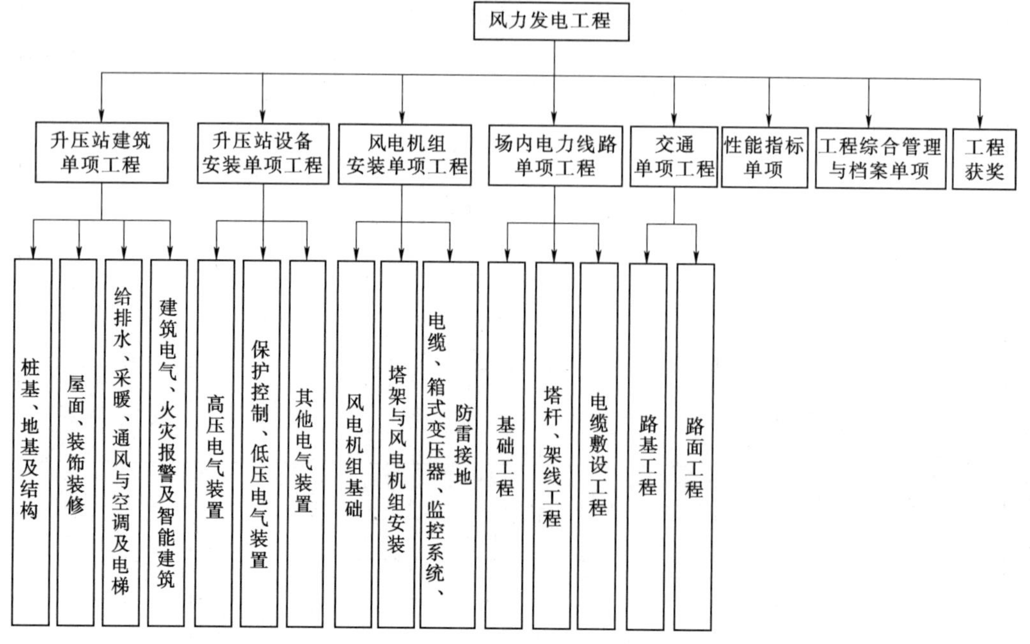

图 6－9　风力发电工程整体工程质量评价框架体系

表 6－4　风力发电工程整体质量评价单项工程权重值表

序号	单项工程名称	权重值
1	升压站建筑工程	10
2	升压站设备安装工程	15
3	风电机组安装工程	30
4	场内电力线路工程	5
5	交通工程	5
6	性能指标	20
7	工程综合管理与档案	10
8	工程获奖	5
合计		100

整体工程质量评价应在工程达标投产验收合格后进行。

6.3.4　评价方法

工程质量评价应对工程部位（范围）、评价项目进行全面矩阵式逐项评价，根据工程的实体质量和现场的实测记录（各检验批、分项、分部、单位工程质量验收记

录）进行核查评审，按工程部位（范围）、评价项目的规定内容评分。

核查评审过程中，发现工程实体质量与项目文件不符的应进一步核实，必要时进行现场实测。

（1）施工现场质量保证条件的评价内容和评价方法应符合下列规定：

1）质量管理及责任制度健全，项目部组织机构健全，质量管理体系运行有效，技术、管理工作制度完善，主要包括：材料、设备的进场验收和抽样检验等制度完善，并能落实的为一档；质量管理及责任制度健全，能基本落实的为二档；有主要质量管理及责任制度，能基本落实的为三档。

2）工程所需的质量验收规范、施工工艺标准、工法、操作规程、作业指导书齐全，针对性和可操作性强的为一档；工程质量验收规范齐全，施工工艺标准、操作规程、作业指导书基本齐全，针对性和可操作性较强的为二档；工程质量验收规范齐全，主要的施工工艺标准、操作规程、作业指导书齐全，针对性和可操作性一般的为三档。

3）施工组织设计（含专业施工组织设计）、施工方案、施工措施、风险防范设施编制审批手续齐全，针对性和可操作性强，认真落实，效果显著的为一档；编制审批手续齐全，针对性和可操作性较强，并基本落实，效果较好的为二档；编制审批手续齐全，落实一般的为三档。

4）质量目标明确，管理制度适宜、有效，实施效果显著的为一档；实施效果较好的为二档；实施效果一般的为三档。

（2）性能检测的评价内容和评价方法应符合下列规定：

1）施工过程检验与试验、分部试运行符合相关标准的规定，试验记录、报告齐全、规范的为一档。

2）施工过程检验与试验、分部试运行符合相关标准的规定，试验记录、报告齐全、基本规范的为二档。

3）上述试验项目和试验条件基本符合相关标准的规定，试验记录、报告基本齐全的为三档。

4）抽查试验记录、报告，必要时进行现场实测。

（3）质量记录的评价内容和评价方法应符合下列规定：

1）材料、设备合格证（出厂质量证明书）、进场验收记录、施工记录、施工试验记录等项目文件完整，数据齐全、真实、有效，并能满足设计及规范要求，内容填写正确，分类整理规范，审签手续完备的为一档；项目文件完整，数据比较齐全、真实、有效，并能满足设计及规范要求，整理比较规范，审签手续比较完整的为二档；项目文件基本完整，数据基本齐全、真实、有效，整理基本规范，审签手续基本完备，并能基本满足设计及规范要求的为三档。

2）检查项目文件的数量及内容。

(4) 尺寸偏差及限值实测的评价内容和评价方法应符合下列规定：

1）评价项目为允许偏差项目时，项目各测点实测值均达到规范规定值，且有80%及其以上的测点平均实测值不大于规范规定值0.8倍的为一档；项目各测点实测值均达到规范规定值，且有50%及以上，但不足80%的测点平均实测值不大于规范规定值0.8倍的为二档；评价项目各测点实测值均达到规范规定的为三档。

2）评价项目为双向限值项目时，项目各测点实测值均能满足规范规定值，且其中有50%及以上测点实测值接近限值的中间值的为一档：各测点实测值均能满足规范规定限值范围的为二档；凡有测点经过处理后达到规范规定的为三档。

3）评价项目为单向限值项目时，项目各测点实测值均能满足规范规定值的为一档；凡有测点经过处理后达到规范规定的为三档。

4）当允许偏差、限值两者都有时，取较低档项的判定值。

(5) 强制性条文执行情况的评价内容和评价方法应符合下列规定：

1）强制性条文实施计划详细、内容全面、可操作性强，强制性条文执行严格、检查记录齐全的为一档；有强制性条文实施计划、内容全面、可操作性较好，强制性条文执行较好、检查记录比较齐全的为二档：有强制性条文实施计划、内容全面、具有可操作性，强制性条文已执行、有检查记录的为三档。

2）抽查强制性条文执行计划、方案措施、作业指导书、施工记录签证和强制性条文检查记录。

(6) 观感质量的评价内容和评价方法应符合下列规定：

1）每个评价项目的检查点按“好”“一般”“差”给出评价，项目检查点90%及以上达到“好”，其余检查点达到“一般”的为一档；项目检查点70%及以上但不足90%达到“好”，其余检查点达到“一般”的为二档；项目检查点30%及以上但不足70%达到“好”，其余检查点达到“一般”的为三档。

2）观察辅以必要的量测，检查分部工程质量验收记录，并进行分析评审。

6.3.5　风力发电工程评价结果

6.3.5.1　评价结果的档次

评价结果分为符合、基本符合和不符合。

(1) 评价结果“符合”的规定如下：

1）达到施工质量验收规程等规定，满足设计及生产厂家技术文件要求，且质量验收文件齐全、有效。

2）检验、试验及性能试验项目齐全；试验条件符合规定；试验结果达到设计值、生产厂家保证值及相关标准的规定；试验报告内容齐全，试验结论定性、定量确切，

并经审核、批准。

3）评价结果“符合”的为一档。

（2）评价结果“基本符合”的规定如下：

1）能满足安全、使用功能，实物及项目文件质量存在少量瑕疵，尺寸偏差不超过1.5%，限值不超过1%。

2）评价结果“基本符合”的为二档。

（3）评价结果“不符合”的规定如下：

1）不满足上述“符合”或“基本符合”条件的，为“不符合”。

2）评价结果“不符合”的为三档。

6.3.5.2　整体工程质量评价报告

评价单位依据整体工程所含单项工程质量评价、性能指标单项工程质量评价、工程综合管理与档案单项工程质量评价及工程获奖评价的实际情况，出具整体（总体）工程质量评价报告。

6.3.5.3　整体工程质量评价的工程级别

整体工程质量评价总得分不小于85分为“优良工程”，总得分92分及以上为“高质量等级的优良工程”。

6.4　新技术应用专项评价

新技术应用应贯穿工程建设的全过程。工程各参建单位应提出量化的实施计划并编制实施细则，将新技术应用纳入施工图设计、设备技术协议、施工组织设计、专业技术措施等相关技术文件中。

新技术应用专项评价应符合国家现行法律、法规和标准的规定。

电力建设新技术是指电力工程推广应用国家重点节能低碳技术、建筑业10项新技术、电力建设“五新”推广应用信息目录及其他自主创新技术（各类新技术按国家、行业最新公布的版本执行）。

6.4.1　新技术应用专项评价企业相关要求

新技术应用专项评价的受理单位（机构）应具有独立法人资格，且具备《电力建设工程质量评价能力资格管理办法》规定的工程质量评价能力资格，其人力资源、注册资本、管理水平、检测手段、工程业绩等应满足新技术应用专项评价需要。

6.4.2　新技术应用专项评价程序及内容

新技术应用专项评价本着企业自愿的原则，新技术应用专项评价程序为：初评→

提出申请→现场评价→会议评审。

1. 初评

（1）初评的组织。新技术应用专项评价的初评应由工程建设单位组织主要参建单位完成。

（2）初评的成果。新技术应用专项评价初评的成果为“电力建设新技术应用专项初评报告”，由组织单位编制完成，主要内容与新技术应用专项评价相同。

2. 提出申请

（1）申请提出单位。新技术应用专项评价应由工程建设单位、工程管理单位或工程总承包单位，在工程通过达标投产且由工程建设单位组织主要参建单位完成工程新技术应用专项初评后提出申请。

（2）申请应提交的资料。

1）电力建设新技术应用专项评价申请表。其主要内容包括：工程基本参数（总容量、单机容量、台数、工程占地面积、第一台风电机组投运时间、批准单位造价和实际单位造价等）；国家重点节能低碳技术推广目录（2017年版）应用项目、“建筑业10项新技术（2017年版）”应用项目、电力建设“五新”推广应用信息目录（试行）应用项目，以及其他自主创新及研发项目的应用部位及形成的成果；经济效益和社会效益；申报单位意见等。

2）实施计划与专项措施。

3）过程检查记录。

4）电力建设绿色施工专项初评报告。新技术应用专项初评报告的主要内容与新技术应用专项现场评价的内容相同。

5）应用成果证明文件。其主要包括获奖文件、专利及查新报告等。

6）新技术应用总结报告。新技术应用总结报告的主要内容包括：工程概况简述，新技术成果应用计划及执行情况，主要单项新技术成果应用效果，新技术应用对提升整体工程质量及主要技术经济指标，节能减排指标的成效等。

3. 现场评价

由申请受理单位（机构）对申请资料按相关要求进行初审，通过初审的工程，进入现场评价阶段。

（1）现场评价组织。新技术应用的现场评价由申请受理单位（机构）根据申请，组织4～7名覆盖本工程各专业的专家组成现场评价组，进行现场评价。

（2）现场评价的方式和内容。现场评价从新技术应用效果和研发成果两个方面，对工程应用与研发新技术的整体水平进行量化评分和综合评价。

新技术应用效果评价，通过检查工程实体质量、核查工程项目文件，评价新技术

应用对工程实体质量、性能指标、节能减排提升的效果程度。

新技术研发成果评价，通过核查获奖文件、专利及工法证书等，评价成果对提升工程质量的作用、推广应用前景、经济及社会效益。

评价的具体内容如下：

1）“国家重点节能低碳技术（2017年版）”应用项目，占15分。

2）“建筑业十项新技术（2017年版）”应用项目，占10分。

3）电力建设“五新”技术应用项目，占20分。

4）其他自主创新技术应用项目，占15分。

5）科技进步奖，分国家级和省部级，占15分。

6）QC成果奖，分国家级和省部级，占10分。

7）专利，分发明专利和实用新型专利，占3分。

8）工法，分国家级和省部级，占5分。

9）参编标准，分国际标准、国家标准、行业标准和团体标准，占2分。

10）其他省部级及以上奖励，分国家级和省部级，占5分。

各评价项目得分的加和为工程新技术应用专项评价总得分。有创优目标的工程，电力建设新技术应用专项评价得分应达到85分及以上。电力建设新技术应用专项评价得分85分以下的创优工程，经持续改进后，可再次申请评价。

4. 会议评审

（1）会议评审组织。申请受理单位（机构）组织召开新技术应用专项评价审查会议，参会审查人员的专业应覆盖本工程各主要专业。

（2）会议评审内容。对现场评价组编制的“电力建设新技术应用专项评价报告”及相关申请资料进行核查、审定。

（3）评审结论。申请受理单位（机构）应在“电力建设新技术应用专项评价报告”中，填写会议评审结论，并签章。

（4）其他。推荐申报国家级优质工程的项目，应由中国电力建设专家委员会组织对申请受理单位（机构）完成的“电力建设新技术应用专项评价报告”进行评审验收，并出具电力建设新技术应用专项评价验收文件。

6.5 地基结构专项评价

6.5.1 地基结构工程的概念

电力建设工程地基结构专项评价是指地基结构工程为建筑工程的地基基础、主体结构工程及地下防水工程。

6.5.2　地基结构专项评价企业相关要求

地基结构专项评价的受理机构应具有独立法人资格，且具备《电力建设工程质量评价能力资格管理办法》规定的工程质量评价能力资格，其人力资源、注册资本、管理水平、检测手段、工程业绩等应满足工程质量评价需要。

6.5.3　地基结构专项评价的阶段划分

地基结构专项评价按两个阶段进行：第一阶段为地基基础工程评价；第二阶段为主体结构工程评价。

6.5.4　地基结构专项评价的程序和内容

地基结构专项评价本着企业自愿的原则，按工程初评、提出申请、现场评价和会议评审等程序进行。地基基础工程、主体结构工程应分别进行现场评价。地基结构专项评价程序如图 6－10 所示。

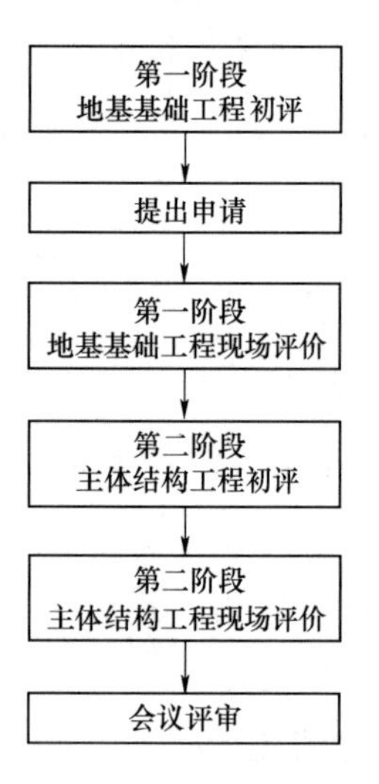

图 6－10　地基结构专项评价程序

1. 第一阶段地基基础工程初评

(1) 初评的组织。地基基础及地下防水工程验收合格后，由建设单位组织进行第一阶段地基基础工程初评。

(2) 初评的成果。第一阶段初评成果为“电力建设工程地基结构专项评价报告”中地基基础工程部分，主要内容如下：

1) 质量、技术管理项目文件。

a. 质量管理。

a) 创优策划、质量目标及预控措施。

b) 组织机构、质量体系及过程控制措施。

c) 管理文件措施贯彻实施的严肃性。

d) 管理工作对地基基础质量的成效。

e) 是否使用国家明令禁止的技术、材料及半成品。

f) 施工资料整理及时性、审签手续完备性。

g) 施工资料内容齐全，真实性及准确性。

h) 施工资料管理水平。

i) 质量监督专家意见的整改情况。

b. 技术管理。

a) 施工组织设计、专业施工组织设计及指导性。

b) 施工方案的针对性。

c) 技术交底的可行性。

d）施工管理文件资料。

e）施工现场技术准备资料。

f）施工现场5m以上深基坑的施工方案是否进行外部专家论证。

g）重大设计变更记录。

2）地基与桩基。

a. 灌注桩地基检测。

a）灌注桩验收检测数量及方法是否满足现行标准规定（包括桩身的完整性和单桩地基承载力）。

b）桩身的完整性：检验桩身的密实度是否满足设计要求（是否有桩身完整性检测报告，记录Ⅰ类桩、Ⅱ类桩各是多少，有无Ⅲ类以上桩）。

c）单桩地基承载力：检查静载荷试验报告，记录单桩承载力是否符合设计要求。

d）单桩抗拔力：检查单桩抗拔力（风塔桩基）是否符合设计要求。

b. 打入桩地基检测。

a）打入桩验收检测数量及方法是否满足现行标准规定（包括桩身的完整性和单桩地基承载力）。

b）桩身的完整性：是否有桩身完整性检测报告、记录，Ⅰ类桩、Ⅱ类桩各是多少，有无Ⅲ类以上桩。

c）单桩地基承载力：检查静载荷试验报告或高应变检验报告，记录单桩承载力是否符合设计要求。

d）单桩抗拔力：检查单桩抗拔力（风塔桩基）是否符合设计要求。

c. 复合地基。

a）验收检测数量及方法是否满足现行标准规定。

b）承载力检测是否符合设计要求。

d. 湿陷性黄土试验检测是否符合设计要求。

e. 目前沉降、位移观测记录值。

a）主控楼。

b）主变及GIS基础。

f. 重要报告。

a）工程地质勘测报告。

b）试桩报告。

c）测量记录。

d）回填土击实试验及密实度的检测报告。

e）使用的材料质量证明和进场复验报告。

f）混凝土强度检测报告。

g）地基处理记录、桩基施工记录。

h）钢筋连接检测记录、钢筋接头工艺检验报告。

i）打（压）桩电弧焊接头检测记录。

j）隐蔽工程记录。

k）分项、分部工程质量验收记录。

3）基础混凝土结构。

a. 各种原材料出厂合格证、进场复验报告，构件出厂合格证、进场验收报告。

b. 预应力筋锚夹具、连接器合格证进场验收及复验报告。

c. 钢筋连接检测记录，钢筋接头工艺检验报告。

d. 隐蔽工程记录。

e. 工程测量记录。

f. 混凝土强度检测记录（包括抗渗、抗冻检测记录）。

g. 工程质量验收记录（含分项、分部、检验批的验收）。

h. 大体积混凝土。

a）水泥水化热检测报告。

b）测温记录。

i. 后浇带施工。

a）间隔时间应符合设计要求。

b）强度高于两侧混凝土强度一级查阅报告。

4）基础砌体结构。

a. 原材料出厂合格证、进场验收及复试报告（包括水泥、砂、外加剂、砌块）。

b. 砂浆配比和强度检验报告。

c. 水平灰缝砂浆饱满度检测记录。

d. 隐蔽工程验收记录。

e. 检验批、分项、分部质量验收记录。

5）地下防水结构。

a. 混凝土结构抗渗检验报告。

b. 防水材料合格证、进场验收及复试报告。

c. 防水层施工及质量验收记录。

d. 防水层保护情况，有无破损。

e. 蓄水构筑物满水试验记录。

2. 提出申请

（1）申请提出单位。建设单位组织完成第一阶段地基基础工程初评后，由工程建设单位、工程管理单位或工程总承包单位提出申请。

（2）申请应提交的资料。

1）电力建设工程地基结构专项评价申请表。其主要内容包括：工程基本参数（总容量、单机容量、台数、工程占地面积、第一台风电机组投运时间、批准单位造价和实际单位造价等）；工程结构特点简述；工程施工进度简述；申报单位意见等。

2）地基基础、主体结构工程施工专项措施。

3）地基基础质量监督检验意见书及整改明细表。

4）电力建设工程地基结构专项评价报告（第一阶段地基基础工程初评相关部分）。

3. 第一阶段地基基础工程现场评价

申请受理单位（机构）组织专家按有关规定对申请资料进行初审。通过初审的工程，进入第一阶段地基基础工程现场评价。

（1）现场评价组织。第一阶段地基基础工程的现场评价由申请受理单位（机构）根据申请组织3～5名土建专业专家，组成现场评价组进行评价。

（2）现场评价的方式和内容。现场评价采用工程实体质量检查、工程项目文件核查的方式，从施工现场质量保证条件、试验检验、质量记录、限值偏差、观感质量等五个方面，对地基结构工程整体质量水平进行量化评分和综合评价。

（3）现场评价的成果。由申请受理单位（机构）编制“电力建设工程地基结构专项评价报告”中地基基础工程相关部分内容，具体内容与初评部分相同。

地基基础工程各评分项目所占的分值和权重为：质量、技术管理项目文件，满分100分，权重20%；地基与桩基，满分100分，权重50%；基础混凝土结构，满分100分，权重20%；基础砌体结构，满分100分，权重5%；地下防水结构，满分100分，权重5%。

4. 第二阶段主体结构工程初评

（1）初评的组织。主体结构工程验收合格后，建设单位应组织进行第二阶段主体结构工程初评。

（2）初评成果。第二阶段初评成果为“电力建设工程地基结构专项评价报告”中主体结构工程部分，主要内容如下：

1）质量、技术管理项目文件。

a. 质量管理。

a）创优策划、质量目标和预控措施。

b）组织机构、质量体系过程控制措施。

c）管理文件措施贯彻实施的严肃性。

d）管理工作对主体结构质量的成效。

e）是否使用国家明令禁止的技术、材料及半成品。

f）施工资料整理及时性、审签手续完备性。

g）施工资料内容齐全，真实性、准确性。

h）施工资料管理水平。

i）质量监督专家意见的整改情况。

b. 技术管理。

a）施工组织设计、专业施工组织设计及指导性。

b）施工方案的针对性。

c）技术交底的可行性。

d）施工管理文件资料。

e）施工现场技术准备资料。

f）危险性较大的分部、分项工程施工方案是否进行外部专家论证（上部结构）。

g）重大设计变更记录。

2）混凝土结构。

a. 目前沉降、位移观测记录值（最大值、最小值、相对沉降差和沉降速率）。

a）主控楼。

b）主变及GIS基座。

b. 工程测量记录。主体结构垂直度偏差。

c. 主体结构实体检验。

a）混凝土同条件试件强度检测记录、温度记录、非破损检测记录。

b）结构实体钢筋保护层厚度检验记录。

c）现场预制构件的实体检验记录。

d）确定重要梁、板结构部位的技术文件。

e）结构位置与尺寸偏差的检验记录。

d. 大体积混凝土。

a）水泥水化热检测报告。

b）测温记录。

e. 钢筋连接检测记录。

a）焊接连接工艺检验。

b）焊接连接抽检。

c）机械连接工艺检验。

d）机械连接抽检。

f. 后浇带施工。

a）间隔时间应符合设计要求。

b）强度高于两侧混凝土强度一级查阅报告。

g. 重要报告、施工记录。

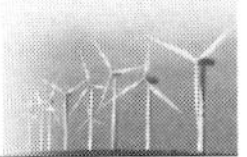

a）各种原材料出厂合格证、进场复验报告，构件出厂合格证、进场验收报告。

b）预应力筋锚夹具、连接器合格证、进场验收及复验报告。

c）回填土击实试验及密实度的检测报告。

d）混凝土强度检测报告（包括抗渗、抗冻检测报告）。

e）隐蔽工程记录。

f）分项、分部工程质量验收记录。

3）钢结构。

a. 钢结构安装工艺、安装尺寸偏差（轴线、标高、垂直偏差、变形）。

b. 现场焊接及焊缝无损检测。

a）Ⅰ焊缝探伤比例100%。

b）Ⅱ焊缝探伤比例20%。

c. 高强螺栓连接副紧固质量检测。

a）扭矩法紧固。

b）转角法紧固。

c）扭剪型高强度螺栓施工扭矩。

d. 空间网格结构。

a）结构的挠度测量记录。

b）结构的现场拼装记录。

c）高强螺栓硬度试验报告。

d）连接节点的承载力试验现场复验报告。

e. 防火、防腐涂料。

a）涂刷遍数记录。

b）厚度检测报告。

f. 彩钢围护结构。

a）彩钢板及镀锌檩条进场合格证。

b）镀锌檩条的连接方式是否符合设计要求。

g. 重要报告、施工记录。

a）钢结构原材料出厂报告、进场复验报告。

b）焊接材料出厂合格证、进场复试报告。

c）防腐、防火涂料合格证，进场复试报告。

d）加工构件合格证及现场验收记录。

e）钢结构制作质量验收记录。

f）钢结构组合质量验收记录。

g）高强螺栓检测报告。

h）连接副扭矩系数检测报告。

i）连接面抗滑移系数检测报告。

j）高强度螺栓施工记录。

k）分项、分部工程质量验收记录。

4）砌体结构。

a. 原材料出厂合格证、进场验收及复试报告（包括水泥、砂、外加剂、砌块）。

b. 砂浆配比和强度检验报告。

c. 水平灰缝砂浆饱满度检测记录。

d. 隐蔽工程验收记录。

e. 检验批、分项、分部质量验收记录。

5）地下防水结构。

a. 混凝土结构抗渗检验报告。

b. 防水材料合格证、进场验收及复试报告。

c. 防水层施工及质量验收记录。

d. 防水层保护情况，有无破损。

e. 蓄水构筑物满水试验记录。

5. 第二阶段主体结构工程现场评价

（1）现场评价组织。建设单位组织完成第二阶段主体结构工程初评后，由申请受理单位（机构）组织进行第二阶段主体结构工程现场评价。

（2）现场评价的方式和内容。现场评价采用工程实体质量检查、工程项目文件核查的方式，从施工现场质量保证条件、试验检验、质量记录、限值偏差、观感质量等五个方面，对地基结构工程整体质量水平进行量化评分和综合评价。

（3）现场评价的成果。由申请受理单位（机构）编制“电力建设工程地基结构专项评价报告”中主体结构工程相关部分内容，具体内容与初评部分相同。

主体结构工程各评分项目所占的分值和权重为：质量、技术管理项目文件，满分100分，权重10%；混凝土结构，满分100分，权重40%（或30%）；钢结构，满分100分，权重30%（或40%）；砌体结构，满分100分，权重10%；地下防水结构，满分100分，权重10%。主控楼为混凝土结构时，主体结构工程评价混凝土结构的权重为40%，钢结构的权重为30%；主控楼为钢结构时，主体结构工程评价钢结构的权重为40%，混凝土结构的权重为30%。

在第二阶段主体结构工程现场评价完成后，现场评价组编制由两个阶段评价内容组合成的“电力建设工程地基结构专项评价报告”。

“电力建设工程地基结构专项评价报告”中的评价内容，可根据工程实际情况续增或删减。评价得分计算时，应得分、实得分同步增减。

有创优目标的电力工程，电力建设工程地基结构专项评价得分应达到85分及以上。

存在严重质量隐患或不能满足机组长周期可靠运行的以下情况，评价得分不应达到85分：

1）未按《危险性较大的分部分项工程安全管理办法》（建质〔2009〕87号）的要求对超过一定规模的危险性较大的深基坑、烟囱、冷却塔施工体系及高支模架、附着架等工程进行外部专家论证。

2）桩基工程未按设计要求进行试桩或施工过程试桩未进行承载力试验。

3）桩基工程未进行桩身完整性、桩基承载力检测，桩身完整性检测有Ⅲ类、Ⅳ类桩。

4）地基基础及主体结构存在加固补强的质量行为。

5）工程实体质量出现超过设计要求或国家现行标准规定的裂缝，有严重的质量缺陷。

6）建筑物总沉降量、主体结构垂直度超过设计及标准的允许偏差限值。

7）工程结构实体检测不合格。

8）施工过程出现重大质量事故。

9）工程主体结构被隐蔽或保密。

10）在申报和评审过程中存在严重弄虚作假行为，或因重大施工质量问题有投诉、举报，并经调查确认属实。

电力建设工程地基结构专项评价得分85分以下的创优工程，经持续改进后，可再次申请评价。

（4）地基基础及主体结构专项评价检查要点。

1）施工项目管理。

a. 主要核查项目的组织机构及其编制的管理文件、措施，对于实现项目质量目标的指导与控制作用。

b. 结合结构专业特点核查项目组织机构对其生产要素管理、现场管理等的组织协调情况。

c. 重点核查施工组织设计、施工方案、技术交底措施和质量体系，以及在结构施工过程中，对质量管理的运行程序及管理行为、水平、成果的有效性。

2）项目的组织机构。

a. 主要核查组织机构、质量体系、人员资格等与项目的规模、结构专业特点是否相适应，管理规划、内容、程序是否满足项目管理要求。

b. 主要核查部门职责分工是否明确，制度、措施是否可行。

c. 核查质量控制、材料、技术、现场管理和人力资源管理是否到位，岗位责任是否落实。

3）施工组织设计。

a. 重点核查是否符合国家能源政策导向、国家现行法规及标准规定和设计要求。

b. 直接涉及结构工程的内容是否符合工程实际，对地基基础、主体结构工程施工是否具有合理的指导性。

c. 核查施工组织设计中工程概况、施工部署、主要施工方法、进度、资源配置、施工技术组织措施、技术经济指标、施工现场平面图等内容与工程性质、规模、特点和施工条件是否具有针对性。

d. 核查需经外部专家论证的高危作业专项方案编制清单。

4）施工方案。

a. 主要核查是否符合施工组织设计、现行标准规定和设计要求。

b. 核查施工方案中，分部、分项重点工程，关键施工工艺或季节性施工等的具体方案和技术措施。

c. 核查施工方案中工程范围、施工部署、施工组织、施工方法、工艺流程和材料、质量要求等是否具有较强的针对性和实用性。

d. 超过一定规模的危险性较大的分部、分项工程专项方案编、审、批是否符合要求。

5）技术交底。

a. 技术交底应是施工组织设计和施工方案的具体化，应按项目施工阶段进行前期交底或过程交底。

b. 应有设计交底，施工组织设计交底，分部、分项工程施工技术交底等。

6）地基及基础。

a. 核查灌注桩验收检测数量及方法是否满足现行标准规定（包括桩身的完整性和单桩地基承载力），按施工图桩数和有资质的检测单位出具的报告中的检测数填写并注明出具单位和报告编号。

b. 核查单桩承载力、桩身的完整性、单桩抗拔力检验报告是否满足设计及标准的要求，按有资质的检测单位出具的报告内容填写并注明出具单位和报告编号。抗拔力主要是针对变电构架、风电机组基础和输电铁塔基础。

c. 核查复合地基验收检测数量及方法是否满足现行标准规定；在设计有要求时是否进行了竖向增强体及周边土的质量检验。

d. 核查复合地基承载力检测结论是否符合设计要求；按有资质的检测单位出具的报告内容填写并注明出具单位和报告编号。

e. 核查目前的沉降观测记录值，主要是针对主控楼、主变及GIS基础、风电机组基础和输电铁塔基础等主要建筑施工过程沉降有无突变及是否满足设计要求及标准

规定。

7）钢筋工程。

a. 主要核查钢筋原材料、半成品加工和安装绑扎质量。重点核查钢筋的品种、规格、形状、尺寸、位置、间距、数量、节点构造，接头连接方式、连接质量，接头位置、数量及其占同截面的百分率、保护层厚度等。

b. 主要核查钢筋原材料（含钢筋、钢丝、预应力筋、钢绞线、钢板、型钢及焊条、焊剂等）的质量证明文件和抽样检验报告是否符合设计要求及标准规定。

c. 焊接接头（电弧焊、闪光对焊、电渣压力焊等）质量应符合《钢筋焊接及验收规程》（JGJ 18）的规定，核查焊接工艺试验及抽检报告。焊工必须经过培训考试合格且持有焊接资格证书。

d. 机械连接接头质量应符合《钢筋机械连接技术规程》（JGJ 107）的规定，核查钢筋机械连接工艺检验及抽检报告。钢筋机械连接操作人员应经过技术培训考试合格，具有岗位资格证书。

e. 预埋铁件加工质量应符合设计要求，埋件所用的钢板与锚筋电弧焊接牢固，焊口质量合格，并核查焊接工艺试验及抽检报告。

8）混凝土工程。

a. 重点核查的内容从混凝土原材料、搅拌、运输、浇注、振捣至结构工程脱模养护的全过程质量，核查施工项目管理及施工资料。

b. 核查混凝土的强度等级、功能性（抗渗、抗冻，大体积混凝土）、耐久性（氯离子、碱含量）、工作度（稠度、泵送、早强、缓凝）等均应符合设计要求和标准规定，并应满足施工操作需要。

c. 核查预拌混凝土生产供应单位的企业资质等级及营业范围、预拌混凝土的技术合同、混凝土配合比、订货单、出厂合格证、发货单、交货检验计划、跟踪台账，应符合《预拌混凝土》（GB/T 14902）的规定。混凝土质量应符合《混凝土质量控制标准》（GB 50164）的规定。

d. 混凝土拌和物的原材料（水泥、砂、石、水）、外加剂、掺合料的质量必须符合标准规定，并有产品出厂合格证明和进场复验报告。

e. 预制装配混凝土结构构件的生产单位应具备相应企业资质等级。

f. 核查混凝土同条件养护试件的养护记录、强度及强度评定记录。

g. 核查结构钢筋保护层厚度是否满足设计要求及规范规定，悬臂构件的检测比例是否达到50%。

h. 核查现场预制混凝土构件是否进行结构实体的性能试验并合格。

9）钢结构。

a. 钢结构材料质量核查范围包括：钢材，钢铸件，焊接材料，连接紧固标准件，焊接球、螺栓球、封板、锥头、套筒，压型板和防腐、防火涂装材料等。

b. 核查钢结构原材料、半成品或成品的质量证明文件及进场抽样检验报告。

c. 建筑结构安全等级为一级和大跨度钢结构主要受力构件的材料或进口钢材，均应依据标准规定核查其复验报告。

d. 核查焊接材料、连接紧固标准件等材料的质量证明文件、标志及检验报告。

e. 核查承包或分包的加工制作单位，是否具备与钢结构工程技术特点、规模相适应的企业资质。核查首次采用的钢材、焊接材料及其焊接方法，应按标准要求进行焊接工艺评定。焊工必须经培训考试合格、持证施焊。

f. 一级、二级焊缝和焊接球节点焊缝或螺栓球节点网架焊缝等应按设计要求及标准规定采用超声探伤或射线探伤。

g. 核查钢结构件采用高强度螺栓连接的摩擦面是否按标准进行抗滑移系数试验，并有试验和复验报告；各型高强度螺栓连接副的施拧方法和螺栓外露丝扣等应符合标准规定。核查所用扭矩扳手是否经计量检定。

h. 建筑结构安全等级为一级，跨度在 40m 及其以上的网架，采用焊接球节点或螺栓球节点的网架结构，应按标准规定进行节点承载力试验且合格。

i. 核查网架结构总拼装及屋面工程完成后所测挠度值，是否在设计相应值的 1.15 倍以内。

j. 核查钢结构安装后的防腐涂装、防火涂料的黏结强度、涂层厚度等是否符合设计要求和标准规定。

10）砌体结构。

a. 重点核查砖和小砌块的规格尺寸、强度等级、生产龄期、棱角、色泽状况以及材料质量证明文件及抽样检验报告。

b. 核查砌筑砂浆是否按配合比进行计量搅拌，并有砂浆强度试验报告。

c. 核查砌体的水平灰缝、竖缝砂浆饱满度是否满足标准的规定。

d. 砌体挡墙是否按设计或标准的要求留置泄水孔和反滤层。

11）主体结构变形观测。

a. 主要核查沉降观测记录值与地基检查内容中的沉降速率，分析有无沉降突变；如该阶段全部荷载尚未到位，此内容仅作参考。

b. 重点核查总沉降量是否已超过设计的最大沉降量。

c. 重点核查风电机组、测风塔、GIS 基础等重要结构的沉降差是否在设计范围内。

d. 核查沉降观测单位资质、施测人员的资格、测量器具、测量记录及报告是否符合相关规定。

6. 会议评审

（1）会议评审组织。申请受理单位（机构）组织召开地基结构专项评价审查会

议，对现场评价组编制的“电力建设工程地基结构专项评价报告”及相关资料进行核查、审定。参会专家应以土建专业为主。

（2）会议评审前申请单位应提交的资料。

1）地基基础、主体工程质量监督检查意见书及整改明细表。

2）工程主体结构第三方检测机构建筑沉降观测（最近三次）报告。

3）反映地基基础、主体结构等重要部位、主要工序和隐蔽工程施工质量的图片5～8张，包括地基基础结构成型图片，结构一层（或标准层、屋面层）的钢筋绑扎、柱（剪力墙）竖向构件、梁板结构、砌体砌筑成型图片各1张。

4）电力建设工程地基结构总结报告（简述工程概况、措施执行情况、主要试验检验项目检测情况、验收情况、质量监督部门提出的不符合项及整改情况等）。

（3）评审结论。申请受理单位（机构）应在“电力建设新技术应用专项评价报告”中填写会议评审结论，并签章。

（4）其他。推荐申报国家级优质工程的项目，例如，由中国电力建设专家委员会组织对申请受理单位（机构）完成的“电力建设工程地基结构专项评价报告”进行评审验收，并出具电力建设工程地基结构专项评价验收文件。

6.6 陆上风电场工程创优

工程创优是指工程建设项目创建省（自治区、直辖市）、行业、国家级优质工程的活动，工程创优的最终目标是通过申报，经评选获得相应的优质工程奖。中国电力优质工程奖是我国电力建设行业工程质量的最高荣誉奖；国家优质工程奖最高奖为国家优质工程金奖。

针对陆上风电场工程所属行业特点，本节主要讲述陆上风电场工程创建中国电力优质工程和国家级优质工程的内容。

6.6.1 申报优质工程的条件

6.6.1.1 申报中国电力优质工程的条件

（1）基本建设程序及工程质量应符合国家法律、法规和现行有关标准的规定。

（2）工程开工前，应根据工程总体质量目标，制定创建优质工程规划和实施细则，并在工程建设全过程中组织实施。

（3）工程建设期和考核期未发生一般及以上安全责任事故、一般及以上质量责任事故，未发生重大环境污染事故和重大不良社会影响事件。

（4）投产并使用一年及以上且不超过三年。

（5）装机容量49MW（含）以上，申请中小型优质工程的装机容量25MW（含）

以上。

（6）工程已通过达标投产验收。

（7）工程已通过质量评价，并符合下列规定：

1）按中电建协《电力建设工程质量评价管理办法》进行整体工程质量评价，质量评价总得分85分及以上。

2）推荐申报国家级优质工程奖的工程，质量评价总得分92分及以上。

3）申报的中小型及单项工程可不进行质量评价。

（8）已通过新技术应用及绿色施工验收。

（9）工程设计合理、先进。

（10）积极推广应用电力建设“五新”技术及建筑业10项新技术。在本工程建设过程中主动创新驱动，研发并获得专利、工法、科技进步奖及QC小组成果奖。

1）申报中国电力优质工程奖的工程，至少获省（部）级科技进步奖、QC小组成果奖各2项。

2）推荐申报国家级优质工程奖的工程，至少获省（部）级科技进步奖、QC小组成果奖各3项。

3）申报中国电力优质工程奖（中小型）的工程，至少获省（部）级科技进步奖、QC小组成果奖各1项。

（11）工程主要技术经济指标及节能减排指标应满足设计要求和合同保证值，且达到国内同期、同类工程先进水平。

（12）工程档案完整、准确、系统，便于快捷检索利用。

6.6.1.2　申报国家优质工程的条件

（1）装机容量49MW以上。

（2）建设程序合法合规，诚信守诺。

（3）创优目标明确，创优计划合理，质量管理体系健全。

（4）工程设计先进，获得省（部）级优秀工程设计奖。

（5）工程质量可靠，获得国家电力建设行业工程质量最高荣誉奖，即中国电力优质工程奖。

（6）科技创新达到同时期国内先进水平，获得省（部）级科技进步奖，或已通过省（部）级新技术应用示范工程验收，或积极应用“四新”技术、专利技术，行业新技术的大项应用率不少于80%。

（7）践行绿色建造理念，节能环保主要经济技术指标达到同时期国内先进水平。

（8）通过竣工验收并投入使用一年以上四年以内。

（9）经济效益及社会效益达到同时期国内先进水平。

具备国家优质工程奖评选条件且符合下列要求的工程，可参评国家优质工程金奖：

1）关系国计民生，在行业内具有先进性和代表性。

2）设计理念领先，达到国家级优秀设计水平。

3）科技进步显著，获得省（部）级科技进步一等奖。

4）节能、环保综合指标达到同时期国内领先水平。

5）质量管理模式先进，具有行业引领作用，可复制、可推广。

6）经济效益显著，达到同时期国内领先水平。

7）推动产业升级，行业或区域经济发展贡献突出，对促进社会发展和综合国力提升影响巨大。

6.6.2 工程创优管理

工程创优是一项综合性的系统工程，其建设单位、勘察单位、设计单位、监理单位、总承包单位、施工单位等工程参建单位必须全部参与、密切配合，并根据自身的职责范围做好相应的工作。

6.6.2.1 工程创优工作流程

陆上风电场工程创优工作流程如图 6-11 所示。

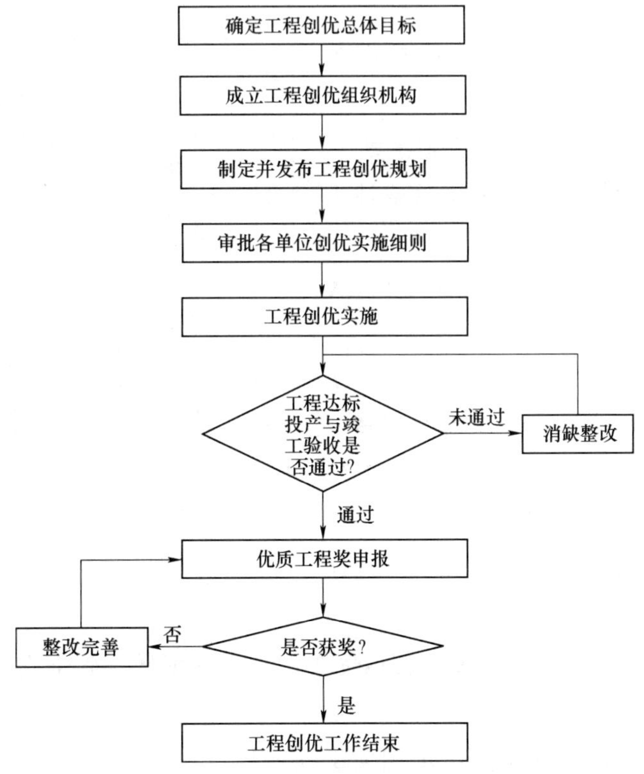

图 6-11 陆上风电场工程创优工作流程图

6.6.2.2　工程创优总体目标

对陆上风电场工程而言，创优的总体目标就是创建“中国电力优质工程”或“国家优质工程”。创优总体目标可在项目立项或招投标阶段确定，最迟应在工程施工前确定，以便在工程建设过程中能严格按照创优总体目标要求开展各项工作。

6.6.2.3　工程创优组织机构及职责

1. 工程创优组织机构

工程创优原则上应由建设单位组织，经建设单位同意，总承包单位或施工单位也可以牵头组织工程创优活动。开展工程创优活动首先应成立工程创优工作领导小组，作为创优活动的组织机构有组织地领导整个工程创优工作的实施。创优工作必须做到领导高度重视，因此创优工作领导小组组长应由牵头单位项目负责人担任，副组长应由各参建单位项目负责人担任，下设办公室，办公室成员由各单位选配人员组成。陆上风电场工程创优组织机构如图 6-12 所示。

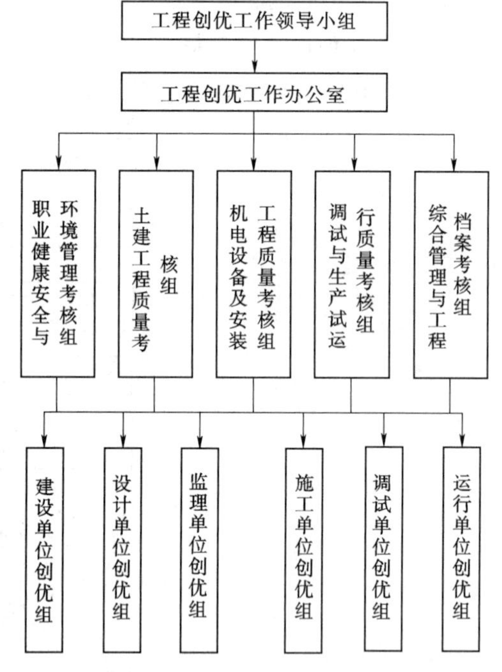

图 6-12　陆上风电场工程创优组织机构图

2. 工程创优组织机构职责

（1）工程创优工作领导小组职责。

1）负责工程创优工作的领导、总体策划、资源协调、经费保障。

2）负责工程创优总体规划的批准与发布。

3）审批参建单位工程创优实施细则。

4）听取工程创优工作办公室阶段性工作汇报，并定期组织检查、评价与考核。

5）研究处理达标创优工作中的重大问题。

（2）工程创优工作办公室职责。

1）在工程创优工作领导小组的领导下负责工程创优的日常管理工作，负责工程创优规划的编制和修改完善。

2）组织工程创优规划的实施，对达标创优效果负责。

3）负责审查各参建单位编制和修改完善的“工程创优实施细则”，并督促检查其实施情况。

4）组织工程创优文件学习，定期向工程创优工作领导小组汇报创优工作进展，并提供最新的同类工程先进信息，对工程存在的问题提出处理意见和建议。

5）传达工程创优工作领导小组的工作要求和相关会议精神，组织、协调各单位

的工程创优工作。

6）督促检查各专业组工作进展情况，负责工程创优规划工作的整体推进，定期开展达标创优考核检查，汇总各专业组考核结果，同时对存在问题下发“整改任务书”，并督促责任单位及时整改闭环。

7）督促检查各参建单位科技成果、专利、工法和QC成果的实施以及施工新技术、新工艺、新流程、新装备、新材料电力建设“五新”技术应用的总结及成果申报。

8）组织策划工程创优申报、总结、迎检等系列归口管理工作。

（3）各专业考核组职责。

1）在工程创优工作领导小组和工程创优工作办公室的领导下，负责达标创优专业组的日常策划、指导检查等管理工作。按照《风力发电工程达标投产验收规程》（NB/T 31022）要求，结合国家、行业优质工程评选办法各专业的考核标准，逐条逐项检查考核，形成自检报告和审查意见，督促责任单位整改闭环。

2）按照工程创优工作办公室的统一部署，负责帮助指导各参建单位贯彻落实创优规划中的各项措施，协助指导参建单位工程创优实施细则的编写、修改完善等工作，并协助落实考核和监督检查。

3）负责形成工程创优“支持性材料”，协助各参建单位做好科技成果、专利、工法和QC成果实施与施工新技术、新工艺、新流程、新装备、新材料电力建设“五新”技术应用的总结及成果汇总工作。

4）负责本专业范围内申报材料有关内容的编写和迎检工作。

（4）主要参建单位职责。

1）建设单位职责。

a. 在工程开工前组织相关单位编制下列质量管理文件：

a）组织编写施工规划，并组织专家论证。

b）工程执行法律法规和标准清单。

c）工程建设强制性条文实施计划。

d）绿色施工方案。

e）国家明令禁止使用的材料、设备、技术清单。

f）一级工程进度网络图。

g）施工图交付计划。

h）设备或大宗材料的进场计划。

i）质量监督机构的质量监督检查计划。

j）建设单位的工程监督计划。

k）项目文件归档管理制度。

b. 在工程创优工作领导小组的统一领导下，编制工程创优规划；组织设计、监理、总包、施工、供应商等相关责任主体，认真贯彻落实“工程创优规划”的各项目标、措施及要求；通过合同管理、组织协调、目标控制、风险管理和信息管理等措施手段，保证工程创优等各项建设目标的实现。

c. 组织设计、监理、总包、施工、调试、生产运行等单位，建立工程项目的质量管理组织机构和全过程质量控制管理网络。

d. 根据工程建设质量总目标进行分解，制定具体的实施措施及检查监督措施，明确质量责任。

e. 按照国家有关法律、法规组织办理工程建设合法合规性文件，办理质量监督注册手续，确保工程建设项目及时取得合法合规性文件。

f. 建立项目文件及档案管理制度，收集、整理项目文件并及时归档。

g. 加强全过程质量控制及主控项目的监管，实施短周期的检查与测量，提高工程质量一次检验合格率。

h. 按照国家和行业的有关规定，实施施工质量、绿色施工、新技术应用、地基结构等专项评价或验收。

i. 在工程建设过程中，组织开展科技创新、技术进步等活动，总结提升并形成科技创新、工法、QC、专利、企业标准等成果。

j. 按照环保水保审批意见要求，组织参建单位提出落实方案，监督检查其实施情况，做好“四节一环保”工作。

2）设计单位职责。

a. 根据工程创优总目标，在工程项目设计前期进行下列质量管理策划：①确保省部级优秀设计奖，争创国家级优秀设计奖；②设计优化；③“四节一环保”、低碳技术、科技创新、技术进步、电力建设“五新”技术应用；④“五通一平”方案与施工技术要求；⑤其他质量管理文件。

b. 在开工前应编制下列管理文件，报建设单位会审、批准：①设计工程创优实施细则；②设计强制性条文实施细则；③设计单位的质量监控实施计划；④设计图纸交付计划。

c. 在工程创优工作领导小组的领导下，主动接受创优专业考核组的监督检查，负责创优细则的编制和滚动修改，并认真组织实施。

d. 突出设计创优带动工程创优的龙头地位，认真总结吸取以往工程的经验教训，积极慎重采用电力建设“五新”技术，推广国内外成熟先进的设计思想、设计手段及设计方法，并不断优化设计方案，确保不使用国家明令禁止和限制使用的设备、材料和技术，保证技术先进、经济合理。

e. 配合工程创优工作办公室进行优质工程申报、迎检工作，并对其效果负责。

3）监理单位职责。

a. 在开工前应编制下列监理管理文件：①监理规划；②各专业监理实施细则；③监理工程创优实施细则；④各专业工程建设强制性条文实施细则；⑤各专业工程执行法律法规和标准清单；⑥工程监理质量管理制度；⑦关键工序、隐蔽工程和旁站监理的清单及措施。

以上质量管理文件经建设单位审核批准后，发至有关单位实施。

b. 审查设计、施工及调试单位的工程创优实施细则，督导其贯彻实施。

c. 根据本工程制定的工程质量总目标，建立与工程项目质量管理要求相适应的组织机构和质量管理网络，明确监理人员工作职责。

d. 定期向工程创优工作领导小组汇报工作，针对存在的问题及时提出处理意见和建议。

e. 积极配合工程创优工作办公室工作，提前组织策划工程达标创优工作总结、迎检等系列工作，并对其效果负责。

f. 严格审查设计施工图纸，将图纸中的“错、漏、碰、缺”现象解决在实施前。

4）施工单位职责。

a. 在工程开工前，应编制质量管理文件，经监理、建设单位会审批准后实施，质量管理文件应包括下列内容：①工程创优实施细则；②施工组织设计；③施工质量管理策划及技术、质量管理制度；④施工质量验收范围划分表；⑤包括强制性文件在内的工程执行法律法规和标准清单；⑥工程建设强制性条文实施细则；⑦电力建设“五新”技术、QC小组活动实施计划和工法编制计划、专利申请计划；⑧重大施工方案、作业指导书并规定审批级别；⑨危险性较大工程专项施工方案，以及超过一定规模危险性较大工程（风电机组吊装工程）专项施工方案专家论证计划；⑩特种设备安全操作规程；⑪绿色施工措施；⑫安全文明施工措施；⑬国家明令禁止使用的材料、设备、技术清单。

b. 建立质量管理体系并有效运行，设置独立的质量管理组织机构，并明确责任。

c. 在工程创优工作领导小组的统一领导下，依据创优规划，围绕工程达标创优目标进行施工整体策划，负责施工相关工程创优实施细则的修改完善、报批并认真组织实施，同时做好关键工序、工艺的策划，保证实现工程创优目标和合同承诺内容。

d. 负责安全文明施工的具体实施，按照建设单位的安全文明施工及环保工作规划，编制有针对性的实施细则，提交监理审核后实施。

e. 定期向工程创优工作领导小组汇报工作，对存在的问题提出处理意见和建议。

f. 积极配合工程创优工作办公室及各专业考核组的工作，提出组织策划工程施工质量创优总结、迎检等系列工作，并对其效果负责。

5）调试单位职责。

a. 调试工作开始前应编制下列质量管理文件：①工程调试大纲、调试方案；②工程技术标准强制性条文实施细则；③技术质量管理制度；④专业项目调试措施；⑤制定调试事故预案。

b. 根据工程创优规划编制调试创优实施细则，报监理和建设单位审批。

c. 建立项目调试质量管理体系，明确各专业人员职责。

6）运行单位职责。

a. 生产准备工作密切结合基建工程进度开展，根据里程碑进度和施工一级网络计划和现场需要，提前安排生产人员上岗培训、规程编写、系统图绘制、工器具准备等工作。

b. 按《生产准备大纲》要求配备各级管理人员、专业技术人员、各生产岗位人员。主要岗位人员应在工程投运前配齐。

c. 认真做好生产准备人员的培训，特别是新员工的培训工作，把其作为生产准备工作的重中之重抓好。

d. 生产人员提前介入基建工作，跟踪安装调试过程，熟悉资料、熟悉设备、熟悉系统、参加试运行和验收工作，经过培训考试合格后方可上岗。

e. 编制适合风电场的《安全规程》、《运行规程》、《检修规程》、专业系统图等。编制完成生产用各类表单（运行日志，操作票，工作票，设备清册，材料清册，备品备件清册，全厂设施、沟道、管道图册，设备编号，保护定值，检修运行巡视等记录）。

f. 根据设备安装进度及时完成设备、系统的编号等标识工作，完成检修专门仪器仪表、专用工器具、作业场所布置、备品备件储备等工作。

g. 参加机组启动前的验收工作，跟踪工程消缺工作，配合施工单位做好成品保护工作。

h. 认真学习掌握启动方案的内容，熟悉操作程序，确保机组一次投运成功。

i. 开展技术攻关，针对采用的新技术、新材料、新工艺的特点，组织专题培训和学习，提高设备的可靠性和机组的可利用率。

j. 按照工程投产后创优的要求，做好电站运行数据及运营生产指标的统计工作，努力实现创优目标。

7）其他。对于实行总承包的项目，可结合总承包的承包模式，由总承包单位参照设计和施工单位的相关职责统一进行总承包范围内的工程创优管理。

6.6.2.4　工程创优规划和实施细则

1. 工程创优规划的主要内容

工程创优规划由工程创优工作领导小组组织统一编制，是工程创优工作的纲领性文件，也是各单位工程编制创优实施细则的依据。工程创优规划的内容主要包括以下

方面：

(1) 目的。根据工程实际情况，明确创建优质工程的目的，其核心应该是通过工程创优活动提升工程质量管理的系统性、科学性和经济性，通过加强管理，建造出设计优、质量精、管理佳、效益好、技先进、节能环保的精品工程。

(2) 适用范围。一般地，针对特定工程制定的创优规划应仅对本工程的创优活动适用。

(3) 编制依据。编制的依据主要包括与工程项目建设相关的法律、法规，规程规范与技术标准，工程创优管理办法等支持性材料。

(4) 项目概况。

1) 工程概况。简明扼要地说明项目的基本情况，包括地理位置、周边环境、建设规模、工期要求等。

2) 主机设备性能指标。对风电机组、主变压器、箱式变压器、无功补偿等设备的性能指标进行说明。

3) 主要参建单位。明确主要参建单位，包括建设单位、勘察单位、设计单位、监理单位、总承包单位（若为总承包项目）、施工单位等与建设单位或总承包单位有合同关系的单位，这些单位是工程创优活动的主体。

4) 工程建设特点与难点。针对工程的具体特点，对工程的特点进行准确分析，同时剖析出工程建设过程中可能存在的难点问题，有助于工程创优过程中能够有的放矢，准确把握重点问题，有利于工程创优价值的体现。

(5) 创优目标。

1) 创优总目标。再次明确创建电力行业优质工程或国家优质工程，若最终目标为国家优质工程（包括国家优质工程金奖），则要先创建电力行业优质工程，即先申报电力行业“中国电力优质工程奖”，在获得该奖项后，才能申报“国家电力工程奖（或金奖）”。

2) 质量目标。质量目标主要指工程项目具体的质量控制目标，分解为单位（子单位）工程质量控制指标、分部（子分部）工程质量控制指标、分项工程质量控制指标三个层次，逐级满足工程创优对工程质量的要求。

3) 职业健康与安全以及环境保护目标。明确项目的安全生产目标、职业健康目标、环境保护与水土保持目标以及文明施工目标的具体指标，目标的确定务必要满足工程创优条件的要求。

4) 设计目标。

a. 设计优化目标。针对工程初步设计或已有的施工图设计，本着“满足功能，改善施工条件，简化施工工艺，缩短工期，节约成本”的原则提出设计优化目标。

b. 获奖目标。获得省部级及以上优秀设计奖是申报优质工程的必要条件，因此在规划中应明确获奖目标。

5）科技创新目标。科技创新目标主要包括拟开展的管理创新，拟申报的科研项目、工法、专利，拟开展的QC小组活动，电力建设“五新”技术以及“建筑业10项新技术”应用计划等。

6）绿色施工目标。绿色施工目标是指在项目建设过程中要达到或保证的“四节一环保”目标。

7）进度目标。明确项目建设的重要节点目标。

8）造价目标。造价目标是指整个项目总的成本，应控制在项目概算以内。

9）档案管理目标。档案管理目标包括各类工程资料的规范性、可追溯性、归档及时性和保证率，以及各单位完成竣工档案移交的时限等。

(6）组织机构及其主要职责。根据项目实际，将工程创优组织机构明确到人或部门，参照6.6.2.3节的内容细化职责，以保证组织机构运行高效、顺畅。

(7）工程创优实施总体规划。

1）工程创优目标完成时间。

2）学习培训。

3）创优实施细则。

4）技术人才培养。

5）强制性条文执行。

6）各专业技术标准清单的动态管理。

7）国家明令禁止使用技术的核查。

8）达标投产验收与竣工验收。

9）绿色施工专项评价或验收。

10）工程质量专项评价或验收。

11）地基结构专项评价（若需要）。

12）工程创优报奖。

13）工程创优过程检查与考核。

14）其他。

(8）工程创优保证措施。

1）制度保证措施。

2）技术保证措施。

2. 工程创优实施细则的主要内容

工程创优实施细则是创优工作的指导性文件，工程各参建单位应根据各自的职责，对工程创优总体规划进行细化，编制切实可行的创优实施细则。工程创优实施细则的主要内容如下：

（1）目的。

（2）适用范围。

（3）工程概况及本单位工作内容。

（4）重点难点分析。

（5）本单位创优目标，参照规划中的目标，结合本单位实际制定。

（6）组织机构。

（7）落实本单位职责及创优目标的控制措施。

（8）其他。

施工单位是工程创优的主要实施单位，在编制本单位工程创优实施细则的同时，必要时还应针对专业的不同编制相应的专业工程创优实施细则，以便更加地细化工程创优工作。

6.6.2.5 工程创优质量管理要点

（1）树立全过程质量管理意识，严格按照《建设工程全过程质量控制管理规程》（T/ZSQX 002）的相关要求，以工程达标投产的各项要求为抓手，做好施工全过程质量管控。

（2）建立全过程、全员、全方位的质量管理体系，并保证其有效运行。

（3）严格遵守相关法律法规，认真践行规程规范和标准，建立健全施工工艺纪律，并严格遵守。

（4）做到工程内在质量和观感质量的高度统一，弘扬“追求卓越，铸就经典”的国优精神。

（5）尊重科学，推广应用先进的质量工具和方法，采用科学的检验手段，以科学的管理手段来提升工程质量。

（6）加强工艺技术创新，实施量化的工艺流程。

（7）加强科技创新及工程应用，认真总结与提升，形成科技成果、工法、专利、新纪录、QC小组活动、标准等创新成果。

（8）保证工程功能和主要技术经济指标的先进性。

（9）建立健全重要部位、关键工序、主要检验试验项目过程控制及检查、验收制度，并严格执行。

（10）充分运用“PDCA循环”的质量管控方法，不断提升质量管理水平，确保工程全寿命周期的安全与可靠。

（11）认真践行绿色施工理念，做到绿色环保与安全文明施工。

（12）开展高标准、定性定量的质量评价，客观反映建设过程中存在的质量问题，并持续改进。

（13）充分利用监造、监理、监管等有效的监督机制。

（14）与国内领先水平对标，创新差异化的质量特色，营造工程亮点。

（15）保证项目文件的收集、整编、归档和工程进度同步进行。

（16）建立健全质量责任制，并进行责任目标分解，形成人人重视质量的良好氛围。

（17）增强质量风险的分析判断能力，并制定措施加强防范。

（18）重视教育培训，做到知行合一。

（19）建立健全安全质量激励机制，充分调动全体人员的积极性。

（20）形成各单位之间相互协作、共同进步的和谐环境。

6.6.2.6　全过程质量控制咨询

为了保证工程创优目标的实现，有条件的单位，可通过委托全过程质量控制咨询来加强对创优过程的系统化管理。

1. 全过程质量控制咨询介绍

全过程质量控制咨询是近年来中国施工企业管理协会组织专家开展的建设工程全过程质量控制管理咨询工作。按照企业自愿、为企业服务（非营利）和市场化的原则，为企业提供有偿咨询服务。

2. 咨询委托

全过程质量控制咨询需按以下程序进行委托：

（1）申请。由牵头单位提出申请和委托，组织相关材料。

（2）推荐。由中国电力建设企业协会和有关中央企业对申请咨询的项目进行审核和推荐。

（3）审核。中国施工企业管理协会总工委办公室对推荐项目的咨询需求进行审核、确认。

（4）受理。纳入咨询的工程项目，由中国施工企业管理协会与委托单位签订咨询协议。

3. 咨询方式

全过程质量控制咨询采取“线上”与“线下”相结合的方式进行。“线上”是指通过“建设工程全过程质量控制管理咨询平台”提供咨询服务，“线下”是指专家赴现场提供咨询服务。

4. 咨询内容

（1）质量策划。

1）管理策划。管理策划主要包括质量管理目标、质量管理体系、质量管理职责、质量管理制度、质量风险识别、质量管理实施细则等。

2）实体质量策划。实体质量策划主要包括分部分项工程实体质量标准、施工工艺标准、样板和方案策划等。

（2）培训教育。培训教育主要包括：国家质量政策和法律法规；质量标准规范和先进做法；工程文件编制管理；质量、安全、投资、信息化等先进管理经验；质量创优管理要点及评优办法等。

（3）专项论证。专项论证主要包括：提供各专项认证的专家；设计方案编制论证；施工组织设计和重大专项方案论证；重大危险源辨识和预防控制措施研究等。

（4）检查指导。检查指导主要包括：核查设计文件，落实执行情况；核查策划、方案、措施执行效果；排查质量、安全、性能、节能环保隐患和缺陷；复核质量问题处理效果，促进质量问题闭环；指导工程施工过程的质量验收和竣工验收；预检创建优质工程实施效果。

（5）评估鉴定。评估鉴定主要包括：工程项目设计成果水平评估；工程项目绿色建造水平评估；建设工程科技创新成果评估；工程建设经济性评估；建设工程综合质量评估等。

（6）日常咨询。日常咨询主要包括质量、安全和技术等常规管理咨询。

5. 咨询成果

咨询成果主要为咨询报告，包括阶段性咨询报告、专项评估（鉴定）报告和质量综合评估报告等。

6.6.3 优质工程奖评选概述

6.6.3.1 中国电力优质工程奖申报与评选

1. 评选组织单位

中国电力优质工程奖每年评选一次，由中国电力建设企业协会（简称中电建协）组织实施，中国电力建设专家委员会负责现场复查工作，中国电力优质工程奖评审委员会负责评审工作。

2. 申报

符合 6.6.1.1 节申报中国电力优质工程条件的陆上风电场工程均可申报。申报单位应是建设单位、工程总承包单位或主体施工单位。主体工程由两个及以上单位共同承建的，应明确一个主申报单位进行联合申报。

申报材料的内容如下：

（1）申报表。

（2）工程质量创优简介（1500 字以内），包括以下内容：

1）工程概况。

2）工程建设的合规性。

3）工程质量管理的有效性。

4）建筑、安装工程质量优良的符合性。

5）主要技术经济指标及节能减排的先进性。

6）工程独具的质量特色。

7）工程获奖情况（含专利及省部级以上工法、科技进步、QC小组成果奖）。

8）经济效益和社会责任。

（3）工程建设合规性证明文件（复印件），主要如下：

1）项目核准文件（发改委）。

2）土地使用证（土地管理行政部门），至少应提供土地管理行政部门对申办材料受理并通过审定的报批证明（县级及以上土地管理行政部门）。

3）环境保护验收文件（环保行政部门），至少应提供环境监测报告（环保行政部门委托的省环境监测中心）。

4）水土保持验收文件（水利行政部门），至少应提供水土保持评估报告（有资质的生态建设评估机构）。

5）档案验收文件（上级主管单位组织，地方档案行政管理部门参加）。

6）消防验收文件（地方消防部门）。

7）竣工财务决算报告（首页、结论页和盖章页）。

8）水电水利枢纽工程竣工验收文件（项目核准部门委托的验收委员会）。

9）电力工程质量监督站对工程投产后的质量监督评价意见。

10）建设期无一般及以上安全事故证明（地方安全生产监管部门）。

（4）境外工程应出具的相关证明文件（复印件），主要如下：

1）工程项目立项文件（业主提供）。

2）工程施工承包商务合同（首页、造价页、签章页）。

3）主体工程质量验收标准的对标说明。

4）工程竣工验收签证书。

5）环保、水保验收文件，或当地政府部门出具的证明。

6）建设期无一般及以上安全、质量事故证明（上级单位出具）。

7）业主单位的评价意见。

8）中方驻外大使馆商务参赞处对工程质量和使用情况的书面评价意见。

上述申报材料如含外文，需附对照的中文。

（5）其他相关证明文件（复印件），主要如下：

1）工程达标投产验收文件。

2）工程质量评价报告（首页、结论页、签章页）。

3）工程新技术应用验收文件。

4）工程绿色施工验收文件。

5）工程（机组）移交生产签证书（启动验收委员会）。

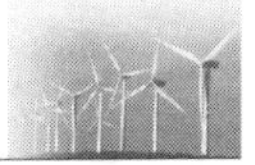

6）工程获奖证书（含省部级以上科技进步奖、QC小组成果奖等）。

（6）工程照片，具体要求如下：

1）6寸数码彩照15张，其中：工程全貌3张；与工程结构和隐蔽工程相关的3张；主体设备安装工程4张；质量特色部位5张。

2）照片应有题名，粘贴在A4纸上，并附电子版（JPEG格式3M及以上，不得用Word文档和扫描件）。

（7）DVD光盘，具体要求如下：

1）主申报单位应制作反映工程质量特色、播放时间为5min的DVD光盘，并配有解说词。

2）DVD光盘MPG格式300M及以上。

3. 评选程序

中国电力优质工程奖的评选程序为：申报材料初审→现场复查→评审→审定→表彰。

4. 申报材料初审

主要审查申报材料是否符合评选的相关规定。

5. 现场复查

现场复查的主要内容及方法如下：

（1）首次会。

1）主申报单位简要汇报工程质量情况。

2）播放DVD光盘。

3）参建单位补充汇报。

4）听取工程质量监督站对工程质量的监督评价意见。

（2）现场复查。现场复查工作包括现场实体质量复查，档案及项目文件检查，重要部位、关键工序、主要试验检验项目核查。现场复查前，主申报单位应认真组织自查。复查时，向复查组提供自查的“现场复查结果表”纸质版和电子版各一份，以便现场核查。主申报单位还应提供合规性证明文件及各类获奖证书原件，供复查组成员现场核查。

现场复查要点如下：

1）职业健康安全与环境管理现场复查要点。

a. 实体安全的复查包括以下内容：工程永久安全设施符合设计和规范要求；现场沟、坑、孔洞、临边的护栏或盖板齐全、可靠；现场安全通道畅通，标识清晰；危险作业场所安全隔离设施和警告标志齐全；重点防火及危险品储存区域有明显的标志；易燃易爆及危险品仓库内，采用防爆型电气设备；用于储存易燃易爆物品的箱罐及乙炔、氧气、氢气、氨气等管道防静电、防雷接地可靠；可能存有危害气体的小室，通风排气设施安装规范，投入正常；地下或洞室照明、通风满足规范要求，排水通畅，渗漏水集中引排处理，工作面无积水；安全监测设施和安全防护设施符合规范规定并满足设计要求，标志、标识醒目；特种设备年检合格；消防器材配置符合相关规定；环保设施质量合格，运行正常；水保措施方案符合有关规定；已建的水情测报系统运行正常，汛情预报渠道畅通；现场安全警示标志、标识符合规定。

b. 项目文件的复查包括以下内容：安全管理目标明确，逐层签订安全生产责任书，明确各自的权利、义务与责任；建立安全管理制度及相应的操作规程；按规定进行安全检查，对发现的问题整改闭环，并形成记录；特种作业人员经有资质的机构专项培训，持证上岗；特种作业、危险作业，制定专项安全技术措施；备用电源、不间断电源及保安电源切换运行记录；试营、生产阶段严格执行“两票三制”；建立项目灾害预防与应急管理体系，职责明确，定期演练；制定危险品运输、储存、使用、管理制度；按规定开展环境因子和水土流失检测，编制室内、地下厂房环境因子检测报告；按年度编制防洪度汛方案，并通过审查；未发生较大及以上安全责任事故证明材料；未发生重大环境污染责任事故证明材料；未发生重大交通责任事故证明材料。

2）建筑工程质量现场复查要点

a. 实体质量的复查包括以下内容：

a）观感质量：无片面追求观感质量，违反质量与工艺标准；无大面积返修、无擅自增加工序遮掩瑕疵；成品保护有效、环境整洁，无施工遗留物。

b）构筑物：结构应安全、可靠、耐久，内坚外美；无影响结构安全和使用功能的裂缝、变形以及外观缺陷；基础相对沉降量符合《建筑变形测量规范》（JGJ 8）的规定；累计沉降量应符合设计要求；主体混凝土应无有害结构裂缝；无影响使用功能或耐久性的缺陷。

c）结构工程：测量控制点和沉降观测点装置材质正确、防护完好、标识规范；清水混凝土结构平整、棱角顺直，无明显色差，无污染；混凝土结构工程无露筋，对拉螺栓（片）处理、封堵及防腐符合规范要求；钢结构工程防腐、防火符合规范；钢平台踢脚板，栏杆高度和横、立杆间距，直爬梯踏棍及护笼制作安装应符合《固定式钢梯及平台安全要求》（GB 4053）的有关规定。

d）屋面、地面及装修工程：地下工程防水应经检验和试验无渗漏。设计未明确要求时，应达到《地下工程防水技术规范》（GB 50108）二级防水标准；混凝土路面、室外场坪平整密实，无缺损、裂缝、脱皮、起砂、积水、下沉、污染，接缝平直，胀缝和缩缝位置、宽度、深度、填缝应符合设计要求，沥青路面面层平整、坚实，接茬紧密、平顺，烫缝不枯焦，路面无积水，路缘石稳固无破损；屋面、墙面无渗漏及渗漏痕迹，墙面、楼面和地面无裂缝，变形缝符合设计和施工规范；窗套等外檐滴水线施工规范；门窗安装规范，配件齐全，启闭灵活；密封胶密封严密、工艺精细，推拉

门窗防脱落、防碰撞等配件安装齐全牢固、位置正确；吊顶构造正确、安装牢固，饰面表面洁净、色泽一致，平整，压条平直，无翘曲，宽窄一致；涂料涂饰均匀、色泽一致、粘结牢固，无漏涂、透底、起皮、流坠、裂缝、掉粉、返锈、污染。

e）建筑安装工程：风电机组传动装置的外露部位以及直通大气的进、出口，必须装设防护罩（网）或采取其他安全设施；开关、插座、灯具接线正确，安装位置符合规范；给水、排水、采暖管道坡度设置正确，支、吊架安装牢固、规范；连接部位牢固、紧密、无渗漏，穿墙套管合理，伸缩补偿合格；生活污水管道检查口、清扫口位置正确；消火栓、箱安装位置应正确，标识醒目；箱内栓口位置、朝向、高度正确，设施齐全，火灾报警烟感探测器安装位置正确；防火门开启方向正确、配件齐全。

f）厂区工程：沟道顺直、平整，排水坡度、坡向正确，无渗漏、积水、杂物，伸缩缝处理符合设计要求，沟盖板铺设平稳、顺直、缝隙一致，无破损、裂纹等缺陷；围墙无裂缝、泛碱，滴水线施工规范，变形缝、抹灰分格缝符合规范，排水口位置符合设计；厂区植被恢复良好，实施效果符合水土保持方案。

b. 项目文件的复查包括以下内容：创优实施细则；绿色施工、节能减排的管理措施和技术措施；本专业质量技术标准、规程规范清单，实施动态管理；本专业强制性条文实施计划和实施记录；未使用国家技术公告中明令禁止的技术（材料、产品）清单；重要原材料（含半成品）质量证明、试验（型式）报告，进场检验报告，使用跟踪管理台账等文件；建筑工程地基和基础、主体结构中间质量检查验收文件；地基承载力、单桩承载力和桩身完整性必须进行检测，检测结果必须符合设计要求；移交前和移交后沉降观测报告和记录；确定重要梁板结构检测部位的技术文件；混凝土结构实体强度报告（同条件养护试块）；钢筋保护层厚度测试报告；主控制室等长期有人值班场所应进行室内环境检测；生活饮用水管道应冲洗、消毒合格，水质检验应合格。

3）电气安装质量现场复查要点。

a. 实体质量的复查包括以下内容：高压电器的围栏、罩壳、基础、支架、爬梯、检修平台等均应可靠接地；避雷针（线、带、网）的接地符合规范规定，工艺良好；变压器、电抗器中性点接地符合设计要求；变压器、电抗器无渗油，油位正常；高压设备瓷件、绝缘子无损伤、裂纹、污染；高压电器的联动应正常，无卡阻现象；分、合闸指示应正确；辅助开关动作应正确可靠；电气装置接地应以单独的接地线与接地汇流排或接地干线相连接，严禁在一根接地线中串接几个需要接地的电气装置。高压设备及构架应有两根与不同地点的主地网连接，接地引线均应符合热稳定、机械强度和电气连接的要求，接地连接处应便于检查测试；母线连接工艺美观，母线安装、室内外配电装置安全净距离符合规范规定；高压架空电力线路杆塔的每一腿都应与接地体引下线电气连接可靠，方便测量；高压架空电力线路导地线交叉跨越安全距离必须

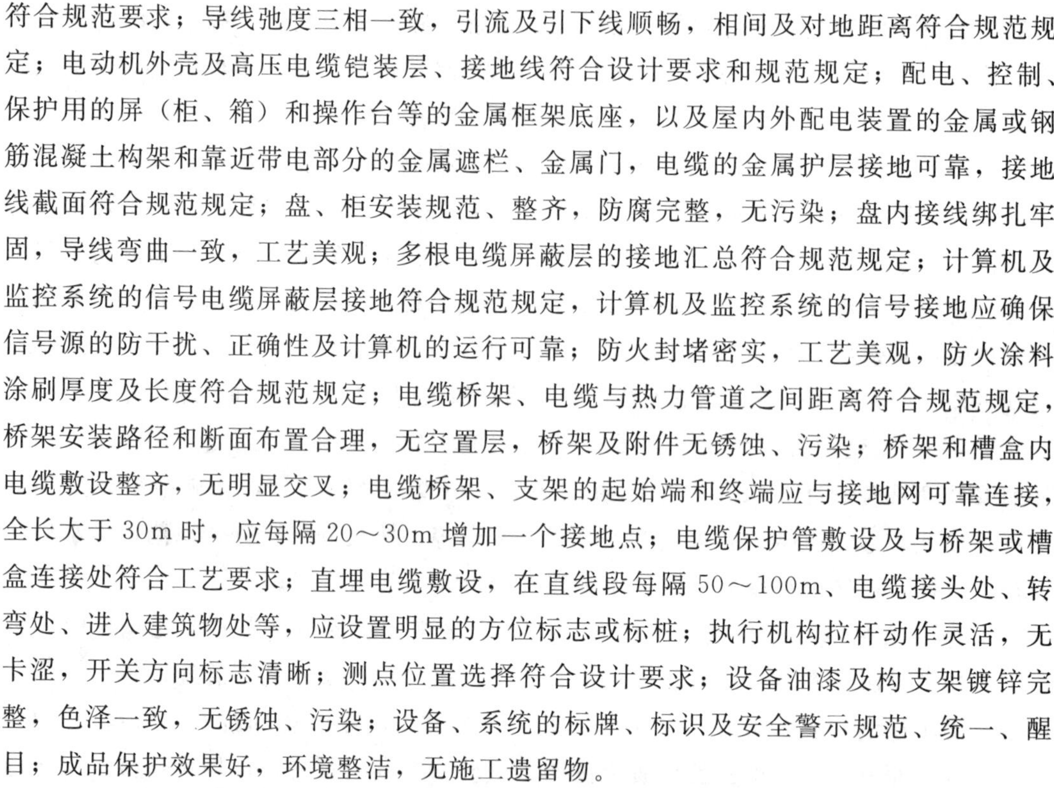

符合规范要求；导线弛度三相一致，引流及引下线顺畅，相间及对地距离符合规范规定；电动机外壳及高压电缆铠装层、接地线符合设计要求和规范规定；配电、控制、保护用的屏（柜、箱）和操作台等的金属框架底座，以及屋内外配电装置的金属或钢筋混凝土构架和靠近带电部分的金属遮栏、金属门，电缆的金属护层接地可靠，接地线截面符合规范规定；盘、柜安装规范、整齐，防腐完整，无污染；盘内接线绑扎牢固，导线弯曲一致，工艺美观；多根电缆屏蔽层的接地汇总符合规范规定；计算机及监控系统的信号电缆屏蔽层接地符合规范规定，计算机及监控系统的信号接地应确保信号源的防干扰、正确性及计算机的运行可靠；防火封堵密实，工艺美观，防火涂料涂刷厚度及长度符合规范规定；电缆桥架、电缆与热力管道之间距离符合规范规定，桥架安装路径和断面布置合理，无空置层，桥架及附件无锈蚀、污染；桥架和槽盒内电缆敷设整齐，无明显交叉；电缆桥架、支架的起始端和终端应与接地网可靠连接，全长大于30m时，应每隔20～30m增加一个接地点；电缆保护管敷设及与桥架或槽盒连接处符合工艺要求；直埋电缆敷设，在直线段每隔50～100m、电缆接头处、转弯处、进入建筑物处等，应设置明显的方位标志或标桩；执行机构拉杆动作灵活，无卡涩，开关方向标志清晰；测点位置选择符合设计要求；设备油漆及构支架镀锌完整，色泽一致，无锈蚀、污染；设备、系统的标牌、标识及安全警示规范、统一、醒目；成品保护效果好，环境整洁，无施工遗留物。

b. 项目文件的复查包括以下内容：创优实施细则内容齐全；施工组织专业设计及主要施工方案、技术措施及作业指导书，绿色施工等专项措施齐全；符合本工程实际的技术标准清单完整有效，符合动态管理要求；强制性条文实施细则及检查记录齐全规范；质量验收项目划分表符合验收规程要求；原材料、半成品（含绝缘油、电缆防火封堵材料等）质量证明文件与现场复检报告完整有效；施工技术记录规范完整、真实有效；试验室仪表检定用标准表和标准仪器检定文件齐全有效；设备及系统保护定值整定记录及审批文件齐全准确；设备单体调试、测试报告（含高压电器耐压试验）内容完整，数据及结论准确；质量验收及签证（含隐蔽工程、试运行等）齐全、完整、规范。

4）输电工程安装质量现场复查要点。

a. 实体质量的复查包括以下内容：基础地面平整，排水畅通；基础浇制一次成型，无二次抹面修饰现象，表面无麻面；基础至边坡宽度及边坡坡度满足设计要求；回填土防沉层整齐、规范；直线塔允许倾斜：750kV及以下线路一般塔不大于3‰；±800kV线路不大于2.5‰；高塔不大于1.5‰；转角塔不应向内角侧倾斜；塔材镀锌完整，色泽一致，表面无锈蚀、明显麻面等缺陷，螺栓防松、防盗措施满足设计要求；铁塔螺栓匹配使用，螺栓与构件面接触紧密，螺栓的穿向符合规定，螺栓强度符合设计要求；脚钉和攀爬装置安装符合规范规定；柔性引流线呈近似悬链线状自然下

垂，刚性引流线的刚性部分水平、顺直；防振锤无移动、扭转等现象，并与地面垂直，阻尼线安装工艺美观；间隔棒接触面与导线垂直，三相位置一致，无扭转和偏斜；光缆引下线及接线盒安装牢固、统一；绝缘子串（片）无破损，清洁无污染，瓶口方向一致；铝包带缠绕紧密，其缠绕方向与外层铝股绞制方向一致，端头回压于线夹内；金具闭口销齐全，直径与孔径匹配，且弹力适度，开口销应开口；高压架空电力线路杆塔的每一腿都应与接地体引下线电气连接可靠，方便测量，接地电阻符合设计要求，接地焊接、防腐符合规程规定；高压架空电力线路导地线交叉跨越安全距离必须符合规范要求；接地引下线安装工艺美观，接地板安装有防松措施；施工场地无基建遗留物，并恢复植被。

b. 项目文件的复查包括以下内容：创优实施细则，绿色施工管理技术措施；质量技术标准动态管理清单；强制性条文实施计划和实施记录；未使用国家技术公告中明令禁止的技术、材料、产品清单；竣工图与工程竣工实物相符；"验评范围划分表"与工程实际一致；验收签证、质量评价报告；重要原材料（含半成品）及设备质量证明、试验报告，进场检验记录；主要质量控制文件及施工记录（主要过程、隐蔽工程验收记录）；线路检测（报告）记录。

5）风电工程安装质量现场复查要点。

a. 实体质量的复查包括以下内容：风电机组基础环安装水平度偏差符合设计和设备厂家要求；高强螺栓初拧、终拧及抽检标识齐全；机舱内部通风、照明良好；机舱内部温度、湿度满足设计要求；风电机组减速箱油位正常，液压、冷却、润滑油系统无渗漏；机组各部位温度、振动值符合制造厂要求；发电机、齿轮箱轴系同轴度偏差符合规范规定；刹车系统灵敏可靠；偏航系统动作正确；变桨系统动作应正确，备用电源工作可靠；自动解缆和扭缆保护装置工作正常；塔筒各段跨接接地连线应接触良好；防雷接地连接可靠，标识齐全、醒目，防腐层完好；塔筒内爬梯应安装牢靠，速差安全滑轨顺直无错口，平台扶梯安装规范、牢固，工艺良好；消防器材配备符合规范规定；设备表面无破损、锈蚀、污染，油漆工艺良好，色泽一致；设备、系统的标牌、标识及安全警示标志醒目、规范、统一；生产区域环境整洁，无施工遗留物；风电机组场地周围排水畅通；植被恢复符合水土保持批复方案要求。

b. 项目文件，包括：本专业创优实施细则、技术措施齐全；绿色施工、节能减排等专项措施齐全；符合工程实际的技术标准清单完整有效，符合动态管理要求；强制性条文执行计划及检查记录齐全规范；质量验收项目划分符合规程规定；设备质量证明、出厂试验报告、监造报告、进场抽检报告齐全有效；风电机组施工验收记录及签证规范完整，真实有效；液压扳手、扭矩扳手检定合格且在有效期内；高强螺栓连接副进场复检报告齐全有效；高强螺栓力矩复查签证齐全有效；润滑油检测报告真实有效。

6）风电工程主要技术经济指标现场复查要点

a. 调试及技术经济指标的复查包括以下内容：信号、通信系统；制动功能试验正常、紧急刹车系统正常；转速超出限定值紧急关机试验；功率超出限定值紧急关机试验；过度振动紧急关机试验；偏航系统调试；变桨系统调试；扭缆、解缆保护试验；额定功率；切入风速；切出风速；240h试运行风电机组各部位温度；240h试运行风电机组各部位振动；240h试运行单台风电机组最低可利用率；240h试运风电机组一次通过率；考核期内风电机组平均利用率；考核期内风电场满负荷利用小时数；考核期内综合场用电率；考核期内保护装置投入率；考核期内保护装置正确动作率；考核期内自动装置投入率；考核期内监测仪表投入率；考核期内监测仪表准确率；机组功率曲线与标准功率曲线偏差；低电压穿越功能；风功率预测系统；风电机组场界噪声符合当地环保指标要求；风电机组的防雷接地电阻。

b. 项目文件主要包括：调试大纲、调整试验措施；单台风电机组调试报告；240h试运行签证；调试总结报告；可靠性及技术经济指标统计。

7）工程综合管理现场复查要点。

a. 项目合规性证明文件的复查包括以下内容：项目核准文件（发改委）；规划许可证（规划管理部门）；土地使用证（国土部门）；环境保护验收文件（国家环境保护部门）；水土保持验收文件（水利部门）；工程概算批复文件（规划院）；投产后质量监督报告（质量监督站）；安全、卫生验收文件（安全生产监管部门）；特种设备使用许可文件（特种设备安全监督管理部门）；消防验收文件（消防部门）；档案验收文件（上级主管单位组织，地方档案行政管理部门参加）；工程竣工决算审计报告（有资质的第三方会计师事务所）；工程竣工验收文件（上级单位组织，各专项验收的有关单位参加）。

b. 工程管理的复查包括以下内容：建设单位项目管理体系健全，覆盖工程全过程，做到建设单位监管、监理单位监查、勘测设计和施工单位监控、政府部门监督；创优目标明确，创优策划体现全过程质量控制，参建单位制定具体实施细则，具有操作性，创优管理责任到位；监理、设计、施工、调试单位的质量管理体系、职业健康安全管理体系、环境管理体系认证证书在有效期内；设计更改管理制度完善，施工图设计符合初步设计审查批复要求，重大设计变更按程序批准，改变原设计所确定的原则、方案或规模应经原审批部门批准；不得擅自扩大建设规模或提高建设标准；竣工决算不得超出批准动态概算；进度满足合同工期；科技创新、技术进步形成的优化设计方案应经论证，并按规定程序审批；新材料、新设备的使用应有鉴定报告或允许使用证明文件；设计单位提交工程质量检查报告、工程总结；监理单位提交工程总体质量评估报告；工程质量评价报告；各阶段质量监督报告及不符合项闭环文件。

c. 生产运营的复查包括以下内容：管理制度、运行规程、系统图、记录表单、运

行管理软件满足生产要求，技术经济指标统计数据完整、准确；操作票、工作票、运行日志、运行记录、事故分析、处理记录齐全，启动到考核期的缺陷管理台账及消缺率统计齐全；经济效益、社会责任。

d. 工程档案管理的复查包括以下内容：基础设施、设备应符合档案安全保管、保护和信息化管理要求，档案业务人员应有岗位资格证书，并定期接受再教育培训；建设单位组织参建单位编制项目文件归档制度；项目文件应与工程建设同步收集，归档文件完整；项目文件按各专业规程规定的格式填写，内容真实、数据准确；归档文件为原件，因故无原件的合法性、依据性、凭证性等永久保存的文件，提供单位应在复印件上加盖公章，便于追溯；纸质、电子、照片等各类载体档案分类一致；案卷组合保持工程建设项目的专业性、成套性和系统性，便于快捷检索利用，同事由的文件不得分散和重复组卷；对永久保存且涉及项目立项、核准、重要合同及协议、质量监督、质量评价（有创优目标的工程）、竣工验收、竣工图及利用频繁的纸质档案进行数字化管理；项目文件移交一式一份，需增加份数的，按合同约定；合同工程竣工验收或移交生产后 90 天内归档完毕。

8）工程获奖情况复查要点。工程获奖类别的复查包括以下内容：环境保护、水土保持、结构、安全文明等专项奖项；优质工程奖（含中国安装之星）；优秀设计奖；发明专利；实用新型专利；新纪录；工法；科技进步奖；QC 小组成果奖。

（3）末次会。

1）复查组成员对现场复查情况进行讲评。

2）复查组组长通报工程现场复查报告的主要内容。

3）主申报单位表态发言。

6. 审定

中电建协组织召开中国电力优质工程奖评审委员会评审会议，评审委员会采用量化的质量程度评定和综合评价相结合的方式，对现场复查组提供的复查报告、DVD 光盘、现场复查结果表进行评审，逐项对专业评审组评审意见进行集中审核、评议及投票表决，形成评审委员会评审结论及会议纪要，由中电建协会长办公会议审定。经审定的获奖名单，在中电建协网站 www.cepca.org.cn 上公示 10 天，公示无异议后，由中电建协批准表彰。

7. 表彰

获得中国电力优质工程奖工程项目的建设、总承包、设计、监理、施工、调试和生产运营等单位，由中电建协予以表彰，颁发证书和奖牌。

6.6.3.2 国家优质工程奖申报与评选

1. 评选组织单位

国家优质工程奖评选工作由中国施工企业管理协会（简称中施企协）组织实施。

2. 评选范围

具有独立生产能力和完整使用功能的新建、扩建和大型技改的陆上风电场工程项目在国家优质工程奖评选范围之内，但有以下情形之一的除外：

（1）由于设计、施工等原因而存在质量、安全隐患、功能性缺陷的工程。

（2）工程建设及运营过程中发生过一般及以上质量事故、一般及以上安全事故和环境污染事故的工程。

（3）已正式竣工验收，但还有甩项未完的工程。

3. 申报与推荐

（1）申报。符合6.6.1.2节申报国家优质工程条件的陆上风电场工程均可申报。参与国家优质工程奖评选的单位包括建设、勘察、设计、监理和施工等企业。申报时应由一个单位（建设、工程总承包或施工单位）主申报，其他单位配合。

（2）推荐。工程主申报单位将申报材料提交推荐单位，再由推荐单位向中施企协推荐评选。陆上风电场工程作为电力工程一般由中国电力建设企业协会推荐。另外，各省、自治区、直辖市及计划单列市建筑业（工程建设）协会和经中施企协认定的国务院国资委监督管理的中央企业或者其他机构也可以推荐，经中施企协确认的中央企业所属的陆上风电场工程可以通过集团公司推荐，而跨行业和跨地区推荐的，中施企协秘书处将征求所属行业或所在地推荐单位的意见。

（3）申报材料。

1）工程简介。

2）国家优质工程奖申报表。

3）证明性材料。

a. 国内工程的证明性材料如下：

a）主申报单位（非建设单位申报时）资质证书。

b）工程可评（研）报告或项目建议书（如获奖，请附证书）。

c）工程立项文件。

d）工程报建批复文件（建设工程规划许可证、建设用地规划许可证、土地使用证、施工许可证、环评报告批复文件等）。

e）工程质量监督（咨询/监理）单位的工程质量评定文件。

f）工程专项竣工验收文件（规划、节能、环保、水土保持、消防、安全、职业卫生、档案等）。

g）工程竣工验收及备案文件。

h）工程竣工决算书或审计报告。

i）无安全质量事故、无拖欠农民工工资证明文件。

j）省（部）级优质工程奖证书。

k）省（部）级优秀设计奖证书。

l）科技进步证明（科技进步奖、新技术应用示范工程、专利、行业新技术应用明细情况等）。

m）主申报单位（非建设单位申报时）与建设单位签订的承包合同。

n）其他说明工程质量的材料（省部级 QC 活动成果、绿色示范工程证明等）。

b. 境外工程的证明性材料如下：

a）主申报单位（非建设单位申报时）资质证书和对外承包工程经营资格证书。

b）工程立项文件。其中，由国内投资（含对外援建工程）且执行国内相关标准的，应提供政府批复文件；完全由国外业主投资的项目，提供业主批复文件。

c）工程施工承包商务合同和技术协议。其中，执行境外工程建设标准的项目需提供与国内标准比较的对标说明。

d）工程竣工验收资料，以及分部工程、单位工程验收报告。

e）工程使用单位的评价意见。

f）中方驻外大使馆经济商务参赞处对工程质量和使用情况的书面意见。

g）省（部）级优质工程奖证书。未获得省部级质量奖的工程，主申报单位上级主管部门是中央企业的，由集团总公司出具质量评价说明，并明确是否达到省部级质量奖水平，其他单位申报的项目由上级行政主管部门出具质量评价说明。另外，获得工程所在国质量奖的，需提供参赞处对质量奖级别的鉴定说明。

h）省（部）级优秀设计奖证书。未获得省部级设计奖的工程，可以参与中国施工企业管理协会组织的工程建设项目优秀设计成果评定工作。

i）工程项目无安全、质量事故证明。此证明由主申报单位上级行政主管部门出具。

j）其他质量、安全、科技、节能、环保等相关资料。

4. 评审机构和评审程序

（1）评审机构。国家优质工程奖评审机构包括国家工程建设质量奖审定委员会（以下简称审定委员会）和中施企协会长办公会。审定委员会由行业权威质量专家组成，设主任委员 1 名、副主任委员 1～3 名、委员若干名，主要职责是评审并推荐国家优质工程奖候选项目。中施企协会长办公会决定国家优质工程奖项目。

（2）评审程序。

1）初审。中施企协秘书处组织专家对国家优质工程奖申报材料进行审查。

2）复查。中施企协秘书处组织专家对通过初审的工程项目进行现场复查。参加建设工程全过程质量控制管理咨询活动的工程项目，在参评国家优质工程奖时可原则上免去现场复查环节。专家组复查后向协会秘书处提交复查报告，并汇报复查情况。

3）评审。召开国家优质工程奖评审会议。中施企协秘书处向审定委员会报告初审及现场复查情况。审定委员会通过评议，以记名方式投票，达到参会评委 1/2 票数的工程确定为国家优质工程奖候选项目，国家优质工程金奖候选项目得票数应达到参会评委的 2/3。

4）公示。国家优质工程奖候选项目在中施企协网站上进行公示。公示期为 15 天。

5）审定。中施企协召开会长办公会，以记名投票的方式表决。国家优质工程奖项目需达到参会会长 1/2 以上的票数，国家优质工程金奖项目需达到参会会长 2/3 以上的票数。

5. 奖励

获得国家优质工程奖的项目由中施企协予以表彰，授予奖杯、奖牌和证书，表彰对象为获奖工程的建设单位和勘察、设计、监理、施工等企业。

参 考 文 献

[1] 中国可再生能源发展战略研究项目组．中国可再生能源发展战略研究丛书　风能卷［M］．北京：中国电力出版社，2008.
[2] 张希良．风能开发利用［M］．北京：化学工业出版社，2005.
[3] 关兴民．风能太阳能开发利用［M］．北京：气象出版社，2018.
[4] 宋海辉，吴光军．风力发电技术与工程［M］．北京：中国水利水电出版社，2014.
[5] 蒋云怒，郑嘉龙，李艳君，等．电力工程管理［M］．北京：中国水利水电出版社，2014.
[6] 乌云娜，牛东晓，等．电力工程项目管理［M］．北京：中国电力出版社，2016.
[7] 杨太华，汪洋，张双甜，等．电力工程项目管理［M］．北京：清华大学出版社，2017.
[8] 国网山东省电力公司．10kV及以下配电网工程项目部标准化管理　施工项目部［M］．北京：中国电力出版社，2019.
[9] 安凤军，宁维林．履带式起重机吊装风机臂长推导公式［J］．建设机械技术与管理，2010，23（9）：88-90.
[10] 陕西省土木建筑学会，陕西建工集团有限公司．建筑工程绿色施工实施指南［M］．北京：中国建筑工业出版社，2016.
[11] 中国土木工程学会总工程师工作委员会．绿色施工技术与工程应用［M］．北京：中国建筑工业出版社，2018.
[12] 李君．建设工程绿色施工与环境管理［M］．北京：中国电力出版社，2013.
[13] 于群，杨春峰．绿色建筑与绿色施工［M］．北京：清华大学出版社，2017.

《风电场建设与管理创新研究》丛书 编辑人员名单

总责任编辑　营幼峰　王　丽

副总责任编辑　王春学　殷海军　李　莉

项目执行人　汤何美子

项目组成员　丁　琪　王　梅　邹　昱　高丽霄　王　惠

《风电场建设与管理创新研究》丛书 出版人员名单

封面设计　李　菲

版式设计　吴建军　郭会东　孙　静

责任校对　梁晓静　黄　梅　张伟娜　王凡娥

责任印制　黄勇忠　崔志强　焦　岩　冯　强

责任排版　吴建军　郭会东　孙　静　丁英玲　聂彦环